Grundzüge der Geochemie

Brian Mason · Carleton B. Moore

Grundzüge der Geochemie

Übersetzt und bearbeitet
von Gerd Hintermaier-Erhard

97 Abbildungen, 66 Tabellen

Ferdinand Enke Publishers Stuttgart 1985

Titel der Originalausgabe: *Principles of Geochemistry*

Autoren:
Brian Mason
Curator, Department of Mineral Sciences
Smithsonian Institution

Carleton B. Moore
Department of Chemistry
Department of Geology
Arizona State University

Übersetzung und Bearbeitung:
Diplom-Geologe Gerd Hintermaier-Erhard
Schwaighofstraße 10
D-8910 Landsberg

CIP-Kurztitelaufnahme der Deutschen Bibliothek

Mason, Brian:
Grundzüge der Geochemie / Brian Mason; Carleton B. Moore.
Übers. u. bearb. von Gerd Hintermaier-Erhard. –
Stuttgart: Enke, 1985.
Einheitssacht.: Principles of geochemistry <dt.>
ISBN 3-432-94611-2

NE: Moore, Carleton B.:; Hintermaier-Erhard, Gerd [Bearb.]

Druck: Karl Grammlich, D-7401 Pliezhausen

Vorwort

Dieses Buch ist eine Einführung in die Geochemie. Es wendet sich an die Studierenden der Chemie und Geowissenschaften, ebenso wie an die anderer Disziplinen. Die Geochemie faßt alle die Chemie der Erde betreffenden wichtigen Auffassungen und Tatbestände zusammen und versucht, daraus ein Modell der physikalischen und chemischen Entwicklung der Erde abzuleiten. Das Ziel dieses Buches ist es, dem Leser dieses interessante, komplexe und abwechslungsreiche Thema zu erschließen; es stellt einen Versuch dar, den Gesamtbereich der Geochemie abzudekken, ohne jedoch alle Themenbereiche gleichermaßen intensiv zu besprechen. Wollte man dies erreichen, würde die Stoffülle an Theorien und Fakten einen Umfang erfordern, der bei einem Lehrbuch nicht sinnvoll ist. Einige Gebiete von geochemischem Interesse, wie Phasendiagramme oder Lagerstättenbildung, werden in anderen Kursen und Vorlesungen des geologischen Veranstaltungsprogramms behandelt, während Kenntnisse in Thermodynamik – der Schlüssel zum Verständnis geochemischer Vorgänge schlechthin – in physikalischer Chemie grundlegend vermittelt werden.

Das Buch beginnt mit einem Kapitel über den Aufgaben- und Gegenstandskatalog der Geochemie sowie einem kurzen Abriß ihrer Forschungsgeschichte. Der nächste Abschnitt handelt von der Erde und ihrer Stellung im Sonnensystem und im Weltall, gefolgt von einer Darlegung ihres inneren Aufbaus und ihrer stofflichen Zusammensetzung. Darauf aufbauend wird von der relativen Häufigkeit der Elemente und Isotope auf der Erde und im Kosmos die Rede sein, und von diesen Grundlagen ausgehend wird der Versuch unternommen, die wahrscheinliche prägeologische Geschichte der Erde logisch darzustellen.

Die Zielsetzung dieser ersten Abschnitte ist die Bereitstellung von Hintergrundwissen für den verbleibenden Stoff, der sich mit der Materie und den Vorgängen auf und nahe der Oberfläche der Erde befaßt. Wegen der umfassenden Anwendung physikalisch-chemischer Gesetzmäßigkeiten auf Prozesse, die sich auf und innerhalb der Erde abspielen, werden im nächsten Kapitel dazu einige grundlegende Betrachtungen, mit besonderer Berücksichtigung der Festkörperchemie, angestellt. Danach schließt sich die Geochemie der magmatischen Gesteine an, gefolgt von einem Abschnitt über Sedimentation und Sedimentgesteine. Neu aufgenommen in diese Auflage haben wir ein Kapitel zur Isotopengeochemie, das sich mit den stabilen Isotopen sowie mit der Geochronologie beschäftigt. Es folgen nacheinander die Themenbereiche Atmosphäre, Hydrosphäre und Biosphäre; diese sind untrennbar eng miteinander verknüpft, was sowohl ihre eigene Entwicklungsgeschichte als auch die der Erde betrifft. Es gibt keine verbindliche Reihenfolge, in welcher diesbezügliche Daten vorgetragen werden sollen. So wie beim geochemischen Kreislauf muß der Stoff in manchen Punkten mindestens ein zweites Mal wiedergegeben werden, um seine Relation zu anderen Systemen aufzuzeigen. So ist die Geochemie der Hydrosphäre im wesentlichen eine des Meerwassers, die so grundlegende Fragen aufwirft, wie etwa die nach der Herkunft und Entwicklung der Ozeane. Die Geochemie der Atmosphäre befaßt sich ebenso mit der Natur der Uratmosphäre wie mit den Veränderungen, denen sie in Wechselwirkung mit der Hydrosphäre, Biosphäre und Lithosphäre unterzogen wurde. Die Geochemie der Biosphäre beschäftigt sich mit der Biomasse, ihrer Zusammensetzung und der Rolle der Organismen bei der Konzentrierung und Ablagerung einzelner Elemente. Im Anschluß folgt ein Abschnitt zur Metamorphose und ihrer Gesteine, und den Schluß bildet eine kurze Zusammenfassung und Synthese im Sinne des geochemischen Kreislaufs mit einem Exkurs in die Umwelt-Geochemie.

Die durchgängige Betonung liegt eher auf der Deutung und Erklärung als auf der Beschreibung; dies gilt sowohl für das, was noch dazugelernt werden soll als auch für das bereits Bekannte. Seit dem Erscheinen der vorhergehenden Ausgabe haben gewaltige Fortschritte innerhalb der Geowissenschaften und der Raumforschung stattgefunden. Das Konzept der heute weitgehend anerkannten Plattentektonik wurde entwickelt, andere Planeten und auch der Mond wurden angeflogen, beprobt und untersucht, Material von den Ozeanböden wurde gesammelt und analysiert. Die Wesensmerkmale der Geochemie bleiben dieselben, obgleich sich die Aufgaben ständig ändern.

Über die zahlreichen Lücken unserer geochemischen Kenntnisse sind wir uns im klaren. Dieses Problem kann nur gelöst werden durch die vereinte Anstrengung von Chemikern, Physikern und Geowissenschaftlern. Dieses Buch soll – so hoffen wir – sie auf manches dieser Probleme hinführen.

Nicht nur aus zahlreichen Büchern und Veröffentlichungen haben wir das Quellenmaterial zusammengetragen; Gedankenaustausch und Gespräche mit Kollegen und anderen Personen haben gleichfalls ihren Anteil zu diesem Buch beigesteuert. Rezensionen früherer Ausgaben flossen auf direktem Weg in diese Auflage ein. Einen besonders wertvollen und ausgleichenden Einfluß übte Prof. HENRY FAUL auf dieses Buch aus, der das Manuskript las.

Zweifellos hat jeder Lehrende seine eigenen Vorstellungen zur Geochemie entwickelt. Gleichwohl sind wir zuversichtlich, daß diese *Grundzüge der Geochemie* ein brauchbares Grundgerüst für ihn darstellen, auf dem aufbauend er ausgewählte Themen weiterentwickeln und sie für seinen Unterrichtsgebrauch anwenden kann. In diesem Sinne wird das Aufgabengebiet der Geochemie weiterhin wachsen und ein lebendiges Betätigungsfeld bleiben.

Brian Mason und *Carleton B. Moore*

Vorwort zur deutschen Ausgabe

Viele Fragestellungen in den inzwischen schon zahlreichen Disziplinen der Geowissenschaften können heutzutage, nicht zuletzt wegen der großen Fortschritte auf dem apparativen und analytischen Sektor, vornehmlich mit geochemischen Methoden behandelt und gelöst werden. Aus diesem Grund erfuhr die Geochemie in der letzten Zeit einen gewaltigen Aufschwung, der durch eine wahre Flut von Publikationen dokumentiert ist.

Literarisch ausgestattet ist das Gebiet der Geochemie vor allem durch Werke aus dem englischsprachigen Raum. Eine einführende Aufbereitung des umfangreichen Stoffes mit Lehrbuchcharakter für eine Leserschaft ohne größere Vorkenntnisse (wenn man von der Chemie im Grundlagenstudium einmal absieht) gibt es dagegen in deutscher Sprache bislang nicht.

Der Verlag Ferdinand Enke will mit diesen Grundzügen der Geochemie zweier publizistisch versierter und fachlich etablierter Autoren eine seit langem bestehende Lücke schließen. Dieses Buch deckt einen Bereich ab, der sich nach „unten" mit etlichen guten, aber komprimierten Taschenbuchtexten fortsetzt und der nach „oben" hin Titel aufweist, die für den geochemischen Aspiranten deshalb weniger geeignet sind, weil sie sein geochemisches Fundament überstrapazieren können.

Der Übersetzer hielt sich weitgehend an den Originaltext von B. MASON und C.B. MOORE. Darüber hinaus wurden, abweichend von der Vorlage, durchgehend SI-Einheiten verwendet, etwa statt Kalorien Joule oder statt Atmosphären Bar usw. Soweit der Übersetzer offensichtliche Fehler antraf, wurden diese beseitigt. In einigen Fällen kamen zu den rein englischsprachigen Literaturhinweisen solche des deutschen Sprachraums hinzu. Bei einigen Kapiteln wurde aus Gründen einer logischen Gliederungsabfolge eine Umstellung in der Reihenfolge der Unterkapitel notwendig.

Gerd Hintermaier-Erhard

Inhalt

1 Einführung

1.1 Gegenstand und Aufgaben der Geochemie

Mit ein paar kurzen Worten kann die Geochemie als ein Wissensgebiet beschrieben werden, das sich sowohl mit der Chemie der Erde als Ganzes als auch mit ihren Bestandteilen befaßt. Gegenüber der Geologie ist sie in mancherlei Hinsicht von begrenzter Tragweite, gleichzeitig jedoch erfüllt sie innerhalb anderer Aufgabenstellungen eine weitreichendere Funktion. Die Geochemie handelt von der Verteilung und Bewegung der chemischen Elemente auf der Erde hinsichtlich des Ortes und der Zeit. Neben den Fragestellungen zur Chemie der Erde sind auch solche zur Verteilung und zum Auftreten der Elemente im Universum von Belang – mit ihnen setzt sich die Kosmochemie auseinander. Denn es ist für das tiefere Verständnis der Chemie der Erde wichtig, auch die Chemie und Geschichte der Sonne und der anderen Planeten einzubeziehen und weitergehend auch die der Sterne, der anderen Sternensysteme sowie des interplanetaren und interstellaren Raumes.

CLARKE umriß in seinen *Data of Geochemistry* das Thema in eingeschränkterer Form:

„Man könnte jedes Gestein, für unsere Zwecke, als ein chemisches System auffassen, in dem durch verschiedene Einwirkungen chemische Umwandlungen bewirkt werden können. Jede dieser Umwandlungen impliziert eine Störung des Gleichgewichts und führt letztendlich zur Bildung eines neuen Systems, das unter den neuen Bedingungen wiederum in sich stabil ist. Das Studium dieser Umwandlungen ist das Aufgabengebiet der Geochemie. Also sind die Aufgaben des Geochemikers, die möglichen Umwandlungen zu bestimmen, zu analysieren, wie und wann sie eintreten, ihre Begleitumstände zu beobachten und ihre Endzustände festzuhalten . . .

Aus geologischer Sicht ist die feste Erdkruste Hauptuntersuchungsgegenstand; und die in ihr stattfindenden Reaktionen können üblicherweise in drei Rubriken klassifiziert werden: erstens Reaktionen zwischen den wesentlichen Bestandteilen der Erde selbst; zweitens Reaktionen, die auf die Wasserhülle zurückzuführen sind; und drittens Reaktionen, hervorgerufen durch die Einwirkung der Atmosphäre."

V.M. GOLDSCHMIDT charakterisierte Geochemie mit folgenden Worten:

„Hauptaufgabe der Geochemie ist es einerseits, quantitativ die Zusammensetzung der Erde und ihre Teile zu bestimmen, andererseits die Gesetze aufzudecken, die die Verteilung der einzelnen Elemente regulieren. Zur Lösung dieser Probleme benötigt der Geochemiker eine umfassende Sammlung von Analysedaten über terrestrisches Material, also über Gesteine, Wässer und Atmosphäre; ferner nutzt er Analysen von Meteoriten, astrophysikalische Daten über die Zusammensetzung anderer kosmischer Körper und geophysikalische Daten über die Natur des Erdinnern. Viel wertvolle Information konnte auch durch die Synthetisierung von Mineralen im Labor und auch durch die Untersuchung der Art und Weise ihrer Bildung und ihrer Stabilitätsbedingungen gewonnen werden."

Die wichtigsten Aufgaben der Geochemie können wir folgendermaßen zusammenfassen:

- Die Bestimmung der relativen und absoluten Häufigkeiten der Elemente und ihrer Isotope in und auf der Erde.
- Die Beschäftigung mit der Verteilung und Bewegung der einzelnen Elemente in den verschiedenen Teilbereichen der Erde wie Kruste, Hydro-, Atmo- und Pedosphäre etc. sowie in den Mineralen und Gesteinen mit der Zielsetzung, die zugrundeliegenden Gesetzmäßigkeiten über Verteilung und Bewegung der Elemente aufzudecken.

In gewisser Weise wurde der Wirkungsbereich der Geochemie von der historischen Entwicklung der Geologie mitbestimmt. Da sich die Geochemie relativ spät als eigene Disziplin verstand, halten verwandte Wissenschaften wie Mineralogie, Petrologie oder Lagerstättenkunde viele in ihrem Wesen geochemische Themen besetzt; empirische Untersuchungen zur Elementverteilung an der Erdoberfläche etwa spielten und spielen eine sehr wichtige Rolle für die Aufspürung von Mineral- und Erzlagerstätten.

1.2 Geschichte der Geochemie

Die Geochemie hat sich in diesem Jahrhundert sprunghaft entwickelt; gleichwohl ist die Vorstellung von einer eigenen Disziplin zur Erforschung der Chemie der Erde eine alte – der Entdecker des Ozons, der Schweizer SCHÖNBEIN, verwendete schon 1838 den Begriff „Geochemie“. Die Geschichte der Geochemie ist naturgemäß im wesentlichen von der Geschichte der Chemie und Geologie geprägt worden. Weil sich die Geochemie maßgebend mit den chemischen Elementen befaßte, stellen deren Entdeckung und Identifizierung Meilensteine der Naturwissenschaft dar. Die modernen Auffassungen über die Lehre von den Elementen gehen zurück auf LAVOISIERS *„Traité elementaire de Chimie“* aus dem Jahre 1789, obwohl schon einige Wissenschaftler aus dem 17. und 18. Jahrhundert Unterscheidungen trafen zwischen Elementen und Verbindungen. Bei LAVOISIER finden wir folgende 31 Elemente beschrieben: O, N, H, S, P, C, Cl, F, B, Sb, Ag, As, Bi, Co, Cu, Sn, Fe, Mn, Hg, Mo, Ni, Au, Pt, Pb, W, Zn, Ca, Mg, Ba, Al, Si. Von diesen Elementen waren schon früher bekannt: Au, Ag, Cu, Fe, Pb, Sn, Hg, S, C. In der letzten Dekade des 18. Jahrhunderts wurden außerdem noch entdeckt: U, Zr, Sr, Ti, Y, Be, Cr, Te. Die Entdeckungen oder Isolierungen im 19. Jahrhundert betrafen folgende Elemente:

1800–1809:	Na, K, Nb, Rh, Pd, Ce, Ta, Os, Ir	1850–1859:	–
		1860–1869:	Rb, In, Cs, Tl
1810–1819:	Li, Se, Cd, I	1870–1879:	Sc, Ga, Sm, Ho, Tm, Yb
1820–1829:	Br, Th	1880–1889:	Ge, Pr, Nd, Gd, Dy
1830–1839:	V, La	1890–1899:	He, Ne, Ar, Kr, Xe, Po, Ra, Ac
1840–1849:	Ru, Tb, Er		

Diese Daten verraten ein interessantes Verteilungsmuster. Während des ersten Jahrzehnts wurde eine ganze Reihe von Elementen entdeckt oder isoliert, was auf den Einfluß der theoretischen Überlegungen von LAVOISIER und DALTON zurückzuführen ist. Die Zahl der Entdeckungen ging dann bis zur Hälfte des Jahrhunderts auf Null zurück. Als 1860 BUNSEN und KIRCHHOFF das **Spektroskop** für den Nachweis und die Identifizierung der Elemente erstmalig einsetzten, wurden in kurzer Folge Cs, Rb, Tl und In mit dieser neuartigen Methode entdeckt. Die 70er und 80er Jahre brachten noch mehrere Lanthaniden ans Licht sowie jene Elemente, die MENDELEJEW aufgrund des Periodensystems verhersagen konnte: Eka-Aluminium (Ga), Eka-Bor (Sc) und Eka-Silizium (Ge). 1894 gelangt die Entdeckung des ersten Edelgases, Argon; schnell entdeckte man auch die restlichen Mitglieder dieser Gruppe: Ne, He, Kr, Xe. Die Entdeckung der Radioaktivität durch BECQUEREL 1896 führte in der Folge auch zur Entdeckung von Polonium und Radium durch das Ehepaar CURIE im Jahre 1898 sowie Actinium durch DEBIERNE ein Jahr später.

Um 1900 stand das periodische System der Elemente im wesentlichen bis auf einige kurzlebige, radioaktive Elemente und die Elemente Eu (1901), Lu (1907), Hf (1923) und Re (1925) komplett da. Der Beleg für die Vollständigkeit war aber erst 1914 möglich, als MOSELEY den Zusammenhang zwischen den Röntgenspektren und den Ordnungszahlen der Elemente herleitete.

Im Verlauf des 19. Jahrhunderts stellten geochemische Daten gewissermaßen die Nebenprodukte geologischer und mineralogischer Forschungsarbeit dar; die Nachweismethoden wurden mehr und besser, und die Kenntnisse über die verschiedenen Baumaterialien der Erde – Minerale, Gesteine, Gewässer, Gase – nahmen zu. Viele Jahre lang beschränkte sich geochemisches Schaffen auf die europäischen Labors; mit der Organisation des US Geological Survey und der Bestellung von F.W. CLARKE zum Chefchemiker im Jahre 1884 wurde ein Zentrum für die chemische Erforschung der Erde erstmalig auf dem amerikanischen Kontinent gegründet.

CLARKE war 41 Jahre lang der Leiter und ging 1925 in den Ruhestand. Er zeichnete verantwortlich für einen enormen und stetig anwachsenden Ausstoß an Mineral-, Gesteins- und Erzanalysen. Darüber hinaus befaßte er sich unermüdlich mit der grundlegenden Bedeutsamkeit dieser so gewonnenen Datenfülle. Im Jahre 1889 veröffentlichte er das klassische Werk „*The relative abundance of the chemical elements*", das einen ersten Versuch darstellte, die gesammelten Gesteinsanalysen zur Abschätzung der mittleren Erdkrustenzusammensetzung und der relativen Häufigkeit der Elemente zu verwenden. Dabei ist es sehr interessant festzustellen, daß selbst mit den unzulänglichen, damals verfügbaren Mitteln CLARKE es fertigbrachte, bereits vorausschauende, bemerkenswerte Schlüsse zu ziehen. Er schrieb: „If . . . we assume that the elements have been evolved from one premordial form of matter, their relative abundance becomes suggestive . . . the process of evolution seems to have gone on slowly till oxygen was reached. At this point the process exhibited its maximum energy, and beyond it the elements forming stable oxides were the most readily developed, and in the largest amounts. On this supposition the scarcity of the elements above iron becomes somewhat intelligible; but the theory does not account for everything and is to be regarded as merely tentative." In seinem großen Gesamtwerk, *The Data of Geochemistry*, das er zunächst als US Geological Survey Bulletin 330 im Jahr 1908 veröffentlichte und das in nicht ganz 20 Jahren fünf Auflagen erreichte, verfolgte CLARKE diese Theorie von der Herkunft der Elemente jedoch nicht weiter.

In vielerlei Hinsicht markiert das Erscheinen der fünften Auflage der *Data of Geochemistry* das Ende einer Ära. Während der vorangegangenen einhundert Jahre war geochemische Forschung gleichbedeutend mit der Untersuchung jener Teile der Erde, die der optischen Einsichtnahme und dem chemischen Versuch zugänglich waren. Aus der Natur der Sache heraus war kaum mehr möglich; darstellende, interpretierende Geochemie hatte solange kein Dasein, wie die fundamentalen Wissenschaften wie Physik und Chemie in ihrer Entwicklung noch auf sich warten ließen. An einem einfachen Beispiel wird das klar: Das Fehlschlagen aller Erklärungsversuche zur Geochemie der Silikate fand erst mit der Entdeckung der **Rönt-**

genbeugung an Kristallen ein Ende; erst damit war es möglich, den atomaren Aufbau von Festkörpern zu entschlüsseln.

Die Entwicklung geochemischen Forschens zu neuen Fragestellungen hin wurde erst durch die Errichtung des Geophysical Laboratory der Carnegie Institution of Washington im Jahre 1904 rasch vorangetrieben. Die in diesen Labors praktizierte Strategie umfaßte sorgfältige Versuchsplanung und -durchführung unter kontrollierten Bedingungen sowie die Anwendungen der Prinzipien der physikalischen Chemie auf geologische Vorgänge – das war für damalige Verhältnisse ein großer Schritt vorwärts. Zuvor noch hatten Geologen und Chemiker stark daran gezweifelt, ob es möglich wäre, die Gesetze und Mechanismen der Physik und Chemie auf Stoffe und Prozesse, wie sie in sehr komplexer Weise auf und in der Erde stattfinden, anzuwenden.

Zur selben Zeit, als die erste Arbeitsgruppe ihre Forschungen in Washington aufnahm, etablierte sich in Norwegen eine neue Schule von Geochemikern. Begründet und betreut von J.H.L. VOGT und W.C. BRØGGER, fand sie internationale Beachtung durch die Arbeiten von V.M. GOLDSCHMIDT und seinen Mitarbeitern. Er promovierte an der Universität Oslo über das Thema *„Die Kontaktmetamorphose im Kristianiagebiet"*, das als eines der grundlegenden Bearbeitungen auf dem Gebiet der Geochemie gilt. Er wandte die Phasenregel auf die mineralogischen Phasenübergänge bei der Kontaktmetamorphose der Tonschiefer, Marmore und Kalke an und zeigte, daß diese Änderungen mit den Gesetzen der chemischen Gleichgewichtslehre erklärt werden können. In den nächsten zehn Jahren widmete er sich weitgehend ähnlichen Fragestellungen zur Gesteinsmetamorphose. Diese Studien ermunterten ähnlich ausgerichtete Forschergruppen der anderen skandinavischen Länder und führten schließlich zur Formulierung des bekannten Prinzips der Mineralfazies von ESKOLA in einer Veröffentlichung aus den Labors von GOLDSCHMIDT.

In mancherlei Hinsicht kann das Jahr 1912 als ein für die Geochemie entscheidendes Jahr angesehen werden. VON LAUE konnte zeigen, daß Röntgenstrahlen beim Auftreffen auf einen Kristall durch dessen Anordnung der Atome wie mit einem Beugungsgitter abgelenkt wurden. Auf diese Weise machte er die Entdekkung, daß durch Röntgenstrahlenbeugung an Kristallen deren Atomaufbau bestimmt werden konnte. Da der Geochemiker weitgehend mit der Chemie fester Stoffe zu tun hat, kann die Bedeutung solcher neuer Methoden kaum hoch genug eingeschätzt werden. Jedoch gingen noch einige Jahre ins Land, bis diese neuen Entwicklungen in der Geochemie Fuß faßten. In der 5. Auflage von *Data of Geochemistry* (1924) wird noch nichts davon erwähnt. Es ist das Verdienst GOLDSCHMIDTs und seines Weitblicks, daß er nicht nur die große Bedeutung der Strukturbestimmung von Kristallen für die Geochemie erkannte, sondern Pläne dazu ausarbeitete, die bald Forschungsergebnisse von maximaler Ausbeute bei einem Minimum an Zeitaufwand erbrachten. Zwischen 1922 und 1926 bestimmten er und seine Mitarbeiter an der Universität Oslo den Aufbau zahlreicher Verbindungen und schufen damit die Basis für die Ableitung allgemeiner Gesetzmäßigkeiten über die Verteilung der Elemente in kristallinen Substanzen. Die Ergebnisse dieses Forschungsprogramms legte er in einer Reihe von Publikationen mit dem Titel *„Geochemische Verteilungsgesetze der Elemente"* nieder, die trotz des Titels hauptsächlich von den Kristallstrukturen anorganischer Verbindungen handelten. In diesen Schriften ist der Name GOLDSCHMIDTs mit denen von T. BARTH, W.H. ZACHARIASEN, L. THOMASSEN, G. LUNDE, I. OFTEDAHL und anderen verbunden, die allesamt noch zu hohem Bekanntheitsgrad aufrückten.

V.M. GOLDSCHMIDT

GOLDSCHMIDT wechselte 1929 von Oslo nach Göttingen, wo er Untersuchungen zur Geochemie einzelner Elemente begann. Er nutzte die bereits gemachten wertvollen Erfahrungen und Grundlagen der vergangenen Jahre und nutzte ebenfalls die laufend neu gemachten Fortschritte auf dem Gebiet der quantitativen Spektroskopie, die eine schnelle und hochpräzise Bestimmung kleinster Mengen von einer Reihe von Elementen zuließen. Die Resultate sind in der seventh Hugo Müller lecture of the Chemical Society of London (1937) zusammengetragen. Wegen der verhängnisvollen politischen Entwicklung in Deutschland kehrte GOLDSCHMIDT 1935 nach Oslo zurück. Unglücklicherweise kam er nach der Invasion deutscher Truppen 1940 in Norwegen kaum mehr zum Arbeiten. Um der drohenden Deportation nach Polen zu entgehen, floh er 1942 von Norwegen nach Schweden und weiter nach England. Infolge des Aufenthalts in Konzentrationslagern auf norwegischem Boden war seine Gesundheit inzwischen sehr angegriffen; bis zu seinem viel zu frühen Tod im Jahre 1947 erholte er sich nicht wieder.

Dank der Impulse und der Arbeiten von GOLDSCHMIDT entwickelte sich die Geochemie in den letzten 50 Jahren von einer anfänglich unzusammenhängenden Anhäufung an Meßdaten zu einer philosophischen Wissenschaft auf der Grundlage des geochemischen Kreislaufs, in dem die einzelnen Elemente genau nach festgelegten Grundsätzen ihre Funktionen erfüllen. Über die zugänglichen Teile der Erde hinaus drangen theoretische Ansätze vor und versuchten Aussagen über Wesen und Zusammensetzung des Erdinnern, über die Entwicklungsgeschichte der Erde und schließlich über die vorgeologische Vergangenheit der Erde und die Geschichte des gesamten Sonnensystems zu treffen.

Eine sehr bedeutende Schule der Geochemie hatte sich auch in der Sowjetunion entwickelt, insbesondere nach 1917. Große Namen sind V.I. VERNADSKY sowie die seiner jüngeren Kollegen A.E. FERSMAN und A.P. VINOGRADOV; ihre Produktivität war enorm. In der Sowjetunion diente die Geochemie im besonderen der Aufspürung von Bodenschätzen, was mit beachtlichen Erfolgen verbunden war.

Die meisten Fortschritte in der Geochemie können wir der Verfeinerung in der analytischen Meßtechnik zuschreiben. Die Entdeckungen auf dem Gebiet der Radioaktivität während und nach dem Zweiten Weltkrieg ließen neue Methoden in der Elementanalyse entstehen; Neutronenaktivierungsanalyse und Massenspektrometrie eröffneten völlig neue Dimensionen. Beide Analysenmethoden werden laufend verbessert und erlauben immer exaktere Bestimmungen selbst aus kleinen Probenumfängen. So können geochemische Systeme in immer kleineren Teilschritten untersucht werden, was eine bessere Kontrolle geochemischer Theorien und Hypothesen zur Folge hat.

Die Möglichkeit des Zugriffs auf Proben vom Mond, Fernerkundungsdaten von den Atmosphären und Oberflächen einiger Planeten und die zunehmende Anerkennung der Plattentektonik in den Jahren nach 1960 eröffneten der Geochemie neue Perspektiven der Beprobung und Deutung. Die Bereitstellung zahlloser Daten von Erde, Mond und Meteoriten erlaubte auch nunmehr die Überprüfung von Theorien zur Planetologie und Kosmochemie. Das Konzept des Gesteinrecyclings bei der Subduktion von ozeanischer Kruste erforderte eine Neubewertung des geochemischen Kreislaufs der Elemente. Gerade heute steht die Geochemie ohne Zweifel an der Schwelle zu neuen und aufregenden Veränderungen und Entdeckungen.

1.3 Geochemische Literatur

Geochemische Fakten, Theorien und Vorstellungen sind über das weite Feld wissenschaftlicher Literatur verstreut. Die häufigste Quelle diesbezüglicher Daten sind in erster Linie geologische Publikationen, aber ihre Anzahl ist astronomisch hoch, und geochemische Beiträge finden sich in fast jedem Thema. Natürlich beinhalten auch chemische Veröffentlichungen vieles an Wichtigem für die Geochemie; gelegentlich beschäftigten sich sogar klassische Themenstellungen damit, beispielsweise ein Symposium unter dem Motto „The physical chemistry of igneous rock formation“, publiziert von der Faraday Society im Jahre 1925. Erfreulicherweise ist die chemische Literatur vergleichsweise gut zugänglich über die sogenannten Abstracts. Nicht unerwähnt bleiben soll die Bedeutung von astronomischer, biologischer, bodenkundlicher und physikalischer Literatur für die Geochemie.

Zwei bedeutende, der Geochemie gewidmete Zeitschriften sind *Geochimica et Cosmochimica Acta*, die seit 1950 unter der Leitung eines internationalen Kollegiums herausgegeben wird, und *Geokhimiya*, die seit 1956 von der Akademie der Wissenschaften der UdSSR herausgegeben wird; diese erschien auch unter dem Namen *Geochemistry* in übersetzter Form, publiziert von der Geochemical Society (bis 1963; ab 1964 wurde *Geochemistry* durch *Geochemistry International* abgelöst, die nunmehr ausgewählte Aufsätze aus *Geokhimiya* neben übersetzten Artikeln aus anderen Sprachen enthält). Obwohl diese und andere rein auf geochemische Themen ausgerichtete Fachjournale viele relevante Beiträge anziehen, finden sich dennoch nach wie vor zahlreiche wichtige geochemische Fakten und Erkenntnisse innerhalb von Arbeiten aus der Mineralogie, Petrologie, Lagerstättenkunde, Bodenkunde, anorganischen und physikalischen Chemie und anderen Disziplinen.

Drei herausragende Bücher sind im Sinne von klassischer Literatur zu verstehen; eines davon, die Ausgabe von 1924 von CLARKEs *The Data of Geochemistry*, ist nach wie vor eine hervorragende Zusammenstellung geochemischer Analysedaten. Schrittweise ist sie ersetzt durch eine neue Ausgabe, die in Form einzelner Kapitel erschienen ist. Das zweite ist *Geochemistry* von RANKAMA & SAHAMA aus dem Jahre 1950. Dieses maßgebende und umfassende Werk behandelt nicht nur die allgemeinen Aspekte geochemischer Betrachtensweise, sondern geht daneben sehr detailliert ein auf die Geochemie eines jeden Elements. Das dritte Buch ist *Geochemistry* von V.M. GOLDSCHMIDT. Einen Großteil des Manuskripts für dieses Buch hatte er vorbereitet, als er 1947 starb. Dank der gewissenhaften Redaktion von A. MUIR und den Beiträgen zu fehlenden Abschnitten von anderen Wissenschaftlern konnte es 1954 in Druck gehen. Obwohl es ähnlich in der Aussage ist wie das Buch von RANKAMA & SAHAMA, trägt es den besonderen Stempel von GOLDSCHMIDTs Fähigkeit zu umfassender Verallgemeinerung, womit er eine ganze Reihe von isolierten Beobachtungen in einen klaren Zusammenhang stellte.

Eine Datenzusammenstellung aktuellerer Werte wurde 1969 von K.H. WEDEPOHL begonnen, das *Handbook of Geochemistry.* Dieses sehr nützliche Handbuch liegt als Loseblattsammlung vor und kann je nach der Verfügbarkeit neuerer Informationen in einzelnen Abschnitten korrigiert und aktualisiert werden.

Ausgewählte Schriften

ALLÈGRE, CLAUDE-JEAN, & G. MICHARD (1974): *Introduction to geochemistry.* 142 S. D. Reidel Pub. Co., Dordrecht, Holland

BROWNLOW, A.H. (1979): *Geochemistry.* 498 S. Prentice-Hall, Englewood Cliffs, N.J.

CLARKE, F.W. (1924): The data of geochemistry (5. Aufl.). 841 S. *US Geol. Surv. Bull.,* 770

ERNST, W.G. (1977): *Bausteine der Erde.* 190 S. Enke Verlag, Stuttgart

FAIRBRIDGE, R.W. (Hrsg.) (1972): *The encyclopedia of geochemistry and environmental sciences.* 1321 S. Van Nostrand Reinhold Co., New York

FLEISCHER, M. (Hrsg.) (1962): The data of geochemistry (6. Aufl.). *US Geol. Surv. Prof. Paper 440*

GOLDSCHMIDT, V.M. (1954): *Geochemistry.* 730 S. Clarendon Press, Oxford

HENDERSON, P. (1980): *Inorganic Geochemistry.* Ca. 300 S. Pergamon Press, Oxford

KRAUSKOPF, K.B. (1979): *Introduction to geochemistry* (2. Aufl.). 617 S. McGraw-Hill Book Co., New York

RANKAMA, K., & T.G. SAHAMA (1950): *Geochemistry.* 912 S. University of Chicago Press, Chicago

RÖSLER, H.J., & H. LANGE (1972): *Geochemical tables.* 468 S. Elsevier Publishing Co., New York

SCHROLL, E. (1975/76): *Analytische Geochemie* (2 Bde.). 292 und 374 S. Enke Verlag, Stuttgart

WEDEPOHL, K.H. (Hrsg.) (1969–1978): *Handbook of Geochemistry* (5 Bde.). Springer-Verlag, Berlin

WEEKS, M.E., & H.M. LEICESTER (1968): *Discovery of the elements* (7. Aufl.). 910 S. Chemical Education Publishing Co., Easton, Pa.

2 Weltall und Sonnensystem

2.1 Die Beschaffenheit des Weltalls

Die Erde ist ein Bestandteil des Sonnensystems mit der Sonne im Zentrum, umgeben von den Planeten und ihren Begleitern, den Asteroiden, den Kometen und den Meteoriten. Die Sonne ist nur ein Stern unter vielleicht 10^{11} anderen in unserer Galaxis, die eine linsenförmige Gestalt mit einem Durchmesser von ca. 70 000 Lichtjahren (1 Lichtjahr hat ungefähr 10^{13} km) hat. Neben unserer Milchstraße existieren sehr viele weitere Sternensysteme ähnlicher Dimension. Diese Systeme, die extragalaktischen Sternennebel, sind ziemlich gleichmäßig über das All verteilt; der uns nächstgelegene heißt Andromedanebel und befindet sich in einer mittleren Entfernung von ca. $1{,}75 \cdot 10^6$ Lichtjahren. Das Spektrum dieser extragalaktischen Nebel zeigt eine Verschiebung der Spektrallinien in Richtung auf das Rot; diese als Rotverschiebung bekannte Erscheinung ist proportional der Entfernung des Nebels. Sie wird als Dopplereffekt betrachtet, der vom Auseinanderfliegen der Nebelsysteme herrührt. Deren Fluchtgeschwindigkeiten sind annähernd proportional zu ihrer Entfernung, was den Eindruck eines sich ausdehnenden Universums vermittelt. Ein Großteil der Theorie eines expandierenden Alls ist dennoch höchst spekulativ; aus diesem Grund haben Schlußfolgerungen aus dieser Theorie immer etwas Vages an sich.

Alter des Weltalls

Die Theorie eines expandierenden, dynamischen Universums schließt die Annahme in sich ein, daß das All sich in einem Stadium permanenter Entwicklung befand und befindet. Gehen wir in unserem Zeitempfinden immer weiter zurück, gelangen wir an einen Punkt, an dem das Universum in zusammengeballter Form vorgelegen haben mag oder wo die ganze Materie des Universums auf einen kleinen Bereich konzentriert war. Es ist üblich, dies als seinen Urzustand anzusehen und von da an das Alter des Universums zu schätzen. Aufgrund bestimmter Annahmen, etwa zur Geschwindigkeit der Ausdehnung, wird das Alter des Weltalls heutzutage mit ungefähr $16 \cdot 10^9$ Jahren angegeben.

Zusammensetzung des Weltalls

Unsere Kenntnisse über die chemische Zusammensetzung des Weltalls stammen aus spektroskopischen Untersuchungen der solaren und stellaren Strahlung, aus Analysen von Meteoriten und aus dem, was wir schon über die Zusammensetzung der Erde und der anderen Planeten wissen oder zu wissen glauben. Die für die Strahlung verantwortlichen Elemente können spektroskopisch erfaßt werden, und mittels sorgfältiger Analyse der Intensitäten der Spektrallinien ist es möglich, die relativen Elementmengen in den äußeren Lagen eines strahlenden Himmelskörpers abzuschätzen. Die Daten stehen in Einklang mit der Annahme, daß das Universum durchwegs aus denselben Elementen besteht und trotz lokaler Abweichungen, die leicht erklärbar sind, die relativen Häufigkeiten der verschiedenen Elemente überall meist gleich sind. Nur selten wurde ein Element, das nicht schon auf der Erde bekannt war, irgendwo anders entdeckt. Helium, das 1868 von LOCKYER im Spektrum der Sonne erstmals nachgewiesen wurde, identifizierte RAMSAY 1895, als er es mittels Erhitzen von Uraninit mit einer Mineralsäure freisetzte (HILLEBRAND betrachtete das freiwerdende Gas bei dieser Reaktion einige Jahre früher fälschlicherweise als Stickstoff). Technetium, das wegen seiner kurzen Halbwertszeit auf der Erde nicht mehr gemessen werden kann, wurde in einigen Spektren entfernter Himmelskörper entdeckt, da es dort wegen der Neubildung von stellarer Materie offensichtlich gerade synthetisiert wird.

2.2 Die Beschaffenheit des Sonnensystems

Als Forschungsobjekt für die Geochemie spielt das Sonnensystem eine sehr wichtige Rolle, obwohl man meinen könnte, daß es angesichts der Weite des Universums vergleichsweise unbedeutend ist. Einige Angaben zum Sonnensystem liefert die Tabelle 2.1. Jede Theorie, die die Herkunft des Sonnensystems schlüssig erklären will, muß zumindest die folgenden, mit Abstand wichtigsten Gesetzmäßigkeiten berücksichtigen:

- Die Sonne birgt über 99,8% der Masse des ganzen Systems in sich, aber nur 2% des Drehmoments.
- Die Planeten umkreisen alle auf elliptischen Bahnen die Sonne; die Bewegungsrichtung ist für alle Planeten die gleiche, und die Bahnen liegen praktisch in einer Ebene.
- Fast alle Planeten rotieren um ihre Achsen in derselben Richtung wie ihre Rotation um die Sonne (ausgenommen Venus und Uranus mit entgegengesetzter Drehbewegung); die meisten ihrer Begleiter (Trabanten) rotieren ebenfalls in gleicher Richtung.
- Die Planeten gehorchen einer gesetzmäßigen räumlichen Anordnung nach einer von BODE aufgestellten Regel[1], und sie bilden zwei gegensätzliche Gruppen: eine innere aus kleinen Planeten wie Merkur, Venus, Erde und Mars, auch bekannt unter der Bezeichnung erdähnliche Planeten, sowie eine äußere Gruppe aus großen Planeten wie Jupiter, Saturn, Uranus und Neptun.
- Den Großteil des Drehmoments, trotz der Konzentration fast aller Masse in der Sonne, haben die Planeten inne.

---

[1] BODEs Regel stellt eine empirische Folge dar, die die relativen Abstände der Planeten von der Sonne näherungsweise beschreibt und die wie folgt formuliert werden kann:

Merkur	Venus	Erde	Mars	(Lücke)	Jupiter	Saturn	Uranus	Neptun	Pluto
4	4	4	4	4	4	4	4		4
0	3	6	12	24	48	96	192		384
4	7	10	16	28	52	100	196		388

Tatsächliche Abstände der Planeten von der Sonne, wobei der Erdabstand als 10 gesetzt ist:

Merkur	Venus	Erde	Mars	(Lücke)	Jupiter	Saturn	Uranus	Neptun	Pluto
3,9	7,2	10	15,2		52	95	192	301	395

Die Regel läßt eine gute Übereinstimmung mit den gemessenen Abständen erkennen, außer für Neptun; die Lücke zwischen Mars und Jupiter wird von den Asteroiden eingenommen, bei einem durchschnittlichen Abstand von 29.

Tabelle 2.1 Ausgewählte Daten des Sonnensystems

	Masse (Erde = 1)	Radius (in km)	Dichte (g/cm^3)	Oberflächentemperatur (in K)	Oberflächendruck (in bar)	Wichtige Atmosphärengase
Sonne	332 000	695 000	1,41	5500	–	H_2, He
Merkur	0,055	2 440	5,44	620	–	–
Venus	0,815	6 050	5,27	741	93	CO_2, N_2, H_2O, Ar, SO_2
Erde	1,00	6 371	5,52	~ 290	1	N_2, O_2, CO_2, H_2O
Mars	0,11	3 397	3,95	210–240	0,007	CO_2, N_2, Ar, O_2
Jupiter	318	71 600	1,31	170	hoch	H_2, He, CH_4, NH_3
Saturn	95,2	60 000	0,70	140	hoch	H_2, He, CH_4, NH_3
Uranus	14,6	25 900	1,21	80	hoch	H_2, He, CH_4, NH_3
Neptun	17,2	24 750	1,66	80	hoch	H_2, He, CH_4, NH_3
Pluto	0,0017	1 300	1 ?	80	–	–

Entstehung des Sonnensystems

Plausible Theorien zur Herkunft des Sonnensystems müssen zwangsläufig auf diese Prinzipien Bezug nehmen. Es gibt zwei tonangebende Schulen, beide mit weit zurückreichender und angesehener Vergangenheit. Beide betrachten das Sonnensystem als herleitbar von einer **Ur-Sonne** oder einem **Ur-Nebel**. Sie unterscheiden sich im wesentlichen in ihren Annahmen darin, daß die eine die Wirkung einer externen Kraft für die Entstehung der Planeten aus der Sonne fordert, während die andere diese Forderung zurückweist und andererseits die für die Bildung der Planeten bereitgestellte Energie in dem solaren Ur-Nebel selbst vermutet. Die erste Schule geht zurück auf den französischen Philosophen BUFFON, der 1749 postulierte, daß die Planeten durch die Kollision der Sonne mit einem anderen Stern entstanden sind. Die andere Schule entsprang den Spekulationen von KANT im Jahre 1755. Er nahm an, daß es in einem solaren Ur-Nebel Stellen gebe, die aufgrund einer etwas höheren Dichte als ihre Umgebung wie Schwerefelder auf andere Materie wirken; die Planeten wären demzufolge im Mittelpunkt solcher Zonen entstanden. LAPLACE stellte sich 1796 den Ur-Zustand der Sonne als rotierende, dünne Gasmasse vor, die den ganzen Raum des heutigen Sonnensystems einnahm. Zunehmende Kontraktion, mit zugleich steigender Rotationsgeschwindigkeit führte zum Ablösen einer Reihe von Gasringen, die sich schließlich zu den bekannten Planeten zusammenballten.

Die Hypothese hielt sich über einen Zeitraum von ca. 60 Jahren, bis der Physiker C. MAXWELL zeigte, daß die Physik des Sonnensystems sich mit den von LAPLACE aufgestellten Forderungen nicht vertragen konnte. Die Hauptschwierigkeiten lagen darin, daß sich das Drehmoment auf die Planeten konzentrierte – und nicht etwa auf die Sonne – und in dem Mechanismus, wie die rotierenden Gasringe zu Planeten kondensieren konnten. Diese Einwände brachten die LAPLACEsche Theorie ins Wanken; jetzt wurde hingegen wieder die Theorie von BUFFON, zunächst verbessert durch CHAMBERLIN und MOULTON, später durch JEANS und JEFFREYS, zum Leben erweckt. Diesen Theorien war gemeinsam eine Entstehung der Erde und der anderen Planeten aus Material, das der Sonne bei einem Einschlag oder bei einer Annäherung eines anderen Sterns herausgerissen worden war. Die CHAMBERLIN-MOULTON-Hypothese postulierte eine Planetenzusammenballung aus kleinen Feststoffteilchen, den **Planetesimalen**, die JEANS-JEFFREYS-Hypothese betrachtete die Planetenentstehung als eine Kondensation von hochglühenden Gasmassen. Die Impact-Theorien wurden eine Zeit lang hoch gehandelt, bis man zu der Einsicht gelangte, daß das durch einen Einschlag in die Sonne herausgeschleuderte Material unter keinen Umständen zu Planeten kondensieren könnte, sondern in kurzer Zeit sich in den Weltraum hinaus verflüchtigen würde.

Auch in der Gegenwart sind die Entstehung von Erde und Sonnensystem Gegenstand von verstärkten Spekulationen. Viele Varianten der Nebulartheorie wurden von den Astronomen vorgetragen. Darunter ist die Theorie VON WEIZSÄCKERs hervorzuheben, da sie die verschiedenen Gesichtspunkte und Fakten am besten integriert. Sie schildert die Ur-Sonne als eine schnell rotierende Masse, umgeben von einer ausgedehnten, linsenförmigen Hülle aus Gas und Feststoffteilchen in rasender, turbulenter Bewegung. In der Hülle dürften sich strudelartige Wirbel entwickelt haben, welche die Anhäufung von Materie mit nachfolgender Aggregation der Planeten begünstigten. Auch erklärt diese Theorie die regelmäßige Anordnung dieser Wirbel, um so den Zusammenhang zum Gesetz von BODE herzustellen. VON WEIZSÄCKERs Theorie erläutert ferner den Grund für die merklichen Unterschiede in Größe und Dichte zwischen den inneren und äußeren Planeten. Innerhalb der linsenförmigen Hülle, aus der die Planeten kondensierten, nahm die Temperatur mit zunehmender Entfernung vom Zentrum im Quadrat ab. In der Umgebung der äußeren Planeten konnte wegen der Temperaturabnahme mehr Material kondensieren als im inneren Teil; während im inneren Teil der Hülle, also bei den kleineren Planeten, nur Stoffe von niedriger Flüchtigkeit kondensierten, enthielten die Kondensationsprodukte der äußeren und Randgebiete viel Material von niedriger kritischer Temperatur. Wegen dieses Unterschieds in der Menge der Kondensation wuchsen die entfernteren Planeten schneller als die der Sonne nahen. Folglich wurden die inneren Planeten klein und dicht, die äußeren dagegen groß und spezifisch viel leichter. Pluto stellt eine Ausnahme dar, möglicherweise ist er ein entkommener Mond des Neptun. Einzelne Details in den Häufigkeiten der flüchtigen Bestandteile der kleineren Planeten deuten an, daß die Zusammensetzung nicht ohne weiteres eine Funktion der Sonnenentfernung ist. Nach Überprüfung einiger Unterschiede in den Zusammensetzungen von Mars und Erde kamen ANDERS und OWEN zu dem Schluß, daß die größeren der inneren Planeten mehr gasreiches, aus den Spätphasen stammendes Material anzogen, als dies der Mars machte. Die Theorie VON WEIZSÄCKERs beinhaltet Teile der CHAMBERLIN-MOULTON-Hypothese, und zwar jene, in der sich die Planetesimalen zu den Planeten verdichtet haben sollen. Diese Auffassungen griffen andere auf und entwickelten sie extensiv weiter, wie UREY, TER HAAR und KUIPER. Eine Übersicht dazu findet sich bei HARTMAN (1972).

Andere Gedankenmodelle über die Entstehung des Sonnensystems sind verbunden mit der Existenz von Doppelsternen. Alle bekannten Doppelsterne verfügen über ein enormes Drehmoment, hingegen besitzen die meisten Einzelsterne, soweit bekannt, kleine Drehmomente. Es ist deshalb nicht abwegig anzunehmen, daß ein Doppelstern in ein Stadium höherer Stabilität eintreten kann, wenn er sich in ein Einzelsternsystem verwandelt, bei dem die Planeten, die ihn umkreisen, den Hauptteil des Drehmoments erhalten. HOYLE meinte, daß die Entwicklung vom Doppel- zum Einzelstern mit Planetengefolge über den Zusammenbruch eines der beiden Doppelsterne in Begleitung mit einer Supernova-Explosion erfolgt. Der Großteil des Supernova-Materials würde in den Raum geschleudert werden, während ein Rest im Einflußbereich der Sonne verbliebe, um zu Planeten zu kondensieren.

Alter des Sonnensystems

Das Sonnensystem kann man als eine separate Einheit ansehen; ebenso kann man sein Alter unabhängig vom großen Rest der Milchstraße und des ganzen Universums betrachten. Das Sonnensystem ist im Grunde ein geschlossenes System, dessen Elementzusammensetzung die gleiche ist wie bei seiner Entstehung, ausgenommen die Umwandlung von Wasserstoff in Helium sowie andere thermonukleare Reaktionen in der Sonne und der Zerfall von radioaktiven Elementen. Der zugrundeliegende Gedanke beinhaltet, daß das Material des Sonnensystems zu einer definierten Zeit abgetrennt wurde (der Punkt Null auf dieser Zeitskala) und seine ursprüngliche Beschaffenheit in der Folge durch den radioaktiven Zerfall modifiziert wurde. Das Alter der Elemente wird auf den Zeitpunkt zurückdatiert, als die natürlich vorkommenden radioaktiven Zerfallsreihen ausschließlich noch aus den Ausgangselementen (nicht-radiogene Tochterelemente dürften existent gewesen sein) bestanden haben. Einige der für diese Datierung wichtigen Zerfallsreihen sind in Tabelle 2.2 aufgeführt.

Tabelle 2.2 Einige natürliche Zerfallsreihen, die in der Geochronologie Verwendung finden

Mutter-elemente	Halbwertszeit	Endprodukte
^{238}U	$4{,}5 \cdot 10^{9}$ a	$^{206}Pb + 8\,^{4}He$
^{235}U	$7{,}1 \cdot 10^{8}$ a	$^{207}Pb + 7\,^{4}He$
^{232}Th	$1{,}4 \cdot 10^{10}$ a	$^{208}Pb + 6\,^{4}He$
^{87}Rb	$4{,}9 \cdot 10^{10}$ a	^{87}Sr
^{40}K	$1{,}3 \cdot 10^{9}$ a	^{40}Ar, ^{40}Ca

Empirische und theoretische Studien, wie weiter unten noch erläutert wird, haben gezeigt, daß es durchaus feststellbare Gesetzmäßigkeiten bezüglich der Häufigkeiten der Elemente und ihrer Nuklide gibt. Solche Voraussagen können für die ursprüngliche Konzentration einiger radioaktiver Nuklide bezüglich ihrer Nachbarn getroffen werden. Da die einstigen Häufigkeiten von ^{238}U mit einer Halbwertszeit von $4{,}5 \cdot 10^{9}$ Jahren und von ^{235}U mit einer Halbwertszeit von $7{,}1 \cdot 10^{8}$ Jahren von ganz ähnlicher Größenordnung wie die von Wismut und Quecksilber einzuschätzen sind, können sich die Elemente nicht mehr als einige zehntausend Millionen Jahre vor heute gebildet haben, da sonst sich die Uranisotope auf Werte verringert hätten, die sicher nicht mehr zu messen wären. Auf der anderen Seite zeigt die Abwesenheit von ^{237}Np und ^{247}Cm, deren Halbwertszeiten $2{,}25 \cdot 10^{6}$ bzw. $4 \cdot 10^{7}$ Jahre betragen, daß die Bildung eines jeden der beiden Kerne mindestens einige hundert Millionen Jahre vor heute erfolgt ist, also genug Zeit für sie zur Verfügung stand, auf nicht mehr meßbare Konzentrationen abzusinken. Eine davon unabhängige Lösung ergibt sich aus der Betrachtung der relativen Häufigkeiten der Isotope ^{235}U und ^{238}U. Haben sich diese beiden Isotope ursprünglich in vergleichbaren Mengen gebildet, dann geht das gegenwärtige Verhältnis von ^{235}U zu ^{238}U wie 1:138 auf die kürzere Halbwertszeit des ^{235}U zurück, die es gegenüber dem ^{238}U weitaus schneller zerfallen läßt. Die Zeit, um bei identischen Konzentrationen auf das heutige Verhältnis zu kommen, würde ca. $6 \cdot 10^{9}$ Jahre betragen. Befunde dieser Art, obwohl mit Unsicherheiten über die Ur-Verteilung der Elemente behaftet, markieren doch gewisse Grenzen bei der Altersabschätzung unseres Sonnensystems.

Weitere Argumente sprechen für die Annahme, daß das Sonnensystem einige tausend Millionen Jahre alt ist. Von den Isotopen des Bleis (^{204}Pb, ^{206}Pb, ^{207}Pb, ^{208}Pb) ist das ^{204}Pb nicht-radiogen, so daß seine heutige Konzentration der bei seiner Entstehung gleich sein sollte; die anderen Isotope sind teils Originalisotope, teils abgeleitet aus dem Zerfall von ^{238}U, ^{235}U und ^{232}Th. Materialien mit sowohl Uran wie auch Blei enthalten eine Bleizusammensetzung, deren Proportionen sich im Laufe der Zeit ständig geändert haben: Die relative Menge an radiogenen Bleiisotopen hat gegenüber der von nicht-radiogenem ^{204}Pb zugenommen. Die Meteorite beweisen uns diese Tatsache auf besonders eindrucksvolle Weise. Eisenmeteorite enthalten kein Uran, folglich haben die in ihnen enthaltenen kleinen Bleimengen die höchsten ^{204}Pb-Gehalte, die man aus natürlichen Materialien kennt. Steinmeteorite enthalten meßbare Mengen an Uran, und das vorhandene Blei zeigt den Effekt der ständigen Zunahme an radiogenem Blei durch viel höhere $^{206}Pb/^{204}Pb$- und $^{207}Pb/^{204}Pb$-Verhältnisse, als dies bei Eisenmeteoriten der Fall ist. Mathematische Berechnungen aufgrund dieser Angaben ergeben ein Meteoritenalter von $4{,}6 \cdot 10^9$ Jahren, ein Alter, das auch mit unabhängig davon durchgeführten Rb-Sr-Altersbestimmungen bestätigt werden konnte. In diesem Zeitraum dürften sich Eisen- und Steinmeteorite getrennt haben, und er kann gleichgesetzt werden mit der Bildung der Planeten im Sonnensystem. Zusätzliche Bestätigung lieferten Altersbestimmungen von Mondgesteinsproben mit Hinweisen auf die Zusammenballung der Mondmaterie vor 4,6 Mrd. Jahren *(zu diesem Problemkreis siehe auch Kap. 7)*.

Obwohl die Erde als selbständiger Planet des Sonnensystems schon vor 4,6 Mrd. Jahren entstand, verstrich noch ein langer Zeitraum bis zur Ausbildung einer festen Kruste; diese Erkenntnis stammt aus den Altersdatierungen verschiedener Krustengesteine, die mit Hilfe der einen oder anderen Zerfallsreihe ausgeführt wurden. Von allen Kontinenten sind Mindestgesteinsalter von 2,7 Mrd. Jahren eindeutig nachgewiesen. Ältere Gesteine aufzuspüren ist wesentlich schwieriger, aber Gesteinsalter von 3,0 bis 3,6 Mrd. Jahren in Afrika, von 3,1 bis 3,7 Mrd. Jahren in Nordamerika, von 3,5 Mrd. Jahren in Europa und von 3,0 Mrd. Jahren in Australien sind bekannt. Die gewaltigen Krustenbewegungen und das wahrscheinlich katastrophale Bombardement durch Meteoriten auf Mond und Erde lassen es als unwahrscheinlich erscheinen, daß sich Krustengesteine älter als 3,7 Mrd. Jahre konservieren konnten. Das Bildungsalter einer primären Kruste sowie das Alter der Erde, seit sie ein einzelner Planet ist, sind mit Sicherheit noch höher anzusetzen. Die Lücke von mehreren hundert Millionen Jahren zwischen der Entstehung der Erde und der Entstehung der ersten Krustengesteine entspricht dem Zeitraum, den die Kruste benötigte, um sich gegenüber den ungeheuren Naturgewalten, besonders aus dem Erdinnern, zu stabilisieren. Gleichermaßen an Mondgesteinen durchgeführte Altersdatierungen erbrachten nur selten Alter über 4 Mrd. Jahre.

Zusammensetzung der Sonne

Die Sonne wurde viele Jahre lang spektroskopisch untersucht, demzufolge sich eine Menge an Daten ansammelte. Die erstrangigen Grenzen dieser Methode sind folgende:

- Manche Elemente geben weder erfaß- oder meßbare Spektren ab, noch haben ihre starken Linien Wellenlängen größer als 2900 Å (= 290 nm), die dann von der Erdatmosphäre nicht absorbiert werden könnten und damit der Analyse zugänglich wären. Neuerdings kann dieses Handikap zunehmend dadurch umgangen werden, daß man mit Hilfe hochstationierter Satelliten und anderem Weltraumgerät die spektroskopische Skala erweitert.
- Alle gemessenen Spektren stammen aus dem Randbereich der Sonne und widerspiegeln die Zusammensetzung der Sonnenatmosphäre. Ob diese Zusammenset-

zung repräsentativ für den ganzen Sonnenkörper ist, hängt ab von der Stärke der Konvektion in der Sonne, um so das Gasmaterial zu einer homogenen Mischung aufzurühren.

Diese Einschränkungen muß man sich vor Augen halten, wenn die anschließenden Daten und Zahlen betrachtet werden.

An die 70 Elemente konnten bisher im solaren Spektrum verzeichnet werden, und nichts spricht dagegen, daß nicht alle Elemente letztlich zugegen sind. Mit Sicherheit ist der Rest nur wegen der oben genannten Gründe oder wegen zu geringer Konzentrationen innerhalb der Sonne meßtechnisch nicht erfaßbar. Die relativen Häufigkeiten der auf der Sonne verbreitetsten Elemente sind in Tabelle 2.3 zusammengestellt. Das auffallendste Merkmal dieser Liste sind die extremen Werte für Wasserstoff und Helium; sie stellen auch auf den großen Planeten Jupiter, Saturn, Neptun und Uranus die Hauptmasse der Materie.

Tabelle 2.3 Elementhäufigkeiten in der Sonnenatmosphäre (nach ROSS & ALLER, *Science,* **191**, 1223, 1976)

Element	Atomzahl	Häufigkeit (Atome/ 10^6 Atome Si)
H	1	$2{,}2 \cdot 10^{10}$
He	2	$1{,}4 \cdot 10^{9}$
C	6	$9{,}3 \cdot 10^{6}$
N	7	$2{,}0 \cdot 10^{6}$
O	8	$1{,}6 \cdot 10^{7}$
Na	11	$4{,}3 \cdot 10^{4}$
Mg	12	$8{,}9 \cdot 10^{5}$
Al	13	$7{,}4 \cdot 10^{4}$
Si	14	$1{,}0 \cdot 10^{6}$
S	16	$3{,}2 \cdot 10^{5}$
K	19	$3{,}2 \cdot 10^{3}$
Ca	20	$5{,}0 \cdot 10^{4}$
Sc	21	$2{,}5 \cdot 10^{1}$
Ti	22	$2{,}5 \cdot 10^{3}$
V	23	$2{,}3 \cdot 10^{2}$
Cr	24	$1{,}1 \cdot 10^{4}$
Mn	25	$5{,}9 \cdot 10^{3}$
Fe	26	$7{,}1 \cdot 10^{5}$
Co	27	$1{,}8 \cdot 10^{3}$
Ni	28	$4{,}3 \cdot 10^{4}$
Cu	29	$2{,}6 \cdot 10^{2}$
Zn	30	$6{,}3 \cdot 10^{2}$

Zusammensetzung der Planeten

Optische Untersuchungen und spektroskopische Analysen von den Oberflächen der Planeten verraten uns recht wenig über ihre Pauschalzusammensetzung, da sie überaus inhomogen aufgebaut sind oder anders ausgedrückt, weil ihr Inneres sich völlig von ihrer Oberfläche unterscheidet. Jedoch liefern Daten über ihre Dichte sowie zulässige Analogieschlüsse zur Erde einige wichtige Anhaltspunkte. Von den inneren Planeten besitzt der Merkur keine Atmosphäre, und seine Dichte ist der der Erde ähnlich. Venus ist der erdnächste Planet mit einer sehr dichten Atmosphäre aus größtenteils Kohlendioxid und Stickstoff, die seine Oberfläche verschleiert. Größe und Masse dieses Planeten legen nahe, daß seine Zusammensetzung sich kaum von jener der Erde unterscheidet. Mars besitzt eine Atmosphäre, die sehr dünn ist und deshalb einen Einblick auf seine Oberfläche gewährt. Dennoch sind Wolken und Staubstürme beobachtet worden; im Winter bilden sich polare Eiskappen, die im Sommer wieder abtauen. Diese Polkappen scheinen aus dünnen Lagen H_2O-Eis zu bestehen, eventuell auch mit etwas festem CO_2. Ein großer Teil der Marsoberfläche hat eine rote oder orangerote Färbung, die an die Eisenoxidüberzüge erinnert, wie sie bei uns als Wüstenlack bekannt sind. Größe und Masse lassen eine der Erde ähnliche Pauschalzusammensetzung vermuten. Die Abplattung des Mars und das Fehlen eines Magnetfeldes wecken die Vermutung, daß er keinen schmelzflüssigen Kern besitzt.

Asteroide konnten bisher noch nicht gefunden oder eingesammelt werden, jedoch weisen entsprechend zugehörige Spektrallinien auf eine Verwandtschaft mit den Meteoriten hin. Die Albedos von Ceres und vielen anderen Asteroiden sind sehr gering, was dem Material von kohlenstoffhaltigen Chondriten gleichkommen könnte. Die Dichten von Ceres, Pallas und Vesta wurden zu 2,1, 2,8 bzw. 3,1 bestimmt, jedoch sind Abstriche an die Präzision der Messungen zu machen (ca. ± 0,5). Immerhin liegen die beobachteten Werte innerhalb der bekannten Dichten für kohlenstoffhaltige Chondriten und unterhalb derer der meisten anderen Meteoritentypen.

Die großen Planeten Jupiter, Saturn, Neptun und Uranus haben vieles gemeinsam, insbesondere ihre niedrigen Dichten und ihre geballten Atmosphären, die für die vollkommene Verhüllung ihrer Oberflächen verantwortlich sind. Niedrige Dichten und dicke Atmosphären erklären sich durch einen Anteil an Wasserstoff und Helium, den man etwa mit dem auf der Sonne vergleichen kann. Wahrscheinlich liegt ein Großteil des Wasserstoffs in Form von Methan und Ammoniak vor. In jüngster Zeit erfuhren die Astronomen, daß die Ringe des Saturn aus Eis- und Gesteinstrümmern bestehen und daß die Planetenmonde oder -begleiter ebenfalls so zusammengesetzt sind, zumindest in Oberflächennähe. Die Daten, die wir bisher von den großen Planeten haben, weisen auf eine strukturelle und chemische **Verwandtschaft mit der Erde** hin, nur haben sie große Panzer aus Eis und kondensierten Gasen sowie Atmosphären mit Wasserstoff, Helium, Stickstoff, Methan und Ammoniak als wichtigste Gase.

Zusammensetzung der Meteorite

Über die innere Zusammensetzung der Planeten können uns die spektroskopischen Befunde nichts berichten. Wir müssen dazu auf Analogien mit unserem eigenen Planeten Erde zurückgreifen sowie auf die Analysen von Meteoriten, die einen Teil dieses Sonnensystems darstellen (möglicherweise sind es zerbrochene Asteroiden) und letztlich auf die Erde gefallen sind. Vermutlich existieren im Sonnensystem Millionen von Meteoriten aller Größenordnungen, angefangen bei Staubgröße bis zu Brocken mit mehreren Kilometern Durchmesser, wenn wir die den Meteoriten nahestehenden Asteroiden dazunehmen. Meteoritisches Material fällt sozusagen unablässig auf die Erde, meist in Form kaum registrierbaren Staubes. Man schätzt den Niedergang meteoritischen Materials auf jährlich zwischen 30 000 und 150 000 Tonnen. Unsere Kenntnisse über die Zusammensetzung stammen von den größeren und imposanteren Meteoriten, die beim Sturz beobachtet werden oder die als von den Gesteinen auf der Erde verschiedene Objekte erkannt werden.

Meteorite bestehen im wesentlichen aus Nickel-Eisen-Legierungen, aus kristallinen Silikaten mit hauptsächlich Olivin oder Pyroxen, aus dem Eisensulfid-Mineral **Troilit** oder aus Mischungen dieser Bestandteile. Sedimentit- oder metamorphitähnliche Meteorite scheint es nicht zu geben. Viele Klassifizierungssysteme sind bislang vorgeschlagen worden, aber für unsere Ansprüche wollen wir die Meteorite vereinfacht auf folgende drei Gruppen verteilen:

- Eisenmeteorite mit durchschnittlich 98% Metall,
- Stein-Eisenmeteorite mit 50% Metall, 50% Silikate,
- Steinmeteorite mit größtenteils Silikaten.

Die **Eisenmeteorite** oder **Siderite** bestehen meist aus einer oder zwei Nickel-Eisen-Phasen (mit Nickelanteilen zwischen 4 und 20%, selten höher), im allgemeinen mit akzessorischem Troilit (FeS), Schreibersit $(Fe, Ni, Co)_3P$ und Graphit. Andere Akzessorien wie Daubréelith $(FeCr_2S_4)$, Cohenit (Fe_3C) und Chromit $(FeCr_2O_4)$ treten viel seltener auf. Diese Minerale liegen als kleine rundliche oder lamellierte Körner im Metall verteilt vor. Das meteoritische Metall zeigt in der Regel bestimmte Strukturformen, die als **Widmannstättensche Figuren** bekannt sind; sie werden sichtbar gemacht, indem man die Metalloberfläche poliert und mit einer alkoholischen Lösung von HNO_3 anätzt. Sie bestehen aus Lamellen von Kamazit, einer Ni-Fe-Legierung von etwa 6% Ni sowie Taenit, einer Ni-Fe-Legierung von etwa 30% Ni. Die Lamellen liegen parallel zu den Oktaederflächen eines homogenen Kristalls aus Nickeleisen, und Meteorite mit Widmannstättenschen Figuren nennt man folglich Oktaedrite. Diese Struktur ist typisch für die Entmischung einer Legierung in festem Zustand, die von hohen Temperaturen sehr langsam heruntergekühlt wird. Hexaedrite heißen Meteorite, die hauptsächlich aus Kamazit aufgebaut sind, während Ataxite mehr als 14% Ni enthalten und größtenteils aus Taenit bestehen.

Die **Stein-Eisen-Meteorite** oder **Siderolithe** enthalten Nickeleisen und Silikate zu etwa gleichen Anteilen. Man kennt zwei Gruppen von sich unterscheidender mineralogischer und chemischer Zusammensetzung, die Pallasite und die Mesosiderite. Die Pallasite bestehen aus einer gleichförmigen Grundmasse aus Nickeleisen, in die Olivineinschlüsse mit oft gut ausgebildeten Kristallen eingebettet sind. In den Mesosideriten ist die Metallphase nicht gleichförmig, und die Silikate, meist Feldspat und Pyroxen, werden manchmal von akzessorischem Olivin begleitet.

Aufgrund von Unterschieden in der Struktur teilen sich die **Steinmeteorite** in zwei Gruppen, in Chondrite und Achondrite. Die **Chondrite** heißen so, weil sie aus kleinen Kügelchen (*griechisch:* chóndros = Korn) mit durchschnittlichem Durchmesser von 1 mm aufgebaut sind; meist bestehen sie aus Olivin und/oder Pyroxen. Dieser Kügelchenaufbau scheint ausschließlich auf diese Meteoritenklasse beschränkt zu sein, denn in terrestrischen Gesteinen konnte bislang keine ähnliche Struktur gefunden werden. Die mittlere Zusammensetzung der Chondrite beträgt ca. 40% Olivin, 30% Pyroxen, 5–20% Nickeleisen, 10% Plagioklas und 6% Troilit. Eine Untergruppe der Chondrite, die kohlenstoffhaltigen Chondrite, ist insofern einzigartig unter den Meteoriten, als sie größtenteils aus hydratisierten Fe-Mg-Silikaten wie Serpentin oder chloritähnlichen Mineralen besteht sowie bis zu 10% organische Komplexverbindungen enthält. Die Herkunft dieser Verbindungen, ob als Überreste extraterristrischer Organismen oder als Syntheseprodukte nicht-organischer Prozesse eingestuft, war Thema für über ein Jahrhundert lang. Die gegenwärtige Meteoritenforschung tendiert, bestärkt durch den 1969 in Australien niedergegangenen Murchison-Meteoriten, zu einer nicht-biogenen Herkunft der gefundenen organischen Verbindungen. Dieser Chondrit enthält eine komplexe Mischung organischer Verbindungen wie aliphatische und aromatische Kohlenwasserstoffe, Karboxylsäuren, Aminosäuren und andere mehr. Die Ähnlichkeit dieser Verbindungen zu jenen, die durch thermische Synthese aus einfachen organischen Molekülen sich bilden, spricht für nicht-biogene Entstehung, so wie die Natur dieser Aminosäuren, die nicht in natürlichen Eiweißen vorkommen und auch optisch inaktive Substanzen darstellen.

Die **Achondrite** bilden eine mannigfaltige Gruppe von Steinmeteoriten, denen die Kügelchenstruktur der Chondrite fehlt und weitaus gröberkristallin aufgebaut sind. Viele Achondrite ähneln terrestrischen Magmatiten hinsichtlich Zusammensetzung und Struktur, und man nimmt für sie eine Kristallisation aus einer Silikatschmelze an.

Die **Tektite** – rätselhafte Objekte, die oft mit Meteoriten in Verbindung gebracht worden sind – bestehen aus einem obsidianähnlichen Glas (ca. 75% SiO_2), unterscheiden sich aber von terrestrischen Obsidianen in Zusammensetzung und Struktur. Sie besitzen einen recht ungewöhnlichen Chemismus, der sich durch hohe Gehalte an SiO_2, relativ hohe Gehalte an Al_2O_3, K_2O und CaO und niedrige Gehalte an MgO und Na_2O auszeichnet; diese Zusammensetzung kommt einigen Graniten, Rhyolithen oder auch SiO_2-reichen Sedimentgesteinen nahe. Tektite sind bislang als kleine rundliche Glasbrocken von 200–300 g in Gebieten gefunden worden, die eine vulkanische Entstehung von vornherein ausschließen. Im Gegensatz zu Meteoriten konnten keine Tektite beim Abstürzen beobachtet werden. Einige Sachkenner betrachten die Tektite als Folgeerscheinungen von Kometeneinschlägen oder Impaktereignissen gewaltiger Meteorite. Angesichts ihrer rätselhaften Herkunft und ihres abweichenden Chemismus wollen wir sie hier nicht näher vorstellen; eine zusammenfassende Darstellung bietet O'KEEFE (1976).

Zahlreiche chemische Analysen sind bisher von Meteoriten gemacht worden. Die Eisenmeteorite stellen eine sehr geschlossene Gruppe dar, denn sie unterscheiden sich eigentlich nur in ihrem Nickelgehalt, so daß die mittlere Zusammensetzung leicht errechnet werden kann. Die Stein-Eisenmeteorite und die Achondrite sind sehr vielfältig auftretende Gruppen, die zudem selten gefunden werden und daher über ihren Chemismus kaum zu klassifizieren sind. Die Chondrite wiederum sind häufig und zeigen auch eine bemerkenswerte Eintönigkeit in ihrer Zusammensetzung. Eine Auswahl der verfügbaren Daten über Eisenmeteorite und Chondrite gibt Tabelle 2.4 wieder. Die enge Analogie zwischen der mittleren Zusammensetzung der Eisenmeteorite und dem mittleren Metallanteil der Chondrite legt einen gemeinsamen Ursprung beider Arten nahe. Die Eisenmeteorite verkörpern möglicherweise Metall, das durch teilweises oder auch vollständiges Aufschmelzen chondritischen Materials abgeschieden worden ist.

Tabelle 2.4 Chemismus der Meteorite

	Metalle[1] (Eisenmeteorite)	Metalle[2] (Eisenchondrite)	Silikate[2] (Chondrite)	durchschnittlicher Chondrit[2]
O			43,7	33,24
Fe	90,78	90,72	9,88	27,24
Si			22,5	17,10
Mg			18,8	14,29
S				1,93
Ni	8,59	8,80		1,64
Ca			1,67	1,27
Al			1,60	1,22
Na			0,84	0,64
Cr			0,38	0,29
Mn			0,33	0,25
P			0,14	0,11
Co	0,63	0,48		0,09
K			0,11	0,08
Ti			0,08	0,06

[1] BROWN & PATTERSON, *J. Geol.,* **56,** 87, 1948 (Angaben in Gew.-%)
[2] MASON, *Amer. Museum Novitates,* No. 2223, 1965

Es herrscht die allgemeine Auffassung, daß die Meteorite uns das beste Probenmaterial für die Bestimmung der absoluten Häufigkeiten der nicht-flüchtigen Elemente liefern. Mehrere zusammenfassende Listen der Elementhäufigkeiten wurden nach den Meteoritenanalysen zusammengestellt. Eine grundlegende Schwierigkeit dabei war, eine repräsentative Auswahl unter den Analysedaten zu treffen, da die Meteorite nicht zuletzt bezüglich ihrer Zusammensetzung und ihrer relativen Häufigkeit großen Schwankungen unterworfen sind. Man sieht dies anhand der Tabelle 2.5, die nach gefundenen und beobachteten Objekten unterscheidet, d.h. nach solchen, die ohne Sturzbeobachtung gefunden wurden bzw. die beim Sturz gesehen und anschließend gesammelt wurden. Die Angaben der Tabelle 2.5 zeigen eine bemerkenswerte Umkehrung zwischen gefundenen und beobachteten Meteoriten, deren Ursache nicht schwer zu erraten ist. Die starke Präsenz der Eisenmeteorite bei der ersten Gruppe, den gefundenen, spricht für ihre leichte Identifizierbarkeit als Meteorite, wogegen die Steinmeteorite – wenn nicht beim Sturz beobachtet – leicht als solche übersehen werden. Eine wirklichkeitsgetreue Auskunft über die relative Häufigkeit der verschiedenen Typen liefert deshalb die Verteilung der beim Sturz beobachteten Meteorite. Diese Zusammenstellung stellt das Bild der gefundenen auf den Kopf und weist die Chondrite als die weitaus stärkste Fraktion aller Meteorite aus. Aufbau und Zusammensetzung der Chondrite stützen die Hypothese, daß sie repräsentative Überreste oder Bruchstücke von Planetesimalen, also von Aggregaten der Ur-Materie, sind und deren Äquivalente einst die Planeten per Zusammenballung hervorbrachten. Die Herkunft der anderen Meteoritenarten kann ohne größere Schwierigkeiten durch teilweises oder vollständiges Aufschmelzen und Differenzieren von chondritischem Material erklärt werden. Unter Berücksichtigung dieser Tatsachen stellen die Chondrite mit ihrem Chemismus die wichtigste Informationsquelle bezüglich der absoluten, der kosmischen Häufigkeit der Elemente dar. Der Wert von diesem Konzept läßt sich gut beim Vergleich zwischen den solaren Häufigkeiten und denen des Allende-Meteoriten, einem kohlenstoffhaltigen Chondriten, demonstrieren (Abb. 2.1). Die meisten dieser Häufigkeitswerte stimmen innerhalb eines Faktors von 2 überein, was angesichts der relativ unscharfen Werte für die Sonne, die ja aus dem Sonnenspektrum abgeleitet sind, als außerordentlich hohe Signifikanz für Identität der Meßwerte gedeutet werden muß. Die Annahme, daß Chondrite gute Durchschnittswerte für die Elementzusammensetzung des Sonnensystems liefern, kann also bestätigt werden.

Tabelle 2.5 Häufigkeiten von gefundenen und beobachteten Meteoriten

	gefundene Meteorite		beobachtete Meteorite	
Typ	Anzahl	%	Anzahl	%
Eisenmeteorite	545	58,1	33	4,6
Stein-Eisenmeteorite	53	5,7	11	1,5
Achondrite	7	0,7	56	7,8
Chondrite	333	35,5	621	86,1
Gesamt	938	100,0	721	100,0

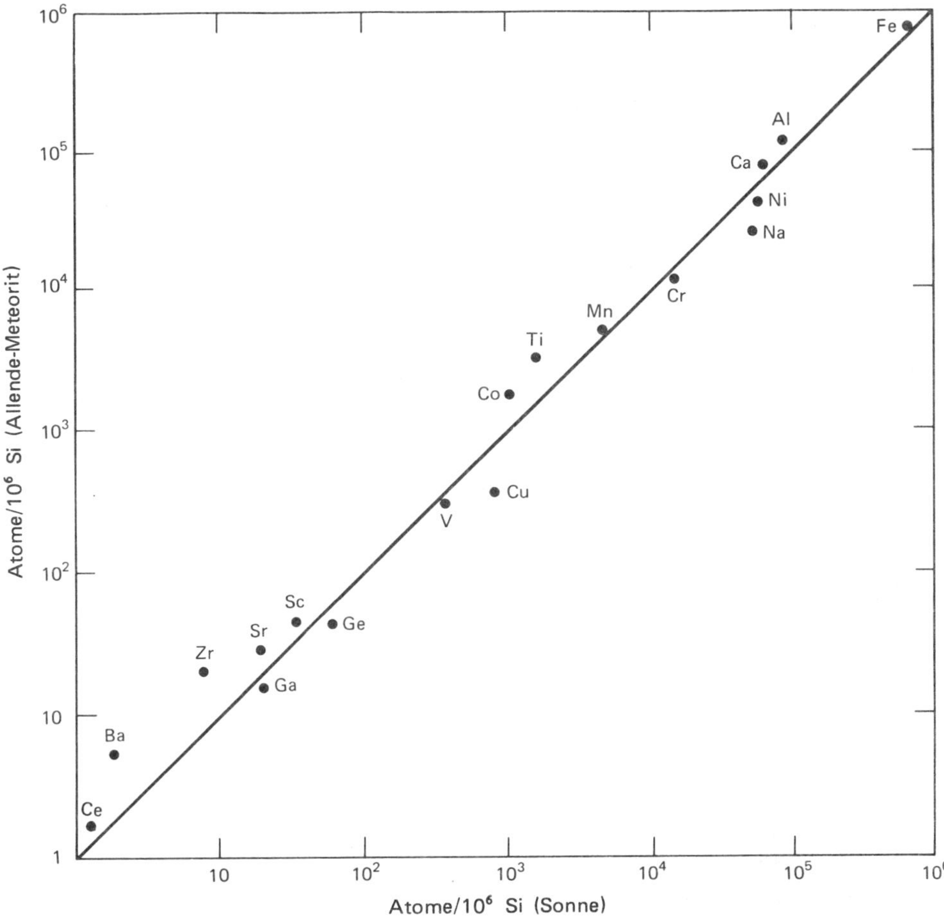

Abb. 2.1 Elementhäufigkeit des Allende-Meteoriten, verglichen mit der Elementhäufigkeit der Sonnenatmosphäre; die Diagonale verdeutlicht die hohe Übereinstimmung der Elementverteilung beider Materialien (MASON, Accounts Chem. Res., **8,** S. 218, 1975).

2.3 Die kosmische Häufigkeit der Elemente

Auf der Grundlage der Zusammensetzung von Meteoriten, Sonnen- und Weltraummaterie stellte GOLDSCHMIDT im Jahre 1937 die erste annehmbare Tabelle der kosmischen Häufigkeiten von den Elementen und ihrer Isotope auf. Die Angaben zu Wasserstoff und Helium und anderen flüchtigen Bestandteilen leiten sich aus der Beobachtung und Spektraluntersuchung des Sonnenlichts und Sternenlichts ab, während die Werte für die meisten anderen Elemente auf ihren Häufigkeitsverteilungen in meteoritischem Material beruhen. Bei Überlappung von nicht-flüchtigen Elementen wie Silizium wurden die Daten aus beiden Quellen kombiniert.
CAMERON brachte eine überarbeitete Zusammenstellung (Tab. 2.6) heraus, in der die seit 1937 bekannt gewordenen und noch etwas genaueren Daten berücksichtigt sind. Die Hauptbestandteile von GOLDSCHMIDTs Auflistung wurden kaum berührt, im Detail ergaben sich dennoch viele Berichtigungen.

Tabelle 2.6 Kosmische Elementhäufigkeiten in Atomen pro 10^6 Atome Si*

Element		Element		Element	
1 H	$2{,}66 \cdot 10^{10}$	29 Cu	540	58 Ce	1,2
2 He	$1{,}8 \cdot 10^{9}$	30 Zn	1260	59 Pr	0,18
3 Li	60	31 Ga	38	60 Nd	0,79
4 Be	1,2	32 Ge	117	62 Sm	0,24
5 B	9	33 As	6,2	63 Eu	0,094
6 C	$1{,}11 \cdot 10^{7}$	34 Se	67	64 Gd	0,42
7 N	$2{,}31 \cdot 10^{6}$	35 Br	9,2	65 Tb	0,076
8 O	$1{,}84 \cdot 10^{7}$	36 Kr	41,3	66 Dy	0,37
9 F	780	37 Rb	6,1	67 Ho	0,092
10 Ne	$2{,}6 \cdot 10^{6}$	38 Sr	22,9	68 Er	0,23
11 Na	$6{,}0 \cdot 10^{4}$	39 Y	4,8	69 Tm	0,035
12 Mg	$1{,}06 \cdot 10^{6}$	40 Zr	12	70 Yb	0,20
13 Al	$8{,}5 \cdot 10^{4}$	41 Nb	0,9	71 Lu	0,035
14 Si	$1{,}00 \cdot 10^{6}$	42 Mo	4,0	72 Hf	0,17
15 P	6500	44 Ru	1,9	73 Ta	0,020
16 S	$5{,}0 \cdot 10^{5}$	45 Rb	0,40	74 W	0,30
17 Cl	4740	46 Pd	1,3	75 Re	0,051
18 Ar	$1{,}06 \cdot 10^{5}$	47 Ag	0,46	76 Os	0,69
19 K	3500	48 Cd	1,55	77 Ir	0,72
20 Ca	$6{,}25 \cdot 10^{4}$	49 In	0,19	78 Pt	1,41
21 Sc	31	50 Sn	3,7	79 Au	0,21
22 Ti	2400	51 Sb	0,31	80 Hg	0,21
23 V	254	52 Te	6,5	81 Tl	0,19
24 Cr	$1{,}27 \cdot 10^{4}$	53 I	1,27	82 Pb	2,6
25 Mn	9300	54 Xe	5,84	83 Bi	0,14
26 Fe	$9{,}0 \cdot 10^{5}$	55 Cs	0,39	90 Th	0,045
27 Co	2200	56 Ba	4,8	92 U	0,027
28 Ni	$4{,}78 \cdot 10^{4}$	57 La	0,37		

* A.G.W. CAMERON, schriftl. Mitteilung, 1980.

Im allgemeinen herrscht weitgehende Übereinstimmung zwischen den relativen Elementhäufigkeiten der Sonne und denen der anderen kosmischen Gestirne und Systeme. Unterschiede können normalerweise auf der Basis der beobachteten Größe der Sternmasse erklärt werden. Die Größe der Sterne steht in direktem Zusammenhang mit ihrer Stabilität und dem Grad ihrer nuklearen Entwicklung. Große Sterne brennen viel schneller als kleine und können sich zu Supernovas entwickeln und explodieren; dabei verteilen sich ihre Nuklide unmittelbar in den Raum. Unser Sonnensystem enthält vermutlich noch einige der Überreste dieser ehemaligen Sterne. Schwankungen im Wasserstoff- und Heliumanteil von Sternen weisen darauf hin, daß sie sich in unterschiedlich fortgeschrittenen Stadien ihrer Entwicklung befinden, während Häufigkeitsunterschiede bei den schwereren Elementen auf Schwankungen im Brennstoffvorrat hindeuten.

Die Tabelle 2.6 und die Abb. 2.2 zeigen, daß die relativen Elementhäufigkeiten, besonders bei den leichten Elementen, beträchtlich variieren. Ein Element kann über hundert- oder tausendmal häufiger vorkommen als das ihm benachbarte im Periodensystem der Elemente. Gleichwohl ergeben sich bei sorgfältiger Durchschau eine Reihe von auffälligen Gesetzmäßigkeiten. Dies sind im einzelnen:

- Die Elementhäufigkeiten nehmen bei den niedrigen Ordnungszahlen etwa bis zur Ordnungszahl 40 exponentiell ab, während sie sich bei den höheren Ordnungszahlen um einen fast konstanten Wert einpendeln.

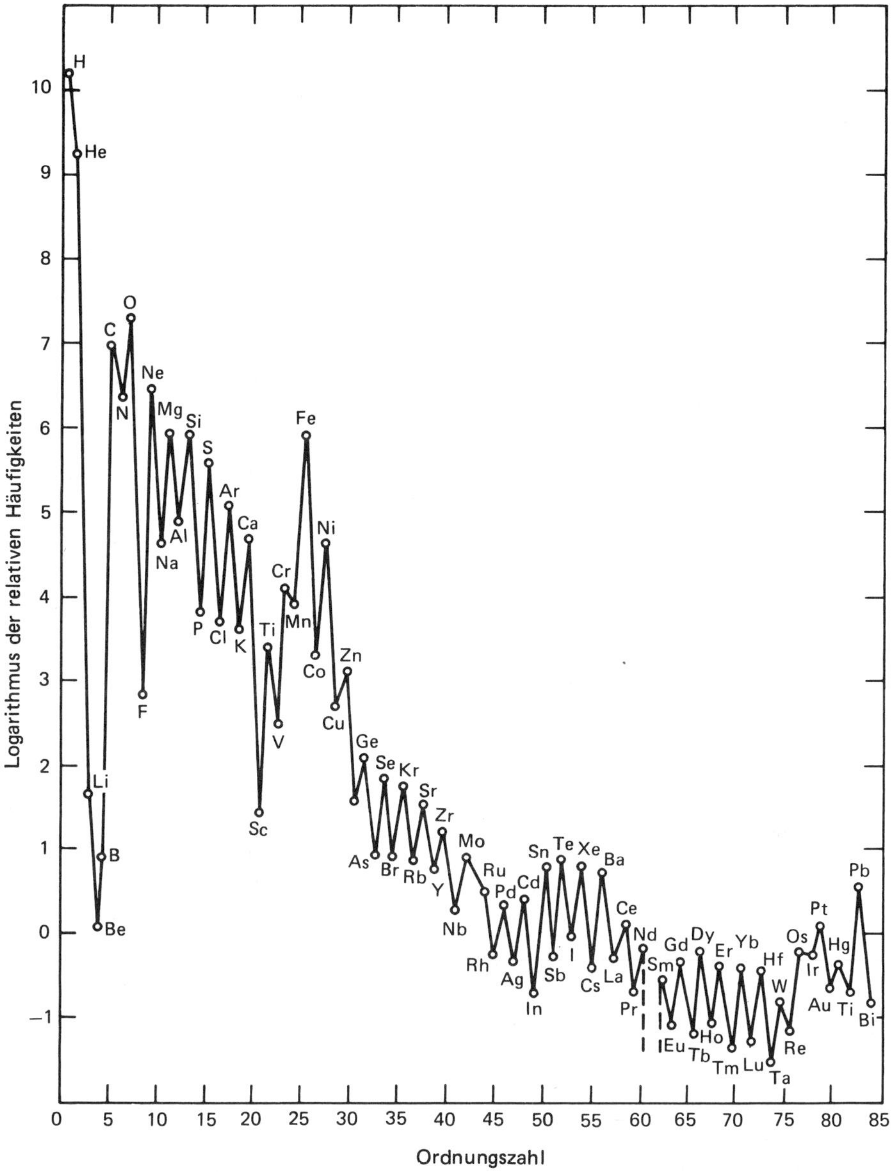

Abb. 2.2 Relative Häufigkeit der Elemente, bezogen auf $Si = 10^6$, aufgetragen gegen die Ordnungszahl.

- Elemente mit gerader Ordnungszahl sind häufiger als die mit ungerader Ordnungszahl. Diese Regel wurde von ODDO 1914 und von HARKINS 1917 unabhängig voneinander festgestellt und heißt danach gelegentlich auch die Oddo-Harkins-Regel.

- Die relativen Häufigkeiten für Elemente mit höherer Ordnungszahl als Nickel schwanken weniger als für Elemente mit niedrigerer Ordnungszahl als Nickel.
- Nur zehn Elemente – H, He, C, N, O, Ne, Mg, Si, S, Fe – mit Ordnungszahlen kleiner als 27 besitzen merkliche Häufigkeiten; von diesen wiederum übertreffen Wasserstoff und Helium die anderen bei weitem.
- Ein ausgesprochen auffälliger Peak liegt bei der Nummer 26 (Eisen); weitere kleinere Peaks finden sich bei anderen, schwereren Elementen.

Diese aus der Tabelle 2.6 hervorgehenden Gesetzmäßigkeiten der Elementhäufigkeiten hängen anscheinend eher von atomphysikalischen als von chemischen Eigenschaften ab und sind verbunden mit der elementspezifischen Stabilität der Atomkerne. Ein Element wird eindeutig festgelegt durch die Anzahl der Protonen *(Z)* in seinem Kern, während die Anzahl der Neutronen *(N)*, die den Protonen zugeordnet sind, variieren kann. Infolgedessen kann ein Element mehrere Isotope mit unterschiedlichen Massenzahlen oder Atomgewichten $(A = N + Z)$ besitzen, die sich auch in ihrer Stabilität, nicht aber in ihren chemischen Eigenschaften unterscheiden. Ferner gibt es isobare Atomkerne mit gleichem Atomgewicht *A*, aber von verschiedenen Elementen mit unterschiedlichem *N* und *Z* sowie isotone Atomkerne mit identischer Neutronenzahl *N*, aber von verschiedenen Elementen mit unterschiedlichem *A* und *Z* (Tab. 2.7).

Tabelle 2.7 Isotope, Isobare und Isotone einiger Elemente

Isotope *Z* = 20 (Calcium)			Isotone *N* = 20			
N	*A*	Prozent des Elements	Element	*Z*	*A*	Prozent des Elements
20	40	96,97	S	16	36	0,0136
22	42	0,64	Cl	17	37	24,471
23	43	0,145	Ar	18	38	0,063
22	44	2,06	K	19	39	93,10
26	46	0,0033	Ca	20	40	96,97
28	48	0,185				

	Isobare *A* = 40		
Element	*Z*	*N*	Prozent des Elements
Ar	18	22	99,61
K	19	21	0,0119
Ca	20	20	96,97

Vergleichsweise wenige der möglichen Nuklide jeden Elements sind stabil; von den 1000 oder mehr bekannten Isotopen sind lediglich etwa 270 nicht-radioaktiv. Daraus kann gefolgert werden, daß ein Nuklid dann häufig auftritt, wenn die Kombination von Protonen und Neutronen sich besonders günstig auf die Stabilität des Atomkerns auswirkt. Damit ist auch das schnelle Absacken der relativen Elementhäufigkeiten bei steigender Ordnungszahl erklärbar. Die Abwesenheit der Elemente 43, 61, 85 und 87 auf der Erde ist einer nahezu völligen Instabilität der atomaren Bausteinstruktur bei diesen Ordnungszahlen zuzuschreiben (auf den ungeraden Charakter dieser Ordnungszahlen sei hingewiesen). Auch muß es mehr als ein Zufall sein, daß die Elemente Lithium, Beryllium und Bor mit ihrer auffälligen Seltenheit unter den leichtgewichtigen gerade solche Kerne besitzen, die sehr leicht durch den Beschuß von Protonen, Alphateilchen oder Neutronen gespalten werden.

Die Beziehungen zwischen der relativen Häufigkeit der Elemente und den Häufigkeiten der Isotope führen zu wichtigen Ergebnissen. Kerne mit geradem *N* (= Neutronenzahl) und geradem *Z* (= Ordnungs- oder Protonenzahl) sind gegenüber allen anderen Kerntypen am zahlreichsten und am häufigsten. Kerne mit geradem *N*/ungeradem *Z* und Kerne mit ungeradem *N*/geradem *Z* sind gleichermaßen zahlreich und häufig. Kerne mit ungeradem *N* und ungeradem *Z* sind klein an der Zahl und besitzen eine niedrige relative Häufigkeit – außer ^{14}N. Diese Charakteristika spiegeln offensichtlich die Bindungsenergien der Kernbausteine wider, die für den Kerntyp gerades *N*/gerades *Z* am stärksten sind.

2.4 Die Herkunft der Elemente

Die Struktur der Atomkerne als Aggregate von Protonen und Neutronen führte zur Entwicklung von Theorien zur Erklärung ihrer Entstehung und Herkunft sowie ihrer relativen Häufigkeiten entweder mittels Synthesen oder Aufbauprozessen; die Initialphase kann dabei von einem der beiden oder von beiden eingeleitet worden sein.

Mehrere Hypothesen über die Art und Weise der Elemententstehung sind vorgeschlagen worden. Eine davon, die man wohl als die Gleichgewichtstheorie bezeichnen kann, tritt dafür ein, daß die relativen Elementhäufigkeiten das Ergebnis eines gewissermaßen „eingefrorenen" thermodynamischen Gleichgewichts darstellen, das bei viel höheren Temperaturen und Dichten zwischen den Atomkernen vorhanden gewesen sein soll. Bei entsprechenden Annahmen hinsichtlich Temperatur, Druck und Dichte bekommt man gute Übereinstimmung mit den beobachteten Häufigkeiten für Elemente kleiner als Ordnungszahl 40. Was jedoch darüber hinausgeht, führt zu unmöglich niedrigen Häufigkeitszahlen seitens der theoretischen Berechnungen. Daher sind alternative Theorien vorgelegt worden, die für die existierenden Elementhäufigkeiten Ungleichgewichtsprozesse postulieren. Danach sind die leichten Kerne durch thermonukleare Prozesse hervorgebracht worden, während die verbleibenden Kerne durch allmählichen Neutroneneinfang unter Aussendung von β-Strahlung zu immer schwereren Kernen gediehen. Diese Theorie erklärt den allgemeinen Trend der beobachteten Daten zwar recht gut, kann aber einige Detailfragen auch nicht beantworten, etwa die Abwesenheit der beiden Kerne mit den Massenzahlen 5 und 8. Es ist folglich ganz augenscheinlich, daß nicht ein Prozeß allein für die Entstehung der Elemente in Frage kommen kann.

Fortschritte auf dem Gebiet der Nuklearphysik gestatteten den Wissenschaftlern BURBRIDGE, BURBRIDGE, FOWLER & HOYLE (1957) generelle Annahmen über die Besonderheiten der Häufigkeitsverteilungskurve der Elemente zu treffen und sie anhand der auf Sternen ablaufenden Kernreaktionen zu deuten. Acht Syntheseprozesse werden zur Erläuterung der empirischen Verteilungen herangezogen. In ihrem Modell beginnt die Elementproduktion mit dem Wasserstoff. Die einzelnen Schritte ihrer theoretischen Synthese sind:

1. Wasserstoffverbrennung zu Helium. Wasserstoff brennt durch sukzessiven Protoneneinfang und erzeugt dabei ^{3}He. Bei Temperaturen von 10^{7}°C und einer Dichte von ca. 100 g/cm^3 prallen die ^{3}He-Teilchen zusammen und ergeben ^{4}He plus zwei Protonen. Bei noch höheren Temperaturen treten zusätzliche Kernreaktionen auf mit ^{3}He, ^{4}He und Protonen, und alternative nuklearphysikalische Mecha-

nismen treten in Kraft und erzeugen weiteres ^{4}He. In älteren oder Sternen der 2. Generation tritt ^{12}C auf, und ein katalysierter Kreislauf in sechs Schritten gestattet die folgende Gesamtreaktion $4\ {}^{1}H \rightarrow {}^{4}He$:

$$^{1}H + {}^{+}H \rightarrow {}^{2}D + \beta^{+} + \nu$$
$$^{2}D + {}^{1}H \rightarrow {}^{3}He + \gamma$$
$$^{3}He + {}^{3}He \rightarrow {}^{4}He + 2\ {}^{1}H$$

$$^{12}C + {}^{1}H \rightarrow {}^{13}N + \gamma \text{ (Gammastrahlung)}$$
$$^{13}N \rightarrow {}^{13}C + \beta^{+} \text{ (Positron)} + \nu \text{ (Neutrino)}$$
$$^{13}C + {}^{1}H \rightarrow {}^{14}N + \gamma$$
$$^{14}N + {}^{1}H \rightarrow {}^{15}O + \gamma$$
$$^{15}O \rightarrow {}^{15}N + \beta^{+} + \nu$$
$$^{15}N + {}^{1}H \rightarrow {}^{12}C + {}^{4}He$$

Der Kohlenstoff-Zyklus liefert auch einen Mechanismus für die Produktion von quantitativem ^{14}N in diesen Sternen.

2. Heliumverbrennung durch drei Teilchenkollisionen oder Triple-α-Reaktionen erfolgt bei Temperaturen der Größenordnung 10^{8} °C und Dichten von ca. 10^{5} g/cm^{3}. Dieser Prozeß begünstigt einen Mechanismus, der die instabilen Nuklide der Massenzahl 5 und 8 übergeht. Das erzeugte ^{12}C bringt zusammen mit einem ^{4}He den Kern ^{16}O hervor. An diesem Punkt in der Entwicklung eines Sterns wandelt sich ^{1}H in ^{4}He und das ^{4}He in ^{12}C und ^{16}O um, gleichzeitig akkumuliert etwas ^{14}N.

3. Weiter fortschreitendes Schrumpfen eines Sterns bringt höhere Temperaturen und Dichten hervor, die zusätzliche Reaktionen in Gang setzen, die als Alpha-Prozeß oder Kohlenstoff- und Sauerstoffverbrennung bekannt sind. In diesem Stadium der Sternentwicklung reagieren die ^{12}C-Kerne zu Kernen wie ^{20}Ne, ^{23}Na, ^{23}Mg und ^{24}Mg weiter, zusammen mit einem neuen Schub an α-Teilchen und Protonen. In der Folge reagieren ^{16}O-Kerne zu ^{28}Si, ^{31}P, ^{31}S und ^{32}S und vielleicht etwas Cl und Ar aus sekundären Reaktionen einschließlich α-Teilchen, Protonen und Neutronen.

4. Im weiteren Verlauf der Entwicklung eines Sterns setzt die Siliziumverbrennung oder der Gleichgewichtsprozeß oder *e*-Prozeß (von engl. „equilibrium") ein. Wegen der angestiegenen Temperatur hat die Geschwindigkeit der Kernreaktionen zugenommen, so daß Elemente mit Ordnungszahlen höher als ^{28}Si sich mit ihm im Gleichgewicht befinden. Dieser Prozeß ist verantwortlich für die Kernsynthesen der sehr häufigen Kerne zwischen $A = 28$ und $A = 56$, dem Eisen-Peak. Mit der Produktion der Elemente der Eisengruppe entzieht sich der Stern selbst denjenigen Reaktionen, die ihn mit Energie versorgen, da ^{56}Fe im Kurvenmaximum der Bindungsenergie pro Kernteilchen liegt.

5. Der erstrangige Mechanismus für die Elementsynthese vom Eisen aufwärts ist der Einfang von freien Neutronen. Diese entstehen offensichtlich bei der Einwirkung von Alpha-Teilchen auf ^{13}C, ^{17}O oder ^{21}Ne. Der langsame Neutroneneinfang, auch *s*-Prozeß genannt (von engl. „slow"), kann Kerne bis hinauf zum ^{209}Bi hervorbringen, jedoch werden viele umgangen. *S*-Prozeß heißt er deshalb, weil die Einfangrate langsam ist gegenüber der Zerfallsrate der Beta-Strahlen emittierenden, neugebildeten Kerne. Jeder instabile Kern zerfällt, bevor ein nächster Neutroneneinfang vonstatten geht. Die Isotope eines gegebenen Elements werden nach und nach aufgebaut, bis eines dabei ist, das instabil ist. Der Beta-Zerfall erzeugt das entsprechende isobare Nuklid dieses Elements, welches als Zielscheibe weiterer Aufbaureaktionen von Isotopen dient, bis wieder ein instabiles, diesmal eines an-

deren Elements, darunter ist. Diese Vorgänge lassen die Peaks in der Elementhäufigkeitskurve entstehen, und zwar dort, wo die stabilen Elemente mit niedrigem durchschnittlichen Neutroneneinfang generiert werden.

6. Zur Erzeugung von schwereren Elementen als Wismut sowie von neutronenreichen Elementen, die nicht mittels *s*-Prozeß entstehen können, wurde als Erklärung ein schneller Neutroneneinfang oder *r*-Prozeß (von engl. „rapid") gefordert. Dabei werden Neutronen von Beta-Strahlen emittierenden Kernen eingefangen, noch *bevor* der Zerfall stattfindet. Das gestattet die Bildung von sehr vielen Kernen, die durch nachfolgenden Zerfall für die neutronenreichen Isotope einiger Elemente verantwortlich sind. Die für den *r*-Prozeß benötigten großen Neutronenschauer ereignen sich offensichtlich während gewaltiger Sternexplosionen, bekannt geworden unter der Erscheinung der Supernovas. Durch diese Explosionen werden solche Neutronenschauer und auch der Mechanismus erzeugt, der die bei den verschiedenen Verbrennungsprozessen gebildeten Elemente in den Raum verstreut, von wo aus sie erneut einem Stoffkreislauf zugeführt werden können.

7. Die relativ seltenen, protonenreichen Isotope der schweren Elemente, die nicht durch Neutroneneinfang entstanden sind, können durch einen schnellen Protoneneinfang oder *p*-Prozeß plausibel gemacht werden; der Ort dieser Vorgänge sind die äußeren Teile einer Supernova. Abb. 2.3 verdeutlicht die mögliche Art der Nuklidentstehung in einem Ausschnitt der Nuklidkarte.

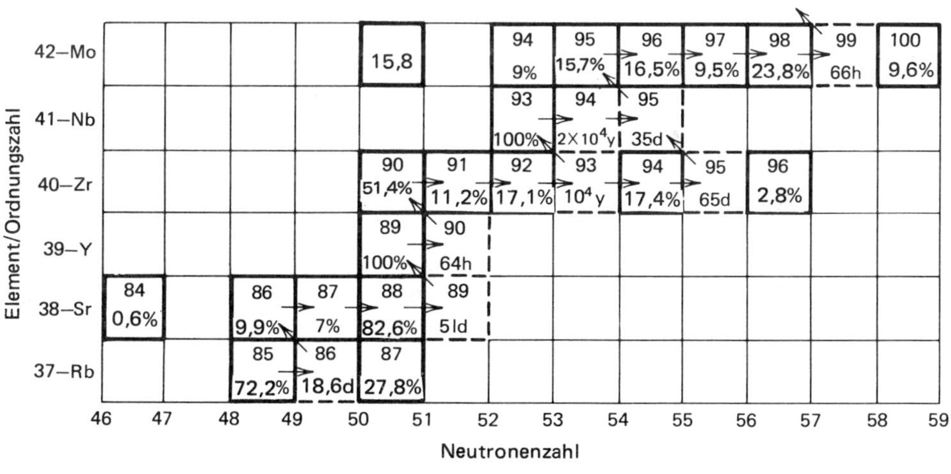

Abb. 2.3 Ausschnitt aus der Nuklidkarte. Für jedes Element ist der Anteil der stabilen Isotope eingezeichnet, zusammen mit den durch einen *s*-Prozeß entstandenen Isotopen (Pfeil). Nuklide links von den durch *s*-Prozeß entstandenen bildeten sich durch *p*-Prozeß, rechts davon durch *r*-Prozeß. Etliche Nuklide können durch mehr als einen Prozeß entstehen.

8. Die Genese von Lithium, Beryllium und Bor kann mit den obenstehenden Prozessen nicht erklärt werden; sie wird daher einem sogenannten *x*-Prozeß zugerechnet, der höchstwahrscheinlich diese Elemente aus den Spaltprodukten der leichtgewichtigen, häufigen Nuklide des Kohlenstoffs und Sauerstoffs synthetisiert.

Alle diese Kernprozesse können in Zusammenhang mit den beobachtbaren Fakten der Sternenentwicklung gebracht werden. Alle Sterne verbrennen Wasserstoff zu Helium, nur die massivsten Sterne mit hoher Dichte produzieren die Elemente im höheren Teil des Periodensystems. Manche schweren Nuklide bilden sich sogar nur bei katastrophalen Ereignissen wie dem der Supernova, das mit der fatalen Zerstörung eines Sterns beendet wird. Solche Explosionen bringen Helligkeiten vom 10^8fachen der Sonne hervor; dieses letzte Aufleuchten fällt exponentiell mit einer Halbwertszeit von ca. 56 Tagen ab. Es kann eigentlich keine nur zufällige Übereinstimmung sein, daß ^{254}Cf ebenfalls unter spontan verlaufendem Zerfall eine Halbwertszeit von 56 Tagen besitzt. Offensichtlich wird die Supernovaphase durch den *r*-Prozeß in Gang gesetzt. Die Menschen haben den *r*-Prozeß in vergleichsweise kleinem Maßstab nachvollzogen; beträchtliche Mengen an Californium werden bei der Zündung von Wasserstoffbomben erzeugt, wenn das Bombenmaterial ^{238}U dem intensiven Neutronenschauer zur Auslösung der Explosion ausgesetzt wird.

Ausgewählte Schriften

ALLER, L.H. (1961): *The abundance of the elements.* 283 S. Interscience Publishers, New York

ANDERS, E. (1977): Chemical compositions of the Moon, Earth, and eucrite parent body. *Phil. Trans. R. Soc. Lond. A.* **285**, 23–40

ANDERS, E., & T. OWEN (1977): Mars and Earth: Origin and abundance of volatiles. *Science* **198**, 453–465

dtv-Atlas zur Astronomie. 287 S. Deutscher Taschenbuch Verlag, München

HARTMANN, W.K. (1972): *Moons and planets: an introduction to planetary science.* 404 S. Bogden & Quigley, Inc., Belmont, Ca.

KING, E. (1976): *Space geology.* 349 S. John Wiley & Sons, New York

KUIPER, G.P. (Hrsg.) (1953–1963): *The solar system* (4 Bde.). University of Chicago Press, Chicago

LARIMER, J.W. (1978): Meteorites: Relics from the early solar system. In: *The origin of the solar system,* S.F. DERMOTT (Hrsg.). John Wiley & Sons, New York, S. 347–393

O'KEEFE, J.A. (1976): *Tektites and their origin.* 254 S. Elsevier Scientific Publishing Co., New York

SEARS, D.W. (1978): *The nature and origin of meteorites.* 187 S. Oxford University Press, New York

TAYLOR, S.R. (1975): *Lunar science: A post-apollo view.* 372 S.

WOOD, J.A. (1979): *The solar system.* 196 S. Prentice-Hall, Englewood Cliffs, N.J.

3 Aufbau und Zusammensetzung der Erde

Die Kenntnis von der Zusammensetzung und dem Aufbau des Erdinnern ist eine unverzichtbare Vorbedingung zum besseren Verständnis der Geochemie. Nur kann diese Forderung nicht auf direktem Weg erfüllt werden. Die tiefsten Bohrungen reichen aus technischen Gründen kaum tiefer als 10 km, Bergwerke sind noch viel flachgründiger angelegt; die sonst der Beobachtung zugänglichen Teile der Lithosphäre sind nur noch jene, die oberflächlich anstehen. Etliches Material aus der Tiefe gelangt durch magmatische Vorgänge hoch, anderes durch tektonische Aktivitäten, aber das verrät uns nur wenig von seiner Bildungstiefe oder von Veränderungen, denen es unterzogen wurde, und so können nur relativ bescheidene Schlußfolgerungen aus diesen Informationsquellen gezogen werden.

3.1 Die physikalische Gliederung der Erde

Um etwas über die innere Struktur der Erde in Erfahrung zu bringen, müssen wir uns indirekter Methoden bedienen. Hier hilft uns die Geophysik, die sich unter anderem mit der Anwendung physikalischer Gesetze wie Gravitation, Wellenausbreitung, Wärmeleitung u.a. auf die Eigenschaften der Erde beschäftigt, entschieden weiter. Grundlegende Informationsquellen sind

- die an der Erdoberfläche herrschende Erd- oder Fallbeschleunigung und die Gravitationskonstante, von denen die mittlere Erddichte abgeleitet werden kann;
- die jährliche, konstante Verschiebung der Tagundnachtgleiche, aus der das Trägheitsmoment der Erde berechnet werden kann und die nebenbei erlaubt, wichtige Folgerungen über die Dichteverteilung im Erdinnern zu ziehen;
- seismologische Daten, die für Diskontinuitäten im Erdinnern sprechen und von denen Auskünfte über die Elastizitätseigenschaften der die Erde aufbauenden Materialien zu erhalten sind;
- Daten vom Wärmefluß, die Hinweise liefern über Größe und Verteilung der radioaktiven Elemente in Kruste und Mantel.

Diese Fakten stellen zusammen mit den Laborbestimmungen der Elastizitätskonstanten verschiedener Gesteine und den Kenntnissen über die wahrscheinlichen Elementhäufigkeiten und anderen Informationen den theoretischen Grundstock dar, auf den aufbauend man sich weitere Kenntnisse über Struktur und Zusammensetzung des Erdinnern erwerben kann.

Um akzeptabel zu sein, muß sich jede Theorie an den verfügbaren Daten messen lassen können (es sei denn, daß die Daten nicht stimmen). Jedoch lassen Daten in der Regel mehrere Interpretationen zu, von denen aber formell keine im Widerspruch zu dem steht, was man schon sicher von der Erde weiß. Die gegenwärtigen Vorstellungen über den inneren Aufbau der Erde müssen aber sicherlich den Entdeckungen neuer Tatbestände und der damit verbundenen Fortschreibung geophysikalischen Wissens angepaßt werden.

Seismische Daten des Erdinnern

Nahezu alle Informationen über das Erdinnere stammen aus der Auswertung der Erdbebenwellen. Ein Beben erzeugt Wellen verschiedener Art; zwei davon können den Erdkörper durchqueren und besitzen daher für Aussagen über den Aufbau des Erdinnern die größte Bedeutung. Die beiden Wellentypen bewegen sich selbst im selben Medium mit unterschiedlichen Geschwindigkeiten voran. Die schnelleren der beiden Wellentypen pflanzen sich längs der Ausbreitungsrichtung fort, sie entsprechen den Schallwellen in der Luft. Bei genügender Entfernung vom Bebenherd erreichen sie als erste den Seismographen und werden zuerst registriert – danach heißen sie auch primäre oder *P*-Wellen. Die langsameren Wellen schwingen senkrecht zur Fortpflanzungsrichtung – vergleichbar den elektromagnetischen Wellen des Lichts – und heißen sekundäre, Scher- oder *S*-Wellen. Die Ausbreitungsgeschwindigkeiten der beiden Wellen hängen ab von Dichte und Elastizitätskonstante des durcheilten Gesteins, und außerdem werden sie an Schicht- und anderen Diskontinuitätsflächen gebeugt und/oder gebrochen. Mittels Zeitvergleich der Ankunftszeiten von *P*- und *S*-Wellen desselben Bebenimpulses an verschiedenen Meßstationen können Laufzeittabellen oder **Laufzeitkurven** aufgestellt werden, aus denen die Wellengeschwindigkeiten als Funktion der Tiefe berechnet werden können. Abb. 3.1 veranschaulicht auf diese Weise erhaltene Daten. Auf den ersten Blick sehen wir, daß das Erdinnere ganz offensichtlich uneinheitlich aufgebaut sein muß, und zwar dergestalt, daß das Material in verschiedenen Tiefen verschiedene Elastizitätseigenschaften aufweist. Diese Heterogenität tritt nicht zufällig auf, sondern ist ganz klar in bestimmte Zonen gegliedert, die voneinander durch **Diskontinuitäten** (Unstetigkeitsflächen) von mehr oder weniger exakt feststellbarer Trennschärfe separiert werden. Von allen Geophysikern sind zwei Hauptdiskontinuitäten festgestellt und bestätigt worden; sie bezeichnen eine abrupte Änderung im Verlauf der Geschwindigkeits-/Tiefenkurve. Folglich kann die Erde in drei Kugelschalen unterteilt werden:

- **Die Kruste.** Sie reicht von der Erdoberfläche bis hinab zur ersten Diskontinuitätsfläche, der MOHOROVIČIĆ-Diskontinuität.
- **Der Mantel.** Er erstreckt sich von der Krustenbasis bis zur zweiten Diskontinuitätsfläche, der WIECHERT-GUTENBERG-Diskontinuität.
- **Der Kern.** Dieser nimmt den Raum zwischen der zweiten Diskontinuität und dem Erdmittelpunkt ein.

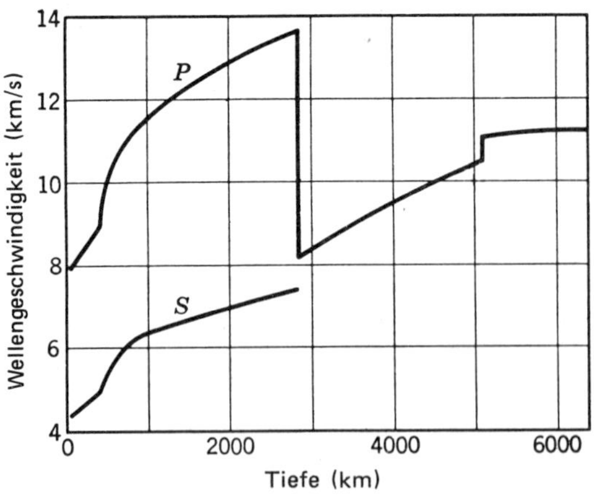

Abb. 3.1 Geschwindigkeiten der *S*- und *P*-Wellen im Erdinnern (nach BULLEN, *An introduction to the theory of seismology.* Mit freundlicher Erlaubnis von Cambridge University Press).

Besonders auffällig ist das Verschwinden der *S*-Wellen an der Basis des Mantels; es läßt die Vermutung aufkommen, daß das Material des unterlagernden Kerns sich wie eine flüssigkeitsähnliche Substanz verhält.

Diskontinuitäten von zweitrangigem Ausmaß (sie erscheinen auf der Laufzeitkurve als plötzlich einsetzende Änderung der Kurvensteigung und bedeuten eine Zu- oder Abnahme der Wellengeschwindigkeit) finden sich in allen drei Hauptkugelschalen, in Kruste, Mantel und Kern. Es herrscht bislang noch keine allgemeine Übereinstimmung über deren Anzahl und Positionen, nicht zuletzt weil ihre Interpretation außerdem unsicher ist.

Dichteverteilung im Erdinnern

Oft wird ISAAC NEWTON als der Begründer der Geophysik bezeichnet, da er durch die Formulierung des Gravitationsgesetzes die Grundlagen für die Bestimmung der Erdmasse und der mittleren Erddichte geschaffen hat. NEWTON bemerkte vorausschauend: „It is probable that the quantity of the whole matter of the earth may be five or six times greater than if it consisted of water." Erst im ausgehenden 18. Jahrhundert konnten seine außerordentlichen Vermutungen im Experiment bestätigt werden; 1798 bestimmte CAVENDISH die Gravitationskonstante, indem er die Anziehung zwischen zwei Blei- und zwei Goldkugeln mittels einer sehr empfindlichen Drehwaage verglich. Aus diesen Messungen leitete er für die mittlere Erddichte einen Wert von 5,48 ab; der heute gehandelte Wert liegt bei 5,517 ± 0,004. Da die durchschnittliche Dichte der oberflächennahen Gesteine bei nur 2,8 liegt, errechnet sich für das Material im Erdinnern eine Dichte größer als 5,5, um auf die entsprechende Zahl für die Gesamtdichte zu kommen. Die hohe Dichte im Innern der Erde kann auf zweierlei Weise interpretiert werden:

- Eine Änderung des physikalischen Zustands der Materie bewirkt eine Zunahme der Dichte aufgrund der Kontraktion des Gesteinsmaterials, das infolge der enorm hohen Drücke ein viel kleineres Volumen einnimmt.
- Eine Änderung der chemischen Zusammensetzung bewirkt eine Zunahme der Dichte aufgrund des Auftretens spezifisch schwererer Elemente, etwa von Schwermetallen.

Der nächste Schritt befaßt sich mit der Bestimmung der Dichteverteilung im Erdinnern. Weiter vorne hatten wir schon ausgeführt, daß sich die Geschwindigkeiten der *P*- und *S*-Wellen mit der Materialdichte und mit den Elastizitätseigenschaften des durcheilten Materials ändern. In Gleichungen gefaßt, ergibt sich für die Geschwindigkeiten der *P*- bzw. *S*-Wellen:

$$V_P^2 = \left(\frac{1}{\rho}\right) \cdot \left(K + \frac{4}{3}\mu\right)$$

$$V_S^2 = \frac{\mu}{\rho}$$

mit V_P = Geschwindigkeit der *P*-Welle
V_S = Geschwindigkeit der *S*-Welle
ρ = Materialdichte
K = Kompressionsmodul
μ = Schermodul

Von diesen Variablen sind nur die Geschwindigkeiten bekannt, so daß von den seismischen Daten allein keine Lösungsmöglichkeiten für die anderen Parameter bestehen. Die Verteilung der Dichte im Erdinnern muß jedenfalls mit zwei Forderungen übereinstimmen: Einmal müssen die einzelnen Dichten der Verteilung bei Integration wieder die Gesamtdichte der Erde ergeben, zum andern müssen sie auch das exakte Trägheitsmoment der Erde wiedergeben. BULLEN legte der Interpretation von seismischen Daten einige einleuchtende Annahmen zugrunde und errechnete auf dieser Basis mögliche Zahlenwerte zur Dichteverteilung des Erdinnern, die der unabhängigen Kontrolle durch die Gesamtdichte sowie durch das Trägheitsmoment der Erde standhalten (Abb. 3.2). Aus dieser Verteilung konnte er im Anschluß auch die Druckverteilung im Erdkörper ableiten (Abb. 3.3). Nach dieser Berechnung befindet sich im inneren Erdkern ein Maximaldruck von ca. 3640 kbar. Spätere Arbeiten zeigten, daß den generalisierten Kurven BULLENs feine und differenzierte Strukturen aufgesetzt sind, besonders im Bereich des oberen Mantels. Abb. 3.4 verdeutlicht den Dichteverlauf dieses Mantelabschnitts zusammen mit einer Interpretation seiner Ursachen.

Der Bereich –a– umfaßt die **Lithosphäre**, eine Gesteinsplatte von schwankender Mächtigkeit. Die Kruste bildet den oberen Teil dieser seismischen Einheit, die nach unten hin von der MOHOROVIČIĆ-Diskontinuität begrenzt wird. Der untere Teil der Lithosphäre ist durch eine Zone ansteigender *S*-Wellengeschwindigkeit ausgezeichnet. Im übrigen ist die Lithosphäre ein sehr starres Gebilde, sie bildet – vereinfacht ausgedrückt – die zahlreichen Platten, die sich in einer ständigen Driftbewegung befinden.

Der Bereich –b– umschließt die **Asthenosphäre**, eine Zone niedriger Scherwellengeschwindigkeiten; in ihr findet wahrscheinlich partielles Aufschmelzen statt. Beide Bereiche –a– und –b– unterscheiden sich hinsichtlich der chemischen Zusammensetzung offenbar nicht sonderlich, aber in ihren physikalischen Eigenschaften weichen sie sehr deutlich voneinander ab. Trotzdem zeigen Isotopenanalysen von Basalten, daß sich jene, die an den mittelozeanischen Rücken austreten, sehr deutlich chemisch von solchen aus anderen Gebieten, wie Inselbögen und Kontinenten, unterscheiden. Isotopenstudien der Elementpaare Sm-Nd und Rb-Sr zeigten, daß die Basalte der Ozeanrücken aus einem Bildungsmilieu des oberen Mantels stammen, das an Elementen, die in der Kruste häufiger vorkommen, verarmt ist; dagegen steigen kontinentale Basalte aus tieferen Mantelzonen auf und führen eben diese Elemente. Die derzeit herrschende Auffassung über den Aufbau des oberen Mantels geht von einer hohen Komplexität aus.

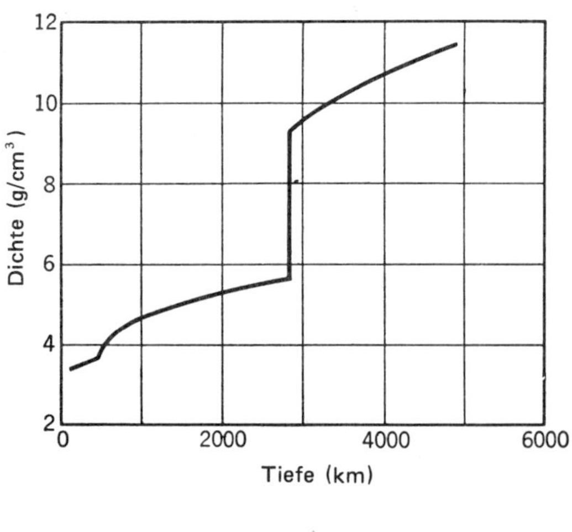

Abb. 3.2 Dichteverteilung im Erdinnern (nach BULLEN, *An introduction to the theory of seismology.* Mit freundlicher Erlaubnis von Cambridge University Press).

Abb. 3.3 Druckverteilung im Erdinnern (nach BULLEN, *An introduction to the theory of seismology*. Mit freundlicher Erlaubnis von Cambridge University Press).

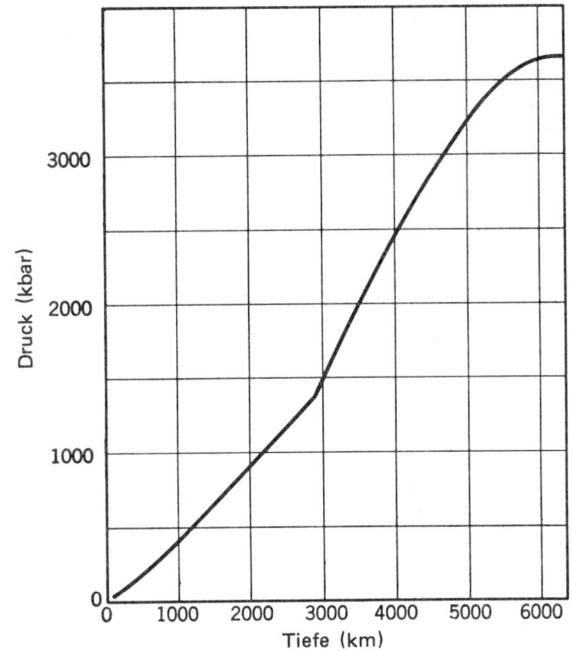

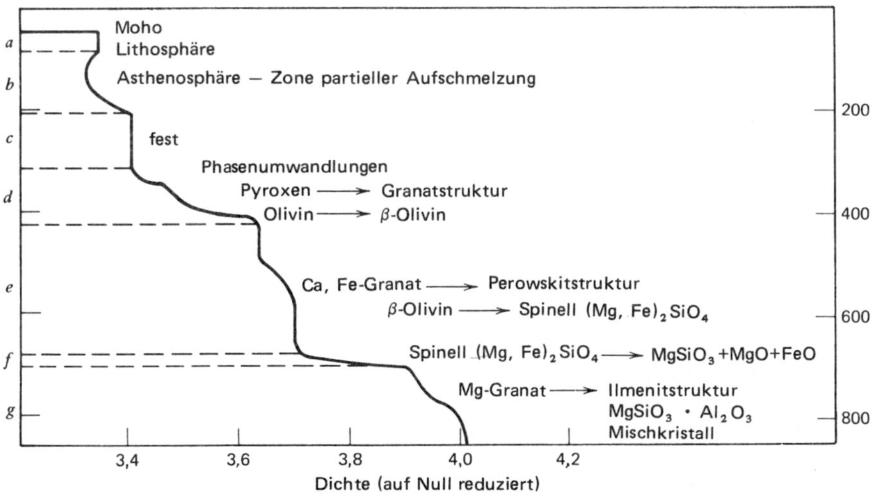

Abb. 3.4 Mineralphasen und Phasenübergänge bei Dichtesprüngen in einem Modell für den oberen Mantel (nach RINGWOOD, *Origin of the Earth and Moon*. Mit freundlicher Genehmigung des Springer Verlags).

Unterhalb der Asthenosphäre, der Abschnitt –c–, nehmen Festigkeit und Elastizität der Gesteine zwar wieder zu, was aber keine merkliche Geschwindigkeits- und Dichteänderungen zur Folge hat. Im nächsten Abschnitt –d–, in Tiefen zwischen 300–400 km, setzt ein sprunghaftes Ansteigen der Dichte- und Geschwindigkeitswerte ein. Gestützt auf Theorie und Experiment konnten RINGWOOD und Mitarb. klar machen, daß bei den hier herrschenden Drücken Phasenübergänge beginnen. Pyroxen nimmt die Struktur von Granat an, und Olivin tauscht sein Gitter gegen das des Beta-Olivins ein, das rund 8% dichter ist als das des normalen Olivins an der Erdoberfläche.

In Tiefen unter 400 km, dem Bereich –e–, springt Calciumgranat in das Gitter der dichten Perovskit-Struktur über, und Beta-Olivin nimmt eine Spinell-Struktur an. Noch tiefer, in den Bereichen –f– und –g–, brechen Granat- und Spinellstrukturen zusammen und bauen einfache, sehr dichtgepackte Phasen auf. Spinell geht über in MgO mit einer Steinsalzstruktur und in $MgSiO_3$ mit einer Perovskit-Struktur, während Granat zunächst eine Ilmenit-Struktur und anschließend eine Perovskit-Struktur annimmt. Alle diese Phasenübergänge, die im wesentlichen von einem konstanten Chemismus begleitet werden, sind der Erklärung der beobachteten physikalischen Eigenschaften ohne große Einschränkungen dienlich.

Temperaturverteilung im Erdinnern

Über die Dichte- und Druckverteilung im Innern der Erde können wir, wie wir vorhin gesehen haben, relativ gut fundierte Aussagen treffen. Um es gleich zu sagen, gleicht die Abschätzung des Temperaturverlaufs in die Tiefe eher intellektuellen Mutmaßungen. Direkte Beobachtungen in Bohrungen und tiefen Bergwerken weisen generell auf eine Temperaturzunahme mit der Tiefe hin, allerdings kann die Zunahmerate von Ort zu Ort gehörig schwanken. Diese Unstetigkeiten sind typisch für die verschiedenen Krustenlagen, bei genügender Tiefe dürfte der Temperaturgradient einheitlich sein. Meßwerte von krustalen Temperaturgradienten reichen von 10°C bis 50°C pro km, meistens wird ein mittlerer Wert von 30°C/km benutzt. Aus dem Temperaturgradienten und der spezifischen Wärmeleitfähigkeit der einzelnen Gesteinstypen kann der zur Oberfläche strömende **Wärmefluß** rechnerisch ermittelt werden. Danach beträgt der mittlere Wärmefluß $6{,}28 \cdot 10^{-6}\ J/cm^2 \cdot s$. Umgerechnet übers Jahr gibt das etwa 210 J/cm^2, genug, um eine ca. 6 mm dicke Eisschicht zu schmelzen. Dieser Vergleich zeigt sehr schnell, wie wenig die Erdwärme z.B. klimatische Gegebenheiten beeinflussen könnte: Denn um eine 6 mm dicke Eisplatte zu schmelzen, braucht es nur einige Stunden Frühjahrssonne; für deren Bildung genügt gleichfalls nur eine Nacht strengen Frosts. Rechnet man jedoch über die ganze Erdoberfläche diesen Wärmefluß zusammen, so macht er doch weit mehr aus als beispielsweise die von den Vulkanen so spektakulär geförderte Magmenwärme.

Ausgewählte Wärmeflußwerte für einige geologische Provinzen sind in der Tabelle 3.1 zusammengetragen. Auf den ersten Blick fällt auf, daß der mittlere Wärmefluß der ozeanischen Kruste ungefähr gleich groß dem der kontinentalen Kruste ist. Als diese Tatsache erstmals festgestellt wurde, löste sie zunächst Erstaunen aus; ein beträchtlicher Anteil des kontinentalen Wärmeflusses stammt nämlich aus dem Zerfall radioaktiver Elemente, die in der Kontinentkruste beheimatet sind. Im Gegensatz dazu kann die ozeanische Kruste als ausgesprochen arm an radioaktiven Elementen angesprochen werden, außerdem ist sie viel dünner und wäre daher nicht

Tabelle 3.1 Wärmefluß in verschiedenen geomorphologisch-geologischen Provinzen (nach LEE & UYEDA, 1965; Review of Heat Flow Data, in: *Terrestrial Heat Flow.* W.H.K. LEE (Hrsg.), Geophysical Monograph 8, American Geophysical Union)

Provinz	Anzahl der Messungen	durchschnittlicher Wärmefluß q (μJ)/(cm²)(s)	Standard-abweichung
Ozeanbecken	273	5,36	0,53
Ozeanrücken	338	7,61	1,56
Tiefseegräben	21	4,14	0,61
verschiedene Ozeane	281	7,15	1,05
präkambrische Schilde	26	3,85	0,17
nichtorogenes Phanerozoikum	23	6,44	0,38
orogenes Phanerozoikum	68	6,19	0,56
orogenes Paläozoikum	21	5,15	0,40
orogenes Meso-, Känozoikum	19	8,03	0,49
Inselbögen	28	5,69	0,54
vulkanisches Känozoikum	11	9,04	0,46

Tabelle 3.2 Wärmeproduktion magmatischer Gesteine (aus JACOBS, RUSSELL & WILSON, *Physics and Geology,* 2. Aufl. New York: McGraw-Hill, 1974)

Gesteinsart	Wärmeproduktion durch U, (μJ/g Jahr)	Wärmeproduktion durch Th, (μJ/g Jahr)	Wärmeproduktion durch K, (μJ/g Jahr)	Gesamte Wärmeproduktion, (μJ/g Jahr)
Granite	11,7	8,4	3,4	23,5
saure	12,6	10,9	3,8	27,3
intermediäre	4,3	3,6	2,9	10,8
intermediäre	8,1	8,1	2,9	19,1
Basalt	2,5	4,1	6,4	7,2
Dunite	0,042	0,044	0,001	0,087

in der Lage, mehr als 10% des ozeanischen Wärmeflusses beizusteuern. Betrachtet man die Verteilung an radioaktiven Elementen in den verschiedenen Gesteinsarten, so kann man den Beitrag der Radioaktivität der Krustengesteine am Wärmefluß abschätzen (Tab. 3.2) und anschließend den Wärmeanteil des Mantels bestimmen. Diese Berechnungen lassen den Schluß zu, daß die Krustengesteine etwa 30 bis 50% des kontinentalen Wärmeflusses produzieren; der Rest sowohl von kontinentalem als auch ozeanischem Wärmefluß muß Wärmeenergie tief aus dem Erdinnern sein.

Ozeanische Rücken weisen einen höheren Wärmefluß auf als die Ozeanbecken und diese wiederum einen höheren als die Tiefseegräben. Diese Verteilung mag die bekannte Vorstellung unterstützen, daß bedeutende Wärmemengen des Ozeanbodens durch riesige Konvektionswalzen im Erdmantel, die einen Teilaspekt der neuen Globaltektonik ausmachen, an die Oberfläche geschleppt werden. Diese Konvektionszellen erreichen genau an den Ozeanrücken die Erdoberfläche, was den hiesigen hohen Wärmefluß erklärlich macht; genauso erklärt sich der mit zunehmender Entfernung von den Rücken abflauende Wärmefluß der Ozeanbecken, da hier der Wärmenachschub aus der Tiefe nachläßt.

Seismische Befunde haben uns gezeigt, daß der Mantel meist fest ist (außer in Teilen der Asthenosphäre) und folglich die Temperatur in jeder Tiefenlage nicht höher sein kann, als es dem Schmelztemperaturbereich der hier vorhandenen

Materie entspricht. Angaben zur Änderung des Schmelzpunkts bei verändertem Druck sind für Silikate verfügbar, aber nicht komplett; für Diopsid existieren Daten (Abb. 3.5) von ca. 10°C/kbar bzw. 3°C/km. Danach dürfte die Temperatur an der Basis des Mantels die 10 000°C-Marke nicht überschreiten. Die Schmelzkurven für die in der Abb. 3.5 dargestellten Silikate besitzen jedoch eine beträchtliche Kurvenkrümmung, infolgedessen ihre Schmelzpunkte bei zunehmendem Druck in großer Tiefe spürbar niedriger zu liegen kommen, als unsere vorige Extrapolation von 10 000°C denken ließ. Der Schmelzpunkt des Materials an der Basis des Mantels wurde auf etwa 4000°C geschätzt. Diese Zahl läßt sich gut mit der Annahme eines dort beginnenden, schmelzflüssigen Eisenkerns in Einklang bringen, da die Schmelztemperatur von Eisen bei Drücken, wie sie an der Mantel/Kern-Grenze herrschen, sich in dieser Größenordnung bewegen dürfte.

Abb. 3.6 stellt den Versuch dar, den Wärmeverlauf im Innern der Erde abzuschätzen sowie den Schmelzpunktverlauf von Mantel- und Kernmaterial gegenüberzustellen. Man beachte die Annäherung der Geotherme an die Schmelzkurve der Silikate im Bereich des oberen Mantels, dem Ursprung basaltischen Magmas, sowie im Bereich des äußeren Kerns mit seinem offensichtlich schmelzflüssigen Nickel-Eisen-Material. Kurven solcher Art mögen sicherlich irgendwo spekulativ sein, aber sie liefern Aussagen zu den thermischen Gegebenheiten im Erdinnern in einer ersten Annäherung.

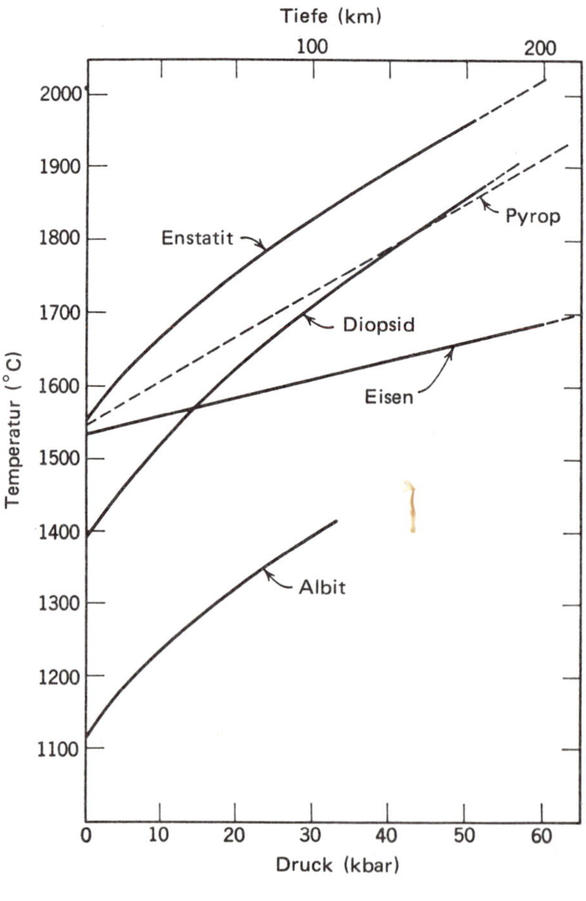

Abb. 3.5 Schmelztemperaturen einiger Silikate in Abhängigkeit vom Druck (BOYD, 1964).

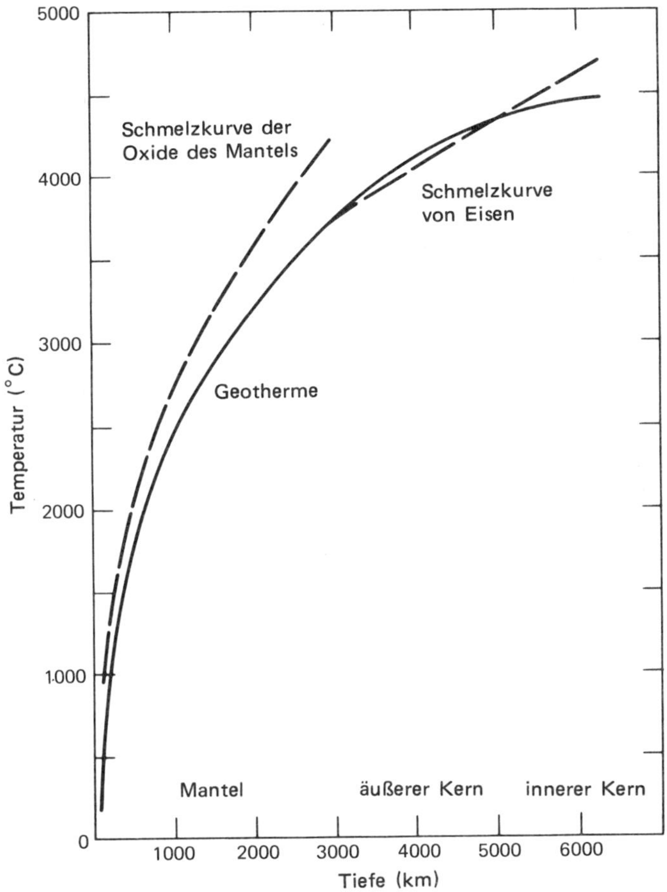

Abb. 3.6 Geschätzter Temperaturverlauf zwischen Erdkruste und Erdmittelpunkt. Enge Annäherungen der Schmelztemperaturen von Mantel- und Kernmaterial an die Temperaturkurve im oberen Mantel und im äußeren Kern.

Schalenbau der Erde

Die Interpretation von seismischen Daten liefert in erster Linie eine Dreiteilung der Erde in Kruste, Mantel und Kern (Abb. 3.7). Zusammen mit weiteren geophysikalischen Befunden ergeben diese Daten etliche Anhaltspunkte über die physikalischen Eigenschaften des diese drei Kugelschalen aufbauenden Materials. Es bleibt uns nun, plausible Schlußfolgerungen über den tatsächlichen Aufbau der Erde daraus zu ziehen, indem wir die oben ausgeführten Befunde benutzen und sie mit anderen wichtigen Informationen, wie die relative Häufigkeit der Elemente oder die Zusammensetzung der Meteorite, sinnvoll kombinieren.

Die Erdkruste ist wenigstens in ihren obersten Teilen unseren Beobachtungen zugänglich, und über ihre hauptsächlichen Merkmale herrscht größtenteils Übereinstimmung. Sie ist sehr heterogen aufgebaut und schwankt hinsichtlich ihrer Mächtigkeit von Ort zu Ort erheblich. Besonders große Unterschiede in jeder Hinsicht

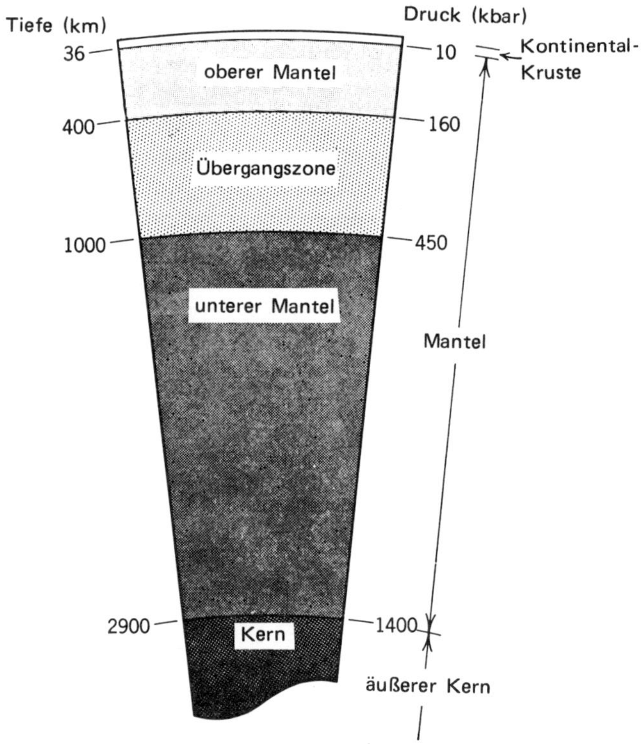

Abb. 3.7 Schalenbau des Erdinnern.

bestehen zwischen den Kontinenten und den Ozeanbecken. Die **Moho** (= Mohorovičić-Diskontinuität) befindet sich in den verschiedenen geologischen Krustenteilen in verschiedenen Tiefenlagen. Unter allen erschlossenen Ozeanbecken liegt sie zwischen 10 und 13 km unter dem Meeresspiegel; unter den Kontinenten liegt sie im Mittel 35 km unter Meeresniveau, wobei sie inmitten aktiver Gebirgsgürtel (Himalaya) in Tiefen bis zu 70 km unter Meeresniveau abtauchen kann. In den Ozeanbecken haben wir eine mittlere Wassertiefe von ca. 4000 m, dann folgen 500 bis 2000 m mächtige, unverfestigte Sedimentschichten und schließlich Gesteine basaltischer Zusammensetzung (5000–8000 m mächtig) bis hinab zur Moho.

Es hatte sich eingebürgert, die seismischen Einheiten der kontinentalen Kruste als im wesentlichen zwei Hauptlagen zu interpretieren, eine obere aus Granit und Granodiorit und eine untere aus basaltischen Gesteinen. Diese beiden Lagen bekamen die Abkürzungen **Sial** (Gesteinen mit vorwiegend Si und Al) und **Sima** (vorwiegend Si und Mg) zugeordnet. Neuere, mehr differenzierende seismische Arbeiten, in Verbindung mit der offenkundigen Heterogenität der kontinentalen Geologie, haben dieses Konzept der Zweiteilung größtenteils widerlegt. Die Kontinentkruste besteht aus einem Mosaik von Sedimenten, Metamorphiten, magmatischen Intrusionen und Vulkaniten, die miteinander verfaltet oder die in Schollen verschiedener Größe und Form zerbrochen bzw. zerlegt sind. Wie auch immer, es besteht anscheinend doch ein allmählicher Wechsel in der Zusammensetzung des Materials, von mehr granitischen Gesteinen in Oberflächennähe zu eher gabbroiden Gesteinen nach der Tiefe hin. Zudem befindet sich die Kruste in einem isostatischen Gleichgewicht, wobei die dichtebedingten Unregelmäßigkeiten sich untereinander kompensieren.

Die Moho trennt die eher heterogene Kruste von dem sicherlich homogeneren Mantel, und sie ist charakterisiert durch einen plötzlichen Geschwindigkeitsanstieg seismischer Wellen. Die geophysikalischen Daten besagen für den Mantel eine lagenförmige Struktur; der obere Mantel, bis in etwa 400 km Tiefe hinabreichend, wird vom unteren Mantel durch eine ca. 600 km mächtige **Übergangszone** getrennt. Aufbau und Zusammensetzung von oberem Mantel und Übergangszone wurden intensiven Untersuchungen unterzogen, und die Diskussionen darüber dauern unvermindert an. Man ist sich inzwischen der Tatsache bewußt, daß der Schlüssel zu vielen geologischen und geochemischen Problemfragen, wie die Herkunft der Magmen, die Auslösung tiefster Erdbeben, die Drift der Krustenplatten, im oberen Mantel und in der darunterliegenden Übergangszone zu suchen ist. Unsere Kenntnisse über die Natur des oberen Mantels haben besonders dadurch zugenommen, daß Instrumente und Techniken entwickelt worden sind, die eine Erforschung von Mineralen und Gesteinen bei hohen Temperaturen und Drücken erlauben. Heute ist es z.B. ohne weiteres möglich, die in 400 km Tiefe oder mehr herrschenden physikalischen Bedingungen im Laboratorium nachzuahmen. Die Identifizierung von Material aus dem Mantel stützt sich weitgehend auf Proben von Einschlüssen vulkanischer Pipes; Laborexperimente zum Verhalten von Mineralen und Gesteinen bei hohen Drücken und Temperaturen sowie unsere Kenntnisse über die Elementhäufigkeiten helfen das Bild über das den Mantel aufbauende Material zu vervollständigen. Die Experimente weisen im Grund genommen nur auf drei Gesteinstypen hin, auf

- Dunit (Olivin),
- Peridotit (Olivin und Pyroxen) sowie
- Eklogit (Granat und Pyroxen).

Diese drei haben elastische Eigenschaften, wie sie die beobachteten seismischen Wellengeschwindigkeiten im oberen Mantel erwarten lassen. Dies würde auch ein Material chondritischer Zusammensetzung einschließen, im wesentlichen also Peridotit mit kleinen Beimengungen von Plagioklas. All diese Gesteine werden hauptsächlich aus Mg-Fe-Silikaten gebildet. Einschlüsse von Dunit und Peridotit treten manchmal recht häufig in Vulkaniten auf, so in Basalten und diamantführenden Kimberliten; Einschlüsse von Eklogit sind dagegen selten. Die Basaltmagmen Hawaiis kommen aus geschätzten Entstehungstiefen von 60 km, wogegen die Gegenwart von Diamanten in den Kimberliten eine Bildungstiefe von mindestens 100 km vermuten lassen.

Das Wesen der Moho ist lange ein Thema von beträchtlichen Gegensätzlichkeiten gewesen. Eine Richtung plädiert für eine physikalisch bedingte Diskontinuität, die das Ergebnis von Phasenübergängen ist; tiefer gelegene Krustengesteine gabbroider Zusammensetzung gehen danach in eklogitische Gesteine über, also in dichteres Material von ziemlich derselben Zusammensetzung. Die andere Denkrichtung befürwortet die Annahme einer chemisch bedingten Diskontinuität, wonach der obere Mantel eine ultrabasische Zusammensetzung von Dunit oder Peridotit besitzen soll. Diese Kontroverse wurde von RINGWOOD (1975) aufgegriffen und überarbeitet; er war bestrebt, geochemische, geophysikalische und petrologische Fakten miteinander zu vereinen. Er bevorzugte für den oberen Mantel ein ultrabasisches Modellgestein mit einer allgegenwärtigen Zusammensetzung aus einem Teil Basalt und drei Teilen Dunit, die er **Pyrolit** (Pyroxen-Olivin-Gestein) nannte. Fraktioniertes Aufschmelzen dieses Gesteins würde basaltisches Magma liefern, das in geologischen Zeiträumen in rauhen Mengen in die Kruste injiziert bzw. an die Erdoberfläche gefördert worden ist; zurück blieb gewissermaßen als Rest Dunit und Peridotit. Die Mineralogie des Pyrolits variiert als Funktion von Temperatur und Druck, infolgedessen dieses Gestein auf viererlei Weise kristallisieren kann:

- Olivin + Amphibol — Amphibolit
- Olivin + Al-armer Pyroxen + Plagioklas — Plagioklas-Pyrolit
- Olivin + Al-reicher Pyroxen + Spinell — Pyroxen-Pyrolit
- Olivin + Al-armer Pyroxen + Granat — Granat-Pyrolit

Da die geothermische Tiefenstufe im oberen Mantel unter den Ozeanen erheblich anders verläuft als unterhalb der Kontinente, bestehen regionale Unterschiede in der mineralogischen Zusammensetzung des Pyrolitgesteins. Die ungefähre Zusammensetzung des oberen Mantels unter präkambrischen Schilden, durchschnittlichen Kontinenten und ozeanischen Becken verdeutlicht die Abb. 3.8. Unter den präkambrischen Schilden besteht der Mantel bis in beträchtliche Tiefen aus Dunit oder Peridotit mit geringen Beimengungen von Eklogit. Diese Zone ist nicht ganz so mächtig unter den Durchschnittskontinenten, und sie ist geradezu dünn oder ersetzt durch Amphibolit unter den ozeanischen Regionen. Unterhalb der Dunit-Peridotit-Zone dürfte noch eine Pyrolitzone von geringerer Dichte liegen; Hinweise dazu gehen aus einer 100 km tiefer angetroffenen Zone von geringeren seismischen Wellengeschwindigkeiten hervor.

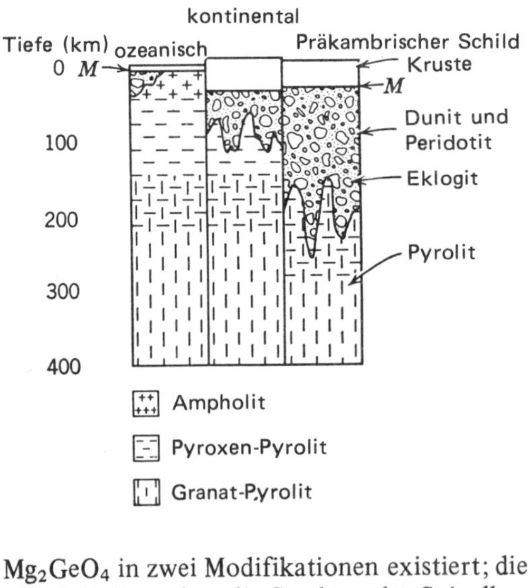

Abb. 3.8 Petrologisches Modell für den oberen Mantel nach CLARK & RINGWOOD (1964); *M* = Mohorovičić-Diskontinuität.

Ein wichtiger Schritt zum Verständnis der Übergangszone innerhalb des Mantels war die Realisierung der Bedeutung von polymorphen Phasenänderungen der Minerale bei sehr hohen Temperaturen und Drücken. Die Initiative ging von BERNAL aus, der schon 1936 annahm, daß die Unstetigkeit zwischen oberem Mantel und Übergangszone durch die Bildung einer Hochdruckmodifikation des Olivins verursacht ist. Er betonte, daß die analoge Verbindung des Mg_2GeO_4 in zwei Modifikationen existiert; die eine kristallisiert im Gitter des Olivins, während die andere die Struktur des Spinells mit einer um 9% höheren Dichte annimmt.

Andere polymorphe Phasenübergänge, die innerhalb des Mantels als möglich angesehen werden, sind die Transformationen von $MgSiO_2$ von der Pyroxen- zur Ilmenitstruktur sowie von SiO_2 zur Rutil-Struktur. Einige dieser prophezeiten Phasenübergänge wurden durch entsprechende Experimente bestätigt. Die Rutil-Gitterform des SiO_2 wiesen 1961 STISHOV und POPOVA nach, später bürgerte sich dafür der Begriff Stishovit ein. Sein Stabilitätsbereich liegt bei 130 kbar und 1600°C. Extrapolation von experimentell ermittelten Daten des Mischkristalls $(Mg,Fe)_2SiO_4$ zeigen, daß beim Olivin bei 130 kbar und 600°C ein Olivin/Spinell-Phasenübergang stattfindet. Einige Minerale mit Pyroxenstruktur gehen bei hohen Drücken in die Ilmenitstruktur über, Laborexperimente zeigen jedoch, daß $MgSiO_3$ bei Drücken von 120 kbar in einem Temperaturbereich zwischen 500–2000°C wahrscheinlich in Mg_2SiO_4 und SiO_2, Stishovit, übergeht. Alle die hier angesprochenen Phasenübergänge können in der Übergangszone ohne weiteres erwartet werden.

CLARK und RINGWOOD haben diese Daten dazu verwendet, den Aufbau der Übergangszone zu erhellen. In einer ersten Annäherung geben sie eine mutmaßliche Zusammensetzung aus MgO und SiO_2 an, entsprechend einer Mixtur aus Olivin, Mg_2SiO_4, und Pyroxen, $MgSiO_3$. Diese Mineralphasen dürften bis in eine Tiefe von 400 km stabil sein. Unter dieser ungefähren Marke ereignet sich vermutlich eine Reihe von Phasenübergängen, die gekennzeichnet sind durch dichter gepackte Kristallgitterformen. Unter Zuhilfenahme der bekannten Daten postulieren die beiden folgende Transformationen bei zunehmender Tiefe:

2 $MgSiO_3$ (Pyroxen) = Mg_2SiO_4 (Olivin) + SiO_2 (Stishovit)
Mg_2SiO_4 (Olivin) = Mg_2SiO_4 (Spinell)
Mg_2SiO_4 (Spinell) + SiO_2 (Stishovit) = 2 $MgSiO_3$ (Ilmenit)
Mg_2SiO_4 (Spinell) = $MgSiO_3$ (Ilmenit) + MgO (Periklas)

Diese Serie von Phasenübergängen dürfte in einer Tiefe von rund 1000 km abgeschlossen sein. Sie finden bei einem Anstieg der Dichtewerte von 3,2 auf 3,9 (bezogen auf Druck gleich Null) statt. Es ist bezeichnend, daß der letztendliche Zustand, der der dichtesten Packung, mehrere intermediäre Zustände in sich einschließt. Dazu enthält der Mantel noch weitere Elemente, meist Eisen, Calcium, Aluminium und Natrium, die in den wichtigen Mineralphasen Atome substituieren. Ihre Anwesenheit beeinflußt die vorstehenden Reaktionen zu einem gewissen Grad, indem die Übergänge abgeglichen werden und damit die Dichteunterschiede eher gleitend als sprunghaft vor sich gehen.

Der **untere Mantel** in Tiefen zwischen 1000 und 2900 km scheint homogen aufgebaut zu sein; vermutlich besteht er aus einer Mischung von $(Mg, Fe)SiO_3$ mit Ilmenitstruktur und (Mg, Fe)O, Periklas. Das Verhältnis FeO:(FeO + MgO) wurde auf 0,1 bis 0,2 geschätzt. RINGWOOD glaubte, noch mehr Möglichkeiten für noch dichter gepackte Gitterstrukturen im unteren Mantel zu sehen; so könnte sich die Ilmenitstruktur in eine Perovskitstruktur $CaTiO_3$ umwandeln oder die Periklasstruktur in die des Cäsiumchlorids CsCl.

Die Annahme eines Eisenkerns ist wesentlich älter als die zu seiner Existenz Anlaß gebenden seismischen Ergebnisse. Sie geht allem Anschein nach auf DAUBRÉE (1866) und seine Schlußfolgerungen, die er aus dem Aufbau von Meteoriten zog, zurück. Das Konzept eines Eisenkerns hat sich inzwischen bei den Geowissenschaftlern weitgehend etabliert, obwohl daneben auch noch hier und da die Meinung existiert, der Kern sei aus dem gleichen Material wie der Mantel, nur liege es in viel dichterer Form vor. Experimente, bei denen mit Explosionsschockwellen Drücke erzeugt wurden, die denen im Erdkern gleichkommen, zeigten jedoch einen chemisch bedingten Unterschied zwischen Mantel- und Kernmaterial auf. Diese Ergebnisse liefen darauf hinaus, daß es nicht möglich ist, einen mit allen anderen Daten abstimmbaren Kern aus leichteren Metallen oder ihren Oxiden zu postulieren. Die physikalischen Eigenschaften des Kerns erfordern Elemente aus den Übergangsmetallen, von denen nur Eisen in genügender Menge vorhanden ist. Die Eigenschaften von Eisen erfüllen die entsprechenden Voraussetzungen weitgehend und können, mit geringen Mengen leichterer Elemente, vollständig mit den geophysikalischen Annahmen abgeglichen werden. So fordern diese u.a. für den Kern eine mittlere Kernladungszahl von 22. Da sie für Eisen 26 beträgt, impliziert dies, daß der Kern noch andere Elemente mit niedrigeren Kernladungszahlen enthalten muß. Als in Frage kommende Elemente werden Schwefel, Kohlenstoff und Silizium betrachtet. Von Schwefel und Kohlenstoff, beide recht häufig in meteoritischem Material, würden geringere Mengen als von Silizium ausreichen, die Kernladungszahl auf 22 zu reduzieren.

Die seismische Unstetigkeitsfläche zwischen Mantel und Kern ist eine sehr scharfe, weshalb ihre Lokalisierung mit beachtlicher Genauigkeit möglich zu sein scheint (± 2,5 km nach JEFFREYS). Die Durchdringung von Scherwellen konnte am Kern noch nie beobachtet werden (einige wenige Meldungen gegensätzlicher Art wurden im allgemeinen als falsch eingeschätzt), und so wertet man diese Tatsache als Beweis für die mindestens in den äußeren Partien schmelzflüssige Natur des Kerns. BULLEN meinte, daß die Diskontinuität zweiter Ordnung in einer Tiefe von 5000 km auf eine Änderung in der Steifheit zurückgeht und daß darunter der Kern fest sei.

Eine einleuchtende Erklärung für die Herkunft des irdischen Magnetfeldes und für seine Säkularvariation wird nach ELSASSER durch die Existenz eines schmelzflüssigen Kerns geliefert. Er nimmt an, daß das irdische Magnetfeld das Ergebnis von umlaufenden elektrischen Strömen im Kerninnern ist und daß solche Ströme viel eher dort im hochleitenden Kernmaterial fließen als im silikatischen Mantel. Die Säkularvariation des Magnetfeldes wird interpretiert als der Ausdruck von Konvektionsströmungen, die im schmelzflüssigen Kern kursieren.

Die Erde können wir uns also aus Eisenkern, relativ homogenem Mantel und heterogener Kruste zusammengesetzt vorstellen. Dieses Bild stimmt gut überein mit ihren Daten über das Trägheitsmoment, die Masse und den seismisch gefundenen Diskontinuitätsflächen. Der ansteigende SiO_2-Gehalt des Materials in Annäherung von der Kruste zum Mantel paßt ebenfalls gut mit den petrologischen Experimenten zusammen. Und schließlich stimmt auch der Vergleich der relativen Elementhäufigkeiten mit einer dergestalt strukturierten Erde überein.

Nicht einer der Indizpunkte, und auch nicht alle zusammen, garantieren uns, daß es so ist; aber immerhin haben wir auf diese Wiese eine Übereinstimmung der verfügbaren Daten. Zur Vervollständigung des Schalenbaus der Erde müssen wir noch drei weitere Zonen dazurechnen: Atmosphäre, Hydrosphäre und Biosphäre. Die erste Schale stellt die Gashülle unseres Planeten dar; die Hydrosphäre bildet die unzusammenhängende Wasserhülle mit Salz- und Süßwasser, den Ozeanen, Seen, Flüssen, Grundwässern und Gletschern; die Biosphäre umfaßt die Gesamtheit allen organischen Lebens in der Atmosphäre, Hydrosphäre und auf der Oberfläche der Erdkruste. Tabelle 3.3 gibt die wichtigen Merkmale dieser Zonen wieder, und Tabelle 3.4 enthält Zahlen über ihre Mächtigkeiten, Volumina, Durchschnittsdichten und Massen.

Atmosphäre, Hydrosphäre und Biosphäre steuern, obwohl geochemisch bedeutsam, nur 0,03% zur Gesamtmasse der Erde bei. Für die Erstellung der durchschnittlichen Zusammensetzung der Erde können wir sie folglich unberücksichtigt lassen. Selbst die Kruste macht nur 1% in diesem Vergleich aus. So können wir festhalten,

Tabelle 3.3 Struktur der Erde

Erdsphären	wichtige chemische Eigenschaften	wichtige physikalische Eigenschaften
Atmosphäre	N_2, O_2, H_2O, CO_2, inerte Gase	Gas
Biosphäre	H_2O, organische Substanzen, Skelettreste	fest, flüssig, oft auch kolloidal
Hydrosphäre	Salzwasser, Süßwasser, Schnee, Regen, Nebel, Tau, Eis	flüssig, teilweise fest
Kruste	weitgefächertes Silikatmaterial	fest
Mantel	Silikatmaterial, wahrscheinlich meist Olivin und Pyroxene bzw. deren Hochdruckmodifikationen	fest
Kern	Eisen-Nickel-Legierung	äußerer Kern: flüssig innerer Kern: fest

Tabelle 3.4 Volumen und Massen der Erdsphären*

	Mächtigkeit (km)	Volumen ($\cdot 10^{27}$ cm^3)	mittlere Dichte (g/cm^3)	Masse ($\cdot 10^{27}$ g)	Masse (%)
Atmosphäre	–	–	–	0,000005	0,00009
Hydrosphäre	3,80 (Mittel)	0,00137	1,03	0,00141	0,024
Kruste	17 (Mittel)	0,008	2,8	0,024	0,4
Mantel	2883	0,899	4,5	4,016	67,2
Kern	3471	0,175	11,0	1,936	32,4
Erde	6371	1,083	5,52	5,976	100,00

* Angaben zur Biosphäre fehlen, da ihre Masse relativ klein ist und genauere Daten nicht verfügbar sind.

daß die Pauschzusammensetzung fast völlig vom Chemismus des Mantels und des Kerns bestimmt wird. Da für Geologie und Geochemie jedoch die Kruste die hervorragende Rolle spielt, soll ihre Zusammensetzung anschließend detailliert besprochen werden.

3.2 Die chemische Zusammensetzung der Erde

Zusammensetzung der Kruste

Die Durchschnittszusammensetzung der Erdkruste ist eigentlich eine der magmatischen Gesteine, denn rechnet man die Anteile der sedimentären und metamorphen Gesteine gegen die Masse der Magmatite auf, so fallen sie kaum ins Gewicht; noch dazu fallen letztere in ihrer Zusammensetzung kaum aus dem Rahmen. CLARKE & WASHINGTON (1924) veranschlagten für die obersten 16 km der Kruste folgende Gesteinszusammensetzung:

magmatische und metamorphe Gesteine	95%	Sandsteine	0,75%
Tonschiefer	4%	Kalksteine	0,25%

Wo Sedimentgesteine vorhanden sind, bilden sie eine relativ dünne Haut auf den Basement-Gesteinen, außer die akkumulierten zu mächtigen Sedimentbecken oder Faltengebirgen.

CLARKE & WASHINGTON fertigten eine aufsehenerregende Studie an, indem sie die verfügbaren Daten der Krustengesteine zur Berechnung der mittleren Zusammensetzung der Kruste verwendeten. Der Grundstock waren die von WASHINGTON zusammengetragenen 5159 „superior" Analysen; diese bildeten geographische Gruppen und stimmten in ihren Mittelwerten gut überein. Mit anderen Worten, die Zusammensetzung der Kruste ist in verschiedenen Gebieten annähernd identisch, vorausgesetzt sie sind groß genug gewählt, so daß lokale Schwankungen unterdrückt werden. Jedoch ist der SiO_2-Gehalt der ozeanischen Krustengesteine viel niedriger, etwa für die Inseln im Atlantik oder Pazifik – ein weiterer Hinweis dafür, daß die Sialgesteine unter den Ozeanbecken ausgedünnt sind oder ganz fehlen. Daher gilt die nachfolgende Pauschzusammensetzung der Magmatite, die in der Form manchmal auch für die Zusammensetzung der Kruste benutzt wird, tatsächlich nur für kontinentale Krustengesteine, weniger also für Kruste in dem Sinn, wie wir sie schon weiter oben definiert haben.

Die durchschnittlichen Prozentanteile der 5159 Analysen, ohne Wasser und Spurenelemente, ergeben folgende relative Häufigkeiten:

SiO_2	Al_2O_3	Fe_2O_3	FeO	MgO	CaO	Na_2O	K_2O	TiO_2	P_2O_5
60,18	15,61	3,14	3,88	3,56	5,17	3,91	3,19	1,06	0,30

Diese Zusammensetzung stimmt mit keiner eines natürlichen Gesteins überein; sie liegt zwischen Granit und Basalt, welche die Hauptmasse aller magmatischen Gesteine stellen.

Zahlreiche Einwände gegenüber dieser Methode, auf brauchbare Zahlen zu kommen, wurden vorgebracht, aber eine befriedigendere Prozedur konnte freilich noch nicht vorgestellt werden. Die wichtigsten Einwände sind:

- Die unausgewogene geographische Verteilung der Proben.
- Ihre nicht-statistische Verteilung über die unterschiedlichen Gesteinstypen.
- Durch diese Analysen werden nicht die tatsächlichen Gesteinsmassen repräsentiert.

Der erste Einwand nimmt darauf Bezug, daß vornehmlich Gesteine aus Europa und Nordamerika Eingang in diese Analysen gefunden haben und daß entsprechend wenige aus den restlichen Kontinenten berücksichtigt worden sind. Demgegenüber machte CLARKE geltend, daß die Mittelwerte der einzelnen Kontinente kaum merklich voneinander abweichen – trotz der weitgehend andersartigen Bedeckung; deshalb sind die erzielten Ergebnisse durchaus als akzeptable Annäherung zu sehen.

Der zweite Einwand ist insofern schlüssig, weil ein Durchschnittswert an Gesteinsanalysen unweigerlich die selteneren und ungewöhnlichen Gesteinstypen überproportional berücksichtigt und im Gegensatz dazu die häufigen und verbreiteten Gesteine wie Granite und Basalte unterrepräsentiert sind. Und doch sollte man diesen Einwand nicht so ernst nehmen, wie er zunächst erscheinen mag, da in einer ganzen Reihe von Analysen die ungewöhnlichen Gesteinsarten aus der Gesamtabfolge der Gesteinszusammensetzungen gewonnen wurden und somit Ausgewogenheit gewährleistet ist. Außerdem, so CLARKE & WASHINGTON, beruhten ihre Analysen ausschließlich auf frischen, unveränderten Gesteinsproben, wobei sicherlich viele Analysen unüblicher Gesteine eliminiert worden sind.

Der dritte Einwand, nachdem alle Analysen gleiche Wichtung – ohne Rücksicht auf das Areal, das von den Gesteinen eingenommen wurde – besitzen, kann entkräftet werden, wenn nachgewiesen werden kann, daß sich im Mittel die aus diesem

Umstand sich ergebenden Schwankungen aufheben. Fest steht, daß etwa eine Gesteinsart wie Basalt im Übermaß verbreitet ist (Trapp-Basalte), wogegen eine andere sich in der Bildung von kleinen Gängen erschöpft. Solche Unterschiede vermögen aber die Durchschnittswerte kaum merklich zu beeinflussen, da auch die relativ unbedeutenden Gesteinsarten, genau wie die häufigen Gesteine, in ihrer Zusammensetzung von hohen bis niedrigen SiO_2-Gehalten reichen. Weiter kann der oberflächliche Ausbiß eines Gesteins kaum als reales Maß für sein wahres Volumen verwendet werden; so könnte ein schmaler Ausbiß bloß die Spitze oder der Grat eines riesigen, unterirdischen Intrusivkörpers sein, und anders herum kann eine nur sehr dünne Schicht ganze Gebiete einnehmen.

Eine interessante Bestätigung der Zahlen von CLARKE & WASHINGTON finden wir bei GOLDSCHMIDT. Er vertrat die Ansicht, falls es möglich wäre, eine Durchschnittsprobe eines großen Teils der Erdkruste, der aus kristallinen Gesteinen ausgebaut sein müßte, zu gewinnen, dann würde diese Probe ein verläßliches Abbild der krustalen Gesamtzusammensetzung sein. Solch eine Durchschnittsprobe glaubte er in glazialen Tonen des südlichen Norwegens zu sehen. Diese Tone sind nichts anderes als der Bodensatz der Gletschermilch, der von den Schmelzwässern des Fennoskandischen Eisschildes stammt. Aus 77 solchen Tonproben ergaben sich folgende Durchschnittswerte:

SiO_2	Al_2O_3	$Fe_2O_3 + FeO$	MgO	CaO	Na_2O	K_2O	H_2O	TiO_2	P_2O_5
59,12	15,82	6,99	3,30	3,07	2,05	3,93	3,02	0,79	0,22

Diese Zahlen ähneln denen von CLARKE & WASHINGTON auf frappierende Weise, insbesondere wenn man die Wirkungen der Hydratation und Kohlensäurelösung, welche für die Wegfuhr von Natrium und Calcium sorgen, in Rechnung stellt.

Wissenschaftler vom Vernadsky Institut für Geochemie in Moskau machten systematische Studien über die Zusammensetzung der Kruste, indem sie viele tausend Einzel- und Durchschnittsproben der russischen Plattform sowie der Kaukasus-Geosynklinale analysierten und die erhaltenen Daten mit denen anderer Gebiete zusammenfaßten. Eine umfassende Zusammenschau findet sich bei RONOV & YAROSHEVSKY (in HART, 1969). Sie unterscheiden drei Krusteneinheiten – kontinentale, subkontinentale (hauptsächlich die Übergangszone von Kontinentalabhang und -schelf) und ozeanische Kruste. Von den vertretenen Gesteinsarten wurden die durchschnittlichen Mächtigkeiten, Massen und Zusammensetzungen bestimmt und für die durchschnittliche Zusammensetzung einer jeden der drei Krusteneinheiten zusammengelegt; durchschnittliche Krustenwerte waren schließlich das Ergebnis dieser umfangreichen Sammelarbeit. Hinzuzufügen ist, daß die Autoren dabei die Krustendicke als das Material definierten, das sich oberhalb der Moho befindet, was der Wirklichkeit wohl näher kommt als die 16 km-Dicke, wie sie von CLARKE & WASHINGTON benutzt worden ist. Ihre Mittelwerte für kontinentale Kruste und Gesamtkruste lauten (ohne CO_2 und H_2O):

	Kruste kontinentale	Kruste gesamte		Kruste kontinentale	Kruste gesamte
SiO_2	61,9	59,3	MgO	3,1	4,0
TiO_2	0,8	0,9	CaO	5,7	7,2
Al_2O_3	15,6	15,8	Na_2O	3,1	3,0
Fe_2O_3	2,6	2,6	K_2O	2,9	2,4
FeO	3,9	4,4	P_2O_5	0,3	0,2
MnO	0,1	0,2			

Diese Schätzung dürfte die Zusammensetzung der Gesamtkruste etwas besser wiedergeben, als es die Schätzung von CLARKE & WASHINGTON verspricht, da sie dem untermeerischen Teil der Kruste die gebührliche Beachtung schenkt. Wie auch immer, die Unterschiede zwischen beiden Resultaten sind gering. Im Vergleich mit der älteren Erhebung fallen hier die Alkalien etwas niedriger aus und Mg und Ca etwas höher, was aber ohne weiteres auf die stärkere Berücksichtigung submariner Krustenteile zurückzuführen ist.

Bis jetzt haben wir uns nur mit den Hauptelementen beschäftigt und die **Spurenelemente** bislang ausgeklammert. In der Tat war (und ist) die Bestimmung von Spurenelementen ein ungleich schwierigeres Unterfangen. Während der letzten 40 Jahre jedoch ist unsere Kenntnis von den relativen und absoluten Häufigkeiten dieser Elemente enorm angewachsen; der Grund liegt in der Entwicklung vieler neuer Analysenmethoden wie quantitativer Spektralanalyse, Kolorimetrie, Neutronenaktivierungsanalyse, Atomabsorptionsspektrometrie, Röntgenfluoreszenzspektrometrie oder Isotopenverdünnungsanalyse. Drei verschiedene Techniken sind gebräuchlich, um auf Durchschnittswerte für die Spurenelemente zu kommen:

- Das Mittel aus vielen Einzelanalysen.
- Die Analyse von Mischungen vieler verschiedener Gesteinsarten.
- Die Bestimmung des Verhältnisses eines Spurenelements zu einigen Hauptelementen, mit denen es geochemisch verwandt ist (z.B. kann die Häufigkeit des Rb anhand der Häufigkeit des Kaliums und des mittleren Verhältnisses Rb:K abgeschätzt werden).

Tabelle 3.5 zeigt die durchschnittlichen Elementhäufigkeiten in der Erdkruste, graphisch ausgeführt in der Abb. 3.9, sowie in einem Standardgranit und einem Standarddiabas. Die Daten für den Krustendurchschnitt beziehen sich auf kontinentale Kruste (submarine Kruste dürfte in der Zusammensetzung einem durchschnittlichen Basalt entsprechen); Werte mit Konzentrationen, die höher sind als 1000 g/t stammen von CLARKE & WASHINGTON; die meisten Werte für Spurenelemente sind einer Zusammenstellung von TAYLOR (1964) entnommen, er faßte die Mittel für Granite und Basalte im Verhältnis 1:1 zusammen.

Der Standardgranit G-1 und der Standarddiabas W-1 wurden 1948 aus einem Granit in Westerly, Rhode Island, bzw. aus einem Diabas in Centerville, Virginia, gewonnen; ihnen gebührt die Auszeichnung, die am umfangreichsten untersuchten Gesteine der Welt zu sein. Diese beiden Standardgesteine sollten als **geochemischer Standard** dienen und wurden hinsichtlich ihrer Hauptelemente von zahlreichen Laboratorien in aller Welt analysiert; auch sind praktisch alle Spurenelemente mit Hilfe einer breiten Palette moderner Untersuchungsmethoden analysiert worden. Die hier dargelegten Zahlen werden allgemein als optimale Auswahl betrachtet, berücksichtigt man dabei die beträchtliche Varianz vieler verfügbarer Daten. Die Konzentrationen für diese beiden Gesteinstypen halten auch einem angemessenen Vergleich mit jenen der Gesamtkruste stand, legt man gleiche Mengen von Granit und Basalt (das vulkanische Gegenstück zum Diabas) zugrunde. Vergleiche zeigen Übereinstimmung für viele Elemente. Einige Elemente neigen zu größeren Abweichungen, die man sich aber meist erklären kann. So überwiegt beim Granit G-1 stark der Thoriumgehalt, was auf eine spezielle Eigenschaft des Westerly Granits zurückzuführen ist.

Dank der zum Standard gemachten Gehalte von G-1 und W-1 konnten in den vergangenen Jahren Qualität und Umfang von Gesteinsdaten bezüglich der Spuren-

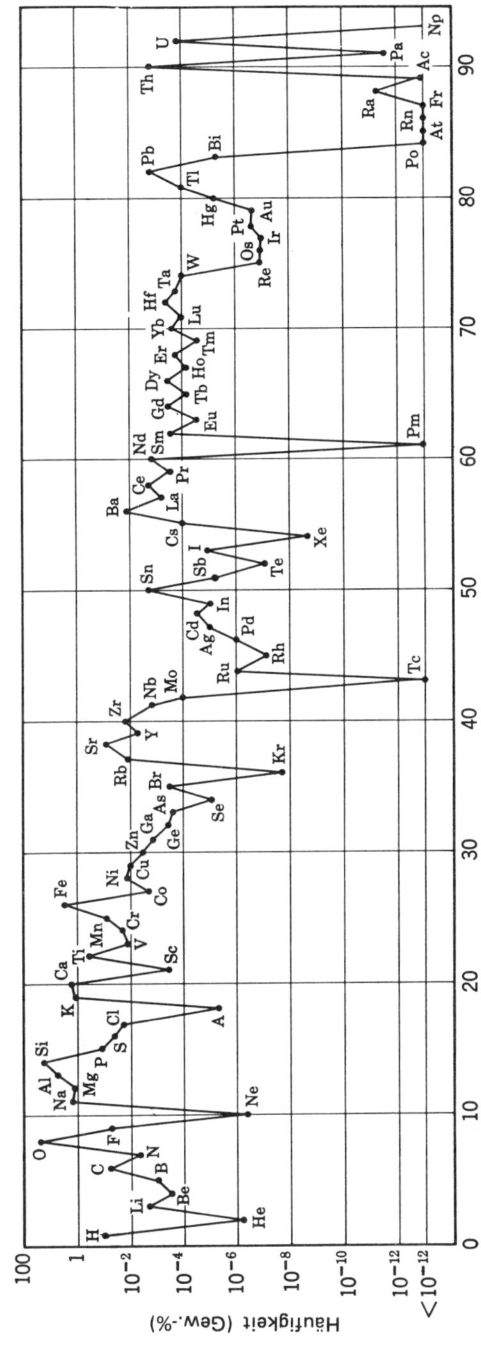

Abb. 3.9 Krustenhäufigkeit der Elemente mit der Ordnungszahl 1—93.

Tabelle 3.5 Mittlere Elementkonzentrationen von Kruste und Krustengesteinen in g/t (ppm) (ohne Edelgase und kurzlebige, radioaktive Elemente)

Ordnungszahl	Element	Krustenmittel	Granit (G-1)	Diabas (W-1)
1	H	1 400	400	600
3	Li	20	22	15
4	Be	2,8	3	0,8
5	B	10	1,7	15
6	C	200	200	100
7	N	20	59	52
8	O	466 000	485 000	449 000
9	F	625	700	250
11	Na	28 300	24 600	16 000
12	Mg	20 900	2 400	39 000
13	Al	81 300	74 300	79 400
14	Si	277 200	339 600	246 100
15	P	1 050	390	610
16	S	260	58	123
17	Cl	130	70	200
19	K	25 900	45 100	5 300
20	Ca	36 300	9 900	78 300
21	Sc	22	2,9	35
22	Ti	4 400	1 500	6 400
23	V	135	17	264
24	Cr	100	20	114
25	Mn	950	195	1 280
26	Fe	50 000	13 700	77 600
27	Co	25	2,4	47
28	Ni	75	1	76
29	Cu	55	13	110
30	Zn	70	45	86
31	Ga	15	20	16
32	Ge	1,5	1,1	1,4
33	As	1,8	0,5	1,9
34	Se	0,05	0,007	0,3
35	Br	2,5	0,4	0,4
37	Rb	90	220	21
38	Sr	375	250	190
39	Y	33	13	25
40	Zr	165	210	105
41	Nb	20	24	9,5
42	Mo	1,5	6,5	0,57
44	Ru	0,01		
45	Rh	0,005		< 0,001
46	Pd	0,01	0,002	0,025
47	Ag	0,07	0,05	0,08
48	Cd	0,2	0,03	0,15
49	In	0,1	0,02	0,07
50	Sn	2	3,5	3,2
51	Sb	0,2	0,31	1,0
52	Te	0,01	< 1	< 1
53	I	0,5	< 0,03	< 0,03
55	Cs	3	1,5	0,9
56	Ba	425	1 220	160
57	La	30	101	9,8
58	Ce	60	170	23
59	Pr	8,2	19	3,4
60	Nd	28	55	15

Fortsetzung Tabelle 3.5

Ordnungszahl	Element	Krustenmittel	Granit (G-1)	Diabas (W-1)
62	Sm	6,0	8,3	3,6
63	Eu	1,2	1,3	1,1
64	Gd	5,4	5	4
65	Tb	0,9	0,54	0,65
66	Dy	3,0	2,4	4
67	Ho	1,2	0,35	0,69
68	Er	2,8	1,2	2,4
69	Tm	0,5	0,15	0,30
70	Yb	3,4	1,1	2,1
71	Lu	0,5	0,19	0,35
72	Hf	3	5,2	2,7
73	Ta	2	1,5	0,50
74	W	1,5	0,4	0,5
75	Re	0,001	< 0,002	< 0,002
76	Os	0,005	0,00007	0,0003
77	Ir	0,001	0,00001	0,003
78	Pt	0,01	0,0019	0,0012
79	Au	0,004	0,004	0,004
80	Hg	0,08	0,1	0,2
81	Tl	0,5	1,2	0,11
82	Pb	13	48	7,8
83	Bi	0,2	0,07	0,05
90	Th	7,2	50	2,4
92	U	1,8	3,4	0,58

elemente deutlich angehoben werden. Die Zahlen der Tabelle 3.5 dienen gewissermaßen als Norm für die meisten Elementkonzentrationen und ermöglichen die Relativierung jeglicher chemischer Gesteinsanalyse, ob bestimmte Elemente angereichert oder abgereichert vorliegen. Gleichermaßen erlauben die Zahlen von G-1 und W-1 die Feststellung, daß manche Elemente wie Be, Rb, Ba, besonders im Granit angereichert, andere wie B, Sc, Ni, im Diabas angereichert sind. Wieder andere sind in den beiden doch recht verschiedenen Gesteinstypen zu etwa gleichen Anteilen vertreten.

Einige bemerkenswerte Tatsachen der Tabelle 3.5 sollen kurz angeschnitten werden. Acht Elemente – O, Si, Al, Fe, Ca, Na, K, Mg – machen etwa 99% des Ganzen aus; davon ist der Sauerstoff absolut vorherrschend. Wie schon GOLDSCHMIDT zuerst bemerkte, kommt diese Vorherrschaft erst richtig zum Tragen, wenn auf Atomprozente und Volumenprozente umgerechnet wird (Tab. 3.6). Die Kruste besteht fast gänzlich aus Sauerstoffverbindungen, insbesondere aus Silikaten des Al, Ca, Mg, Na, K und Fe. Sie kann mit anderen Worten als ein Netzgebilde von Sauerstoffanionen, die durch Silizium und andere Ionen (meist Metalle) verknüpft sind, angesehen werden. GOLDSCHMIDT bemerkte, die Lithosphäre könnte ebensogut auch Oxisphäre heißen.

Tabelle 3.5 dokumentiert auch, daß einige der Elemente, die für die Rohstoffwirtschaft eine sehr bedeutende Rolle spielen und die seit langem schon benutzt werden, eigentlich recht selten sind. So ist das Kupfer weniger häufig als Zirkonium; Blei tritt etwa ebenso häufig auf wie Gallium, und Quecksilber ist seltener als die sogenannten Seltenen Erden. Auf der anderen Seite erstaunt die relative Häufigkeit vieler ausgefallener Elemente: Rubidium tritt in vergleichbaren Anteilen

Tabelle 3.6 Die acht häufigsten Elemente der Kruste

	Gewichtsprozente	Atomprozente	Radius (Å)	Volumenprozent
O	46,60	62,55	1,40	91,7
Si	27,72	21,22	0,26	0,2
Al	8,13	6,47	0,53	0,5
Fe	5,00	1,92	0,77	0,5
Mg	2,09	1,84	0,72	0,4
Ca	3,63	1,94	1,12	1,5
Na	2,83	2,64	1,16	2,2
K	2,59	1,42	1,60	3,1

auf wie Nickel, Vanadium ist weitaus häufiger vorhanden als Zinn, Scandium gibt es reichlicher als Arsen, und Hafnium gar, ein Element, das lange Zeit unentdeckt blieb, ist häufiger als Jod. Offensichtlich ist zu unterscheiden zwischen der Häufigkeit eines Elements und seiner Verfügbarkeit und Dispersität. Manche Elemente, obwohl in beträchtlichen Konzentrationen in der Kruste vertreten, sind systematisch über viele Minerale verstreut und bilden keinerlei nennenswerte Anreicherungen. VERNADSKY nennt diese Elemente disperse Elemente; Beispiele sind das Rubidium, das sich auf die Kalium-Minerale verteilt, oder das Gallium in aluminiumhaltigen Mineralen. Wieder andere Elemente wie Titan und Zirkonium bilden eigene, spezielle Mineralformen aus, die in kleinen Mengen über die verbreiteteren Gesteinsarten verstreut sind. Die am längsten und auch am besten bekannten Elemente sind die in auffälligen Mineralarten beheimateten, die gleichzeitig auch leicht aufzubereiten sind.

Nach einem Vorschlag von FERSMAN nennen wir den mittleren Gehalt eines Elements in der Kruste den **Clarke**. Der Clarke von Sauerstoff wäre demnach 46,60, der von Silizium betrüge 27,72. VERNADSKY schlug einen weiteren Begriff vor, den Clarke der Konzentration; dies ist ein Faktor, der die Anreicherung eines Elements in einer Lagerstätte oder selbst in einem Mineral beschreibt. Dann beträgt beispielsweise bei einem Clarke des Mangans von 0,1 der Clarke der Konzentration des Mangans im Pyrolusit 632, im Rhodonit 419 und in einem Psilomelan mit 50% Mn 500. Dieser Faktor ist nützlich in der Betrachtung von Stoffwanderungen und -ablagerungen und bei Auseinandersetzungen zur Genese von Erzlagerstätten. Eine Lagerstätte rückt dann in den Bereich der Nutzbarmachung, wenn der Clarke der Konzentration bestimmte, momentan geltende Mindestwerte (die bei Rohstoffverknappung ansteigen) übersteigt. Tabelle 3.7 stellt einen Auszug solcher „concentration clarkes" dar, wie sie für einige wichtige Erzlagerstätten der bezeichneten Metalle gefordert sind.

Die Verfügbarkeit eines Elements hängt zu einem großen Teil davon ab, ob es Minerale ausbildet, in denen es als Hauptbestandteil auftritt; die unzugänglichsten Elemente sind folglich solche, die keine eigenen Minerale bilden, sondern vielmehr sich in den Kristallen verwandter Elemente niederlassen, und das in Konzentrationen von weniger als 1%. Indium, Rubidium, Gallium, Hafnium, Rhenium u.a. sind Beispiele für solche Elemente (siehe auch Kapitel „Magmatismus").

Auch bei den häufigen Elementen von industrieller Bedeutung übertreffen die dispersen Mengen bei weitem diejenigen in den Lagerstätten; nehmen wir etwa die Tonminerale, die als Träger von Aluminium viel einfacher verfügbar wären (in den Tonen) als Bauxit, nur bestehen für die Extraktion des Al aus den Tonmineralen schier unüberwindbare technische Schwierigkeiten. Magnesium wird u.a. aus Meer-

Tabelle 3.7 Konzentrations-Clarkes für Lagerstätten wichtiger Metalle

Metall	Clarke	Minimumprozentgehalte für rentable Förderung	Minimum-Konzentrations-Clarkes der Lagerstätten
Al	8,13	30	4
Fe	5,00	30	6
Mn	0,10	35	350
Cr	0,01	30	3000
Cu	0,006	1	160
Ni	0,008	1,5	125
Zn	0,007	4	600
Sn	0,0002	1	5000
Pb	0,0013	4	3000
U	0,0002	0,1	500

Tabelle 3.8 Jährlicher Verbrauch an Elementen (und ihren Verbindungen) in Tonnen • 10^x

10^9-10^{10}:	C
10^8-10^9:	Na, Fe
10^7-10^8:	N, O, S, K, Ca
10^6-10^7:	H, F, Mg, Al, P, Cl, Cr, Mn, Cu, Zn, Ba, Pb
10^5-10^6:	B, Ti, Ni, Zr, Sn
10^4-10^5:	Ar, Co, As, Mo, Sb, W, U
10^3-10^4:	Li, V, Se, Sr, Nb, Ag, Cd, I, Seltene Erden, Au, Hg, Bi
10^2-10^3:	He, Be, Te, Ta

wasser extrahiert, worin es zu 0,13% enthalten ist, obwohl es große Vorkommen an Olivin gibt, in denen das Mg etwa 30% ausmacht. Die technische Gewinnung einer Reihe von selteneren Elementen hängt teilweise davon ab, inwieweit ein Element durch seine Eigenschaften unersetzbar ist, teilweise auch davon, ob das betreffende Element als sog. Abfallprodukt bei der Extraktion anderer Elemente anfällt. Als ein Beispiel für die erste Art dieser Elemente zählt das Beryllium, das trotz seiner absoluten und relativen Seltenheit (seine primäre, industriell nutzbare Quelle stellt das vereinzelt vorkommende Pegmatitmineral Beryll dar) einen für die Stahllegierung unverzichtbaren Stahlveredler bedeutet. Andererseits kann eine Reihe außerordentlich seltener Elemente vergleichsweise simpel als Abfallprodukt von Extraktionsprozessen anderer Metalle gewonnen werden. So liefert die Kupferraffination ansehnliche Mengen des Metalls Tellur und fördert auf diese Weise die industrielle Nutzanwendung dieses Elements. GOLDSCHMIDT warf ein, falls sich ein wachsender Bedarf an den Elementen Gallium und Germanium einstellen würde, könnten größere Mengen (z.B. 1000 Jahrestonnen) ohne weiteres den Aschen bestimmter Kohlen entzogen werden. Wegen des tatsächlich anfallenden Bedarfs an Germanium griff man die Anregungen GOLDSCHMIDTs auf und produziert damit wirtschaftliche Mengen dieses Elements. Der jährliche Verbrauch der meisten Elemente und ihrer Verbindungen ist in der Tabelle 3.8 aufgelistet.

Pauschalchemismus der Erde

Der Pauschalchemismus der Erde wird, wie schon weiter oben angedeutet, weitgehend von der Zusammensetzung des Mantels und des Kerns bestimmt, da beide

Schalen über 99% der Erdmasse stellen. Zieht man die aus der obigen Diskussion über den Schalenbau der Erde sich ergebenden Schlußfolgerungen, so kann daraus die mittlere Zusammensetzung für die ganze Erde abgeleitet werden.

Folgende Annahmen für die Berechnungsgrundlage der Mantel- und Kernzusammensetzung sind zu machen:

- Der Eisenkern hat die mittlere Zusammensetzung des Nickeleisens in chondritischen Meteoriten und enthält auch deren mittleren Gehalt (5,3%) an FeS.
- Die Zusammensetzung von Mantel plus Kruste entspricht dem oxidischen Material (Silikate und kleine Anteile von Phosphaten und Oxiden) eines durchschnittlichen Chondriten.

Diese Annahmen sind mit Sicherheit stark vereinfacht. So verlegt man alles auf der Erde vorkommende Nickel in den Kern, obgleich Olivin immer etwas Ni enthält, etwa der von peridotitischen Einschlüssen in Basalt von 0,2–0,3% Ni. Auch in gewissen Silikaten des Mantels steckt Nickel. Das gilt auch für die Annahme, daß alles Eisensulfid im Kern vereint ist, denn kleine Anteile an Eisensulfid enthalten auch Kruste und Mantel. Wie dem auch sei, erfüllt die Anwesenheit von Eisensulfid im Kern ziemlich genau die Forderung der Geophysiker, daß die Dichte im äußeren Kern abzüglich 10% der des Eisens entspricht. Mischen wir 27,1% Nickeleisen der Dichte 7,90 mit 5,3% Troilit der Dichte 4,80, erhalten wir ein Material der Dichte 7,15 in Übereinstimmung mit dem geforderten Wert der geophysikalischen Berechnungen. Damit wird automatisch die Miteinbeziehung von Silizium in das Kernmaterial überflüssig, wie es von RINGWOOD und anderen Wissenschaftlern angeregt worden ist. Im übrigen ist ein Nickel-Eisen-Kern mit freiem Si unvereinbar mit einem Mantel, der merkliche Gehalte an FeO besitzt, wenn für Kern und Mantel chemisches Gleichgewicht angenommen wird.

Die Masse des Kerns umfaßt 32,4% der Erdmasse, die Masse des Mantels einschließlich der der Kruste beträgt 67,6%. Der Kern besteht mutmaßlich aus einer Nickel/Eisen-Legierung chondritischer Zusammensetzung plus 5,3% Troilit, während Mantel und Kruste in ihrer Zusammensetzung dem silikatischen Anteil eines durchschnittlichen Chondriten entsprechen.

Die Ergebnisse solcher Berechnungen sind in Tabelle 3.9 zusammengestellt. GANAPATHY & ANDERS (1974) veranschlagten für die Gesamtzusammensetzung der Erde aufgrund eines ausgedehnteren Katalogs von Annahmen etwas andere Zahlen, die hier zum Vergleich mitangegeben sind.

Aus der Sicht, daß diese Berechnungen immer mit Unsicherheiten und Hypothesen behaftet sind, sollten die Ergebnisse nicht als absolut verbindlich angesehen werden. Gleichwohl sind einige wichtige Schlußfolgerungen halbquantitativen Charakters ohne weiteres zulässig. Die Ergebnisse weisen für nur 4 Elemente, für Fe, O, Si und Mg, einen Anteil von 90% an der Erde aus. Nur noch wenige andere Elemente mit mehr als 1% Anteil sind ermittelt worden: Ni, Ca, Al und S. Nur 7 Elemente liegen in dem relativ weiten Konzentrationsbereich zwischen 0,01 bis 1%: Na, K, Cr, Co, P, Mn und Ti. Letztendlich wird also die Erde von fast nur **15 Elementen** aufgebaut, wenn man den Rest, der nur 0,1% der Erde ausmacht, vernachlässigt.

Werfen wir einen Blick auch auf die Umgebung der Erde, auf das Sonnensystem, und vergleichen wir die Größenordnungen, die die Hauptelemente hier einnehmen, mit denen der Erde. Die Elementhäufigkeiten sind der Reihe nach geordnet (Tab. 3.10) und betreffen die Gesamterde, die Erdkruste, die Meteorite, die Sonne und

Tabelle 3.9 Berechnungsmodelle für die Pauschzusammensetzung der Erde

	Metalle	Troilit	Silikate	Gesamt	Gesamt*
Fe	24,58	3,37	6,68	34,63	35,98
Ni	2,39			2,39	2,02
Co	0,13			0,13	0,093
S		1,93		1,93	1,66
O			29,53	29,53	28,65
Si			15,20	15,20	14,76
Mg			12,70	12,70	13,56
Ca			1,13	1,13	1,67
Al			1,09	1,09	1,32
Na			0,57	0,57	0,143
Cr			0,26	0,26	0,472
Mn			0,22	0,22	0,053
P			0,10	0,10	0,213
K			0,07	0,07	0,017
Ti			0,05	0,05	0,077
	27,10	5,30	67,60	100,00	100,688

* GANAPATHY & ANDERS, *Lunar Science,* V, S. 256, 1974.

Tabelle 3.10 Relative Elementhäufigkeiten (Gew.-%) in Rangfolge

Kruste[1]	Erde[2]	Meteorite[3]	Sonne[4]	Mond[5]
O	Fe	O	H	O
Si	O	Fe	He	Si
Al	Si	Si	O	Mg
Fe	Mg	Mg	C	Fe
Ca	Ni	S	N	Ca
Na	S	Ni	Si	Al
K	Ca	Ca	Mg	Ni
Mg	Al	Al	Fe	S
Ti	Na	Na	S	Ti
H	Cr	Cr	Al	Cr
P	Mn	Mn	Ca	Na
Mn	Co	P	Ni	P
F	P	Co	Na	Mn
Ba	K	K	Cr	V

[1] Aus Tabelle 3.5
[2] Aus Tabelle 3.9
[3] Aus Tabelle 2.4
[4] Aus Tabelle 2.3
[5] GANAPATHY & ANDERS, *Lunar Science,* V, S. 256, 1974.

den Mond. Das Auffallendste an diesem Vergleich ist die **durchgehende Einheitlichkeit**: Ungeachtet der Reihenfolge tauchen in jeder Spalte fast immer dieselben Elemente auf. Die Seltenheit von Wasserstoff und Helium in der Erde und in den Meteoriten ist uns leicht erklärlich. Betrachten wir die nicht-flüchtigen Bestandteile, so bemerken wir in der Regel die Elemente Fe, Si und Mg an der Spitze der Häufigkeitssäulen, gefolgt von Ni, Na, Ca und Al. Besondere Aufmerksamkeit verdient der Umstand, daß die häufigsten Elemente alle eine niedrige Ordnungszahl besitzen, keines der Elemente übersteigt 30; eine Ausnahme stellt das Barium an 14. Stelle der Erdkruste dar.

Die relativen Häufigkeiten der Elemente in der Kruste sind in der Tabelle 3.10 vergleichsweise der Gesamtzusammensetzung der Erde an die Seite gestellt worden. Die Hauptunterschiede betreffen die geringeren Häufigkeiten des Eisens und Magnesiums in der Kruste, die Abwesenheit von Ni und S sowie die höheren Anteile des Al, K und Na. Diese Tatsache läßt den Schluß zu, daß im Laufe der Stoffdifferentiation sich eine Anreicherung relativ leichter, einfach kombinierbarer Alkali-Aluminiumsilikate etablierte.

Ein Vergleich der Zusammensetzung Mantel plus Kruste (die dritte Spalte der Tabelle 3.9) mit der Kruste allein (Tab. 3.5) verrät uns einige interssante Fraktionierungsprozesse der Vergangenheit. Die Masse der Kruste, also das Material über der Moho, beträgt $0{,}024 \cdot 10^{27}$ g, die Masse des Mantels beläuft sich auf $4{,}016 \cdot 10^{27}$ g; die Masse der Kruste macht also nur 0,6% der des Mantels aus. Die häufigsten Elemente O und Si und die Spurenelemente Mn und P zeigen keine nennenswerte Fraktionierung zwischen Mantel- und Krustenmaterial. In der Kruste ist im Vergleich zum Mantel das Mg stark verringert, desgleichen Cr mit einem Krustenmittel von ca. 0,02%; Fe ist dagegen nur wenig schwächer vertreten als im Mantel. Die Elemente K und Al haben in der Kruste eine starke Anreicherung erfahren, auch Na und Ca sind angereichert, aber nicht in dem Ausmaß. Im mineralogischen Sinn läßt sich die Differentiation der Erdkruste aus dem Erdmantel gewissermaßen als eine gewaltige Akkumulation von Feldspat in der Kruste interpretieren.

Primäre Differentiation der Elemente

Möglicherweise bildete sich der Planet Erde durch ein allmähliches Zusammenwachsen von festen Planetesimalen, und in der Tat scheinen chondritische Meteorite bruchstückhafte Reste von solchen Planetesimalen darzustellen, die noch aus dem frühplanetaren Stadium übriggeblieben sind. Diese Chondrite bestehen aus drei verschiedenen Phasen oder Gruppen von Phasen: Nickeleisen, Eisensulfid und Silikate, meist Olivin und Pyroxen. Die Elemente verteilen sich zwischen die drei Phasen entsprechend ihrer relativen Affinität zu Metall, Sulfid oder Silikat. Die Zusammensetzung dieser Phasen ist hauptsächlich über die Gleichgewichtsbestimmungen im Fe-Mg-Si-O-S-System vonstatten gegangen, in dem der Sauerstoff den Schwefel weit übertrifft und die Summe aus beiden nicht genügte, um mit den elektropositiven Elementen zum Ausgleich zu gelangen. Da Eisen mengenmäßig Si und Mg übertraf, sehr leicht den reduzierten Zustand einnahm und dazu die größte Affinität zum Schwefel besaß, schälte sich im wesentlichen ein nicht-mischbares System dreier Phasen heraus: Eisen-Magnesium-Silikat, Eisensulfid und freies Eisen, wobei der Gehalt an gebundenem Eisen durch die Menge an Sauerstoff plus Schwefel festgelegt war. Die Verteilung der verbleibenden elektropositiven Elemente wurde durch Reaktionen folgenden Typs gesteuert:

$$\text{M} + \text{Fe-Silikat} \rightleftharpoons \text{M-Silikat} + \text{Fe}$$

$$\text{M} + \text{Fe-Silikat} \rightleftharpoons \text{M-Sulfid} + \text{Fe} \qquad (\text{M} = \text{Metall})$$

oder anders ausgedrückt, durch die freie Enthalpie der korrespondierenden Silikate und Sulfide im Verhältnis zu der von Eisensulfid und Eisensilikat.

In groben Zügen können wir die Faktoren, die für die Verteilung der Elemente in einem solchen System bestimmend sind, herausarbeiten. Eisen war, wegen seiner beherrschenden Stellung, in allen kondensierten Phasen zugegen – in der an freien

Elektronen reichen metallischen Phase, in der ionaren Silikatphase sowie in der wahrscheinlich kovalenten, halbmetallischen Sulfidphase. Elektropositivere Elemente als das Eisen verdrängten es aus den Silikaten und reicherten sich folglich dort an. Andererseits wurden weniger elektropositive Elemente durch das Eisen aus den ionaren Verbindungen verdrängt, so daß sie sich in der Metallphase konzentrierten. Die sulfidische Phase zog vornehmlich die Elemente an, die hauptsächlich homöopolare Bindungen mit Schwefel und den metallartigen Elementen eingingen und die in einem ionaren Milieu mit spürbaren Konzentrationen an metalloiden Ionen nicht existieren konnten. Solche Elemente sind in der Hauptsache die Metalle der Sulfidgruppe, wie wir sie aus der analytischen Chemie kennen.

Es ist in hohem Maße interessant, daß die Verteilung der Elemente in einem Schwerefeld, wie es die Erde besitzt, nicht – wie man etwa meinen könnte – von der Dichte oder dem Atomgewicht, sondern von der **Affinität** der Elemente zu den hauptsächlichen Phasen, die sich bilden können, kontrolliert wird. Dies wird wiederum von der Elektronenkonfiguration und dadurch vom chemischen Bindungscharakter der Atome bestimmt. So gehören Uran und Thorium, obwohl von hohem spezifischen Gewicht, zu den stark elektropositiven Elementen und haben sich folglich in der Kruste als Oxide oder Silikate angereichert. Gold und die Platinmetalle haben auf der anderen Seite keinerlei Bestreben, Oxide oder Silikate zu bilden, sie legieren leicht mit Eisen; deshalb dürften sich diese Metalle im Erdkern konzentriert haben. Die Verteilung der Elemente beruht nicht direkt auf der Gravitation, die lediglich die relative Position der einzelnen Phasen festlegt; innerhalb dieser Phasen aber hängt die Verteilung der Elemente vom chemischen Potential ab.

Geochemischer Charakter der Elemente

GOLDSCHMIDT war der erste, der die Bedeutung dieser primären geochemischen Differentiation der Elemente unterstrich. Er war es auch, der die Begriffe **siderophil, chalkophil, lithophil** und **atmophil** ins Leben rief, um damit die jeweilige Affinität eines Elements für metallisches Eisen, für Sulfid, für Silikat und für die Atmosphäre zu kennzeichnen. Als er 1923 dieses Konzept erstmals vorstellte, konnte er noch nicht auf besonders viele quantitative Daten zurückgreifen. Natürlich konnte man den geochemischen Charakter eines Elements insofern nachweisen, als man seine Verteilung zwischen den drei flüssigen Phasen Metall, Sulfid und Silikat feststellte. GOLDSCHMIDT verwies auf die besonderen Schwierigkeiten solcher Messungen im Labor und betonte gleichzeitig, daß uns durch die Meteorite genau die geforderten Versuchsanordnungen in fossiler Form dargeboten würden. Viele Meteorite bestehen aus Nickeleisen, Troilit und Silikaten, und vermutlich sind alle drei Phasen aus einem flüssigen Zustand auskristallisiert. Die Verteilung eines einzelnen Elements auf die drei Phasen geschah im schmelzflüssigen Zustand, und im nachhinein kann sie durch mechanisches Trennen der Phasen mit anschließender Elementanalyse festgestellt werden. Aus solchen Analysen läßt sich dann die Aufteilung eines bestimmten Elements auf Metall, Sulfid und Silikat vornehmen.

In späteren Jahren schlossen GOLDSCHMIDT und seine Mitarbeiter zahlreiche Analysen zum Elementgehalt der drei meteoritischen Hauptphasen Nickeleisen, Sulfid und Silikat ab. Viele Untersuchungen in dieser Richtung wurden auch von I. und W. NODDACK in Berlin durchgeführt. Diese Messungen wurden durch die Anwendung neuer Meßtechniken, besonders durch die Neutronenaktivierungsanalyse, enorm ausgeweitet und erfuhren eine außerordentliche Präzisionssteigerung.

Tabelle 3.11 Geochemische Klassifizierung der Elemente (Bezugsbasis: Meteorite)

Siderophil	Chalkophil	Lithophil	Atmophil
Fe[1] Co[1] Ni[1]	(Cu) Ag	Li Na K Rb Cs	(H) N (O)
Ru Rh Pd	Zn Cd Hg	Be Mg Ca Sr Ba	He Ne Ar Kr Xe
Os Ir Pt	Ga In Tl	B Al Sc Y La-Lu	
Au Re[2] Mo[2]	(Ge) (Sn) Pb	Si Ti Zr Hf Th	
Ge[1] Sn[1] W[3]	(As) (Sb) Bi	P V Nb Ta	
C[3] Cu[1] Ga[1]	S Se Te	O Cr U	
Ge[1] As[2] Sb[2]	(Fe) Mo (Os)	H F Cl Br I	
	(Ru) (Rh) (Pd)	(Fe) Mn (Zn) (Ga)	

[1] chalkophil und lithophil in der Erdkruste
[2] chalkophil in der Erdkruste
[3] lithophil in der Erdkruste

Die aus den Meteoriten abgeleiteten Informationen wurden vervollständigt durch Untersuchungen bei Schmelzprozessen, etwa über die Verteilung der Elemente beim Schmelzen von Mansfelder Kupferschiefer. Das Schmelzen des Kupferschiefers liefert eine silikatische Schlacke, eine an Cu- und Fe-Sulfid reiche Schmelze und metallisches Eisen. Spektrographische Messungen der Elementkonzentrationen in den einzelnen Phasen ergaben Verteilungskoeffizienten, die alles in allem mit denen der Meteoritenanalysen übereinstimmten.

Auf der Grundlage dieser Ergebnisse können die Elemente hinsichtlich ihrer geochemischen Affinität klassifiziert werden (Tab. 3.11) in siderophile, chalkophile, lithophile und atmophile Elemente. Manche besitzen Affinität für mehr als eine Gruppe, da auch noch andere Faktoren wie Temperatur, Druck oder geochemisches Milieu eine gewisse Rolle in der Verteilung eines bestimmten Elements spielen. Beispielsweise ist Chrom ein streng lithophiles Element der Erdkruste; fehlt aber der Sauerstoff – wie in manchen Meteoriten –, so ist es entschieden chalkophil und nimmt ausschließlich mit der Bildung von Schwefelspinell Daubréelith, $FeCr_2S_4$, vorlieb. Ähnlich ist es mit Kohlenstoff und Phosphor, die unter stark reduzierenden Bedingungen siderophil reagieren. Die Mineralogie eines Elements, obwohl im allgemeinen ein verläßlicher Wegweiser, hilft nicht in jeder Hinsicht auch den geochemischen Charakter zu beantworten. Beispiel: Obwohl alle Thalliumminerale Sulfide sind, ist der Großteil allen Thalliums in der Erdkruste in Kaliummineralen enthalten, in denen das Tl^+-Ion das K^+-Ion ersetzt. In der Regel bezieht sich also die Zuordnung eines Elements als siderophil, lithophil oder chalkophil auf sein Verhalten im flüssig/flüssig-Gleichgewicht zwischen Schmelzen. Zeigt ein Element Affinität für mehr als eine Gruppe, so steht es dort in runden Klammern, wo es sekundäre Affinität aufweist.

Der geochemische Charakter eines Elements hängt weitgehend ab von der Elektronenkonfiguration seiner Atome und ist deshalb auch eng verbunden mit seiner Position im periodischen System der Elemente (Tab. 3.12). Zu den lithophilen Elementen sind die zu rechnen, die leicht Ionen mit einer äußeren 8er-Elektronenschale bilden; die chalkophilen Elemente gehören zur III., IV., V. und VI. Hauptgruppe sowie zur I. und II. Nebengruppe, und ihre Ionen haben 18 Elektronen auf den äußeren Schalen; die siderophilen Elemente sind die der VIII. Nebengruppe sowie noch einige aus benachbarten Gruppen, deren äußere Elektronenschalen größtenteils nicht ganz aufgefüllt sind. GOLDSCHMIDT stellte ferner eine gute Korrelation zwischen dem geochemischen Charakter und dem Atomvolumen fest. Trägt man in

Tabelle 3.12 Der geochemische Charakter der Elemente, dargestellt im Periodensystem

H			atmophil:		$\underline{N}$												$\underline{He}$
Li	Be		lithophil: chalkophil:		Na $\underline{\underline{Zn}}$							B	C	$\underline{N}$	O	F	$\underline{Ne}$
Na	Mg		siderophil:		$\underline{\underline{\underline{Fe}}}$							Al	Si	P	$\underline{\underline{S}}$	Cl	$\underline{Ar}$
K	Ca	Sc	Ti	V	Cr	Mn	$\underline{\underline{\underline{Fe}}}$	$\underline{\underline{\underline{Co}}}$	$\underline{\underline{\underline{Ni}}}$	$\underline{\underline{Cu}}$	$\underline{\underline{Zn}}$	$\underline{\underline{Ga}}$	$\underline{\underline{\underline{Ge}}}$	$\underline{\underline{As}}$	$\underline{\underline{Se}}$	Br	$\underline{Kr}$
Rb	Sr	Y	Zr	Nb	$\underline{\underline{\underline{Mo}}}$		$\underline{\underline{\underline{Ru}}}$	$\underline{\underline{\underline{Rh}}}$	$\underline{\underline{\underline{Pd}}}$	$\underline{\underline{Ag}}$	$\underline{\underline{Cd}}$	$\underline{\underline{In}}$	$\underline{\underline{\underline{Sn}}}$	$\underline{\underline{Sb}}$	$\underline{\underline{Te}}$	I	$\underline{Xe}$
Cs	Ba	La-Lu	Hf	Ta	$\underline{\underline{\underline{W}}}$	$\underline{\underline{\underline{Re}}}$	$\underline{\underline{\underline{Os}}}$	$\underline{\underline{\underline{Ir}}}$	$\underline{\underline{\underline{Pt}}}$	$\underline{\underline{\underline{Au}}}$	$\underline{\underline{Hg}}$	$\underline{\underline{Tl}}$	$\underline{\underline{Pb}}$	$\underline{\underline{Bi}}$			
			Th		U												

einem Diagramm die Atomvolumina gegen die Ordnungszahl auf, so zeigt der Kurvenverlauf spitze Maxima und breite Minima. Alle siderophilen Elemente befinden sich nahe der Minima; die chalkophilen Elemente sitzen alle an den aufsteigenden Ästen der Kurvenzüge, gefolgt von den atmophilen Elementen; die Spitzen schließlich werden von den lithophilen Elementen eingenommen, die auch den Abschnitt zwischen den Maxima und den Minima auf den absteigenden Ästen einnehmen.

Ist die Bildungswärme eines Oxids höher als die von FeO, so ist das zugehörige Element lithophil; die Differenz beider Bildungswärmen kann als Maß für die Intensität des lithophilen Charakters gelten. Analog sind solche Elemente mit niedrigeren Bildungswärmen als für FeO als chalkophile oder siderophile Elemente anzusprechen. Eine halbquantitative Feststellung des litho-, sidero- oder chalkophilen Charakters ist möglich mittels Messung der elektrochemischen Normalspannung. Elemente mit einer Normalspannung kleiner als -1 (bis -3 V), meist Alkali- und Erdalkalimetalle, sind lithophil; die Edelmetalle mit ihren hohen positiven Normalspannungen sind siderophil; und die Elemente mit intermediären Normalspannungen sind in der Regel chalkophilen Charakters.

3.3 Die vorgeologische Vergangenheit

Die vorgeologische Vergangenheit der Erde umfaßt diejenigen Zeiträume, bevor die physikalischen Bedingungen auf der Erdoberfläche sich den heutigen, einem Zustand aus teils Land, teils Wasser, mit einer mittelmäßigen Temperatur, die im wesentlichen von der Sonneneinstrahlung geregelt wird, annäherten. Das ist das Jahr Null in der geologischen Zeittafel, ein Datum, an dem die Oberfläche der Erde in den Sedimentationskreislauf eintrat und von nun an den Prozessen der Verwitterung und Erosion ausgesetzt war. Die vorgeologische Vergangenheit hingegen begann mit der Existenz der Erde im Sonnensystem als individueller Planet. Über die Dauer dieser ersten Periode wissen wir nichts Genaueres: Das Alter der Kruste wird heute auf mehr als 3,7 Mrd. Jahre veranschlagt, das Alter der Erde als eigenständiger Planet auf ca. 4,6 Mrd. Jahre.

Im zweiten Kapitel hatten wir gesehen, daß man heute annimmt, die Erde hätte sich aus denselben Materialien aufgebaut, die auch die Sonne sowie die anderen Planeten entstehen ließen. Die bestehenden Hypothesen unterscheiden sich hinsichtlich der Art der Entstehung; die einen glauben, daß die Erde aus glühendheißen Gasmassen kondensierte, während die anderen eher mit einer Zusammenballung von festen Teilchen innerhalb einer Staubwolke riesigen Ausmaßes rechnen.

Interessant ist der Vergleich des Chemismus von Erde und Sonne. Die Hauptunterschiede betreffen die großen Häufigkeiten von Wasserstoff und Helium, und zu einem geringeren Teil die von Kohlenstoff und Stickstoff in der Sonne. Diese Unterschiede zur Erde sind durch jede der beiden Hypothesen befriedigend erklärbar, da diese Elemente entweder gasförmig sind oder gasförmige Verbindungen bilden. Falls die Erde sich durch die Zusammenballung fester Teilchen entwickelte, läßt sich leicht einsehen, daß diese Elemente seit jeher mit niedriger Häufigkeit auf der Erde vertreten waren; falls andererseits die Erde aus glühenden Gasmassen kondensierte, dann sind die leichten Gase im Zuge der Abkühlung dem Gravitationsfeld der Erde entwichen.

Ein Gesichtspunkt jedoch begünstigt eher die Zusammenballungs-Hypothese; es sind nicht nur die leichten Gase, die mit niedrigen Häufigkeiten ausgezeichnet sind, sondern gleiches gilt auch für die schweren. Krypton und Xenon besitzen lediglich ca. ein Millionstel der Häufigkeit ihrer Elementnachbarn im Periodensystem der Elemente. Ein klares Defizit, verglichen mit ihren Häufigkeiten im Weltall. Wäre die Erde aus den Gasen kondensiert, so sollte man auch für die jetzt so schwach vertretenen schweren Gase einen größeren Anteil erwarten. Hat sich die Erde aus der Zusammenballung fester Partikel gebildet, so waren diese Gase nie in erträglichen Mengen vorhanden. Nach der letzten Annahme entstand die Erdatmosphäre durch die Freisetzung von in den Gesteinen eingeschlossenen und chemisch gebundenen Gasen.

Wenngleich die Erde und die anderen Planeten aus dem gleichen Material entstanden sind, dem auch die Sonne ihre Entstehung verdankt, so unterscheiden sie sich doch in ihrer Zusammensetzung erheblich. Zum Teil können diese Unterschiede dem extremen Temperaturabfall zwischen dem Zentrum und dem Rand des Sonnensystems zugeschrieben werden. Die äußeren Planeten sind von einer dicken Hülle kondensierter Gase wie H_2O, NH_3, CH_4 etc. umgeben. Dichteunterschiede zwischen den inneren Planeten können durch Schwankungen der relativen Anteile von freiem und gebundenem Eisen erklärt werden. Möglicherweise gibt es beträchtliche chemische Unterschiede sogar innerhalb der inneren Planeten, so wie sie sicherlich zwischen Erde und Mond existieren. Solche Unterschiede könnten noch von chemischen Fraktionierungsvorgängen innerhalb des Ur-Sonnennebels herrühren oder auch von inhomogenen Prozessen bei der Zusammenballung, wobei es zur Veränderung in der Zusammensetzung des Ur-Planetenmaterials kam. TUREKIAN hat drei mögliche Modelle zur Entstehung unseres Planeten vorgestellt (Tab. 3.13). Sein Modell III beschreibt einen inhomogenen Zusammenballungsprozeß mit der Ausbildung von Kern und Mantel und der chemisch andersartigen, nachfolgenden Krustenentwicklung.

Gleich welche Entstehungstheorie wir am ehesten akzeptieren, die Schalenstruktur der Erde mit ihrer auffälligen Dichteschichtung erfordert für die Frühphasen in ihrer Entwicklung eine genügend hohe Temperatur, um metallisches Eisen zu verflüssigen, das dann einer gravitativen Anhäufung im Erdkern unterzogen wurde. Falls sich die Erde aus Planetesimalen, die chondritischen Meteoriten entsprachen, zusammenballte, dann war dieser erste Zustand eine innige Mischung aus Nickeleisen, Troilit und Silikaten von durchgehender Homogenität. Der Zeitpunkt der Erdentstehung fällt mit der Zusammenballung der Planetesimalen zusammen und wird auf 4,6 Mrd. Jahre vor heute taxiert, eine Zahl, die auf eine Zeit zurückgreift, als bestimmte Steinmeteorite an Uran und Thorium sich anreicherten und bestimmte Eisenmeteorite sich an diesen schweren Elementen abreicherten. Jedoch

Tabelle 3.13 Drei mögliche Modelle zur Bildung der Erde (nach TUREKIAN, *Chemistry of the Earth,* S. 99, 1972. Mit freundlicher Erlaubnis von Holt, Rinehart & Winston, Inc.)

planetarische Scheibe solarer Zusammensetzung		
↓	↓	↓
Modell I	**Modell II**	**Modell III**
Entstehung von Planetesimalen mit annähernd normaler chondritischer Zusammensetzung (metallisches Fe und Silikate)	Entstehung von feinkörniger Substanz, ähnlich kohlenstoffhaltigen Chondriten	Entstehung von Verbindungen zunehmender Flüchtigkeit infolge der sinkenden Temperaturen
Akkumulation	Akkumulation	rasche Akkumulation der Hochtemperaturfraktion (in der Hauptsache metallisches Fe und Silikate)
Aufteilung in Kern, Mantel, Kruste, Atmosphäre und Hydrosphäre, möglicherweise während sehr langer Zeiträume	Autoreduktion	Aufteilung in Kern und Mantel
	Abtrennung des Kerns und Freisetzung von CO in die Atmosphäre	schwach differenzierter Planet mit Tieftemperatur-Kondensation; Wasser in den hydratisierten Silikaten gebunden
	Verlust der primären Atmosphäre	Differenzierungsprozesse zwischen oberem Mantel und Kruste; Ausbildung der gegenwärtigen Gestalt
	Bildung von Kruste, Atmosphäre und Hydrosphäre aus der verbliebenen Materie	

gibt es keinen gesicherten Hinweis darauf, daß diese Vorgänge mit der Entstehung zwangsläufig zeitlich zusammenfallen, und es bestand auch die Meinung, den Zeitpunkt der Zusammenballung auf 5 Mrd. Jahre vor heute vorzuverlegen. Die Identifizierung von Hochtemperatureinschlüssen mit Oxiden, Silikaten und Titanaten im Allende-Chondriten veranlaßte einige Forscher anzunehmen, daß diese feuerfesten Materialien die ersten waren, die im Sonnensystem kondensierten. So eine Entwicklung hätte Modifikationen in dem heterogenen Bildungsmodell der Tabelle 3.13 nötig. Die Kondensation von hochschmelzenden Oxiden wurde auch für den Chemismus der Mondgesteine, einschließlich der niedrigen Konzentration an flüchtigen Bestandteilen, verantwortlich gemacht.

Der nächste Schritt nach der Gestaltannahme der Erde war die innere Temperaturzunahme durch **Radioaktivität**. Dabei müssen wir berücksichtigen, daß die damals noch aktiven, heute ausgestorbenen, kurzlebigen radioaktiven Nuklide an dieser Wärmeentwicklung einen bedeutenden Anteil hatten. Die Abb. 3.10 veranschaulicht dies; sie basiert auf der bekannten Wärmeproduktion radioaktiver Nuklide und deren geschätzter Verbreitung auf der Erde. Vor 4,5 Mrd. Jahren betrug die radiogene Wärmeproduktion in der Erde wenigstens 7mal mehr als heute; den weitaus höchsten Anteil daran besaß das Nuklid ^{40}K. Außerdem dürften noch andere Nuklide kürzerer Lebensdauer, wie das ^{26}Al, ihren Beitrag zur Wärmeentwicklung der Erde geleistet haben.

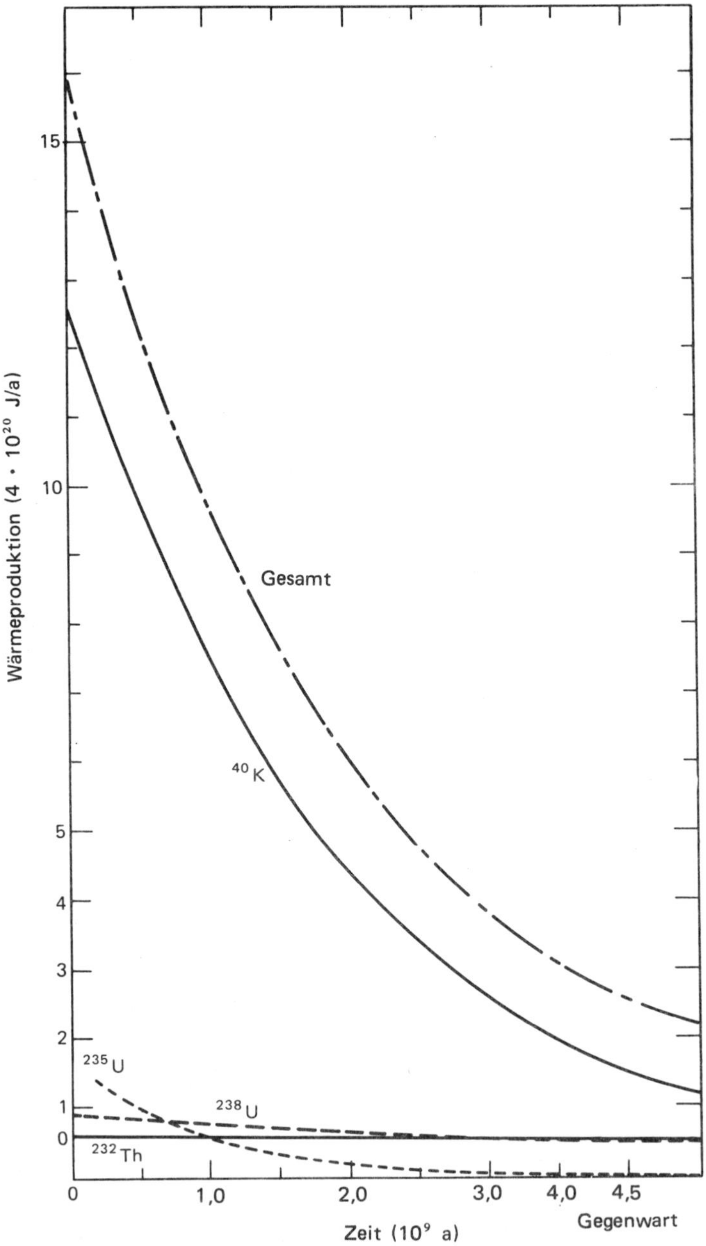

Abb. 3.10 Radiogene Wärmeproduktion der Erde durch die Elemente U, Th und K in Einzel- und Gesamtmengen im Lauf der Erdgeschichte.

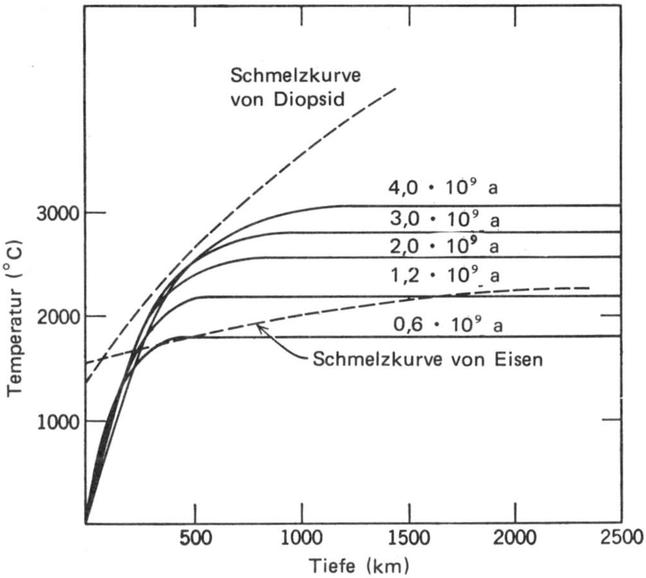

Abb. 3.11 Zeitlicher Temperaturverlauf in einer homogenen Erde, geschätzt anhand der radioaktiven Elemente chondritischen Materials (MacDONALD).

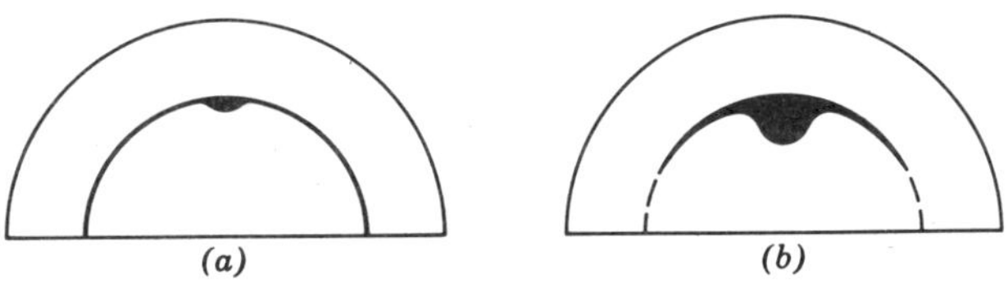

Abb. 3.12 Entwicklungsstadien der Tropfenbildung aus einer geschmolzenen, schweren Flüssigkeitsschicht (ELSASSER, 1963).

Unter diesen Umständen dürfte sich die einigermaßen homogene, undifferenzierte Erde vergleichsweise rasch erwärmt haben. Legt man chondritische Häufigkeitswerte für die radioaktive Elementverteilung in der Erde zugrunde, dann hat die entsprechende Temperaturverteilung in einer primitiven Erde vielleicht so ausgesehen, wie es in der Abb. 3.11 darzustellen versucht wurde. Auf dieser Basis wurde die Schmelztemperatur des Eisens in etwa 600 Mill. Jahren in einigen hundert Kilometern Tiefe erreicht; von da an trat eine Änderung in der Stoffbilanz ein. Für noch spätere Zeiträume konnten keine Kurven aufgestellt werden.

ELSASSER (1963) hat in überzeugender Manier die irdische Wärmeentwicklung mit der Herausbildung des Eisenkerns verbunden. Er wies darauf hin, daß die thermische Entwicklung, wie sie in der Abb. 3.11 dargestellt ist, in einer Aufschmelzung des freien Eisens in einer einige hundert Kilometer tief liegenden Zone mündete und das geschmolzene Eisen sich in einer Lage ansammelte. So eine zusammenhängende Lage schmelzflüssigen Eisens innerhalb des aus silikatischem Material bestehenden Mantels war zwangsläufig eine instabile Schichtung, da spezifisch schwereres Material auf spezifisch leichterem schwamm. Die Folge stellt sich für ELSASSER so dar, daß es schließlich zur Entwicklung eines gewaltigen „Tropfens" kam (Abb. 3.12), der sich auf das Erdzentrum zubewegte und dabei die viel leichteren Silikate verdrängte. Es erinnert ein wenig an Halokinese oder an Intrusionsvorgänge in großem Maßstab und in umgekehrter Richtung. Dieses Absinken von so einer gewaltigen Schmelzmasse dürfte eine ansehnliche Menge an Gravitationsenergie in Wärmeenergie umgewandelt haben, genug, um die Temperatur im Innern um etwa 2000°C anzuheben. Folglich war der Bildungsprozeß des Erdkerns ein streng exothermer und verstärkte sich auf diese Weise selbst; ELSASSER schätzt den Zeitraum, der von der Bildung des Tropfens bis zu seiner Platznahme verstrich, auf die Größenordnung von 100 000 Jahren.

Mit der Mobilisierung des freien, geschmolzenen Eisens auf den Erdmittelpunkt zu begann eine von Grund auf erfolgende **Neuorganisation** des ganzen Planeten. Da das Absinken ein unsymmetrischer Vorgang war, stiegen auch die leichteren Silikatmaterialien unsymmetrisch empor, wurden partieller Aufschmelzung unterzogen, reagierten dadurch mit anderen Materialien und rekristallisierten. Unter diesen Annahmen ist es nicht weiter verwunderlich, daß bislang keine Gesteine älter als 4 Mrd. Jahre aufgefunden werden konnten. Die Entwicklung von dicken, stabilen Krustenplatten mußte auf eine Abschwächung der Radioaktivität sowie auf eine weitgehende Verfestigung großer Teile des Mantels warten.

Die **Entwicklung der Kruste** ist ein weiterer Problemkreis und ist von besonderer Bedeutung für die Geochemie. Ein vielschichtiger Meinungspluralismus herrscht vor. Die eine Lehrmeinung versteht die ganze Krustenverfestigung im Zusammenhang einer reinen Basalterstarrung. Es existierte keine Aufteilung in Kontinente und Ozeanbecken. Lokale Frakturen in dieser anfänglich dünnen Basaltkruste ermöglichten den Ausbruch von Laven, heißen Gasen und Lösungen aus tieferliegenden Zonen; diese Bruchstrukturen stellten gewissermaßen die Kondensationskerne für die aufkeimenden Kontinente dar. Der Einfluß von Lösungen, die auch SiO_2 und Alkalien mit sich brachten, dürfte weniger basische Krustengesteine hervorgerufen haben. Verwitterung, Erosion und Sedimentation, zunächst sicherlich unbedeutend, haben bald die chemischen Differentiationsprozesse des Krustenmaterials mitbeschleunigt. Dieses Konzept beschreibt das Wachsen der Kontinente in vorgeologischer (und geologischer) Zeit als ein Zusammenfügen und Zusammenschweißen von Sedimentationsräumen und neuen Inselbögen zu den Ur-Kontinenten.

Die andere Lehrmeinung sieht die ersten Kontinente als das Endprodukt der Krustenerstarrung an. Sie geht von einer Differentiation durch Kristallisation, wie sie schon von der Abscheidung basaltischer Kruste aus peridotitischem Mantelmaterial exemplifiziert ist, aus und geht gleichzeitig noch einen Schritt weiter und betrachtet die kontinentalen Kondensationskerne als eine Art treibender Schollen aus hauptsächlich Quarz und Feldspäten bzw. aus granitischen oder granodioritischen Gesteinen. Eine asymmetrische Verteilung der Kontinente und Ozeane kann durch die asymmetrische Erzeugung des großen Eisentropfens mitverursacht worden sein. Der erste Protokontinent könnte sich über dem Gebiet des ersten Absakkens der Eisentropfen gebildet haben, während das Antipodengebiet ozeanisch blieb.

Die gegenwärtig vorliegenden Befunde besagen, daß die Entwicklung einer stabilen Kruste nicht von heute auf morgen geschah und auch nicht ein für allemal stattfand. Das Intervall zwischen dem Bildungsalter der Erde und dem Alter der ältesten datierten Gesteine ist bedeutend; die Annahme großer krustaler Instabilitäten in diesem Zeitraum ist daher angezeigt. Die originalen Kontinentalkerne dürften in Teilen zahlreichen Wiederaufschmelzungs- und Wiederaufbauvorgängen unterzogen worden sein, bevor sie genügendes Gewicht besaßen, um einer erneuten Einverleibung und Auflösung wirksam zu widerstehen. Wie dem auch sei, vor ca. 3,5 Mrd. Jahren war das Verteilungsmuster zwischen den Ur-Kontinenten und den Ozeanbecken endgültig festgelegt, was durch Gesteinsalter aus dieser Zeit aus Grönland, Minnesota und Südafrika belegbar ist.

Der Ursprung und die Entstehung der Atmosphäre und der Hydrosphäre werden in gesonderten Abschnitten dieses Buches behandelt. Die Bildung der Erde aus einer solaren Staubwolke durch Zusammenballung legt die Annahme einer sauerstofffreien Erstatmosphäre nahe; diese mag hauptsächlich aus Wasserstoff, Helium, Wasserdampf, Methan und Ammoniak (die beiden letzten Gase finden wir stark vertreten in den Atmosphären der großen Planeten) oder auch noch Kohlenstoff und Stickstoff, falls Wasserstoff selten war, bestanden haben. Die Schwerkraft der Erde reichte jedenfalls nicht aus, Wasserstoff und Helium zurückzuhalten (Luftschiffe!), und jegliches Vorkommen würde allmählich in den Raum hinaus entfliehen. Die Entwicklung der Ur-Atmosphäre zu jener von heute, die im wesentlichen aus Stickstoff und Sauerstoff besteht, ist verbunden mit dem Beginn der photochemischen Dissoziation von Wasserdampf durch die Sonneneinstrahlung, wobei freier Sauerstoff entsteht. Jegliches Methan wird dann zu Kohlendioxid und Wasser oxidiert. Andere photochemische Reaktionen bringen komplexere organische Verbindungen hervor, letztendlich auch sich selbst reproduzierende Systeme, sprich Leben. Die Möglichkeit, daß solche Reaktionen in der Ur-Atmosphäre stattgefunden haben könnten, sind im Laboratorium von MILLER (1957) demonstriert worden; in einer Atmosphärenmischung aus Methan, Ammoniak, Wasserdampf und Wasserstoff wurden elektrische Entladungen ausgelöst, die zu einer nachweislichen Bildung von mehreren Karboxyl- und Aminosäuren führten.

Die verschiedenen Ansätze über das Wie organischer Lebensentstehung finden sich bei CLOUD (1976). Die initiale Entwicklung organischen Lebens hing wahrscheinlich von der Existenz bereits vorhandener organischer Komplexmoleküle wie Aminosäuren ab. Waren einmal die entsprechenden Organismen entstanden, wurde die für die Frühzeit des Lebens so revolutionäre **Photosynthese** in Gang gesetzt. Sie befähigte die photosynthetisch aktiven Organismen, die Sonnenstrahlung auf direktem Weg zu nutzen sowie das Gas Kohlendioxid zu hochwertigen Komplexverbindungen zu synthetisieren. Gleichzeitig kam es bei diesem Prozeß zur Produktion von **freiem Sauerstoff**. Mit einher ging die Entwicklung bestimmter Farbverbindungen, die dann als Katalysatoren bei der Photosynthese auftraten. Diese Verbindungen waren wahrscheinlich Porphyrine, die sehr leicht synthetisiert werden können und für organische Substanzen extrem stabil sind. Porphyrine werden gebildet durch Kondensation von vier Pyrrolabkömmlingen um ein zentrales Metallatom (Pyrrol ist ein 5er-Ring mit der Formel $(CH)_4NH$). Es gibt zu denken, daß die Porphyrine als Lichtrezeptoren im Chlorophyll der Pflanzen, als Sauerstoffträger in vielen Tieren und als Atmungspigment in Zellen tätig sind. War erst einmal die Photosynthese zur festen Einrichtung geworden, so stand von nun an den Organismen eine indirekt viel größere Energiequelle zur Verfügung, ob sie nun die Energie des Lichts primär selbst nutzten oder ob andere sich von den Sauerstoffproduzenten ernährten.

Der Zeitraum zwischen dem Aufbau der ersten Krustengesteine und dem Erscheinen der ersten Lebensform ist schwierig abzuschätzen. Die wohl älteste, gut datierbare Fossilfundstelle ist die Mikroflora in kieseligen Gesteinen der Gunflint-Formation, einer präkambrischen Serie am Nordende des Lake Superior, mit einem Alter von 1,9 Mrd. Jahren. Stromatolithe, das sind kalkige Laminarstrukturen, die als fossile Algen interpretiert werden, kennt man vom Bulawayan-System in Zimbabwe; vermutlich liegt ein Alter von mehr als 2,6 Mrd. Jahren vor, aber weder die Deutung noch das Alter sind über die letzten Zweifel erhaben. Die meisten der alten Sedimentgesteine sind Konglomerate, Sandsteine und Schiefertone, die wenig

Anzeichen dafür liefern, daß die atmosphärischen und hydrosphärischen Verhältnisse recht viel anders waren als heute. CLOUD (1976) und andere haben jedoch in diesem Zusammenhang auf eine Reihe bemerkenswerter Auffälligkeiten hingewiesen. Den ältesten Gesteinsserien mangelt es erheblich an Kalksteinen, die erst im jüngeren Präkambrium häufiger werden und Alter von weniger als 1,2 Mrd. Jahren aufweisen; das legt einen relativ hohen Partialdruck an CO_2 nahe, der das $CaCO_3$ in Lösung hielt. Auch Rotsedimente, die durch die dreiwertigen Eisenoxide der Oxidationsverwitterung eingefärbt wurden, tauchen zur selben Zeit auf und deuten auf einen Sauerstoffanstieg im jüngeren Präkambrium hin. Die für das Präkambrium typischsten Sedimente, die später in dieser Form nie wieder erschienen, sind die Jaspilite oder banded iron stones, die alle nicht jünger als 1,7 Mrd. Jahre sind. Sie finden sich auf allen Kontinenten; ihre Genese erforderte eine reduzierende, CO_2-reiche Atmosphäre, unter deren Bedingungen große Eisenmengen im leichtlöslichen zweiwertigen Zustand in die Sedimentationsräume verfrachtet werden konnten. Die gemeinsamen Befunde aus Geochemie, Paläontologie und Stratigraphie weisen darauf hin, daß sich zwar die Photosyntheseaktivität grüner Pflanzen mindestens schon vor 2 Mrd. Jahren etablierte, daß nennenswerte Sauerstoffmengen aber erst ab 1,2 Mrd. Jahre vor heute verfügbar wurden. Im ausgehenden Präkambrium hatte die organische Evolution bereits Metazoen, die Vielzeller, hervorgebracht, und ab diesem Zeitpunkt ähnelten sowohl Atmosphäre wie auch Hydrosphäre schon sehr den Bedingungen, wie wir sie heute kennen.

Ausgewählte Schriften

ANDERS, E. (1977): Chemical compositions of the moon, earth, and eucrite parent body. *Phil. Trans. R. Soc. Land. A* **285**, 23–40

ANDERS, E., & T. OWEN (1977): Mars and earth: origin and abundance of volatiles. *Science,* **198**, 453–465

BIRCH, F. (1965): Speculations of the earth's thermal history. *Bull. Geol. Soc. Amer.,* **76**, 133–154

BOYD, F.R. (1964): Geological aspects of high-pressure research. *Science,* **145**, 13–20

BULLEN, K.E. (1963): *An introduction to the theory of seismology* (4. Aufl.). 381 S. Cambridge University Press, Cambridge, England

CLARK, S.P. (1977): *Die Struktur der Erde.* 154 S. Enke Verlag, Stuttgart

CLARKE, F.W., & H.S. WASHINGTON (1924): The composition of the earth's crust. *U.S. Geol. Surv. Prof. Paper,* **127**, 117 S.

CLOUD, P.E. (1976): Beginnings of biospheric evolution and their biogeochemical consequences. *Paleobiology,* **2**, 351–387

ELSASSER, W.M. (1963): Early history of the earth. In: *Earth science and meteoritics,* S. 1–30. John Wiley & Sons, New York

FLANAGAN, F.J. (1974): Descriptions and analyses of seven new USGS rock standards. *U.S. Geol. Surv. Prof. Paper,* **840**

HART, P.J. (Hrsg.) (1969): *The earth's crust and upper mantle.* 735 S. American Geophysical Union, Washington, D.C.

LAUTERBACH, R. (1976): *Physik des Planeten Erde.* 266 S. Enke Verlag, Stuttgart

LAUTERBACH, R. (1977): *Physik der Erdkruste.* 248 S. Enke Verlag, Stuttgart

MacDONALD, G.J.F. (1964): Dependence of the surface heat flow on the radioactivity of the earth. *J. Geophys. Res.,* **69**, 2933–2940

RINGWOOD, A.F. (1975): *Composition and petrology of the earth's mantle.* 618 S. McGraw-Hill Book Co., New York

ROBINSON, E.C. (Hrsg.) (1972): *The nature of the solid earth.* 677 S. McGraw-Hill Book Co., New York

SCHICK, R., & G. SCHNEIDER (1973): *Physik des Erdkörpers.* 267 S. Enke Verlag, Stuttgart

TAYLOR, S.R. (1964): Abundance of chemical elements in the continental crust: a new table. *Geochim. Cosmochim. Acta,* **28**, 1273–1285

WYLLIE, P.J. (1971): *The dynamic earth.* 416 S. John Wiley & Sons, New York

4 Thermodynamik und Kristallchemie

In den bisherigen Abschnitten lernten wir die Geochemie kennen als eine Disziplin, die von der Häufigkeit, der Verteilung und der Stoffwanderung der Elemente auf und in der Erde handelt. Ihnen gilt das Hauptaugenmerk geochemischer Forschung, sei es in ihrem Auftreten als Atome oder mehr noch als geladene Teilchen oder Ionen. Atome und Ionen nehmen ganz bestimmte Energieniveaus ein, die sich verändern, wenn Atome und Ionen physikalischen oder chemischen Umwandlungen unterworfen werden. Bei der Umverteilung und Rekombination chemischer Elemente in Mineralen und Gesteinen verlieren die betreffenden Atome oder Ionen einen Teil ihrer Energie und bilden in der Folge stabilere Energiesysteme aus. Jedes Gestein zeigt beispielhaft die Gesetze auf, nach denen sich die Stabilität der Kristallgitter seiner Minerale richtet; diese Gesetze leiten sich aus den Prinzipien des Atombaus und der Thermodynamik ab. Geochemische Gesamtkonzepte haben erst dann einen bedeutenden Aussagewert, wenn sie die Zusammenhänge zwischen Atomen, Ionen und Kristallgitter sowie die ihre Gleichgewichtsbedingungen bestimmenden Faktoren erklären können. Solche Zusammenhänge deutlich zu machen ist eigentlich Sache der Chemie, aber angesichts der Bedeutung für geochemische Betrachtungen soll im folgenden kurz darauf eingegangen werden.

4.1 Grundlegende Gleichungen der Thermodynamik

Das Konzept der Thermodynamik läßt sich am einfachsten mit Hilfe von Gleichungen ausdrücken. Wir wollen uns hier auf eine kurze Zusammenfassung dieser Gleichungen beschränken; für weiterführende Informationen sollte der Interessierte ein Lehrbuch der chemischen Thermodynamik oder die Abhandlungen von WOOD & FRASER (1976) oder POWELL (1978), die sich mit der Anwendung der Thermodynamik auf geologische Vorgänge auseinandersetzen, zur Hand nehmen. Eine nützliche Informationsquelle zu thermodynamischen Eigenschaften von Mineralen und verwandten Stoffen ist das *U.S. Geological Survey Bulletin* **1452** (ROBIE, HEMINGWAY & FISHER, 1978). Ein thermodynamisches System zeichnet sich durch bestimmte, grundsätzliche Größen aus; wir unterscheiden zwei Arten:

- Größen, die von Umfang und Menge der beteiligten Stoffe abhängen, gewissermaßen Abmessungen haben, wie Masse, Volumen und Entropie.
- Größen, die unabhängig von Umfang und Menge der beteiligten Stoffe sind, wie Temperatur, Druck und chemisches Potential.

Die Gesamtenergie aller im System enthaltenen Arten von Energie heißt innere Energie U. Sie ist allein vom Zustand des Systems abhängig und kann nicht in absoluten Werten angegeben werden. Von Bedeutung ist vielmehr die Änderung der inneren Energie, ΔU, die das System beim Übertritt von einem Zustand in einen anderen erfährt.

Der erste Hauptsatz der Thermodynamik besagt, daß Energie weder aus dem Nichts geschaffen noch in Nichts aufgelöst werden kann. Wird das System einer Zustandsänderung unterzogen (z.B. Erwärmen) und ist U_1 die innere Energie im

Ausgangsstadium und U_2 die innere Energie im nächsten Stadium, dann ergibt sich die Änderung der inneren Energie aus

$$U_1 - U_2 = \Delta U$$

Wenn während dieser Änderung vom System die Energie Q in Form von Wärme aufgenommen und die Energie W in Form von Arbeit abgegeben wird, ist

$$\Delta U = Q - W$$

oder in differentieller Form

$$\mathrm{d}U = \mathrm{d}Q - \mathrm{d}W$$

Die im System verrichtete Arbeit $\mathrm{d}W$ wird gewöhnlich als die Volumenänderung gemessen, die dem Druck p entgegenwirkt; sie heißt daher Volumenarbeit. In diesem Fall ist

$$\mathrm{d}W = p \cdot \mathrm{d}V$$

eingesetzt ergibt dies

$$\mathrm{d}U = \mathrm{d}Q - p \cdot \mathrm{d}V$$

Der zweite Hauptsatz der Thermodynamik kann folgendermaßen beschrieben werden: „In jedem reversiblen Prozeß erhält man die Änderung der Entropie $\mathrm{d}S$ des Systems durch Messung der vom System erhaltenen Wärmemenge $\mathrm{d}Q$, geteilt durch die absolute Temperatur T, also $\mathrm{d}S = \mathrm{d}Q/T$; für alle irreversiblen Reaktionen, die spontan ablaufen, gilt die Ungleichung $\mathrm{d}S > \mathrm{d}Q/T$."

Damit kann für einen reversiblen Prozeß die vorstehende Gleichung folgendermaßen neu formuliert werden:

$$\mathrm{d}U = T \cdot \mathrm{d}S - p \cdot \mathrm{d}V$$

Da zahlreiche Reaktionen bei konstantem Druck und nur unter Beteiligung von Wärme- und mechanischer Energie stattfinden und weil unter diesen Bedingungen die aus der Umgebung aufgenommene Wärmemenge gleich ist dem Zuwachs der Summe aus $U + pV$, wurde es als passend erachtet, eine Größe H, genannt **Enthalpie**, zu definieren:

$$H = U + pV$$

Erweitert auf die differentielle Form gibt das

$$\mathrm{d}H = \mathrm{d}U + \mathrm{d}(pV)$$

oder

$$\mathrm{d}H = \mathrm{d}U + p \cdot \mathrm{d}V + V \cdot \mathrm{d}p$$

Bei isobaren Bedingungen ($\mathrm{d}p = 0$) gilt

$$\mathrm{d}H = \mathrm{d}U + p \cdot \mathrm{d}V$$

oder

$$\mathrm{d}H = \mathrm{d}Q$$

d.h. daß die Enthalpieänderung bei jedem Prozeß unter isobaren Verhältnissen als die aufgenommene Wärmemenge gemessen wird; aus diesem Grund spricht man auch oft von der Reaktionswärme.

Die **freie Energie** *A*, auch Helmholtz-Energie (engl. Helmholtz free energy) sowie die **freie Enthalpie** *G*, auch Gibbs-Energie (engl. Gibbs free energy) sind wie folgt definiert:

$$A = U - TS$$
$$G = U - TS + pV$$

Besondere Bedeutung erlangt die freie Enthalpie im Zusammenhang mit isotherm-isobaren Reaktionen. Unter solchen Voraussetzungen ist

$$\mathrm{d}G = \mathrm{d}U - T \cdot \mathrm{d}S + p \cdot \mathrm{d}V$$

Bei reversibler Reaktion ist dann

$$\mathrm{d}U = T \cdot \mathrm{d}S - p \cdot \mathrm{d}V$$

wobei

$$\mathrm{d}G = 0$$

Damit ist eine reversible Reaktion gleichbedeutend einem Gleichgewichtszustand; auf diese Weise bekommen wir als Maßstab für Gleichgewicht bei konstantem Druck: Die freie Enthalpie der Reaktionspartner muß gleich sein der der Reaktionsprodukte.

Alle geochemischen Vorgänge können als ein Hinstreben auf einen Gleichgewichtszustand gesehen werden, der annähernd genau bestimmt werden kann, sofern Stoffzusammensetzung, Temperatur und Druck über einen langen Zeitraum hinweg in etwa gleichbleiben. Indessen werden Gleichgewichte, falls sie sich einstellen, infolge Änderungen des physikalischen Umfeldes selten konserviert. Beispielsweise ist ein Schiefer, bei dem sich durch eine Thermometamorphose Gleichgewichtsverhältnisse eingestellt haben, bei Normaltemperaturen wahrscheinlich nicht mehr im Gleichgewicht. Allerdings hat man durch Gleichgewichtsstudien im Labor sowie durch thermodynamische Verfahren einige Erkenntnisse über geochemische Reaktionsabläufe gewonnen, gleich ob es sich um die Entstehung von Gesteinen und Mineralen, um Vorgänge der Zersetzung und der Verwitterung oder um andere Arten von Umwandlungen, die auf der Erde stattfinden, handelt.

Jede chemische oder physikalische Reaktion kann durch eine Gleichung, die den Übergang von einem Zustand zu einem anderen beschreibt, dargestellt werden. Befinden sich die Reaktionspartner im Gleichgewicht mit den Reaktionsprodukten, dann ist die freie Enthalpie $\Delta G = 0$. Hohe Negativwerte von ΔG bedeuten, daß die Reaktion spontan dazu neigt, nahezu vollständig abzulaufen; bei hohen positiven Werten von ΔG tendiert die Reaktion, sich in die andere Richtung zu entfalten. In einem einfachen Beispiel betrachten wir die Löslichkeit eines Feststoffs in einer Flüssigkeit; drücken wir diese Reaktion durch die Gleichung $S \rightarrow L$ aus, dann haben wir bei Sättigung $\Delta G = 0$, bei hohen Negativwerten von ΔG herrscht Untersättigung, d.h. starke Tendenz hin zur Lösung des Feststoffes, während bei positivem ΔG Übersättigung herrscht.

Um den Einfluß von Temperatur und Druck auf das Gleichgewicht zu beschreiben, sind Gleichungen dazu entwickelt worden. Die maßgebende Gleichung für Temperaturänderungen heißt:

$$\frac{d(-\Delta G/T)}{dT} = \frac{\Delta H}{T^2}$$

Diese Gleichung zeigt an, wenn ΔH positiv ist, dann bewirkt ein Ansteigen der Temperatur höhere Negativität für ΔG; d.h. wenn im Fall einer Reaktion Wärme absorbiert wird, dann veranlaßt ein Ansteigen der Temperatur, daß die Reaktion nahezu vollständig abläuft. Falls ΔH andererseits negativ ist, dann neigt die Temperatur durch Ansteigen eher dazu, die Reaktion zu hemmen. Die Wirkung des Drucks drückt sich aus in der Gleichung $d\Delta G/dP = \Delta V$, wobei ΔV die volumenbezogene Aggregatänderung darstellt, falls die Reaktion sich gemäß der angezeigten Richtung auf einen vollständigen Ablauf zubewegt. Folglich wird bei negativem ΔV ein Ansteigen des Drucks ΔG stärker negativ werden lassen; anders ausgedrückt, die Reaktion läuft wahrscheinlich fast vollständig ab. Man kann auch sagen, daß hoher Druck die Existenz von Materialien kleinen Volumens, d.h. hoher Dichte begünstigt. Diese beiden Gleichungen erlauben eine quantitative Fassung des LE CHATELIERschen Prinzips, das wie folgt lauten mag: Befindet sich ein System im Gleichgewicht, so bewirkt eine Änderung eines jeden der das Gleichgewicht bestimmenden Faktoren eine Verschiebung des Gleichgewichts in einer Weise, daß es bestrebt ist, die Wirkung der eingetretenen Änderung wieder aufzuheben. Eine sicher bemerkenswerte Feststellung ist, daß generell eine Zunahme der Temperatur die gleichen Wirkungen auslöst wie eine Abnahme des Drucks. Das Volumen eines Stoffes wird größer bei höheren Temperaturen und bei tieferen Drücken. Die Löslichkeit eines Feststoffs in Flüssigkeiten nimmt in der Regel bei steigender Temperatur zu, aber verringert sich gewöhnlich, wenn der Druck steigt.

Für eine chemische Reaktion, die spontan abläuft, ist es wichtig, daß die freie Enthalpie der Produkte kleiner ist als die der Reaktanten, also $dG < 0$. Der Wert dG ist ein Maß für die **treibende Kraft** oder Affinität einer Reaktion. Um vorherzusagen, ob eine bestimmte Reaktion überhaupt stattfindet, ist es vonnöten, ΔG zu bestimmen. Die Faktoren, die die freie Enthalpie beeinflussen können, sind

- die Zusammensetzung der Reaktanten und der Reaktionsprodukte,
- ihr Aggregatzustand,
- ihre anteiligen Mengen,
- Druck und Temperatur.

Die experimentelle Bestimmung von ΔG bei einer chemischen Reaktion ist meist sehr schwierig. Gleichwohl, wenn sich die Diskussion auf Standardbedingungen der Reaktionspartner und Reaktionsprodukte beschränkt, dann vereinfacht sich das Problem insofern, als die molare freie Enthalpie vieler chemischer Verbindungen in ihrem Standardzustand bekannt ist. Unter diesen Voraussetzungen ist die freie Enthalpie lediglich die Summe der freien Enthalpien der Produkte der Reaktion abzüglich der Summe der freien Enthalpien der Reaktanten:

$$\Delta G^0 = cG_C^0 + dG_D^0 + \ldots - aG_A^0 - bG_B^0 - \ldots$$

Diese freien Enthalpien erhält man durch Multiplikation der freien Bildungsenthalpie im Standardzustand jeder Verbindung mit der Anzahl der Mole, die an der Reaktion beteiligt sind. Leider sind bislang noch wenig Zahlen über thermodynamische Daten der Silikate bekannt, aber Fortschritte in dieser Richtung werden gemacht.

Der größte Vorteil, der der Geochemie durch thermodynamische Betrachtungen erwächst, ist eine Annäherung an Probleme wie Stabilität, chemisches Gleichgewicht und chemische Änderungen genereller Art. Selbst nur mit qualitativen Daten erlauben sie Prognosen über den wahrscheinlichen Verlauf aller Arten von Umwandlungen. Bei jedweder Reaktion, bei der die freien Enthalpien aller möglichen auftretenden Phasen bei den genau festgelegten Bedingungen bekannt sind, erlauben thermodynamische Gleichungen eine Berechnung der relativen Mengenanteile der Reaktanten sowie der Produkte bei Gleichgewicht. Falls der Produkteanteil bei Gleichgewicht sehr gering ausfällt, so scheinen für die Reaktion bei den vorliegenden Bedingungen ungünstige Voraussetzungen zu bestehen. Andererseits scheinen die Reaktionsbedingungen günstig zu sein, wenn der Mengenanteil der Produkte hoch ausfällt. Bei geochemischen Vorgängen, die nicht so leicht im Labor nachvollzogen werden können, liefern uns thermodynamische Erkenntnisse Mittel und Wege, unter welchen Bedingungen bestimmte Reaktionen eintreten können, selbst unter solchen, die wir im Labor nicht nachahmen können. Es ist jedoch wichtig festzustellen, daß die Thermodynamik nicht imstande ist, die Geschwindigkeit sowie den Mechanismus einer Reaktion vorherzusagen.

Eine der ersten Anwendungen thermodynamischer Methodik auf geochemische Fragestellungen war eine Studie über die Stabilität des Jadeit $NaAlSi_2O_6$ (KRACEK, NEUVONEN & BURLEY, 1951). Jadeit kommt in Metamorphiten vor, und zu jener Zeit wurde das Mineral im Labor noch nicht hergestellt; seine relativ hohe Dichte läßt darauf schließen, daß es nur unter hohen Drücken stabil ist. KRACEK und seine Mitarbeiter untersuchten die thermodynamischen Parameter der folgenden Reaktionen, bei denen Jadeit sich bilden dürfte:

$$NaAlSi_3O_8 = NaAlSi_2O_6 + SiO_2$$
$$NaAlSiO_4 + NaAlSi_3O_8 = 2\ NaAlSi_2O_6$$
$$NaAlSiO_4 + SiO_2 = NaAlSi_2O_6$$

Durch die Messung der Lösungswärmemengen (in HF) von Albit ($NaAlSi_3O_8$), Nephelin ($NaAlSiO_4$), Jadeit und Quarz waren die Autoren in der Lage, die für die einzelnen Reaktionen geltenden ΔH-Werte zu bestimmen. Nachdem auch die Standard-Entropien errechnet waren, war es möglich, ΔG aus der Gleichung $\Delta G = \Delta H - T \cdot \Delta S$ abzuleiten. Die erhaltenen Zahlen besagten, daß bei 25°C und 1 bar die erste Reaktion von rechts nach links ablaufen würde (Jadeit entstünde dabei nicht); die beiden anderen Reaktionen hingegen liefen von links nach rechts ab, und Jadeit würde dabei entstehen. Diese Ergebnisse zeigen, daß Jadeit bei Normaldruck und -temperatur stabiler als Mischungen von Nephelin und Albit oder von Nephelin und Quarz ist und daß diese Stabilität nicht von hohen Drücken bedingt wird. Die Schwierigkeiten, Jadeit im Labor herzustellen, müssen vielmehr kinetischen Faktoren wie der Aktivierungsenergie und der Reaktionsgeschwindigkeit zugeschrieben werden.

Selbst wenn keine der maßgeblichen thermodynamischen Daten verfügbar sind, ist es nach MIYASHIRO (1960) häufig möglich, brauchbare Informationen allein aus der Reaktionswärme zu entnehmen, falls an der Reaktion ausschließlich Feststoffe beteiligt sind; diese Voraussetzungen haben wir bei geologischen Vorgängen in der Tat oft realisiert. Wenn Reaktanten und Produkte im festen Zustand sind, können die Wärmekapazitätsänderungen wegen ihrer Unbedeutsamkeit vernachlässigt werden. Unter solchen Bedingungen läßt sich die freie Enthalpie $\Delta G_{T,P}$ einer Reaktion bei der Temperatur T (°C) und dem Druck P (bar) wie folgt darstellen:

$\Delta G_{T,P} = \Delta H^0_{298} - T\Delta S^0_{298} + P\Delta V$

ΔH^0_{298} = Reaktionswärme bei 298,16°K oder 25°C und 1 bar

ΔS^0_{298} = Entropie bei 298,16°K und 1 bar

Mit allen Phasen in festem Zustand sind ΔS^0_{298} und ΔV gewöhnlich ziemlich klein im Vergleich mit ΔH^0_{298}. Folglich ist die Wärme solch einer Reaktion bei 25°C und 1 bar (ΔH^0_{298}) nahezu gleich der freien Enthalpie einer gleichen Reaktion bei irgendeiner Temperatur und irgendeinem Druck ($\Delta G_{T,P}$). Mit anderen Worten, in Reaktionen, die nur zwischen Feststoffen ablaufen, ist die freie Enthalpie der Reaktion normalerweise konstant innerhalb eines weiten Druck- und Temperaturbereichs. Ein Beispiel dazu ist die Reaktion

$Mg_2SiO_4 + SiO_2 = 2\ MgSiO_3$

Forsterit — Quarz — Klinoenstatit

Reaktionswärme $\Delta H^0_{298} = -9623$ J/mol (1)

Reaktionsentropie $\Delta S^0_{298} = -1{,}46$ J/K mol

Volumenänderung $\Delta V = -4{,}0\ cm^3/mol$

freie Reaktionsenthalpie $\Delta G_{T,P} = -9623 + 1{,}46\ T - 0{,}406\ P$

(ΔV muß mit 0,101 multipliziert werden, um auf J/mol zu kommen).

Wie man sieht, sind die Einflüsse von Druck und Temperatur auf die freie Enthalpie sehr gering. Ein Mehr oder Weniger von 500°C ändert die freie Enthalpie um 732 J, eine Änderung von 1000 bar machen weniger als 420 J aus. Jedoch sind zwei Punkte zu beachten. Zunächst einmal können wir selbst bei Reaktionen, die nur Feststoffe enthalten, die Wirkung unterschiedlicher Wärmekapazitäten nicht ohne weiteres vernachlässigen, wenn wir einen weiten Temperaturbereich haben. Die obere Grenze, bis zu der extrapoliert werden darf (bezüglich der Standardtemperatur von 25°C), liegt in den meisten Fällen bei 500°C. Zum zweiten kann bei sehr hohen Drücken, wie sie etwa im Mantel bestehen, der Ausdruck $P\Delta V$ nicht mehr außer Acht gelassen werden. So ruft eine Druckerhöhung von 100 kbar eine Änderung der freien Enthalpie in der Größenordnung von 40 000 J oder 40 kJ hervor.

Angesichts dieser Einschränkungen wollen wir noch weitere Beispiele betrachten. Für die Reaktion

$^1/_2\ NaAlSiO_4 + SiO_2 = {}^1/_2\ NaAlSi_3O_8$ gilt (2)

Nephelin — Quarz — Albit

$\Delta G_{T,P} = -10\,460 - 0{,}21\ T + 0{,}067\ P$

und für die Reaktion

$KAlSi_2O_6 + SiO_2 = KAlSi_3O_8$ ergibt sich (3)

Leucit — Quarz — Orthoklas

$\Delta G_{T,P} = -20\,083 + 6{,}11\ T - 0{,}22\ P$

In diesen Beispielen wird klar, daß $\Delta G_{T,P}$ sich von ΔH^0_{298} nicht wesentlich unterscheiden kann.

Die verfügbaren Daten können wir dazu benutzen, Schlußfolgerungen daraus für die Belange petrogenetischer Probleme zu ziehen. Fällt in einem Gestein, das unter anderem Klinoenstatit, Albit und Orthoklas enthält, der SiO_2-Gehalt allmählich ab, so dürfte die zunächst einsetzende Reaktion die einer Umwandlung von Klinoenstatit in Forsterit sein, da diese die geringste Zunahme (von allen anderen möglichen Reaktionen) an freier Enthalpie bedeutet. Anschließend erfolgt die Umwandlung von Albit in Nephelin und am Ende die von Orthoklas in Leucit. Die thermodynamisch in dieser Weise zu erwartende Reaktionsabfolge stimmt mit den petrologischen Untersuchungen überein. In leicht an SiO_2 untersättigten Gesteinen erscheint der Olivin $(Mg, Fe)_2SiO_4$ anstelle von Pyroxen $(Mg, Fe)SiO_3$. Bei größerer Untersättigung tritt Nephelin anstelle von Albit auf, und bei noch größerer Untersättigung bildet sich anstelle des Orthoklas der Leucit. Das erklärt auch die Tatsache, daß Nephelin in Gesellschaft mit Olivin, aber nicht zusammen mit $(Mg, Fe)SiO_3$, Hypersthen, gefunden wird. Die freien Enthalpien begünstigen Reaktionen zwischen Nephelin und Hypersthen und ergeben Albit plus Olivin.

Indessen, der Unterschied zwischen den freien Enthalpien von Reaktion (1) und Reaktion (2) bei unseren Beispielen oben ist nicht groß; so können wir annehmen, daß bei hohen Drücken, wie sie schon bei 100–200 km Tiefe herrschen, die Werte für die freien Enthalpien umgekehrt werden und die Umwandlungsfolge der Phasen ebenso. Unter diesen Bedingungen führt eine SiO_2-Untersättigung zu einer Umwandlung von Albit in Nephelin noch vor der Umwandlung von Pyroxen in Olivin. Betrachtungen in diese Richtung geben zu der Überlegung Anlaß, daß basaltisches Material, das in der Kruste als ein Plagioklas-Olivin-Gestein kristallisiert, im oberen Mantel als ein Nephelin-Pyroxen-Gestein auftritt. Hier erweisen sich die thermodynamischen Daten und ihre Anwendung als ein außerordentlich vorteilhaftes Mittel, Experimentaldaten auf die in der Natur sehr viel extremeren Bedingungen zu übertragen.

4.2 Der Zustand der Materie

Die Geochemie befaßt sich zu einem beträchtlichen Teil mit der Umwandlung der Erdmaterie von einem Zustand in einen anderen, wie man an den Beispielen der Kristallisation eines Magmas, der Gesteinsverwitterung, der Salzausfällung aus wäßrigen Lösungen oder ganz allgemein bei der Bildung von Mineralen über einen weiten Druck- und Temperaturbereich in ganz verschiedenen geochemischen Milieubereichen sieht. Miteingeschlossen in diesen Prozessen sind Zustandsänderungen bezüglich der ganzen oder eines Teils der Materie. Die drei bekannten Zustandsformen sind fest, flüssig, gasförmig. Diese Einteilung ist sehr praktikabel, doch soll daran erinnert sein, daß sie zu einem gewissen Grad willkürlich ist. So wie wir die Zustandsformen der Materie im allgemeinen beobachten können, unterscheiden sich die drei recht prägnant voneinander durch ganz bestimmte Eigenschaften; unter gewissen Bedingungen aber entbehren die Grenzen klarer Definitionen, und der Übergang fest $\rightleftharpoons$ flüssig $\rightleftharpoons$ gasförmig ist dann eher fließend als abrupt.

Um es mit den Begriffen der Atomphysik auszudrücken, reicht der Zustand der Materie von der vollständigen atomaren Unordnung in Gasen bis hin zur vollkommenen Ordnung in den Kristallen. Einschränkend muß hinzugefügt werden, daß der letztere Zustand einen Idealfall beschreibt, der nur in perfekt strukturierten Kristallen am absoluten Nullpunkt der Temperatur existiert. Bei jeder anderen Temperatur darüber verursacht die kinetische Energie der Atome, daß sie um einen statistischen Gitterplatz herum im Kristallgitter schwingen. Wird die kinetische

Energie der Atome genügend groß, dann verliert der Kristall seine Festigkeit, d.h. er schmilzt oder zerfällt. Normalerweise geschieht der Schmelzvorgang bei einer definierten Temperatur; Überlegungen theoretischer Art weisen darauf hin, daß der Schmelzpunkt eigentlich ein Schmelzbereich ist – vermutlich zu schmal, um ihn zu messen, aber nichtsdestoweniger der Theorie nach begrenzt. Im Experiment konnten derartige Schmelzbereiche beobachtet werden. Einen Spezialfall hinsichtlich dieser Phänomene stellen einige komplexe organische Substanzen dar, die durch Schmelzen eine Flüssigkeit ergeben, die Moleküle enthält, die noch kurz eine ein- oder zweidimensionale Orientierung beibehalten, bis sich diese bei geringfügig höheren Temperaturen auflöst.

Früher trug man den Flüssigkeiten eher die Verwandtschaft zu den Gasen an als zu den Feststoffen, und in der Tat verliert die Unterscheidung in Gas und Flüssigkeit oberhalb des kritischen Punkts jegliche Bedeutung. Bei Temperaturen und Drücken gut unterhalb des kritischen Punkts jedoch ähneln die Flüssigkeiten wiederum den Feststoffen. Sie beugen Röntgenstrahlen, und dieser Effekt zeigt, daß innerhalb der Anordnung der Atome und Moleküle ein merklicher Grad an Ordnung herrscht. Ein Glas ist einfach eine unterkühlte Flüssigkeit, die von den die ganze Struktur durchdringenden Bindungen zusammengehalten wird, fast genauso wie in der kristallinen Form derselben Substanz. Der entscheidende Unterschied zwischen den beiden Anordnungsformen besteht darin, daß im Kristall die Atome in einer symmetrischen, periodisch wiederkehrenden Netzstruktur angeordnet sind, während im Glaskörper der Grad der Orientierung und Periodizität viel kleiner ist.

Alle Stoffe sind danach bestrebt, mit ihrer Umgebung einen Gleichgewichtszustand zu erreichen. Das heißt nichts anderes, als daß die Atome sich in einer Weise zu arrangieren suchen, daß die freie Enthalpie des Systems einen Minimalbetrag annimmt; beim festen Zustand ist die entsprechende Anordnung üblicherweise eine geordnete Kristallstruktur. Um den Bezug zur Geologie zu formulieren: Es bilden sich solche Minerale, die mit ihrer physikalisch-chemischen Umwelt harmonieren. Gläser sind metastabile Phasen, und daher überstehen sie meist nur recht kurze Perioden, bevor sie dann in den stabileren, kristallinen Zustand überwechseln. Folglich sind Gläser in Gesteinen nicht üblich, weshalb ihr gelegentliches Auftreten dort auf ungewöhnliche Bildungsbedingungen und auf einen ausgefallenen Chemismus hinweisen.

4.3 Der kristalline Zustand

Das auffallendste Merkmal von Kristallen, die ungehindert wachsen konnten, ist zweifellos ihre äußere Form. Die kristallographische Formenlehre, die die geometrischen Verhältnisse der Kristallflächen zueinander studiert, teilt jeden Kristall in eine der 32 existierenden Kristallklassen ein. Gegen Ende des 18. Jahrhunderts schon meinte HAÜY, daß die für eine homogene Substanz typische Kristalloberfläche bestimmt wird durch ihre innere Struktur, also durch die Anordnung ihrer Atome und Moleküle. Erst 1912 konnte die Bedeutung von HAÜYs Konzept experimentell bewiesen werden, als mit Hilfe der **Beugung von Röntgenstrahlen** durch das Kristallgitter die systematische Anordnung von Bausteinen im Kristall gezeigt werden konnte. Dieses Strukturgerüst der Atome und Moleküle bestimmt weitgehend die chemischen und physikalischen Eigenschaften kristalliner Stoffe und stellt daher ein fundamentales Merkmal dar.

Kristallaufbau

Seit diesem historischen Datum, 1912, sind sehr viele Stoffe hinsichtlich ihres Kristallaufbaus untersucht worden. Da Minerale ein ideales Ausgangsmaterial für gut kristallisierte Substanzen darstellen, haben viele, die auf diesem Gebiet Neuland betraten, sie für Kristallstrukturanalysen in Anspruch genommen. Demzufolge – nebenbei ein glücklicher Umstand für die Entwicklung der Geochemie – wurden schon früh die Kristallstrukturen zahlreicher Minerale bestimmt. Zu diesem Thema findet sich bei BRAGG & CLARINGBULL (1965) eine gute Zusammenfassung über den atomaren Aufbau von Mineralen. Auch GOLDSCHMIDT und Mitarb. lieferten wertvolle Beiträge zu diesem Thema; es war einer der bedeutendsten Verdienste GOLDSCHMIDTs für die Geochemie, daß er schon sehr bald die Bedeutung der Kristallstruktur als kontrollierendes Moment für die Verteilung der Elemente in der Erdkruste erkannte.

Die Basiseinheit in allen Kristallstrukturen ist das Atom (wir verwenden den Begriff Atom hier auch für Ion), das mit anderen Atomen zusammengeschlossen, sich wie eine eigene Einheit innerhalb der Struktur verhält. Wir betrachten die Atome als **Punktladungen** mit einem effektiven Radius in der Größenordnung von 1 Å (= 10^{-8} cm = 0,1 nm). Der Radius kann mit hinreichender Genauigkeit gemessen werden; er hängt nicht nur ab von der Natur des Elements, sondern auch vom Grad der Ionisation und der Art und Weise, wie das Atom mit seinen Nachbarn verbunden ist. So hat das Natriumatom des metallischen Natriums einen Atomradius von 1,86 Å, während Natrium als Ion in Natriumsalzen einen Ionenradius von 1,02 Å besitzt.

Die unterschiedlichen Arten interatomarer Bindung können wir in vier Bindungsarten einteilen: Die **metallische Bindung** ist verantwortlich für die Kohärenz eines Metalls; die **Ionenbindung,** wie sie etwa in den Salzen vorliegt; die **kovalente Bindung,** beispielsweise in Kristallen wie dem Diamant; schließlich die **VAN DER WAALSschen Kräfte**, die verantwortlich sind für die Kohärenz inerter Gase, wenn diese bei tiefen Temperaturen zu Feststoffen kondensieren. Diese vier Bindungstypen verleihen den Stoffen, in denen sie vorkommen, charakteristische Eigenschaften und geben eine brauchbare Klassifizierungshilfe von Kristallstrukturen ab. Gelegentlich besitzt eine Verbindung mehr als einen Bindungstyp – solche Verbindungen heißen **heterodesmisch**; solche mit nur einem Bindungstyp nennen wir entsprechend **homodesmische** Verbindungen. Bei den heterodesmischen Substanzen werden die physikalischen Eigenschaften wie Härte, mechanische Festigkeit oder Schmelzpunkt im allgemeinen von der schwächsten Bindungsart bestimmt; auf sie fällt es zurück, wenn sich die mechanischen oder thermischen Einflußfaktoren ändern und in der Folge Strukturveränderungen eintreten.

An dieser Stelle muß darauf verwiesen werden, daß trotz der gut definierbaren Eigenschaften der vier Bindungstypen eine Klassifizierung immer willkürlich ist, da die tatsächlich in den Stoffen vorliegenden Bindungen mehr oder weniger von gemischter Natur sind. So sind etwa die Silizium-Sauerstoff-Bindungen im Quarz oder in den Silikaten weder reine Ionen- noch reine kovalente Bindungen, sondern sie haben intermediären Charakter. Die Struktur, die von jedem Feststoff eingenommen wird, ist dergestalt, daß das ganze Atomkern/Elektron-System dazu neigt, sich nach einer Form von minimaler potentieller Energie anzuordnen. Die Energie einer Struktur kann theoretisch mit Hilfe quantenmechanischer Berechnungen ermittelt werden, und es zeigt sich, daß keine Unterscheidung zwischen den verschiedenen Bindungstypen innerhalb des starren mathematischen Ansatzes auftaucht. Dagegen gibt etwa die Elektronegativität (siehe Abschnitt 5) gewisse Hinweise auf den ionar/kovalenten Charakter einer chemischen Bindung. Kationen mit Elektronegativitäten, die sich von der des Sauerstoffs größtmöglich unterscheiden, haben zu ihm den ausgeprägtesten Ionenbindungscharakter.

Einige Einzelheiten der Theorie der chemischen Bindung sind für das Verständnis verschiedener Aspekte der Kristallchemie unverzichtbar. Dazu gehören die Zuweisung der Elektronen zu bestimmten Atomorbitalen, die Energieverteilung zwischen diesen Orbitalen und die Bildung von Hybridorbitalen. Solche Betrachtungen sind sehr nützlich, z.B. bei der Erklärung der physikalischen Unterschiede zwischen Graphit und Diamant, beides Verbindungen des reinen Kohlenstoffs. Letzterer besitzt 6 Elektronen in nicht-hybrider Anordnung.

$$1\,s^2\;2\,s^2\;2\,p_x^1\;2\,p_y^1$$

Das 2 p_z-Orbital ist unbesetzt. Im Graphit wird ein 2 sp^2-Hybridorbital von einem 2 s-, einem 2 p_z- und einem 2 p^3-Orbital gebildet. Diese Anordnung ist planar mit drei Orbitallappen, die bei senkrechter Betrachtung von oben zueinander einen Winkel von 120° bilden. Das nicht beteiligte 2 p_y-Orbital steht senkrecht auf 2 sp^2. Die einzelnen Kohlenstoffatome sind miteinander verbunden und bilden so ebene Schichten von Atomen. Andererseits finden sich die vier bindenden Elektronen im Diamant zu einem 2 sp^3-Hybridorbital zusammen und bewirken eine tetraedrische Figur aus vier gleichen Orbitalen. Dergestalt führt diese Art der Bindung zu einer dreidimensionalen Struktur von außerordentlich hoher Festigkeit. Zur Entstehung dieser höchst stabilen Anordnung sind große Drücke vonnöten.

Die **Kristallfeldtheorie**, stark abgestellt auf das Bildungsverhalten der Übergangsmetalle, die erstmals d-Orbitalelektronen besitzen, hat sich als sehr nützlich für das Verständnis und die Vorhersage geochemischer Prozesse innerhalb dieser wichtigen Gruppe erwiesen. Unterschiede im geochemischen Verhalten zwischen den Übergangsmetallen und anderen Kationen ähnlicher Ladung und Größe werden oft der sog. Kristallfeldstabilisierungsenergie zugerechnet, die ihrerseits auf die selektive Ausrichtung von d-Orbitalelektronen im elektrischen Feld der Anionen, die die betreffenden Kationenplätze umgeben, zurückgeht. So erhalten z.B. die zweiwertigen Ionen von Ti, V, Cr, Fe, Co, Ni und Cu eine Stabilisierungsenergie auf Oktaederplätzen. Mn, Zn und Nicht-Übergangsmetalle ähnlicher Größe besitzen nicht diese gesonderte Bindungsstabilisierung. Solche Erkenntnisse sind dazu verwendet worden, um etwa Stabilität und Konzentration von Fe, Co und Ni im unteren Mantel einzuschätzen. Bei BURNS (1970) findet man eine gründliche Behandlung dieses Themas, die Anwendung der Kristallfeldtheorie auf die Geochemie der Übergangsmetalle.

Nahezu alle bekannten Minerale können wir als Ionenstrukturen, als Verbindungen von Sauerstoff-Anionen mit praktisch allen anderen Elementen (außer den Halogenen), die als Kationen fungieren, ansehen. Im Vergleich zu den meisten Kationen ist das Sauerstoff-Ion so groß, daß man sagen kann, die Mineralstruktur besteht im wesentlichen aus einer Packung von Sauerstoff-Ionen mit den Kationen auf den Zwischengitterplätzen verteilt. Die Ionenradien der bekannteren Ionen sind in der Abb. 4.1 dargestellt. Wasserstoff fehlt wegen seiner besonderen Eigenschaften. Sein Ion, das Proton, ist so klein, daß man ihm kaum eine räumliche Dimension zuteilen kann; statt dessen verhält es sich eher wie ein dimensionsloser Punkt mit einer positiven Ladung. Der Radius des OH^--Ions ist im wesentlichen gleich

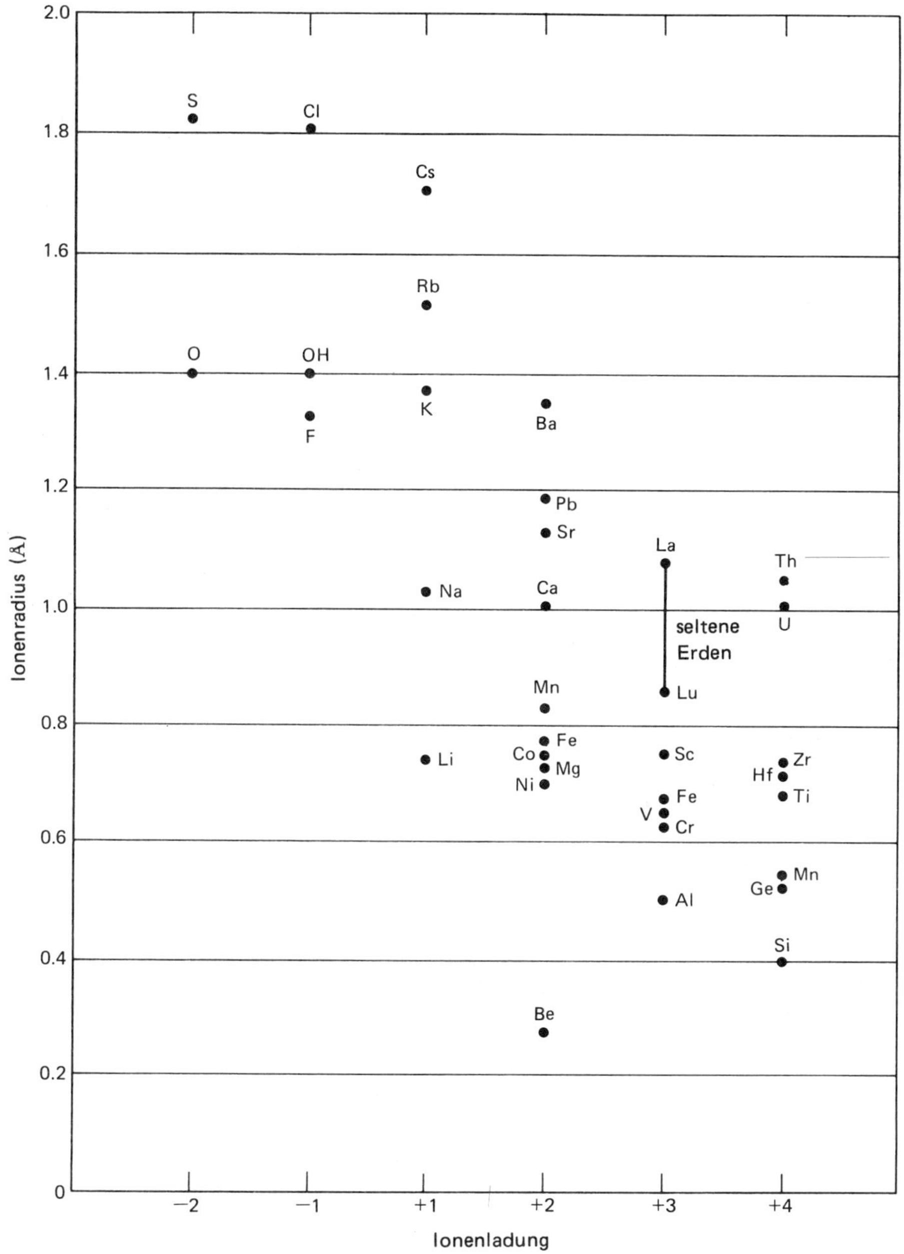

Abb. 4.1 Beziehung zwischen Ionenradius und Ionenladung ausgewählter Elemente.

dem des O^{2-}-Ions; der Wasserstoff ist eng eingebettet in das Sauerstoffatom, so daß die OH-Gruppe effektiv kugelförmige Gestalt annimmt.

Da der Ionenradius von der atomaren Struktur abhängt, spielt auch die Stellung des Elements im Periodensystem eine Rolle. Folgende Regeln können wir aufstellen:

- Bei Elementen derselben Gruppe im Periodensystem steigen die Ionenradien mit zunehmender Ordnungszahl der Elemente an. Zum Beispiel: Be^{2+} mit 0,27 Å, Mg^{2+} mit 0,72 Å, Ca^{2+} mit 1,00 Å, Sr^{2+} mit 1,13 Å und Ba^{2+} mit 1,36 Å. Das kann eigentlich auch so erwartet werden, da für Elemente derselben periodischen Gruppe die Anzahl der Orbitalelektronen und damit auch der tatsächliche Ionenradius mit steigender Ordnungszahl zunimmt.
- Bei positiven Ionen mit gleicher Elektronenanordnung nehmen die Ionenradien mit steigender Ladung ab. Betrachten wir beispielhaft die Elemente der zweiten Periode, die alle zwei Elektronen auf der innersten Schale und acht auf der äußeren haben:

Na^{+}	Mg^{2+}	Al^{3+}	Si^{4+}	P^{5+}	S^{6+}
1,02 Å	0,72 Å	0,53 Å	0,40 Å	0,17 Å	0,12 Å

$\longrightarrow$

  Die Ionenradien nehmen also von links nach rechts in der Periode ab; durch die Verringerung der Elektronenzahl übt der Kern eine zunehmende Anziehung auf die restlichen Elektronen aus, wodurch der Radius des Ions schrumpft.
- Bei Elementen, die verschiedene Oxidationsstufen einnehmen können, d.h. die Ionen unterschiedlicher Ladung bilden, nimmt mit zunehmender Ladung der Ionenradius ab; beispielsweise beim Mangan: Mn^{2+} mit 0,82 Å, Mn^{3+} mit 0,65 Å und Mn^{4+} mit 0,54 Å. Der bereits erwähnte Grund für die Radienschrumpfung gilt auch hier: Der Verlust von Elektronen veranlaßt den Kern, auf die verbleibenden Elektronen eine zunehmend stärkere Anziehungskraft auszuüben, was zu einer Kontraktion der äußeren Orbitale führt und damit zu einer Verkleinerung der Ionenradien.

In scheinbarem Widerspruch zur ersten dieser Gesetzmäßigkeiten stehen die Elemente der Seltenen Erden. Die dreiwertigen Ionen dieser Elemente schrumpfen mit zunehmender Ordnungszahl, von La^{3+} mit 1,14 Å bis hin zum Lu^{3+} mit 0,85 Å. Diese sehr bemerkenswerte Tatsache, bekannt als die **Lanthanidenkontraktion**, ist eine Folge der Auffüllung einer inneren Elektronenschale, des 4 *f*-Niveaus, anstelle der Hinzunahme einer neuen, äußeren Schale. Infolgedessen übt die mit steigender Ordnungszahl zunehmende Kernladung eine immer stärker werdende Anziehung auf die äußeren Elektronen aus, so daß die Radien schrumpfen. Die Lanthanidenkontraktion beeinflußt folglich die Geochemie der auf Lutetium folgenden Elemente; Hafnium und Tantal besitzen dadurch fast identische Ionenradien wie die in der Gruppe über ihnen liegenden Elemente Zirkonium bzw. Niob. Verständlicherweise haben sie auch ganz ähnliche kristallchemische Eigenschaften.

In einer ionaren Verbindung sucht jedes Ion sich mit anderen Ionen von entgegengesetzter Ladung zu umgeben. Die Anzahl an Ionen rund um ein zentrales Ion richtet sich nach dem Radienverhältnis zwischen den beiden. In der Abb. 4.2 wird das Streckenverhältnis der Radien zueinander deutlich. Nimmt man an, daß Ionen wie starre Kugeln mit unveränderbaren Radien sich verhalten (Ansatz der Kristallfeld-Theorie), dann kann man aus der Anordnung und Verteilung von Kationen und Anionen die speziellen **Radienquotienten** allein aus der Geometrie herleiten (siehe Tab. 4.1). In der Tabelle 4.2 sind die Radienquotienten sowie die zu erwartenden Koordinationszahlen bezüglich Sauerstoff zusammen mit den tatsächlich beobachteten Koordinationen in Mineralen aufgelistet. Die enge Übereinstimmung von berechneter und beobachteter Koordinationszahl bestärkt die Annahme, daß Ionen wie Kugelkörper mit definierten Radien sich verhalten. Für Kationen, die

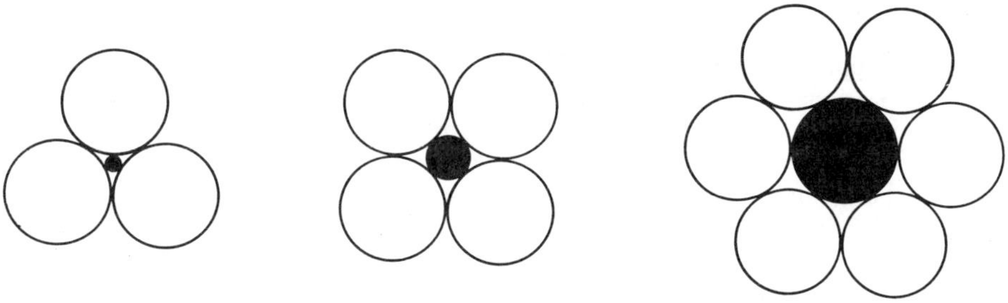

Abb. 4.2 Flächendarstellung zum Verhältnis zwischen Ionenradius und Koordinationszahl.

Tabelle 4.1 Beziehung zwischen Radienquotient und Koordinationszahl für Ionen mit angenommenem starren Kugelbau

Radienquotient (R_{Kation}/R_{Anion})	Anordnung der Anionen um das Kation	Koordinationszahl des Kations
0,15–0,22	Ecken im gleichseitigen Dreieck	3
0,22–0,41	Tetraederecken	4
0,41–0,73	Oktaederecken	6
0,73–1	Würfelecken	8
1	dichteste Kugelpackung	12

Tabelle 4.2 Verhältnis von Ionengröße und Koordinationszahl einiger Kationen zu Sauerstoff

Ion	Radius *(R)*	R/R_0	berechnete Koordinationszahl	beobachtete Koordinationszahl
Cs^+	1,70	1,22	12	12
Rb^+	1,49	1,06	12	8–12
K^+	1,38	0,98	8	8–12
Ba^{2+}	1,36	0,97	8	8–12
Sr^{2+}	1,13	0,81	8	8
Na^+	1,02	0,73	6	6/8
Ca^{2+}	1,00	0,71	6	6/8
Mn^{2+}	0,82	0,59	6	6
Fe^{2+}	0,77	0,55	6	6
Li^+	0,74	0,53	6	6
Mg^{2+}	0,72	0,51	6	6
Ti^{4+}	0,67	0,48	6	6
Fe^{3+}	0,65	0,46	6	6
V^{3+}	0,64	0,46	6	6
Cr^{3+}	0,62	0,44	6	6
Al^{3+}	0,53	0,38	4	4/6
Si^{4+}	0,40	0,29	4	4

größer als Sauerstoffionen sind, ist die Koordinationszahl weniger genau definiert, da die Gruppierung nicht so regelmäßig ist.

Viele Kationen treten ausschließlich in ganz besonderen Koordinationen auf; andere, wie etwa das Aluminium, dessen Radiusquotient zwischen der theoretischen Grenze von zwei Koordinationshauptzahlen liegt, treten dagegen in beiden auf. In solchen Fällen hängt der Wirkungsradius zum Teil von der Koordination ab und steigt allmählich mit zunehmender Koordinationszahl an. Die Koordination wird in einem gewissen Ausmaß von der Temperatur und vom Druck kontrolliert, welche bei der Kristallisation gerade herrschen. Hohe Temperaturen bei niedrigem Druck begünstigen niedrige Koordinationszahlen und umgekehrt. Hohe Koordination begünstigt offensichtlich die bessere Raumausnutzung. Dafür ist Aluminium ein gutes Beispiel: In typischen Hochtemperaturmineralen neigt es dazu, Vierer-Koordination anzunehmen und Silizium zu substituieren, wogegen es in den Tieftemperaturmineralen eher in Sechser-Koordination auftritt. Die Auswirkungen hohen Drucks auf die Art der Koordination wurde in aufsehenerregender Weise demonstriert durch die Synthese von Stishovit, einer Hochdruckmodifikation von SiO_2, in der das Silizium in einer Sechser-Koordination vorliegt, ganz im Gegensatz zur gewohnten Vierer-Koordination, wie sie in Silikaten sonst üblich ist.

Die Struktur der ionar gebundenen Verbindungen wird in erster Linie durch die Vorgaben der Raumgeometrie und der elektrischen Stabilitätsverhältnisse bestimmt. Die Größenverhältnisse der Ionen zueinander sowie die Art und Weise der Kugelpackung wirken auf den Aufbau der Ionenstrukturen insofern ein, als diese mehr oder weniger gut zusammenhalten, etwa vergleichbar einer Mauer aus Ziegelsteinen, in der jeder einzelne eine Stützfunktion gegenüber seinem Nachbarn zu erfüllen hat. Mehr als nur eine der Strukturformen kann diese Forderungen befriedigen, und von Fall zu Fall wird sich wohl jene durchsetzen, für die die potentielle Energie der Ionen am kleinsten ist. Die Forderung der elektrischen Stabilität beinhaltet, daß die Summe aus positiven bzw. negativen Ladungen sich aufheben muß. Dies wird nicht einfach durch paarweise Kopplung einzelner Kationen und Anionen erreicht; vielmehr muß bedacht werden, daß die positive Ladung eines Kations sich auf die umgebenden Anionen verteilt, deren Anzahl wiederum bestimmt wird durch die relative Größe der beteiligten Ionen und nicht etwa durch die Valenzen. PAULING faßt dies unter folgendem Merksatz zusammen: „In einer stabilen Struktur ist die Gesamtstärke der Valenzbindungen, die von allen benachbarten Kationen her ein Anion erreichen, gleich der Ladung des Anions." Er bringt damit die Tendenz einer jeden Struktur zum Ausdruck, eine Konfiguration von minimaler potentieller Energie anzustreben, wobei die Ladungen der jeweiligen Nachbarn sich soweit wie möglich neutralisieren.

Diese Regel mag zwar mehr oder weniger selbstverständlich erscheinen, doch besitzt sie große Bedeutung in der Auferlegung strikter Forderungen an die geometrische Anordnung in Mineralen, insbesondere an solche komplexe Strukturen wie es die Silikate sind; man könnte sie sogar als den erstrangigen Grundsatz der Mineralchemie bezeichnen. Diese Regel erklärt oft die Nichtexistanz bestimmter Verbindungsarten, obwohl sie rein nach der Formel den Forderungen der Valenzgesetze genügen. So besitzen die Feldspäte verknüpfte Silizium-Sauerstoff- und Aluminium-Sauerstoff-Gruppen mit Si und Al in Vierer-Koordination. Ein Sauerstoff, der mit Si und Al verknüpft ist, bleibt zu einem Viertel unabgesättigt. Dieser Zustand kann durch Mg oder Fe in Sechser-Koordination nicht ausgeglichen werden, da ihr Beitrag mindestens ein Drittel betragen würde. Jedoch kann ein Ausgleich durch große einwertige bzw. zweiwertige Kationen erfolgen, mit Koordinationszahlen von acht oder mehr, da nur sie die benötigten kleinen Teilladungen beisteuern können. Folglich finden wir in den Feldspäten Ca, Na und K und nicht Mg oder Fe.

Die angesprochenen Regeln bilden die Grundlage der Kristallchemie der Minerale. Sie drücken aus, daß die hier herrschenden Bedingungen von niedriger potentieller Energie und daher hoher Stabilität sind. Nur sehr stabile Verbindungen können als Minerale existieren; weniger stabile Verbindungen bilden sich entweder erst gar nicht oder sie zerfallen bald wieder. Synthetische Verbindungen sind hergestellt worden, in denen diese Grundregeln der Kristallchemie nicht ganz eingehalten werden, aber diese Substanzen finden sich nicht als Minerale.

Gitterenergie der Kristalle

Wie schon erwähnt, wird die Struktur eines Kristalls bestimmt durch die Tendenz der ihn aufbauenden Atome, Gitterpositionen einzunehmen, bei denen die gesamte potentielle Energie auf ein Minimum beschränkt wird. Diese Tendenz kann mittels der Begriffe der Gitterenergie erläutert werden. Die Gitterenergie eines Kristalls, in der Regel bezeichnet mit U, wird definiert als die Energie, die bei der Dispersion von einem Mol eines Kristalls in unendlich weit voneinander entfernte Ionen absorbiert wird. Die Gitterenergie beruht auf a) den elektrostatischen Kräften zwischen Ionen mit entgegengesetzten Ladungen, die sich proportional mit dem Quadrat der Entfernung anziehen, sowie b) den internuklearen Abstoßungskräften, die gleichfalls mit der Entfernung sehr stark abnehmen. Die anziehenden und abstoßenden Kräfte bilden eine Gleichgewichtslage von minimaler potentieller Energie, die, über alle Ionen summiert, numerisch gleich ist der Gitterenergie des Kristalls. Je größer die Gitterenergie des Kristalls ist, desto größer ist auch die erforderliche Energie, die zum Aufschließen des Kristalls und zur Dispersion in seine Ionen aufgewendet werden muß.

Für Zwei-Komponenten-Verbindungen können die Gitterenergien direkt aus den Eigenschaften der beiden Ionen abgeleitet werden, wenn man die folgende Gleichung von BORN und LANDÉ benutzt:

$$U = \frac{N A z_k z_a}{r} \cdot \left(1 - \frac{1}{n}\right)$$

mit
- U = Gitterenergie
- N = AVOGADROsche Zahl
- A = MADELUNG-Konstante, strukturabhängig
- z_k, z_a = Ladung von Kation bzw. Anion
- r = kürzeste Kation/Anion-Distanz
- n = Faktor, der die internukleare Abstoßung berücksichtigt (n liegt meist um den Wert 10)

Aus der Gleichung ist schnell ersichtlich, daß bei unendlichem r die Gitterenergie U rasch gegen Null strebt.

Obwohl diese Gleichung nur für binäre Verbindungen gilt, erlaubt sie auch zumindest qualitative Erwägungen bei der Betrachtung der Gitterenergie von komplexer aufgebauten Verbindungen. Bei bestimmten Typen sind die Gitterenergien um so größer, je höher die Ladung der Ionen, je kleiner die Ionen und je dichter die Packungen sind. Als Beispiel für den ersten Effekt betrachten wir zwei Verbindungen mit der gleichen Kristallstruktur, NaCl mit $U = 767$ J und MgO mit $U = 3934$ J.

Wie eingangs erwähnt, stellt die Gitterenergie U dieser Gleichung diejenige Arbeit dar, die pro Mol Kristall aufgewendet werden muß, um die Bestandteile des Kristalls in unendlich weit voneinander entfernte Ionen zu zerstreuen. Als solche kann sie nicht ohne weiteres mit jeder direkt meßbaren Größe gleichgesetzt werden und kann auch nicht verbunden werden mit der Sublimationswärme, das ist die Energie, die nötig ist, die Verbindung in ein molekulares Gas überzuführen; auch nicht mit der Lösungswärme, die nebenbei noch die Hydratationsenergie der Ionen enthält, und ebenfalls nicht mit der Bildungswärme, die sich bei der Synthese einer Substanz aus den Elementen bildet. BORN und HABER entwickelten einen thermochemischen Kreisprozeß, mit dessen Hilfe die Gitterenergie auf meßbare thermische Größen bezogen werden kann. Dieser Kreisprozeß mit NaCl als Beispiel stellt sich dar als (eckige Klammern = kristalline Stoffe, runde Klammern = gasförmige Stoffe):

$$\begin{array}{ccc} [\mathrm{NaCl}] & \xrightarrow{+U} & (\mathrm{Na}^+) + (\mathrm{Cl}^-) \\ \uparrow -Q & & \downarrow -I+E \\ [\mathrm{Na}] + (^1/_2\ \mathrm{Cl}_2) & \xleftarrow{-S\ -\ 1/2\ D} & (\mathrm{Na}) + (\mathrm{Cl}) \end{array}$$

Dieses kleine Diagramm verdeutlicht folgenden Kreisprozeß:

- Ein Mol einer kristallinen Substanz wird in den Zustand eines ionaren Gases gebracht.
- Die Ionen werden in neutrale Atome umgewandelt.
- Die neutralen Atome, jetzt in der Form eines monoatomaren Gases, werden in den Standardzustand von 25°C und 1 bar gebracht.
- Anschließend werden die Elemente dazu veranlaßt, sich chemisch zu verbinden, um wieder die kristalline Substanz zu ergeben.

Die einzelnen Posten der Gleichung können durch die nachstehenden thermochemischen Gleichungen definiert werden:

[NaCl]	=	$(Na^+) + (Cl^-)$	ΔH	=	U, Gitterenergie
$(Na^+) + e$	=	(Na)	ΔH	=	I, Ionisierungsenergie
(Cl^-)	=	$(Cl) + e$	ΔH	=	E, Elektronenaffinität
(Na)	=	[Na]	ΔH	=	S, Sublimationsenergie
(Cl)	=	$(^1/_2\ Cl_2)$	ΔH	=	D, Dissoziationsenergie
$[Na] + (^1/_2\ Cl_2)$	=	[NaCl]	ΔH	=	Q, Bildungsenthalpie

Da der Endzustand des ganzen Kreisprozesses derselbe ist wie zu Anfang des Prozesses, ist der Gesamtenergieumsatz gleich Null:

$$U + E - I - S - {}^1/_2\, D - Q = 0$$

oder

$$U = Q + S + I + {}^1/_2\, D - E$$

Der Kreisprozeß, der durch diese Gleichung ausgedrückt wird, findet unter Bedingungen von 25°C statt.

Der BORN-HABER-Kreisprozeß gibt uns also ein Mittel in die Hand, das uns erlaubt, die Gitterenergien für komplexe Verbindungen aus äquivalenten thermodynamischen Größen abzuleiten. Leider ist über diese Daten hinsichtlich der bekannten Silikatminerale noch viel zu wenig bekannt.

Der ganze Fragenkomplex, betreffend die Gitterenergien und ihre Bedeutung für geochemische Abläufe, wurde insbesondere von FERSMAN und anderen russischen Geochemikern mit besonderem Interesse bedacht. Man versuchte, eine einfache Methode zur Bestimmung der Gitterenergien zu finden; dabei führte FERSMAN das sog. *EK*-Konzept ein, das für jedes Element eine empirische Konstante vorsieht, welche die Verteilung dieses Elements bezüglich der Gitterenergien seiner Verbindungen beschreibt. Etwa für NaCl

$$U_{NaCl} = K(EK_{Na} + EK_{Cl}) \quad (K \text{ ist eine unabhängige Konstante})$$

Aus bekannten Gitterenergien bestimmte FERSMAN anschließend die *EK*-Werte für die meisten Elemente. Die Anwendung dieser Werte auf die Berechnung von Silikaten und ihre Gitterenergien sowie auf die Interpretation von geochemischen Vorgängen lieferte jedoch recht zweifelhafte Ergebnisse. Die Unterschiede der errechneten Gitterenergien von sich entsprechenden Amphibolen und Pyroxenen beispielsweise sind gering, geringer noch als der wahrscheinliche Fehler. Ein ernster Kritikpunkt an FERSMANs Methode ist der, daß sie nur diejenige Energie berücksichtigt, die mit einer bestimmten Anzahl von Ionen verschiedener Elemente in Zusammenhang steht und nicht die Energie, die mit der Gitterenergie als solche zu tun hat. So ergibt die vorstehende Gleichung ganz klar dieselbe Gitterenergie für alle Modifikationen einer Substanz.

Silikatstrukturen

In allen bislang untersuchten Silikaten (ausgenommen jene, die bei extremen Drükken sich bilden) liegt das Silizium eingebettet zwischen vier Sauerstoffatomen. Diese Tetraeder-Anordnung scheint allgegenwärtig in diesen Verbindungen zu sein; die Bindungskräfte zwischen Silizium und Sauerstoff sind so stark, daß sich die vier Sauerstoffe stets an den Ecken des Tetraeders befinden, der zudem unverändert in seiner Gestalt auftritt, gleich welcher Bauart der Rest der Mineralstruktur ist. Die verschiedenen Arten der Silikate beruhen auf der Art und Weise, wie die Silizium/Sauerstoff-Tetraeder miteinander verknüpft sind oder wenigstens räumlich zueinander stehen; die Einteilung der Silikate wird also nach der Art der Tetraederverknüpfung vorgenommen, die sich wie folgt darstellt:

- Voneinander unabhängige Tetraedergruppen: Dieser Typus präsentiert sich als getrennte Einheiten der Tetraeder mit der Zusammensetzung SiO_4. Typisches Mineral ist der Forsterit, $MgSiO_4$. Diese Silikatfamilie ist bekannt unter den Namen Nesosilikate oder Inselsilikate.
- Kleine, begrenzte Tetraedergruppen: Bei diesem Typ wird ein Sauerstoffatom zwischen zwei Tetraedern aufgeteilt. Bei dieser Verbindung ergibt sich die chemische Zusammensetzung zu Si_2O_7; Silikate solcher Bauart nennen wir Sorosilikate oder Gruppensilikate, ein typischer Vertreter ist das Mineral Åkermanit, $Ca_2MgSi_2O_7$.
  Sind mehr als zwei Tetraeder auf diese Weise miteinander verbunden, so können sich geschlossene, ringförmige Strukturen bilden mit der Zusammensetzung Si_nO_{3n}. Ringe mit bis zu sechs Siliziumatomen sind bekannt. Typische Vertreter sind der Benitoit, $BaTiSi_3O_9$, mit drei verknüpften Tetraedern und der

der Beryll, $Be_3Al_2Si_6O_{18}$, mit deren sechs. Diese Silikate heißen bezeichnenderweise Zyklo- oder Ringsilikate.

- Kettenartige Strukturen: Hier verknüpfen sich die Tetraeder zu Kettengebilden von unbekannter Länge. Es existieren zwei Modifikationen dieser Struktur, die beide für verschiedene Mineralformen und -arten verantwortlich sind. Einmal sind es separate Ketten, in denen das Si:O-Verhältnis bei 1:3 liegt, typische Minerale dieser Gruppe sind die Pyroxene. Zum andern sind es Doppelketten oder Bänder, in denen miteinander alternierende Tetraeder in parallel zueinander liegenden Einzelketten kreuzweise verbunden sind; das Si:O-Verhältnis beträgt hier 4:11, charakteristisch für diese Silikate sind die Amphibole. Die Ketten sind theoretisch unendlich in der Ausdehnung, sind in Richtung der *c*-Achse des Kristalls gelängt und werden untereinander durch Metalle verbunden. Diese Silikatfamilie trägt den Namen Inosilikate.
- Schichtartige Strukturen: Drei Sauerstoffe eines jeden Tetraeders werden auf die benachbarten Tetraeder aufgeteilt, so daß sie zusammen schichtförmige Bauelemente bilden. Es ist nichts anderes als die Doppelkette der Inosilikate, nur daß sie sich hier statt in einer Richtung nach zwei Richtungen ausdehnt. Diese Art der Verknüpfung liefert ein Si:O-Verhältnis von 2:5 und stellt die grundlegende Einheit aller Glimmer- und Tonminerale dar. Die Schichten bilden ein hexagonal aufgebautes, planares Netzwerk, das verantwortlich ist für die so typischen Merkmale dieser Mineralgruppe – nämlich ihr ausgesprochen pseudohexagonaler Habitus sowie ihre vollkommene Spaltbarkeit parallel zur Schichtbasis. Diese Silikate kennen wir unter dem Namen Phyllo- oder Schichtsilikate.
- Dreidimensionale Gerüststrukturen: Jedes SiO_4-Tetraeder teilt seine vier Ecken mit anderen Tetraedern, was ein dreidimensionales Netzwerk mit einem Si:O-Verhältnis von 1:2 ergibt. Diese Bauart besitzen etwa die verschiedenen Formen der Kieselsäure, nämlich Quarz, Cristobalit und Tridymit. Das vierwertige Silizium wird von zwei zweiwertigen Sauerstoffen neutralisiert. In Silikaten dieses Typs kommt es zu einem teilweisen Ersatz des Si durch Al mit der Zusammensetzung $(Si,Al)O_2$. Dieser Ersatz erfordert dann zusätzlichen Einbau von Kationen, um die elektrische Neutralität zu wahren. Feldspäte und Zeolithe sind als Beispiele für diese Silikatfamilie zu nennen, die wir unter dem Namen Tekto- oder Gerüstsilikate kennen.

Alle Silikatminerale können wir einer der in Tabelle 4.3 aufgeführten Gruppe zuordnen.

Die anderen Bestandteile einer Silikatstruktur, also zusätzliche Sauerstoffatome, Hydroxylgruppen, Wassermoleküle, Kationen, sind mit den Tetraedern in einer Weise verbunden, daß sowohl mechanische als auch elektroneutrale Stabilität gewährleistet ist. Besonders das Aluminium, nach dem Silizium das häufigste Kation in der Erdkruste, spielt einen einzigartigen Part. Wie wir schon gesehen haben, ist es sowohl in einer Vierer- als auch in einer Sechser-Koordination stabil. Es kann Silizium in den Tetraedern genauso ersetzen wie die häufigen Kationen Mg^{2+}, Fe^{2+}, Fe^{3+} etc.

Die Ladungen der Tetraederverbände in den Silikaten, die Anzahl und Ladung der in das Gitter noch eintretenden restlichen Ionen bestimmen, können wir leicht ausrechnen, wenn wir uns erinnern, daß jedes Silizium-Ion die Oxiationszahl +4, jedes Sauerstoff-Ion die Oxidationszahl −2 besitzt. Dann ergibt sich durch Addition von $+4 + 4\,(-2) = -4$ die Oxidationszahl für das einfache SiO_4-Tetraeder. Entsprechend lauten die Oxiationszahlen für Si_2O_7 −6, für SiO_3 −2, für Si_4O_{11} −6, für Si_2O_5 −2 und für SiO_2 ±0.

Tabelle 4.3 Strukturelle Einteilung der Silikatminerale

Silikatgruppe	Strukturanordnung	Si:O-Verhältnis	Beispiele
Nesosilikate	Isolierte Tetraeder	1:4	Forsterit, Mg_2SiO_4
Sorosilikate	2 Tetraeder teilen sich ein Sauerstoffatom	2:7	Åkermanit, $Ca_2MgSi_2O_7$
Zyklosilikate	Tetraederringe, die sich je 2 Sauerstoffatome teilen	1:3	Benitoit, $BaTiSi_3O_9$ Beryll, $Al_2Be_3Si_6O_{18}$
Inosilikate	Fortlaufende Tetraederketten, sich je 2 Sauerstoffatome teilend	1:3	Pyroxene, z.B. Enstatit, $MgSiO_3$
	Fortlaufende Tetraederdoppelketten, sich je abwechselnd 2 oder 3 Sauerstoffatome teilend	4:11	Amphibole, z.B. Anthophyllit, $Mg_7(Si_4O_{11})_2(OH)_2$
Phyllosilikate	Fortlaufende Tetraederschichten, sich je 3 Sauerstoffatome teilend	2:5	Talk, $Mg_3Si_4O_{10}(OH)_2$ Phlogopit $KMg_3(AlSi_3O_{10})(OH)_2$
Tektosilikate	Fortlaufendes Tetraedergerüst, je eine Einheit teilt sich alle 4 Sauerstoffatome	1:2	Quarz, SiO_2 Nephelin, $NaAlSiO_4$

Isomorphie

Der Begriff **Isomorphie** beschreibt die Erscheinung, daß Substanzen mit analogen Formeln einander ähnliche oder gleiche Kristallstrukturen ausbilden. Er wurde von MITSCHERLICH im Jahre 1819 eingeführt; bei der Präparation von KH_2PO_4, KH_2AsO_4, $(NH_4)H_2PO_4$ und $(NH_4)H_2AsO_4$ fand er, daß diese Kristalle allesamt die gleiche Form besaßen und die Flächenwinkel zwischen korrespondierenden Kristallflächen sich ebenfalls sehr ähnlich waren. Nach der ursprünglichen Definition von MITSCHERLICH heißen Substanzen mit sich entsprechenden Formeln und ähnlicher Kristallographie **isomorph.** Aus der Röntgenstrukturanalyse wissen wir, daß die ähnliche Kristallographie das Abbild der sich ähnelnden inneren Strukturen darstellt, es sich daher um eine Neuformulierung der Originaldefinition handelt; manchmal wird auch der Begriff Isotypie für dieses Phänomen benutzt.

Isomorphie ist unter den Mineralen eine weitverbreitete Erscheinung und wird deshalb in grundlegender Weise für deren Klassifizierung verwendet. Viele isomorphe Gruppen sind bekannt, etwa die Spinelle, die Granate oder die Amphibole. Die Ursache für die Erscheinung der Isomorphie liegt darin, daß Anionen und Kationen von derselben relativen Größe (d.h. die, die gleiche Koordination aufweisen) und in gleicher Anzahl dazu neigen, im gleichen Strukturtyp zu kristallisieren. Ein eindrucksvolles Beispiel dazu geben einige der Karbonatminerale (Abb. 4.3). Die wasserfreien Karbonate der zweiwertigen Elemente bilden zwei isomorphe Gruppen, die eine orthorhombisch, die andere trigonal. Man sieht gleich, daß die Natur des Kristallaufbaus von der Größe der Kationen abhängt; jene Minerale, deren Kationen größer sind als das Calcium, kristallisieren in orthorhombischer Struktur, sind die Kationen kleiner, liegen trigonale Kristalle vor. Calciumkarbonat hingegen kann beide Strukturformen annehmen, hier spricht man dann vom Phänomen der **Polymorphie.**

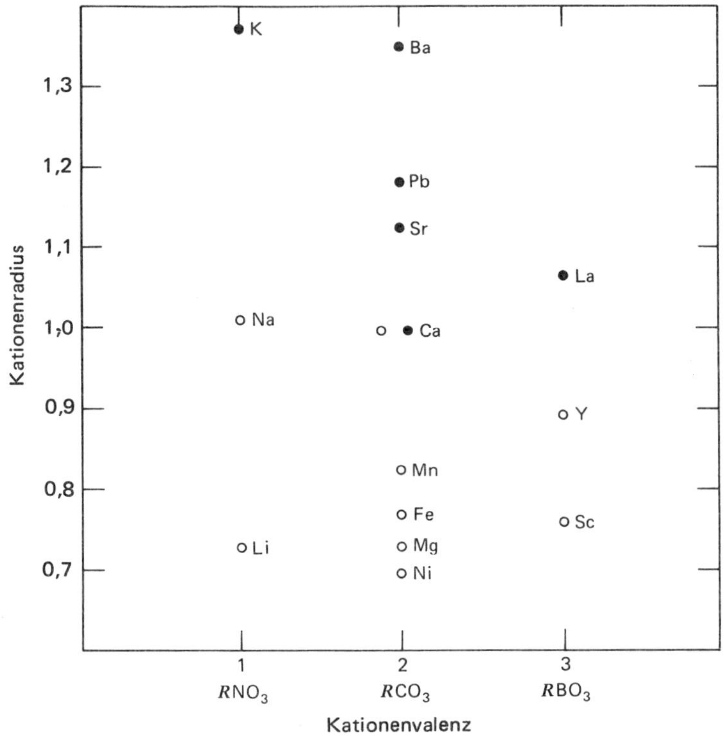

Abb. 4.3 Beeinflussung der Kristallstruktur durch den Kationenradius; ○ = trigonal, ● = orthorhombisch (nach FLEISCHER, J. Chem. Educ., **31**, S. 450, 1954).

Andere Verbindungen mit analogen Formeln sind isomorph mit diesen Karbonaten. So ist etwa der Natronsalpeter, $NaNO_3$, isomorph mit dem trigonalen Kalzit, während Kalisalpeter, KNO_3, isomorph ist mit Aragonit, dem orthorhombischen Karbonat des Calciums. Die Borate der dreiwertigen Elemente zeigen ein ähnliches Verhalten. Bis zur Entwicklung der Röntgenstrukturanalyse zur Bestimmung des Kristallaufbaus war es ein wenig rätselhaft, daß Stoffe, die sich eigentlich chemisch grundsätzlich voneinander unterscheiden, sich in der kristallographischen Form so stark ähneln, wie wir es soeben bei Kalzit und beim Natronsalpeter gesehen haben. Andere isomorphe Paare haben auf den ersten Blick keine sich entsprechenden Formeln. Da ist das recht seltene Mineral Berlinit, $AlPO_4$, es ist isomorph mit dem Quarz; die tatsächliche Bausteinanalogie sieht man gleich, wenn man die Summenformel des Quarzes als $SiSiO_4$ aufschreibt. Beide Kationen, Al und P, ähneln in ihrer Größe dem Si und können in Kristallen mit dem Sauerstoff Vierer-Koordination eingehen. Infolgedessen kann Berlinit in derselben Struktur wie Quarz kristallisieren. Ganz ähnlich verhält es sich mit dem Tantalit, $FeTa_2O_6$, der isomorph ist mit Brookit, TiO_2 (oder $TiTi_2O_6$); die drei Metalle sind sich in der Größe alle recht ähnlich, und sie zeigen Sechser-Koordination mit Sauerstoff.

Der ausschlaggebende Faktor bei der Isomorphie ist weniger die chemische Analogie als vielmehr die Analogie der Größenverhältnisse der verschiedenen Ionen. Das erklärt auf einfache Weise viele scheinbar sehr ungewöhnliche Beispiele von Isomorphie sowie ihr Fehlen bei vielen chemisch sehr ähnlichen Stoffen. Deshalb sind auch die korrespondierenden Ca- und Mg-Verbindungen selten isomorph, obwohl diese beiden Elemente in ihrem chemischen Verhalten sich sehr ähnlich sind; man führe sich nur die Radien der beiden Kationen vor Augen, das Ca^{2+} mit 1,00 Å und das Mg^{2+} mit 0,72 Å, dann ist es eigentlich keine Frage mehr, warum der Ersatz von einem der beiden Kationen durch das jeweils andere nicht ohne Strukturwechsel vonstatten gehen kann.

Substitution

Nachdem in der Mineralanalyse zuverlässige Meßmethoden entwickelt worden waren, erkannte man, daß viele Mineralarten in ihrer chemischen Zusammensetzung schwanken. Der Ersatz eines Elements durch ein anderes ist denn eher die Regel als die Ausnahme. Als diese Erscheinungen entdeckt wurden, wurden sie als das Konzept der festen Lösungen (engl. solid solution) oder der **Mischkristalle** beschrieben, das in einem homogenen Kristall die Präsenz von Molekülen von zwei oder auch mehreren Substanzen beinhaltet. Zum Beispiel kann gewöhnlicher Olivin als Mischkristall von Mg_2SiO_4 und Fe_2SiO_4, von Forsterit bzw. Fayalit, dargestellt werden; die ganz genaue Zusammensetzung eines jeden Olivins kann man als Prozentwerte der reinen Endglieder angeben, etwa $Fo_{85}Fa_{15}$, d.h. $(Mg_{0,85}Fe_{0,15})_2SiO_4$. Dieses Konzept sowie die Terminologie sind nach wie vor gebräuchlich, aber die Fortschritte durch die Röntgenstrukturanalyse haben neue Aspekte aufgetan und verschiedentlich zu neuen Interpretationen geführt. In einer ionar aufgebauten Struktur existieren im engeren Sinn keine Moleküle, vielmehr ist sie ein sich ins Unendliche erstreckendes Netzwerk. Jedes Ion in diesem Verband kann durch ein anderes Ion von ähnlichem Radius ersetzt werden, ohne irgendeine Störung in der Struktur hervorzurufen; es ist wie bei einem Maurer, dem manchmal die roten Ziegelsteine ausgehen und der einfach gelbe hernimmt, um sie, gleich groß wie sie sind, hier und da einzusetzen. Da Minerale oft aus Lösungen stammen, die außer den für diese spezielle Mineralbildung nötigen Ionen auch noch andere enthalten, werden in das Gitter nicht selten einige Fremdionen miteingebaut.

Ein Mischkristall kann sehr einfach als ein homogener, kristalliner Festkörper von variabler Zusammensetzung bezeichnet werden. Schon früh erkannten die Wissenschaftler, daß viele isomorphe Stoffe die Eigenschaft zur Mischkristallbildung besitzen. Dabei bestand ferner die Neigung, Isomorphie und Mischkristallbildung, trotz auffallender Ungereimtheiten, gleichzusetzen. So bilden aber viele isomorphe Verbindungen keine oder nur schwach ausgeprägte Mischkristalle, zu nennen sind Kalzit und Smithsonit; auch kommt es vor, daß eine extensive Mischkristallbildung gerade zwischen Verbindungen auftritt, die nicht isomorph sind, beispielsweise die Gegenwart beträchtlicher Anteile von Eisen im Sphalerit (Zinkblende), trotz recht verschiedener Kristallstrukturen von FeS und ZnS. Aus diesem Grund muß betont werden, daß Isomorphie weder notwendig noch ausreichend für die Bildung von Mischkristallen ist. Isomorphie und feste Lösungen sind verschiedene Kristalleigenschaften und dürfen nicht durcheinandergebracht werden.

Bei der Substitution von Atomen ist die **Größe** der beteiligten Atome der kontrollierende Faktor. Nicht von Bedeutung dagegen ist, daß die substituierenden Ionen die gleiche Wertigkeit oder Ladung besitzen; der nötige Ladungsausgleich wird dadurch herbei geführt, daß an anderer Stelle im Gitter eine entsprechende Substitution geschieht. Stellt man als Beispiel Albit, $NaAlSi_3O_8$, und Anorthit,

$CaAl_2Si_2O_8$, gegenüber, so sieht man gleich, daß gleichzeitig mit der Substitution von Na^+ durch Ca^{2+} die von Al^{3+} für Si^{4+} stattgefunden hat und damit elektrische Neutralität gewahrt ist. Ähnlich kommt es beim Diopsid, $CaMgSi_2O_6$, zu einer Substitution des Paares Mg^{2+}–Si^{4+} durch das Paar Al^{3+}–Al^{3+}. Solche gepaarte Substitutionen sind besonders in Silikaten nicht selten, was die Interpretation ihrer Zusammensetzung erheblich erschwerte, bevor diese Erscheinungen erkannt und verstanden wurden.

Als eine allgemeine Regel gilt, daß keine oder nur eine geringfügige Substitution erfolgt, wenn die Ladungsdifferenz größer als 1 ist, selbst wenn die Ionengröße fast identisch ist; wir kennen nicht den Fall, daß etwa Zr^{4+} an die Stelle von Mn^{2+} tritt oder Y^{3+} an die von Na^+. Der Grund dafür mag teilweise darin liegen, daß es Schwierigkeiten beim Ladungsausgleich der zusätzlich erforderlichen Substitution gibt.

Das Ausmaß der Substitution in einem Kristall wird bestimmt von der Kristallstruktur, dem Optimum an Übereinstimmung der Ionenradien und der Bildungstemperatur des Stoffes. Die Kristallstruktur hat einen erheblichen Einfluß auf den Grad der Substitution; einige Kristallarten, wie die von Spinell und Apatit, sind bekannt für ihre hohe Bereitschaft zur Substitution, wogegen etwa der Quarz außerordentlich wenig Neigung dazu aufbringt. Teilweise ist dies auch dem Fehlen von Fremdionen von geeigneter Größe und Ladung zuzuschreiben. Die Ionengröße übt natürlich einen grundlegenden Einfluß auf den Umfang der Substitutionen aus; das ersetzende Ion muß in erster Linie so beschaffen sein, daß es die Gitterposition ohne größere Veränderung in der Gitterstruktur besetzen kann. Untersuchungen zahlreicher Mischkristalle haben gezeigt, daß im Fall eines Abweichens der sich gegenseitig ersetzenden Ionen von nicht mehr als 15% hinsichtlich des Ionenradius eine ausgedehnte Palette an Substitutionen bei Raumtemperatur erwartet werden kann. Höhere Temperaturen erlauben eine etwas größere Spanne; in dieser Beziehung verhalten sich die festen Lösungen analog den wäßrigen Salzlösungen, bei denen die Löslichkeit mit dem Ansteigen der Wassertemperatur zunimmt.

Diese Eigenschaft der vermehrten Substitutionsbereitschaft bei höheren Temperaturen gibt uns ein Maß in die Hand, die Bildungstemperatur von Mineralen festzustellen; solche Minerale erfüllen die Funktion eines sog. **geologischen Thermometers**. Bestimmt man von einem Mineral das Ausmaß der Substitution bei verschiedenen Temperaturen, so zeigt die Zusammensetzung des in der Natur vorkommenden Minerals die Bildungstemperatur an. In diesem Sinne ist der Anteil von Titan in Magnetit eine Funktion der Temperatur, wie man von Laborexperimenten weiß. Magnetit ist ein verbreitetes Erzmineral. Vorausgesetzt, die erzbringenden Lösungen enthielten genügend Titan, um zur Bildung von Magnetit zur Verfügung zu stehen, dann kann der Titangehalt des Minerals für die Abschätzung der Erzbildungsbedingungen verwendet werden.

Die Folge der Substitution ist unter anderem, daß die meisten Minerale nicht nur die für sie spezifischen Elemente enthalten, sondern auch andere Elemente, die die Substitutionsvoraussetzungen erfüllen. So stellt Dolomit theoretisch zwar nur ein einfaches Karbonat des Calciums und des Magnesiums dar, in Wirklichkeit zeigen die Analysen aber oft einen nicht unerheblichen Anteil an Eisen und Mangan. Üblicherweise könnten diese Dolomite als Mischkristalle der Karbonate aller beteiligten Elemente beschrieben werden, aber korrekter und auch einleuchtender wird es, wenn man sie als Substitutionsprodukte von Fe und Mn für Mg ansieht. Daneben gibt es den Begriff der **Diadochie** oder des diadochen Ersatzes, der eingeführt wurde, um die Fähigkeit verschiedener Elemente zu beschreiben, die gleichen Gitterplätze in einem Kristall zu besetzen; in unserem Beispiel sind Mg, Fe und Mn diadoch ersetzbar. Diadochie bezieht sich stets auf eine spezielle Struktur; zwei Elemente sind in einem Mineral diadoch ersetzbar, nicht etwa auch in einem anderen Mineral.

Kristallstrukturanalysen brachten noch zwei andere Arten von Mischkristallbildung zum Vorschein, die es neben der mit Substitution verbundenen noch gibt. Eine davon bewirkt Einlagerungsmischkristalle, auch Additionsmischkristalle, wobei Atome oder Ionen nicht etwa ihresgleichen im Gitter ersetzen, sondern sich in vorhandene Zwischengitterplätze einfügen. Diese Form ist bei den Metallen recht verbreitet, die Wasserstoff, Kohlenstoff, Bor oder Stickstoff – alles kleine Atome – in Zwischengitterplätzen einbauen und zu den vorhandenen Bausteinen addieren. Bei Verbindungen mit lockerer Struktur kommt es zu Additionsmischkristallbildungen mit Atomen oder Ionen von beachtlichen Radien. Cristobalit, die Hochtemperaturform von SiO_2, vermag selbst Natrium und Aluminium aufzunehmen: Da das Al^{3+} für Si^{4+} ins Gitter eintritt, nimmt das Na^+ zur Erhaltung der elektrischen Neutralität große Gitterzwischenräume im Cristobalitgitter ein.

Der andere Mischkristalltyp kommt in Verbindung mit Gitterfehlstellen, wobei einige der Atome abwesend sind und leere Gitterplätze hinterlassen, vor. Hier handelt es sich um sog. Subtraktionsmischkristalle. Ein plausibles Beispiel gibt uns das Mineral Pyrrhotin oder Magnetkies, FeS, das in den Analysen stets etwas mehr Schwefel aufweist, als es seiner Formel eigentlich entspricht. Lange Zeit sprach man diese Erscheinung ebenfalls als feste Lösung von Schwefel in FeS an. In Wirklichkeit dreht es sich bei dem Schwefelüberschuß aber um die relative Abwesenheit von Eisen, das an manchen Gitterplätzen fehlt; nicht ein Überschuß an Schwefel, sondern ein Defizit an Eisen kennzeichnet dieses Erzmineral. Wie in einem Mauerwerk, in dem hier und da ein Ziegelstein abgeht, ohne dadurch die Stabilität zu gefährden, so kann dieses Mineral auf einige seiner Fe-Atome verzichten, ohne daß das Kristallgitter Schaden erleidet. Mehr und mehr defekte Gitterstrukturen werden unter den Mineralen festgestellt und erklären im übrigen manche verwirrende Abweichung von der chemischen Zusammensetzung, wie sie vom Gesetz der konstanten Proportionen vorhergesagt werden.

Polymorphie

Ein Element oder eine Verbindung, die in mehr als einer Kristallform auftreten, nennt man **polymorph.** Jede dieser Formen besitzt spezifische physikalische Eigenschaften und eine eigene Kristallstruktur; d.h. die Atome oder Ionen sind in den verschiedenen Kristallmodifikationen der gleichen Substanz unterschiedlich angeordnet. Polymorphie ist gewissermaßen der Ausdruck der Tatsache, daß die Kristallstruktur nicht ausschließlich eine Konsequenz der chemischen Zusammensetzung ist, sondern daß es oft mehr als nur eine einzige Struktur gibt, die aus denselben Atomen und Ionen im gleichen Verhältnis aufgebaut wird. Die **Modifikationen** derselben Verbindung kommen unter den unterschiedlichsten Bedingungen von Druck, Temperatur und chemischem Milieu zustande; folglich kann uns das Vorkommen einer bestimmten Kristallmodifikation in einem Gestein oft etwas über die Bedingungen, die bei der Gesteinsbildung geherrscht haben mögen, verraten. So kann sich Markasit nur bei saurer Lösung und bei Temperaturen unter 450°C bilden; Markasit sagt uns daher einiges über die Bildungsbedingungen z.B. einer Lagerstätte aus und steckt gewisse Grenzen, hier für pH und Temperaturen, ab.

Zwei Arten von Polymorphie sind uns bekannt. Sind die Modifikationen bei der Umwandlung reversibel, so spricht man von **Enantiotropie**; als Beispiel dafür ist die reversible Umwandlung von Quarz in Tridymit bei 867°C und 1 bar bekannt. Sind die Modifikationen dagegen nur nach einer Seite hin umwandelbar, so sprechen wir von **Monotropie**; ein Beispiel für diesen Typ ist die Umwandlung von Markasit in Pyrit, sie ist nicht umkehrbar. Verbunden mit monotropen Modifikationen ist immer, daß die eine Form instabil und die andere stabil ist; die instabile Form neigt immer dazu, sich in die stabile umzuwandeln, während die stabile Form nicht ohne sich vollständig zu zerstören, sei es durch Schmelzen, Verdampfen oder Lösung, sich in die instabile Form umwandeln kann.

Die Unterscheidung in enantiotrope und monotrope Modifikationen ist sinnvoll und nützlich, aber die Eigenständigkeit von monotropen Modifikationen gründet gewöhnlich auf experimentellen Befunden. Untersuchungen oder Messungen über einen weiten Druck- und Temperaturbereich hinweg zeigen manchmal, daß monotrope Formen vermutlich in Bereichen, die der direkten Beobachtung entzogen sind, durchaus enantiotropes Verhalten aufweisen. Besonders interessant scheint in diesem Zusammenhang das Graphit/Diamant-Verhältnis zu sein, da beide eine gewisse geologische Bedeutung einerseits und eine praktische Bedeutung hinsichtlich der künstlichen Herstellung von Diamanten andererseits haben. Lange Zeit war es nicht geklärt, ob Diamant und Graphit nun enantiotrope oder monotrope Formen sind; da unter Laborbedingungen die Umwandlung Diamant → Graphit lange Zeit ausschließlich in dieser Richtung möglich war, wurde die Monotropie favorisiert. Jedoch wurde bald dann die Diamant/Graphit-Beziehung doch als enantiotrop erkannt, als die tatsächlichen Verhältnisse des Diamant ⇌ Graphit-Gleichgewichts erarbeitet wurden (Abb. 4.4). Man sieht in diesem Diagramm, daß das praktische Problem bei der synthetischen Diamantherstellung darin liegt, die erforderlichen Drücke innerhalb des Stabilitätsbereichs des Diamants bei denjenigen Temperaturen aufrechtzuerhalten, die eine genügend hohe Reaktionsgeschwindigkeit für dessen Bildung bereitstellen. Durch die Entwicklung von geeigneten Werkstoffen und Geräten konnte dieser Bereich der hohen Drücke und Temperaturen erreicht werden. Dieser Umstand gibt auch Anlaß zu der Annahme, daß die natürlichen Vorkommen von Diamant in Magmatiten eine Entstehung in beträchtlicher Tiefe erfordern, denn nur dort kann es zu den extremen Druck- und Temperaturverhältnissen kommen, die das Stabilitätsfeld des Diamanten ermöglichen. In der Tat ist der Diamant an der Erdoberfläche, wo er aufgefunden (und getragen) wird, instabil; allerdings verwandelt er sich keineswegs spontan in Graphit, was auf die unendlich kleine Reaktionsgeschwindigkeit zurückzuführen ist.

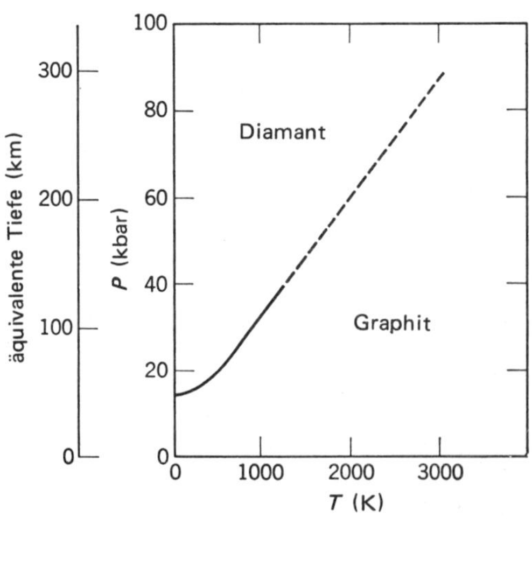

Abb. 4.4 Gleichgewichtskurve zwischen Graphit und Diamant; bis 1200 K berechnet, darüber hinaus extrapoliert (Nature, **176**, S. 835, 1955).

Die Geschwindigkeit, mit der die eine Modifikation in die andere überwechselt, reicht von sehr langsam bis sehr schnell. Manchmal führt der Wechsel nicht einmal zur Auflösung der Atom- oder Ionenbindung, sondern lediglich zu einer Verbiegung derselben, z.B. bei Hochquarz/Tiefquarz oder bei Hochleucit/Tiefleucit. Solche Umwandlungen erfolgen augenblicklich an der Übergangstemperatur, auch kann die Hochtemperaturform nicht bei niedrigen Temperaturen erhalten werden. Hoch/Tief-Formen sind oft auch gekennzeichnet durch den Umstand, daß die Hochtemperaturform stets eine größere Symmetrie zeigt als die zugehörige Tieftemperaturform. Andere als die Hoch/Tief-Umwandlungen erfordern eine Auflösung der strukturellen Bindungen sowie die anschließende Wiederorganisierung von Atom- oder Ionenbindung. Diese sind oftmals sehr schwach und erfordern die Gegenwart eines Lösungsmittels, um eine spürbare Umwandlungsrate zu ermöglichen. Solche Umwandlungen wurden Umwandlungen mit Umbau oder heterotype Umwandlungen genannt, sie werden etwa durch das System Quarz/Tridymit/Cristobalit vertreten.

Die Hochtemperaturform einer Verbindung ist in der Regel loser gepackt als die Tieftemperaturform. Der lockere Charakter der ersteren kommt durch die bei den höheren Temperaturen herrschenden thermischen Energiebewegungen zustande. Auch spielt die Einlagerung von Fremdionen in Zwischengitterplätze eine gewisse Rolle. Diese Fremdionen dürften das Gitter versteifen und bei sich erniedrigender Temperatur eine Umwandlung in eine andere Modifikation verhindern. Ihre vollständige Abtrennung ist normalerweise vonnöten, wenn die Umwandlung in die dichtere Kugelpackung bei niedriger Temperatur vonstatten gehen soll. Verunreinigte Hochtemperaturformen nehmen folglich einen unbestimmt tieferen Bereich unter dem Normalbereich reiner Verbindungen ein. In der Natur haben wir es wahrscheinlich stets mit dieser Situation zu tun. Daher verwundert es nicht, daß die Bildung und Stabilität von Cristobalit und Tridymit in Stabilitätsbereichen, in denen eigentlich nur die stabile Form Quarz auftreten dürfte, möglich ist. Wie schon gesagt, kennt man Cristobalite mit beträchtlichen Anteilen an Natrium in den Zwischengitterplätzen, welches vermutlich die lockere Struktur dieses Kristallgitters stabilisieren hilft. Das Auftreten einer Hochtemperaturform bei normalen Temperaturen muß nicht unbedingt als metastabile Verhältnisse anzeigende Form interpretiert werden – vielmehr kann einfach eine stabile, leicht unreine Modifikation vorliegen.

Umwandlungen zwischen Modifikationen haben eine große Ähnlichkeit mit Umwandlungen zwischen dem flüssigen und dem festen Zustand; auch gehorchen sie denselben thermodynamischen Prinzipien. Unter ganz bestimmten Versuchsbedingungen ist jede der Modifikationen eines Stoffes durch ihre freie Enthalpie charakterisiert; all die möglichen Modifikationen neigen dazu, sich in die mit der kleinsten Enthalpie umzuwandeln, und diese Form ist die einzig stabile unter den festgelegten Bedingungen. Die freie Enthalpie G in der Form der Gleichung $G = E - TS + PV$ kennen wir bereits. Wenn $T = 0$ ist, dann wird $G = E$, d.h. daß die freie Enthalpie eines Stoffes gleich ist seiner inneren Energie. Folglich ist am absoluten Nullpunkt die Modifikation mit der niedrigsten inneren Energie die stabile Form. Bei Temperaturen, die höher als dieser Temperaturpunkt sind, gewinnt die Entropie an Bedeutung, und die relativen Werte von S für die verschiedenen Modifikationen dürften bestimmen, welche der beteiligten Modifikationen die niedrigste freie Enthalpie besitzt. Am Übergangspunkt zweier Formen sind die freien Enthalpien der beiden gleich (Abb. 4.5). Da die Entropie der Hochtemperaturform größer ist als die der Tieftemperaturform, muß folglich auch die innere

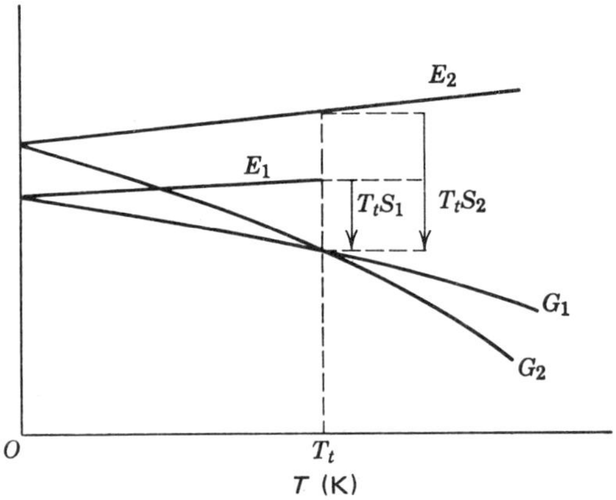

Abb. 4.5 Energieverhältnisse zwischen zwei Modifikationen 1 und 2. T_t = Übergangstemperatur; E = innere Energie; G = freie Enthalpie; S = Entropie (nach BUERGER, Am. Mineralogist, **33**, S. 103, 1948).

Energie der ersteren größer sein als die der letzteren. Die Entropie beinhaltet gleichzeitig das Volumen, in dem die Atome in Unordnung sind; daher tendieren die Modifikationen der höheren Entropien, Gitterformen lockerer Art zu besitzen, um thermische Bewegungen zu ermöglichen. Obwohl dieser Umstand nicht zwingend eine vollständig lockere Struktur fordert, ist dies doch oft der Fall; Hochtemperaturformen sind deshalb in der Regel weniger dicht als Tieftemperaturformen. Temperatur und Druck neigen dazu, gegensätzliche Strukturverhältnisse den Modifikationen aufzuzwingen: Hohe Temperatur begünstigt lockere, hoher Druck begünstigt kompakte Strukturen.

Eine sehr interessante Transformation, die als eine Abart von Polymorphie angesehen werden kann, ist der **Ordnung/Unordnung-Typ**. Er wurde ausgiebig in Metalllegierungen untersucht, da er auf sie und ihre physikalischen Eigenschaften bedeutenden Einfluß ausübt; in Mineralen kommt dieser Typ wahrscheinlich häufiger vor, als man im allgemeinen annehmen mag. Ein einfaches Beispiel ist eine Legierung von 50% Cu und 50% Zn, bei der zwei verschiedene Phasen auftreten. In der ungeordneten Form sind die Atome des Kupfers und des Zinks statistisch zufällig über die Gitterplätze verteilt, wogegen sie in der geordneten Form eine ganz bestimmte Auswahl an Gitterpositionen einnehmen. Beide Strukturen sind miteinander verwandt, die geordnete hat aber eine niedrigere Symmetrie als die ungeordnete. Zwischen den beiden Formen existiert keine definierte Übergangszone. Vollkommene Ordnung herrscht nur am absoluten Nullpunkt, mit ansteigender Temperatur nimmt der Grad der Ordnung allmählich ab und strebt eine komplette Unordnung, die oberhalb von bestimmten Temperaturen typisch für die Struktur und Zusammensetzung des Kristalls ist, an. So ist beispielsweise die Transformation zwischen Mikroklin und Sanidin eine dieses Ordnung/Unordnung-Typs; das eine Aluminium- und die drei Silizium-Atome im $KAlSi_3O_8$ sind im Sanidin ungeordnet, hingegen geordnet im Mikroklin anzutreffen. Genau dieses Phänomen ist verantwortlich für die monokline/trikline Erscheinungsform dieser Polymorphie, und die typische Zwillingsbildung des Mikroklin ist charakteristisch für solche Zwillingsbildungen, die in geordneten Formen oft beobachtbar sind.

Ausgewählte Schriften

BLOSS, F.D. (1971): *Crystallography and crystal chemistry.* 545 S. New York (Holt, Rinehart and Winston)

BRAGG, W.L., & CLARINGBULL, G.F. (1965): *The crystal structures of minerals.* 409 S. London (Bell and Sons)

BROECKER, W.S., & OVERSBY, V.M. (1971): *Chemical equilibria in the earth.* 318 S. New York (McGraw-Hill Book Co.)

BUERGER, M.J. (1951): Crystallographic aspects of phase transformations. *Phase transformations in solids.* S. 183–211. New York (John Wiley & Sons)

BURNS, R.G. (1970): *Mineralogical applications of crystal field theory.* 224 S. Cambridge, England (Cambridge University Press)

EVANS, R.C. (1976): *Einführung in die Kristallchemie.* 329 S. Berlin (W. de Gruyter)

FYFE, W.S. (1964): *Geochemistry of solids.* 199 S. New York (McGraw-Hill Book Co.)

KERN, R., & WEISBROD, A. (1967): *Thermodynamics for geologists.* 304 S. San Francisco (Freeman, Cooper & Co.)

KRACEK, F.C., NEUVONEN, K.J., & BURLEY, G. (1951): Thermochemistry of mineral substances. I: A thermodynamic study of the stability of jadeite. *J. Wash. Acad. Sci.,* **41**, 373–383

KREBS, H. (1968): *Grundzüge der anorganischen Kristallchemie.* 376 S. Stuttgart (Enke Verlag)

MIYASHIRO, A. (1960): Thermodynamics of reactions of rock-forming minerals with silica. *Japanese J. Geol. Geog.,* **31**, 71–78

PAULING, L. (1960): *The nature of the chemical bond* (3. Aufl.). 644 S. Ithaca, N.Y. (Cornell University Press)

POWELL, R. (1978): *Equilibrium thermodynamics in petrology.* 283 S. New York (Harper & Row)

ROBIE, R.A., HEMINGWAY, B.S., & FISHER, J.R. (1978): Thermodynamic properties of minerals and related substances at 298,15 K and 1 bar (10^5 Pascals) pressure and at higher temperatures. 445 S. *U.S. Geol. Surv. Bull.,* **1452**

WOOD, B.J., & FRASER, D.G. (1976): *Elementary thermodynamics for geologists.* 301 S. Oxford (Oxford University Press)

5 Der Magmatismus und seine Gesteine

Magma ist das Ausgangsmaterial magmatischer Gesteine. In Form von **Lava** tritt es durch Schlote oder Spalten an die Erdoberfläche aus und ist dadurch unserer direkten Beobachtung zugänglich. Andererseits verfestigt sich ein großer Teil der Magmen unter der Erdoberfläche und kann nur noch als Erstarrungsprodukt, als Magmatit, beobachtet werden, von dem aus auf die ursprüngliche Zusammensetzung des Magmas geschlossen werden kann. Magma wurde zuweilen als geschmolzenes Gesteinsmaterial bezeichnet, was jedoch nicht gänzlich befriedigen kann. So fehlt die Berücksichtigung der **flüchtigen Bestandteile**, die zwar bei der Erstarrung entweichen, aber gleichwohl eine wichtige Rolle spielen, weil sie den Verlauf der Kristallisation bestimmen. Weiter muß betont werden, daß die Verfestigung keineswegs bei einer definierten Temperatur stattfindet, wie beispielsweise bei geschmolzenem Blei, sondern sich im allgemeinen wegen fraktionierter Kristallisationsprozesse in die Länge zieht. Die Endprodukte solcher Kristallisationen beinhalten nicht nur das magmatische Gestein, sondern auch eine Gasphase und manchmal auch wäßrige Lösungen. Die Geschichte eines Magmas ist folglich oft komplex und langwierig, und der Zeitpunkt seiner Erstarrung ist nicht einfach zu ermitteln. Wann hört ein Magma auf, ein Magma zu sein? Wann taucht die erste feste Phase auf? Wann ist ein Viertel, die Hälfte, sind drei Viertel erstarrt? Wann wird all das, was übrigbleibt, wäßrige Lösung? Die Verschiedenheit der Antworten auf diese Fragen ist zum Teil verantwortlich für die starken Meinungsgegensätze über die Genese mancher Plutonite, wie Granite und Granodiorite. Ein Magma ist gekennzeichnet durch

- seinen Chemismus und Mineralbestand, vorwiegend aus Silikaten bestehend;
- seine Temperatur, die sich über einen großen Bereich, etwa von 500 bis 1200°C, erstreckt, also sehr hoch ist;
- seine Mobilität, d.h. Fließfähigkeit.

Obwohl Magma beweglich ist, braucht nur ein geringer Teil flüssig zu sein. In diesem Buch werden all diejenigen in der Natur vorkommenden mobilen Gesteinsmassen als Magma bezeichnet, die zu nennenswerten Teilen aus flüssigen Phasen bestehen und die die Zusammensetzung silikatischer Schmelzen besitzen.

Die Frage nach der Existenz **primärer** Magmen ist sehr ausführlich diskutiert worden. Schon vor vielen Jahren nahm BUNSEN zwei primäre Magmen an, basaltisches und granitisches, deren Mischungen untereinander die verbleibenden Magmatite bildeten. Offensichtlich wird BUNSENs These durch das Vorhandensein der vielen verschiedenen Gesteinsarten gestärkt. Die Magmatite gehören in der Tat zwei Typen an: Graniten und Basalten. DALY schätzte den Anteil der Granite und Granodiorite an den Intrusivgesteinen auf mindestens 95%, den der Basalte und Pyroxen-Andesite an den Extrusiva um 98% (diese Zahl erscheint zu hoch angesichts des recht häufigen Vorkommens saurer Extrusivgesteine, wie Dazite und Rhyolite). Für eine Betrachtung des Magmatismus sind diese Zusammenhänge von fundamentaler Bedeutung. Mit Recht mag man basaltisches Magma für die Ausgangsschmelze halten, von der die meisten magmatischen Gesteine abstammen. Die Hauptargumente dieser Annahme sind:

- Basaltisches Magma drang während der gesamten Erdgeschichte durch die Kruste zur Oberfläche durch und bildete große Ergußgesteinskörper (Deckenbasalte).
- Die Gesteinsunterlage der großen Ozeanbecken besteht praktisch nur aus Basalten (ozeanische Basalte).
- Experimentelle Arbeiten zeigten, daß die Differentiation basaltischen Magmas eine breite Palette chemisch und mineralogisch variierender Gesteine hervorbringt, wie sie auch in der Natur zu beobachten sind.

Keineswegs impliziert die Annahme der primären basaltischen Magmen eine Nichtexistenz von Magmen abweichender Zusammensetzung; das breite Spektrum vulkanischer Laven führt uns dies klar vor Augen. Die Bildung verschieden zusammengesetzter Magmen ist erklärbar durch den Vorgang der **fraktionierten Kristallisation** basaltischen Stamm-Magmas, durch die Abtrennung verschiedener Restschmelzen, durch die Assimilation von Material unterschiedlicher Zusammensetzung und durch das Entweichen der flüchtigen Bestandteile, von denen jeder einzelne für sich oder im Zusammenspiel mit den anderen beträchtliche Veränderungen in der Gesteinszusammensetzung verursachen kann.

5.1 Der Chemismus der Magmatite

CLARKE & WASHINGTON veranschlagten für die mittlere Zusammensetzung magmatischer Gesteine folgende Prozentwerte:

SiO_2	Al_2O_3	Fe_2O_3	FeO	MgO	CaO	Na_2O	K_2O	H_2O	TiO_2	alle weiteren Oxide weniger als 0,30
59,14	15,34	3,08	3,80	3,49	5,08	3,84	3,13	1,15	1,05	

Es muß daran erinnert werden, daß diese Zahlen das Mittel aus mehreren tausend Analysen sind und nicht mehr und nicht weniger von Bedeutung sind, als es dem Charakter dieser Liste entspricht. Sie geben weder die Beschaffenheit primären Magmas (von dem möglicherweise alle Magmatite abstammen) noch die irgendeines anderen Magmas wieder; ebenso fehlen die Spurenelemente und die flüchtigen Bestandteile, wie sie aus allen Magmen bekannt sind. Nichtsdestoweniger spiegeln diese Zahlen die Vorrangstellung der folgenden Elemente: O, Si, Al, Fe, Mg, Ca, Na, K wider; sie weisen Magmen aus als zusammengesetzte Systeme dieser und anderer Elemente.

Die verschiedenen Bestandteile sind voneinander unabhängig und schwanken in ihrer Konzentration nicht besonders. Die Häufigkeitsverteilungen der Hauptelementoxide auf der Basis von 5159 verläßlichen Analysen frischen Gesteins, zusammengestellt von WASHINGTON, sind in den Abb. 5.1 und 5.2 (s. S. 92) dargestellt.

Das dominierende Oxid ist das des **Siliziums**; die meisten Magmatite enthalten davon zwischen 30 und 80%. Sein Gehalt ist keinesfalls gleichmäßig verteilt, vielmehr gibt es zwei deutliche Maxima bei 52,5% sowie bei 73,0%, d.h. Gesteine mit solchen Gehalten treten am häufigsten auf. Das stimmt gut überein mit den Feldbefunden der beiden verbreitetsten Magmatite, den Graniten und den Basalten. **Aluminium** liegt gewöhnlich zwischen 10 und 20%; niedrige Werte sind charakteristisch für Gesteine mit wenig Feldspat oder Feldspatvertretern, das sind die Ultrabasite, während hohe Gehalte an Al_2O_3 bei den Anorthositen bzw. den Gesteinen

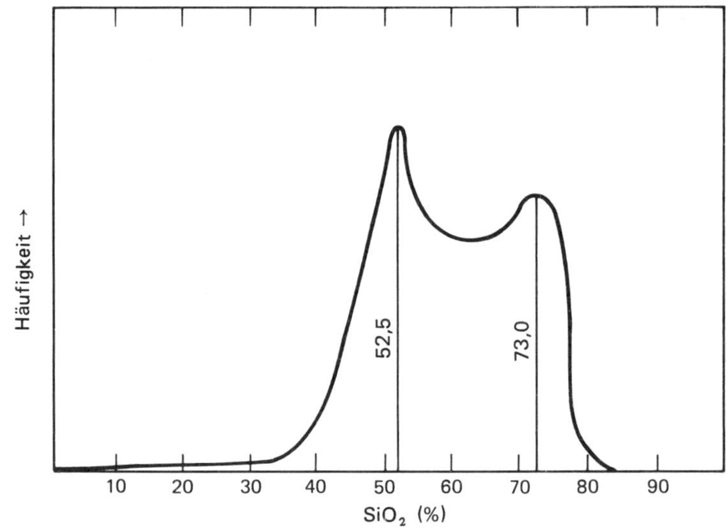

Abb. 5.1 Häufigkeitsverteilung von Siliziumdioxid (%) in magmatischen Gesteinen.

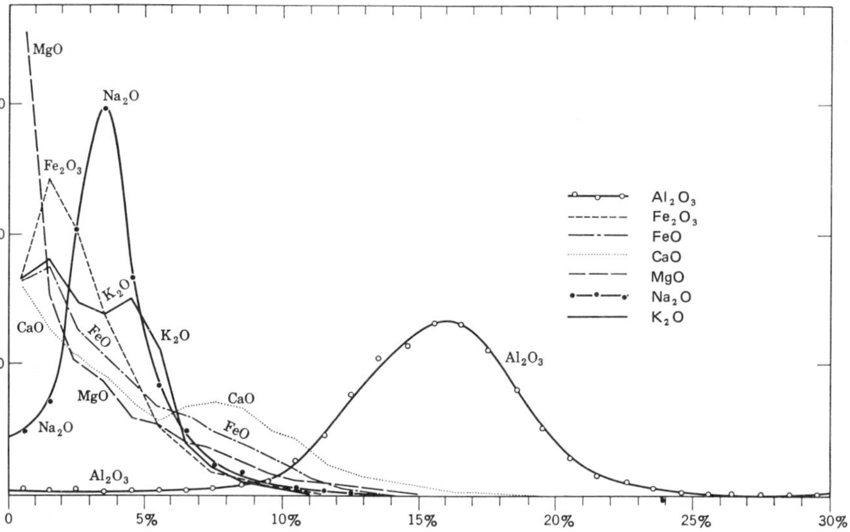

Abb. 5.2 Häufigkeitsverteilung der Hauptelementoxide (%) in magmatischen Gesteinen (RICHARDSON & SNEESBY, *Mineralog. Mag.*, **19**, S. 309, 1922).

mit viel Nephelin gefunden wurden. **Natrium** zeigt eine sehr enge, symmetrische Verteilung mit Gehalten zwischen 2 und 5%, wobei 15% Na_2O selten überschritten werden. Die Verteilungskurve für **Kalium** ist weit weniger gleichmäßig, die meisten Proben enthalten kaum 6% K_2O, und nur ganz wenige beinhalten mehr als 10%. Ähnlich sind die Verteilungen beider **Eisenoxide**; bei etwa 1,5% haben sie ihre Maxima und fallen bei höheren Prozentwerten mehr oder weniger gleichmäßig ab. Ihre Summe übersteigt in den magmatischen Gesteinen selten die 15%-Marke, außer in magmatogenen Eisenerzen. Besonders asymmetrisch ist die Kurve des

Magnesiums. Die meisten Gesteine haben geringe MgO-Konzentrationen, nur manche Ultrabasite mit viel Pyroxen und/oder Olivin haben mehr als 20%. Die Verteilungskurve des **Calciums** ähnelt der des MgO, ist jedoch zweigipflig; zwar haben die meisten Gesteine weniger als 5% CaO, der Peak bei etwa 8% markiert jedoch einmal mehr die Basalte, in diesem Fall ihren beachtlichen CaO-Gehalt. **H_2O** erreicht in vulkanischen Gläsern selten 10%; enthält im allgemeinen ein magmatisches Gestein mehr als 2% Wasser, so hat es den Überschuß durch sekundäre Einflüsse, wie Mineralumwandlung durch Verwitterungsprozesse, erworben. In einer guten Analyse werden außerdem drei Spurenelemente miterfaßt: TiO_2, P_2O_5 und MnO, die alle in den meisten Magmatiten vertreten sind. Die zahlreichen anderen Elemente, die in gering(st)en Konzentrationen vorkommen können, werden in diesem Abschnitt weiter unten besprochen.

5.2 Der Mineralbestand der Magmatite

Obwohl mehr als 1000 verschiedene Minerale inzwischen bekannt sind, ist die Anzahl der Arten, wie sie in 99% der Magmatite auftreten, erstaunlich klein. Abgesehen von den sieben Mineralgruppen der Silikate (Quarz, Feldspäte, Feldspatvertreter, Olivinartige, Pyroxene, Amphibole und Glimmer), kommen nur noch Magnetit, Ilmenit und Apatit in Betracht und dann üblicherweise in sehr geringen Mengen. Eine Statistik ungefähr 700 petrographisch untersuchter Magmatite ergab folgende durchschnittliche mineralogische Zusammensetzung:

Quarz	12,0%	Biotit	3,8%
Feldspäte	59,5%	Titanminerale	1,5%
Pyroxen und Hornblende	16,8%	Apatit	0,6%
		Akzessorien	5,8%

Interessant im Vergleich zur **Modalanalyse** ist die errechnete **Norm** aus der Durchschnittszusammensetzung magmatischer Gesteine:

Qz	10,02%	An	15,29%	Mt	4,41%
Or	18,35%	Di	6,45%	Il	1,98%
Ab	32,49%	Hy	8,64%	Ap	0,67%

Der Mineralbestand ist eine Basisgröße bei der Klassifizierung magmatischer Gesteine. Mehrere hundert Gesteine sind uns bekannt, aber nur ganz wenige von diesen sind weiter verbreitet.

Die Abb. 5.3 zeigt die verbreitetsten Gesteinstypen zusammen mit ihrer mineralogischen Zusammensetzung bezüglich ihrer wichtigsten gesteinsbildenden Minerale. Dieses Diagramm betont geradezu die fließenden Grenzen zwischen den einzelnen Gesteinstypen, und es ist offensichtlich, daß ein Gesteinsname eher ein bequemer Klassifizierungsbegriff als eine Angabe über die exakte Zusammensetzung ist. Im folgenden wollen wir die wichtigsten Minerale und Mineralgruppen näher erläutern.

SiO_2-Minerale

Siliziumdioxid kommt in der Natur in Form von 7 unterschiedlichen Mineralen vor: Quarz (einschließlich kryptokristalliner Chalcedon), Tridymit, Cristobalit, Opal,

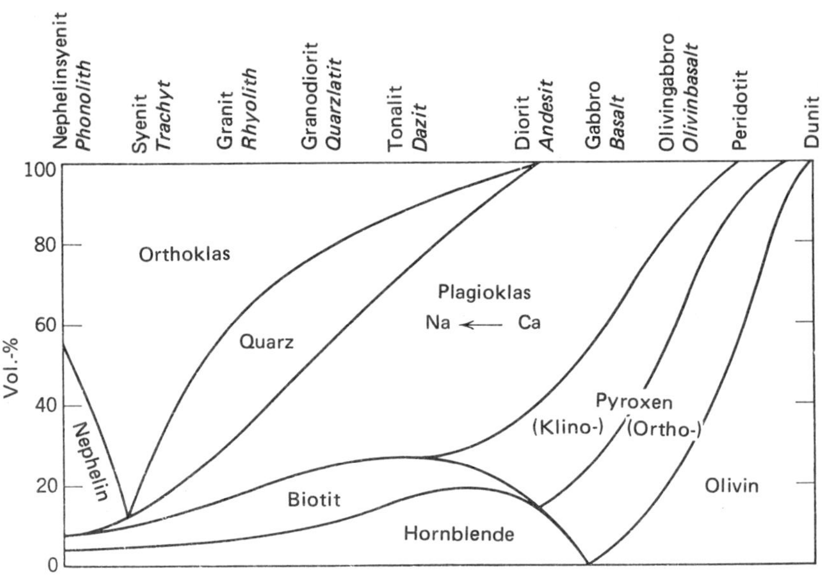

Abb. 5.3 Mineralogische Pauschalzusammensetzung der häufigsten magmatischen Gesteinstypen; Vulkanite kursiv.

Lechatelierit, Coesit und Stishovit. Davon ist Quarz das weitaus häufigste; Tridymit und Cristobalit treten verbreitet in Vulkaniten auf; Opal ist auch nicht gerade selten, ganz im Gegensatz zu Lechatelierit (Kieselglas). Coesit und Stishovit stellen reine Hochdruckmodifikationen dar, die zuerst im Labor, später auch in durch Schockwellenmetamorphose verändertem Sandstein des Meteorkraters von Arizona sowie in Sueviten des Nördlinger Rieses identifiziert werden konnten, wo sie durch die abnorm hohen Drücke beim Meteoreinschlag entstanden waren. Die hohe Dichte des Stishovit von 4,29 kommt von der Strukturänderung von 4er- zu 6er-Koordination. Obwohl die Si-O-Bindungen in der 6er-koordinierten Oktaederstruktur länger sind als in der 4er-koordinierten Tetraederstruktur, verursacht die dichtere Anordnung der Sauerstoffatome hier eine größere Dichte als bei den anderen Modifikationen.

Quarz, Cristobalit und **Tridymit** als vorherrschende Formen in magmatischen Gesteinen verdienen sicherlich die größere Beachtung. An ihnen läßt sich gut das Phänomen der **Enantiotropie** demonstrieren. Jede Modifikation hat ihren eigenen Stabilitätsbereich: Quarz ist bei Atmosphärendruck stabil bis 867°C, Tridymit zwischen 867°C und 1470°C und Cristobalit von 1470°C bis hinauf zum Schmelzpunkt von 1713°C. Von 1713°C bis zum Siedepunkt ist flüssiges SiO_2 die stabile Phase. Das Einkomponentensystem SiO_2 wurde unter variierenden Druck- und Temperaturbedingungen studiert; das Gleichgewichtsdiagramm dazu zeigt die Abb. 5.4.

Fügt man dem System geringe Mengen Wasser hinzu, ergeben sich beachtenswerte Abweichungen. Experimente unter Bedingungen bis zu 1300°C und Wasserdampfdrücken bis etwa 2 kbar lieferten folgende Ergebnisse, die in die Abb. 5.4 mit gestrichelter Linie eingetragen sind. Der Liquidus erniedrigt sich deutlich um einige hundert Grad Celsius! Folglich schmilzt Quarz – bei einem Druck von über

Abb. 5.4 Stabilitätsbereiche von Quarz.

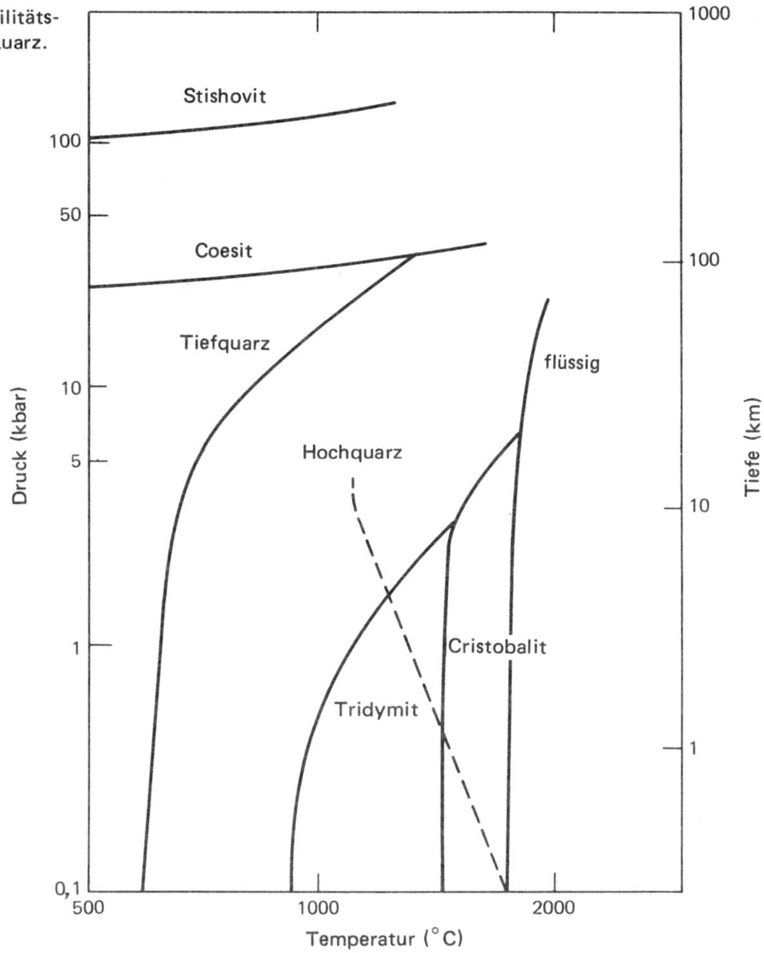

1400 bar – bei ca. 1125°C, das entspricht einer Schmelztemperaturerniedrigung von fast 600°C. Die so gebildete, wasserhaltige SiO_2-Schmelze enthält etwa 2,3% H_2O. Das Stabilitätsfeld des Tridymit kontrahiert beträchtlich, und während das trockene System keinen festen Schmelzpunkt besaß, geht der Tridymit in Gegenwart von Wasserdampf bei Drücken über 400 bar in eine wasserhaltige Schmelze über. Wasserdampf wirkt wie ein starkes Flußmittel auf SiO_2 und beeinflußt deutlich die Mobilität des SiO_2 in flüssiger Form. Die große Wirkung, die von geringen Zusätzen Wassers ausgeht, ist ein Spiegelbild seines kleinen Molekulargewichts, das zu einem vergleichsweise großen Molenbruch in der Schmelze führt.

Quarz, Cristobalit und Tridymit werden aus Gruppen von Tetraedern gebildet, an deren Ecken die 4 Sauerstoffatome sitzen und ein zentrales Siliziumatom umgeben. Die miteinander verbundenen Tetraeder bauen ein dreidimensionales Netzwerk auf, jedoch ist die Art der Bindung bei jeder der drei Quarzmodifikationen anders; daher rührt auch die Verschiedenheit ihrer Kristallstrukturen und ihrer Eigenschaften. Im Gegensatz zu Cristobalit und Tridymit mit vergleichweise offenen Strukturen sind die Atome im Quarz viel dichter gepackt. Dies spiegelt sich wider anhand der Dichten und Brechungsindizes, die beim Quarz am höchsten sind:

	Dichte	mittlerer Brechungsindex
Quarz	2,65	1,55
Cristobalit	2,32	1,49
Tridymit	2,26	1,47
Lechatelierit	2,20	1,46

Jede der drei Modifikationen besitzt außerdem eine Hoch- und eine Tieftemperaturform. Beim Quarz beispielsweise findet der Übergang von der einen zur anderen bei 573°C und Atmosphärendruck statt; Hochtridymit wechselt in die Tieftemperaturform bei Temperaturen zwischen 120 und 160°C, Hochcristobalit bei Temperaturen zwischen 200 und 275°C. Die Umwandlung einer Hoch- in eine Tieftemperaturform ist von ganz anderer Natur als die Umwandlungen von einer Modifikation in eine andere: Alle drei Mineralformen sind aus SiO_4-Tetraedern aufgebaut, die untereinander jeweils auf eine bestimmte Art verbunden sind; diese Bindungen unterliegen einem kompletten Ab- und Wiederaufbau beim Übergang von einer Modifikation in die andere (z.B. Hochquarz in Tridymit). Hingegen erfordert der Wechsel von Hochtemperatur- zu Tieftemperaturformen keine Veränderungen der Gitterbindungen. Vielmehr handelt es sich um Verschiebungen und Rotationen der Gitterbausteine, wodurch die Gittersymmetrie ohne Aufbrechen der Bindungen verändert wird. Die Hochtemperaturform besitzt stets die höhere Symmetrie als die Tieftemperaturform.

Die Umwandlung hoch-tief erfolgt ziemlich rasch an der Übergangstemperatur und ist reversibel (**enantiotrop**), während die Umwandlung von einer Mineralform in die andere äußerst zäh und langsam vor sich geht. Die Existenz von Tridymit und Cristobalit zeigt deutlich, daß sie bei Normaltemperaturen unverändert stabil bleiben; einmal entstanden, ist die Bindungsart in Tridymit bzw. Cristobalit zu fest, um gleich wieder zerstört zu werden. Andererseits gibt es Temperaturbereiche, wo es möglich ist, Hoch-Tief-Umkehrungen von Tridymit und Cristobalit zu beobachten, in denen sie wirklich metastabil sind. Wie schon in Abschnitt 4 erwähnt wurde, haben Fremdelemente einen gewissen Stabilisierungseffekt für das Tridymit- und Cristobalit-Gitter. Einige Analysen, die zu dieser Frage gemacht wurden, deckten die Anwesenheit von Na und Al auf, was auf eine Substitution von NaAl für Si hindeutet; Quarz andererseits ist generell als sehr reines SiO_2 anzusehen. Zwei weitere Erscheinungen von Beachtung sollen nicht unerwähnt bleiben:

- Selbst bei Temperaturen unter 867°C, besonders bei schnellem Auskristallisieren (z.B. in Gegenwart von Mineralbildnern, wie heißen Gasen), kristallisieren – obwohl Quarz die stabile Phase ist – Cristobalit und/oder Tridymit aus.
- Hochquarz und Tiefquarz werden ausschließlich innerhalb ihrer Stabilitätsbereiche gebildet und niemals bei höheren Temperaturen.

Diese Tatsachen lassen folgende Schlüsse zu: Quarz zeigt in einem Magmatit an, daß seine Kristallisation unter 867°C stattfand (unter gebührender Beachtung des Drucks); die Anwesenheit von Tridymit oder Cristobalit sagt hinsichtlich der Kristallisationstemperatur gar nichts aus.

Wie schon erwähnt, liegt bei Normaltemperatur der Quarz immer als Tiefquarz vor. Über Kristallhabitus, Zwillingsbildungen und andere Eigenschaften von geringerer diagnostischer Bedeutung kann oft auf die vorliegende Modifikation geschlossen werden. Auf diese Weise konnte festgestellt werden, daß in fast allen quarzführenden Magmatiten dieses Mineral ursprünglich als Hochquarz auskristallisiert, also jenseits von 573°C. Nur in manchen Pegmatiten und Quarzgängen liegt der

Quarz als ursprünglicher Tiefquarz vor. Die Kristallisation jener Magmen, so kann geschlossen werden, die mit den gängigen quarzführenden Gesteinen korrespondieren, fand und findet bei Temperaturen über 573°C statt, während die Kristallisation der Restschmelzen wenigstens zum Teil darunter liegt.

Feldspäte

Die Bedeutsamkeit der Feldspäte besteht darin, daß sie die meist verbreiteten Minerale sind. Sie sind eng miteinander verwandt, was ihre Form und physikalischen Eigenheiten betrifft, werden jedoch in zwei Gruppen eingeteilt:

- Die Kali- und Bariumfeldspäte mit monokliner oder fast monokliner Symmetrie.
- Die Natrium- und Calciumfeldspäte (Plagioklase) mit trikliner Symmetrie.

Buddingtonit, ein Ammoniumfeldspat, monoklin, wurde 1964 beschrieben; er entstammte den Ablagerungen einer heißen Quelle in Kalifornien. Ein Punkt von großem Belang ist die Mischkristallbildung zwischen **Albit** ($NaAlSi_3O_8$) und **Anorthit** ($CaAl_2Si_2O_8$). Schon TSCHERMAK stellte im Jahre 1869 die Theorie auf, daß Feldspäte von intermediärer Zusammensetzung nichts anderes sind als Mischkristalle aus beiden Komponenten. Heute weiß man, daß NaSi oft CaAl vertritt, was jedoch keineswegs TSCHERMAKs Theorie von geschichtlicher Bedeutung schmälert, war dies doch die erste Vermutung von der Möglichkeit einer solch radikalen Substitution.

Eine allgemeine Formel für die Feldspäte lautet WZ_4O_8, in der W für Na, K, Ca und Ba stehen kann und Z für Si und Al, im Verhältnis variierend von 3:1 bis 1:1. Da alle Feldspäte ein Minimum an Al enthalten, kann die allgemeine Formel spezifiziert werden zu $W\mathrm{Al(Al,Si)Si_2O_8}$; die Variable (Al, Si) wird anteilmäßig von ein- und zweiwertigen Kationen bezüglich der Ladung ausgeglichen.

Der Kristallaufbau der Feldspäte ist ein dreidimensionales Netzwerk aus SiO_4- und AlO_4-Tetraedern, in dem die Kationen Na, K, Ca und Ba in den Tetraederlücken des ingesamt negativ geladenen Feldspatgerüsts sitzen. Letzteres ist in gewissem Grade elastisch und kann sich den Größen der Kationen anpassen. Besonders große wie K und Ba korrespondieren mit monokliner bzw. pseudomonokliner Symmetrie, während bei kleineren Kationen wie Na und Ca das Gitter etwas verzerrt wird und die Symmetrie dann triklin ist.

Bariumfeldspäte sind recht selten und von geringerer Bedeutung als gesteinsbildende Minerale; für die weitere Betrachtung lassen wir sie außer acht und wenden uns den verbleibenden Feldspäten als ein Dreistoffsystem mit den Stoffkomponenten $KAlSi_3O_8$ (Or), $NaAlSi_3O_8$ (Ab) und $CaAl_2Si_2O_8$ (An) zu. Mischkristallbildung innerhalb der drei Bestandteile und das Auftreten von Polymorphie sorgen für die Komplexität dieser Silikatgruppe.

Die **Kalifeldspäte** erscheinen in mehreren verschiedenen Formen mit zwar abweichenden, aber ineinander übergehenden optischen und physikalischen Eigenschaften. **Sanidin**, die monokline Hochtemperaturform, kommt in Vulkaniten vor. **Orthoklas**, eine andere monokline Varietät, und trikliner **Mikroklin** findet man in einer Reihe von magmatischen und metamorphen Gesteinen, die bei mittleren bis niederen Temperaturen gebildet wurden. **Adular** heißt eine Modifikation (sie kommt sowohl monoklin als auch triklin vor) mit einem ausgeprägten Habitus; sie wird in hydrothermalen Gängen des Tieftemperaturbereichs gefunden.

Neuere Forschungen haben die Verwandtschaftsbeziehungen dieser Formen erhellt. Mikroklin und Sanidin verhalten sich wie Ordnung-Unordnung-Modifikationen: Im Sanidin sind die Si- und Al-Atome zufällig auf ihre Gitterplätze verteilt, hingegegen exakt aufgeteilt beim Mikroklin. Die ungeordnete Form ist um 700°C und oberhalb die stabilere, weshalb Mikroklin unter hydrothermalen Bedingungen in Sanidin umgewandelt wird; der umgekehrte Vorgang konnte im Labor noch nicht erreicht werden, vermutlich wegen der zum Ordnen der Si- und Al-Atome benötigten hohen Aktivierungsenergie. Orthoklas und Adular gehören strukturell zwischen Sanidin und Mikroklin eingereiht. Wahrscheinlich kristallisieren die meisten Orthoklase ursprünglich sogar als Sanidin. Adular ist offensichtlich metastabil, er entwickelt sich unter Bedingungen rascher Kristallisation im Stabilitätsbereich des Mikroklin. Mit Sicherheit verhindert das schnelle Auskristallisieren den geordneten Einbau des Si bzw. Al.

Bei hohen Temperaturen bilden $KAlSi_3O_8$ und $NaAlSi_3O_8$ eine vollkommene Mischkristallreihe. Die K-reichen Endglieder haben monokline Symmetrie und heißen **Na-Orthoklase**; tatsächlich sind die meisten Orthoklase, die wir in den Gesteinen vorfinden, Na-Orthoklase, die erheblich mehr K als Na enthalten. Die natriumreicheren Mischkristalle dieser Reihe mit mehr als 63% Albit sind triklin und werden **Anorthoklase** genannt. Kühlen Mischkristalle der Reihe Orthoklas-Albit langsam ab, werden sie metastabil und entmischen sich zu orientierten Verwachsungen subparalleler Lamellen abwechselnd natrium- bzw. kaliumreicher Zusammensetzung, den **Perthiten** und **Antiperthiten**. Von Perthit spricht man, wenn im Orthoklas (oder Mikroklin) der Albit in entmischter Form, den sog. „Albit-Spindeln", auftritt; bei den Antiperthiten liegt der umgekehrte Fall vor. Viele scheinbar homogene Glieder der Alkalifeldspat-Mischungsreihe entpuppen sich im Röntgendiagramm als Perthite mit Verwachsungen im submikroskopischen Bereich. Wird der Perthit über längere Zeit auf 1000°C erhitzt, verschwinden die Entmischungsmerkmale wieder. Nicht alle Perthite entstanden durch Entmischungsvorgänge; einige Beispiele sind sicherlich das Ergebnis metasomatischer Prozesse, wo etwa ein homogener Kalifeldspat durch natriumhaltige Lösungen „perthitisiert" wird.

Röntgenaufnahmen von Albiten und Kalifeldspäten lieferten folgende Erklärungen zu den laminaren Verwachsungen der Perthite. Das Gitternetz von verknüpften SiO_4- und AlO_4-Tetraedern, das sich bei monokliner und trikliner Symmetrie ähnelt, erstreckt sich gleichmäßig über das ganze Gebilde. Bei hohen Temperaturen exisiert ein homogener Kristall mit über das Gitter statistisch verteilten K- und Na-Ionen. Beim Abkühlen setzt die Einregelung der sich bildenden K-reichen und Na-reichen Lamellen ein und erzeugt alternierende Schichten mit monokliner oder pseudomonokliner bzw. trikliner Symmetrie. Die Gitterkonstante a_0 ist bei Kalifeldspat und Albit sehr unterschiedlich (8,45 Å bzw. 8,14 Å), b_0 und c_0 dagegen sind nahezu identisch (12,90 Å bzw. 12,86 Å und 7,14 Å bzw. 7,17 Å). Das erklärt auch die Ausrichtung der Lamellenkörper annähernd nach 100, b_0 und c_0 fallen in die 100-Fläche hinein, und a_0 erfährt gewissermaßen in den Albitbezirken eine Verkürzung und in denen des Kalifeldspats eine Auslängung.

Das Or-Ab-System ist von vielen Wissenschaftlern sorgfältig untersucht worden (Abb. 5.5). Große Schwierigkeiten bei der Durchführung im Labor gab es angesichts der Viskosität der Schmelzen und der damit verbundenen, extrem langwierigen Kristallisation. Beachtliche Fortschritte erzielte man durch das Hinzufügen von unter Druck stehendem Wasserdampf, der die Kristallisation begünstigt sowie

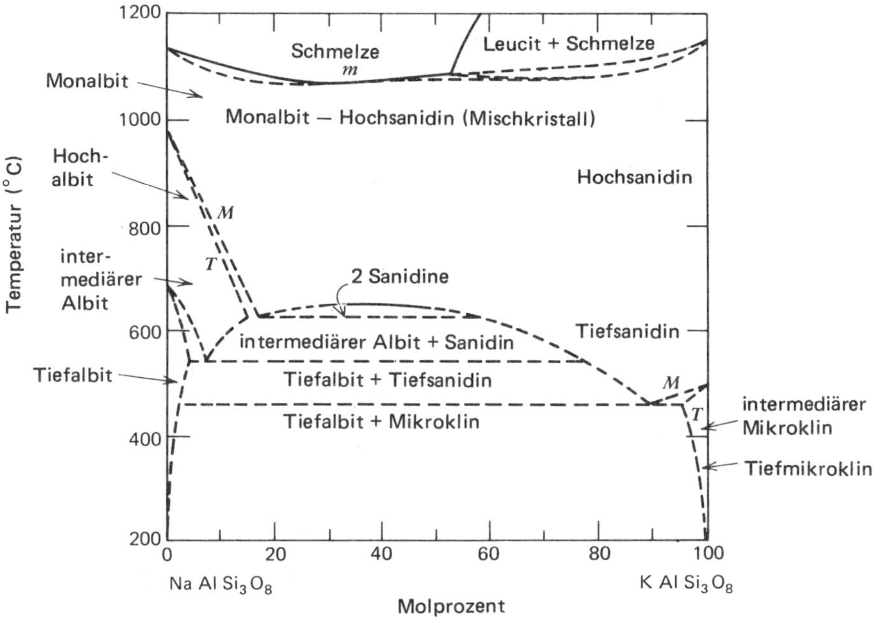

Abb. 5.5 Schematisches Phasendiagramm des Reaktionspaares $NaAlSi_3O_8$ (Ab) – $KAlSi_3O_8$ (Or) bei tiefen Temperaturen zur Darstellung möglicher, echter Gleichgewichtsbeziehungen und der Nomenklatur der Phasen. Die Schmelzverhältnisse zeigen ein Minimum bei *m* und inkongruentes Schmelzen der Kaliumkomponenten zu Leucit + Schmelze. Kristallisation aus der Schmelze ergibt einen einzigen Feldspat der monoklinen Reihe Monalbit/Hochsanidin. Bei tiefen Temperaturen neigen Tiefalbit und Tiefmikroklin kaum zur Mischkristallisation. Der Kopfteil der Solvuskurve begrenzt das Feld der beiden Sanidine. Die durchgezogenen Linien bedeuten stabile, im Labor ermittelte Gleichgewichtslagen, während die gestrichelten Linien solche Phasengrenzen sind, die noch mit Zweifel behaftet sind (aus: J.V. SMITH, *Feldspar Minerals,* Vol. 1, 1974; Springer Verlag, New York. Mit freundlicher Genehmigung des Verlags).

die Schmelztemperatur erniedrigt, ohne die generellen Gleichgewichtsbeziehungen zu beeinflussen. Ein Wasserdampfdruck von ca. 2000 bar senkt die Schmelztemperatur um etwa 300°C, womit die von einigen Petrologen lange vertretene Ansicht, der Wassergehalt sei für die Temperatursenkung bei der magmatischen Kristallisation von großer Wichtigkeit, bestätigt wurde. Das System Or-Ab ist kein rein binäres wegen des inkongruenten Schmelzens des Orthoklas zu Leucit, der schließlich bei ca. 2000 bar nahezu ganz verschwindet.

Form und Lage der sog. **Solvuskurve**[1] werden durch die An- oder Abwesenheit von Wasser nicht wesentlich verändert, da die Gleichgewichtslage eine zwischen Feststoffen ist, in denen Wasser keinerlei Beteiligung an den Phasen hat. Diese Kurve hat bei einer Zusammensetzung von etwa 55% Ab ein Temperaturmaximum von ca. 680°C und bildet die Grenze zwischen dem 2-Feldspätefeld (Perthitfeld) und dem 1-Feldspatfeld. Kristallisation über 680°C liefert daher stets einen alleinigen Feldspat beliebiger Zusammensetzung. Jeder Punkt auf der Solvuskurve zeigt

[1] *Anm. d. Übers.:* Die Solvuskurve trennt verschiedene Feststoffe.

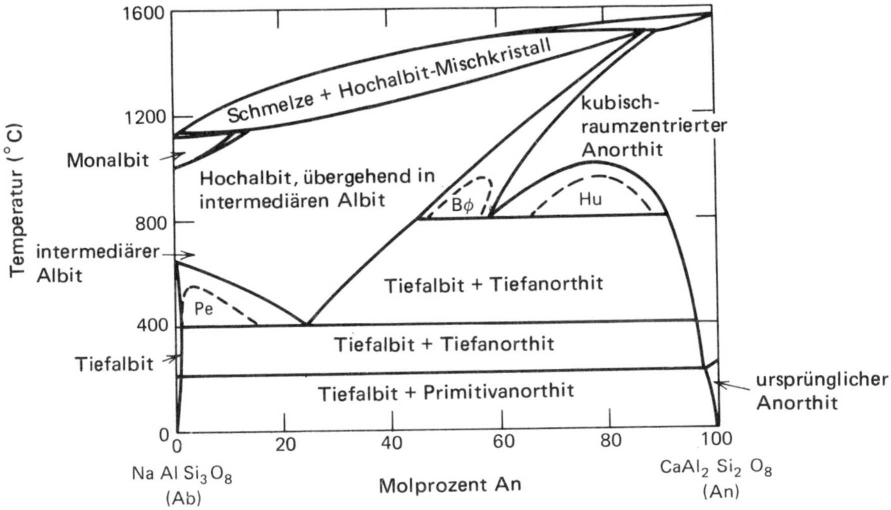

Abb. 5.6 Wahrscheinliche Phasenbeziehungen der Plagioklasreihe. Gestrichelte Linien kennzeichnen die durch metastabile Bereiche charakterisierten Peristerit-, Bøggild- und Huttenlocher-Verwachsungen. Alle Kurven sind relativ unzuverlässig, außer der des Solidus, Liquidus und der Umwandlung des Monalbit in Hochalbit (aus: J.V. SMITH, *Feldspar Minerals,* Vol. 1, 1974. Springer Verlag, New York. Mit freundlicher Genehmigung des Verlags).

die Minimaltemperatur eines stabilen Feldspats homogener Zusammensetzung an; sinkt die Temperatur bei Beibehaltung der Gleichgewichtsbedingungen unter 680°C ab, beginnt der Kristall sich zu entmischen.

Im System Ab-An, seit langem als ein Beispiel einer vollkommenen Mischkristallreihe bekannt, bestehen gleichwohl unerwartete Komplikationen (Abb. 5.6). Während die Solidus-Liquidus-Verhältnisse – einer der ersten großen Erfolge des Geophysical Laboratory – im großen und ganzen nicht berichtigt werden mußten, bereiten die Kristallisationsvorgänge um 700°C einige Schwierigkeiten, da der Albit durch den Übergang in seine Tieftemperaturform (low-albite) die wirklich vollständige Mischkristallbildung störend beeinflußt.

Ähnlich wie zwischen Sanidin und Mikroklin scheint es ein Ordnung-Unordnung-Verhältnis zwischen den Tief- und Hochtemperaturformen zu geben. Die Elementarzelle des Anorthit besitzt gegenüber der des Albit eine verdoppelte *c*-Achse, außerdem unterscheiden sie sich von der Struktur her (Translationsgruppe primitiv P bzw. innenzentriert I). Diese Komplikationen wurden erstmals vermutet, als Abweichungen in den optischen Eigenschaften von Plagioklasen derselben Zusammensetzung aus Vulkaniten und Plutoniten beobachtet wurden und dadurch der Hinweis auf Hoch- und Tieftemperaturreihen innerhalb der Plagioklase gegeben war. Die Tieftemperaturstruktur des Albits (gewöhnlicher Albit) akzeptiert nur sehr wenig Ca als Ersatz für Na, so daß etwa im Bereich An_3 bis An_{23} die Plagioklase eigentlich submikroskopische Verwachsungen, genannt **Peristerite**, mit Na- und Ca-reichen Zonen darstellen. Plagioklase mit mehr als An_{23} kristallisieren in Varianten nach dem Anorthitgitter, submikroskopische Verwachsungen vom Peristerittyp (Bøggild- und Huttenlocher-Verwachsungen) kommen vor. Letztendlich erweisen sich viele als optisch homogen angesprochene Plagioklase nach einer Röntgenanalyse als komplexe Verwachsungen.

Zwischen Or und An existiert bei keiner Temperatur eine Mischbarkeit, deshalb liegt auch dazwischen eine ausgedehnte **Mischungslücke**. Gründliche Untersuchungen homogener Plagioklase demonstrierten den gewöhnlich sehr geringen Gehalt an Kalium, was darauf schließen läßt, daß der normale Gehalt an Kalifeldspat in festen Lösungen bei ca. 1% und selten über 5% liegt.

Für die Darstellung der reinen Komponenten eines Feldspats werden die Symbole Or, Ab und An verwendet. In den Bereich des Labradorits fiele beispielsweise ein Feldspat der Zusammensetzung $Ab_{32}An_{68}$, während ein typischer Anorthoklas die Komponenten $Or_{26}Ab_{66}An_8$ hätte.

Feldspatvertreter

Die Feldspatvertreter oder Feldspatoide bilden eine Gruppe von Alkali-Aluminiumsilikaten, die in einem alkalireichen, siliziumuntersättigten Magma die Feldspäte vertreten (Name). Niemals kommen sie zusammen mit primärem Quarz vor. Die wichtigsten heißen wie folgt:

Leucit	$KAlSi_2O_6$
Kaliophilit	$KAlSiO_4$
Kalsilit	$KAlSiO_4$
Nephelin	$NaAlSiO_4$
Sodalith	$Na_8Al_6Si_6O_{24}(Cl_2)$
Nosean	$Na_8Al_6Si_6O_{24}(SO_4)$
Cancrinit	$Na_8Al_6Si_6O_{24}(HCO_3)_2$

Analcim, $NaAlSi_2O_6 \cdot H_2O$, wird manchmal den Feldspatoiden zugerechnet; gelegentlich erscheint er als Primärmineral in siliziumunterschüssigen Extrusivgesteinen.

Die Feldspatvertreter bilden, etwa wie die Pyroxene oder Feldspäte, keine homogene Reihe. Ihre Gemeinsamkeiten beruhen mehr auf petrographischen als auf mineralogischen Merkmalen. Strukturell gehören sie zu den Gerüstsilikaten, so wie bei den Feldspäten sind bei ihnen die SiO_4- und AlO_4-Tetraeder verknüpft. Metallionen und andere (Chlorid, Sulfat, Carbonat), falls vorhanden, sitzen in den entsprechenden Lücken. Wegen des relativ hohen Al:Si-Verhältnisses werden die Feldspatvertreter sehr leicht von Säuren angegriffen; Aluminium geht in Lösung, und demzufolge bricht das Gitter, oft unter Bildung von Kieselgel, zusammen.

Leucit, der bekannteste Kalium-Feldspatvertreter, kann regional in Vulkaniten recht häufig sein. In Plutoniten fehlt er, da er im $K_2O–Al_2O_3–SiO_2$-System bei hohen Drücken nicht stabil ist. Leucitanalysen erbrachten, daß kleine Mengen K von Na ersetzt werden können. **Kaliophilit** und **Kalsilit** sind mineralogische Besonderheiten: Fundstellen sind Laven des Vesuvs des ersteren bzw. Ostafrikas des letzteren. Ihre optischen Eigenschaften ähneln denen des Nephelin so sehr, daß Falschbestimmungen sicherlich nicht selten sind; man könnte also mit einer größeren tatsächlichen Häufigkeit dieser Raritäten rechnen, als durch Aufzeichnungen bislang bekannt sind.

Nephelin ist wohl der weitverbreitetste Feldspatvertreter und kommt sowohl in Vulkaniten als auch in Plutoniten vor. Er ist isomorph mit dem Hoch-Tridymit (vgl. die Formeln $NaAlSiO_4$ und $SiSiO_4$). Diese Analogie wird ferner durch den Umstand bekräftigt, daß Nephelin sich bei 1248°C in **Carnegieit** umwandelt, eine Hochtemperaturform, die wiederum isomorph ist dem Hoch-Cristobalit; in der

Natur wurde Carnegieit noch nicht nachgewiesen. Chemische Analysen von Nephelin erbrachten einen Si-Überschuß im stöchiometrischen Verhältnis, verglichen mit dem Al; es kann, unter Verringerung des Natriums, bis 1,4 ansteigen. Hier findet Substitution von Al durch Si statt, bei gleichzeitiger Entfernung von Na unter Wahrung der neutralen Ladung. Auch ersetzt immer etwas K das Na, häufig im Verhältnis von 1:3. Das läßt Rückschlüsse auf die Struktur zu, in welcher einer der vier Gitterplätze, den ein Alkali-Ion einnehmen kann, größer sein muß als die drei anderen und folglich dort bevorzugt K eingebaut wird.

Pyroxene

Die Gruppe der Pyroxene zeichnet sich durch weitläufige Übereinstimmung ihrer Minerale bezüglich Chemismus, Kristallographie und anderer physikalischer Eigenschaften aus, obwohl sie in zwei unterschiedlichen Systemen, orthorhombisch bzw. monoklin, kristallisieren. Diese Gruppencharakteristika sind äußerer Ausdruck des gemeinsamen atomaren Aufbaus. Die SiO_4-Tetraeder sind so in **Ketten** aneinandergereiht, daß sie jeweils durch ein gemeinsames Sauerstoffatom miteinander verbunden sind; d.h. daß die Hälfte der Sauerstoffatome in den Ketten auf zwei Siliziumatome aufgeteilt wird, was pro Si drei O ergibt, also Si:O = 1:3. Die Si-O-Ketten liegen parallel zur vertikalen kristallographischen Achse und werden seitlich von unterschiedlichen Metallionen zusammengehalten. Der ausgeprägte prismatische Habitus der Pyroxene ist die Auswirkung ihrer inneren Struktur, genauso wie die typische Spaltbarkeit, die zwischen den Si-O-Ketten stattfindet.

Das chemische Grundmuster der Pyroxene stellt man am besten mit der generalisierten Formel $(W)_{1-p}\,(X,Y)_{1+p}\,Z_2O_6$ dar, in der *W, X, Y* und *Z* für Elemente mit ähnlichen Ionenradien stehen, die sich dementsprechend gegeneinander im Gitter ersetzen. In den Pyroxenen sind dies

für *W:* Na, Ca
X: Mg, Fe^{2+}, Li, Mn
Y: Al, Fe^{3+}, Ti
Z: Si, Al (nur in geringem Ausmaß)

Die Pyroxene spalten sich aufgrund ihrer Zugehörigkeit zum orthorhombischen bzw. monoklinen Symmetriesystem in zwei Abteilungen auf; die wichtigsten Minerale sind:

Orthorhombische Pyroxene

Enstatit	$MgSiO_3$	Hypersthen	$(Mg,Fe)SiO_3$

Monokline Pyroxene

Klinoenstatit	$MgSiO_3$	Pigeonit	Bindeglied zwischen Augit und Klinoenstatit-Klinohypersthen
Klinohypersthen	$(Mg,Fe)SiO_3$		
Diopsid	$CaMgSi_2O_6$		
Hedenbergit	$CaFe^{2+}Si_2O_6$	Ägirin (Akmit)	$NaFe^{3+}Si_2O_6$
Augit	Bindeglied zwischen Diopsid und Hedenbergit, aluminiumhaltig	Jadeit	$NaAlSi_2O_6$
		Spodumen	$LiAlSi_2O_6$
		Johannsenit	$CaMnSi_2O_6$

Spodumen hat, trotz Zugehörigkeit zu den Klinopyroxenen, keine besonderen Ähnlichkeiten mit den anderen Gliedern dieser Gruppe; irgendwelche Zwischenformen sind ebenfalls unbekannt. Sein Vorkommen beschränkt sich auf komplex aufgebaute Granitpegmatite, daher ist seine Bedeutung für die Gesteinsbildung ohne Gewicht. **Jadeit** ist ein seltenes Mineral der Hochdruckmetamorphose, **Johannsenit** findet sich nur als Kluftmineral. Diese Formen werden hier nicht weiter erläutert.

Die **Orthopyroxene** reichen vom reinen **Enstatit**, $MgSiO_3$, bis zu einem ca. 90%-igen $FeSiO_3$-Endglied. Diese Komponente ist bei hohen Temperaturen und Normaldruck instabil; aus einer Schmelze jener Zusammensetzung würde daher SiO_2 und Fayalit, Fe_2SiO_4, kristallisieren. Von einer monoklinen Form wurde berichtet, die, bei gemäßigten Temperaturen gebildet, in Sphaerolithen von Obsidian gefunden wurde. Die in Magmatiten verbreiteten Orthopyroxene sind alle reich an Magnesium. Sie wurden aufgrund ihrer Zusammensetzung, ähnlich den Plagioklasen, in eine Anzahl Unterarten eingeteilt. Der Nutzen einer solchen Unterteilung ist fraglich; subspezifische Namensgebung ist eine Belastung der Nomenklatur und des Gedächtnisses. Generell wünschenswert ist eine Indizierung etwa in der Form von Hypersthen zu En_x, so wie es bei den Plagioklasen praktiziert wird; schließlich ist An_{22} auch genauer in der Aussage als der Begriff Oligoklas.

Bei 985°C geht Enstatit über in **Protoenstatit**, einer orthorhombischen Phase mit einer anderen Struktur, die bis 1557°C stabil bleibt, dann oberhalb dieser Temperatur durch inkongruentes Schmelzen Forsterit plus Schmelze liefert. Als Mineral konnte Protoenstatit nicht gefunden werden; bei raschem Abkühlen wird die monokline Phase **Klinoenstatit** gebildet. **Hypersthen** besitzt ein monoklines Gegenstück, den **Klinohypersthen**. Zusammen mit dem Klinoenstatit fehlt Klinohypersthen in terrestrischen Gesteinen, wurde aber in einigen Meteoriten beobachtet. Mischformen zwischen ihnen und Augit treten in basischen Vulkaniten und hypabyssischen Gesteinen auf und sind als **Pigeonite** bekannt. Analysen von Pigeonit erbrachten einen maximalen Atomgewichtsgehalt von 10% Ca auf $W + X + Y$. Die Reihe **Diopsid-Hedenbergit** ist über die gesamte Spannweite ihrer Zusammensetzung einwandfrei festgeschrieben. Eine begrenzte Menge Al wird von dieser Reihe akzeptiert, die dazu in Frage kommenden Glieder sind die bekannten **Augite**. Die Einführung des Al in das Diopsidgitter bedeutet eine Aufteilung dieses Al-Ions zwischen einer Y- und einer Z-Gitterstelle, andernfalls würde die Absättigung der Valenzen nicht mehr gewährleistet sein. **Ägirin** gehört zur Reihe Diopsid-Hedenbergit einerseits und zu Augit intermediärer Zusammensetzung andererseits, bekannt als **Ägirin-Augit**.

Wegen der zahlreichen Kombinationsmöglichkeiten durch Substitution in den Pyroxenen schwankt deren Chemismus in unerhörtem Ausmaß. Betrachten wir die vorhin aufgestellte allgemeine Formel, so ist $p = 0$ oder nahe Null in den Reihen Diopsid-Hedenbergit und Ägirin-Jadeit; in den Orthopyroxenen, ihren monoklinen Äquivalenten und im Pigeonit hingegen ist $p = 1$ oder nahe Eins. Mg und Fe^{2+} sind vollkommen gegenseitig ersetzbar. Verläßliche Analysen der Diopsid-Hedenbergit-Augit-Gruppe berichten von einem Maximalgehalt von 7% Fe_2O_3 (entspricht 10% Fe^{3+} auf Y), von ca. 8% Al_2O_3 (entspricht an die 10% Al oder etwas weniger, das Si ersetzt sowie eine geringe Substitution durch Al auf Y) und einer Konzentration von etwa 1,5% TiO_2. Nebenbestandteile betreffen das Chrom (bis zu 1,2% Cr_2O_3 in manchen Diopsiden und Augiten), das Vanadium (4% V_2O_3 in Ägirinen von Libby, Montana) und das Mangan. Die große Mischungslücke zwischen Augit und $(Mg,Fe)SiO_3$ ist bei hohen Temperaturen beträchtlich kleiner als bei mäßigen.

In Vulkaniten kann der Pyroxenanteil aus Ca-unterschüssigem Augit und/oder Pigeonit bestehen, während in Plutoniten normale Augite und/oder orthorhombische Pyroxene fast ohne Ca die Regel sind.

Amphibole

Die Gruppe der Amphibole umfaßt eine Anzahl Mineralarten, die sich in ihren chemischen, kristallographischen und anderen physikalischen Eigenschaften sehr ähnlich sind, obgleich sie zum einen dem orthorhombischen, zum andern dem monoklinen System angehören. Sie bilden isomorphe Reihen und chemisch sehr komplex zusammengesetzte Phasen, die durch extensive Substitution von Ionen ähnlicher Größe verursacht werden. Die Minerale der Amphibolgruppe bilden ähnlich denen der Pyroxene eine Reihe; ursprünglich wurden die Amphibole als dimorphe Metasilikate der zugehörigen Pyroxene angesehen. Daß das nicht so ist, belegen die als Wesensmerkmal enthaltenen **Hydroxylgruppen** sowie das von den Pyroxenen abweichende Si:O-Verhältnis von 4:11. Röntgenstrukturanalysen erhellten den Aufbau der Amphibole, die als grundlegend bestimmende Einheit **Doppelketten** von verknüpften Si-O-Tetraedern besitzen. In der Tat teilen sich zwei Einzelketten alternierend mit jedem zweiten Tetraeder einen Sauerstoff, was ein Si:O-Verhältnis von 4:11 ergibt, im Gegensatz zum 1:3-Verhältnis in Einzelketten. Die Doppelketten (Bänder) liegen parallel zur kristallographischen Hauptachse und werden lateral von verschiedenen Metallionen elektrostatisch zusammengehalten; diese Bindungskräfte sind schwächer als die zwischen den Si- und O-Atomen in den Bändern. Dieser Umstand spiegelt sich in der faserigen oder prismatischen Natur parallel zur *c*-Achse und in einer guten prismatischen Spaltbarkeit der Amphibole wider. Ein weiteres interessantes Charakteristikum des Amphibolgitters ist das Vorhandensein vakanter Gitterplätze, in denen zusätzlich ein Alkali-Atom für je zwei Si_4O_{11}-Gruppen Platz findet.

Der Unterschied im Chemismus zwischen Mineralen vom Amphiboltyp und entsprechenden Mineralen vom Pyroxentyp ist nicht groß, und es ist verständlich, wenn über viele Jahre Amphibole und Pyroxene ähnlicher Zusammensetzung als polymorphe Modifikationen ein und derselben Substanz angesehen wurden. Die theoretische Zusammensetzung von $MgSiO_3$ und $Mg_7(Si_4O_{11})_2(OH)_2$ zeigt es:

	MgO	SiO_2	H_2O
$MgSiO_3$	40,0	60,0	–
$Mg_7(Si_4O_{11})_2(OH)_2$	36,2	61,5	2,3

Die generalisierte Formel für die Amphibole kann in folgender Form geschrieben werden: $(WXY)_{7-8}(Z_4O_{11})_2(O,OH,F)_2$, wobei *W, X, Y, Z* Elemente mit ähnlich großen Ionenradien und der Fähigkeit des gegenseitigen Gitterersatzes darstellen. *W* steht für die großen Kationen Ca und Na (K ist nur gelegentlich in geringen Mengen anwesend); *X* steht für die kleineren Kationen Mg und Fe^{2+} (manchmal auch Mn), und *Y* steht für Ti, Al und Fe^{3+} bzw. *Z* für Si und Al. In dieser Formel ist der Grad der Substitution folgender:

- Al ersetzt Si in den Si_4O_{11}-Bändern bis zu einer Größenordnung von $AlSi_3O_{11}$ (das Ausmaß des Ersatzes ist eine Funktion der Bildungsbedingungen: Hochtemperatur-Amphibole sind reicher an Al als ihre Tieftemperaturäquivalente).

- Fe^{2+} und Mg sind vollkommen austauschbar.
- Die Gesamtzahl (Ca, Na, K) kann Null, nahezu Null oder wechselnd zwischen 2 und 3 sein; jedoch übersteigt das Gesamt-Ca nie 2; K ist nur in geringen Mengen vorhanden.
- OH und F sind vollkommen austauschfähig. Das Maximum liegt bei 2, kann aber auch weniger sein, wahrscheinlich wenn O OH oder F ersetzt.

Bei den gezeigten Möglichkeiten ist es klar, daß der Chemismus der Amphibole sehr kompliziert ist. Auf der Basis der chemischen Zusammensetzung und der Kristallstruktur ist es jedoch möglich, fünf verschiedene Reihen zu postulieren:

Orthorhombische Amphibole	
Anthophyllit-Reihe	$(Fe,Mg)_7(Si_4O_{11})_2(OH)_2$ (Mg dominiert über Fe)
Monokline Amphibole	
Cummingtonit-Reihe	$(Fe,Mg)_7(Si_4O_{11})_2(OH)_2$ (Fe dominiert über Mg)
Tremolit-Reihe	$Ca_2(Mg,Fe)_5(Si_4O_{11})_2(OH)_2$
Hornblende-Reihe	$Ca_2Na_{0-1}(Mg,Fe,Al)_5[(Al,Si)_4O_{11}]_2(OH)_2$
Alkali-Amphibol-Reihe	(Na > Ca)
Glaukophan	$Na_2Mg_3Al_2(Si_4O_{11})_2(OH)_2$
Riebeckit	$Na_2Fe_2^{2+},Fe_2^{3+}(Si_4O_{11})_2(OH)_2$
Arfvedsonit	$Na_3Fe_4^{2+},Fe^{3+}(Si_4O_{11})_2(OH)_2$

Die **Anthophyllit**-Reihe entspricht der orthorhombischen Enstatit-Hypersthen-Reihe der Pyroxene. Mg:Fe rangiert von 7:0 bis 1:1, Al ersetzt recht häufig das Si in den Si_4O_{11}-Gruppen bis zu Werten von $AlSi_3O_{11}$, mit entsprechendem Ersatz der *WXY*-Elemente. Andere Substitutionen sind rar. Minerale der Anthophyllitgruppe kommen nur in metamorphen Serien vor.

Die **Cummingtonit**-Reihe entspricht der Klinohypersthen-Reihe der Pyroxene. Fe:Mg reicht von 7:0 bis 1:2, so daß sich die Cummingtonit-Reihe mit der Anthophyllit-Reihe im mittleren Bereich überlappt. Es sind auch Gesteine beschrieben worden, die beide Komponenten enthalten. Cummingtonite kommen vornehmlich in Metamorphiten vor.

Die **Tremolit**-Reihe entspricht der Diopsid-Hedenbergit-Reihe der Pyroxene. Magnesium kann durch zweiwertiges Eisen ersetzt werden, zum Teil auch durch Al und dreiwertiges Eisen; Si wird teilweise durch Al ersetzt. Ti und F finden sich ebenso wie zusätzliches Na für je zwei Si_4O_{11}-Gruppen.

Das Ergebnis all dieser Substitutionen ergibt letztlich **Hornblende**, analog dem Augit aus der Pyroxenfamilie, jedoch weitaus komplizierter aufgebaut. Hornblende besitzt eine große Spannweite chemischer Kombinationsmöglichkeiten, und dementsprechend variieren die optischen Eigenschaften. Meist erscheint Hornblende in grüner Farbe, gleichwohl gibt es eine dunkelbraune Varietät, die seit langem als **basaltische Hornblende** bekannt ist und auch einer separaten Reihe zugerechnet wird, da bei ihr abweichende Eigenschaften auftreten.

Alkali-Amphibole heißen all jene, die sich durch teilweise oder vollständige Substitution ihres Ca durch Na von den Hornblenden ableiten lassen. Die bekanntesten dieser Natrium-Amphibole sind der **Glaukophan** sowie die verwandten Minerale **Riebeckit** und **Arfvedsonit** und eine ganze Reihe anderer Varietäten.

Angesichts der Analogie im Chemismus zwischen korrespondierenden Pyroxenen und Amphibolen wurden viele Mutmaßungen darüber angestellt, unter welchen

Umständen die eine oder andere Phase oder beide kristallisieren. Amphibole erscheinen weit häufiger in Plutoniten als in Vulkaniten, da der Einbau der OH-Gruppen unter Druckbedingungen begünstigt wird. Genauso wichtig ist sicherlich die Beschaffenheit des Magmas. Das Verhältnis Ca:Fe:Mg magmatischer Hornblenden und Pyroxene zeigt ganz charakteristische Unterschiede; auffälligerweise beschlagnahmen viele Hornblenden den Platz der Mischungslücke zwischen den Augiten, den Pigeoniten und den Orthopyroxenen.

Olivingruppe

Die Minerale der Olivingruppe sind Silikate zweiwertiger Metalle und kristallisieren im orthorhombischen System. Eine Reihe von Arten sind bekannt:

Forsterit	Mg_2SiO_4	Monticellit	$CaMgSiO_4$
Fayalit	Fe_2SiO_4	Kirschsteinit	$CaFeSiO_4$
Olivin	$(Mg, Fe)_2SiO_4$	Glaukochroit	$CaMnSiO_4$
Tephroit	Mn_2SiO_4		

Die einzigen Olivinminerale von gesteinsbildender Bedeutung sind die Mg-Fe-Verbindungen. **Monticellit** kommt vor in metamorphen Kalken sowie zusammen mit **Kirschsteinit** in basaltischen Magmatiten. Die anderen Minerale sind bekannt aus Lagerstätten metamorpher Kalke.

Röntgenanalysen des **Olivins** zeigen eine Anordnung voneinander unabhängiger Tetraeder aus SiO_4. Die Mg- und Fe-Ionen sind von sechs Sauerstoffen umgeben, die ihrerseits an den Ecken irregulärer Oktaeder sitzen; folglich gehören die Kationen zu zwei strukturell verschiedenen Gruppen. Aufgrund dieser Struktur, in der die SiO_4-Tetraeder keine Ketten oder Ringe oder dergleichen ausbilden, haben auch die Olivinminerale keinerlei Tendenz, z.B. faserige oder plattige Kristalle zu bilden, sondern beschränken sich stets auf Kristalle gleicher Dimension. Die dichtgepackte Struktur besitzt demgemäß eine vergleichsweise hohe Dichte (Forsterit 3,22; Klinoenstatit 3,18; Anthophyllit 2,96; Talk 2,82) sowie hohe Brechungsindizes.

Die Zusammensetzung des Olivins entspricht im allgemeinen der Formel $(Mg, Fe)_2SiO_4$, Substitution durch andere Elemente kommt kaum vor. So ist die Substitution von Ca sehr wahrscheinlich streng temperaturabhängig, da Olivine in Plutoniten selten mehr als 0,1% CaO enthalten, jene in Vulkaniten jedoch CaO bis zu einer Konzentration von 1% aufweisen. Mangan findet man in den meisten Olivinen, sein Gehalt korreliert positiv mit dem Eisengehalt und reicht von 0,1% in Forsteriten bis 2,5% im Fayalit. Olivine aus Duniten enthalten gewöhnlich etwas Ni in der Größenordnung von ca. 0,3%. Ein wichtiges Merkmal ist die gänzliche Abwesenheit des Aluminiums; ein möglicher Ersatz von Mg oder Si durch Al kann in Olivinen nicht beobachtet werden.

Glimmer

An ihrer charakteristisch vollkommenen Spaltbarkeit nach (001), also zur Basis, sind die Minerale der Glimmergruppe leicht zu erkennen. Mit $W(X,Y)_{2-3}Z_4O_{10}(OH,F)_2$ läßt sich wiederum eine generalisierte Formel für die gesamte Gruppe aufstellen, deren einzelne Mineralarten von einer sehr komplexen Bauart sind. In dieser Formel besetzt im allgemeinen Kalium den Platz von W (Na beim Paragonit), X und Y stehen für Al, Li, Mg, Fe^{2+} und Fe^{3+} sowie Z für Si und Al, deren Verhältnis meistens 3:1 beträgt. Die verschiedenen Minerale bilden eine typische isomorphe Gruppe, jedoch sind die Beziehungen der einzelnen Phasen untereinander nicht ganz geklärt. Oft kristallisieren die Glimmer paarweise: Biotit zusammen mit Muskovit, Muskovit zusammen mit Lepidolith u.a. In der folgenden Aufzählung erscheinen die Formeln vereinfacht in idealisierter Zusammenstellung, angelehnt an die Ergebnisse der Röntgenstrukturanalyse:

Muskovit	$KAl_2(AlSi_3O_{10})(OH)_2$
Paragonit	$NaAl_2(AlSi_3O_{10})(OH)_2$
Phlogopit	$KMg_3(AlSi_3O_{10})(OH)_2$
Biotit	$K(Mg, Fe)_3(AlSi_3O_{10})(OH)_2$
Lepidolith	$KLi_2Al(Si_4O_{10})(OH)_2$

Folgendes Strukturschema kann festgehalten werden: Die SiO_4-Tetraeder sind jeweils an drei Ecken mit benachbarten Tetraedern verbunden und bilden die bekannten **Schichtflächen**. Jeder Tetraeder hat also drei gebundene sowie einen freien Sauerstoff; extrapoliert ergeben Zusammensetzung und Bindungsart der Tetraeder $(Si_4O_{10})^{4-}$. Zwei dieser aus verknüpften Tetraedern bestehende Schichten stoßen immer mit den Spitzen der nach innen gewandten Tetraeder aneinander, genügend Platz lassend für die kreuzweise Verbindung eben dieser Spitzen durch Al im Muskovit oder Mg und Fe im Phlogopit und Biotit. Die eingebauten OH-Gruppen sind verbunden mit Al, Mg oder nur mit Fe. Insgesamt resultiert daraus eine mit den Basisflächen ihrer Tetraeder nach außen stehende, feste Doppelschicht. Schließlich bleiben noch die Kaliumionen, die zwischen die erwähnten Doppelschichten eingefaßt sind (siehe auch Abb. 6.5).

Der wohl verbreitetste Glimmer ist der **Biotit; Muskovit** befindet sich in manchen Graniten. **Lepidolith** ist recht selten in Graniten, seine Fundorte beschränken sich vornehmlich auf die Granitpegmatite. **Phlogopit** zeigt sich hier und da in Mg-reichen und Fe-armen Magmatiten, etwa Peridotiten, etwas häufiger scheint er in metamorphen Kalken sowie in bestimmten Pegmatiten vorzukommen. **Paragonit** ist ein sehr seltenes Mineral in Schiefern und Gneisen.

Das verbreitete Vorkommen von Biotit in Magmatiten im Gegensatz zum begrenzten Vorkommen von Muskovit in Pegmatiten und einigen Graniten kann mit den Untersuchungen von YODER & EUGSTER gut erklärt werden (Abb. 5.7). Sie fanden heraus, daß für den Phlogopit die Stabilitätskurve um 300°C höher liegt als für den Muskovit und außerdem ein gutes Stück höher als die Minimumschmelzkurve für Granit. Das bedeutet, daß Phlogopit (und Biotit) direkt aus der Schmelze bei Normaltemperaturen auskristallisieren. Demgegenüber liegt die Stabilitätskurve des Muskovit bei niederen Drücken (sie schneidet bei 700°C und ca. 1,5 kbar Wasserdampfdruck die Granitkurve) deutlich unter der Minimumschmelzkurve des Granits. Also muß ein in Granit kristallisierender Muskovit bei hohem Wasserdampfdruck, das heißt in größerer Tiefe, oder durch Einbringen mittels später einsetzender Prozesse in das bereits auskristallisierte Gestein gebildet worden sein.

Biotite in Magmatiten schwanken sehr stark bezüglich ihrer chemischen Zusammensetzung. Zwischen Mg und zweiwertigem Eisen besteht vollkommene Diadochie, und es sind alle Übergangsformen von eisenfreien (Phlogopit) bis zu fast Mg-freien Phasen bekannt. Dreiwertiges Eisen kann Al in 6er-Koordination zur Hälfte oder mehr ersetzen. Ein Teil der OH-Gruppen kann durch Fluor ersetzt werden, obwohl dieses Element in den meisten Analysen in nur untergeordneten Mengen ausgewiesen ist. Geringe Gehalte bestehen an Mn, Ti, Li, Na und Ca, und als weniger häufige

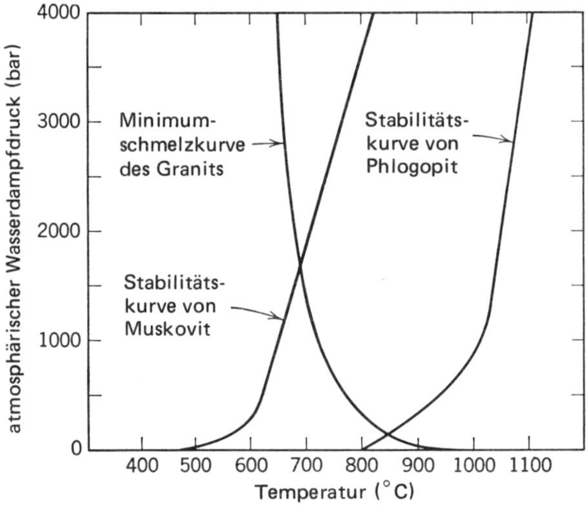

Abb. 5.7 Stabilitätskurven von Muskovit und Phlogopit in Relation zur Minimumschmelzkurze von Granit (nach YODER & EUGSTER, *Geochim. Cosmochim. Acta,* **6,** S. 195, 1954).

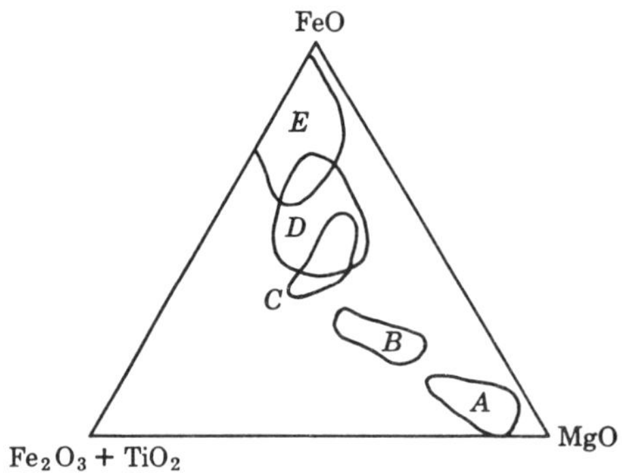

Abb. 5.8 Unterschiede in der Biotitzusammensetzung in Abhängigkeit von der Gesteinsart (nach HEINRICH, *Am. J. Sci.,* **244,** S. 836, 1946). A: Ultrabasite, B: Gabbros, C: Diorite, D: Granite, E: Pegmatite.

Elemente sind Ba, Cr. Ni, Rb und Cs zu nennen. Ein gewisser Trend geht von Mg-reichen Biotiten in Ultrabasiten zu Fe-reichen in Graniten und Nephelinsyeniten (Abb. 5.8). Al-Gehalte sind am höchsten in Graniten und Pegmatiten und am niedrigsten in ultrabasischen Gesteinen; Si verhält sich umgekehrt gegenüber Aluminium.

5.3 Die Beschaffenheit silikatischer Schmelzen

Die Entropie beim Schmelzprozeß silikatischen Materials ist nicht hoch, und so haben Atome oder Ionen der geschmolzenen Silikate wahrscheinlich keinen größeren Grad der Unordnung als in festem Zustand. Das führt zu der Annahme, daß ein Gutteil der strukturellen Gitteranordnung beim Schmelzvorgang erhalten bleibt. Da die Si-O-Bindungen um vieles stärker als andere Bindungen innerhalb silikatischer Strukturen sind, kann ein Weiterverbleib in gewissem Ausmaß in der Schmelze angenommen werden; d.h. daß die Anionen in der Schmelze nichts anderes sind als vornehmlich polymerisierte Si-O-Tetraeder, verbunden zu ein-, zwei- oder dreidimensionalen Netzwerken (unter entsprechender Aufteilung der Sauerstoffe), ganz ähnlich denen in den Silikatstrukturen – nur viel ungeordneter. Die hohe Viskosität der Silikatschmelzen wird wahrscheinlich durch eben diese in komplizierter Weise miteinander verstrickten Si-O-Polymerisate verursacht.

Der Vernetzungsgrad der silikatischen Anionen wird vom Verhältnis Si (und Al):O stark beeinflußt. Die Bindung unter den Si-O-Tetraedern ist bei einem Si:O-Verhältnis von 1:2 am größten und verringert sich mit abnehmendem Anteil von Silizium. Dieser Zusammenhang wird durch die Zunahme der Viskosität silikatischer Schmelzen mit gleichfalls steigendem SiO_2-Gehalt ganz klar bestätigt. Von Bedeutung ist auch die Anwesenheit anderer Ionen. In alkalisch betonten Schmelzen nimmt die Viskosität in der Reihe K > Na > Li ab; anscheinend bewirkt Na mehr noch als K ein Aufbrechen der festen Si-O-Bindungen und damit die Spaltung der polymerisierten Anionenverbände in kleinere Einheiten; Li ist dazu noch mehr in der Lage. Zweiwertige Kationen sind in dieser Hinsicht noch effektiver; so besitzen Fe-reiche Schmelzen eine bemerkenswert niedrige Viskosität selbst bei hohen SiO_2-Gehalten. Laborexperimente haben gezeigt, daß kleine Anteile Wasserdampf eine beachtliche Einflußgröße auf die Viskosität darstellen, indem sie sie kräftig vermindern, offensichtlich wegen der starken Tendenz in Richtung der Reaktion $H_2O + O^{2-} = 2\,(OH)^-$. Hier erfolgt eine Auflösung der O-Bindung zwischen den Si-O-Tetraedern zugunsten von sich neubildenden OH-Gruppen bei gleichzeitiger Spaltung der Anionenpolymerisate zu primitiveren Gruppierungen. Wegen des geringen „Molekulargewichts" der entstehenden OH-Gruppen ist schon ein sehr kleiner Gewichtsanteil H_2O in der Schmelze von hoher Auswirkung auf die Eliminierung der Bindung zwischen den Si-O-Tetraedern. Si und andere Komplex- oder Polymerbildner wie das Al agieren als eine Art Netzwerkbildner, während Elemente, die Sauerstoff an die vorherrschenden kovalenten Kation-Sauerstoff-Komplexe abgeben, als Netzwerkmodifizierer bezeichnet werden können.

5.4 Die Kristallisation silikatischer Schmelzen

Das Studium der Kristallisation künstlicher Silikatschmelzen von bekannter Zusammensetzung brachte große Fortschritte zum Verständnis der Geochemie magmatischer Gesteine. Kristallisation wird von den Gesetzmäßigkeiten der heterogenen Gleichgewichte kontrolliert; diese sagen uns beispielsweise, unter welchen Bedingungen nur eines der möglichen Kristallisationsprodukte erwartet werden kann und unter welchen Bedingungen mehr als eines gleichzeitig erscheinen wird.

Phasenregel

Die grundlegende Gesetzmäßigkeit dazu ist die **Phasenregel** (auch: Gibbssche Phasenregel), die besagt, daß in jedem thermodynamischen System die Anzahl der Phasen (Mineralarten) P plus die Zahl der Freiheitsgrade F gleich ist der Zahl der beteiligten Komponenten C plus 2 oder

$$P + F = C + 2$$

Das Phasengesetz, wie es auch heißt, wurde auf die Belange geochemischer Vorgänge folgendermaßen ausgedehnt: In jedem System kann die maximale Anzahl der Phasen nur erreicht werden, wenn die Zahl der Freiheitsgrade auf den möglichen Minimalwert beschränkt wird. Dieser Zustand kann dadurch erreicht werden, daß Druck und Temperatur festgelegt werden. In der Natur ist es sehr unwahrscheinlich, daß solche Bedingungen während der magmatischen Kristallisation herrschen. In der Regel findet der Kristallisationsvorgang in einem weiten Druck- und Temperaturbereich statt, d.h. diese beiden Parameter bleiben variabel, und damit hat das System zwei Freiheitsgrade. Unter diesen Umständen gilt $P = C$, was heißt, daß in einem System mit willkürlichen Druck- und Temperaturbereichen und mit n Komponenten die Zahl der nebeneinander stabilen Mineralphasen nicht größer als n sein kann. Diese Ausweitung der Phasenregel geht auf GOLDSCHMIDT zurück und ist unter der Bezeichnung **mineralogische Phasenregel** bekannt.

Schon weiter oben hatten wir festgestellt, daß trotz einer großen Spannweite ihres Chemismus die magmatischen Gesteine eine vergleichsweise einfache Mineralogie aufweisen, die zum Großteil nur aus sieben Mineralgruppen besteht. Die auf diese Zahl beschränkten Phasen, wie sie bei normaler Kristallisation eines Magmas auftreten, kann mit Hilfe der Phasenregel leicht verständlich gemacht werden. Betrachten wir Magma als ein Acht-Komponentensystem von O, Si, Al, Fe, Mg, Ca, Na und K, so erscheint es sehr unwahrscheinlich, daß gleich, mit welchen Anteilen diese acht Bestandteile im System vertreten sind, ebensoviele Mineralphasen kristallisieren, also acht. Dies gilt um so mehr, als die einzelnen Stoffkomponenten nicht völlig unabhängig voneinander sind, sondern einige in der Lage sind, jedes andere Atom Stück für Stück zu ersetzen.

Seit 1905 gibt das amerikanische Geophysical Laboratory eine von immer komplizierteren Gleichgewichten in silikatischen Systemen handelnde, kontinuierliche Publikationsreihe heraus. Da die Resultate dieser Forschungsarbeiten in vielen Lehrbüchern der Petrologie erläutert sind, soll an dieser Stelle darauf verzichtet werden. Wir möchten jedoch im Anschluß auf einige ausgewählte Mehrstoffsysteme eingehen und an ihnen die wichtigsten Grundlagen demonstrieren.

Pyroxen-Plagioklas-System

Dieses Dreistoffsystem spielt bei der Gesteinsbildung eine bedeutende Rolle, da sein Stoffinhalt gewissermaßen dem von Basalten und Gabbros gleicht und diese oft nicht anderes darstellen als Pyroxen-Plagioklas-Gesteine. Wenden wir uns zunächst dem System Diopsid (Di)–Anorthit (An)–Albit (Ab) zu. So wie es BOWEN 1915 erarbeitet hat, ist es in Abb. 5.9 zu sehen. Genaugenommen weiß man heute, daß das System nicht streng ternär ist, da etwas vom Al_2O_3 des Plagioklases im Diopsid eingebaut wird; jedenfalls gelten die von BOWEN aufgestellten Phasenbeziehungen nach wie vor.

Durch die sog. **kotektische Linie** oder **Reaktionskurve**, die das Diagramm in ein Diopsidfeld und in ein Plagioklasfeld aufteilt, werden die Eutektika der Zweistoffsysteme Di-An bzw. Di-Ab miteinander verbunden. Die Reaktionskurve ist die Projektion eines Temperaturtals der Liquidusoberfläche auf die Dreiecksfläche, wie in dem Diagramm an den Isothermen ersichtlich ist. Aus jeder Schmelze mit einer Zusammensetzung, die im Plagioklasfeld liegt, kristallisiert Plagioklas zuerst aus, und die Zusammensetzung der Schmelze bewegt sich auf die Reaktionskurve zu. Beim Erreichen der Kurve beginnt der Diopsid sich auszuscheiden, so daß jetzt Diopsid und Plagioklas gemeinsam kristallisieren. Bei weiterer Abkühlung folgt die Zusammensetzung der Schmelze dem Verlauf der Reaktionskurve auf das Ab-Di-Eutektikum zu. Die Erstarrung ist schließlich an dem Punkt abgeschlossen, der der ursprünglichen Zusammensetzung der Schmelze sowie dem Spielraum, der der Änderung im Chemismus des Plagioklases entspricht. Ähnlich ist der Verlauf der Kristal-

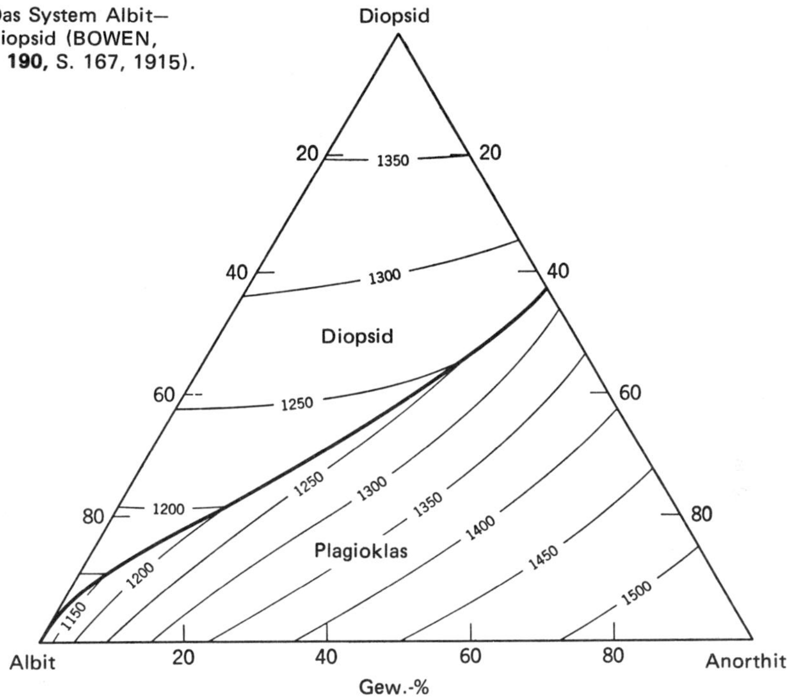

Abb. 5.9 Das System Albit–Anorthit–Diopsid (BOWEN, *Am. J. Sci.,* **190,** S. 167, 1915).

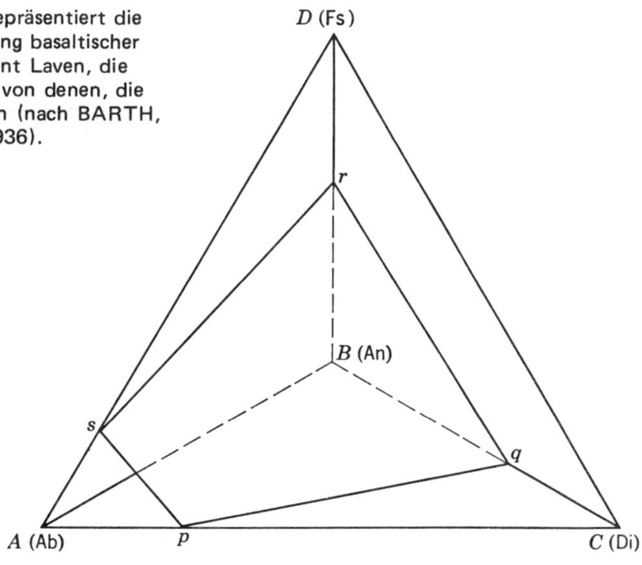

Abb. 5.10 Das Tetraeder repräsentiert die annähernde Zusammensetzung basaltischer Laven. Die Fläche *pqrs* trennt Laven, die zuerst Pyroxen ausscheiden von denen, die zuerst Plagioklas ausscheiden (nach BARTH, *Am. J. Sci.,* **231,** S. 331, 1936).

lisation, wenn der Ausgangschemismus im Diopsidfeld liegt, außer daß sich dann Di zuerst ausscheidet.

Fügt man als vierte Komponente Fassait, $FeSiO_3$, (Fs) hinzu, so kommen die Bedingungen denen von Basalten und Gabbros schon sehr nahe. Dieses **Vierstoffsystem** wurde bisher im Labor noch nicht vollständig erforscht; von BARTH ist jedoch ein beachtenswertes Gleichgewichtsdiagramm bekannt, das er versuchsweise und vereinfacht in Form eines Tetraeders, dessen Ecken die vier Komponenten Ab, An, Di und Fs repräsentieren, dargestellt hat. Ferner bedeuten in diesem System (Abb. 5.10): Der Punkt *p* ist das Eutektikum von Di-Ab, *q* das von Di-An, *r* und *s* sind die (möglichen) Eutektika von Fs-An bzw. Fs-Ab. Das System besteht also aus zwei binären Mischkristallreihen, der bekannten Plagioklasreihe *AB* und der Pyroxenreihe *CD*; vier binären Systemen mit Eutektikum, nämlich *AC, BC, BD, AD,* inklusive ihren Eutektika *p, q, r, s;* schließlich vier ternären Systemen, geteilt durch je eine Reaktionskurve *pq, qr, rs* oder *sp.* Das Vierstoffsystem selbst wird durch die **Reaktionsoberfläche** zweigeteilt.

Aus einer Schmelze, deren Zusammensetzung zwischen *AB* und der Reaktionsoberfläche liegt, kristallisiert Plagioklas als erste Phase aus. Während des Abkühlens wird die Schmelze reicher an den Komponenten *C* und *D* (Pyroxene), wobei ihre Zusammensetzung schließlich auf die Reaktionsoberfläche zu liegen kommt. Beim Erreichen dieser Oberfläche *pqrs* beginnt Pyroxen zusammen mit Plagioklas sich auszuscheiden. Von da an liegt die Zusammensetzung der Schmelze irgendwo in der Reaktionsoberfläche und bewegt sich entlang des Temperaturgradienten. Geht die Abkühlung langsam vor sich, reagieren die eben gebildeten Kristalle des Plagioklases und des Pyroxens mit der Schmelze und ändern fortan ständig ihre Zusammensetzung, bis die Kristallisation abgeschlossen ist und alles erstarrt ist. Falls fraktionierte Kristallisation erfolgt (ihre Prinzipien gelten hier genauso wie in einfachen Systemen), dann werden die frühabgeschiedenen und aus dem Schmelzgleichgewicht entfernten Kristalle reich an An bzw. Di sein, während die spätgebildeten Phasen reicher an den Komponenten Ab und Fs sein werden.

BARTH studierte die Zusammensetzung und Kristallisationsabfolge einer Reihe von Basalten und erfuhr eine Bestätigung der aus der Betrachtung des Vierstoffsystems entwickelten Überlegungen durch die Petrographie. Es war möglich, hinreichend genaue Koordinaten der Reaktionsoberfläche abzuleiten, einfach durch Eintragen der Konzentrationszusammensetzung in das Vierstoffsystem von jenen Basalten, die dem Befund nach gleichzeitig ausgeschiedene Plagioklase und Pyroxene enthielten. Die so erfaßten Koordinaten definierten die gesuchte Reaktionsoberfläche; BARTH fand heraus, daß sie fast eine exakte Ebene abbildete und daß die Raumlage der Ebene gut übereinstimmte mit jener, die aufgrund der (unvollständigen) Laborstudien des Vierstoffsystems zu erwarten war.

Seit den Pionierarbeiten von BOWEN und BARTH haben die experimentellen Untersuchungen natürlicher und künstlicher Schmelzen von basaltischer oder quasibasaltischer Zusammensetzung gewaltig zugenommen. Die bewährten Grundsätze gelten immer noch, und im Zuge der sich rasch erweiternden Detailkenntnisse konnten in Frage kommende Komplikationen und Variationen des einfachen Systems erhellt werden. Auf eine ausführliche Zusammenfassung von YODER (1976) wird verwiesen.

$KAlSiO_4$–$NaAlSiO_4$–SiO_2-System

Die in diesem System möglichen Mineralphasen korrespondieren mit einigen magmatischen Gesteinen wie Graniten, Syeniten, Nephelinsyeniten sowie den entsprechenden Extrusiva, den Rhyolithen, Trachyten und Phonolithen. Laboruntersuchungen mit K-, Na- und Al-haltigen Schmelzen dokumentierten, daß fraktionierte Kristallisation in solchen Schmelzen stets zu einer an Alkali-Aluminium-reichen Restlösung führte. BOWEN sprach daher auch von „petrogeny's residua system", von der petrogenetischen Restlösung $KAlSiO_4$–$NaAlSiO_4$–SiO_2. Im Diagramm von Abb. 5.11 teilt die Verbindungslinie $KAlSi_3O_8$–$NaAlSi_3O_8$ das Dreistoffsystem in zwei Bereiche auf: Das aufsitzende Dreieck mit der SiO_2-Spitze entspricht granitischer Zusammensetzung, das nach unten anschließende Trapez kommt der Zusammensetzung von Alkalimagmen, die als Alkalifeldspat plus Nephelin oder Leucit auskristallisieren, sehr nahe. Das auffälligste Charakteristikum ist eine flache **Mulde niedriger Temperatur** innerhalb der 1100°C-Isotherme. Kristallisation jeglicher Schmelzen in diesem System führt unweigerlich zu einer Restlösung, deren Zusammensetzung in die Umgebung dieser Mulde führt. Auch BOWEN wies darauf hin und meinte, falls fraktionierte Kristallisation eine so bedeutende Rolle bei der Differentiation von Magmen spiele, dann müßten die Kristallisationsprodukte der Restschmelzen salischer Natur sein und eine Pauschzusammensetzung ähnlich jener

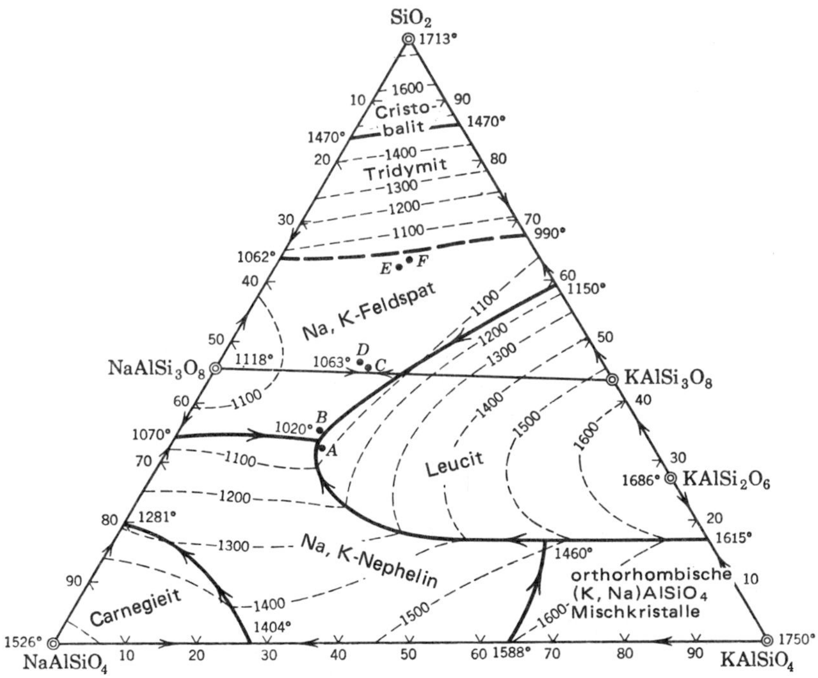

Abb. 5.11 Gleichgewichtsdiagramm des Systems $NaAlSiO_4$–$KAlSiO_4$–SiO_2. Die ausgefüllten Punkte bezeichnen Normminerale (außer Anorthit) aus Analysen von 15 Tinguaiten (A), 25 Phonolithen (B), 32 Alkalisyeniten (C), 19 Alkalitrachyten (D), 546 Graniten (E) und 102 Rhyolithen (F) (BOWEN, *Am. J. Sci.,* **233,** S. 20, 1937, & SCHAIRER, *J. Geol.,* **58,** S. 514, 1950).

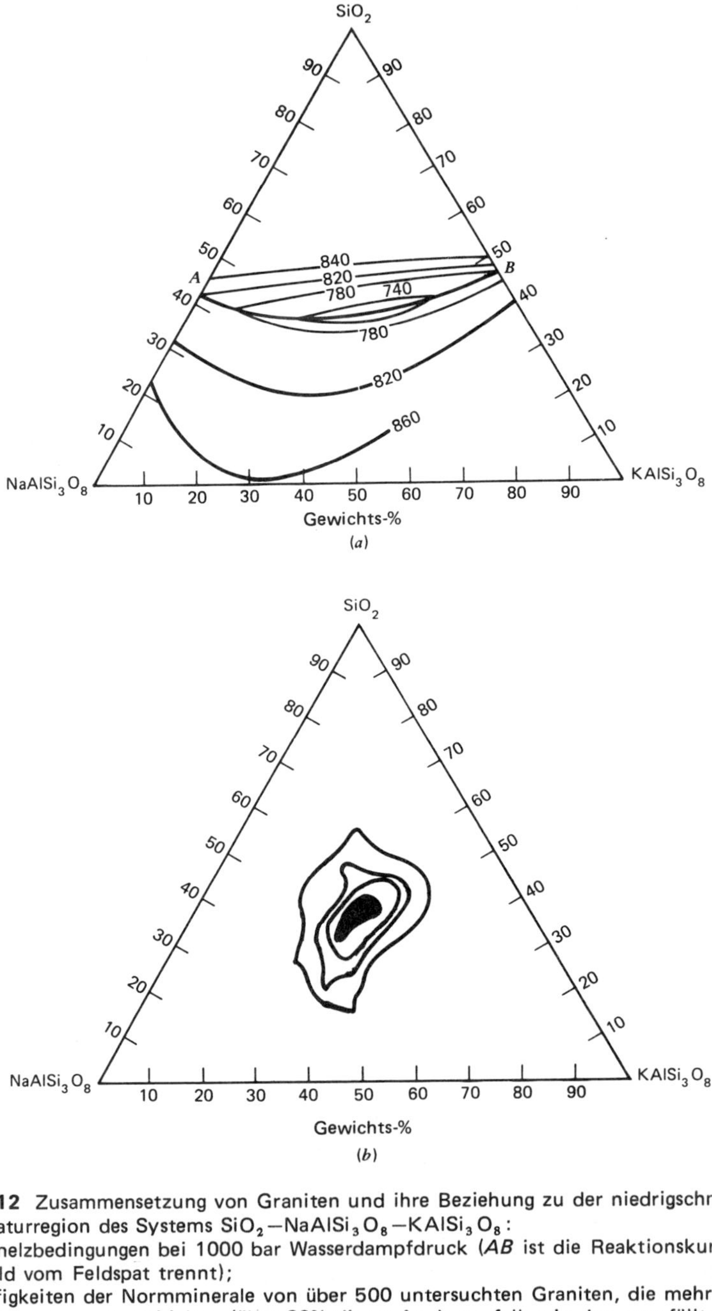

Abb. 5.12 Zusammensetzung von Graniten und ihre Beziehung zu der niedrigschmelzenden Temperaturregion des Systems SiO_2–$NaAlSi_3O_8$–$KAlSi_3O_8$:
a) Schmelzbedingungen bei 1000 bar Wasserdampfdruck (*AB* ist die Reaktionskurve, die das Quarzfeld vom Feldspat trennt);
b) Häufigkeiten der Normminerale von über 500 untersuchten Graniten, die mehr als 80% dieser Komponenten enthielten (über 90% dieser Analysen fallen in das ausgefüllte Feld hinein) (TUTTLE & BOWEN, *Geol. Soc. Amer. Mem.,* **74,** 1958).

in der Umgebung der Temperaturdepression haben. Er konnte viele solcher Beweise anführen, von den Rhyolithen, Trachyten und Phonolithen bis zu den salischen Anteilen durchschnittlicher Granite, Rhyolithe, Syenite etc., die alle in den Bereich dieses Temperaturminimums fielen (Abb. 5.11).

Weitere Arbeiten in dem $NaAlSi_3O_8$–$KAlSi_3O_8$–SiO_2-Teilbereich dieses Systems unter nassen Bedingungen stellten die dort vorherrschenden Bedingungen noch etwas klarer heraus (Abb. 5.12). Die Phasenbeziehungen ähneln denen im System Ab-An-Di (Abb. 5.9) mit zwei Teilbezirken; im vorliegenden Fall kann einmal Quarz die erste Phase sein oder nach Art der Zusammensetzung natürlich auch ein Alkalifeldspat. Beide Felder sind durch die Reaktionskurve *AB* getrennt. Bei einem Wasserdampfdruck von ca. 1 kbar findet sich im mittleren Bereich von *AB* eine **Temperaturdepression**, in die die Endzusammensetzung der Kristallisation einmündet. Trägt man die normative Zusammensetzung von Graniten in Form ihrer Hauptkomponenten SiO_2, $NaAlSi_3O_8$ und $KAlSi_3O_8$ (umgerechnet auf 100%) in ein Konzentrationsdreieck ein, dann bildet die Häufigkeitsverteilung der Komponenten gleichermaßen die eben erläuterte Temperaturdepression ab. Zwischen den felsischen Bestandteilen der meisten Granite und der Zusammensetzung der durch die Kristallisation im System SiO_2–$NaAlSi_3O_8$–$KAlSi_3O_8$ erzeugten spätmagmatischen Lösung besteht danach weitgehende Übereinstimmung. Diese Beobachtung spricht für fraktionierte Kristallisation bei der Entstehung der meisten Granite und steht im Einklang mit ihrer magmatischen Genese. Die vorliegenden Befunde bedeuten außerdem, daß bei einer fraktionierten Aufschmelzung von Gesteinen geeigneter Zusammensetzung die Initialschmelze dem Chemismus von Graniten gleicht.

5.5 Die Kristallisation aus der Schmelze

Durch das Studium der Kristallisation künstlicher Silikatschmelzen in Abstimmung der Beobachtung der zugehörigen Petrologie war es möglich, bedeutende Schlußfolgerungen zur magmatischen Ausscheidung zu ziehen. Eutektische Kristallisation, einst als wesentlich und weitverbreitet angesehen, kommt womöglich niemals vor. *Nahezu alle* gesteinsbildenden Minerale gehören zu Mischkristallreihen. Die Kristallisation von Systemen, die solche Verbindungen enthalten, erstreckt sich über einen weiten Temperaturbereich; die Mineralphasen, die sich ausscheiden, besitzen analog dazu eine beträchtliche Spannweite, was ihre Zusammensetzung betrifft. Der Verlauf der Kristallisation hängt ab von der Erstarrungsgeschwindigkeit sowie von Anwesenheit oder Abtrennung früh ausgeschiedener Kristalle. In eutektischen Systemen hingegen hat die Erstarrungsgeschwindigkeit keinerlei Einfluß auf die Kristallisation, das Endprodukt bleibt in jedem Fall das gleiche, ob nun die Frühkristallisate von der Schmelze abgetrennt werden oder nicht.

Ein weiteres Charakteristikum silikatischer Systeme ist das häufige Auftreten des **inkongruenten Schmelzens**, ein Vorgang, bei dem eine feste Phase (Mineral) mit der umgebenden Schmelzflüssigkeit reagiert, um eine andere, neue Phase zu ergeben. Durch zwei Arten von Reaktionsmechanismen wird folglich der Kristallisationsvorgang charakterisiert:

- **Die kontinuierliche Reaktion** in einer Mischkristallreihe, bei der die frühkristallisierten Phasen durch ständiges Reagieren mit der Schmelze sich in ihrer chemischen Zusammensetzung fortlaufend ändern (Beispiel Plagioklas-Reihe).

- **Die diskontinuierliche Reaktion**, bei der die frühkristallisierte Phase mit der Schmelze reagiert und von dieser resorbiert wird, um eine völlig andere, neue Mineralphase unterschiedlicher Struktur und Zusammensetzung zu bilden (Beispiel En im System $MgO-SiO_2$).

Dieses Konzept als ein fundamentales Merkmal der magmatischen Kristallisation geht zurück auf BOWEN, der es unter dem Begriff **Reaktionsprinzip** entwickelt hatte.

BOWEN teilte die gängigen Minerale der magmatischen Gesteine in zwei Reihen ein, in eine **diskontinuierliche Reihe** mit den Mg-Fe-Mineralen und in eine **kontinuierliche**, der Ab-An-Reihe (Abb. 5.13). In Wirklichkeit stellt jedes Mineral der diskontinuierlichen Reihe für sich selbst betrachtet eine kontinuierliche Reihe dar, da sie ja ausnahmslos selbst Mischkristalle sind. Die beiden Reaktionsreihen, die BOWEN aus Labor- und Feldbefunden abgeleitet hatte, decken sich gut mit der durch die Petrologie der Magmatite beschriebene Ausscheidungsfolge dieser Gesteine

Die petrologische Bedeutung des Reaktionsprinzips soll im folgenden an einem Basaltmagma mit einer Zusammensetzung demonstriert werden, daß Olivin und Bytownit die zuerst ausscheidenden Phasen sind. Beim Abkühlen reagieren sie mehr oder weniger mit der umgebenden Schmelze und wandeln sich um in Pyroxen bzw. Labradorit; bei fehlender Fraktionierung erstarrt die Schmelze als ein Pyroxen-Labradorit-Basalt oder -Gabbro. Falls es andererseits zu einer Fraktionierung kommt und etliche der frühgebildeten Olivine und Bytownite dem System entzogen werden

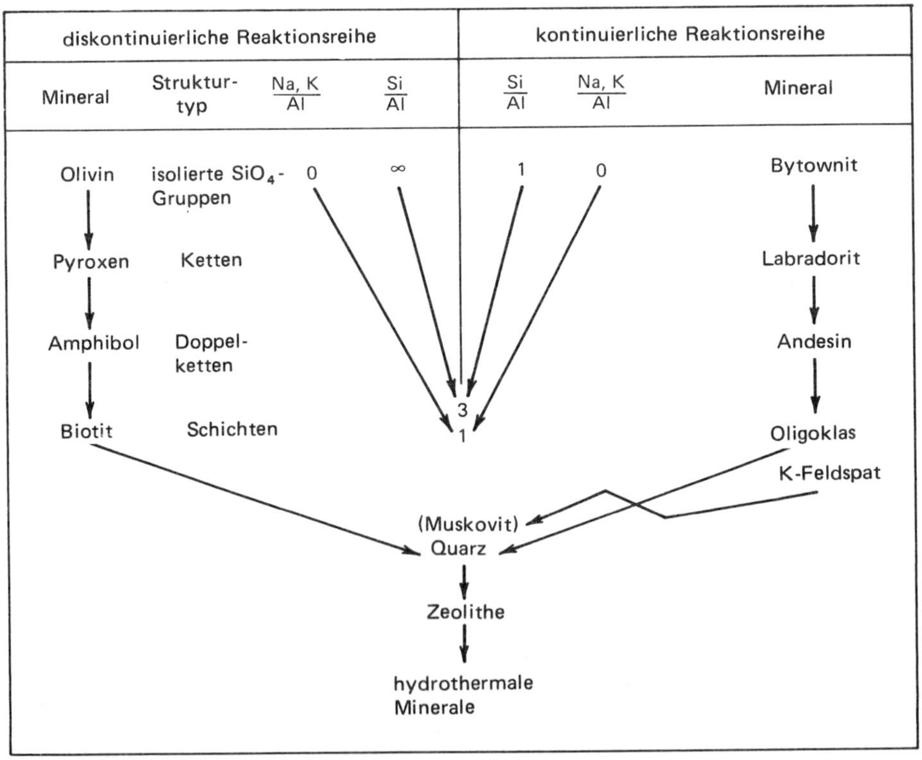

Abb. 5.13 Die Reaktionsreihen

(z.B. durch Absinken zur Basis des Magmenkörpers), wird die verbleibende Restschmelze mit den Pyroxenen und Labradoriten zu Hornblende und Andesin weiterreagieren. Je weiter der Grad der Fraktionierung geht, desto umfassender laufen die Reaktionsprozesse ab. Wird bei einem hohen Fraktionierungsgrad die ganze Reaktionsreihe durchlaufen, so endet schließlich der Kristallisationsvorgang in einer SiO_2-reichen, wäßrigen Restlösung.

An dieser Stelle interessieren uns mehrere Aspekte der kontinuierlichen und diskontinuierlichen Reihe in Abb. 5.13. Die diskontinuierliche Reaktionsreihe ist zunächst gekennzeichnet durch eine ansteigende Komplexität der Bindungen im Gitter in der Sequenz: Isolierte Tetraeder – Ketten – Bänder – Schichten. In dieser Reihenfolge nimmt auch das Volumen der einzelnen Elementarzellen zu:

Forsterit	294 Å^3	Hornblende	925 Å^3
Diopsid	434 Å^3	Biotit	979 Å^3

Die in der zweiten Hälfte der diskontinuierlichen Reaktionsreihe angesiedelten Bänder- und Schichtsilikate zeichnen sich durch den Einbau von OH-Gruppen in ihr Gitter aus, ein Hinweis auf die erhöhte Konzentration flüchtiger Komponenten in diesem Stadium der Fraktionierung. Auch nimmt die Konzentration von K zu und ist vermutlich verantwortlich für den anstelle der Hornblende kristallisierenden Biotit, der um eine Größenordnung mehr Kalium enthält.

Umgekehrt gibt die Abnahme der Komplexität der Silikatstrukturen, wenn man in der Reihe nach oben geht, die Zunahme thermischer Stabilität wieder. Durch Erhitzen der Silikatstrukturen, die sich im unteren Teil der Reihe befinden, können sie in Bruchstücke von Strukturen zerlegt werden, die sich höher in der Reihe befinden. So kann beispielsweise ein Glimmerplättchen durch Erhitzen durchaus in Doppelketten des Amphibols, Einfachketten des Pyroxens und schließlich in die inselartige Tetraederanordnung des Olivins zerfallen, wobei jeder Schritt etwas Restlösung hervorbringt; das Schmelzen von Hornblende zu Pyroxen plus Schmelze sowie das Schmelzen von letzterem zu Olivin plus Schmelze konnte im Laborexperiment gut beobachtet werden.

Ein weiterer, erwähnenswerter Punkt der diskontinuierlichen Reaktionsreihe ist die bei steigendem Vernetzungsgrad zunehmende Substitutionsbereitschaft von Al für Si. Während noch im Olivin keinerlei Anzeichen dafür ersichtlich sind, kann in den meisten magmatischen Pyroxenen im allgemeinen ein mengenmäßig begrenzter Ersatz von Si durch Al ausgemacht werden. Dieses Verhalten steigert sich noch bei den magmatischen Amphibolen, und beim Biotit schließlich ist ein Viertel des Si durch Al ersetzt (das Si:Al-Verhältnis schwankt bei ihm in Bereichen von 6:2 bis 5:3). Ganz im Gegensatz dazu nimmt das Si:Al-Verhältnis in der kontinuierlichen Reihe der Plagioklase von 1:1 im Anorthit nach 1:3 im Albit (und im Kalifeldspat) stetig ab. Das Na + K:Al-Verhältnis zeigt in beiden Reihen eine zunehmende Änderung von 0 bis 1.

Die strukturelle Bedeutung der Al-Si-Substitution rührt wahrscheinlich von der Verteilung der Bindungsenergien her. Im Fall des Ersatzes von Si durch Al in einem SiO_4-Tetraeder führt die niedrigere Ladung des Aluminiumions zu einer geringeren Neutralisation der negativen Ladungen der Sauerstoffionen, was einer Erhöhung der negativen Ladung gleichkommt und eine stärkere Bindung zwischen den Silikatbausteinen zur Folge hat. Substitution von Si durch Al hebt die Zersetzungstemperatur des Minerals an, und demgemäß steigt seine Position in der Reaktionsreihe. Das gilt nicht nur für die kontinuierliche Reihe, sondern auch für einzelne Mineralphasen innerhalb der diskontinuierlichen Reihe. Wahrscheinlich erhöht die Al-Si-Substitution in Amphibolen und Pyroxenen auch deren thermische Stabilität.

Die Reaktionsreihen liefern uns eine eingehende Beschreibung der Differentiation der wichtigsten Elemente bei der magmatischen Kristallisation. Die frühkristallisierenden Phasen Olivin und Ca-Plagioklas (An, By) nehmen wenig SiO_2 auf, was zu einer **Anreicherung** der Schmelze an dieser Komponente führt; dagegen benötigt Olivin relativ viel Mg und der Plagioklas Calcium, was zu einer Abreicherung dieser Elemente in der Schmelze führt. Die Kristallisation verändert ebenfalls das Mg:Fe-Verhältnis der Schmelze, da es im Olivin stets höher ist als in der Schmelze, aus der er ausscheidet. Wie wir schon weiter oben erwähnt hatten, bilden Olivin und alle anderen Mg-Fe-Minerale eigene kontinuierliche Reaktionsreihen, in denen die frühkristallisierenden, höherschmelzenden Mineralphasen reich an Mg, die spätkristallisierenden dagegen reich an Fe sind. Mit fortschreitender Kristallisation wird Olivin von Pyroxen als die stabile Phase abgelöst, und die sich fortan ausscheidenden Plagioklase und Augite entnehmen der Schmelze nun bevorzugt Ca, was zu einer relativen Anreicherung der Schmelze an den Elementen Na, K und Si führt. Mit fallender Ca-Konzentration geht die Zunahme von Na in den Plagioklasen einher, und mit dem Auftauchen der Hornblende als stabile Phase in der diskontinuierlichen Reihe wird einiges Na auch hier zum Aufbau des Amphibolgitters benötigt. Kalium verbleibt sehr lange in der Schmelze, da es in nennenswertem Umfang erst von Biotit und Kalifeldspat gebraucht wird.

Unter Berücksichtigung des Reaktionsprinzips kann fraktionierte Kristallisation eines basaltischen Magmas bei günstigen Bedingungen zu immer saureren Gesteinen führen, solange, bis endlich granitische Zusammensetzung erreicht ist. Diese Abfolge kann in eindrucksvoller Weise an vielen Plutonen demonstriert werden, so z.B. im Gebiet um Oslo, an Plutonen der Kaledonien in Westschottland und dem großen Batholith Südkaliforniens. Dessenungeachtet ist fraktionierte Kristallisation, wie BOWEN selbst betonte, ein sehr flexibler Prozeß; so können zwei Magmen der gleichen Zusammensetzung im Verlauf der Kristallisation durchaus ganz verschiedene Gesteine hervorbringen.

Eines der bestbekannten Beispiele für fraktionierte Kristallisation basaltischen Magmas ist die Skaergaard-Intrusion (WAGNER & BROWN, 1967). In dieser Intrusion mündete die magmatische Differentiation in eine Spätkristallisation Fe-reicher Gesteine, die im wesentlichen aus Plagioklas (An_{30}), Olivin (Fa_{97}) und Klinopyroxen (~ Hedenbergit) besteht. In diesem Fall entwickelte sich die Differentiation auf eine Anreicherung an Fe zu, anstelle einer solchen mit Si-Anreicherung.

OSBORN (1962) wies in diesem Zusammenhang auf die Existenz zweier verschiedener Reaktionsreihen hin. Die eine führt zu einer SiO_2-reichen Restlösung, wie sie BOWEN beschreibt und wie sie typisch für die Gesteine der Orogengürtel ist. Die andere produziert FeO-reiche Restlösungen und ist an geschichtete Intrusionskörper (layered intrusions) wie Skaergaard-Intrusion, Bushveld- und Stillwater-Komplex gebunden. Natürlich ist jede der beiden Differentiationsvorgänge das Ergebnis von fraktionierter Kristallisation und ihrer Reaktionsabläufe; ihre doch sehr verschiedenen Produkte verweisen jedoch auf abweichende Sauerstoffpartialdrücke während der Ausscheidung. So beschreibt die Reaktionsreihe nach BOWEN den Ablauf der fraktionierten Kristallisation basaltischer Magmen unter Bedingungen hoher Sauerstoff-Fugazität bzw. hohen Sauerstoffpartialdrucks. Unter diesen Umständen wird ein Großteil des Fe als Magnetit ausgeschieden, so daß die Restlösung sich mit Si anreichert. Bei relativ niedrigem Sauerstoffpartialdruck ist andererseits wenig oder kein dreiwertiges Eisen vorhanden, um Magnetit FeO · Fe_2O_3 zu bilden, deshalb akkumuliert FeO solange in der Schmelze, bis es im Endstadium für die Kristallisation von eisenreichem Olivin und Pyroxen benötigt und der Restlösung entzogen wird. Man hat vermutet, daß die Sauerstoffzufuhr durch die Abgabe von Wasser und möglicherweise CO_2 aus dem Nebengestein kontrolliert wird; durch das Verschwinden von H_2 oder von CO aus diesem offenen System wird das chemische Gleichgewicht gewahrt. Gestützt wird diese Theorie durch Sauerstoffisotopendaten, die auf einen fortwährenden Sauerstoffaustausch mit dem Wasservorrat innerhalb der Erdkruste hinweisen.

Die Forschungen über natürliche und künstliche Schmelzen unter Hochdruckbedingungen haben in jüngster Zeit unser Wissen von Umfang und Mannigfaltigkeit der magmatischen Differentiation erheblich erweitert. Ein Beispiel aus diesem Bereich ist das inkongruente Schmelzen des $MgSiO_3$ zu Mg_2SiO_4 plus SiO_2-Schmelze, das schon bei mäßigem Druck ausbleibt; das bedeutet, daß die Reaktionsbeziehungen zwischen Olivin, Orthophyroxen und Schmelze zwar unter Quasi-Oberflächenbedingungen Gültigkeit besitzen und dort sogar von großer Wichtigkeit für die Differentiation sind, sie aber in Bereichen größerer Tiefe weitgehend eingeschränkt werden. GREEN & RINGWOOD demonstrierten im Experiment, daß der Bildungsbereich primärer Orthopyroxene in basaltischen Magmen unter hohem Druck wesentlich zunimmt (Tab. 5.1). Gleichzeitig mit der Bildung der Orthophyroxene vermindert sich der Anteil an Olivin. Einhergehend mit der Drucksteigerung nimmt der Gehalt an Al im Orthopyroxen progressiv zu. Dieselben Autoren studierten die Kristallisation basaltischen Glases bei 1100°C und verschiedenen Drücken. Bis 15 kbar kristallisiert das Glas zu Pyroxen und Plagioklas, jedoch nimmt der Plagioklas mengenmäßig ab unter Verschiebung seiner Zusammensetzung zur Albitseite hin – vermutlich eine Folge des Einbaus von Ca und Al aus der Anorthitkomponente in den Pyroxenen. Über 15 kbar erscheint Pyropalmandin, ein Granatmischkristall, dessen Anteil mit dem Druck zunimmt; er entstammt dem Zerfall des Al-Pyroxens. Jenseits von 20 kbar verschwindet Plagioklas, dafür erscheint Quarz, offensichtlich aus der Auflösung der Albitkomponente unter Bildung von Jadeit entstanden. Diese Sequenz entspricht petrologisch jener von Gabbro – Granulit (Granat, Pyroxen, Na-Plagioklas) – Eklogit. Besonders erwähnenswert ist das unterschiedliche Verhalten der Anorthit- und Albitkomponenten der Plagioklase bei hohen Drücken. In diesem Zusammenhang steuert der Kalifeldspat einen weiteren Kontrastpunkt bei; es existiert keine zum Jadeit korrespondierende Phase ($KAlSi_2O_6$-Leucit ist ein Feldspatvertreter und über 2 kbar instabil), außerdem ist ein Einbau des Kaliums in die Pyroxenstruktur nicht möglich. Bei den sehr hohen Drücken der

Tabelle 5.1 Kristallisation basaltischer Schmelze unter verschiedenen Druck- und Temperaturbedingungen (aus GREEN & RINGWOOD, *Nature*, **201**, S. 1276, 1964)

P (kbar)	*T* (°C)	Mineralparagenese	Besonderheiten
10	1250	ol + opx + liq	ol ≫ opx
12,5	1250	ol + opx + ? cpx + liq	opx > ol
15	1300	ol + opx + cpx + liq	opx ≫ cpx > ol
20	1300	opx + liq	

ol = Olivin opx = Orthopyroxen cpx = Klinopyroxen

tieferen Kruste und des oberen Mantels ist K wahrscheinlich in Hornblende oder Phlogopit enthalten.

Aufgrund der mannigfaltigen Zustandsbedingungen innerhalb von Kruste und oberem Mantel erscheint die Erstarrung eines Magmas, obwohl durch relativ einfache Schemata wie Phasengleichgewicht und fraktionierte Kristallisation erklärbar, doch in bemerkenswerter Vielseitigkeit. Die Verteilung der Hauptelemente wird durch die temperaturabhängige Ausscheidungsfolge der Mineralphasen genauso kontrolliert wie durch die Änderung der Schmelzzusammensetzung, wenn einige Elemente mit den sie enthaltenden Mineralphasen vom System abgetrennt werden. Die die magmatische Kristallisation steuernden, grundlegenden Prinzipien, obwohl im wesentlichen zu beschreiben, sind aber nicht in der Lage zu erklären. Sie sagen zwar etwas über den Verteilungsmodus der wichtigsten Elemente auf die in Frage kommenden Minerale aus, aber nicht warum es gerade *so* geschieht; noch viel dürftiger ist die Information über das Schicksal der Spurenelemente. Die Beantwortung dieser Fragen muß letztendlich von den Erkenntnissen der Thermodynamik, einschließlich der Energieänderungen beim Arrangement von Ionen verschiedener Ladung und Größe in einzelnen Kristallgittern, abhängen.

Thermodynamik der Kristallisation

Die Thermodynamik der magmatischen Kristallisation wird vom Charakter der beteiligten Ionen, von ihrer Konzentration, von Druck und Temperatur sowie vom Gittertyp des betreffenden Kristalls kontrolliert. In der Tat stellt sich nun die Frage: „Wie beeinflussen Änderungen in der Zusammensetzung und in den physikalischen Modalitäten eines Magmas die Löslichkeit der vielen verschiedenen, möglichen Verbindungen?" Nach den Gesetzen der Thermodynamik wird aus einer Schmelze, die die Komponente A enthält, diese dann auskristallisieren, wenn das chemische Potential von A im Feststoff kleiner ist als in der Schmelze. Obwohl wir die Fragestellung so formulieren können, sind wir nicht in der Lage, das Problem zu lösen, da uns einfach die nötigen thermodynamischen Daten dazu fehlen.

Kristallisation ist zuallererst ein Ordnungsvorgang. In einem Kristall ist der Grad der Ordnung hoch, da die Ionen in einem regelmäßigen Gitter angeordnet sind; dagegen ist der Ordnungsgrad in einer Schmelze niedriger, wenn auch nicht gerade in einem Ausmaß zufälliger Verteilung der Ionen. Aus der Sicht der Thermodynamik ist die magmatische Kristallisation gekennzeichnet durch Energie- und Entropieänderungen sowohl bei der Ausscheidung der Ionen aus der Schmelze als auch bei ihrem Zusammenfügen zu einer geordneten Struktur, dem Kristallgitter. Das Schicksal eines Elements bei der Kristallisation hängt von seiner Konzentration im Magma ab sowie vom Kristalltyp, der sich danach bildet. Si- und Al-Gehalt einerseits sowie die Temperatur im Magma andererseits sind die Faktoren, die über die Reihenfolge der Kristallgitterarten entscheiden, wobei letztere als eine Art von Sortiereinrichtung für die Kationen auftreten. Ein Kation erhält nur dann einen Gitterplatz, wenn es eine dafür geeignete Größe besitzt und die passende Koordinationszahl erlangt. Da im allgemeinen eine ganze Reihe von Ionen diese Forderung erfüllen kann, wird dasjenige Ion mit dem (relativ zu seinem Gehalt in der Schmelze) größten Anteil im Gitter vertreten sein, das den eingenommenen Gitterplatz mit dem stärksten individuellen Anpassungsvermögen behauptet. Aus Beobachtungen an Kristallstrukturen und unabhängig von energetischen Betrachtungen formulierte GOLDSCHMIDT die folgenden drei Regeln als eine Art

Streckenverlauf eines Elements beim Übertritt Schmelze → Kristall innerhalb eines Multikomponentensystems:

- Besitzen zwei Ionen gleiche Radien und gleiche Ladungen, dann haben beide die gleichen Chancen, in ein vorgegebenes Kristallgitter einzudringen.
- Besitzen zwei Ionen ähnliche Radien und gleiche Ladungen, dann wird das kleinere Ion in ein vorgegebenes Kristallgitter eher eindringen.
- Besitzen zwei Ionen ähnliche Radien, jedoch unterschiedliche Ladungen, dann wird das höhergeladene Ion in ein vorgegebenes Kristallgitter eher eindringen.

Vereinfacht ausgedrückt, nimmt dasjenige Ion, das die stärkste chemische Bindung ausbildet, bevorzugt einen bestimmten Gitterplatz ein.

GOLDSCHMIDTs Regeln finden breite Anwendung in der Geochemie magmatischer Gesteine, wie wir in unseren Betrachtungen des Reaktionsprinzips schon gesehen haben. So erklärt sich der bevorzugte Einbau des Ca in das Feldspatgitter gegenüber dem Na, eben wegen dessen höherer Ladung, was sich in der Bildung von An-reichem Plagioklas in der Frühphase der Kristallisation niederschlägt. Das Mg-Ion, das etwas kleiner ist als das Ion des zweiwertigen Eisens, wird gegenüber dem Fe^{2+} bei der Bildung von frühkristallisierenden Mg-Fe-Mineralen in diesen angereichert, gleich ob es sich um Olivin, Pyroxen, Amphibol oder Glimmer handelt. Die Regeln GOLDSCHMIDTs leisten nicht nur beachtliche Dienste bei der Vorhersage zur Abscheidung der Hauptelemente, gleiches gilt auch für die Spurenelemente.

Variationen im Chemismus, die die Ausscheidungssequenz von Mineralen aus dem Magma oder in ausgewählten Gesteinen aus verschiedenen Regionen widerspiegeln, können mit Hilfe von **Variationsdiagrammen** veranschaulicht werden. Variationsdiagramme sind Darstellungen, die chemische Bestandteile von Belang einer ausgewählten Variablen gegenüberstellen. Die Auswahl wird meist nach solchen Gesichtspunkten getroffen, daß eine Aussage zum Entwicklungsverlauf magmatischer Gesteinsserien getroffen werden kann. Üblicherweise wird der SiO_2-Gehalt der einzelnen Gesteine als Variable herangezogen, da diese Komponente fortschreitende Mineralfraktionierung anzeigt. Auch ist es zum Zwecke allgemeiner Betrachtungen möglich, anstelle des SiO_2-Gehalts die Namen häufiger Gesteine auf der Abszisse einzusetzen. Ein Diagramm dieser Art ist die Abb. 5.14; es zeigt die Verteilung der Gewichtsanteile bestimmter Elemente, die wir in diesem Kapitel weiter unten besprechen werden.

Andere Variable wurden zur Verdeutlichung der Entwicklung von Gesteinsserien herangezogen; ein oft gebrauchtes System ist das von LARSEN mit der aus einer Summe bestehenden Variablen ($^1/_3$ SiO_2 + K_2O) – (CaO + MgO + FeO). **Dreiecksdarstellungen** (auch: Konzentrationsdreiecke) sind ebenfalls für die zeichnerische Veranschaulichung der gemeinsamen Abhängigkeiten der betreffenden Komponenten oder Stoffgruppen häufig in Gebrauch; dazu werden die gemessenen Werte auf 100% umgerechnet (siehe dazu die Abb. 5.8, 5.9, 5.11, 5.12, 6.3, 6.12, 10.2). Oft benutzt wird auch das System (Na_2O + K_2O), (FeO + Fe_2O_3) und MgO. Gesteine, die von einem gemeinsamen Ausgangsmagma abstammen, zeigen gleichmäßige Kurvenformen bezüglich der Verteilung ihrer Komponenten. Sogenannte exotische Gesteine verschiedenen Ursprungs liegen in der Verteilung der sie bildenden Komponenten abseits dieser Diagrammkurven.

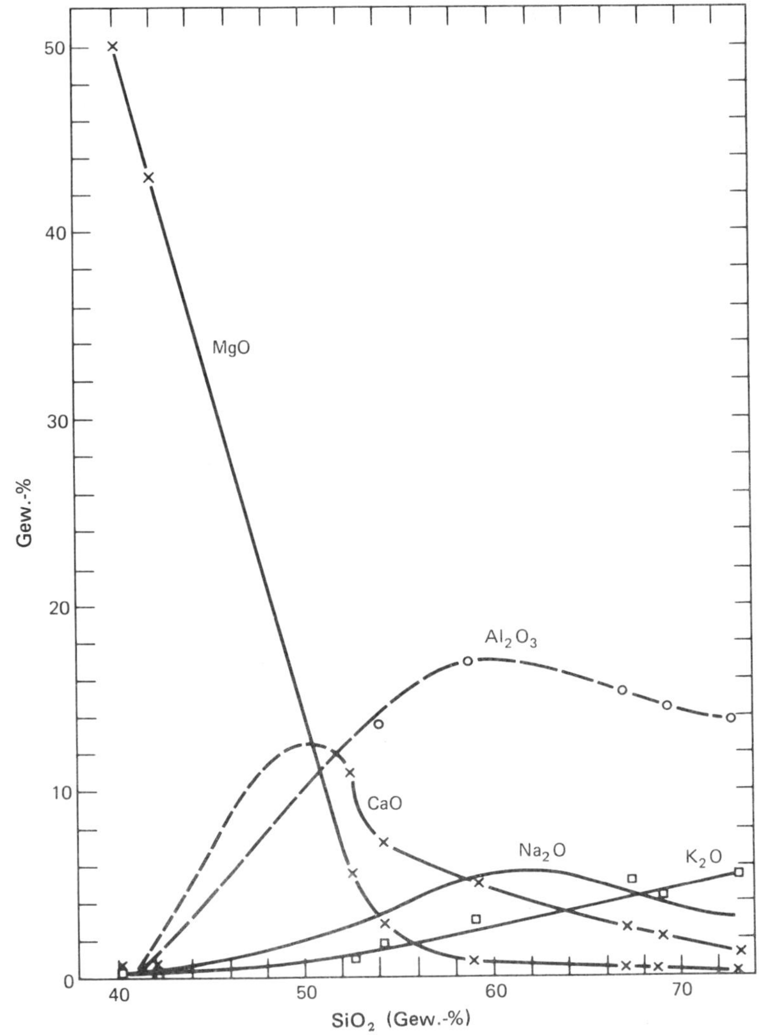

Abb. 5.14 Variationsdiagramm für USGS-Standardgesteine

Spurenelemente bei der Kristallisation

Hat ein Spurenelement die gleiche Ladung und einen ähnlichen Ionenradius wie das Hauptelement in einem Kristallgitter, in das es eindringen und das Hauptelement ersetzen will, so nennt man dieses Phänomen **Tarnen**. Beispielsweise wird das Ga^{3+} (0,62 Å) in Al-Mineralen getarnt, das Hf^{4+} (0,78 Å) in Zirkoniummineralen.

Hat ein Spurenelement einen ähnlichen Radius, aber eine höhere Ladung (oder die gleiche Ladung bei kleinerem Radius) als das Hauptelement, so spricht man vom **Abfangen** des Spurenelements im Gitter des Hauptelements. So fängt ein Kaliummineral (K^+ = 1,38 Å) etwa das Ba^{2+} (1,36 Å) ab.

Hat schließlich ein Spurenelement einen ähnlichen Ionenradius, aber eine geringere Ladung (oder die gleiche Ladung bei größerem Radius) als das Hauptelement, so spricht man vom **Zulassen** des Spurenelements in das Gitter des Hauptelements. Li (0,74 Å) kann auf diese Weise in Mg-Mineralen zugelassen werden. Beim Abfangen und Zulassen kann ein Ladungsüber- bzw. -unterschuß entstehen, der freilich durch begleitende Substitution an anderer Stelle im Gitter ausgeglichen wird.

GOLDSCHMIDTs Merksätze lassen sich als nützlicher Leitfaden bezüglich der Elementverteilung während der magmatischen Kristallisation verwenden; sie sind aber keinesfalls universell anwendbar und wurden diesbezüglich auch kritisiert. Der Hauptgrund für die nur beschränkte Anwendbarkeit dieser Leitsätze scheint darin zu bestehen, daß die Bindungsarten in den meisten Mineralen keine reinen Ionenbindungen sind; GOLDSCHMIDTs Regeln beruhen aber gerade auf der Annahme solcher Bindungen. Mit diesen Fragen beschäftigte sich RINGWOOD (1955) sehr eingehend und konnte zeigen, daß die Elektronegativität eines Elements (ein Maß für die Tendenz, kovalente Bindungen auszubilden) einen bedeutenden Einfluß auf das Ausmaß, mit dem es ein anderes Element ähnlicher Größe substituiert, ausübt. Die Elemente des Periodensystems ab der 3. Periode aufwärts sind durchwegs elektronegativer als die der ersten beiden, was bei Betrachtungen zur Diadochie zwischen diesen Periodenblöcken von Belang ist (Tab. 5.2). RINGWOOD drückt die Bedeutung der Elektronegativität so aus:

Kommt in einem Kristall der diadoche Ersatz zweier Elemente mit merklich unterschiedlicher Elektronegativität in Frage, so wird dasjenige mit der geringeren Elektronegativität bevorzugt eingebaut, weil es die festere und stärker ionare Bindung eingeht als das andere.

Tabelle 5.2 Elektronegativitäten häufiger Kationen

Kation	Elektronegativität	Kation	Elektronegativität
Rb^+	0,8	Mn^{2+}	1,4
K^+	0,8	Cr^{3+}	1,6
Ba^{2+}	0,85	Pb^{2+}	1,6
Na^+	0,9	Fe^{2+}	1,65
Sr^{2+}	1,0	Ni^{2+}	1,7
Ca^{2+}	1,0	Co^{2+}	1,7
Li^+	1,0	Zn^{2+}	1,7
Seltene Erden	1,05–1,2	Fe^{3+}	1,8
Mg^{2+}	1,2	Cu^+	1,8
Sc^{3+}	1,3	Cu^{2+}	2,0
V^{3+}	1,35		

Sobald der Unterschied mehr als 0,1 beträgt, ist diese Regel praktisch auf alle Substitutionen anwendbar. Umfassend auseinandergesetzt mit der Bedeutung der Bindungsarten für die Verteilung der Elemente hat sich AHRENS (1964).

Um den Weg eines Elements von der Schmelze zum Kristall einschätzen zu können, muß zunächst über das chemische Verhalten dieses Elements sowohl in der Schmelze als auch im kristallinen Festkörper nachgedacht werden. Elemente, die ohne große Mühe komplexe Verbindungen mit Sauerstoff und anderen Anionen eingehen, können oft nicht ohne weiteres von Kristallgittern aufgenommen werden (z.B. von Silikaten); vielmehr werden sich neue Phasen bilden, wenn die Aktivität dieser Komplexe es zuläßt. Kationen der vierten Wertigkeitsstufe oder höher sowie einige kleinere, dreiwertige Kationen treten als Komplexe mit Sauerstoff- oder Hydroxyl-Anionen im Magma auf. Zu dieser Gruppe gehört übrigens das Si in Form des SiO_4^{4-}, der Grundbaustein aller Silikate. Ein einfaches Maß für die Bereitschaft eines Elements, Komplexe zu bilden, ist das Ionenpotential, das sich aus dem Verhältnis Ionenladung:Ionenradius ergibt. Elemente mit hohem Ionenpotential neigen dazu, Komplexe zu bilden. Dieser Parameter eignet sich außerdem vorzüglich, Art und Verhalten gelöster Wasserinhaltsstoffe zu beschreiben (siehe Kap. 6).

In normalen Magmen besetzen die mit Ionenpotentialen von 0,6 bis 2,5 vorkommenden Elemente als freie Ionen wahrscheinlich die Lücken zwischen den Tetraederpolymeren. Elemente mit Ionenpotentialen zwischen 2,5 und 4,8 bilden teilweise komplexe, teilweise nicht-komplexe Verbindungen; die Konzentration dieser Elemente wird dabei von der Zusammensetzung des Magmas bestimmt. In den meisten Magmen verhalten sie sich wie freie Ionen, nur in sauerstoffreichen Schmelzen bilden sie Komplexverbindungen. Elemente mit Ionenpotentialen über 4,8 bilden Komplexe, die teilweise schon, teilweise nicht von dem aus Si-Tetraedern bestehendem Netzwerk akzeptiert werden. So werden Komplexe, die eine andere Gestalt als die des Tetraeders besitzen, kaum in Silikate eingebaut und reichern sich meist in den Restlösungen an. Beispiele dazu sind die Anionen CO_3^{2-} (Karbonat) oder BO_3^{3-} (Borat). Bilden Elemente tetraederförmige Komplexe, so werden sie um so weniger von den Silikatstrukturen akzeptiert, je größer die Ladung des Zentralions im Komplex ist; beträgt die zentrale Ladung gar mehr als vier Wertigkeitsstufen, werden diese Komplexe in der fluiden Phase des Magmas angereichert. In diese Kategorie fallen Anionen wie PO_4^{2-} (Phosphat), WO_4^{2-} (Wolframat) und SO_4^{2-} (Sulfat). Das gleiche Schicksal erleiden Tetraederkomplexe mit großen Zentralionen: Je größer dieses ist, desto geringer die Akzeptanz in Silikatstrukturen. Deshalb konzentieren sich Komplexe wie GaO_4^{4-} und GaO_4^{5-} in den Restlösungen relativ zu SiO_4^{4-} und AlO_4^{5-}. Minerale, die solche ungewöhnlichen Komplexe enthalten, werden im allgemeinen in Pegmatiten und hydrothermalen Ablagerungen gefunden.

Eine recht elegante Hinführung zum Verhalten der Nebengruppenelemente (*d*-Elemente) der ersten Reihe bietet die **Kristallfeldtheorie**. Die Übergangsmetalle, wie sie auch heißen, besitzen eine unvollständige, innere *d*-Schale (3*d*-Orbital). Wird ein Vertreter der Übergangsmetalle von elektrischen Feldern ihn umgebender Anionen beeinflußt, so werden sowohl seine sonst kugelförmige Bindungssymmetrie als auch die Energieniveaus in Abhängigkeit von der Anionenkoordination verändert. (Eine detaillierte Erörterung der Kristallfeldstabilisierungsenergie und ihre Anwendung auf die Geochemie findet sich bei BURNS.) Die Kristallfeldstabilisierungsenergie ändert sich, je nachdem, ob ein Element in zwei- oder dreiwertigem Zustand und ob es in oktaedrischer oder tetraedrischer Koordination auftritt. Allgemein kann gesagt werden, daß die Ionengröße der Übergangsmetalle in Silikaten oktaedrische, in der Schmelze jedoch tetraedrische Koordination erfordert. Aus der Differenz der Stabilisierungsenergie des oktaedrischen und des tetraedrischen Kristallfeldes ergibt sich die sog. oktaedrische Gitterplatzpräferenzenergie, die ein Teilmaß ist für die Tendenz eines Übergangselements, von der Schmelze bevorzugt in den stabilen, kristallinen Zustand überzutreten. Die folgende Reihenfolge entspricht der oktaedrischen Gitterplatzpräferenzenergie von zwei- und dreiwertigen Kationen:

M^{2+}-Ionen	Ni > Cu > Co > Fe > Mn = Zn = Mg
M^{3+}-Ionen	Cr > Co > V > Ti > Fe = Sc = Ga

Diese beiden Reihen entsprechen weitgehend der beobachteten Abreicherung von Spurenelementen der Skaergaard-Intrusion, ersichtlich im Variationsdiagramm der Abb. 5.15; mit Ausnahme des Cu bestätigt sich die oben getroffene Vorhersage. Es wurde angenommen, daß das Kupfer deshalb nicht so leicht in das Silikat-

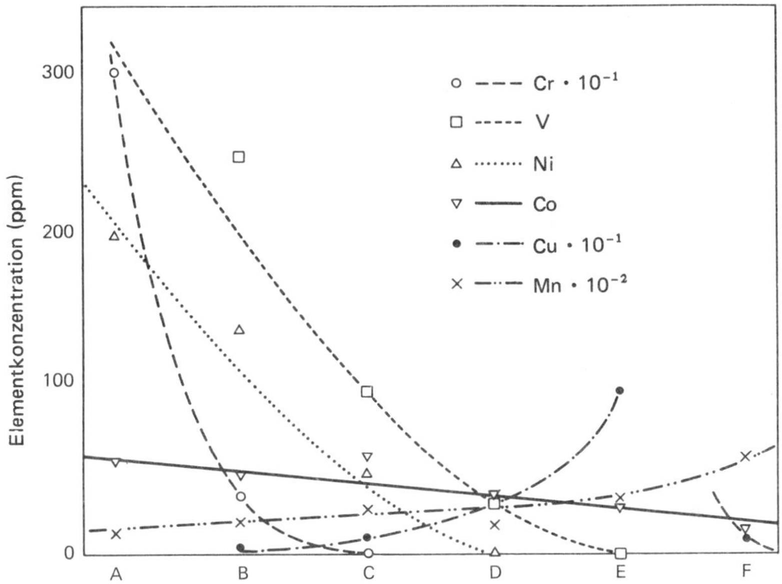

Abb. 5.15 Spurenelementverteilung in Pyroxenen der Skaergaard-Intrusion von verschiedenen Gesteinen
A Olivingabbro (frühestkristallisiert)
B Hypersthen-Olivingabbros
C Olivin-freie Gabbros
D Hortonolith-Ferrogabbros
E Ferrohortonolith-Gabbros
F Fayalit-Ferrogabbros
(aus CURTIS, *Geochim. et Cosmochim. Acta,* Vol. **28,** S. 398, 1964).

gitter eindringt, weil es eine zwar vorhersehbare, aber ungewöhnliche, das Gitter verdrehende, energiedestabilisierende Wirkung zeigt.

Das Schicksal einiger Spurenelemente im Verlauf der magmatischen Kristallisation wird nachfolgend in kurzen Umrissen dargelegt; zur Textbegleitung – gewissermaßen als Datenergänzung – dienen die Tabellen 5.3 und 5.4 (s. S. 126).

Cäsium. Nur Kalium als einziges, häufigeres Kation kann von diesem größten aller Kationen ohne weiteres ersetzt werden. Unter den gesteinsbildenden Mineralen kommt es am häufigsten im Biotit vor, erst weit abgeschlagen folgt K-Feldspat (Tab. 5.3), offensichtlich wegen des besseren Platzangebots des Glimmers. Die Hauptmasse dieses Elements bleibt während der magmatischen Kristallisation in der Schmelze zurück, bis es im spätmagmatischen Stadium in größeren Konzentrationen in die Glimmer und den Kalifeldspat der Pegmatite eingebaut wird. Vom Varuträsk-Pegmatit in Schweden sind Maximalgehalte von 1,9% Cs_2O in Lepidolith sowie 0,7% in Mikroklin bekannt geworden. Normalerweise erreicht die Cs-Konzentration nicht genügend hohe Werte, um eigene Mineralphasen auszubilden, doch führen manchmal sehr hohe Cs-Konzentrationen in Pegmatiten zur Entstehung von Pollucit, $CsAlSi_2O_6$.

Rubidium. Die Gesetze von der Verteilung der Spurenelemente prognostizieren diadochen Ersatz von K durch Rb, was durch die Natur bestätigt wird. Rb bildet keine eigenen Mineralphasen, sondern wird immer in K-Mineralen eingebaut, so in

Tabelle 5.3 Elementverteilung in Mineralen eines Granodiorit-Gneis, Westgrönland (nach MASON, *Geol. Surv. Greenland,* Report Nr. 71, 1975) (falls nicht anders vermerkt, Angaben in ppm)

Element	Plagioklas	Mikroklin	Biotit	Hornblende	Titanit	Apatit
Cs	0,2	0,4	13	< 0,1	< 0,1	< 0,1
Rb	30	150	120	7,7	< 0,3	< 0,3
Ba	250	3700	1400	28	2,0	3,2
Pb	16	20	3,3	7,3	4,1	4,9
Sr	280	250	4,0	13	4,8	120
La	0,9	0,5	1,1	15	58	44
Y	0,5	0,4	0,4	50	500	250
Nb	< 0,2	< 0,2	5,6	11	80	1,0
Mn	–	–	2000	3300	1200	–
Ti	–	–	1,55%	6900	21,8%	–

Tabelle 5.4 Elementverteilung in Mineralen eines Gabbros, Neuseeland (nach MASON, *New Zealand J. Geol. Geophys.,* **15,** S. 465, 1972) (falls nicht anders vermerkt, Angaben in ppm)

Element	Plagioklas	Orthoklas	Hornblende	Biotit	Apatit	Titanit
Rb	42	> 200	5	> 200	–	–
Ba	510	810	440	1600	6	150
Pb	2	3	< 1	60	< 1	260
Sr	800	1200	600	420	700	190
La	19	7,8	22	21	1100	400
Y	5,8	1,5	35	11	210	160
Sc	14	8	32	27	< 1	> 100
Zr	45	60	330	160	16	7000
Nb	3	2	65	60	1	2000
Sn	< 1	< 1	2	8	1	23
Mn	40	70	1200	2100	160	700
Ti	200	200	3,2%	3,4%	100	23,8%
V	8	8	120	100	20	110
Ga	14	17	20	60	–	–

Magmatiten in Biotit, Muskovit und Kalifeldspat (Tab. 5.3, 5.4). Da Rb^+ um etliches größer ist als K^+, wird es vom Gitter des K-Kristalls zugelassen, und folgerichtig steigt das Rb:K-Verhältnis mit fortschreitender Differentiation an; dieses Verhältnis ist deshalb in Pegmatitfeldspäten und -glimmern am höchsten.

Barium. Das einzige Element mit einem vergleichbar großen Ionenradius ist wiederum Kalium, weshalb Ba hauptsächlich in Biotit und K-Feldspat vorkommt. Wegen seiner gegenüber K größeren Ladung wird es im Gitter der K-Minerale abgefangen. Dies bestätigen verfügbare Daten, die über eine relative Anreicherung von Ba in frühausgeschiedenen K-Mineralen berichten. Ferner wird Ba in Plagioklasen geduldet (Maximum ca. 0,1%) sowie in geringem Maße in Hornblenden, die es vom Platzangebot her in ihr Gitter aufnehmen können.

Blei. Geringe Mengen Blei, eines der verbreitetsten Schwermetalle, finden sich in Silikaten vieler Magmatite, hier besonders in den Graniten. Wahrscheinlich wird K^+ vom zweiwertigen Blei-Ion diadoch ersetzt (1,18 Å). Allein von der Betrachtung der Ladung her müßte man annehmen, daß das Pb^{2+} vom K-Gitter abgefangen wird, aber wegen seiner großen Elektronegativität wirkt Blei dieser Tendenz entgegen, so daß eher ein Zulassen im Gitter der Kaliumminerale zu erwarten ist.

Strontium. Die Größe des Strontium-Ions läßt Substitution für Ca oder Kalium erwarten; in Ca-Mineralen würde es zugelassen werden (größerer Radius), in K-Mineralen würde es hingegen abgefangen werden (größere Ladung). Nach den Analysen zu urteilen erscheint das Sr^{2+} der Magmatite meist in Plagioklasen und Kalifeldspäten; in bestimmten Mineralen steigt seine Konzentration bei fortschreitender Kristallisation an. Sein Vorkommen in Magmatiten variiert etwas, generell ist es in den basischen Gesteinen häufiger vertreten als beispielsweise in Graniten. Das Zulassen ins Gitter von Ca-Mineralen ist sicherlich der bedeutendere Substitutionsprozeß. Gleichwohl funktioniert dieser Ersatz nicht bei allen Ca-haltigen Mineralen gleich gut; so kommt Sr in nur verschwindend kleinen Mengen im Augit vor, was vermuten läßt, daß die Pyroxenstruktur das Sr-Ion schlecht unterbringen kann. Strontium besitzt im übrigen eine große geochemische Verwandtschaft zu Barium.

Seltene Erden*. Die Ladung und der vergleichsweise große Radius (Lu 0,85 Å – La 1,06 Å) der Seltenen Erden, verbunden mit ihrem Auftreten in generell geringen Konzentrationen, läßt vermuten, daß sie während der magmatischen Kristallisation wenig Neigung besitzen, die Hauptelemente zu substituieren; dies führt daher zu einer Anreicherung von sehr speziellen Seltene Erden-Mineralen in Pegmatiten. Trotzdem wird etwas Ca etwa im Apatit durch Seltene Erden ersetzt, der daher als Hauptträger der Seltenen Erden in den meisten Magmatiten auftritt. Titanit, $CaTiSiO_5$, kann ebenfalls ein wichtiges Trägermineral dieser Gruppe sein (Tab. 5.3 und 5.4). In Graniten und Pegmatiten wird bei hinreichend niedrigen Temperaturen ein Mineral mit Epidotstruktur gebildet, das unter dem Namen Allanit bekannt ist; in ihm sind anstelle des Ca im Epidot Seltene Erden getreten.

Wegen der extremen Schwierigkeiten, die einzelnen Minerale der Seltenen Erden im Labor zu trennen, wurde lange Zeit eine merkliche Fraktionierung während der Differentiation für sehr unwahrscheinlich gehalten. Jedenfalls konnte dieses Problem ohne die Entwicklung geeigneter Analysenmethoden, die spezifisch im Spurenbereich arbeiten, kaum ernsthaft angegangen werden. Solche Methoden sind heutzutage verfügbar, und der Wert der daraus gewonnenen Daten zeigt, daß die Seltenen Erden sehr wohl fraktioniert werden, und zwar in einer Weise, die beträchtliche Erkenntnisse zur Erhellung dieser Vorgänge beisteuerte. Wegen der beinahe ineinander übergehenden Ionenradien sind die Seltenen Erden empfindliche Indikatoren verschiedener magmatischer Abläufe.

Einen kleinen Einblick gewährt das Diagramm der Abb. 5.16. Die dort verwendeten Daten sind Chondrit-normalisiert, d.h. die Gehalte der einzelnen Elemente wurden durch die korrespondierenden chondritischen Elementhäufigkeiten, die als eine gute Annäherung an die kosmischen Häufigkeiten betrachtet werden, dividiert. Diese Prozedur arbeitet den Grad der Fraktionierung eines Ur-Verteilungsmusters heraus und glättet das unruhige Zick-Zack-Muster der geraden/ungeraden, absoluten Elementhäufigkeiten der Seltenen Erden. Das am wenigsten fraktionierte Muster der Abb. 5.16 hat die Probe des Ozeanbasalts vom Mittelatlantischen Rücken, in der die einzelnen Elemente 15- bis 25mal häufiger auftreten als in Chondriten. Kontinentale Basalte zeigen schon recht deutlich Fraktionierung, die als absteigen-

---
* einschließlich Yttrium

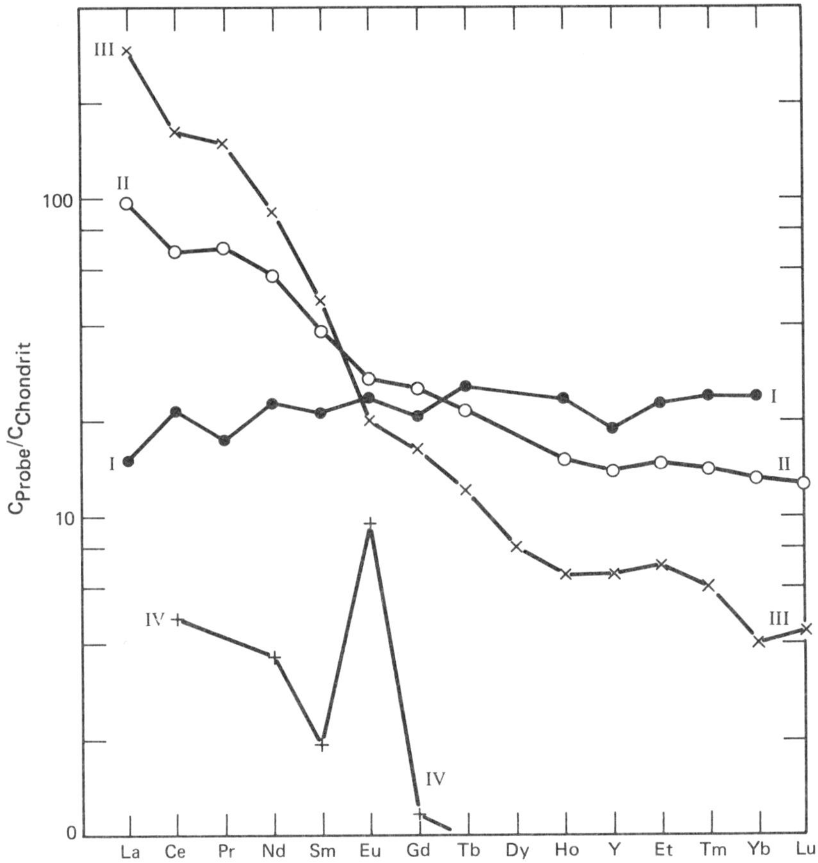

Abb. 5.16 Chondrit-normalisierte Seltene Erden-Konzentrationen in I Ozeanbasalten aus mittelozeanischen Rücken – II Kontinentalbasalten – III Granit G-1 – IV Anorthosit, Quebec – Y wurde zwischen Ho und Er plaziert, da sein Ionenradius denjenigen seiner Nachbarn gleicht.

der Ast bei Zunahme der Ordnungszahl erkennbar ist. Allgemein läßt sich ein abnehmender Fraktionierungsgrad bei fortschreitender magmatischer Differentiation festhalten; Granite wie der G-1 in unserem Beispiel besitzen die größte Streuung und damit die weitgehendste Fraktionierung. Sehr wahrscheinlich muß bei der relativen Abreicherung der schwereren Seltenen Erden die relative Anreicherung derselben in Komplementärmaterial berücksichtigt werden, wie es beispielsweise in manchen Peridotiten der Fall ist. Klinopyroxen und insbesondere Granat selektieren und konzentrieren die schwereren Seltenen Erden, und die Zurückbehaltung eben dieser Minerale im oberen Mantel kann die Fraktionierung, wie sie in Magmatiten stattfindet, erklären.

Um das besondere Verhalten des Europiums zu verdeutlichen, wurden die Häufigkeiten einiger Seltenerdelemente eines Anorthosits in die Abb. 5.16 eingetragen. Anorthosit ist ein Gestein, das hauptsächlich aus Plagioklasen besteht, die für die positive Eu-Anomalie verantwortlich sind. Unter leicht reduzierenden Milieubedingungen nimmt Eu durch seine stabile Wertigkeitsstufe 2 eine Sonderstellung unter den Seltenen Erden ein. Sein Ionenradius ist dann dem des Sr ähnlich, und folglich findet es sich konzentriert in Sr-haltigen Mineralen, in Magmatiten sind dies die Feldspäte. In der Regel zeigen alle an Feldspat reichen Gesteine diese Eu-Anomalie, besonders aber Meteorite und Mondgesteine, da sie unter viel reduzierenderen Bedingungen als auf der Erde kristallisiert sind.

Mangan. In Magmen ist Mangan als Mn^{2+} gegenwärtig und vertritt in dieser Form, so sollte man meinen, die zweiwertigen Ionen des Eisens und des Calciums. Da Mn^{2+} jedoch eine weitaus stärkere Elektronegativität als Ca^{2+} besitzt, wird es wohl sehr selten in dessen Vertretung angetroffen (Ausnahme: in Pegmatit-Apatiten). Zweiwertiges Eisen wird hingegen ohne weiteres in Magmatiten substituiert, wobei in Spätdifferentiaten ein relativer Anstieg im Verhältnis Mn:Fe zu beobachten ist, was auf ein Zulassen des Mn^{2+} (wegen seines größeren Ionenradius) im Gitter von Fe-Mg-Mineralen hinausläuft. Eine Kristallfeldstabilisierungsenergie für Mangan existiert nicht. Tabelle 5.3 zeigt deutlich die Abwesenheit von Mn bei den Ca-Feldspäten und die ausgeglichene Verteilung auf die Fe-Mg-Minerale Biotit und Hornblende.

Zirkonium. Das Zusammentreffen hoher Ladung mit einem vergleichweise großen Ionenradius (0,79 Å) gibt dem Zirkonium eine Sonderstellung gegenüber allen anderen Elementen der Magmatite. Aus diesem Grund fehlt Zr in den gesteinsbildenden Mineralen, und es erscheint als Hauptbestandteil in einer speziellen Phase, dem Zirkon. Zirkon kristallisiert meist in magmatischen Spätdifferentiaten, man nimmt an, daß die Ausgangskonzentration an Zr in den Magmen zu gering ist, um die Mineralphase Zirkon auskristallisieren zu lassen (Zr-Untersättigung).

Hafnium. Mit derselben Ladung und fast demselben Ionenradius wie Zr wird Hf in Zirkoniummineralen getarnt; das Zr:Hf-Verhältnis von ca. 50 bleibt während des gesamten Franktionierungsprozesses bei der Kristallisation nahezu konstant. Nur bei extremer Differentiation reichert sich Hf gegenüber Zr etwas an.

Scandium. Scandium hat einen ähnlich großen Ionenradius wie Fe^{2+} und scheint angesichts seiner höheren Ladung von Fe-Mg-Mineralen abgefangen zu werden. Diese Annahme bewahrheitet sich für magmatische Biotite, Hornblenden und Pyroxene, die im allgemeinen eine relative Anreicherung von Sc aufweisen (Tab. 5.3); recht hohe Gehalte befinden sich in Titaniten (Tab. 5.4). In den frühkristallisierenden Olivinen wird Sc nicht angereichert, offensichtlich wegen der Schwierigkeit, die durch Sc eingebrachte höhere Positivladung durch ladungskompensierende Substitutionen entsprechend auszugleichen.

Kobalt. Das zweiwertige Co-Ion hat praktisch dieselbe Größe (0,74 Å) wie das zweiwertige Eisen (0,77 Å) und wird deshalb in Fe-Mineralen getarnt. In den Frühkristallisaten ist das Co:Fe-Verhältnis am größten und verringert sich gleichmäßig mit fortschreitender Fraktionierung. Infolge der Stabilitätsverhältnisse im Kristallfeld ist der effektive Ionenradius etwas kleiner als der angegebene und ist dann ungefähr gleich groß wie der des Mg; NOCKOLDS & ALLEN fanden heraus, daß das Verhältnis Co:Mg durch eine Gesteinsserie hindurch nahezu konstant bleibt. Der Hauptanteil des Kobalts eines Magmas wird in frühausscheidende Mg-Minerale, besonders in Olivin, eingebracht.

Nickel. Das Ni-Ion hat im wesentlichen gleiche Größe und Ladung wie das Mg-Ion, was eine Tarnung in Mg-Mineralen zur Folge hat. Das Ni:Mg-Verhältnis ist in frühkristallisierten Kristallen (besonders Olivin) am höchsten und nimmt gegen die spätausscheidenden Phasen hin ab. Ni hat die stärkste Kristallfeldstabilisierungsenergie der gebräuchlichen zweiwertigen Kationen, und folglich konkurriert es nicht ohne Erfolg mit Fe^{2+} und Mg^{2+} um oktaedrische Gitterplätze.

Lithium. Aufgrund der chemischen Eigenschaften des Li könnte angenommen werden, daß es sich während der Kristallisation wie die anderen Alkalien benimmt. Bei der Kristallisation sind jedoch nicht die chemischen Eigenschaften so sehr maßgebend, sondern vielmehr die Ionengröße, und die ist beim Lithium wesentlich kleiner als bei den anderen Elementen dieser Gruppe (Li^+ 0,74 Å, Na^+ 1,02 Å, K^+ 1,38 Å). Daher richtet sich das Li^+ eher nach dem Mg-Ion, da beide Ionenradien fast identisch sind; da das Li^+ aber über die niedrigere Ladung verfügt als das Mg^{2+}, wird es in Mg-Mineralen zugelassen, was sich durch Analysen bewahrheitet hat. Mit fortschreitender Differentiation nimmt das Li:Mg-Verhältnis ständig zu und ist in Spätkristallisaten am höchsten. STROCK führte umfassende Messungen zu diesem Mengenverhältnis durch und schlug diesen Quotienten als einen Index für den Differentiationsgrad eines Gesteins vor. Li enthalten die Pyroxene, Amphibole und insbesondere die Glimmer. Beträchtliche Mengen an Li verbleiben jedoch in der Schmelze bis zum Endstadium der Differentiation; Pegmatite haben oft bemerkenswert hohe Lithiumkonzentrationen, und bei praktischer Abwesenheit des Mg werden eigenständige Mineralphasen wie Lepidolith, Spodumen, Amblygonit (Li-Al-Phosphat) oder Petalit gebildet.

Vanadium. Im Magma liegt V vermutlich als dreiwertiges Ion vor. Es wird bevorzugt von Magnetit und hier anstelle des Fe^{3+} eingebaut; sein Ionenradius ist größer als der des Fe^{3+}, seine Kristallfeldstabilisierungsenergie ist höher, während seine Elektronegativität viel kleiner ist. Die letzten beiden Parameter sind offensichtlich verantwortlich für die Ansammlung von Vanadium in frühkristallisierten Magnetiten. Weiter kommt V in Pyroxenen, Amphibolen und Biotiten vor; in Ägirin oder Akmit, einem Mineral mit hohem Fe^{3+}-Anteil, konnten dementsprechend hohe Gehalte an V^{3+} gemessen werden.

Chrom. Auch das Chrom liegt als Cr^{3+} im Magma vor. Sein Radius entspricht weitgehend dem des Fe^{3+}, dennoch zeigt es einen hohen Grad an bevorzugter Konzentrierung gegenüber dem Fe^{3+}; als Chromit wird Cr im Frühstadium der Kristallisation in großen Mengen ausgefällt, was auf die hohe Kristallfeldstabilisierungsenergie des Cr^{3+} gegenüber der des Fe^{3+} zurückzuführen ist. Cr reichert sich ferner in einigen Pyroxenen, speziell in solchen aus ultrabasischen Gesteinen, an.

Titan. In magmatischen Gesteinen ist Ti in der Hauptsache als Ilmenit präsent. Es vermag Al in 6er-Koordination zu substituieren und tritt deshalb in Pyroxenen, Hornblenden und Biotiten auf; wegen seiner um eine Stufe höheren Ladung (Ti^{4+}/Al^{3+}) wird das Ti-Ion von diesen Mineralen abgefangen. Es fehlt dagegen in Muskovit, anscheinend wird es in SiO_2-reicheren Magmen als Titanit abgeschieden.

Gallium. Mit der gleichen Ladung und einem ähnlich großen Ionenradius wie das Al-Ion tarnt sich das Ga^{3+} in Al-Mineralen. Der um doch 0,11 Å größere Ionenradius des Gallium-Ions läßt vermuten, daß es dazu neigt, in später kristallisierenden Al-Phasen gehäuft aufzutreten. Messungen in Magmatiten und ihrer Minerale zeigen, daß das Verhältnis Ga:Al fast konstant ist, was in der Tat auf Tarnung der Ga-Ionen in Al-Mineralen hinweist. Es gibt Hinweise auf eine ansteigende Tendenz des Ga:Al-Verhältnisses in Spätdifferentiaten, wo Ga in pegmatitischen Feldspäten und Glimmern angereichert ist.

Germanium. Das vierwertige Ge-Ion besitzt bei gleicher Ladung einen etwas größeren Ionenradius als das Si-Ion (Ge^{4+} 0,53 Å, Si^{4+} 0,42 Å); es kann daher das Silizium ersetzen. Das Ge:Si-Verhältnis variiert kaum, ein Hinweis auf die tatsächliche Tarnung des Ge in solchen Silikaten. In Spätdifferentiaten scheint jedoch eine in bescheidenem Ausmaß stattfindende Konzentrierung an Ge vorzukommen.

Die verbleibenden lithophilen Elemente vermögen wegen ihrer erheblichen Abweichungen in Ionenladung und -radius nicht die Hauptelemente zu substituieren. Da sie in sehr geringen Mengen im Magma auftreten, verbleiben sie lange in der Schmelze und reichern sich daher in den Restlösungen der magmatischen Abfolge an. Dies sind im wesentlichen:

B^{3+} (0,12 Å)	Nb^{5+} (0,64 Å)	Cs^{+} (1,70 Å)
Be^{2+} (0,27 Å)	Ta^{5+} (0,64 Å)	Seltene Erden (0,85–1,06 Å)
W^{6+} (0,60 Å)	Sn^{4+} (0,69 Å)	Li^{+} (0,74 Å)
U^{4+} (1,00 Å)	Th^{4+} (1,04 Å)	Rb^{+} (1,49 Å)

Sie sind meist in Pegmatiten angereichert, die oft die einzige wirtschaftliche Lagerstättenform für sie darstellt.

Im Stadium der Schlußausscheidung aus den Restlösungen treten diese Elemente entweder in ein häufiges (Rb → Mikroklin) oder in ein seltenes (Mn → Apatit) Mineral ein. Sie werden in für sie sehr ungeeignete Kristallstrukturen (Sn → Muskovit) eingebaut, was des öfteren zu Entmischungen führen kann. Sie können sich in der Restlösung solange anreichern, bis es zur Kristallisation individueller Mineralformen (Cs → Pollucit, Be → Beryll) kommt. Manchmal werden sie auch lediglich mittels **Adsorption** an Mineraloberflächen gebunden. Der letzterwähnte Vorgang ist wahrscheinlich bei der Kristallisation granitischer Magmen wirksam und verursacht eine Anheftung von Spurenelementen an die Kristalloberflächen der gesteinsbildenden Silikatminerale. Die Adsorptionskräfte sind verhältnismäßig schwach; Extraktionsversuche mit schwachen Säuren ergaben eine Auswaschung beträchtlicher Mengen von Spurenelementen aus Graniten.

Man könnte meinen, daß die chalkophilen Elemente eines Magmas mit Schwefel und in weniger großem Umfang mit Arsen, Antimon, Wismut, Selen und Tellur Sulfide bzw. entsprechende Verbindungen eingehen. Die einzigen Sulfide jedoch, die wir in normalen Magmatiten vorfinden, sind Pyrit und Pyrrhotin (Magnetkies). Da der Schwefelgehalt der Magmen relativ gering ist, verbindet sich nahezu aller S mit dem reichlich vorhandenen Eisen. Viele der chalkophilen Elemente werden größtenteils in die Silikate eingebaut, Ausfällung in Form von Sulfiden findet dagegen kaum statt. Teilweise findet dies seine Erklärung in der thermischen Instabilität der meisten Sulfide; sie scheiden sich – außer Pyrit und Pyrrhotin – in typischer Weise im spätmagmatischen Stadium aus und lagern sich in bei niedrigen Temperaturen gebildeten Gängen und Adern ab. Diese relative Konzentrierung von Schwefel und chalkophilen Elementen in den spätmagmatischen Lösungen erfolgt nicht zuletzt wegen der vorangegangenen Abtrennung lithophiler Elemente und deren Einbau in die Silikatminerale.

Die Untersuchungen von WAGER & MITCHELL (1951) an der Skaergaard-Intrusion (Grönland) lieferten einen nützlichen Beitrag zur Spurenelementverteilung in verschiedenen Gesteinsserien, die sowohl über ihre Stellung im Gelände als auch über ihre Petrologie miteinander in enger Beziehung stehen. Die Differentiationsreihe reicht vom Gabbro bis zum Granophyr; die Spurenelementgehalte der einzelnen Gesteinsdifferentiate zeigt die Tabelle 5.5. Die Gehalte der Spalte „Ausgangsmagma“ entstammen den Analysen vom abgeschreckten Rand der Intrusion. Beeindruckend ist der Zusammenhang zwischen den Ergebnissen der Untersuchungen in Tabelle 5.5 und den Vorhersagen auf der Basis von GOLDSCHMIDTs Einbauregeln; beide voneinander unabhängige Aussagen verdichten die Annahme, daß die Skaergaard-Intrusion das Resultat einer magmatischen Differentiation, gesteuert durch fraktionierte Kristallisation, darstellt.

Tabelle 5.5 Spurenelementgehalte in Differentiaten der Skaergaard-Intrusion im Vergleich mit dem Ausgangsmagma (aus WAGER, *Observatory,* **67,** S. 103, 1947) (Angaben in ppm)

	Ausgangsmagma	Gabbropikrit und -eukrit (früh)	Olivingabbro	olivinfreier Gabbro	Ferrogabbros		Hedenbergit-Granophyr	Granophyr (spät)
Rb	—	—	—	—	—	—	30	200
Ba	40	25	25	45	50	150	450	1700
Sr	300	200	700	450	700	450	500	300
La	—	—	—	—	—	—	25	150
Y	—	—	—	—	—	125	175	200
Zr	40	40	35	25	20	100	500	700
Sc	15	7	20	15	10	—	—	—
Cu	130	70	80	175	400	200	500	20
Co	50	80	55	40	40	5	10	4
Ni	200	600	135	40	—	—	5	5
Li	3	3	2	3	3	15	25	12
V	150	170	225	400	15	—	—	12
Cr	300	700	175	—	—	—	—	3
Ga	15	12	23	15	20	20	40	30
Prozentanteil der Gesteine		65	14	10	7,5	2,5	0,5	0,5

Fraktionierte Kristallisation und partielle Aufschmelzung

Theoretische und experimentelle Studien zum Verhalten der Spurenelemente bei der fraktionierten Kristallisation sowie beim partiellen Aufschmelzen von Gesteinen erbringen wertvolle Informationen zur Entstehung und chemischen Entwicklung von Magmen. Modelle für das Verhalten der Spurenelemente zwischen Schmelze und Kristall fußen auf den verschiedenen Verteilungsgesetzen mit ihren jeweiligen Verteilungskoeffizienten, die je nach Begleitumständen und Fragestellungen ihre Anwendung finden. Einer dieser Koeffizienten ist der Nernstsche Verteilungskoeffizient K; wegen seiner besonderen Anwendung auf die fraktionierte Kristallisation „solid/liquid partition coefficient“ genannt, regelt er die Beziehung zwischen einem kristallisierenden Magma der Masse dm und der Menge dx an Spurenelementen, die in die Mineralphasen eingebaut werden:

$$\frac{dx}{dm} = K \frac{x}{m}$$

Dabei ist x die Menge an Spurenelementen, die im Magma der Masse m zurückbleibt. Integriert man diesen Ausdruck, ergibt sich eine Gleichung der Form

$$C_m = C_0 F^{K-1}$$

C_m ist die Konzentration des Spurenelements in der Schmelze, C_0 die Spurenelementkonzentration der Ausgangsschmelze und F der noch nicht erstarrte Anteil der Schmelze. Die Konzentration des Spurenelements im Kristall, C_s, ist dann

$$C_s = K\, C_{\text{liquid}}\, F^{K-1}$$ (C_{liquid} ist die Spurenelementkonzentration in der Schmelze am Beginn der Kristallisation).

Für einen homogenen Festkörper, in dem die gerade auskristallisierte Fraktion vollständig über das Frühkristallisat verteilt ist, kann eine **mittlere** Spurenelementkonzentration der festen Phase, $\bar{C}_s$, erhalten werden:

$$\bar{C}_s = C_{\text{liquid}} \frac{1 - F^K}{1 - F}$$

Für jeweils konstantes K ergeben sich zugehörige Konzentrationskurven des Elements in der festen Phase (Abb. 5.17). Hohe Werte für K stehen für rasche Verarmung der Schmelze an einem Spurenelement, während niedere Werte ($K < 0$) besagen, daß ein Spurenelement in der Restlösung angereichert wird.

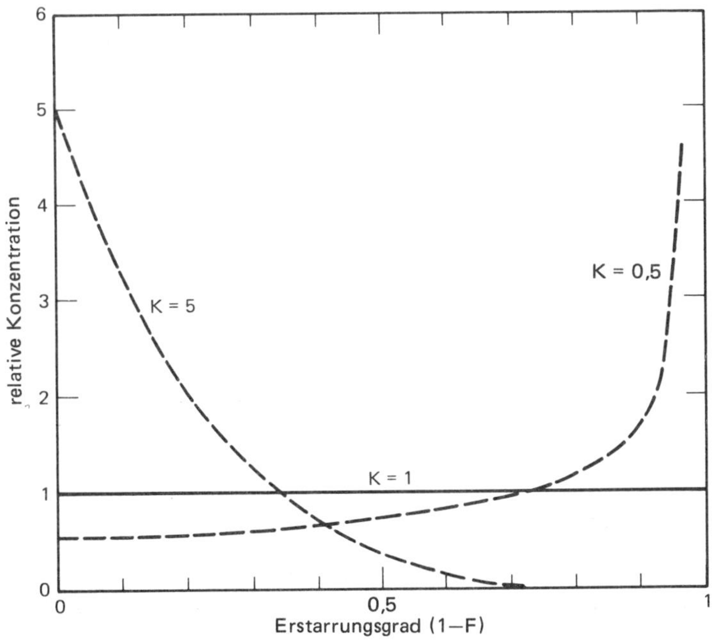

Abb. 5.17 Konzentration eines in die feste Phase eindringenden Elements in Abhängigkeit vom Erstarrungsgrad.

In realen Systemen werden solche Annahmen dadurch komplizierter, daß K von der Temperatur und den Zusammensetzungen von Feststoff und Schmelze abhängt und die aufeinanderfolgende Kristallisation neuer Phasen die Beachtung zweier oder mehrerer Teilsysteme erfordert. Falls auch noch partielles Wiederaufschmelzen innerhalb der Entwicklung eines Magma/Gestein-Systems stattfindet, müssen zusätzliche Variable berücksichtigt werden.

Von gleichem Interesse für den Vorgang der Kristallisation ist die Neubildung von Schmelzen durch partielle (Wieder-)Aufschmelzung von Gesteinen. Die Spurenelementkonzentration C_l der zuerst erscheinenden Schmelze errechnet sich zu

$$C_l = \frac{C_{0\,\text{solid}}}{K} (1 - F)^{(1/K-1)}$$

K ist wieder der Nernstsche Verteilungskoeffizient; er wird für das Aufschmelzen eines mehrphasigen Gesteins, bei dem zwei oder mehr Phasen simultan schmelzen, durch einen gemeinsamen Verteilungskoeffizienten D_0 ersetzt:

$$C_l = \frac{C_0}{D_0} (1 - PF/D_0)^{(1/P-1)}$$

Es gilt $P = \dfrac{p^\alpha}{K^{l/\alpha}} + \dfrac{p^\beta}{K^{l/\alpha} K^{\alpha/\beta}} + \ldots$

wobei p^α und p^β die relativen Anteile der Phasen α, β in der Schmelze sind

und $D_0 = \dfrac{X^\alpha}{K^{l/\alpha}} + \dfrac{X^\beta}{K^{l/\alpha} K^{\alpha/\beta}} + \ldots$

X^α und X^β sind die Mengenanteile der Phasen α, β. Diese Gleichungen geben vor, daß jeder Zuwachs an Schmelze ständig von schon gebildeter Schmelze entfernt wird. In der Summe ergibt sich eine mittlere Gesamtzusammensetzung der Schmelze zu

$$\bar{C}_l = \frac{C_0}{F}\left[1 - \left(1 - \frac{PF}{D_0}\right)^{1/P}\right]$$

Falls die Schmelzzusammensetzung ständig im Gleichgewicht bleibt, gilt die Gleichung

$$C_l = \frac{C_0}{D_0 + F(1 - P)}$$

Zusätzliche Komplikationen kommen hinzu, da K und D_0 kaum konstant sind und inkongruentes Schmelzen auftritt. Eine Erörterung dieses Problemkreises findet man bei HERTOGEN & GIJBELS (1976).

Gleichungen dieses Typs hat man eingesetzt, um dem Problem näherzukommen, ob die verschiedenen Basalttypen sich durch partielles Aufschmelzen aus homogenem Mantelmaterial herleiten ließen. Da die meisten Schmelzvorgänge bei eutektoiden Umwandlungen[1] sich über längere Zeit fortsetzen, müssen sog. Simultanglei-

[1] *Anm. d. Übers.:* Bei eutektoiden Umwandlungen bringt eine feste Phase zwei oder mehrere andere feste Phasen hervor; die Reaktionsgeschwindigkeit ist sehr klein.

chungen zur rechnerischen Lösung verwendet werden. Falls nur ein kleiner Teil des Ausgangsgesteins aufgeschmolzen wird, vereinfacht sich die ganze Systembetrachtung erheblich, so daß manchmal der geschmolzene Anteil abgeschätzt werden kann.

Restlösungen und Pegmatite

In den vorangegangenen Ausführungen wurde die Restschmelze wiederholt als eine im allgemeinen Si-reiche Lösung beschrieben, die außerdem viel Al und Alkalien enthält, daneben noch Wasser und flüchtige Bestandteile sowie die Anteile an Spurenelementen, die bei der Kristallisation der gesteinsbildenden Minerale in deren Gitter nicht berücksichtigt wurden. So ist eine Restlösung trotz ihrer Zusammensetzung ungewöhnlich dünnflüssig, wahrscheinlich macht das die konzentrierte Anwesenheit der flüchtigen Komponenten aus. Deren Druck ist auch die treibende Kraft, die so eine Restlösung in die Schwächezonen des umgebenden Gesteins hineinpreßt; das kann in einem Fall ein bereits erstarrter Teil der eigenen Intrusion sein oder zum anderen das Nebengestein. Auf diese Weise entstehen Pegmatite und bestimmte Arten hydrothermaler Gänge. Die Veröffentlichungen über Pegmatite sind sehr zahlreich, eine Zusammenschau unter kritischer Betrachtung erfolgte durch JAHNS (1956).

Pegmatite sind in der Regel mit Graniten vergesellschaftet, was nicht weiter verwundert, da Granite bekanntlich das Endprodukt der fraktionierten Kristallisation sind. Granitpegmatite bestehen hauptsächlich aus Quarz und Alkalifeldspäten, hinzu kommen gewöhnlich Muskovit und Biotit, und sie gleichen deshalb in ihrer Zusammensetzung den Graniten. Den Hauptunterschied macht die Struktur aus, da die Pegmatitminerale in ihrer Korngröße außerordentlich schwanken können. Sie sind ausgesprochen grobkörnig, und unter ihnen sind die größten bekannten Kristalle gefunden worden. Der Riesenwuchs dieser Kristalle geht ebenfalls auf die niedrige Viskosität und die konzentrierte Ansammlung flüchtiger Bestandteile zurück; diese Bedingungen schaffen ein ideales Milieu für die das Kristallwachstum fördernde, rasche Diffusion der Elemente und Komplexverbindungen. JAHNS & BURNHAM (1969) nahmen an, daß sich das typische Pegmatitgefüge dann ausbildet, wenn gasreiche Schmelzen während des Abkühlens unterhalb des kritischen Punkts dem sog. **retrograden Sieden** unterzogen werden. Von den zwei fluiden Phasen stellt die niedriger viskose den Raum für die Kristalle, die aus der höher viskosen Phase ausgefällt werden, zur Verfügung. Falls die Restlösung keine Abkühlung unter den kritischen Punkt erfährt, bilden sich eher die feinkörnigen Aplite als die groben Kristallformen der Pegmatite.

Im Gegensatz zu den meisten Pegmatiten mit ihren eintönigen Quarz- und Feldspatfüllungen beinhalten einige wenige, komplex aufgebaute Pegmatite ein spektakuläres Sammelsurium an seltenen und ungewöhnlichen Mineralen; aus diesem Grund sind sie sehr gründlich untersucht worden. Sie besitzen wegen ihrer Inhaltsstoffe große wirtschaftliche Bedeutung; im einzelnen werden sie wegen ihres Gehalts an Li, Be, Sc, Rb, Y, Zr, Mo, Sn, Cs, Lanthaniden, Nb, Ta, W, Th, U sowie an verschiedenen Industriemineralen wie Feldspat, Muskovit, Phlogopit, Turmalin und Quarz abgebaut. Die einzelnen Mineralphasen der Pegmatite sind oft in Zonen angeordnet; der Kern besteht meist ganz aus massivem Quarz.

Die Geochemie der Pegmatite ist eine faszinierende Thematik; die wichtigsten Parameter, die das Verhalten bestimmter Elemente beeinflussen, haben wir schon vorgestellt. Viele interessante Erscheinungen, etwa die des Vorkommens eines oder mehrerer Elemente in einem ganz bestimmten Pegmatit oder einer Gruppe von Pegmatiten und sonst nirgends, werden noch nicht verstanden. Die bekannten Granitpegmatite Südnorwegens etwa sind Träger von Seltenen Erden, während Zinn, Lithium und die seltenen Alkalien fehlen. Umgekehrt verhält es sich in den Pegmatiten der Black Hills von Süd-Dakota: Lithium ist besonders reichlich zugegen, Zinn ist häufig, und die Seltenen Erden fehlen hier; die Pegmatite von Zentral-Texas wiederum enthalten an ungewöhnlichen Elementen keine anderen als die Seltenen Erden. Auf der Insel Honshu in Japan zeichnen sich die dort vorkommenden Pegmatite durch ihre Gehalte an Seltenen Erden neben Beryllium aus. Diese regionalen Unterschiede im Chemismus mögen die Ausgangszusammensetzung der Magmen reflektieren, von denen die Pegmatite abstammen, aber die Hintergründe für das Zustandekommen dieser Elementverteilungen bleiben vorerst unerklärlich.

Viele Pegmatite, vor allem jene, die sich in der Umgebung ultrametamorpher Gesteinsserien befinden, dürften sich bei der Anatexis der früher hier existierenden Gesteinskomplexe gebildet haben. Wenn Pegmatite die letztausgeschiedene Fraktion der magmatischen Kristallisation sind, darf man annehmen, daß umgekehrt die erste beim Schmelzen eines Gesteins sich verflüssigende Fraktion (eine entsprechende, anwesende Gasphase vorausgesetzt) ebenfalls pegmatitische Zusammensetzung aufweist. Die Bildungstemperatur von Pegmatiten (ca. 500–700°C) wurde in vielen Regionen sicherlich während der Regionalmetamorphose erreicht. Teilweise kann die Pegmatitbildung auch durch das Gefüge bedingt sein; Gesteinskomplexe, die solche unter hohem Druck stehende Restlösungen nicht kontrollieren und zurückhalten können, gestatten eine disperse Auskristallisation (**Dissemination**) über das ganze Nebengestein hinweg, was zu einer allgemeinen Gesteinsveränderung oder zu **Greisen** oder greisenartigen Gesteinen führen kann.

Pegmatite können geringe Mengen Sulfide und Arsenide führen, auch Gold kommt ab und zu vor. Sie haben viel Ähnlichkeit mit hydrothermalen Gängen, und Beispiele sind beschrieben worden, wo Pegmatite nahtlos in sulfidhaltige Quarzgänge überleiten. Weit häufiger sind die hydrothermalen Gänge jünger als die Pegmatite gleicher Genese. Die Beziehung der hydrothermalen Lösungen zum Endstadium der Kristallisation wird sehr kontrovers diskutiert. So vertreten etliche Wissenschaftler die Ansicht, daß die hydrothermalen Lösungen als eigenes Stadium, später als das der Pegmatite, aktiviert werden; Laborexperimente sind zitiert worden, die darauf hindeuten, daß Restschmelze granitischer Zusammensetzung sich beim Abkühlen in zwei nicht mischbare Lösungen aufspaltet, von denen die eine hydrothermale Wesenszüge trägt.

Andererseits konnte folgendes festgestellt werden: In Systemen, die über mehr Alkalien verfügen, als für die Bildung von Feldspäten (in Kombination mit Si und Al) notwendig wäre, verändert sich während der Kristallisation die fluide Phase in der Zusammensetzung von einer zunächst „trockenen" Silikatlösung zu einer wäßrigen oder wasserreichen Restlösung (d.h. es existiert ein kontinuierlicher Übergang von der Schmelze zur hydrothermalen Restlösung). Schon VERHOOGEN gestand im Jahre 1949 in einer Diskussion zur Thermodynamik der magmatischen Gasphase ein: Die Anzahl der für irgendeinen magmatischen Prozeß relevanten Faktoren ist viel größer als üblicherweise berücksichtigt, und man kann nicht einfach generell entscheiden, wie sich ein Magma unter ganz allgemeinen Bedingungen verhalten würde. Jeder Einzelfall muß gesondert untersucht werden, und man sollte ständig bedenken, daß das, was für ein Magma unter bestimmten Umständen gilt, nicht unbedingt für ein anderes Magma unter den gleichen Umständen gilt oder etwa für das gleiche Magma unter verschiedenen Umständen. Hydrothermale Vorgänge sind unter allen Umständen mit magmatischen Aktivitäten gekoppelt, jedoch erscheint uns die folgende Aufgabenteilung möglich, nämlich daß der hauptsächliche Beitrag des sich abkühlenden Magmas darin besteht, die nötige Wärmeenergie für die hydrothermalen Prozesse bereitzustellen, während die verschiedenen Ionen sowie das Wasser größtenteils aus dem Nebengestein abzuleiten sind.

5.6 Die flüchtigen Bestandteile des Magmas

Alle Magmen enthalten flüchtige Bestandteile nicht genau bekannter Zusammensetzung und unbekannten Umfangs, da bislang noch keine Methode zur direkten Probenahme zuwege gebracht werden konnte. KRAUSKOPF (1959) versuchte, aus thermodynamischem Datenmaterial die mögliche Zusammensetzung magmatischer Gassysteme zu überschlagen und konnte anschließend zeigen, daß die bereits erfaßten Zusammensetzungen vulkanischer Gase sich gut mit der Annahme eines primären Magmas vertrugen, das H_2O, CO_2, H_2S und geringe Mengen HCl, N_2 und HF enthielte. Die mittlere Zusammensetzung magmatischer Gase schätzte er:

H_2O	1000 bar	HCl	10 bar
CO_2	50 bar	N_2	10 bar
H_2S	30 bar	HF	0,1 bar

Größere Schwankungen bezüglich der Schwefelverbindungen können auftreten, wenn sich die **Sauerstoff-Fugazität** ändert; in reduzierenden Magmenmilieus ist das vorherrschende schwefelhaltige Gas das H_2S, während unter oxidierenden Verhältnissen SO_2 die wichtigere Gasphase ist.

Der Anteil flüchtiger Komponenten in Magmen ist Gegenstand entgegengesetzter Meinungen. Hier sind wir einmal mehr auf indirekte Befunde angewiesen, wie vulkanologische, petrographische und geochemische Untersuchungen sowie experimentelle Bestimmung der Wasserlöslichkeit und die von anderen flüchtigen Stoffen in Silikatschmelzen. Diese Art der Datenerhebung ist in der Tat angreifbar. So vertraten einige Vulkanologen die Ansicht, daß bei manchen Ausbrüchen, wie beispielsweise dem des Vesuvs im Jahr 1960, die Gasmasse größer war als die der ausgeworfenen Feststoffanteile; in anderen Eruptionen soll die mit den anderen Auswurfmassen geförderte Gasmenge einen Anteil von weniger als 0,3% gehabt haben. Verschiedene Vulkane oder der gleiche Vulkan bei verschiedenen Ausbrüchen können sich in sehr verschiedenen Erscheinungsformen äußern. Die aus der Löslichkeit von Wasser in silikatischen Schmelzen erhaltenen Daten zeigen, daß bei Normaldruck die obere Grenze des Wasseraufnahmevermögens einer granitischen Schmelze zur Bildung von Granit bei 15% liegt, so daß in der Regel die Schmelze weniger Wasser enthält. Alle Magmatite beinhalten geringe Mengen flüchtiger Stoffe, meist Wasser, die durch Erhitzen im Vakuum extrahiert werden können. Nach den Angaben von CLARKE weisen frische Magmatite einen mittleren Wassergehalt von 1,15% auf; diese Zahl dürfte im unteren Bereich dessen liegen, was Magmen durchschnittlich tatsächlich an Wasser enthalten. Momentane Schätzungen bewegen sich innerhalb von 0,5 und 8% Wassergehalt.

Wie wir eingangs schon erwähnt hatten, läßt sich die genaue Zusammensetzung der flüchtigen Komponenten nicht bestimmen. Es bleibt uns nichts anderes übrig, als die in magmatischen Gesteinen eingeschlossenen Gasanteile auszutreiben. Oder wir untersuchen das ausgefällte Material der Fumarolen bzw. sammeln direkt die Exhalationen in Vulkangebieten; werden die Proben aus dem Krater entnommen, wird das Unternehmen technisch aufwendig und personell unangenehm bis gefährlich. Eine der erfolgreichsten Beprobungen vulkanischer Gase konnte am Kraterrand des Kilauea (Hawaii) durchgeführt werden (Tab. 5.6). Sie stimmen weitgehend mit anderen Gasanalysen überein, die von mehreren Quellen basaltischen Ursprungs gemacht wurden (WHITE & WARING, 1963). Die Durchschnittswerte solcher stark variierender Zahlen besitzen eigentlich nur qualitative Bedeutung; immerhin unterstreichen sie die Vormachtstellung von H_2O und CO_2 sowie der Schwefelverbindungen, wobei das Wasser unerhört dominant ist. In der Regel macht es über 80% der anwesenden Gasphasen aus; dann folgen CO_2, H_2S, S, SO_2, HCl und NH_4Cl, gewissermaßen das Mittelfeld, und schließlich die in geringeren Anteilen vertretenen Gase HF, N_2, H_2, CH_4, H_3BO_3 und CO. Die Abhängigkeit der Gleichgewichtszusammensetzung vulkanischer Gase von der Temperatur zeigt die Abb. 5.18.

Tabelle 5.6 Gasanalysen vom Kilauea (aus HEALD, NAUGHTON & BARNES, *J. Geophys. Res.*, **68**, S. 546, 1963)

	Minimale und maximale Molprozente nach Messung	Minimale und maximale Molprozente, unter Ausschluß von O_2, N_2 und Ar
H_2O	4,7 –99,8	97,2 –99,1
H_2	0,0 – 0,43	0,00001 – 0,43
CO_2	0,00023 – 3,8	0,80 – 2,30
CO	0,0 – 0,086	0,0 – 0,087
CH_4	0,0 – 0,047	0,0 – 0,023
H_2S	0,0 – 0,12	0,0004 – 0,67
SO_2	0,0 – 0,16	0,001 – 0,43
CS_2	0,0 – 0,026	0,0 – 0,026
O_2	0,0 –21	
N_2	0,0 –78	
Ar	0,0 – 0,064	

Vulkanische Entgasungen sammeln, transportieren und lagern zahlreiche Elemente und Verbindungen ab. Darunter sind Magnetit, Hämatit, Molybdänglanz, Pyrit, Realgar, Bleiglanz, Zinkblende, Covellin, Salmiak und Eisen(III)-Chlorid. Sie formen bunte Krusten rund um die Schlote, aus denen sie zusammen mit den Exhalationen ins Freie gelangen. Das „Tal der zehntausend Dämpfe“ in Alaska liefert uns das eindrucksvollste Beispiel für die Bedeutung der vulkanischen Entgasungen. Die Untersuchungen von ALLEN & ZIES verweisen ebenfalls auf den hohen Wasseranteil in diesen Fumarolengasen, der sich in den Grenzen von 98,80 und 99,99 Vol.-% bewegt. Andere Gase konnten als CO_2, O_2, CO, CH, H_2S, H_2, N_2, HCl und HF identifiziert werden. Die verschwindend kleinen Prozentwerte dieser Gasanteile sollen nicht darüber hinwegtäuschen, daß die absoluten Entgasungsmengen enorm hoch waren. Obwohl die Phasen HCl und HF mit Anteilen von nur 0,117% bzw. 0,032% vertreten waren, belief sich die Gesamtmenge an gefördertem HCl im Jahre 1919 auf etwa 1,25 Mio. Tonnen Gas, die von HF auf 200 000 Tonnen. Ein schwieriger Diskussionspunkt ist die Art der Entstehung der Entgasungen;

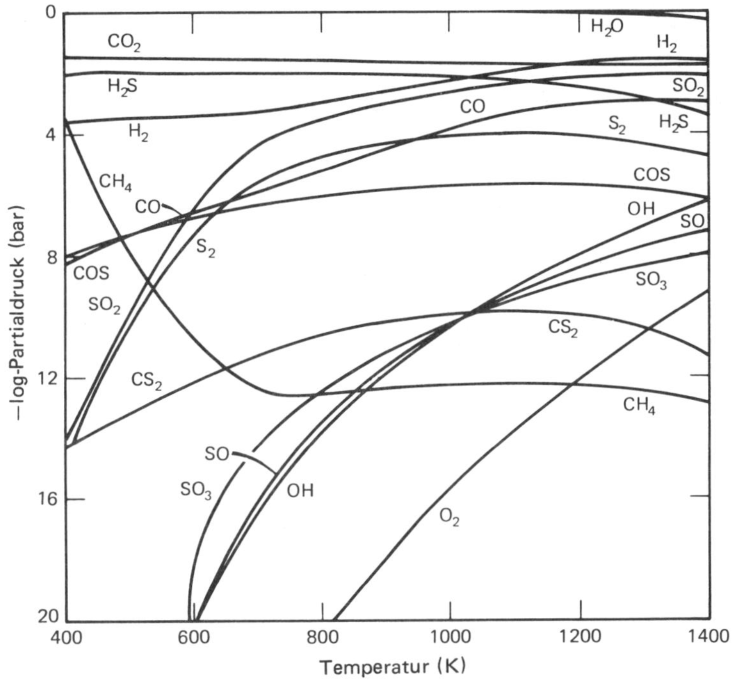

Abb. 5.18 Errechnete Gleichgewichtskurven der Komponenten einer vulkanischen Gasphase in Abhängigkeit von der Temperatur (bei 1 bar). Proben aus dem Iki-Krater des Kilauea (1025 K) (aus HEALD, NAUGHTON & BARNES, siehe auch Tab. 5.6).

welcher Anteil der Gase läßt sich als primär entstandener, also das, was ursprünglich im Magma vorhanden war, bestimmen, und wieviel davon ist sekundärer Entstehung, das beim Magmenaufstieg aus dem Nebengestein aufgenommen wurde? ALLEN & ZIES meinen, daß das Wasser der heißen Quellen und Geysire von Yellowstone bis zu 90% aus aktiviertem Grundwasser besteht. Genauere Informationen zu diesen Vorgängen dürften unsere Kenntnisse einen großen Schritt voranbringen; soviel kann jedenfalls gesagt werden, daß im Verlauf der Erdgeschichte sicherlich riesige Mengen Wassers und anderer leichtflüchtiger Stoffe durch den Magmatismus gefördert wurden.

5.7 Magmatismus und Lagerstättenbildung

Zahlreiche Befunde und Hinweise legen die Annahme nahe, daß viele Lagerstätten der Erze und Minerale genetisch mit Magmen verknüpft sind. Etliche dieser Hinweise beruhen auf geologischen Zusammenhängen zwischen dem Erzkörper und dem magmatischen Gestein und oft auch auf einem ganz bestimmten Gesteinstypus, etwa Zinnlagerstätten im Zusammenhang mit Graniten. Manchmal können Übergänge von Pegmatiten zu erzführenden Gängen und Adern verfolgt werden, die schließlich in tauben Quarzgängen enden; Beispiele von einer direkten Absonderung der Erzminerale aus der Schmelze sind ebenfalls bekannt. Nichtsdestotrotz bestehen erhebliche Meinungsunterschiede zu Abscheidung, Stoffwanderung und Ablagerung der erz- und mineralbildenden Elemente. Verließen alle oder nur ein Teil der erzbildenden Materialien die Schmelze in der Gas- oder in der Lösungsphase? War die Erzträgerlösung ursprünglich alkalisch oder sauer? Stammen die Erze direkt aus dem Magma oder stellte dieses nur die Hitze bereit, die das Gebirgswasser aus dem Nebengestein austrieb oder meteorische Wässer zirkulieren ließ? Welche Druck- und Temperaturbedingungen herrschten? Diese und manche andere Frage warten noch auf eine Antwort.

Die überwiegende Mehrheit der Lagerstätten dürfte sich aus hydrothermalen Lösungen abgeschieden haben; das schließt jedoch nicht aus, daß sich einige Lagerstätten, besonders die, die in Verbindung mit magmatischer Aktivität stehen, möglicherweise aus einer Gasphase heraus entwickelt haben. Hydrothermale Lösungen können auf vielerlei Art entstanden sein, und daher ist es durchaus sinnvoll anzunehmen, daß sich bestimmte Lösungen der magmatischen Endphase aus juvenilem Wasser, konnatem (fossilem) Wasser, Wasser aus der Metamorphose und Grundwasser zusammensetzen können. Wasserstoff- und Sauerstoffisotopenmessungen bewiesen, daß Grundwasser aus dem oberflächennahen Wasserkreislauf die Hauptkomponente der hydrothermalen Wässer ist und als Hauptlieferant der entsprechenden Lösungsinhaltsstoffe sehr schnell mit dem umgebenden Nebengestein ins Lösungsgleichgewicht gelangt sein muß. Diese absteigenden (deszendenten) Wässer können gelöste Stoffe der obersten Bodenschichten sowie der Sedimente und anderen Gesteine auf ihrem Weg nach unten in sich aufnehmen. Durch Wärme mobilisiertes konnates Wasser reagiert ähnlich, außer daß es über längere Zeit hinweg mit Sedimenten in Kontakt stand, mariner Herkunft sein kann und bereits früher solchen Wärmeeinflüssen ausgesetzt war. Durch die Umwandlung wasserreicher Sedimente in ihre metamorphen Äquivalente werden „metamorphe“ Wässer freigesetzt; sie greifen solche Ionen an, die randständig an den Kristallen gesteinsbildender Minerale sitzen und nicht fest im Gitternetz verankert sind. Wasserhaltige Restlösungen der magmatischen Differentiation können Lagerstätten nahe der Grenzfläche zum Magmenkörper hervorrufen oder sich mit hydrothermalen Lösungen anderer Herkunft vermischen.

Ungeachtet ihrer Genese enthalten hydrothermale Lösungen bis zu 50% Gewichtsanteile gelöste Stoffe, was sie als stark konzentrierte Flüssigkeiten oder Laugen kennzeichnet. Proben von Geothermalwässern und von Flüssigkeitseinschlüssen in Mineralen aus Erzvorkommen wiesen auf eine Dominanz von Chloriden des Na, Ca und K in solchen Lösungen hin. Eine typische Salzlauge stellt das geothermale Tiefenwasser von Salton Sea dar (Tab. 5.7).

Andere Beispiele variieren bezüglich ihrer Gehalte an selteneren Inhaltsstoffen, sie bewegen sich in Grenzen zwischen 1 und 100 ppm. Der pH-Wert ist sowohl sauer als alkalisch, im allgemeinen zeigen diese Wässer jedoch neutrale Reaktion. Naturbeobachtungen und Laborstudien lassen Schätzungen zum Temperaturbereich hydrothermaler Lösungen zu, wonach ca. 50–550°C bei maximalen Drücken von 2000 bar und stets hohen Chloridgehalten in Frage kommen.

Diese enormen Cl^--Konzentrationen scheinen Löslichkeit und Mobilität der Metallionen in den hydrothermalen Lösungen zu fördern. Sulfidionen scheinen in nicht allzu hoher Konzentration, jedenfalls nicht in der, um Metallkomplexe zu bilden, vorzukommen. Trotzdem fallen Metalle am Ende doch recht häufig als Sulfide aus, die von heißen, hochprozentigen Cl^--Laugen zersetzt werden. Gold geht in Lösung nach der Gleichung

Tabelle 5.7 Salzlaugenanalyse vom Salton Sea-Geothermalfeld (aus MUFFLER & WHITE, *Geol. Soc. Am. Bulletin*, **80**, S. 161, 1969) (Angaben in ppm)

pH (25°C)	5,2
SiO_2	400
Al	4,2
Fe	2290
Mn	1400
Ca	28 000
Mg	54
Sr	400
Ba	235
Na	50 400
K	17 500
Li	215
Rb	135
Cs	14
NH_4	409
B	390
HCO_3	> 150
SO_4	5
Cl	155 000
F	15
Br	120
I	18
NO_3	–
As	12
Cu	8
Zn	540
Pb	102
Ag	1
Gesamtsulfid als H_2S	16

$$2\,Au + 3\,O_2 + 12\,HCl \rightarrow 2\,H_3AuCl_6 + 6\,H_2O$$

und bei 500°C und 2000 bar hat es eine Löslichkeit von über 800 ppm in einer 2m KCl-Lösung.

Das verbleibende Problem stellt sich in der Frage, auf welche Art und Weise die in Komplexen vorliegenden Metalle als Sulfide und andere Verbindungen gefällt werden. Als möglicher Mechanismus werden Änderungen von Temperatur und Druck diskutiert, die Ursache sind für die Reduzierung der Löslichkeit und die Verschiebung der Gleichgewichtsbedingungen der Komplexe. Reaktionen der hydrothermalen Lösungen mit dem Nebengestein werden jedenfalls als ein sehr bedeutender Vorgang bei einigen Lagerstättenbildungen bewertet. Dies um so mehr, wenn das Nebengestein in der Lage ist, Sulfid-Ionen bereitzustellen oder in Lösung gehende Karbonate auf ihre Weise die Gleichgewichtsparameter innerhalb der hydrothermalen Lösung verändern. Ferner mag der Verdünnungseffekt, der durch die Vermischung konzentrierter Salzlösungen mit schwachkonzentriertem Grundwasser verursacht wird, ein möglicher Auslöser für die Fällungsreaktion mancher Sulfide sein.

Wiederum sind wir konfrontiert mit der Malaise so vieler geologischer Fragestellungen: Wir sehen und bewerten zwar das Endprodukt, über die Schritte zu seiner Entstehung aber sind wir uns im unklaren. Noch haben wir keine sicheren Kriterien, die uns eindeutige Antworten auf die Fragen geben, die wir uns zu Beginn dieser Diskussion gestellt haben. Die Antworten wechseln ohne Zweifel von einer Lagerstätte zur anderen und möglicherweise sogar innerhalb desselben Erzvorkommens auf engstem Raum. Selten kann einer der zahlreichen Parameter als *der* von besonderer Wichtigkeit herausgenommen werden; vielmehr zielt die Frage darauf ab, welcher Grad an Bedeutung jedem einzelnen von ihnen zukommt.

Ausgewählte Schriften

AHRENS, L.H. (1964): The significance of the chemical bond for controlling the geochemical distribution of the elements. *Phys. Chem. Earth*, **5**, 1–54

BARNES, H.L. (Hrsg.) (1979): *Geochemistry of hydrothermal ore deposits* (2. Aufl.). 798 S. Wiley & Sons, New York

BURNHAM, C.W. (1975): Water and magmas; a mixing model. *Geochim. Cosmochim. Acta*, **39**, 1077–1084

BURNS, R.G. (1970): *Mineralogical applications of crystal field theory.* 224 S. Cambridge University Press, Cambridge, England

CARMICHAEL, I.S.E., TURNER, F.J., & VERHOOGEN, J. (1974): *Igneous petrology.* 672 S. McGraw-Hill Book Co., New York
DEER, W.A., HOWIE, R.A., & ZUSSMAN, J. (1962–63): *Rock-forming minerals* (5 Bde.). 1788 S. Longman
ERNST, W.G. (1976): *Petrologic phase equilibria.* 333 S. Freeman & Co, San Francisco
GAST, P.W. (1968): Trace element fractionation and the origin of tholeiitic and alkaline magma types. *Geochim. Cosmochim. Acta.,* **32,** 1057–1086
HERTOGEN, J., & GIJBELS, R. (1976): Calculation of trace element fractionation during partial melting. *Geochim. Cosmochim. Acta,* **40,** 313–322
HESS, H.H., & POLDERVAART, A. (Hrsg.) (1967): *Basalts.* 862 S. Wiley & Sons, New York
JAHNS, R.H. (1956): The study of pegmatites. *Econ. Geol.,* 50th Ann. Vol., 1025–1130
JAHNS, R.H., & BURNHAM, C.W. (1969): Experimental studies of pegmatite genesis: A model for the derivation and crystallisation of granitic pegmatites. *Econ. Geol.,* **64,** 843–864
KRAUSKOPF, K.B. (1959): The use of equilibrium calculations in finding the composition of a magmatic gase phase. In: *Researches in geochemistry,* S. 260–278. Wiley & Sons, New York
MOREY, G.W. (1964): Phase-equilibrium relations of the common rock-forming oxides except water. *U.S. Geol. Surv. Prof. Papers 440-L,* 159 S. (Data of geochemistry, 6th ed., Chapter L)
NOCKOLDS, S.R., & ALLEN, R. (1953–56): The geochemistry of some igneous rock series. *Geochim. Cosmochim. Acta,* **5,** 245–285; **9,** 34–77
OSBORN, E.F. (1962): Reaction series for subalkaline igneous rocks based on different oxygen pressure conditions. *Amer. Mineral.,* **47,** 211–226
RINGWOOD, A.E. (1955): The principles governing trace element distribution during magmatic crystallization. *Geochim. Cosmochim. Acta,* **7,** 189–202
SHAW, D.M. (1977): Trace element behavior during anatexis. In: *Magma genesis.* H.J.B. DICK (Hrsg.), Bulletin 96, Oregon Dept. of Geology and Mineral Industries, S. 189–213
SKINNER, B.J., & BARTON, P.B. (1973): Genesis of mineral deposits. *Ann. Rev. Earth Planet. Sci.,* **1,** 183–211
TAYLOR, S.R. (1965): The application of trace element data to problems in petrology. *Phys. Chem. Earth,* **6,** 133–213
VERHOOGEN, J. (1949): Thermodynamics of a magmatic gas phase. *Univ. Calif. Pub. Bull. Dept. Geol. Sci.,* **28,** 91–136
WAGER, L.R., & MITCHELL, R.L. (1951): The distribution of trace elements during strong fractionation of basic magma – A further study of the Skaergaard Intrusion, East Greenland. *Geochim. Cosmochim. Acta,* **1,** 129–208
WAGER, L.R., & BROWN, G.M. (1967): *Layered igneous rocks.* 588 S. Freeman & Co., San Francisco
YODER, H.S. (1976): *Generation of basaltic magma.* 265 S. National Academy of Sciences, Washington

6 Sedimentation und Sedimentgesteine

Sedimentation ist, vereinfachend gesprochen, das Wechselspiel zwischen Atmosphäre, Hydrosphäre und der Erdkruste. Verschiedene Teilbereiche stellen sich dar als Verwitterung, Erosion, Ablagerung und Diagenese, aber keiner von ihnen ist für sich allein tätig. Die eigentlichen Stamminerale der Kruste, die Minerale der Magmatite, sind gegenüber den Atmosphärilien in hohem Maße instabil; hohe Bildungstemperaturen unter oft ebenso hohen Drücken lassen deshalb auch nicht erwarten, daß sie unter den völlig andersartigen Bedingungen an der Erdoberfläche stabil bleiben. Von den gesteinsbildenden, häufigen magmatischen Mineralen ist nur der Quarz in hohem Maße verwitterungsresistent. Alle anderen Minerale neigen zum Zersatz; die zerstörerische Einwirkung von Sauerstoff, Kohlensäure und Wasser läßt sie mehr oder weniger stark zerfallen, als Folge davon kommt es zur Mineralneubildung, deren Phasen den neuen Umweltbedingungen besser gerecht werden. Das verwitterte Gestein zerbröckelt rasch unter den mechanischen Kräften der Erosion, und seine Bestandteile werden von Wind, Wasser oder Eis verfrachtet und kommen als Sediment an anderer Stelle zur Ablagerung oder verbleiben in Lösung.

6.1 Verwitterung und Mineralneubildung: Ein geochemischer Prozeß

Die geochemischen Schlüsselreaktionen der Sedimentation sind einerseits die chemische Zersetzung bestimmter Minerale und andererseits die Bildung neuer Mineralphasen. An Bedeutung hierfür nehmen die Silikate den ersten Platz ein, schließlich machen sie auch 90% der die Kruste aufbauenden Minerale aus (einschließlich Quarz). Die genauen Vorgänge, wie es zum chemischen Zersatz bei der Verwitterung kommt, waren lange Zeit nur Spekulation. Zwar wußte man schon recht früh über die gute Löslichkeit der ein- und zweiwertigen Kationen in Wasser Bescheid, zum Verhalten von Silizium und Aluminium hingegen konnte man bedeutend weniger sagen. Einige Wissenschaftler nahmen an, daß es über die Hydrolyse der Alumosilikate zur Bildung kolloidaler Kieselsäure und Aluminiumhydroxide kommt, die letztlich miteinander zu Tonmineralen weiterreagieren. Andere Untersuchungen zeigten jedoch, daß zu Beginn der Mineralverwitterung einige Silikatminerale ionar gelöst werden, und selbst Si und Al sind wenigstens für kurze Zeit in diesem Zustand.

An den Kristalloberflächen befinden sich unabgesättigte Valenzen, mit denen die Wassermoleküle reagieren. Es folgen **Hydratation** und **Hydrolyse**, verbunden mit der Wegfuhr von starken Basen wie Kalium, Natrium, Calcium und Magnesium sowie dem teilweisen Ersatz der Sauerstoff-Anionen durch OH^--Ionen. Aluminium und Silizium ziehen OH^--Ionen sehr stark an sich; Aluminium gruppiert sechs OH^--Ionen um sich, offensichtlich um die von ihm bevorzugte 6er-Koordination zu errichten, Silizium nimmt die 4er-Koordination ein. Zunächst befinden sich die freigesetzten Ionen in echter Lösung; jedoch besteht bald die Tendenz zur Zusammenballung, um Klümpchen kolloidaler Größe zu formen. Diese sind vorerst vermutlich amorpher Natur, nehmen aber im Laufe der Zeit kristalline Ordnungsstrukturen an, etwa die der Tonminerale. Einige Minerale erleiden keinen kompletten Abbau ihres Gitters; Biotit und Muskovit beispielsweise können direkt in Tonminerale übergehen. Das geschieht mittels Substitution, indem ganze Stücke des alten Schichtaufbaus unmittelbar in den neuen Mineralkorpus eingegliedert werden. Ebenso wird das Fortbestehen der tetraedrischen Koordination des Al zusammen mit dem Zurückbehalten mobiler Kationen in Tonmineralen oft als Beweis gewertet, daß Teile des früheren Feldspatgerüsts in den Verwitterungsprodukten geblieben sind.

Letztendlich entscheidend für den weiteren Werdegang verschiedener Elemente ist die relative Stabilität ihrer Ionen in Wasser, ist ihre **Wasserlöslichkeit.** Am beständigsten verhalten sich die Alkali-Ionen, gefolgt von denen der Erdalkalien; die Hauptmasse von ihnen wird in Lösung abgeführt. Silizium, Aluminium und Eisen andererseits werden im allgemeinen bald als schwer- oder unlösliche Verbindungen ausgefällt; aus ihnen entwickeln sich schon im Frühstadium der chemischen Verwitterung Mineralneubildungen. Die spezifischen Verwitterungsreaktionen können einerseits in kongruente, das sind die Material wegführenden Reaktionen, andererseits in inkongruente, das sind solche, bei denen ein Teil des Materials zu relativ immobilen Mineralphasen umgewandelt wird, eingeteilt werden. Zum ersten Reaktionstyp zählen einfache Lösungsreaktionen mit Wasser, angesäuertem (CO_2) Wasser oder gelösten organischen Verbindungen (biologische Verwitterung). In Kontakt mit der Luft enthält Wasser ca. 10^{-5} m H_2CO_3, durch Zerfall und Oxidation organischer Substanz kann es aber im Bodenwasser oft zu weitaus höheren Konzentrationen kommen. Zum zweiten Reaktionstyp gehören Hydratation und Karbonatverwitterung unter Bildung von unlöslichen Hydroxiden bzw. Karbonaten, dann die Oxidationsverwitterung, deren bestes Beispiel die Überführung von Fe(II)-Verbindungen in Fe(III)-Oxide und -Hydroxide ist, sowie die Silikatverwitterung, wie wir sie gerade vorher diskutiert haben.

Ungeachtet der spezifischen Verwitterungsabläufe können die dadurch verursachten chemischen Veränderungen und Stoffverschiebungen unmittelbar verdeutlicht werden, wenn man eine Abfolge verwitterten Gesteinsmaterials oberhalb des frischen Ausgangsgesteins analysiert. Solche Analysen machte man auf verschiedenem Ausgangssubstrat verschiedener Klimate. Typische Werte zeigt die Tabelle 6.1. Leicht erkennbar ist die gehörige **Auswaschung** der wasserlöslichen Kationen im Zersatz sowie die umgekehrte Zunahme an unlöslichen Oxiden in diesem Bereich. Die Abb. 6.1 veranschaulicht die mit der chemischen Verwitterung einhergehende Veränderung der Mineralzusammensetzung. Diese Abfolge ist charakteristisch für gemäßigtes Klima. Verwitterungsprofile tropischer Böden zeigen relative Anreicherungen von Aluminium und bisweilen auch von Ti-reichen Rückständen, die auf Kosten der weggeführten Kieselsäure (SiO_2) zustandekommen, was wiederum durch hohe Konzentrationen organischer Säuren begünstigt wird. Manche Residuen bein-

Tabelle 6.1 Elementgehalte einer Verwitterungssequenz auf Basalt; Bathurst, New South Wales (nach LOUGHNAN, 1969) (Angaben in %)

Nr.	Tiefe	SiO_2	Al_2O_3	Fe_2O_3	CaO	MgO	Na_2O	K_2O	TiO_2	H_2O	
B1	15 cm	39,3	20,3	16,4	1,7	0,5	0,3	0,6	2,4	18,6	100,1
B2	46 cm	36,1	20,6	21,8	0,5	0,3	0,2	0,1	4,1	16,3	100,1
B3	76 cm	27,8	18,5	33,2	0,5	0,2	0,2	0,1	5,2	14,3	100,0
B4	107 cm	28,9	19,4	30,5	0,5	0,2	0,2	0,1	4,8	15,8	100,4
B5	137 cm	33,4	21,4	24,3	0,5	0,3	0,2	0,1	4,1	15,8	100,1
B6	168 cm	37,1	23,2	18,1	0,6	0,3	0,2	0,1	3,8	16,8	100,2
B7	198 cm	42,2	15,2	14,0	9,0	8,7	1,1	0,9	2,0	7,2	100,3
B8	213 cm	45,0	14,6	13,3	9,8	10,1	2,4	1,5	1,9	1,6	100,2

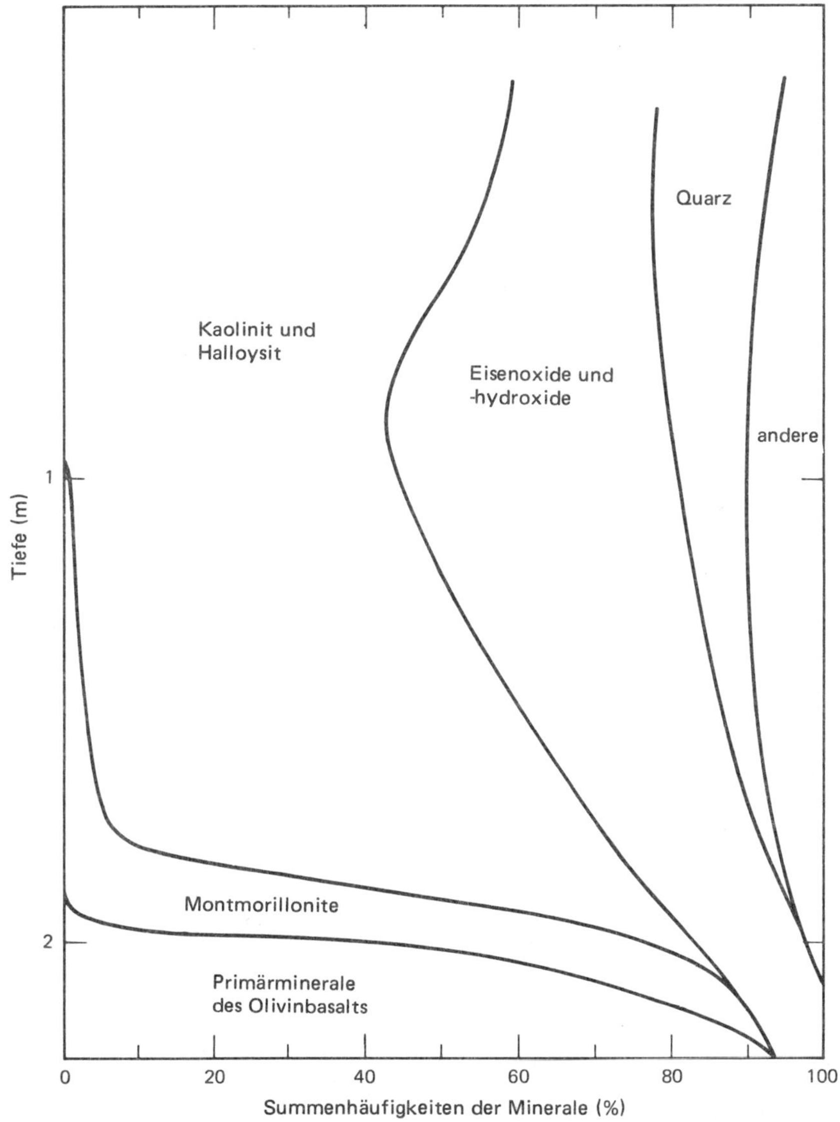

Abb. 6.1 Typische Mineralzusammensetzung eines Verwitterungsprofils in Olivinbasalt, wie sie in den gemäßigten Klimaten vorkommt.

halten erhöhte Elementkonzentrationen, die auf die Anreicherung besonders resistenter Mineralarten wie Ilmenit, Rutil, Zirkon, Quarz oder sogar Gold und Platin zurückzuführen ist.

Geochemie der Böden

Verwitterung und Sedimentation sind geochemische Vorgänge von großer Bedeutung für die Menschen, da sie uns den wohl grundlegendsten Rohstoff, den Boden, bereitstellen. Menschliche Kulturen und Zivilisationen hängen ganz klar zusammen mit der Verteilung fruchtbarer Böden. Das kann direkt zurückverfolgt werden bis zu jenen geochemischen Prozessen, die für die Bodenentwicklung verantwortlich waren.

Eine einmalige Eigenschaft der Böden ist die Anordnung ihrer Bestandteile und anderer Merkmale in sog. **Horizonte**, die parallel zur Oberfläche liegen und jeweils sehr markante Eigenschaften aufweisen. Sie erreichen Mächtigkeiten von einigen Zentimetern bis in den Meterbereich hinein. Die Einheit aller Bodenhorizonte nennen wir **Bodenprofil**; die meisten davon umfassen drei Haupthorizonte, von oben nach unten heißen sie A, B, C. Der **A-Horizont** ist der oberste, durch mechanische Wegfuhr oder **Auslaugungsvorgänge** (Eluvial-, Auswaschungshorizont) gebleichte Teil des Mineralbodens; in der Regel wird er von der organischen Substanz (Humus) dunkel eingefärbt. Das ausgelaugte (echte Lösung) bzw. ausgewaschene (mechanische Teilchenverlagerung) Material findet sich größtenteils wieder im **Anreicherungs-** oder **Illuvialhorizont B**. Er ist charakterisiert durch eine deutliche Anreicherung an Ton und besitzt meist eine gelb- bis rotbraune Farbe, die von der Akkumulation stark färbender Eisenoxide- und -hydroxide herrührt. Häufig werden hier auch viele Spurenelemente angereichert. Nach unten endet das Bodenprofil mit dem **C-Horizont**, was nichts anderes ist als das Ausgangsmaterial für die beiden darüberliegenden Horizonte A und B; das kann Gestein in situ, weit verfrachtetes Gletschermaterial oder Flußsediment oder gar Bodensubstrat einer früheren Bodenentwicklung sein.

Da sich die Böden aus den verwitterten Gesteinen entwickeln, hängt ihr Chemismus mit dem ihrer Ausgangsgesteine eng zusammen. Diese Feststellung scheint auf den ersten Blick einleuchtend, kann aber trügerisch sein. Obwohl die Böden eines bestimmten Gebietes sich in der Zusammensetzung unterscheiden, sind sie sich im ganzen gesehen sehr ähnlich; die Unterschiede beruhen zuallererst auf Umweltfaktoren. Auf der anderen Seite kann dasselbe Ausgangsgestein unter verschiedenen Voraussetzungen ganz unterschiedliche Böden hervorbringen. Die beeinflussenden Umweltfaktoren betreffen Klima, biologische Aktivität, Relief und Zeit, Wasser und menschliche Aktivität, mit dem Klima als dem wichtigsten Faktor. Im Vergleich zweier Böden des gleichen Ausgangsgesteins besitzt derjenige der humiden Tropen die weit geringere Fruchtbarkeit gegenüber dem des gemäßigt temperierten Klimabereichs. Schuld an den benachteiligten Tropenböden tragen die intensive Auswaschung als Folge hoher Niederschlagsmengen, die hohen Temperaturen sowie die nahezu komplette Beseitigung der organischen Substanz durch Mikroorganismen.

Die Bodenbestandteile erschöpfen sich nicht nur in den anwesenden Mineralen, sondern umfassen auch die organische Substanz, Wasser und Luft. Sie befinden sich im allgemeinen nicht im Gleichgewicht mit ihren Umweltbedingungen und sind daher einem ständigen Wandel unterworfen. Die Umwandlung des Ausgangsgesteins in Boden vollzieht sich unter einer drastischen Abnahme von Ca, Mg, Na und K, kleineren Verlusten an Al und Fe sowie einer relativen Zunahme von Si. Der aktivste Teil der Bodenbestandteile ist die **Kolloidfraktion**, die sich aus den Tonmineralen und der organischen Substanz zusammensetzt. Viele, nicht alle, der wichtigen Eigenschaften eines landwirtschaftlich genutzten Bodens hängen von Art und Qualität dieser Kolloide und ihrem Aggregatzustand ab. Ein echter Boden ohne organische Substanz vermag sich nicht zu entwickeln. Ausschließlich physikalische und chemische Verwitterung führt noch lange nicht zu Bodenbildung, wie die Abwesenheit echter Böden in den heißen und kalten Wüsten zeigt. Direkt oder indirekt bestimmt die **biologische Aktivität** die meisten Bodenentwicklungsprozesse. So wirken viele Organismen als Lösungs- und Extraktionsmittel zahlreicher Elemente. Wegen ihrer enorm hohen Vermehrungsraten ist ihr Totaleffekt beachtlich und spielt bei der Migration der Spurenelemente im Boden eine bedeutende Rolle.

Die Werte der Haupt- und Spurenelemente des Ausgangsgesteins können als Indikator für die Spiegelwerte des zugehörigen Bodens benutzt werden. Allerdings sind die Spiegelwerte der Böden, je nach Bodentyp und Bodenhorizont, starken Schwankungen unterworfen, vor allem in gut differenzierten Profilen, die durch deutliche Anreicherung von Eisenoxiden und organischer Substanz charakterisiert sind. Die Spurenelementgehalte normaler Böden sind aus Abb. 6.2 ersichtlich.

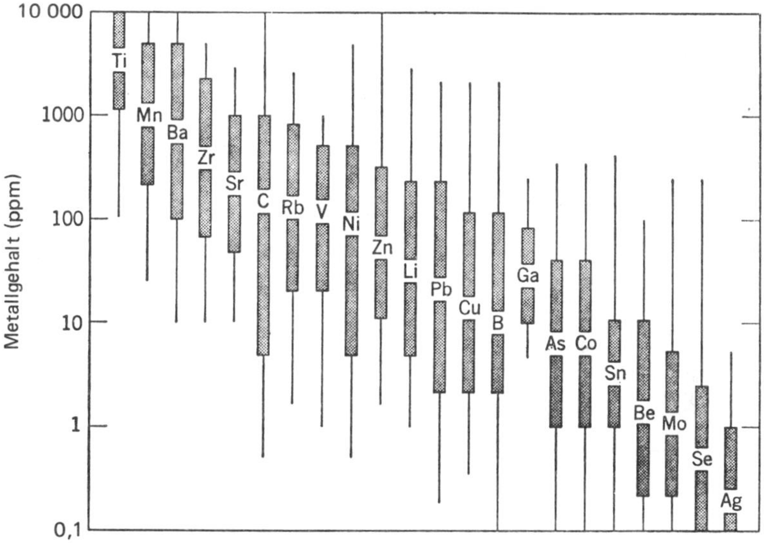

Abb. 6.2 Konzentrationsbereiche einiger Spurenelemente in normalen Böden. Die dünnen Linien bezeichnen Bereiche, die weniger häufig belegt sind (aus MITCHELL, in: BEAR, *Chemistry of the soil.* Mit freundlicher Erlaubnis von Reinhold Publishing Corp.).

Die große Bedeutung der Spurenelemente für die Pflanzenernährung, und über sie indirekt auch für Mensch und Tier, wurde in den letzten Jahren zunehmend wahrgenommen. Wertvolle Früchte und gesunde Menschen und Haustiere stehen in einem engen Zusammenhang zum Vorrat an verfügbaren Spurenelementen im Boden. So konnte die Produktivität vieler Anbaugebiete erheblich gesteigert werden, fügte man dem Boden kleine Mengen bestimmter Elemente zu. Dieser Bereich ist Forschungsobjekt der **Bodengeochemie**, da die Pflanzen die benötigten Spurenelemente dem Boden und nicht etwa dem Gestein entziehen. Interessant ist, daß in manchen Fällen ein für Tiere essentielles Spurenelement von den Pflanzen nicht verlangt wird. So wächst Gras sowohl an Co-armen Standorten als auch an solchen mit normalen Gehalten mit gleicher Wuchsleistung – nur das mit Gras des Co-

Mangelstandorts gefütterte Vieh zeigt bald Kobaltmangelerscheinungen, die entweder durch Zufütterung entsprechender Co-Mengen oder durch Aufbringen Co-haltigen Düngers auf die Anbauflächen kompensiert werden können. Die möglichen Zusammenhänge zwischen bodengeochemischen Faktoren und der geographischen Verteilung von (Mangel-)Krankheiten dürften größte Bedeutung besitzen, die allerdings bisher nicht die gebührliche Beachtung fanden, die sie verdienen. Zum Teil sind sicherlich die Komplexizität des Problems sowie die Schwierigkeit, die vielen einzelnen beteiligten Parameter aufzuschlüsseln, daran schuld.

6.2 Der Chemismus der Sedimentgesteine

Die chemische Zusammensetzung der Sedimentgesteine variiert noch weit stärker als die der Magmatite, da der Vorgang der Sedimentation zu verstärkter Mannigfaltigkeit führt. Einige Beispiele gängiger Oxide zeigen, daß in manchen Sandsteinen der SiO_2-Gehalt 99% übersteigen kann, in Bauxit der Al_2O_3-Gehalt 70% erreicht, Fe_2O_3 im Limonit bis 75% gehen kann, FeO im Siderit 60%, MgO in Dolomit 20% und CaO in reinen Kalken 56% erreichen kann. Im Licht solcher Schwankungen ist es klar, daß eine Aussage zur durchschnittlichen chemischen Zusammensetzung der Sedimente nicht leicht zu treffen ist. Die von CLARKE & WASHINGTON angewandte Methodik zur Charakterisierung der Magmatite (siehe Abschnitt 5) ist hier so gut wie unmöglich, weil einmal die nötige Anzahl Analysen fehlt, zum anderen ist gerade bei den Sedimentiten die Probenahme ein besonderes Problem. Da an sie selbst keine große wirtschaftliche Bedeutung geknüpft ist, besteht an Analysen folglich ebenfalls kein nennenswerter Bedarf; außerdem sind sie, wie gesagt, oft von sehr ungewöhnlicher chemischer Zusammensetzung.

CLARKE veranschlagte für die mittlere Zusammensetzung der häufigsten Sedimentgesteine – Tonschiefer, Sandstein und Kalkstein – die in der Tabelle 6.2 angegebenen Werte, die er aus Analysen von Mischungen aus vielen einzelnen Proben gewann. Unter Verwendung der geschätzten relativen Anteile der drei genannten, am häufigsten vorkommenden Sedimentgesteine kann dann auf den durchschnittlichen Chemismus der Sedimentite im ganzen geschlossen werden. Mehrere solcher Schätzungen existieren, so eine von CLARKE (Tab. 6.2) mit folgenden zugrundeliegenden Zahlen: für Tonschiefer 80%, für Sandstein 15% und für Kalkstein 5%. GARRELS & MACKENZIE (1971) machten ausgedehnte Berechnungen zu diesem Problemkreis und verwendeten viel neueres Datenmaterial; ihre Überlegungen beruhen auf geochemischen Gleichgewichtsbetrachtungen bei der Umwandlung eines mittleren magmatischen Gesteins in ein mittleres Sedimentgestein. Ihr zugrundegelegtes Verhältnis stellt sich dar zu Tonschiefer 81%, Sandstein 11% und Kalkstein 8%. Die Abweichung ihrer Werte von denen CLARKEs hält sich in bescheidenen Grenzen. Jedoch ist Zweifel darüber angebracht, was die anteilmäßige Rolle des Kalksteins betrifft. RONOV & YAROSHEVSKY (1969) errechneten auf der Grundlage verfügbarer Daten über die Verteilung, Masse und individuelle Zusammensetzung von Sedimenten und Sedimentgesteinen eine weitere Verteilungstabelle für die Gesamtzusammensetzung der Sedimentite. Im Vergleich zu den beiden vorstehenden Zahlenreihen der Tabelle 6.2 gehen die Differenzen hauptsächlich auf den erheblich höheren Anteil des Calciumkarbonats zurück.

Rein nach theoretischen Überlegungen zu urteilen sollte man erwarten, daß der Durchschnittschemismus der Sedimentgesteine nicht sonderlich von dem der Magma-

Tabelle 6.2 Chemismus der Sedimentgesteine

	Magmatiten	Tonschiefern	Sandsteinen	Kalksteinen	Durchschnittswerte von Sedimenten[1]	Sedimenten[2]	Sedimenten[3]
SiO_2	59,14	58,10	78,33	5,19	58,49	59,7	46,20
TiO_2	1,05	0,65	0,25	0,06	0,56	–	0,58
Al_2O_3	15,34	15,40	4,77	0,81	13,08	14,6	10,50
Fe_2O_3	3,08	4,02	1,07	0,54	3,41	3,5	3,32
FeO	3,80	2,45	0,30	–	2,01	2,6	1,95
MgO	3,49	2,44	1,16	7,89	2,51	2,6	2,87
CaO	5,08	3,11	5,50	42,57	5,45	4,8	14,00
Na_2O	3,84	1,30	0,45	0,05	1,11	0,9	1,17
K_2O	3,13	3,24	1,31	0,33	2,81	3,2	2,07
H_2O	1,15	5,00	1,63	0,77	4,28	3,4	3,85
P_2O_5	0,30	0,17	0,08	0,04	0,15	–	0,13
CO_2	0,10	2,63	5,03	41,54	4,93	4,7	12,10
SO_3	–	0,64	0,07	0,05	0,52	–	0,50
BaO	0,06	0,05	0,05	–	0,05	–	–
C	–	0,80	–	–	0,64	–	0,49
	99,56	100,00	100,00	99,84	100,00	100,0	100,13

[1] Tonschiefer 80, Sandstein 15, Kalkstein 5; nach CLARKE.
[2] GARRELS & MACKENZIE, 1971.
[3] RONOV & YAROSHEVSKY, 1969; incl. MnO 0,16, Cl 0,24.

tite abweicht, da sich alle bisher gebildeten Sedimentgesteine letztendlich durch Verwitterung und Abtragung der Magmatite auf sie zurückführen lassen. Die einzig ständige Abweichung besteht in dem Verlust solcher Elemente wie Na, die sich wegen ihrer hohen Stabilität in Lösung im Meerwasser anreichern sowie in der Zumischung atmosphärischer und hydrosphärischer Elemente wie Sauerstoff, Kohlendioxid und Wasser. Gleichwohl, falls wir die Zahlen von RONOV & YAROSHEVSKY als maßgeblich zugrundelegen, stimmen die Werte des durchschnittlichen Sedimentgesteins mit denen des durchschnittlichen Magmatits nicht überein. Diese offensichtliche Unstimmigkeit in der geochemischen Bilanz, speziell das Ca betreffend, ist ein gewichtiges Problem. Zum Teil mag es zurückzuführen sein auf das massenhafte Auftreten pelagischer Foraminiferen seit dem Tertiär, was zu einer möglichen Zunahme der Kalkausscheidungen in jüngeren Sedimenten und Sedimentiten geführt haben mag.

Signifikante Merkmale der Sedimentgesteine sind die Vorrangstellung des K über das Na, das Molekularverhältnis von Al zu den Alkalien und Calcium von > 1:1, der hohe Si-Gehalt in sandigen und kieseligen Gesteinen, die hohen Ca- und Mg-Gehalte der Karbonatgesteine und die Präsenz des Eisens vorwiegend in der dreiwertigen Oxidationsstufe. Soviel zu einigen Merkmalen allgemeiner Art, zahlreiche Ausnahmen nicht berücksichtigt.

Der Zusammenhang zwischen Chemismus und Gesteinsart läßt sich im Überblick gut durch ein Konzentrationsdreieck mit den Eckpunkten $SiO_2 - (Al,Fe)_2O_3 \cdot H_2O - (Ca,Mg)CO_3$ verdeutlichen (Abb. 6.3). Die Alkalien sind zwar ausgespart, aber im allgemeinen sind sie, außer in manchen Tongesteinen, von nur sehr geringer Bedeutung. Zweifellos bleibt es schwierig, wenn nicht gar unmöglich, die Sedimentgesteine (so wie die Magmatite über die Norm) nur über die chemische Analyse zu bestimmen. Die Schraffuren in der Abb. 6.3 verweisen auf die bestehenden Überlappungen der Hauptvertreter. Einige provisorische Abgrenzungen sehen wie folgt

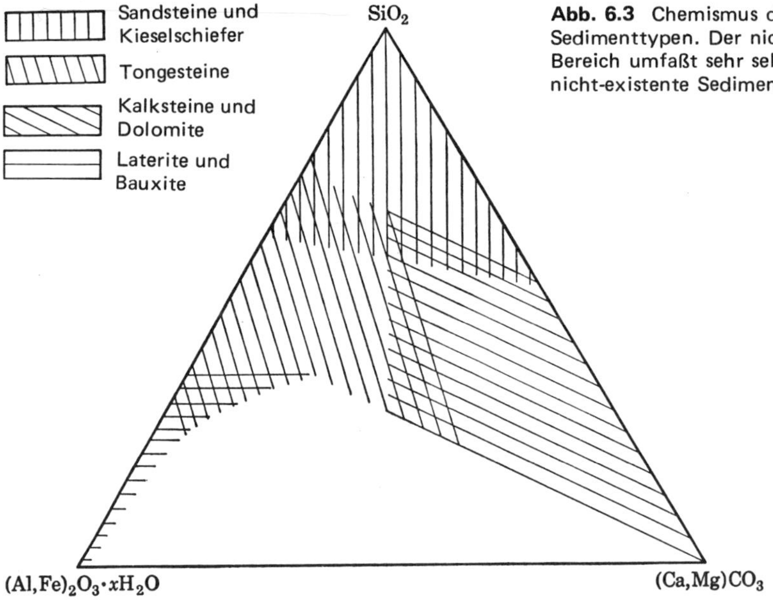

Abb. 6.3 Chemismus der gängigen Sedimenttypen. Der nicht-schraffierte Bereich umfaßt sehr seltene oder nicht-existente Sedimente.

aus: Tongesteine mit mehr als 50% SiO_2 enthalten in der Regel freies Si, wogegen solche mit mehr als 40% Al_2O_3 freies Al beherbergen. Um ein Gestein als Kalkstein oder Dolomit zu bezeichnen, muß mindestens die Karbonatkomponente die vorherrschende Komponente sein; analog dazu sollte in Sandsteinen und Kieselschiefern das Silizium alle anderen Bestandteile anteilmäßig übertreffen. IMBRIE & POLDERVAART (1959) entwickelten ein Verfahren, mit dem von der chemischen Analyse aus auf die Mineralogie eines Sedimentgesteins geschlossen werden kann.

6.3 Der Mineralbestand der Sedimentgesteine

Die Mineralogie der Sedimentite bestimmen zwei ganz unterschiedliche Arten von Mineralen: Zum einen sehr verwitterungsresistente Minerale als Überbleibsel des verwitterten und abgetragenen Ausgangsgesteins, zum anderen Mineralneubildungen aus den Lösungsinhaltsstoffen, die bei der chemischen Verwitterung erzeugt werden. Die letzteren sind gewöhnlich **Hydratverbindungen**, wie es von Substanzen, die in wasserreicher Umgebung gebildet werden, erwartet werden kann. GOLDICH (1938) stellte eine **Stabilitätsreihe** für Minerale der Magmatite gegenüber ihrem Verhalten bei der Verwitterung auf und fand eine Sequenz, die umgekehrt der Bowenschen Reaktionsserie verläuft:

Stabilität nimmt ab ↓	Quarz	
	Muskovit	
	Kalifeldspat	
	Biotit	
	Alkali-Plagioklas	
	Alkali-Ca-Plagioklas	Hornblende
	Ca-Alkali-Plagioklas	
		Augit
	Ca-Plagioklas	
		Olivin

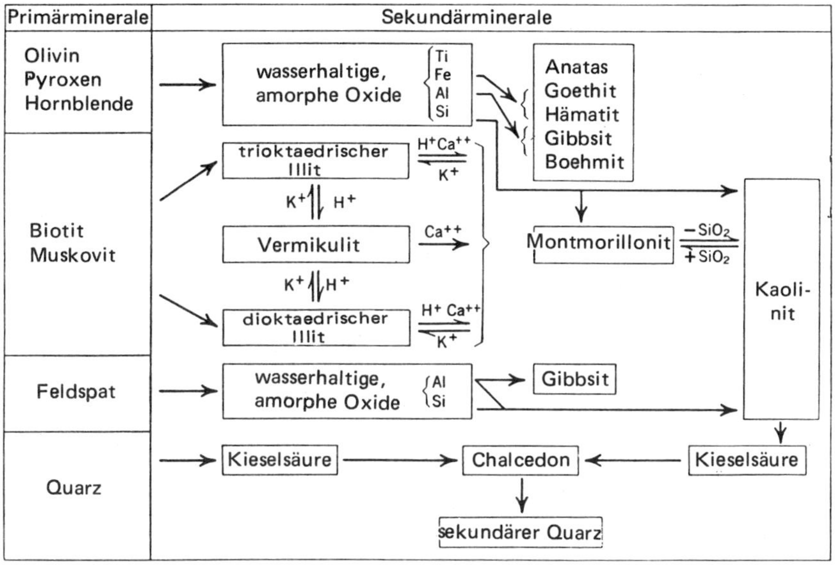

Abb. 6.4 Verwitterungsmodell der primären gesteinsbildenden Minerale (nach FIELDS & SWINDALE, *New Zealand J. Sci. Tech.,* **36B**, S. 140, 1954).

Diese Anordnung bedeutet natürlich keine entgegengesetzte Reaktionsreihe, die Minerale gehen also nicht in dieser Reihenfolge eins ins andere über, sondern setzen dem Zerfall, in dieser Reihe von oben nach unten betrachtet, immer weniger Widerstand entgegen. Die Übereinstimmung beider Reihen weist die bei der Differentiation zuletzt kristallisierten Phasen als die stabileren bei Normaltemperatur aus, während die Erstkristallisate sehr verwitterungssensibel sind. Abb. 6.4 dokumentiert ein Netzschema, in dem die wichtigsten Vertreter der Primärminerale bei der Verwitterung in (bei entsprechenden physiko-chemischen Bedingungen) sekundäre Mineralphasen umgewandelt werden. Die Primärminerale nehmen in der Spalte nach unten bezüglich ihrer Verwitterungsresistenz zu, und die aus ihnen entstehenden sekundären Minerale sind so angeordnet, daß ihre Herkunft eindeutig erkennbar ist. Die Gesamtzahl der Mineralarten in den Sedimentgesteinen ist sehr hoch, da beinahe jedes Mineral magmatischer oder metamorpher Entstehung zumindest eine vorübergehende Existenz in einem Sediment genießt. Nichtsdestotrotz hält sich die Zahl der häufigen und verbreiteten Minerale in den Sedimentiten in bescheidenen Grenzen: Quarz, Feldspat, Kalzit, Dolomit und die Tonminerale. Etliche andere Minerale wie Glaukonit, Limonit (Goethit und Hämatit), Bauxit (Gibbsit und Boehmit) und Collophan (sedimentärer Apatit) kommen in Sedimenten beschränkter Verbreitung häufiger vor; amorphe, kolloide Formen wie Allophane sind eher seltener anzutreffen.

Quarz und Feldspäte vertreten die **Detritusminerale**, das sind die durch Erosionsvorgänge freigesetzten, die gleichzeitig gegenüber der chemischen Verwitterung relativ stabil sind, d.h. die Feldspäte können aber bei sehr intensiver Verwitterung bzw. über längere Zeiträume hinweg sehr wohl zersetzt werden. Auf der anderen Seite kann es unter fast Oberflächenbedingungen zu einer Mineralneubildung von Alkalifeldspäten kommen; Beschreibungen **authigener** Albite, Orthoklase und Mikrokline sind zur Genüge bekannt. Diese Variabilität im Erscheinungsbild wirft ein bestimmtes Licht auf die Umweltbedingungen: Feldspatlösung scheint im sauren Milieu abzulaufen, während sich im alkalischen Bereich authigene Feldspäte bilden. Anorthit ist sehr verwitterungsstabil, wobei zu bemerken ist, daß **authigene Zeolithe** (Heulandit, Chabasit, Laumontit und andere) in einigen Sedimenten und Sedimentgesteinen gefunden werden konnten. Kalzit wird entweder bei physiko-chemischen Veränderungen der Lösung ausgefällt oder von bestimmten Organismen für ihre Lebensvorgänge der Lösung entnommen. **Aragonit** ist eine Form des Calciumkarbonats, in der es manchmal abgelagert wird; im allgemeinen überdauert Aragonit aber keine längeren Zeiträume, da er mehr oder weniger vollständig in die stabilere Form, den Kalzit, übergeht. Die Entstehung von **Dolomit** ist nach wie vor kontrovers in der Diskussion, und eine generelle Einigung konnte bislang noch nicht erzielt werden. Viele geologische Hinweise deuten jedoch darauf hin, daß sich viele Dolomite unter dem Einfluß Mg-haltiger Wässer durch Metasomatose aus Kalken gebildet haben. Auch scheint in vielen Fällen Seewasser während der Diagenese auf Kalkstein nach der folgenden Reaktion eingewirkt zu haben:

$$2\ CaCO_3 + Mg^{2+} = CaMg(CO_3)_2 + Ca^{2+}$$

Für diese Gleichung besagt das Massenwirkungsgesetz, daß das Gleichgewicht fast ausschließlich von den relativen Konzentrationen der anwesenden Ca- und Mg-Ionen in der Lösung bestimmt wird. Studien zur Thermodynamik dieser Reaktion ließen vermuten, daß unter den in der Natur herrschenden Temperatur- und Konzentrationsbedingungen die Änderung der freien Enthalpie negativ ist, also die Dolomitisierung spontan ablaufen kann. Laborexperimente zur Dolomitgenese sind sehr schwierig durchzuführen, da die Geschwindigkeit des Kationeneinbaus äußerst langsam ist. Die Natur hat dagegen genügend lange Zeiträume zur Verfügung, um zu sehr ansehnlichen Massen an Dolomitgestein zu kommen.

Kaolinit, Montmorillonit, Illit und Chlorit sowie eine ganze Reihe weniger häufig vorkommender Arten umfassen die **Tonminerale** in Sedimenten und Sedimentgesteinen. Die Tonmineralogie war in jüngster Zeit Gegenstand eingehender Untersuchungen; ein detailliertes Werk dazu hat GRIM (1968) verfaßt. Die Tonminerale sind eine Gruppe stabiler Sekundärminerale, die aus der Verwitterung anderer Alumosilikate hervorgehen. Alle diese Neubildungen haben als gemeinsames Merkmal die Schichtgitterstruktur, die unter den Bedingungen an der Erdoberfläche stabiler als die anderen Gitteranordnungen zu sein scheint. Neben diesem Charakteristikum haben sie noch weitere Gemeinsamkeiten; zunächst sind sie alle hydratisierte Alumosilikate. In den meisten Sedimenten, in denen sie auftreten, besitzen sie eine sehr geringe Größe, im allgemeinen weniger als 0,002 mm ϕ, ja sie erreichen ohne weiteres Kolloidgröße. Je kleiner ihre Korngröße wird, um so weniger ausgeprägt bleibt ihre Kristallinität, und wahrscheinlich gibt es keine scharfe Grenze mehr zwischen unzulänglich kristallisierten Tonmineralen und amorphen Äquivalenten, die man getrost als Alumosilikat-Gele ansehen mag.

Sehr häufig finden wir mehr als eine Tonmineralart in einem Sediment. Nicht nur miteinander vermische, individuelle Tonmineralarten, sondern sog. **„mixed-layer"-Tonminerale**, bei denen die einzelnen Schichten verschiedener Tonminerale übereinanderliegend ein eigenes Mineral bilden, konnten beobachtet werden. Viele solcher und ähnlicher Komplikationen könnten wir noch aufzählen, was die Identifizierung der Minerale in der Tonfraktion eines Sediments zu einer der anspruchsvollsten Unternehmungen macht, mit dem sich der Mineraloge zu befassen hat.

Verwandtschafts- und Unterschiedsverhältnisse zwischen den Tonmineralen kann man am besten anhand ihrer Kristallstrukturen studieren. Alle sind Schichtsilikate, deren Aufbau aus zwei unterschiedlichen Einheiten, in Richtung der *c*-Achse übereinandergestapelt, besteht. Diese Schichteinheiten sind einmal Si_4O_{10}-Tetraeder, die zu einer solchen Teilschicht verknüpft sind, zum andern oktaedrisch verknüpfte Aluminium-Hydroxyl-Einheiten, welche die andere Teilschicht ausmachen (Abb. 6.5). Das Al-Ion befindet sich also zwischen zwei Schichten von OH

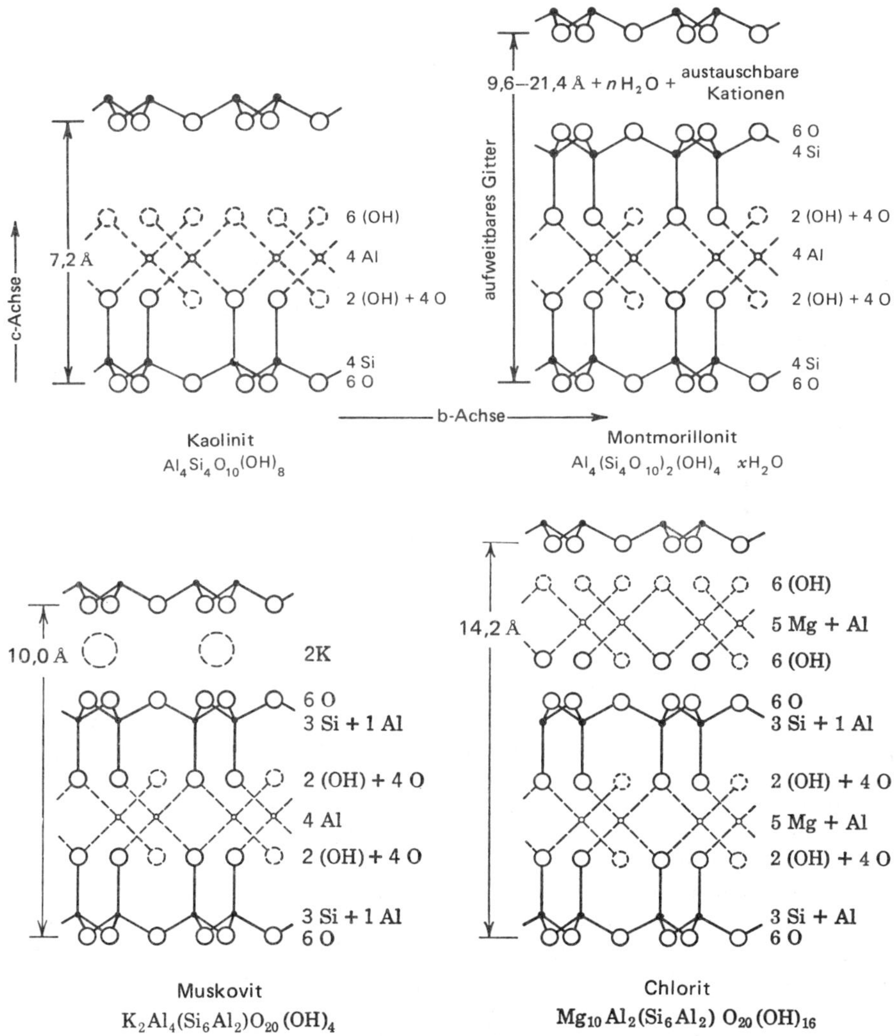

Abb. 6.5 Vereinfachte Darstellung des Kristallgitteraufbaus der wichtigsten Tonminerale (nach GRIM, *J. Geol.*, **50**, S. 225, 1942).

bzw. O, wobei jedes Al-Ion von sechs O bzw. OH umgeben und dadurch 6fach koordiniert ist. Diese beiden Einheitentypen werden in den Tonmineralen durch zu beiden Einheiten gehörige Sauerstoffe verbunden. Die einzelnen Mineralarten der Tonminerale variieren durch die relative Anzahl der beiden Typen an Schichtlagen sowie durch die Ersatzmöglichkeiten des Si oder Al durch andere Elemente.

Kaolinit besitzt einen recht einfachen Aufbau, in dem eine Tetraederlage mit einer Oktaederlage verbunden ist – er wird als ein Zweischichtmineral bezeichnet. Ein Ersatz des Si oder Al findet nicht statt, was sich in voller Übereinstimmung von Analysenergebnissen und theoretischer Formelzusammensetzung niederschlägt. Außer Kaolinit existieren noch drei weitere polymorphe Formen, nämlich Dickit, Nakrit und Halloysit. Die beiden ersten sind Bildungen des hydrothermalen Milieus und kommen, wenn auch sehr selten, in Sedimenten vor. Auch Halloysit ist ein Produkt hydrothermaler Ablagerungen und tritt gelegentlich in Sedimenten auf; dort scheint er in der Regel aus sauren Grundwässern, die reichlich Al und Si führen, auszufallen.

Im **Montmorillonit** ist eine Lage Al-Hydroxyl-Ionen von zwei Lagen Si-Tetraedern eingebettet; sie sind wie gewohnt in Richtung der *c*-Achse gestapelt und lagern Wasser unterschiedlicher Menge zwischen sich ein. Dieser variable Wassergehalt macht ein charakteristisches Merkmal des Montmorillonits aus, dessen Elementarzelle in der *c*-Richtung im absolut entwässerten Zustand 9,6 Å, dagegen im wassergesättigten Zustand bis zu 21,4 Å lang ist. Wir sprechen daher beim Montmorillonit vom **aufweitbaren Gitter**. Das typische Quellungsvermögen des Bentonits bei Berührung mit Wasser geht auf seinen Montmorillonitgehalt zurück.

Montmorillonit gestattet seinen Bestandteilen vielfältige Substitutionsmöglichkeiten. Das Al kann teilweise oder sogar ganz durch dreiwertiges Fe (Nontronit), Mg (Saponit), Zn (Sauconit) und durch kleinere Mengen Li, dreiwertiges Cr, Mn und Ni ersetzt werden; das Si kann teilweise von Al substituiert werden, was zu der Varietät Beidellit führt. Die chemische Variationsbreite des Montmorillonits (hier als Gruppe von Mineralen betrachtet) ist, wie man sieht, überaus groß.

Montmorillonit weicht stets von seiner Formel durch eine negative Nettoladung seiner Elementarzelle ab, die von den eben erwähnten Substitutionen herrührt. Viele Analysen weisen darauf hin, daß dieser negative Ladungsüberschuß bis zu $^2/_3$ pro Elementarzelle betragen kann. Dieser negative Ladungsüberschuß wird nun dadurch wieder ausgeglichen, daß Kationen zwischen die Silikatschichten und an den Schichträndern ein- bzw. angelagert werden (Kationenadsorption); dabei handelt es sich meist um Ca, Na und K, Elemente, die in den Montmorillonitanalysen immer wieder auftauchen, obwohl die theoretische Gitterzusammensetzung sie nicht kennt.

Ein häufiges und wichtiges Tonmineral in vielen Tonen und Tonschiefern ist der **Illit** oder Hydroglimmer. Das Vorkommen eines glimmerartigen Tonminerals mit etwas weniger K, aber dafür mehr Wasser als Muskovit wurde schon vor langer Zeit festgestellt. Der Name Illit steht mehr für einen allgemeinen Näherungsbegriff als für einen eigenen Mineralnamen. So ist der eine Illit eher als toniger (von der Korngröße) Muskovit zu bezeichnen, der nächste entspricht einem mixed-layer Muskovit-Montmorillonit, und ein weiterer besteht aus einer (mechanischen) Mischung aus Muskovit und Montmorillonit, oft noch mit kleinen Beimengungen Quarz gleicher Korngröße.

Ein weiteres wichtiges Tonmineral ist der **Chlorit**. Kleine Mengen im Verband mit anderen Tonmineralen lassen sich so gut wie nicht entdecken. Vom Aufbau her leitet sich der Chlorit vom Montmorillonit ab, indem sich zwischen jede Montmorillonitschicht noch eine (Mg, Al)(OH)-Schicht dazwischenschiebt, etwa so wie sich der Muskovit vom Montmorillonit durch Addition einer Lage K an derselben Stelle ableiten läßt. Dieser Zusammenhang stellt gleichermaßen einen paragenetischen Bezug her, da es Anzeichen dafür gibt, daß sich Chlorit aus Montmorillonit im Meerwasser bildet, das mit seinem hohen Mg-Anteil die (Mg, Al)(OH)-Schicht beizusteuern vermag.

Um die gegenseitigen Beziehungen der Tonminerale und die Entstehungsbedingungen zugunsten des einen Minerals gegenüber dem anderen zu verstehen, bedarf es noch erheblicher Anstrengungen. Die maßgeblichen Faktoren, die die Merkmale eines Tons bestimmen, sind einmal der Chemismus des Ausgangsmaterials und zum andern das physikalisch-chemische Umfeld, wo diese Umwandlungsprozesse stattfinden. Die Struktur des Kaolinits beispielsweise läßt keine anderen Kationen als Si und Al zu, was darauf hinausläuft, daß Kaolinit sich bevorzugt in saurem Mileu formieren wird, in dem alle anderen Kationen in der Lösung abgeführt werden. Ferner besitzt Kaolinit das höchste Al:Si-Verhältnis aller Tonminerale, so daß seine Bildungsbedingungen dann am günstigsten sind, wenn selbst Si gelöst weggeführt wird und dadurch Al eine relative Anreicherung erfährt. Durch die verbreitete Entstehung von Kaoliniten aus der sauren Verwitterung von Alkalifeldspäten werden diese Überlegungen bestätigt; die freigesetzten Na- und K-Ionen bewirken dabei, das Si in Lösung zu halten. Montmorillonit hat andererseits ein Si:Al-Verhältnis von ca. 2:1, auch nimmt er andere Kationen wie Mg und Fe als wichtige Bestandteile in sein Gitter auf. Sein Bildungsmilieu scheint bevorzugt im neutralen bis schwach alkalischen Bereich zu liegen, wo er sich von Fe-Mg-Mineralen, Ca-Feldspäten und vor allem aus vulkanischer Asche ableitet. Montmorillonit bestitzt strukturell enge Beziehung zum Illit (Muskovit) und zum Chlorit und kann sich vermutlich leicht in diese Minerale umwandeln, speziell im marinen Bereich; dort herrschen wegen der relativ hohen K- und Mg-Konzentrationen die für Umwandlungen günstigsten Bedingungen. Illit ist das verbreitetste Tonmineral der marinen Sedimente und Sedimentgesteine. Die Fixierung des K im Illit sowie des Mg im Chlorit spielt für die Kontrolle der Meerwasserzusammensetzung vermutlich eine nicht zu unterschätzende Rolle. Bei der Diagenese wird im allgemeinen die Bildung von Illiten und Chloriten begünstigt, die von Kaoliniten und Montmorilloniten dagegen ist milieubedingt benachteiligt, was sich im Mineralbestand mariner Tone und Tongesteine zugunsten der beiden ersten Tonminerale auswirkt.

6.4 Physikalisch-chemische Faktoren der Sedimentbildung

Wasser als universelles Lösungsmittel

Die Geochemie sedimentärer Vorgänge ist im wesentlichen eine Geochemie, die unter Anwesenheit von Wasser stattfindet. Wasser ist keineswegs eine typische Flüssigkeit, und in diesem Zusammenhang verdienen seine besonderen Eigenschaften betont zu werden. Als Lösungsmittel ist das Wasser geradezu unvergleichlich – keine andere Flüssigkeit kann so viele verschiedene Substanzen in so hohen Konzentrationen in Lösung halten. Der Aufbau des Wassermoleküls hilft uns diese und andere Eigenschaften besser zu erklären.

Die beiden Wasserstoffatome sind im Vergleich zu dem einen Sauerstoffatom so klein, daß das Wassermolekül in etwa kugelförmig ist; auch sein Radius ist kaum größer als der des Sauerstoffs. Der Winkel zwischen den kovalenten Bindungen beträgt ca. 105°; diese Struktur erzeugt daher eine sehr ungleich verteilte Ladung innerhalb des Moleküls. Ein positiver Ladungsüberschuß entsteht an und zwischen den beiden Protonen, während die Gegenseite negativ geladen ist: Das Wassermolekül reagiert folglich wie ein **Dipol**. Die wechselseitige Anziehung der Dipole steigert die Kohäsionskräfte zwischen den Wassermolekülen beträchtlich gegenüber denen in anderen Flüssigkeiten, die ihre Kohäsionskräfte lediglich durch van der Waals-Bindungen erhalten. Deshalb hat auch das Wasser für eine Flüssigkeit mit niedrigem Molekulargewicht einen extrem hohen Schmelz- und Siedepunkt. Der flüssige Bereich ist mit 100 Celsiusgraden ebenfalls umgewöhnlich weit, was wiederum auf die hartnäckige Bindung zwischen den Molekülen zurückgeht. Um diese Bindungskräfte am Siedepunkt aufzureißen, ist die abnorm hohe Verdampfungsenergie von 40,7 kJ vonnöten. Die starken Kohäsionskräfte zwischen den Wassermolekülen spiegeln sich auch in der sehr hohen Oberflächenspannung des Wassers mit $0{,}7275 \cdot 10^{-3}$ N/cm bei 20°C gegenüber $0{,}2677 \cdot 10^{-3}$ für CCl_4 und $0{,}2888 \cdot 10^{-3}$ für C_6H_6 wider.

Ein anderer gewichtiger Effekt der Dipolarität des Wassermoleküls stellt die ungewöhnlich hohe **Dielektrizitätskonstante** dar, sie beträgt 80. Sie verursacht die große Lösungswirkung des Wassers gegenüber ionaren Verbindungen, da sich die Bindungskräfte innerhalb der Ionen umgekehrt zur Dielektrizitätskonstante des Lösungsmittels verhalten; dies erklärt sich aus der Tatsache, daß die Lösung ionarer Verbindungen nichts anderes ist als die Dispersion der Ionen in den Molekülen des Lösungsmittels.

Ionenpotential

Ionen in wäßriger Lösung ziehen die Wassermoleküle zu sich hin, wobei die Kationen die negativen Enden der Dipole, die Anionen entsprechend die positiv geladenen Enden anziehen. Die Anzahl der sich um ein gegebenes Ion gruppierenden Wassermoleküle hängt einmal ab von der Ionengröße – je größer das Ion ist, um so mehr Wassermoleküle kann es um sich herum versammeln. Als zweite Bestimmungsgröße für die Hydratation kommt die Intensität der Ladung hinzu, die an der Ionenoberfläche herrscht. Beispielsweise übt das Li-Ion mit seinem Ionenradius von 0,74 Å eine viel stärkere Anziehungskraft auf die Wassermoleküle als das Cs-Ion mit 1,70 Å aus, obwohl beide die gleiche Ladung aufweisen. Folglich ist das Li-Ion trotz seines kleinen Ionenradius hydratisiert im Gegensatz zum Cs-Ion. Die Hydratationsenergie der Ionen ist also proportional zu ihrer Ladung (Z) und umgekehrt proportional zu ihrem Radius (r). Der Quotient Z/r heißt **Ionenpotential** und ist nicht nur von großer Bedeutung für die Hydratation der Ionen, sondern in weitreichendem Maße auch für viele andere Eigenschaften der Ionen in wäßriger Lösung. GOLDSCHMIDT betonte als erster die Tragweite des Ionenpotentials für sedimentäre Prozesse, insofern als es ein Maß für das Verhalten eines Ions in wäßrigem Milieu liefert. Das Ionenpotential einer Reihe von Kationen ist in Tabelle 6.3 aufgeführt.

Im Endeffekt entspricht das Ionenpotential einem Maß für die Elektronegativität; denn je kleiner der Radius eines Kations und je höher seine Ladung ist, desto saurer reagiert sein Oxid, und je größer der Radius und kleiner die Ladung, desto basischer reagiert sein Oxid. Vom elektrostatischen Standpunkt gesehen ist das Ionenpotential ein Maß für die positive Ladung an der Ionenoberfläche. Diese Kon-

Tabelle 6.3 Ionenpotentiale

Cs^{+}	0,60	Th^{4+}	3,9
Rb^{+}	0,68	Ce^{4+}	4,3
K^{+}	0,75	Fe^{3+}	4,7
Na^{+}	1,0	Zr^{4+}	5,1
Li^{+}	1,5	Be^{2+}	5,7
Ba^{2+}	1,5	Al^{3+}	5,9
Sr^{2+}	1,8	Ti^{4+}	5,9
Ca^{2+}	2,0	Mn^{4+}	6,7
Mn^{2+}	2,5	Nb^{5+}	7,5
La^{3+}	2,6	Si^{4+}	9,5
Fe^{2+}	2,7	Mo^{6+}	9,7
Co^{2+}	2,8	B^{3+}	13
Mg^{2+}	3,0	P^{5+}	14
Y^{3+}	3,3	S^{6+}	20
Lu^{3+}	3,5	C^{4+}	25
Sc^{3+}	3,7	N^{5+}	38

zentrierung positiver Ladung an der Oberfläche wirkt auf die Protonen in den Wassermolekülen abstoßend. Falls diese Abstoßung stark genug ist, reißen sich einige der Protonen los, was zu einem Ladungsausgleich in bezug auf das zentrale Kation führt und schließlich mit der Ausfällung eines unlöslichen Hydroxids endet. Bei sehr hohen Abstoßungskräften, d.h. großem Ionenpotential, werden alle Protonen der angezogenen Wassermoleküle abgestoßen, was zur Bildung nun wieder wasserlöslicher Anionenkomplexe führt.

Das Ionenpotential eines Elements bestimmt weitgehend Ort und Zeit der Ablagerung seiner Ionen während sedimentärer Vorgänge und spielt eine bedeutende Rolle bei allen Mineralneubildungen im wäßrigen Milieu. Mit ihm läßt sich gut erklären, weshalb unähnliche Elemente ähnliches Verhalten bei der Sedimentation zeigen, wie beispielsweise das gleichzeitige Ausfällen des zweiwertigen Berylliums, des dreiwertigen Aluminiums sowie des vierwertigen Titans. Elemente niedrigen Ionenpotentials wie Natrium, Calcium und Magnesium bleiben während der Verwitterungs- und Transportvorgänge lange in Lösung; Elemente mittleren Ionenpotentials bilden bei der Hydratation vorwiegend Hydroxide und werden als unlösliche Hydrolysate ausgefällt; Elemente mit noch höherem Ionenpotential, die nur noch den Sauerstoff des Wassermoleküls tolerieren, liegen schließlich in Form wasserlöslicher Anionenkomplexe vor. In einem einfachen Diagramm mit dem Ionenradius als Ordinate und der Ionenladung als Abszisse können die Elemente nach ihrem Lösungsverhalten leicht in die drei Hauptgruppen eingeteilt werden: wasserlösliche Kationen, Hydrolysate sowie wasserlösliche Anionenkomplexe (Abb. 6.6).

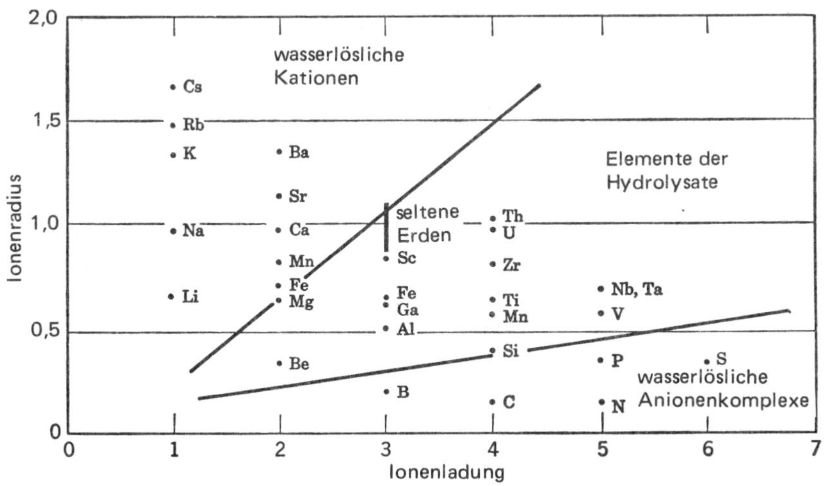

Abb. 6.6 Geochemische Einteilung einiger wichtiger Elemente auf der Basis ihrer Ionenpotentiale

Folgende ausgewählte Beispiele sollen die Bedeutung des Ionenpotentials für das Verhalten einiger Elemente bei sedimentären Prozessen näher erläutern. Im zweiwertigen Zustand ist das Eisen lösungsstabil (Z/r = 2,7), so daß einer Ausfällung die Oxidation in die dreiwertige Stufe vorausgehen muß, die ein sehr viel höheres Ionenpotential (Z/r = 4,7) besitzt. In ähnlicher Weise ist das zweiwertige Mangan-Ion lösungsstabil und wird als Hydroxid in der vierwertigen Oxidationsstufe ausgefällt (Z/r = 2,5 bzw. Z/r = 6,7). Demgemäß sind in vielen Sedimentgesteinen Produkte der Hydrolyse sowie gleichermaßen der Oxidation in denselben Ablagerungen vergesellschaftet. So reichern sich eine ganze Anzahl weniger häufig bis seltener vierwertiger Elemente in sedimentären Hydrolysaten an, deren Ionenpotentiale alle derselben Größenordnung entsprechen. In Bauxiten liegen nicht nur hohe Konzentrationen der chemisch mit Aluminium verwandten Elemente Beryllium und Gallium vor, sondern auch solcher wie Ti, Zr oder Nb – der Anreicherungsfaktor beträgt hier oft das Vier- bis Fünffache im Vergleich zur Konzentration im unverwitterten Anstehenden.

Wasserstoffionenkonzentration (pH-Wert)

Von großer Wichtigkeit für die die Sedimentationsprozesse begleitenden chemischen Reaktionen ist die Wasserstoffionenkonzentration natürlicher Wässer. In reinem Wasser beträgt sie bei 25°C 10^{-7} mol/l. Wird dieser Wert in einer beliebigen Lösung übertroffen, nennt man sie sauer, im anderen Fall nennt man sie basich oder alkalisch. Mit zunehmender Temperatur bewegt sich der Neutralpunkt in Richtung auf höhere Wasserstoffionenkonzentrationen zu. Ein für die tägliche Rechenpraxis bequemeres Maß ist der negative Logarithmus der Wasserstoffionenkonzentration, der sog. **pH-Wert**; der pH-Wert reinen Wassers ist demnach 7.

So kontrolliert der pH-Wert einer Lösung in entscheidender Weise die Ausfällung von Hydroxiden. Tabelle 6.4 bringt eine Auswahl einiger Hydroxide, deren beginnende Ausscheidung aus verdünnten Lösungen dem zugehörigen pH-Wert des natürlichen Milieus zugeordnet ist. Meerwasser ist immer leicht alkalisch, während die meisten terrestrischen Wässer auf der sauren Seite zu suchen sind. Dabei wird

Tabelle 6.4 Der pH-Wert natürlicher Milieus und seine Beziehung zur Ausfällung der Hydroxide

pH	Ausfällung des Hydroxids	Milieu	pH
11			11
	Magnesium		
10		alkalische Böden	10
9			9
	zweiwertiges Mangan		
		Meerwasser	
8			8
7	Zink	Flußwasser	7
6	Kupfer	Regenwasser	6
5	zweiwertiges Eisen		5
4	Aluminium	Moorwasser	4
3		Grubenwasser	3
	dreiwertiges Eisen		
2			2
		saure Thermalwässer	
1			

das pH vieler terrestrischer Wässer durch das Puffersystem $CaCO_3-CO_2-H_2O$ kontrolliert; eine gesättigte CO_2-Lösung bei einem Partialdruck des CO_2 von 0,0003 bar in der Atmosphäre hat ein pH von 5,7, während eine Kalklösung in luftgesättigtem Wasser ein pH von nahezu 8,4 aufweist.

Für die Beweglichkeit und Ausfällung des Eisens ist die Löslichkeit des dreiwertigen Eisenions, anhand der nachfolgenden Gleichungen demonstriert, von großer Wichtigkeit. Das Löslichkeitsprodukt L des dreiwertigen Eisenhydroxids $Fe(OH)_3$ wird durch die Gleichung

$$L = [Fe^{3+}][OH^-]^3$$

dargestellt. Folglich ist

$$[Fe^{3+}] = \frac{L}{[OH^-]^3}$$

In wäßriger Lösung gilt ferner die Beziehung $[OH^-] = K_w/[H^+]$, mit K_w als dem Ionenprodukt des Wassers. Dann wird

$$[Fe^{3+}] = \frac{L\,[H^+]^3}{K_w^3}$$

Bei definierten Temperaturen sind K_w und L konstant; folglich ist die Konzentration des dreiwertigen Eisens in wäßriger Lösung proportional der dritten Potenz des pH-Wertes. Bei 18°C, zum Beispiel, betragen $L = 10^{-38,6}$ bzw. $K_w = 10^{-14,2}$. Dann ergibt $L/K_w^3 = 10^4$ und bei einem pH von 7 sind 10^{-17} mol $[Fe^{3+}]$ im Liter, bei einem pH von 6 sind 10^{-14} mol $[Fe^{3+}]$ im Liter. In natürlichen Gewässern ist das Eisen nicht nur als Fe^{3+}, sondern auch als Fe^{2+} und $FeOH^{2+}$ gegenwärtig, was zu folgenden gelösten Gesamteisengehalten bei verschiedenen pH-Werten führt:

pH	Gehalt
8,5	$3 \cdot 10^{-8}$ mg/m³
8,0	$4 \cdot 10^{-7}$ mg/m³
7,0	$4 \cdot 10^{-5}$ mg/m³
6,0	$5 \cdot 10^{-3}$ mg/m³

Die Löslichkeit des Eisens bei einem pH von 6 ist also in einer Größenordnung von 10^5 höher als bei einem pH von 8,5. Schwach saure Flüsse, die gelöstes Eisen enthalten, müssen beim Einmünden in das schwach alkalische Meerwasser erwartungsgemäß fast alles Eisen durch Ausflocken verlieren. Neuere Zahlen stärken diese Annahme, wonach der mittlere Eisengehalt der Flußwässer etwa 1 ppm beträgt, hingegen der mittlere Eisengehalt des Meerwassers nur magere 0,008 ppm ausmacht.

Besonders signifikant ist das pH für die Beweglichkeit von Aluminium und Silizium in der Bodenlösung und die anschließende Wiederausfällung. Die Abhängigkeit der Löslichkeiten von Aluminiumhydroxid und Silizium vom pH-Wert verdeutlicht die Abb. 6.7. Bei einem pH kleiner als 4 geht Al leicht in Lösung, während Si dies nur in geringem Ausmaß macht; unter diesen Umständen wird Al weggeführt, und Si verbleibt am Ort der Verwitterung. In normalen Abtragungsgebieten sind solche tiefen pH-Werte jedoch eher die Ausnahme. Üblich sind Werte zwischen 5 und 9, wo mit zunehmender Alkalität die Löslichkeit des Siliziums langsam ansteigt, Aluminium aber praktisch unlöslich bleibt. Bei diesen Umweltbedingungen wird Si

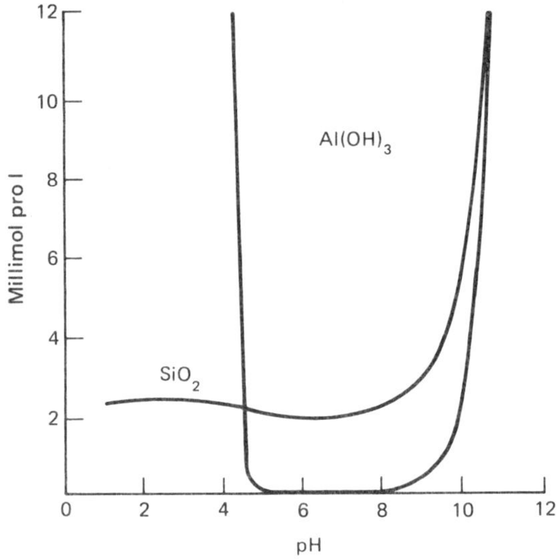

Abb. 6.7 Löslichkeit von amorphem SiO_2 und $Al(OH)_3$ in Abhängigkeit vom pH bei 25°C.

weggeführt, Al bleibt am Ort der Verwitterung und gibt Anlaß zur Bildung von Lateriten und Bauxiten.

Eine schlüssige Erklärung, wann sich bei gleichem Ausgangsgestein, aber unterschiedlichen Lösungsvoraussetzungen entweder Kaolinit oder Montmorillonit bildet, geht aus den Abhängigkeiten der Abb. 6.7 nicht hervor. Die relative Löslichkeit von Si und Al ändert sich im Bereich zwischen pH 4 und 8 nicht allzu stark. Möglicherweise ist keines der beiden Tonminerale im Gleichgewichtszustand, sondern gibt vielmehr eine Art Entwicklungsstillstand im Verwitterungsprozeß wieder. Das Phasendiagramm der Abb. 6.7 deutet darauf hin, daß eine vollständige Gleichgewichtszusammensetzung auch die Phase $Al(OH)_3$ enthält; solche Bedingungen finden wir in den Bauxitlagerstätten der feuchten Tropen. Womöglich erreichen die Verwitterungsneubildungen nur unter Klimaten mit hohen Niederschlägen und hohen Temperaturen ihr Klimaxstadium, bevor die Verwitterungsprodukte von der Erosion abgetragen werden.

Redoxpotential (Eh-Wert)

Viele Elemente treten in verschiedenen Oxidationsstufen auf. Das wohl bekannteste ist das Eisen in der Oxidationsstufe 0 als gediegenes Metall, in der Oxidationsstufe 2 z.B. als Magnetit und in der Oxidationsstufe 3 z.B. als Hämatit. Ähnliche Elemente sind Mangan (Stufen 2, 3, 4), Schwefel (Stufen −2, 0, 6), Vanadium (Stufen 3, 4, 5), Kupfer (Stufen 0, 1, 2), Kobalt (Stufen 2, 3), Stickstoff (Stufen −3, 0, 5) und viele andere mehr.

Die Stabilität eines Elements auf einer bestimmten Oxidationsstufe wird durch Energieänderungen, die wegen der Aufnahme bzw. Abgabe von Elektronen entstehen, festgelegt. Ein quantitatives Maß für die stattfindenden Energieänderungen durch die Elektronenübergänge stellt das **Redoxpotential**, auch Oxidations-Reduktionspotential oder Oxidationspotential genannt, dar. Das Redoxpotential einer Reaktion ist eine relative Maßzahl, die sich auf folgende Standardreaktion bei 25°C und 1 bar bezieht:

$$H_2 = 2\,H^+ + 2\,e^- \qquad (e = \text{Elektron})$$

Das Redoxpotential dieser Reaktion bei einheitlichen Aktivitäten der Reaktanten (man verwendet hier den Konzentrationsmodus „Aktivität“, der den hier höherkonzentrierten Lösungen besser gerecht wird) von 1 mol/l wird willkürlich dem Potential Null gleichgesetzt, es beträgt 0 Volt. Damit ergibt sich eine zu beiden

Seiten von Null sich erstreckende Skala. Als E^0 werden alle Redoxpotentiale bezeichnet, die bei Standardbedingungen (25°C, Normaldruck, Aktivität 1 mol/l) gemessen sind; diese nennt man auch **Normalpotentiale**, nach denen verschiedene Redoxreaktionen relativ zueinander in einer Spannungsreihe dargestellt werden können (Tab. 6.5). Alle nicht-standardisierten, etwa in freier Natur gemessenen, empirischen Werte werden vom Redoxpotential, mit *Eh* bezeichnet, erfaßt.

Tabelle 6.5 Redoxpotentiale einiger Reaktionen von geochemischer Bedeutung

	E^0 (in V)
$Co^{2+} = Co^{3+} + e$	1,84
$Ni^{2+} + 2\,H_2O = NiO_2 + 4\,H^+ + 2\,e$	1,75
$Mn^{2+} = Mn^{3+} + e$	1,51
$Pb^2 + 2\,H_2O = PbO_2 + 4\,H^+ + 2\,e$	1,46
$2\,H_2O = O_2 + 4\,H^+ + 4\,e$	1,23
$NH_4^+ + 3\,H_2O = NO_3^- + 10\,H^+ + 8\,e$	0,84
$Fe^{2+} = Fe^{3+} + e$	0,77
$Ni(OH)_2 + 20\,H^- = NiO_2 + 2\,H_2O + 2\,e$	0,49
$4\,OH^- = O_2 + 2\,H_2O + 4\,e$	0,40
$PbO + 2\,OH^- = PbO_2 + H_2O + 2\,e$	0,25
$Co(OH)_2 + OH^- = Co(OH)_3 + e$	0,2
$S^{2-} + 4\,H_2O = SO_4^{2-} + 8\,H^+ + 8\,e$	0,14
$H_2 = 2\,H^+ + 2\,e$	0,00
$NH_3 + 9\,OH^- = NO_3^- + 6\,H_2O + 8\,e$	−0,12
$Mn(OH)_2 + OH^- = Mn(OH)^3 + e$	−0,40
$Fe(OH)_2 + OH^- = Fe(OH)_3 + e$	−0,56

In der Tabelle 6.5 sind einige Reaktionen nach fallendem E^0 aufgelistet oder, anders ausgedrückt, nach steigender Reduktionskraft; die reduzierte Form jedes Reaktionspaares besitzt also die Möglichkeit, jede oxidierte Form eines Reaktionspaares höheren Potentials zu reduzieren. Beispielsweise vermag Fe^{2+} das Mn^{3+} oder H_2 das Fe^{3+} zu reduzieren.

Das Redoxpotential hängt von der Konzentration der beteiligten Partner ab. Die dadurch implizierte Änderung des Redoxpotentials gewinnt besondere Bedeutung bei Reaktionen, in denen Protonen oder OH^--Ionen zugegen sind, was ja bei vielen Reaktionen der Fall ist (Tab. 6.5). Veränderungen des pH im System haben dann gleichfalls Veränderungen des Redoxpotentials zur Folge, die bei der Verwendung von E^0-Werten für die betreffenden Reaktionen berücksichtigt werden müssen. (Die hierfür nötigen Berechnungen werden mit Hilfe der Nernstschen Gleichung durchgeführt, die in den einschlägigen Chemiewerken erörtert sind.) Der Einfluß des pH-Werts auf das Oxidationspotential einiger ausgewählter Reaktionen der Tabelle 6.5 wird durch die graphische Darstellung in der Abb. 6.8 deutlich erkennbar.

Die Reihenfolge der Redoxpotentiale in natürlich vorkommenden Lösungen legt fest, welche Reaktionen letztlich stattfinden können. Theoretisch sind alle chemischen Reaktionen, die in wäßrigem Milieu ablaufen, innerhalb der beiden Reaktionsgleichungen des Wassers zu suchen:

$$H_2O = {}^1/_2\,O_2 + 2\,H^+ + 2\,e^- \quad \text{mit } E^0 = 1{,}23\text{ V} \qquad (1)$$

$$2\,H^+ + 2\,e^- = H_2 \quad \text{mit } E^0 = 0{,}00\text{ V} \qquad (2)$$

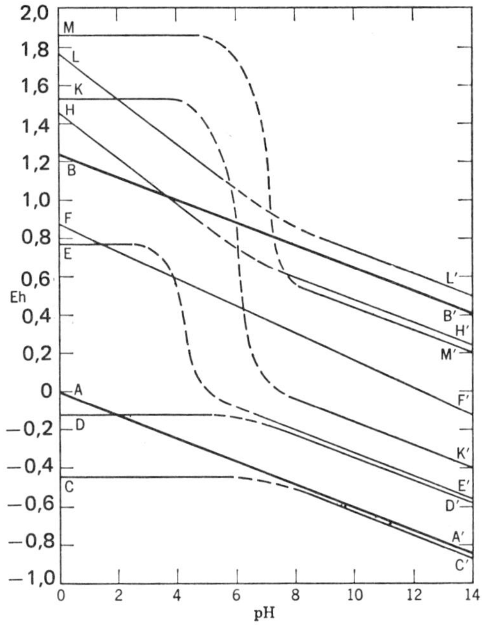

A. $H_2 = 2H^+ + 2e$
B. $2H_2O = O_2 + 4H^+ + 4e$
C. $Fe = Fe^{2+} + 2e$
D. $Pb = Pb^{2+} + 2e$
E. $Fe^{2+} = Fe^{3+} + e$
F. $NH_4^+ + 3H_2O = NO_3^- + 10H^+ + 8e$
H. $Pb^{2+} + 2H_2O = PbO_2 + 4H^+ + 2e$
K. $Mn^{2+} = Mn^{3+} + e$
L. $Ni^{2+} + 2H_2O = NiO_2 + 4H^+ + 2e$
M. $Co^{2+} = Co^{3+} + e$
A′. $H_2 + 2OH^- = 2H_2O + 2e$
B′. $4OH^- = O_2 + 2H_2O + 4e$
C′. $Fe + 2OH^- = Fe(OH)_2 + 2e$
D′. $Pb + 2OH^- = PbO + H_2O + 2e$
E′. $Fe(OH)_2 + OH^- = Fe(OH)_3 + e$
F′. $NH_3 + 9OH^- = NO_3^- + 6H_2O + 8e$
H′. $PbO + 2OH^- = PbO_2 + H_2O + 2e$
K′. $Mn(OH)_2 + OH^- = Mn(OH)_3 + e$
L′. $Ni(OH)_2 + 2OH^- = NiO_2 + 2H_2O + 2e$
M′. $Co(OH)_2 + OH^- = Co(OH)_3 + e$

Abb. 6.8 Variabilität des Redoxpotentials einiger Reaktionen bei bestimmten pH-Bedingungen.

Die oxidierte Form jedes Paares mit einem höheren Potential als dem von Gleichung (1) würde theoretisch das Wasser unter Entwicklung von Sauerstoff zersetzen. Andererseits könnte die reduzierte Form jedes Paares mit einem niedrigeren Potential als dem von Gleichung (2) theoretisch das Wasser unter Entwicklung von Wasserstoff zersetzen. Diese Annahmen treffen in der Natur so nicht zu, denn das Phänomen der **Überspannung** verhindert diese Reaktionen. Überspannung bedeutet, daß ein höheres Potential als das errechnete erforderlich ist, um meßbare Mengen Wasserstoff oder Sauerstoff zu erzeugen. Gleichwohl lehrt uns die Geochemie der Sedimentationsvorgänge, daß die unter natürlichen Bedingungen ablaufenden Redoxreaktionen weitgehend von den beiden Reaktionsgleichungen des Wassers kontrolliert werden.

Beide Reaktionsgleichungen beinhalten Protonen, und ihre Potentiale hängen daher sehr stark von Änderungen des pH-Werts ab. Die E^0-Werte gelten für Wasserstoffionenkonzentrationen bei Standardbedingungen, d.h. bei pH 0; bei 25°C nehmen die Potentialwerte um 0,06 V für je eine pH-Einheit umgekehrt proportional ab. Das pH natürlicher Wässer schwankt mehr oder weniger stark; in Wässern vulkanischer Gegenden mit sehr saurem Charakter kann pH 0 erreicht werden, während Wässer in Gegenden mit alkalischen Böden, in denen sogar Natriumkarbonat gelöst ist, pH-Werte bis 10 gemessen wurden. In der Regel aber haben die natürlich vorkommenden Wässer pH-Werte zwischen 4 und 9, wovon wiederum die meisten um den Neutralpunkt herum zu liegen kommen. Für ein pH von 7 beträgt das Potential von Gleichung (1) 0,82 V und von Gleichung (2) −0,41 V. (Das Potential von 0,82 V ist das von Wasser bei Sauerstoffsättigung bei ca. 1 bar; für Sauerstoff bei einem Partialdruck von ca. 0,2 bar in der Atmosphäre verringert sich dieses Potential geringfügig auf 0,81 V.) Das heißt, daß die Redoxpotentiale in den natürlich vorkommenden Lösungen, die meist ein pH von 7 aufweisen, zwischen −0,41 und +0,82 V liegen dürften. Untersuchungen der Redoxpotentiale natürlicher Wässer stimmen mit diesen Überlegungen gut überein (Abb. 6.9); nichtsdestoweniger wurde von an organischem Material reichen Meeresbodenablagerungen berichtet, deren umgebendes Wasser Werte von bis zu −0,5 V aufwies; in solchem Umfeld kann ohne weiteres Wasserstoff generiert werden.

Lösung, Transport und Ausfällung von Elementen, die in zwei oder mehr Oxidationsstufen auftreten, werden entscheidend und unmittelbar durch das Redoxpotential der vorherrschenden Milieubedingungen bestimmt. Die hohen Potentiale, die beispielsweise erforderlich sind, um zweiwertiges Co zu dreiwertigem Co und zweiwertiges Pb zu PbO_2 in saurem Milieu zu oxidieren, geben uns gleichzeitig den Hinweis, daß die Minerale Stainierit (CoOOH) bzw. Plattnerit (PbO_2) aus alkalischen Lösungen aller Wahrscheinlichkeit nach ausfallen, da für sie die entsprechen-

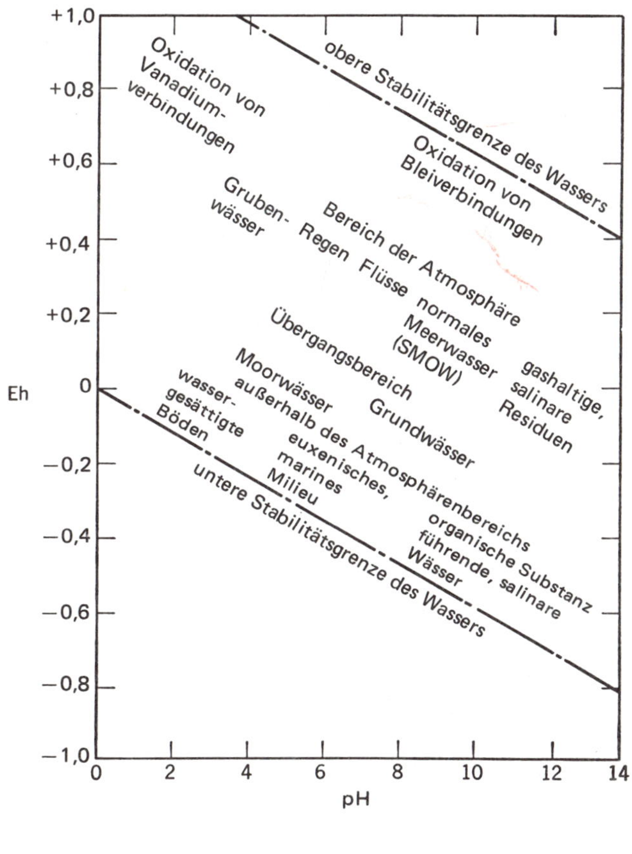

Abb. 6.9 Einige durch Eh und pH charakterisierbare, natürliche Environments (aus GARRELS & CHRIST, *Solutions, Minerals and Equilibria.* Mit freundlicher Erlaubnis von Harper and Row).

den Redoxpotentiale wesentlich kleiner sind (Abb. 6.8). Dieselbe Abbildung zeigt, wie mit ansteigendem pH das Redoxpotential vieler Reaktionspaare rasch sinkt. Ganz allgemein gilt deshalb, daß je alkalischer eine Lösung ist, desto leichter erfolgt Oxidation. Die Potentiale einiger Oxidationsvorgänge in alkalischem Milieu, besonders solche, die mit der Ausfällung schwerlöslicher Verbindungen enden, liegen im Vergleich zu den entsprechenden Oxidationsvorgängen im sauren Milieu im Wert weit darunter. Das läßt sich besonders eindrucksvoll bei der Oxidation von zweiwertigem zu dreiwertigem Eisen demonstrieren. In saurer Umgebung beträgt das Potential 0,77 V, ohne vom pH abhängig zu sein; sobald aber das pH Werte erreicht, ab denen Fe(III)-Hydroxid ausfällt, sinkt das Redoxpotential abrupt zu negativen Werten ab. Folglich sind Fe(II)-Verbindungen vergleichsweise stabil in saurer Lösung und werden hier in Kontakt mit Luftsauerstoff kaum oxidiert; ist die Lösung jedoch schwach sauer, so daß $Fe(OH)_3$ ausfällt, setzt die Oxidation sehr rasch ein und wirkt verstärkend. Die Ausfällung zweiwertiger Eisenverbindungen in der Natur erfordert demzufolge entweder ein sehr saures Milieu (Moorwässer) oder eines, in dem sehr niedriges *Eh* vorherrscht, vornehmlich im negativen Bereich.

Eh-pH-Diagramme erweisen sich als wertvolles Hilfsmittel zur Darstellung der Stabilitätsbereiche verschiedener Mineralphasen in wäßrigem Milieu. GARRELS & CHRIST (1965) diskutierten diese Diagrammdarstellungen in allen Einzelheiten. Am Beispiel des Systems $Mn-H_2O$ kann leicht eingesehen werden, weshalb etwa das Mangan in gediegenem Zustand nicht existent ist. In reduzierendem Mileu treten Verbindungen des Mangans in sauren Lösungen auf, die bei einem ansteigenden pH über 8 als $Mn(OH)_2$ ausfallen (Abb. 6.10). Strenggenommen gilt diese Aussage nur für Normalbedingungen; in der Natur sind die Lösungen weniger konzentriert, so daß das für die Ausfällung erforderliche pH größer sein muß, was sich aus dem Massenwirkungsgesetz zwingend ergibt. Werden die äußeren Bedingungen zunehmend oxidierender, verengt sich das Feld der Mn^{2+}-Ionen auf der Seite tiefer pH-Werte; auf der alkalischen Seite wird die Phase $Mn(OH)_2$ (Pyrochroit) sukzessive abgelöst von Mn_3O_4 (Hausmannit, Schwarzmanganerz), MnOOH (Manganit) und MnO_2 (Pyrolusit, Weich-

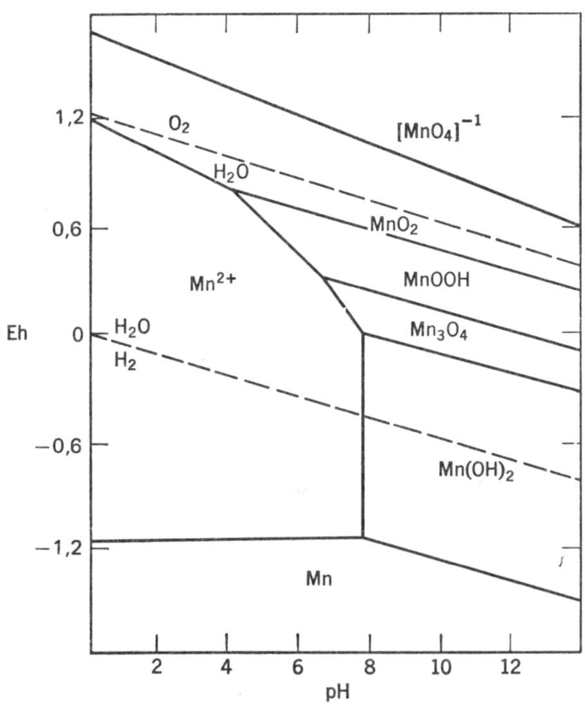

Abb. 6.10 Eh-pH-Diagramm für das System $Mn-H_2O$. Die gestrichelten Linien entsprechen den Stabilitätsgrenzen des Wassers (AA′ und BB′ der Abb. 6.8).

manganerz). Unter stark oxidierenden Verhältnissen ist MnO_2 über den ganzen pH-Bereich hinweg stabil. Aus dem Diagramm geht ferner hervor, daß Permanganate in der Natur nicht existieren können. Wäßrige Lösungen der Permanganate zersetzen sich nämlich langsam unter Abgabe von Sauerstoff zu MnO_2.

Die zu beobachtende Separierung eng miteinander verwandter Elemente in der oberen Lithosphäre durch Lösungs- und Ausfällungsprozesse geht meist auf ihr unterschiedliches Verhalten gegenüber Oxidation und Reduktion zurück. So kommen zwar die einander ähnlichen Elemente Eisen, Nickel und Kobalt oft nebeneinander auf primärer Lagerstätte vor, werden jedoch etwa durch deszendente Verwitterungslösungen oder durch oberflächennahe Lösungsvorgänge voneinander getrennt und verschiedenenorts auf sekundärer Lagerstätte wieder ausgefällt. Die drei Elemente unterscheiden sich in den Potentialen, die nötig sind, um sie vom zweiwertigen Zustand in eine höherwertige Stufe zu oxidieren. Eisen wird beispielsweise recht leicht in alkalischer bis schwach saurer Umgebung in den dreiwertigen Zustand übergeführt; Kobalt benötigt für die Oxidation ein viel höheres Potential selbst in alkalischer Lösung – in saurer Lösung liegt das erforderliche Potential höher, als für die Freisetzung des Sauerstoffs aus dem Wasser nötig ist. Nickel schließlich bildet keine dreiwertigen Verbindungen; bekannt ist jedoch ein Dioxid, dessen Zustandekommen selbst in alkalischem Milieu ein so hohes Potential verlangt, daß es dasjenige für die Freisetzung von O_2 aus Wasser weit übersteigen würde.

Feldbefunde bestärken diese Annahmen: Die vorliegende Eisenphase in **Oxidationslagerstätten** ist Fe(III)-hydroxid (Brauneisenstein, Limonit); hydratisiertes Kobaltoxid (Stainierit, CoOOH) bildet sich nur dann, wenn die Bedingungen stark oxidierend sind; höhere Oxidationsstufen des Nickels in Mineralform sind nicht bekannt. Die Differenzierung und getrennte Ausscheidung dieser drei Metalle durch deszendente Lösungen kann man gut beobachten, wenn sich auf ultrabasischen Gesteinen durch intensive Verwitterung Fe_2O_3-reiche Lateritböden, Anreicherungen des Ni als Garnierit sowie von Co als Stainierit oder sog. Kobalt-Wad, entwikkeln.

Durch Oxidationsvorgänge wird auf ähnliche Weise Eisen von Mangan getrennt. Die Primärminerale des Mn liegen oft als Mischkristalle vor, und Mn und Fe sind durch Substitution gegenseitig darin ersetzbar. Deszendente Verwitterungslösungen jedoch besitzen die Fähigkeiten, die Eisen- von den Mangan-Ionen abzutrennen, da das Potential, um Eisen in den dreiwertigen Zustand zu überführen, viel niedriger ist als das des Mangans in sein Dioxid. Deshalb fällt das Fe sehr rasch als Fe(III)-hydroxid aus, wogegen das Mn länger in Lösung bleibt, solange, bis es letztlich unter sehr viel oxidierenderen Bedingungen als quasi eisenfreies Mangandioxid ausfällt.

Der pH-Wert sowie das Redoxpotential stellen zwei grundlegende Kontrollgrößen dar, die Einfluß auf den Ablauf vieler Sedimentbildungen ausüben. KRUMBEIN & GARRELS (1952) entwarfen ein sehr praktisches Stabilitätsdiagramm, in dem die Beziehung dieser beiden wichtigen Einflußgrößen zusammen mit den von ihnen kontrollierten geologischen und mineralogischen Materialien dargestellt sind (Abb. 6.11). In diesem Diagramm riefen die beiden Autoren das Konzept der „geochemischen Barrieren" ins Leben; empirische Stabilitätsgrenzen definieren die Existenz eines bestimmten Minerals oder Stoffes auf der einen Seite einer Grenze im Gegensatz zu seiner Abwesenheit auf der anderen Seite als Folge einer bestimmten chemischen Reaktion. So können gewisse pH-Werte eine Barriere definieren (im Diagramm senkrecht) oder bestimmte *Eh*-Werte (im Diagramm waagerecht) oder Kom-

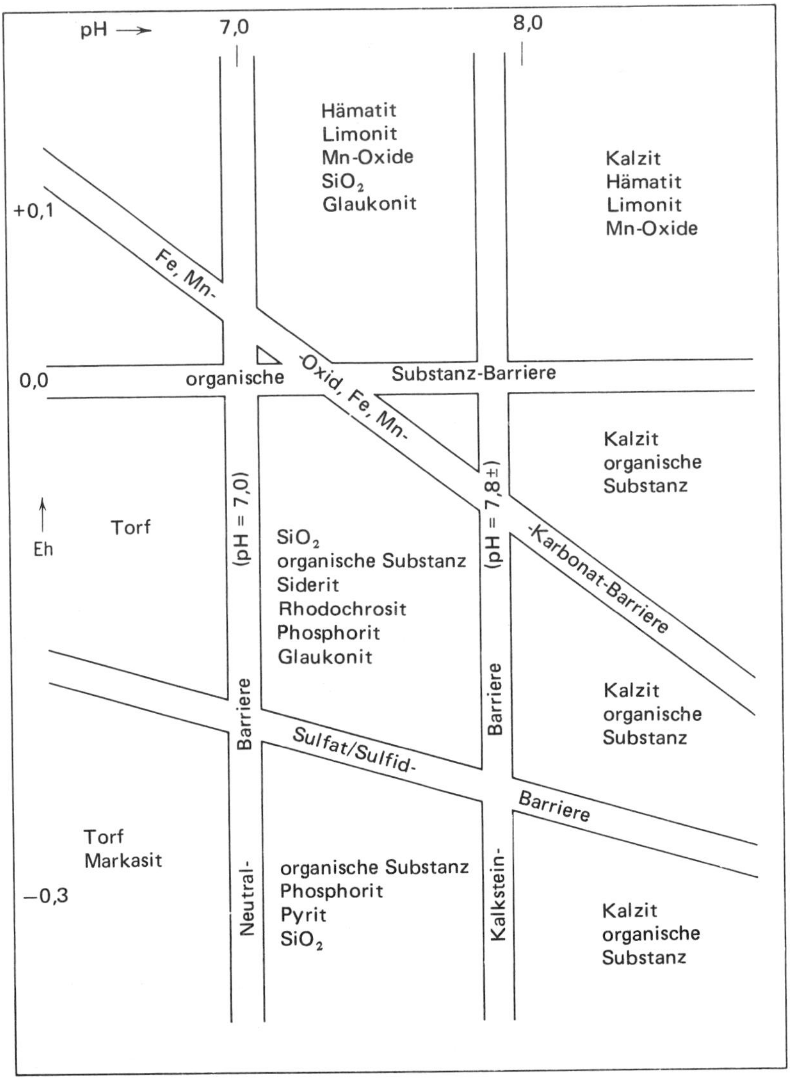

Abb. 6.11 Eh und pH als natürliche Schranken für die Existenzbereiche geochemischer Environments und die mit ihnen assoziierten Sediment- und Mineraltypen (aus KRUMBEIN & GARRELS, *J. Geol.*, **60**, S. 26, 1952).

binationen aus beiden Parametern (im Diagramm schräg). Auf diese Weise kann man, soweit möglich, eine ganze Reihe solcher Barrieren festlegen. KRUMBEIN & GARRELS wiesen in diesem Zusammenhang jedoch darauf hin, daß bei der Betrachtung sedimentärer Abläufe eigentlich nur fünf dieser geochemischen Barrieren in Frage kommen:

- Die Neutral-Barriere bei einem pH von 7.
- Die Kalkstein-Barriere bei pH 7,8; bei höherem pH wird Kalzit unverzüglich ausgefällt, bei Werten darunter neigt er dazu, gelöst zu werden.

- Die Sulfat/Sulfid-Barriere, die durch das Redoxpaar Sulfat/Sulfid festgelegt ist.
- Die Fe, Mn-Oxid/Fe, Mn-Karbonat-Barriere, die von dem Redoxpotential festgelegt wird, bei dem die zweiwertigen Fe- und Mn-Verbindungen – meist als Karbonate vorliegend – zu höherwertigen Oxiden oxidieren.
- Die organische Substanz-Barriere, unterhalb der die organische Substanz stabil ist, während sie bei höheren *Eh*-Werten zu CO_2 oxidiert.

Im Endeffekt haben wir ein Klassifizierungsinstrument in der Hand, mit dessen Hilfe wir Licht in den vielfältigen Chemismus sedimentärer Ablagerungen bringen können, indem wir über das Studium ihrer Mineralphasen die physiko-chemischen Verhältnisse abzuschätzen vermögen, unter denen sich die betreffenden Sedimente gebildet haben.

6.5 Kolloide und kolloidale Vorgänge

Der Kolloidalzustand umfaßt sehr kleine Korngrößen, er erstreckt sich ungefähr in einem Bereich zwischen 10^{-3} und 10^{-6} mm. Kolloidale Lösungen gehen von echten Lösungen ohne scharfe Grenze in Suspensionen über. Der Grad der Dispersion übersteigt in der Regel das Auflösungsvermögen guter Mikroskope, liegt aber noch deutlich unter dem Molekularbereich. Die Kolloidteilchen als disperse Phase sind durch das Dispersionsmedium voneinander getrennt; das Ganze nennt man **Dispersionssystem.** Davon gibt es eine ganze Reihe: Feststoff/Gas (Rauch), Flüssigkeit/Gas (Dampf, Nebel), Flüssigkeit/Flüssigkeit (Emulsion); für die sedimentären Abläufe ist jedoch das Feststoff/Flüssigkeitssystem (Sol, Gel und Paste) mit dem Dispergierungsmittel Wasser das mit Abstand wichtigste. **Sole** sind Systeme, die in ihren physikalischen Eigenschaften den Flüssigkeiten nahe sind; sie fließen leicht, da sie niedrigviskos sind. **Gele** sind andererseits schon höherviskos. **Pasten** schließlich sind Systeme, deren Feststoffanteile zwar in Form diskreter Teilchen vorliegen, wegen der hohen Konzentration dieser Teilchen aber die Hauptmasse des ganzen Systems ausmachen; ein Beispiel ist plastischer Ton.

Sole im Wasser treten mit zwei entgegengesetzten Eigenschaften auf: **hydrophil** und **hydrophob.** Im ersten Fall besteht eine starke Wechselwirkung zwischen den Teilchen und den Wassermolekülen, die hilft, den kolloidalen Zustand zu stabilisieren. Im zweiten Fall findet dagegen keinerlei anziehende Wirkung zwischen den beteiligten Partnern statt, so daß sie im Vergleich zu den hydrophilen Solen weit weniger lösungsstabil sind und daher auch viel leichter ausflocken. Im allgemeinen besitzen die hydrophoben Teilchen größere Dimensionen als hydrophile. Wenn ein hydrophobes Teilchen etwa durch veränderte physikalische Umweltbedingungen ausgeflockt ist, kann es nicht ohne weiteres wieder in den ursprünglichen Zustand rückgeführt werden, indem man diesen Vorgang einfach umgekehrt; anders beim hydrophilen Teilchen, das diesbezüglich generell reversibel ist. Zwischen den beiden Teilchentypen bestehen fließende Übergänge, gleichwohl ist die vorgenommene Einteilung sinnvoll. Siliziumdioxid ist ein Beispiel für eine Verbindung, die hydrophile Sole ausbildet, Aluminiumhydroxid erscheint demgegenüber als hydrophobes Sol.

Kolloidteilchen haben ein elektrostatisches Feld um sich herum. Dieses Feld entsteht auf zweierlei Art: entweder durch Adsorption der sich in Lösung befindlichen Ionen oder infolge Ionisation des Teilchens selbst. Manche Teilchen können entweder positive oder negative Ladung annehmen, je nach Milieubedingungen, denen sie ausgesetzt sind. Nachfolgend sind einige bedeutsame Kolloide mit ihren zugehörigen Ladungen aufgeführt.

Positive Ladung	Negative Ladung
Aluminiumhydroxid	Siliziumdioxid
Eisen(III)hydroxid	Eisen(III)hydroxid
Chromhydroxid	Vanadiumpentoxidhydrat
Titandioxidhydrat	Mangandioxidhydrat
Thoriumdioxidhydrat	Humuskolloide
Zirkoniumdioxidhydrat	Sulfidsole

Kolloidteilchen können entweder kristalliner oder amorpher Struktur sein; Kristallaufbau haben die meisten anorganischen Kolloide. Diese Erkenntnis war ein wesentliches Verdienst der Röntgendiffraktometrie bei der Erforschung kolloider Teilchen.

Kolloide können auf zweierlei Arten entstehen: Entweder werden gröbere Partikel auf Kolloidgröße herunterzerkleinert, oder kleinere Partikel (Moleküle, Ionen) ballen sich zu Aggregaten kolloidaler Größe zusammen; die wohl meisten Kolloide in der Natur mögen sich nach der letzteren Möglichkeit gebildet haben.

Das Kolloidstadium ist ausnahmslos ein **metastabiles**. Die Zunahme der Aggregatgröße hat gleichzeitig eine Abnahme der spezifischen Oberfläche zur Folge, was auch eine Abnahme der freien Enthalpie des Systems nach sich zieht; so sind alle Kolloide theoretisch instabil, trotzdem verharren sie lange Zeit unangefochten in diesem Stadium. Die eigene Ladung spielt eine bedeutende Rolle bei der Aufrechterhaltung des kolloiden Zustands, was allerdings die Forderung nach einer möglichst elektrolytfreien oder -armen Lösung beinhaltet. Denn höhere Konzentrationen an Elektrolyten stellen starke Ausfällmittel für die Kolloide dar; so flocken im Meerwasser sofort die allermeisten Kolloide aus. Kolloide zeigen große Unterschiede bezüglich ihrer relativen Stabilität. Manche sind über einen weiten physikalisch-chemischen Einflußbereich hinweg stabil, während andere wieder genau abgestimmte Umweltbedingungen hinsichtlich ihrer Existenz als kolloidales Teilchen beanspruchen. Allem Anschein nach haben nur solche Substanzen für geologische Vorgänge eine gewisse Bedeutung, die vergleichsweise stabile Kolloidformen entwickeln. Freilich können auch instabile Kolloide stabilisiert werden – in Gegenwart anderer bestimmter Stoffe. Eine wichtige Gruppe davon stellen die organischen Substanzen. In der fraglichen geologischen und pedologischen Umgebung betrifft dies in besonderem Maße die Humusstoffe, gleichfalls Kolloide; mangels genauerer Kenntnisse wird immer noch dieser Sammelbegriff verwendet, wahrscheinlich handelt es sich strukturell um Eiweißstoffe (Albumine). Der stabilisierende Effekt der Humuskolloide gegenüber den anorganischen Kolloiden äußert sich darin, daß sie den Transport anderen kolloiden Materials über weit größere Strekken ermöglichen, als dies auf irgendeine andere Weise verwirklicht werden könnte.

Da Siliziumdioxid das verbreitetste Material der Erdkruste ist und obendrein ohne Mühe in den kolloidalen Zustand übertritt, wurde die Rolle dieses Kolloids im Sedimentationsgeschehen mit großer Aufmerksamkeit diskutiert. Vieles in der geologischen Literatur, das sich mit dem Transport und der Ausfällung gelösten Siliziumdioxids befaßte, verstand das ganze Phänomen unter der Annahme einer kolloidalen Kieselsäure (nicht mehr gebräuchliches Synonym für SiO_2). Indessen entwickelte sich die Kolorometrie weiter, und entsprechende Tests, die eine Unterscheidung zwischen kolloidalem SiO_2 und solchem in echter ionarer Lösung gestatteten, entzogen jener Annahme die Grundlage. Diese Untersuchungen zeigten, daß der überwiegende Teil des Siliziumdioxids in natürlichen Wässern als echte Lösung vorliegt. Die Bedeutung dieser Tatsache für Lösung, Transport und Ausfällung von Siliziumdioxid während der Sedimentation wurde eingehend von KRAUSKOPF (1956) studiert. Er zeigte, daß die Entstehung von Hornstein plausibel gemacht werden könnte, näme man eine Auflösung von kieseligen Organismenresten bei sukzessiver Wiederausfällung von SiO_2 an (anfangs als amorphe Substanz); eine direkte Ausfällung anorganischer Art lehnte er im allgemeinen ab.

Eine recht wichtige Eigenschaft kolloidaler Teilchen ist ihre Fähigkeit, bestimmte Substanzen per Adsorption an sich zu binden und anzureichern. Zwei Adsorptionstypen sind beobachtet worden: Einmal die physikalische oder van der Waalssche Adsorption, zum anderen die chemische Adsorption. Beide dürften nebeneinander wirksam sein, und alle Übergänge zwischen beiden Erscheinungen dürften vorkommen. Physikalische Adsorption zeichnet sich durch geringe Adsorptionswärme und durch eine lose Bindung des Adsorbats (adsorbierter Stoff) an das Adsorbens (adsorbierender Stoff) aus. Chemische Adsorption oder Chemosorption zeichnet sich durch große Adsorptionswärme und eine starke chemische Bindung (über die Valenzen) des Adsorbats aus. Sie beinhaltet die Bindung fremder Kationen oder Anionen oder beider an der Oberfläche des adsorbierenden Kolloids; ferner kommt es zu einem Austausch eigener gegen fremde Kationen oder Anionen oder beider. Die Erscheinung des sog. **Kationenaustauschs**, die besonders bei den Tonmineralen auftritt, kann als Sonderfall der Adsorption aufgefaßt werden. Sie funktioniert nach dem gleichen Muster, indem Kationen aus der Lösung gegen randständige Kationen des Tonminerals eingetauscht werden; große Bedeutung hat dieses Phänomen in der Bodenchemie für die Pflanzenernährung. Die Adsorptionsvorgänge werden von folgenden Grundvoraussetzungen kontrolliert:

- Das Ausmaß der Adsorption nimmt mit abnehmender Korngröße des adsorbierenden Stoffes zu, da dadurch die spezifische Oberfläche ansteigt.
- Die Adsorption wird begünstigt, wenn der zu adsorbierende Stoff mit dem Adsorbens eine schwerlösliche Verbindung eingeht; ein Beispiel ist die Adsorption von Phosphationen an Eisen(III)hydroxide.
- Die Menge an adsorbierter Substanz nimmt mit deren Konzentration in der Lösung zu.
- Ionen hoher Ladung werden leichter adsorbiert als Ionen niedriger Ladung.

Durch den Vorgang der Adsorption werden viele Ionen den natürlichen Wässern entzogen. Die Tonminerale, und hier besonders die Smektite oder Montmorillonite, besitzen ein beachtliches Adsorptionsvermögen. So kann die Adsorption von K^+-Ionen an Montmorillonit bis zur Bildung von Illit führen. Viele Komplexverbindungen (z.B. solche, die As und Mo enthalten) sowie Ionen der Schwermetalle werden ebenfalls bevorzugt adsorbiert und den Lösungen entzogen. Diese Elemente sind deshalb häufig in den sedimentären Eisen- und Manganlagerstätten angereichert. Hier haben wir es also gewissermaßen mit einer systematischen „Entgiftung“ der Hydrosphäre zu tun; ohne diese natürliche Wasseraufbereitung würde sich eine ganze Reihe für die Biosphäre toxischer Elemente und Verbindungen im Ozeanwasser ansammeln. Im Laufe der Erdgeschichte sind dazu sicherlich genügend große Mengen für die Hydrosphäre toxischer Metalle wie Cu, Se, As und Pb von der Verwitterung mobilisiert worden.

6.6 Die Produkte der Sedimentation

Eine flüchtige Betrachtung sedimentärer Vorgänge mag einen glauben machen, daß sie imstande sind, alles ursprünglich als einzelne Bestandteile vorkommende Gestein gleichmäßig zu vermischen und jeder chemischen Differentiation entgegenzuarbeiten. Daß das nicht so der Fall ist, dafür sorgen Verwitterung, Erosion und Sedimentation, die generell zu einer Aufspaltung der Hauptelemente führen. Wie schon GOLDSCHMIDT herausstrich, kann man den Kreislauf der Gesteine an der Erdoberfläche mit einer chemischen Analyse vergleichen und mit einer quantitativen obendrein; die resultierende Stoffdifferentiation ist jedenfalls bemerkenswert. Die – grob betrachteten – Schritte dieses geochemischen Trennungsprozesses sind folgende

- Minerale großer Verwitterungsresistenz sammeln sich zu mächtigen körnigen Haufwerken an. Von diesen ist Quarz mit Abstand das häufigste Mineral, und die Gesteine, die aus ihm gebildet werden, sind Quarzsande und Quarzsandsteine, die gegenüber ihrem ehemaligen Muttergestein eine erhebliche Anreicherung an Siliziumdioxid erfahren haben. Dieser Schritt kann mit der Abtrennung des Siliziumdioxids im ersten Stadium unserer „Gesteinsanalyse“ verglichen werden.
- Die Akkumulation der Verwitterungsprodukte der Alumosilikate ergibt sehr feinkörnige Sedimente und Sedimentgesteine, die größtenteils aus Tonmineralen bestehen. Daraus resultiert eine Konzentrierung des Aluminiums sowie des Kaliums durch Adsorption. Dieser Schritt ist der zweite in unserer „Gesteinsanalyse“, nämlich die Separierung des Aluminiumoxids und anderer leicht wasserlöslicher Ionen.
- Zusammen mit der Bildung toniger Sedimente, jedoch oft örtlich und zeitlich verschoben, wird Eisen als dreiwertiges Hydroxid ausgefällt. Bei diesem Vorgang überwiegt die Bedeutung der Oxidation des Eisens vom zwei- in den dreiwertigen Zustand die der Ausfällung des Eisens durch Hydrolyse. Es resultiert eine Konzentrierung des Eisens, manchmal in der Größenordnung von Lagerstätten.
- Calcium fällt als Karbonat entweder mittels rein anorganischer Reaktionen oder unter dem Einfluß von bestimmten Organismen aus. Mit der Bildung von Kalkstein findet damit eine Konzentrierung des Calciums statt. Das ist gleichbedeutend mit einer fast quantitativen Abtrennung allen Calciums, wie es GOLDSCHMIDT mit einer chemischen Analyse verglichen hat. Durch Metasomatose mittels Mg-reicher Lösungen können Kalksteine teilweise oder ganz in Dolomite umgewandelt werden, so daß auf diese Weise Magnesium zusammen mit Calcium ausgeschieden und angereichert wird.
- Die gut wasserlöslichen Ionen erreichen unangefochten den Ozean; zu einer quantitativen Ausscheidung kommt es lediglich durch Evaporation mit der Folge von Salzlagerstättenbildung. Mit Abstand die bedeutendste Base ist das Natrium, aber auch nicht unerhebliche Mengen Kalium und Magnesium bereichern das Meerwasser.

Die chemische Verwitterung der Gesteine sowie die sukzessive Differentiation ihrer Hauptkomponenten kann in einem einfachen Schaubild ausgedrückt werden:

→

Si	Al, Si, (K)	Fe	Ca (Mg)	(Ca), (K), Na, (Mg)
↓	↓	↓	↓	↓
Residuate (Residuen) SiO_2	Hydrolysate, Tonminerale	Oxidate $Fe(OH)_3$	Karbonate $CaCO_3$ $CaMg(CO_3)_2$	Evaporate[1] (Evaporite) $NaCl$ $CaSO_4$ $MgSO_4$

Dieses Schema zeigt den Verlauf auf, den die Hauptelemente während der Sedimentation einnehmen und liefert gleichermaßen eine recht praktische Klassifizierung der Sedimente in Residuate, Hydrolysate, Oxidate, Karbonate und Evaporate[1] GOLDSCHMIDT führte noch eine weitere Klasse an, die der Reduzate mit Kohle, Erdöl, sedimentären Sulfiden und sedimentärem Schwefel. Wir diskutieren Kohle und Erdöl, die organischer Herkunft sind, weiter unten in Kap. 10; sedimentäre Sulfide und sedimentärer Schwefel entstehen ebenfalls oft durch organisch beeinflußte Vorgänge, wenn auch möglicherweise indirekt.

Das Schicksal der Hauptelemente bei der Sedimentation haben wir fürs erste hinreichend abgehandelt: Siliziumdioxid in Form von Quarz reichert sich in den Residualsedimenten an, Aluminium in den Hydrolysaten, Eisen und Mangan in den Oxidaten und Calcium und Magnesium in den Karbonaten. Ein Gutteil des Natriums bleibt lange genug in Lösung, um in die Ozeane verfrachtet zu werden; Kalium wird von den Tonmineralen adsorbiert, die sich zu Illit oder Glaukonit umwandeln können. Das Schicksal der Spurenelemente während der Sedimentation ist dagegen bisher nicht besonders gründlich erforscht worden; und im Grund genommen weiß man über ihr Verhalten bei diesen Prozessen viel weniger als etwa über ihr Verhalten bei magmatischen Vorgängen. Die sedimentären Abläufe gestalten sich erheblich komplizierter und weniger gleichförmig als die magmatischen, und zahlreiche Einflußfaktoren wirken auf die Transport- und Ablagerungsmechanismen eines Elements ein: Ionenpotential, pH, Eh der Milieulösungen, Kolloideigenschaften und Adsorption, um nur einige zu nennen. Daher ist es auch nicht möglich, absolute Aussagen über das Verhalten vieler Spurenelemente während der Sedimentation zu treffen.

TUREKIAN & WEDEPOHL haben für die verfügbaren Daten der drei wichtigen Gruppen – Schiefertone, Sandsteine und Karbonate – eine Zusammenstellung vorgestellt. Die entsprechenden Elementzusammensetzungen, stellenweise aktualisiert, sind in der Tabelle 6.6 zusammen mit den mittleren Gehalten für Magmatite im direkten Vergleich aufgelistet. Die Zahlen zeigen uns, daß diese Sedimentgesteine selten außergewöhnliche Anreicherungen der Haupt- oder Spurenelemente aufweisen, die etwa über die der magmatischen Gesteine hinausgehen – tatsächlich werden Sandsteine und Karbonate sogar einer Elementabreicherung unterzogen. Die meisten Spurenelemente sind in den Tongesteinen gegenüber den anderen Sedimenten geringfügig konzentriert, aber selten übersteigen sie die Gehalte der magmatischen Gesteine.

[1] *Anm. d. Übers.:* Die Autoren verwendeten, wohl aufgrund des geschichtlichen Zusammenhangs, den älteren Begriff „Evaporates". In modernen Lehrwerken hat sich im allgemeinen „Evaporites" bzw. „Evaporite" durchgesetzt.

Tabelle 6.6 Elementhäufigkeiten (in ppm) in den wichtigsten Sedimentgesteinen (aus TUREKIAN & WEDEPOHL, *Bull. Geol. Soc. Am.*, **72,** S. 175, 1961. *X* in der Tabelle bedeutet, daß für das betreffende Element nur die Größenordnung bekannt ist)

Element	Tonschiefer	Sandsteine	Karbonate	Magmatite
Li	66	15	5	20
Be	3	0,*X*	0,*X*	2,8
B	100	35	20	10
F	740	270	330	625
Na	9 600	3 300	400	28 300
Mg	15 000	7 000	47 000	20 900
Al	80 000	25 000	4 200	81 300
Si	273 000	368 000	24 000	277 200
P	700	170	400	1 050
S	2 400	240	1 200	260
Cl	180	10	150	130
K	26 600	10 700	2 700	25 900
Ca	22 100	39 100	302 300	36 300
Sc	13	1	1	22
Ti	4 600	1 500	400	4 400
V	130	20	20	135
Cr	90	35	11	100
Mn	850	*X* 0	1 100	950
Fe	47 200	9 800	3 800	50 000
Co	19	0,3	0,1	25
Ni	68	2	20	75
Cu	45	*X*	4	55
Zn	95	16	20	70
Ga	19	12	4	15
Ge	1,6	0,8	0,2	1,5
As	13	1	1	1,8
Se	0,6	0,05	0,08	0,05
Br	4	1	6,2	2,5
Rb	140	60	3	90
Sr	300	20	610	375
Y	26	15	6,4	33
Zr	160	220	19	165
Nb	11	0,0*X*	0,3	20
Mo	2,6	0,2	0,4	1,5
Ag	0,07	0,0*X*	0,0*X*	0,07
Cd	0,3	0,0*X*	0,09	0,08
In	0,1	0,0*X*	0,0*X*	0,1
Sn	6,0	0,*X*	0,*X*	2
Sb	1,5	0,0*X*	0,2	0,2
I	2,2	1,7	1,2	0,5
Cs	5	0,*X*	0,*X*	3
Ba	580	*X* 0	10	425
La	24	16	6,3	30
Ce	50	30	10	60
Pr	6,1	4,0	1,5	8,2
Nd	24	15	6,2	28
Sm	5,8	3,7	1,4	6,0
Eu	1,1	0,8	0,3	1,2
Gd	5,2	3,2	1,4	5,4
Tb	0,9	0,6	0,2	0,9
Dy	4,3	2,6	1,1	3,0
Ho	1,2	1,0	0,3	1,2
Er	2,7	1,6	0,7	2,8

Fortsetzung Tabelle 6.6

Element	Tonschiefer	Sandsteine	Karbonate	Magmatite
Tm	0,5	0,3	0,1	0,5
Yb	2,2	1,2	0,7	3,4
Lu	0,6	0,4	0,2	0,5
Hf	2,8	3,9	0,3	3
Ta	0,8	0,0 *X*	0,0 *X*	2
W	1,8	1,6	0,6	1,5
Hg	0,4	0,3	0,2	0,15
Tl	1,0	0,5	0,2	0,8
Bi	0,4	0,17	0,2	0,1
Pb	20	7	9	13
Th	12	1,7	1,7	9,6
U	3,7	0,45	2,2	2,7

Die **Residuate** machen die wichtige Gruppe der Sande und Sandsteine aus. Quarz ist das bei weitem häufigste und verbreitetste Residualmineral, weshalb Sande und Sandsteine die Rohstoffquelle für industriell verwendetes SiO_2 sind. Zahlreiche andere Mineralarten sind in kleinen Anteilen in Sanden und Sandsteinen beheimatet, die meisten davon werden jedoch durch die Verwitterung an-, auf- und weggelöst. Zirkon ist noch einer der widerstandsfähigsten Bestandteile, weshalb auch seine bedeutendsten und ergiebigsten Anreicherungen in bestimmten Sanden, den **Seifen**, zu finden sind. Andere wirtschaftlich relevante Sandbestandteile umfassen Rutil, Monazit, Cassiterit und, nicht zu vergessen, Gold und Platinmetalle.

Die **Hydrolysate** enthaltenden Sedimente bestehen zum großen Teil aus Tonmineralen. Die Verwitterung in den Tropen bringt oft eher Aluminiumhydroxide als hydratisierte Aluminiumsilikate hervor, woraus hochprozentig Al-haltige Tone und Bauxite entstehen können. In jedem Fall enthält das Endprodukt einen Aluminiumüberschuß gegenüber dem mittleren Krustengehalt. Wie wir schon bei der Diskussion des Ionenpotentials gesehen haben, können wir von vielen Elementen annehmen – besonders von denen der Gruppen III und IV des Periodensystems –, daß sie in Sedimenten der Hydrolysate ausfallen, und die paar wenigen Daten über Spurenelemente in sedimentären Gesteinen weisen gleichfalls in diese Richtung. Tongesteine haben Anreicherungen an Elementen mittleren Ionenpotentials sowie an Elementen wie Kalium, die bevorzugt von kolloidalen Teilchen absorbiert werden. Manchmal finden sich gehäuft chalkophile Elemente, die vermutlich als Sulfide durch das in marinen Schlämmen vorhandene H_2S gefällt wurden. Die aus geochemischer Sicht bemerkenswertesten Hydrolysatsedimente sind jedoch die schwarzen, bituminösen Schiefertone sowie die Bauxite – beide sind auf ihre Weise unter sehr speziellen Bedingungen gebildet worden. Die schwarzen Schiefertone hatten als Bildungsbedingungen eine streng reduzierende, reichlich organische Substanz bergende Umgebung und sedimentierten dort sehr langsam. Durch die Reduzierung von Sulfaten war vermutlich Sulfid zugegen. Analysen dieser Gesteine weisen nicht nur einen hohen Gehalt an organischem Kohlenstoff auf, sondern in der Regel auch erhebliche Schwefelgehalte, meist in Form von FeS_2. Anreicherungen der folgenden Spurenelemente sind bekannt: V, U, As, Sb, Mo, Cu, Ni, Cd, Ag, Au und Platinmetalle. Vanadium wurde kommerziell schon solchen Schwarzschiefern entnommen; außerdem sind sie weit mehr als alle anderen Primärablagerungen in erheblichen Mengen mit Uran angereichert. Es wurde vielfach angenommen, daß die Anreicherung der Spurenelemente auf die biologische Aktivität der einstigen Bewohner zurückgehen mag, aber das scheint keine stichhaltige Erklärung zu sein. Geht man von der chalkophilen Natur vieler dieser Elemente aus, so erscheint die Ausfällung als Sulfid aus der Lösung am wahrscheinlichsten. Zwar besteht bei einigen dieser Sedimente ein linearer Zusammenhang, eine positive Korrelation zwischen Kohlenstoff- und Urangehalten, was aber nicht darauf schließen lassen muß, daß die den Kohlenstoff liefernden Organismen auch das Uran enthielten. Der Urangehalt zeigt ferner eine sehr gute Korrelation mit der Häufigkeit kolloidaler Teilchengrößen; man könnte annehmen, daß das Uran an die Tonminerale gebunden ist, die in diesen Schwarzschiefern oft durch die Illite vertreten sind. Dieser Befund verstärkt weiter die Annahme, daß die Urankonzentrationen weniger das Ergebnis biologischer Aktivität sind, sondern vielmehr das von später stattgefundenen chemischen Umsetzungen, die wahrscheinlich oder zumindest zum Teil mit der Anwesenheit der organischen Substanz im Sediment zusammenhängen. Einige phosphatische Schiefer, wie etwa die der Phosphoria-Formation in Wyoming, Idaho und Montana, zeigen ganz ähnliche geochemische Merkmale, besonders was die Anreicherung von Vanadium und Uran betrifft; sie scheinen in einem ähnlichen Milieu abgelagert worden zu sein, also bei geringer Sedimentationsrate und anaeroben, marinen Verhältnissen mit der Folge einer Akkumulation organischer Substanz. Die Elementanreicherung in Bauxiten ist natürlich anderer Natur; man findet häufig eine Konzentrierung von Beryllium, Gallium, Niob und Titan. Gallium wird als Nebenprodukt bei der Aluminiumherstellung extrahiert.

Das bedeutendste **Oxidat** ist ohne Zweifel das Eisen(III)hydroxid, das im reinen Zustand sedimentäre Eisenerzlagerstätten zu bilden vermag. Auch das Mangan gehört zu den Oxidaten und wird als hydratisiertes Mangandioxid abgelagert; solche Lagerstätten bzw. ihre metamorphen Äquivalente stellen sehr bedeutende Manganerzkonzentrationen dar. Das Absorptionsvermögen ausgefällter Eisen(III)-hydroxide und hydratisierter Mangandioxide ist sehr groß; folglich findet man in den Oxidat-Sedimenten eine ganze Reihe von Spurenelementen. Die Art der Anreicherungen wechselt: Hydratisiertes Mangandioxid absorbiert als negativ geladenes Kolloid nur Kationen, wogegen das positiv geladene Eisen(III)hydroxid Anionen adsorbiert. Diese adsorbierten Elemente erreichen manchmal rentable Konzentrationen, ob als ansehnliches Nebenprodukt wie Nickel in einigen sedimentären Eisenerzen oder Wolfram in einigen Manganerzen oder als gesundheitsschädliche Verunreinigungen wie Arsen in manchen Eisenerzen. Vanadium, Phosphor, Arsen, Antimon und Selen sind in den sedimentären Eisenerzen in höheren Gehalten als in der Kruste vertreten. Li, K, Ba, B, Ti, Co, Ni, Cu, Mo, As, V, Zn, Pb und W sind in bemerkenswerten Konzentrationen in Manganerzen enthalten.

Das verbreitetste **Karbonatgestein** ist bekanntlich Kalkstein, der in der Hauptsache aus Kalzit besteht. Calciumkarbonat kann auch als Aragonit abgelagert werden, allerdings sind Zweifel angebracht, ob der Aragonit geologische Zeiträume überdauert, da er dazu neigt, sich in Kalzit umzuwandeln. Ob nun das Calciumkarbonat als Kalzit oder als Aragonit abgelagert wurde, hat demzufolge gewisse geochemische Konsequenzen. Die Kristallstruktur des Aragonits erlaubt eine Substitution durch größere Kationen wie Strontium und Blei, läßt aber keine kleineren Kationen zu; beim Kalzit trifft genau das Gegenteil zu. Folglich unterscheiden sich Art und Menge der Spurenelemente in Kalken, je nachdem in welcher Kristallform das Calciumkarbonat im ursprünglichen Sediment vorgelegen hat.

Die **Evaporate** (Evaporite) sind hinsichtlich ihrer Häufigkeit keine bedeutende Sedimentgruppe, eignen sich jedoch hervorragend zur Interpretation erdgeschichtlicher Ereignisse. Geochemisch besonders interessant sind sie wegen ihrer Eigenschaft, sich bezüglich ihrer Bildungsbedingungen im Labor relativ einfach reproduzieren zu lassen. Eine kurze und gute Abhandlung über sie findet sich bei STEWART (1963). Schon 1849 machte USIGLIO Experimente, um die Hintergründe zur Bildung von Salzablagerungen zu erhellen. Seine Erkenntnisse waren leider unbefriedigend, da er mit Meerwasser arbeitete, einer hochkomplexen Lösung, mit der er keine reproduzierbaren Ergebnisse erhalten konnte. Danach packten VAN'T HOFF und seine Mitarbeiter dieses Problem von der anderen Seite an und begannen alle möglichen, bei der Ausfällung aus dem Meerwasser auftretenden Mineralphasen und ihre Löslichkeitseigenschaften zu untersuchen. Zunächst wurde bei 25°C gearbeitet und die Gleichgewichtsbeziehungen einfacher Zweikomponentensysteme Salz/Wasser bestimmt, um anschließend diese Untersuchungen auf Mehrkomponentensysteme zu erweitern. Ähnliche Experimente machte die Gruppe bei 83°C; spezifische Reaktionen beim Auftauchen oder Verschwinden einzelner Phasen studierte man bei Reaktionstemperaturen. Die Erfolge VAN'T HOFFs bei der Bestimmung von Phasenbeziehungen und ihrer Anwendung auf natürlich vorkommende Evaporate wie der Staßfurt-Serie waren eine der ersten positiven Nutzanwendungen physikalisch-chemischer Prinzipien (hier des Phasengesetzes) auf geologische Fragestellungen.

Sobald unter natürlichen Gegebenheiten Meerwasser zum Verdunsten kommt, scheidet sich Calciumkarbonat als erstes Salz aus. Darauf sollte Dolomit folgen, aber es gibt in der Tat keinerlei natürliche Hinweise, daß erstausgeschiedener Dolomit größere Ablagerungen bildet. Würde ein 1000 m mächtiges Meeresbecken eindampfen, käme es lediglich zu einer Karbonatsedimentation von einigen Zentimetern.

Bei fortschreitender Evaporation scheidet sich Calciumsulfat aus: Je nach Temperatur und Salinität kommt es zur Bildung von Gips oder Anhydrit. Aus Salzlösungen mit der ungefähren Zusammensetzung des Meerwassers beginnt bei 30°C und einer Salinität des 3,35fachen Normalwertes sich Gips auszuscheiden. Nach der halben Ausfällung des Calciumsulfats als Gips erscheint der Anhydrit als die nun stabile Phase. Wenn die Lösung, das Meerwasser, zu 90% eingedampft ist, beginnt Steinsalz (Halit) sich auszuscheiden. Anhydrit und Halit fallen dann zusammen aus, bis das Stabilitätsfeld von Polyhalit, $K_2Ca_2Mg(SO_4)_4 \cdot 2\,H_2O$ erreicht ist.

Die meisten Salzablagerungen enthalten Calciumkarbonat, Calciumsulfat und Natriumchlorid; geeignete Bedingungen für das Ausfallen anderer Salze wurden während der Erdgeschichte selten erreicht. Wenn allenfalls ein abgeschnürtes Meeresbecken auf 1,54% seines ursprünglichen Volumens reduziert wurde, begannen die Kalium- und Magnesiumsalze sich abzuscheiden. Bedeutende Lagerstätten dieser Salzfolgen werden in beiden Teilen Deutschlands, in den amerikanischen Bundesstaaten Neumexiko und Texas, in der Provinz Perm der Sowjetunion und in Saskatchewan in Kanada abgebaut.

Der weitere Kristallisationsverlauf kann anhand eines Dreiecksdiagramms besprochen werden; es hat als Endglieder K_2, Mg und SO_4 und zeigt die Verbindungen im Gleichgewicht mit Halit und gesättigter Lösung bei gegebener Temperatur, etwa für 25°C in der Abb. 6.12. Bei fortgesetzter isothermer Verdampfung von Meerwasser entsteht durch Kristallisation die Phase Blödit, $Na_2Mg(SO_4)_2 \cdot 4\,H_2O$. Die Zusammensetzung der Lösung folgt einer Bahn weg von dem mit Blödit zusammenfallenden Punkt und überschreitet bald die Grenze des Feldes von Epsomit, $MgSO_4 \cdot 7\,H_2O$, so daß dieser ausfällt; der weitere Kristallisationsverlauf wird nun

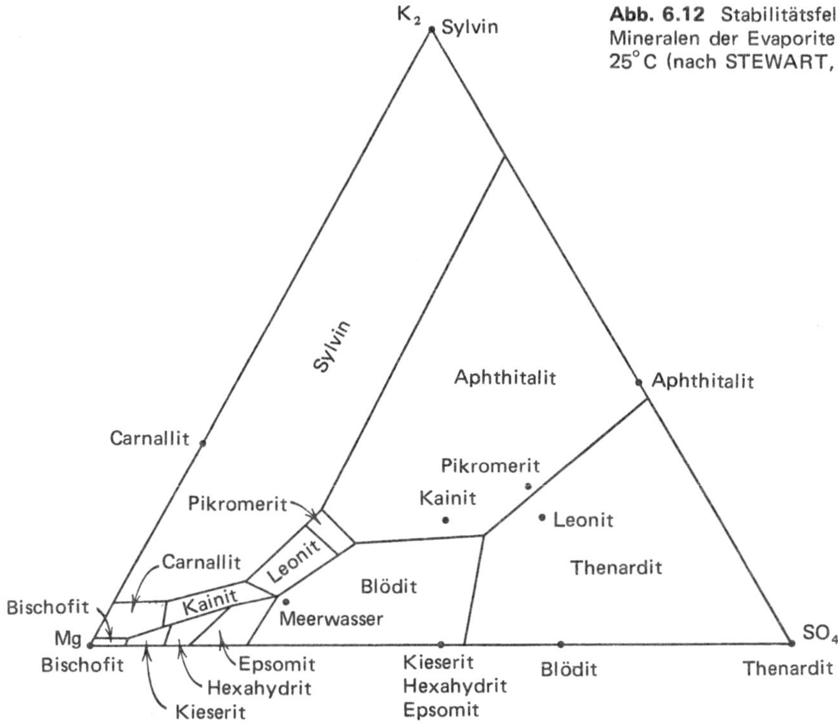

Abb. 6.12 Stabilitätsfelder von Mineralen der Evaporite bei 25°C (nach STEWART, 1963).

davon abhängen, ob der bereits abgeschiedene Blödit mit der Lösung reagieren kann. Macht er das, wird er resorbiert; unter natürlichen Bedingungen dürfte er sich allerdings überkrusten und dem System entzogen werden. In jedem Fall stößt die Kristallisationsbahn bald auf die Phasengrenze zwischen Epsomit und Kainit, $KMgSO_4Cl \cdot 3\,H_2O$; sie folgt dieser Grenze bei simultanem Ausscheiden beider Phasen. In der Folge erscheinen die Salze Hexahydrit–Kainit, Kieserit–Kainit, Kieserit–Carnallit und zum Schluß noch Kieserit–Carnallit–Bischofit, die die Ausscheidungsfolge beenden. Während dieses Kristallisationsverlaufs scheiden sich unentwegt auch Steinsalz und kleinste Mengen von Calciumsalzen aus. Polyhalit, der sich etwa gleichzeitig mit Halit ausscheidet, hört auf zu kristallisieren, sobald die Ausscheidung von Kainit einsetzt.

Die nachfolgende Tabelle bringt ein theoretisches Profil von Salzausscheidungen, wie es bei der Eindampfung von Meereswasser bei einer Temperatur von 25°C sich entwickeln könnte. Im allgemeinen kann von einer befriedigenden Übereinstimmung dieses Profils mit den in den meisten Salzlagerstätten vorliegenden Abfolgen gesprochen werden. Normalerweise bilden Kalksteine und Dolomite die Basis, gehen über in Calciumsulfat und Halit, mit oder ohne Polyhalit. Die in der Natur meist auftretende Calciumsulfatform ist der Anhydrit zuungunsten des Gipses. Die Übereinstimmung mit den oberen Teilen des theoretischen Profils ist jedoch weniger gut. So stellt der Sylvin, der in dem Profil der Tabelle nicht auftaucht, ein sehr wichtiges Kaliumsalz vieler Salzlagerstätten dar. Auch haben in der Regel Epsomit und Hexahydrit Kristallwasser verloren und sich in Kieserit umgewandelt. Eine Bischofit-Lage ist selten entwickelt, weil mit einer vollkommenen Eindampfung kaum oder gar nicht zu rechnen ist.

Kieserit, Carnallit, Bischofit			Bischofit-Zone
Kieserit, Carnallit	Anhydrit		Carnallit-Zone
Kieserit, Kainit Hexahydrit, Kainit Epsomit, Kainit		Halit	Kainit-Zone
Epsomit Blödit	Polyhalit		Kaliumfreie Magnesiumsulfat-Zone
Polyhalit			Polyhalit-Zone
Anhydrit			Anhydrit-Zone
Gips			Gips-Zone
Karbonate			Basale Kalke und Dolomite

Die Untersuchungen VAN'T HOFFs bei höheren Versuchstemperaturen zeigen ferner, daß die meisten Mineralparagenesen, die in den Salzlagerstätten auftreten, mit einer Meerestemperatur von weit mehr als 25°C oder einer Rekristallisation bei gestiegenen Versenkungstemperaturen erklärt werden können – letzterer Vorgang kann als milde Metamorphose bezeichnet werden, die dem ersten Vorgang gegenüber weitaus wahrscheinlicher erscheint.

6.7 Der Gesamtumsatz bei der Sedimentation

Der Gesamtumsatz sedimentärer Vorgänge im Laufe der Erdgeschichte ist sicherlich eine sehr bedeutende Größe im Rahmen der quantitativen Geochemie, und es sind zahlreiche Versuche unternommen worden, ihn zu schätzen oder zu errechnen. Die Rechenansätze fußen im allgemeinen auf Daten, die die Menge und Zusammensetzung des Meerwassers einerseits und die mittlere Zusammensetzung magmatischer und sedimentärer Gesteine andererseits beinhalten. Falls wir zugrundelegen können, daß der gesamte Natriumgehalt des Meerwassers sich aus der Verwitterung und Abtragung der Magmatite ableitet, so sollte diese Menge proportional zur Gesamtmasse der Sedimente sein. CLARKE arbeitete mit folgenden Zahlen:

Natriumgehalt des Meerwassers	1,14%
Mittlerer Natriumgehalt der Magmatite	2,83%
Zusammensetzung der 16 km-Kruste:	93% Lithosphäre, 7% Hydrosphäre

Aus diesen Werten ergibt sich ein Verhältnis von ozeanischem Natrium zu mineralischem Natrium von 1:30. Infolgedessen entspricht ozeanisches Natrium dem von einem Dreißigstel aller magmatischen Gesteine bis zu einer Krustentiefe von 16 km, umgerechnet beträgt dieser Anteil ca. $2{,}28 \cdot 10^8\ km^3$. Diese Berechnung bedarf jedoch einer Korrektur, da sie auf der Annahme, daß alles Natrium ins Meer geht, beruht. Das ist keineswegs so; auch die Sedimente und Sedimentgesteine enthalten

Na, wenn auch in viel geringerem Maße als die Magmatite. CLARKE gibt den mittleren Natriumgehalt der Sedimentgesteine mit 0,90% an oder entsprechend 35% vom Durchschnittsgehalt der Magmatite. Vom ursprünglich vorhandenen, dann abgetragenen Natrium erreichte folglich weniger als 65% das Meer. Die vorige Rechnung zum Volumen der Magmatite, das für den gegenwärtigen Na-Gehalt des Meerwassers erforderlich gewesen wäre, muß deshalb um den Faktor 100:65 erweitert werden – von den $2{,}28 \cdot 10^8$ km^3 Gestein auf $3{,}51 \cdot 10^8$ km^3. Ein Zuschlag von 10% zum sedimentären Gesteinsvolumen (gegenüber dem magmatischen Ausgangsgestein), verursacht durch Oxidation, Karbonatisation und Hydratation, summiert sich schließlich zu einem Gesteinsvolumen von ca. $3{,}8 \cdot 10^8$ km^3 Sedimentgestein, das im Lauf der Erdgeschichte von den exogenen Kräften hervorgebracht worden ist. Dieses Volumen entspricht umgerechnet einer gedachten Sedimentschale um die ganze Erde von 750 m Dicke. Beschränkt man die Ablagerungen auf die kontinentalen Plattformen, die rund $^1/_3$ der Erdoberfläche einnehmen, betrüge die Dicke ca. 2200 m.

GOLDSCHMIDT wählte einen etwas komplizierteren Rechenweg, um die Sedimentationsvorgänge zu bilanzieren. Umgerechnet entfallen auf jeden cm^2 der Erdoberfläche ca. 278 kg Meerwasser; da Meerwasser im Schnitt 1,07% Natrium enthält (eine neuere Zahl als bei CLARKE), kommen auf diese Masse Meerwasser 2,975 kg Natrium. Der Durchschnittsgehalt der magmatischen Gesteine ist mit 2,83%, derjenige der Sedimente und Sedimentite mit etwa 1% anzusetzen. Im Verwitterungsprozeß wird ein bestimmter Anteil des Materials weggewaschen; GOLDSCHMIDT schätzte die Masse der sedimentären Ablagerungen auf 0,97 der ursprünglichen magmatischen Gesteine, aus denen sie hervorgingen.

Nehmen wir an, X sei die Masse des erodierten magmatischen Gesteins pro cm^2 der Erdoberfläche. Nehmen wir weiter an, Y sei die Masse der abgelagerten klastischen Gesteine pro cm^2 der Erdoberfläche. Dann ergibt sich $Y = 0{,}97\ X$.

$$\text{Na-Gehalt der Magmatite pro cm}^2 = \frac{2{,}83}{100} \cdot X$$

$$\text{Na-Gehalt der klastischen Gesteine pro cm}^2 = \frac{1}{100} \cdot Y$$

Der Na-Gehalt des Meerwassers pro cm^2 wurde mit 2,975 kg veranschlagt; dann läßt sich folgende einfache Gleichung aufstellen:

$$\frac{2{,}83}{100} - \frac{Y}{100} = 2{,}975 \qquad \text{und}$$

$$X = 160 \text{ kg/cm}^2$$
$$Y = 155 \text{ kg/cm}^2$$

Der Wert von 160 kg/cm^2 ergibt umgerechnet eine Zahl um $3 \cdot 10^8$ km^3 für die Gesamtmasse der während der Erdgeschichte verwitterten magmatischen Gesteine – ein Wert, der sich eng an den von CLARKE anlehnt.

Diese Berechnungen lassen zwei Faktoren außer Betracht: Das Natrium, das während der Erdgeschichte dem Meerwasser in Form von Salzablagerungen entzogen wurde sowie das Natrium, das durch vulkanische Exhalationen und Lösungen zugeführt wurde. Beide Tatsachen sind im Vergleich zum ganzen Natriumkreislauf wahrscheinlich von geringer Bedeutung, außerdem arbeiten sie gegeneinander. Gleichwohl lassen die Berechnungen jene Gehalte an Natrium vermissen, die in den Urozeanen vorhanden gewesen sein dürften; derlei Natriumgehalte reduzieren die

Zahlen für den Natriumanteil der Verwitterung, der für den gegenwärtigen Na-Gehalt des Meerwassers allein verantwortlich zeichnen soll.

GOLDSCHMIDT berechnete ferner die Menge an Calcium- und Magnesiumkarbonat in Sedimentgesteinen. Er nahm den mittleren Gehalt an nicht-karbonatischem CaO in Sandsteinen und Schiefertonen mit 0,6% an und folgerte, daß alles CaO oberhalb dieses Wertes als Calciumkarbonat vorliegen müsse. Gleichermaßen wurde der nicht-karbonatische Anteil an MgO zu 2,6% geschätzt. Aufgrund jener Annahmen wurde folgende Bilanzierung für den sedimentären Kreislauf von Calcium und Magnesium aufgestellt:

In den Ozeanen ist Ca $0{,}00042 \cdot 278 = 0{,}117\ kg/cm^2$
Mg $0{,}00130 \cdot 278 = 0{,}361\ kg/cm^2$

	CaO	MgO
In magmatischen Gesteinen	5,08%	3,49%
In karbonatfreien Sedimenten	0,6%	2,6%
160 kg magmatische Gesteine enthalten	8,128 kg	5,584 kg
155 kg karbonatfreie Sedimente enthalten	0,930 kg	4,030 kg
278 kg Meerwasser enthalten	0,117 kg Ca	0,361 kg Mg
entsprechend	0,164 kg CaO	0,598 kg MgO

Daraus ergibt sich für die Sedimente folgender Calciumkarbonat- bzw. Magnesiumkarbonatanteil pro cm^2:

7,034 kg CaO	0,956 kg MgO
5,519 kg CO_2	1,043 kg CO_2
12,553 kg $CaCO_3$	1,999 kg $MgCO_3$

Unter der Annahme, daß alles Magnesiumkarbonat im Sedimentgestein als Dolomit, $CaMg(CO_3)$ vorliegt, können wir folgende Zahlen angeben:

10,170 kg $CaCO_3$ und 4,372 kg $CaMg(CO_3)$

Schließlich kann man die Sedimentgesteine aufschlüsseln in

155 kg Klastite
10,2 kg Kalksteine (alle Angaben auf kg/cm^2 bezogen)
4,4 kg Dolomite

Das gebundene CO_2 in den Sedimentiten erreicht $6{,}562\ kg/cm^2$. Mit Hilfe dieser Werte sowie der Dichten der einzelnen Sedimentgesteinstypen kann man auf die Sedimentmächtigkeiten schließen:

	Masse (kg/cm^2)	Dichte	Volumen (cm^3)	Mächtigkeit
Klastite (Sandsteine, Schiefertone)	155	2,65	58 491	585 m
Kalkstein	10,2	2,7	3 777	38 m
Dolomit	4,4	2,9	1 517	15 m
	169,6			639 m

Tabelle 6.7 Schätzwerte der relativen Mengen der verbreitetsten Sedimentgesteine, basierend auf geochemischen Berechnungen

	1	2	3	4	5
Tonschiefer		83	74	81	74
	91				
Sandstein		8	17	11	11
Kalkstein und Dolomit	9	9	9	8	15
Gesamtmasse ($\cdot 10^{21}$ g)	865	1066	2050	2500	3200

1 GOLDSCHMIDT, 1933
2 WICKMAN, 1954
3 HORN & ADAMS, 1966
4 GARRELS & MACKENZIE, 1971
5 Wie 4, jedoch mit Berücksichtigung halmyrolytischer Umwandlung vulkanischer Gesteine

CLARKEs Schätzungen über die Sedimentgesteinsmengen der Erde erbrachten eine ungefähre Mächtigkeit von 762 m Gestein. Die Übereinstimmung der Ergebnisse von CLARKE und GOLDSCHMIDT ist recht gut, berücksichtigt man die Ansätze beider Rechenwege.

GOLDSCHMIDTs Berechnungen fanden eine Fortschreibung und Verfeinerung durch nachfolgende Wissenschaftler. Eine Aufstellung mehrerer Schätzwerte zu den relativen Mengen der verbreiteten Sedimentgesteinsarten zeigt Tabelle 6.7: Die von GOLDSCHMIDT vertretenen Zahlen unterscheiden sich unwesentlich von denen der späteren Forschungsergebnisse, aber die Schätzungen zur Gesamtmasse der Sedimentgesteine haben sich zwischenzeitlich erheblich erhöht. Die Bedeutung solcher Berechnungen liegt sicherlich weniger in der exakten Bestimmung der Masse jeder Sedimentart als vielmehr in der Entschlüsselung der allgemeinen Grundzüge des geochemischen Kreislaufs.

Die Ergebnisse solcher geochemischen Bilanzierungen stimmen in manchen Belangen mit den Feldbeobachtungen nicht überein. Stratigraphische Profilaufnahmen wiesen übereinstimmend größere Anteile an Kalken und Dolomiten auf, als es die geochemischen Berechnungen zulassen; LEITH & MEAD stellten die Daten von 215 800 m Sedimentschichten aus Nordamerika, Asien und Europa zusammen und erhielten folgende prozentuale Zusammensetzung: Schiefertone 46%, Sandsteine 32%, Kalke und Dolomite 22%. Solchen Zusammenstellungen sollte man mißtrauisch begegnen, da allein die Einstufung einer Schicht oder Serie als Kalkstein, Sandstein oder Schieferton dazu neigt, lediglich eine pauschale, grobe Beschreibung zu liefern. Schieferton enthält oft beträchtliche Sandanteile, umgekehrt gibt es stark tonhaltige Sandsteine, und der Begriff Kalkstein geht herunter bis zu Karbonatgehalten von weniger als 50%. Nichtsdestoweniger nimmt man heute allgemein an, daß die Karbonatgesteine in der stratigraphischen Abfolge eine mengenmäßig größere Rolle spielen dürften, als aus den geochemischen Bilanzen, basierend auf ihrer Ableitung von den kontinentalen magmatischen Gesteinen, hervorgeht. GARRELS & MACKENZIE gingen auf dieses Problem ein und wiesen auf Befunde hin, nach denen ein beträchtlicher Anteil der karbonatischen Gesteine der Umwandlung submariner Vulkanite entstammt. Die Ergebnisse ihrer Berechnungen (Tab. 6.7, Spalte 5) liefern offensichtlich eine bessere Übereinstimmung mit den beobachteten Proportionen bei den Sedimentgesteinen.

GARRELS & MACKENZIE weisen weiter auf die Änderungen im Anteil der einzelnen Sedimentgruppen am Gesamtsediment während der Erdgeschichte hin. Sie halten fest, daß in den letzten 2 Mrd. Jahren die Proportionen sich einschneidend verschoben haben. Seit dem Kambrium stellen die Karbonatgesteine etwa 25% der

Sedimentgesteine, während sie in der Zeit davor, bis 2 Mrd. Jahre vor heute, nur 5% ausmachen. Annähernd 5% aller seit dem Kambrium existierenden Gesteine sind Evaporite, bei den älteren Gesteinsserien sind sie mit weniger als 1% vertreten.

Ausgewählte Schriften

BATHURST, R.G.C. (1975): *Carbonate sediments and their diagenesis* (2. Aufl.). 658 S. Elsevier Publishing Co., Amsterdam

BEAR, F.E. (Hrsg.) (1964): *Chemistry of the soil* (2. Aufl.). 515 S. Reinhold Publishing Corp., New York

BERNER, R.A. (1971): *Principles of chemical sedimentology*. 240 S. McGraw-Hill Book Co., New York

BRAITSCH, O. (1971): *Salt deposits, their origin and composition*. 297 S. Springer-Verlag, New York

DEGENS, E.T. (1968): *Geochemie der Sedimente*. 282 S. F. Enke Verlag, Stuttgart

FETH, J.G., ROBERSON, C.H., & POLZER, W.L. (1964): Sources of mineral constituents in water from granitic rocks. Sierra Nevada. *U.S. Geol. Survey Water-Supply Paper*, 1535-I

GARRELS, R.M., & CHRIST, C.L. (1965): *Solutions, minerals, and equilibria*. 450 S. Harper and Row, New York

GARRELS, R.M., & MACKENZIE, F.T. (1971): *Evolution of sedimentary rocks*. 397 S. W.W. Norton & Co., New York

GOLDICH, S.S. (1938): A study in rock weathering. *J. Geol.*, **46**, 17–58

GRIM, R.E. (1968): *Clay mineralogy* (2. Aufl.). 596 S. McGraw-Hill Book Co., New York

HARRIS, R.C., & ADAMS, J.A.S. (1966): Geochemical and mineralogical studies on the weathering of granitic rocks. *Amer. J. Sci.*, **264**, 146–173

HORN, M.K., & ADAMS, J.A.S. (1966): Computer-derived geochemical balances and element abundances. *Geochim. Cosmochim. Acta*, **30**, 279–298

IMBRIE, J., & POLDERVAART, A. (1959): Mineral compositions calculated from chemical analyses of sedimentary rocks. *J. Sed. Petrol.*, **19**, 588–595

JAMES, H.L. (1966): Chemistry of the iron-rich sedimentary rocks. *U.S. Geol. Surv. Prof. Paper 440-W*. 61 S. (Data of Geochemistry [6. Aufl.] Chapt. W)

KRAUSKOPF, K.B. (1955): Sedimentary deposits of rare metals. *Econ. Geol.*, 50th. Ann. Vol., 413–463

KRAUSKOPF, K.B. (1956): Dissolution and precipitation of silica at low temperatures. *Geochim. Cosmochim. Acta*, **10**, 1–26

KRUMBEIN, W.C., & GARRELS, R.M. (1952): Origin and classification of chemical sediments in terms of pH and oxidation-reduction potentials. *J. Geol.*, **60**, 1–33

LOUGHMAN, F.C. (1969): *Chemical weathering of the silicate minerals*. 154 S. American Elsevier, New York

PETTIJOHN, F.J. (1975): *Sedimentary rocks* (3. Aufl.). 628 S. Harper and Row, New York

RONOV, A.B., & YAROSHEVSKY, A.A. (1969): Chemical composition of the earth's crust. In: P.J. HART (Hrsg.), *The earth's crust and upper mantle*, 37–57. *American Geophysical Memoirs*, **13**

RONOV, A.B., & YAROSHEVSKY, A.A. (1976): A new model for the chemical structures of the earth's crust. *Geochemistry International*, **13**, Nr. 6, 89–121

STEWART, F.H. (1963): Marine evaporites. 53 S. *U.S. Geol. Surv. Prof. Paper 440-Y* (Data of Geochemistry [6. Aufl.] Chapt. Y)

WEAVER, C.E., & POLLARD, L.D. (1973): *The chemistry of clay minerals*. 213 S. American Elsevier, New York

WICKMAN, F.E. (1954): The „total" amount of sediments and the composition of the „average igneous rock". *Geochim. Cosmochim. Acta*, **5**, 97–110

7 Isotopengeochemie

Die wissenschaftliche Beschäftigung mit den Isotopen einiger chemischer Elemente führte zum Aufbau einer der bedeutendsten und fruchtbarsten Zweige der Geochemie. Variationen in den relativen Häufigkeiten der Isotope eines Elements können auf mehreren Arten geochemischer Reaktionen beruhen. Die Erfassung und Interpretation dieser Variationen geben in vielen Fällen Anhaltspunkte für diese Reaktionen. Die dafür ausgesuchten Elemente sind in der Regel solche, die zwei oder mehrere Isotope haben, die ihrerseits auf analytischem Weg mengenmäßig unterscheidbar sind. Die für die sehr empfindlichen Nachweismethoden eingesetzten Massenspektrometer sind in der Lage, Variationen der Isotopenhäufigkeiten in der Größenordnung von 0,01% sauber voneinander zu trennen.

Isotopenvariationen kann man in zwei Hauptgruppen aufteilen:

- Zum einen gehen sie auf den Kernzerfall der instabilen Nuklide zurück, was zu Variationen in der Zusammensetzung der stabilen Tochterprodukte führt,
- und zum andern handelt es sich um Variationen in nicht-radiogenen Isotopen, die oftmals durch Austauschprozesse, kinetische Reaktionen in biologischen Systemen oder physikalisch-chemische Prozesse wie Verdampfung oder Diffusion verursacht sind.

Die am meisten untersuchten radiogenen Isotope gehören zum Argon, Strontium, Blei und Neodym. Diese Elemente zeigen signifikante Variationen hinsichtlich der Zerfallszeit ihrer radioaktiven Ausgangsnuklide sowie der ursprünglichen Konzentrationen ihrer Ausgangs- und Tochternuklide. So haben sich Strontiumisotope bestens zur Aufklärung darüber, ob ein bestimmtes Magma etwa aus der Kruste oder aus dem Mantel kam, bewährt. Da die Konzentration des Mutternuklids ^{87}Rb im Mantel niedriger ist als in der Kruste, zeigt demzufolge ein Magma aus dem oberen Mantel eine niedrigere Konzentration an ^{87}Sr.

Sehr ausgeprägt sind Schwankungen stabiler Isotope bei den leichten Elementen Wasserstoff, Kohlenstoff, Sauerstoff und Schwefel. Man beachte, daß diese Elemente alle sowohl in flüchtigen als auch in festen Phasen zu finden sind. Variationen in der Häufigkeit stabiler Isotope sind natürlich leicht zu erfassen, wenn die relativen Massenunterschiede zwischen den Isotopen vergleichsweise groß sind, etwa zwischen ^1H und ^2H oder ^{12}C und ^{13}C mit Unterschieden von 100% bzw. 8%. Isotopenvariationen sind bei den leichteren Elementen viel wahrscheinlicher als bei den schwereren. Mit steigender Temperatur nimmt die Bereitschaft der stabilen Isotope zur Fraktionierung, also zu ihrer Auftrennung, ab; in den Sedimenten zeigen sie daher eine höhere Fraktionierung als in den magmatischen Gesteinen. Generell nimmt also der Grad der Fraktionierung der stabilen Isotope, von denen, die an der Erdoberfläche gebildet werden, zu denen, die in der Tiefe der Kruste entstehen, ab. Recyclingprozesse wie bei der Subduktion von Krustenmaterial, das dem oberen Mantel zugeführt wird, neigen dazu, die ursprünglichen Isotopenverhältnisse wiederherzustellen.

7.1 Stabile Isotope

Wie wir weiter oben schon erwähnt haben, sind in der Natur bei mehreren Elementen nicht-radiogene Variationen in ihren relativen Isotopenhäufigkeiten festgestellt worden. Für die Elemente, H, C, O und S sind die beobachtbaren Unterschiede von geologischem Interesse. Man könnte die einzelnen Isotopenverhältnisse, die aus den Messungen mit dem Massenspektrometer hervorgehen, als absolute Verhältniszahlen, etwa $^{18}O/^{16}O$, darstellen; in der Regel aber werden sie in Form eines Faktors δ pro Tausend ($^0/_{00}$) angegeben:

$$\delta = \left(\frac{R_{\text{Probe}}}{R_{\text{Standard}}} - 1\right) \cdot 100$$

R ist das Verhältnis zweier ausgewählter Isotope in einer Probe oder in einem Standard

Die Einführung eines solchen Faktors minimalisiert systematische Fehler bei den Messungen zwischen verschiedenen Massenspektrometern und Laboratorien. In Tabelle 7.1 sind die gemessenen Isotopenpaare für die im Gebrauch befindlichen Elemente angegeben, zusammen mit den in der Natur angetroffenen Variationen. Für Sauerstoff wird das Isotopenpaar $^{18}O/^{16}O$ benutzt; die im allgemeinen verwendeten Standards sind entweder das **Standard Mean Ocean Water**, SMOW, so wie es von CRAIG (1961) definiert wurde, oder der **PDB-Standard**, das Karbonat eines von UREY et al. (1951) zuerst untersuchten Kreide-Belemniten. In gleicher Weise werden die $^2H/^1H$-Variationen auf das SMOW und die $^{13}C/^{12}C$-Variationen auf den PDB bezogen. **Troilit** (FeS) aus dem Canyon Diablo-Meteoriten ist Standardmaterial für $^{34}S/^{32}S$. Einige der Originalstandards sind im wesentlichen schon erschöpft, jedoch sind rechtzeitig Sekundärstandards mit den Originalstandards geeicht worden, die nun von den Labors verwendet werden. Positive oder negative δ-Werte zeigen eine Anreicherung bzw. eine Abreicherung des schwereren Isotops einer Probe gegenüber dem jeweiligen Standard an.

Tabelle 7.1 Nicht-radiogene Isotopenvariationen

		Isotopenvariation in Promille, als δ des schwereren Isotops	
Element mit verwendetem Isotopenstandard	gemessenes Isotopenpaar	Minerale und Gesteine	natürliche Wässer
Wasserstoff Standard Mean Ocean Water (SMOW)	$^2H/^1H$ (D/H)	−180 bis +20	−410 bis +50
Kohlenstoff Kalzit-PDB (Belemnit)	$^{13}C/^{12}C$	−35 bis +5	
Sauerstoff SMOW	$^{18}O/^{16}O$	−2 bis +36	−50 bis +15
Silizium Quarzgang, Mother Lode, Kalifornien	$^{30}Si/^{28}Si$	−2,2 bis +3,2	
Schwefel Canyon Diablo-Meteorit-Troilit	$^{34}S/^{32}S$	−45 bis +60	

Die Variationen der Isotopenhäufigkeiten gehen auf die Massenunterschiede zwischen den Isotopen zurück, was geringe Frequenzunterschiede im Schwingungsverhalten der Atome in den Molekülen oder Kristallen zur Folge hat. Konsequenterweise sind dann auch thermische Eigenschaften der Isotope, etwa die innere Energie *U*, die Wärmekapazität oder die Entropie *S* unterschiedlich und können zu einer Fraktionierung bei der Verteilung der Isotope auf zwei Phasen führen. So kann beispielsweise für die Verteilung der beiden Isotope $^{18}O/^{16}O$ eine Abtrennungskonstante α errechnet werden:

$$\alpha = \frac{R_A}{R_B} = \frac{(^{18}O/^{16}O)\text{ Phase } A}{(^{18}O/^{16}O)\text{ Phase } B}$$

In Gleichgewichtssystemen kann gezeigt werden, daß für eine isotopische Austauschreaktion α die Gleichgewichtskonstante darstellt, falls der Austausch von nur einem Atom betrachtet wird. So eine Gleichgewichtskonstante kann man mit Hilfe der statistischen Mechanik berechnen oder über Messungen einer Reihe von Phasen von geochemischem Belang erhalten. Die Konstante ist streng temperaturabhängig und eignet sich folglich hervorragend als natürliches Thermometer in geochemischen Stoffsystemen. Als **Fraktionierungsfaktor** α bezieht man sie auf δ mit der Relation

$$\alpha = \frac{1 + \delta_A/1000}{1 + \delta_B/1000}, \quad 1000 \ln\alpha \cong \delta_A - \delta_B \quad \text{und} \quad \alpha \cong 1 + \frac{\delta_A - \delta_B}{1000}$$

In biologischen Systemen ist es sehr schwierig, präzise Fraktionierungswerte vorherzusagen, die durch Diffusion oder durch geschwindigkeitskontrollierte Reaktionen erzeugt werden; in typischen Systemen können sie aber gemessen werden. Bei der Isotopenfraktionierung müssen vereinfachende Generalisierungen gemacht werden:

- Bindungen, an denen leichte Isotope beteiligt sind, sind leichter zu lösen als solche mit schweren Isotopen.
- Moleküle mit leichten Isotopen reagieren bereitwilliger als die mit schweren Isotopen.
- Leichtere Isotope zeigen bevorzugt Anreicherungen bei irreversiblen Reaktionen.

Die gemessenen Isotopenvariationen sind eine Funktion sowohl des Fraktionierungsprozesses als auch der ursprünglichen Isotopenzusammensetzung des Ausgangsmaterials. Die Meßergebnisse geben Auskunft über

- die Bildungstemperatur von Gesteinen und Mineralen, einschließlich von Fossilien;
- chemische und physikalische Vorgänge, welche die Gesteine während oder nach deren Entstehung beeinflußt haben;
- genetische Beziehungen zwischen Gesteinen und Meteoriten.

Sauerstoffisotope

Da Sauerstoff das häufigste Element in der Erdkruste ist, bereitet es keine Schwierigkeit, sauerstoffhaltige Systeme für Untersuchungen aufzutreiben. Messungen des Sauerstoffs mit dem Massenspektrometer werden meist über das CO_2 durchgeführt.

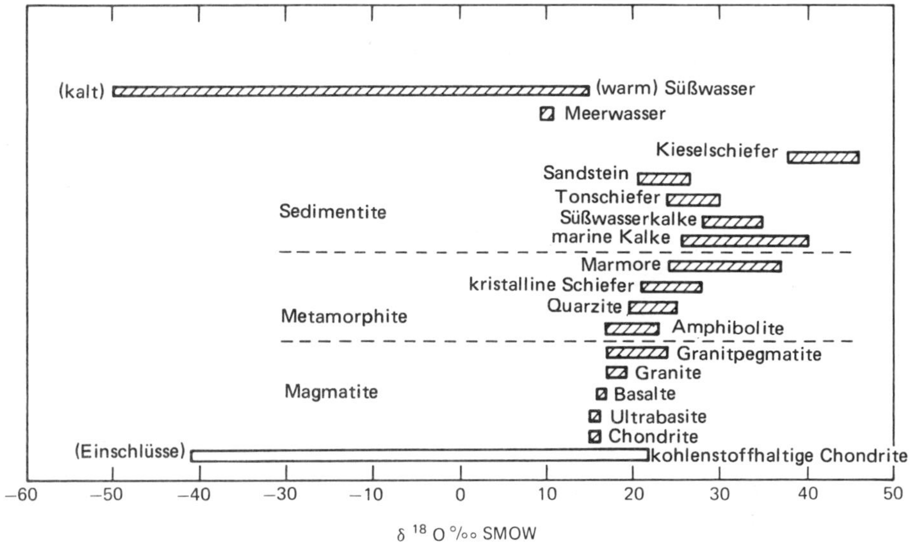

Abb. 7.1 Sauerstoffisotopenvariation in Gesteinen, Mineralen und Wässern.

Abb. 7.1 zeigt, daß $\delta^{18}O$ mit steigender Temperatur in natürlichen Wässern zunimmt und daß niedrigtemperierte Stoffe größere $\delta^{18}O$-Variationen aufweisen als höhertemperierte, wie etwa die Magmatite.

Die Sauerstoffisotopenfraktionierung in magmatischen Gesteinen strebt Gleichgewicht an, folglich kann man α-Werte errechnen und die Bildungstemperatur bestimmen. Die errechneten Werte können dann mit experimentell ermittelten Fraktionierungskurven verglichen werden (Abb. 7.2). In dem Diagramm sind Kurven für Systeme Mineral/Wasser aufgetragen. Mit Hilfe solcher Daten können anhand von $\delta^{18}O$-Unterschieden zwischen koexistierenden Mineralpaaren Bildungstemperaturen errechnet werden, oder es wird eine zugehörige Kurve wie die in der Abb. 7.3 gezeigte ermittelt, aus der die Temperaturen direkt abgelesen werden können.

Dazu sei vermerkt, daß die Minerale mit vorherrschend Si-O-Si-Bindungen sich an ^{18}O anreichern; Bindungen des Si-O-Al- und des Si-O-Mg-Typs neigen weniger zu Fraktionierungen. Von den häufigeren gesteinsbildenden Mineralen zeigt der Quarz die höchste Anreicherungstendenz an ^{18}O, gefolgt von Feldspat, Muskovit, Amphibolen und Pyroxenen, Biotit und Olivin. Die Oxide Magnetit und Ilmenit zeigen die geringste Fraktionierung. Die aus vielen magmatischen Gesteinen abgeleiteten Ergebnisse lassen annehmen, daß ihre Minerale mit einem großen Vorrat an konstantem $^{18}O/^{16}O$-Verhältnis im Gleichgewicht gestanden haben. Die Diffusion des Sauerstoffs in der Kruste und im oberen Mantel scheint relativ rasch vor sich gegangen zu sein.

Schwefelisotope

Meteoritischer Troilit besitzt ein bemerkenswert konstantes $^{34}S/^{32}S$-Verhältnis von 22,21 und kann daher als repräsentativ für die ursprüngliche Isotopenzusammensetzung des Schwefels betrachtet werden. Der Gehalt an ^{34}S in Verbindungen der Krustengesteine variiert beiderseits des Standards mit etwa 50‰, wie man

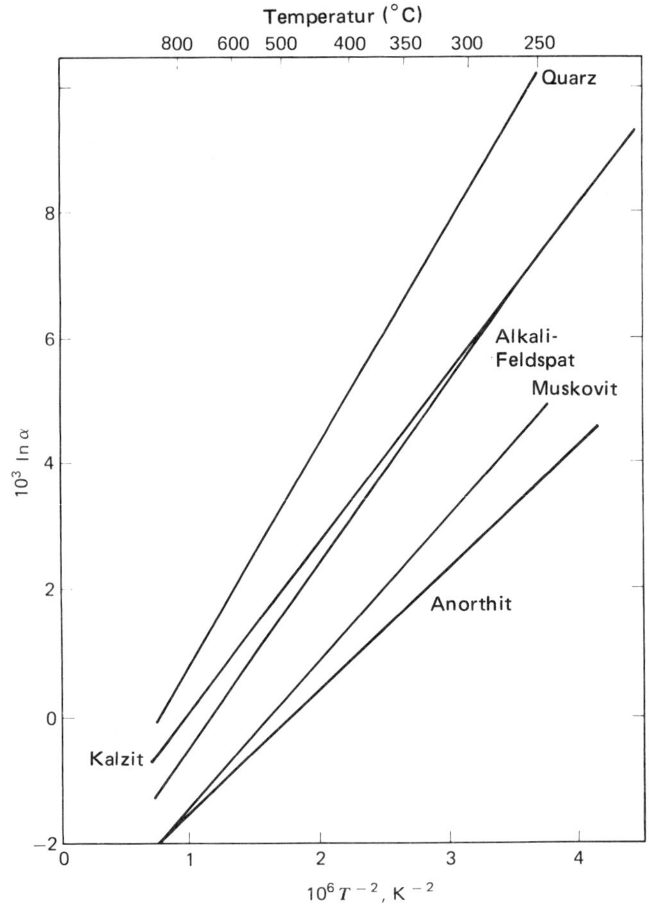

Abb. 7.2 Experimentell bestimmte Sauerstoffisotopenfraktionierungskurven wichtiger magmatischer Minerale für ausgewählte Mineral/Wassersysteme (Ordinate = $10^3 \ln\alpha \sim \delta^{18}O_{Mineral} - \delta^{18}O_{Wasser}$).

auch aus der Abb. 7.4 entnehmen kann. Die Schwankungen, die angesichts des relativ hohen Atomgewichts des Schwefels beträchtlich erscheinen, gehen zu einem erheblichen Teil auf die Tätigkeit sulfatreduzierender Bakterien zurück, die daraus Sulfide mit angereichertem ^{32}S bilden, während das verbleibende Sulfat sich an ^{34}S anreichert. Dieser Mechanismus ist auch für das Ansteigen von ^{34}S in marinen Sulfatrückständen nach der bakteriellen Reduktionstätigkeit verantwortlich. Das dabei erzeugte H_2S wird dem Meerwasser durch Ausfällung von Eisen- und anderen Schwermetallsulfiden entzogen. Durch Vulkanismus induzierte Oxidations- und Reduktionsprozesse von H_2S, SO_2 und S sowie Sulfid/Sulfat-Gleichgewichte unter magmatischen und hydrothermalen Bedingungen spielen sicherlich örtlich eine wichtige Rolle. Die meisten hydrothermalen Sulfidablagerungen zeigen keine besonderen Isotopenfraktionierungen, was den Schluß nahelegt, daß dieser Schwefel einem ursprünglichen Reservoir oder einem homogenisierten System entstammt. Außergewöhnliche Werte mögen auf eine Schwefelquelle aus fraktioniertem Sedimentschwefel hinweisen; solcher Schwefel ist leicht, wenn er sedimentären Sulfiden, schwer, wenn er sedimentären Sulfaten entstammt.

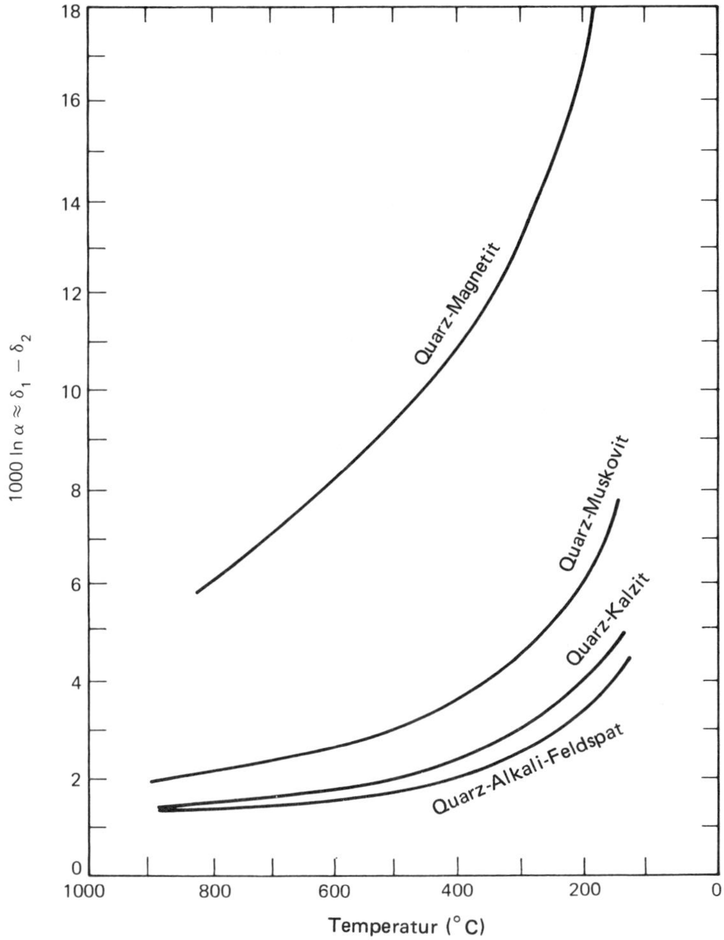

Abb. 7.3 ^{18}O-Fraktionierungskurven für Quarz-Mineral-Systeme.

Eine der erfolgreichen Anwendungen von Schwefelisotopen bestand in dem Nachweis, daß der elementare Schwefel der Salzstöcke von Louisiana und Texas aus der Bakterientätigkeit durch Sulfatreduktion des Gipses oder des Anhydrithutes hervorgegangen ist. Dieser Anhydrit scheint sich in einem Binnenmeer abgesetzt zu haben. Das $^{32}S/^{34}S$-Verhältnis des Anhydrits liegt relativ konstant bei 21,85. Er wurde durch das Bakterium *Desulfovibrio* reduziert, wobei das anwesende Erdöl als Energiequelle diente. Es wurde zu CO_2 oxidiert, während das Sulfat zu H_2S reduziert wurde. Anschließend reagierte das H_2S mit dem restlichen Sulfat zu elementarem Schwefel weiter. Diese Reaktionsabfolge wird durch die Isotopenmessungen des H_2S im Anhydrithut mit seinem um 2 bis 5% höheren $^{32}S/^{34}S$-Verhältnis, das die ^{32}S-Anreicherung des Salzhut-H_2S ergänzt, abgesichert. Elementarer Schwefel im Hut ist etwas schwerer als das mit ihm vergesellschaftete H_2S und leichter als das Sulfat, was seine Herkunft aus der $SO_4 \rightarrow H_2S$-Reaktion zu bestätigen scheint. Zusätzliche Indizien liefern $^{13}C/^{12}C$-Verhältnisse des Kalzits

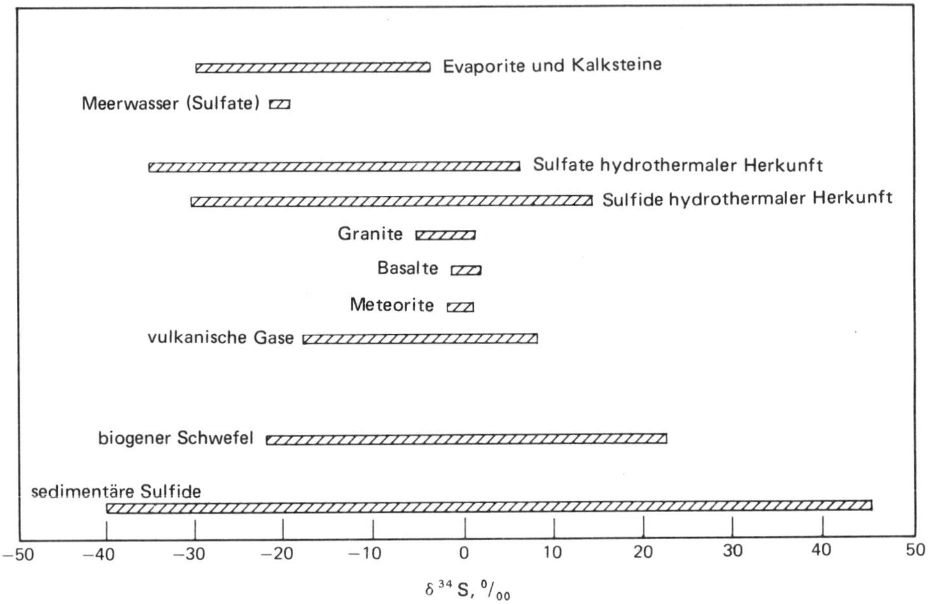

Abb. 7.4 Schwefelisotopenvariation in Gesteinen, Wässern und vulkanischen Gasen.

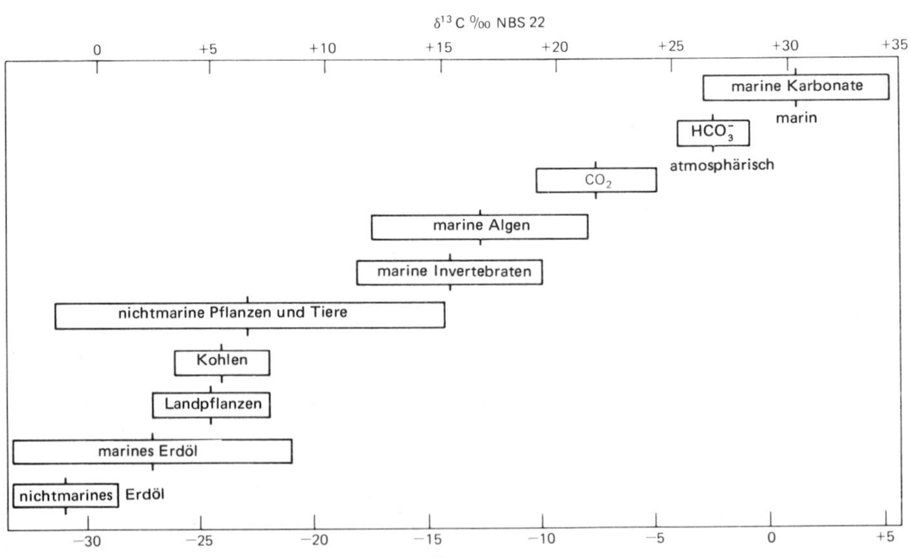

Abb. 7.5 Kohlenstoffisotopenvariation in natürlichen, kohlenstoffhaltigen Substanzen.

im Hut, die niedriger als jene der sedimentären Karbonate, dagegen sehr ähnlich denjenigen des Erdöls sind; das Kohlendioxid im Kalzit scheint also durch Oxidationsvorgänge des Erdöls entstanden zu sein.

Kohlenstoffisotope

Kohlenstoff zeigt wie der Schwefel große Isotopenvariationen. Diese Variationen können einerseits der Tätigkeit von Organismen zugeschrieben werden, die die Fraktionierung über kinetische Prozesse bewerkstelligen; andererseits kommt hinzu, daß der Kohlenstoff in der Lage ist, in einer sehr großen Anzahl von Verbindungen natürlicher Systeme präsent zu sein. Die Angaben in der Abb. 7.5 zeigen uns, daß das schwerere Isotop ^{13}C dazu neigt, sich in den anorganischen Verbindungen des Typs Kohlenstoff-Sauerstoff anzureichern. Da der Referenzstandard für Kohlenstoffisotopenmessungen eine fossile Kalkschale ist, liegen viele der inzwischen durchgeführten Messungen von ^{13}C im negativen Bereich für $\delta^{13}C$-Werte. In Abschnitt 10 gehen wir wiederholt auf Untersuchungen mit organischen Kohlenstoffisotopen und anderen Isotopen ein. Zusätzlich zu den stabilen Isotopen ^{12}C und ^{13}C existiert auch ein besonders kleiner Anteil an radioaktivem ^{14}C; das Isotop ^{14}C in natürlichen Systemen kann nicht mittels Massenspektrometrie nachgewiesen werden.

Auch Meteorite weisen eine große Variationsbreite an Kohlenstoffisotopen auf. Die Anwesenheit mehrerer verschiedener Kohlenstoffphasen in den unterschiedlichen Meteoritentypen scheint die Ursache für die Mannigfaltigkeit zu sein. Während in den kohligen Chondriten die karbonatischen Phasen $\delta^{13}C$-Werte nahe $+60‰$ haben, liegen sie für die koexistierenden Kohlenwasserstoffe bei $-10‰$. Der Gesamtwert für $\delta^{13}C$ mit $-7{,}2‰$ im kohligen Chondrit Murchison C2 scheint ein akzeptabler Wert für den gesamtterrestrischen Kohlenstoff darzustellen. Abb. 7.6 zeigt, daß atmosphärisches CO_2, Karbonatit und Diamanten ebenfalls Isotopenwerte um diesen Mittelwert besitzen.

Analog einer chemischen Fraktionierung von Kohlenstoff im geochemischen Kreislauf tritt auch eine Fraktionierung seiner Isotope auf. In vulkanischen und fumarolischen Gasen ist der Methan-Kohlenstoff leichter als der Kohlendioxid-Kohlenstoff. Methan in den Fumarolen von Yellowstone und Neuseeland hat mittlere $\delta^{13}C$-Werte von $-28‰$, während das anwesende CO_2 $\delta^{13}C$-Mittelwerte von ca. $-4‰$ aufweist. Ein Vergleich dieser Zahlen mit den berechneten aus der Gleichung $CO_2 + 4\,H_2 = CH_4 + 2\,H_2O$ zeigt, daß diese Gase zwischen 200 und 300°C im Gleichgewicht stehen. Diese Berechnungen stimmen gut mit Bohrlochmessungen überein und besagen wegen der langen Zeitdauer für die Gleichgewichtseinstellung des obigen Systems, daß die beteiligten Komponenten diesen Temperaturen seit langem ausgesetzt waren.

Die meisten anorganischen Isotopenfraktionierungen gehen auf Gleichgewichtseffekte zurück. So beruht das Gleichgewicht zwischen dem Kohlendioxid in der Luft und dem Hydrogenkarbonat in den Ozeanen auf der Beziehung

$$H^{12}CO_3^- \text{ (flüssig)} + {}^{13}CO_2 \text{ (gasförmig)} = H^{13}CO_3^- \text{ (flüssig)} + {}^{12}CO_2 \text{ (gasförmig)}$$

Diese Reaktion hat eine Gleichgewichtskonstante von ca. 1,005 bei 20°C, und die gemessenen $\delta^{13}C$-Werte von -7 in atmosphärischem CO_2 und von -2 in ozeanischem Hydrogenkarbonat stimmen gut damit überein. Analog sagt die Gleichung

$$H^{13}CO_3^- \text{ (flüssig)} + Ca^{12}CO_3 = H^{12}CO_3 + Ca^{13}CO_3$$

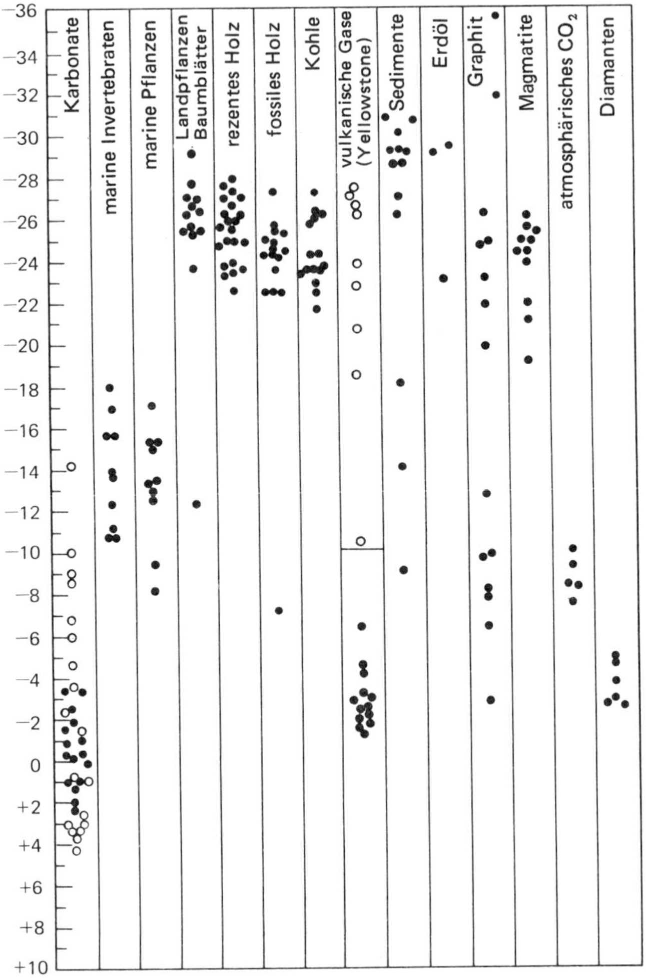

Abb. 7.6 Isotopenhäufigkeiten des Kohlenstoffs (nach CRAIG, *Geochim. Cosmochim. Acta,* **3,** S. 60, 1953).

mit einer Gleichgewichtskonstanten von 1,004 bei 20°C voraus, daß bei erreichtem Gleichgewicht die marinen Karbonate einen um 4% schwereren δ^{13}C-Wert haben als die marinen Hydrogenkarbonate, von denen sie abzuleiten sind. Abweichungen anderer Meßwerte von diesen Zahlen können darauf hinweisen, daß biochemische Stoffwechselreaktionen kinetisch bedingte Verschiebungen in der Isotopenvariation hervorrufen, die dieses System komplizieren können. Jegliche lokale Veränderungen der δ^{13}C-Werte in natürlichen Wässern ziehen direkt Änderungen bei den δ^{13}C-Werten der aus ihnen ausfallenden Karbonate nach sich. Solche Variationen werden viel eher im Süßwasser als im Salzwasser der Ozeane gefunden. In den verschiedenen natürlichen Umfeldern haben in der Erdgeschichte sicherlich Veränderungen in der Kohlenstoffisotopenzusammensetzung stattgefunden. Alle realen Unterschiede können auf relativ einfache Weise mit Schwankungen und Veränderungen der photosynthetischen Aktivität erklärt werden. Leichte Maxima der $\delta^{13}C$-Verhältnisse, die in das Devon und die Kreide fallen, können möglicherweise auf die einsetzende Entwicklung der Landpflanzen bzw. der Blütenpflanzen zurückgeführt werden. Die Hauptschwierigkeit bei der Interpretation solcher Daten dürfte auf unseren mangelnden Möglichkeiten beruhen, die extrem langen Reaktionsgeschwindigkeiten solcher sekundärer Austauschvorgänge zu bewerten, die aufgrund der langen Zeiträume seit der Sedimentation wahrscheinlich auftreten.

Wasserstoffisotope

Weil die relative Massendifferenz zwischen den beiden stabilen Isotopen des Wasserstoffs ^1H und ^2H (Deuterium, D) größer ist als bei jedem anderen Isotopenpaar, zeigt der Wasserstoff die **höchste** Isotopenfraktionierung. Von geochemischen Proben wurden Fraktionierungen bis zu 70‰ oder gar bis zu 700‰ beschrieben. Die δD-Werte verbreiteter geochemischer Substanzen zeigt die Abb. 7.7. Der Standard für Sauerstoff, SMOW, ist auch der Standard für die Deuteriummessungen. Es sei darauf hingewiesen, daß in dem Diagramm die meisten Proben δD-Werte besitzen, die leichter sind als das mittlere Ozeanwasser, das im übrigen in seiner Isotopenzusammensetzung sehr konstant ist. Da der Dampfdruck des HDO (= H^2HO) niedriger ist als der des H_2O, wird dieses isotopisch leichtere Molekül durch Verdampfungsvorgänge eher aus dem Meerwasser entfernt. Diese Fraktionierung wird von einer entsprechend kleineren, aber ganz ähnlichen Fraktionierung des Sauerstoffs begleitet. Niederschlagsmessungen zeigten, daß der Regen in Äquatornähe sowohl hinsichtlich der Wasserstoff- als auch der Sauerstoffisotopenzusammensetzung sehr dem Ozeanwasser nahekommt, wogegen der Schnee an den Polen D-Werte $< -300‰$ aufweisen kann und die $\delta^{18}O$-Werte zwischen $-45‰$ und $-50‰$ liegen. Diese Art der Fraktionierung bezüglich der Breiten ist recht regelmäßig anzutreffen und kann dadurch erklärt werden, daß die Atmosphäre wie ein riesiger Kondensor wirkt. Beim Verdampfen oder Kondensieren des Wassers werden D und ^{18}O in der flüssigen Phase angereichert. Die Beziehung zwischen δD und $\delta^{18}O$ ist in der Abb. 7.8 dargestellt. Nur sehr selten entfernen sich die Isotopenzusammensetzungen natürlicher Wässer von dieser Linie (Dansgaard-Gerade). Sie eignet sich daher wie ein Fingerabdruck zum Erkennen meteorischer Wässer. Meteorische Wässer , die durch Versickern in das Grundwasser eintreten, tauschen ihre Sauerstoffisotope mit Karbonat- und Silikatmineralen aus, mit denen sie bei der Untergrundpassage in intensivem Kontakt stehen.

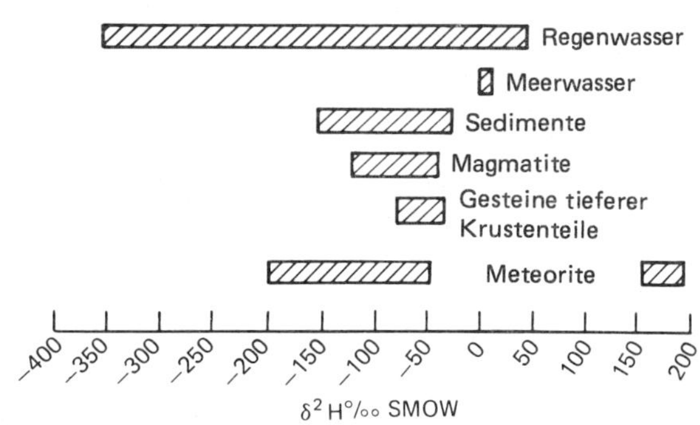

Abb. 7.7 Isotopenvariationen des Wasserstoffs.

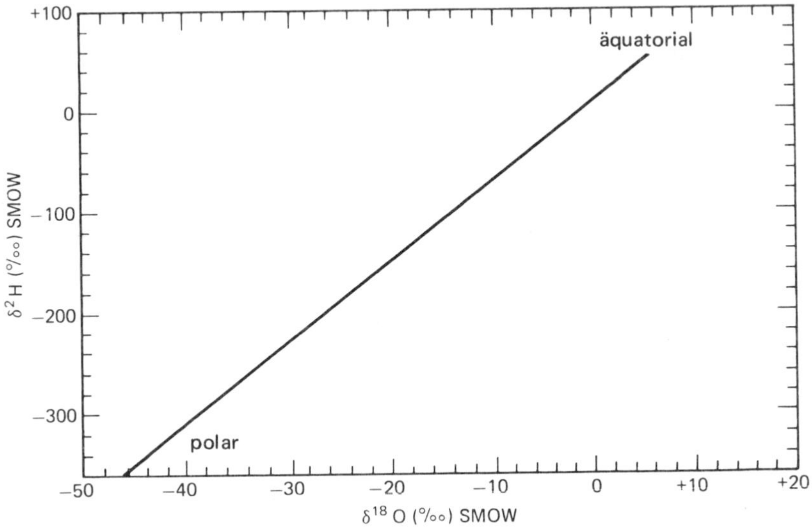

Abb. 7.8 Isotopenvariationen in meteorischen Wässern.

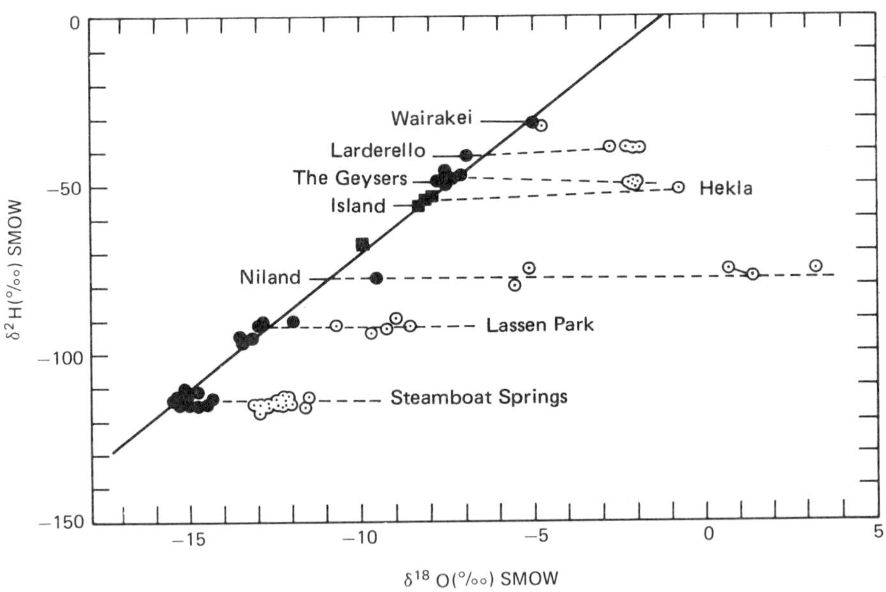

Abb. 7.9 Isotopenvariationen in einigen Geothermalwässern und -dämpfen. ■ Lokale meteorische Wässer oder leicht erwärmte, oberflächennahe Grundwässer; ● heiße Quellen oder Geothermalwässer; ⊙ Geothermaldampf hohen Drucks und hoher Temperatur (nach CRAIG, 1963. *Conf. on Nuclear Geology in Geothermal Areas.* Spoleto, Italien).

Die Wasserstoffisotope dagegen unterliegen kaum einem Austausch, da in den durchsickerten und durchflossenen Boden- und Gesteinsschichten relativ wenig Wasserstoff präsent ist.

Eine der grundlegenden Erkenntnisse, die aus den Untersuchungen an stabilen Isotopen gewonnen wurden, ist die Tatsache, daß die meisten Wässer geothermaler Systeme primär nicht aus der magmatischen Förderung stammen, also juvenil sind, sondern als meteorische Wässer aus den örtlichen Niederschlägen am Wasserkreislauf schon teilgenommen haben. In dem Diagramm der Abb. 7.9, wo die Werte für δD und $\delta^{18}O$ der lokalen Niederschlagswässer sowie der geothermalen Wässer eingetragen sind, wird dies deutlich. Obwohl die $\delta^{18}O$-Werte in einem bestimmten Gebiet sich im Kontakt mit den verschiedenen Gesteinen ändern, bleiben die δD-Werte konstant und bekräftigen damit den meteorischen Ursprung des Wasserstoffs. Hätten die Wässer juvenilen Wasserstoff aufgenommen, wären die Verbindungslinien nicht horizontal, sondern schräg.

Weitere stabile Isotope

Untersuchungen mit den Isotopen der Elemente H, C, O und S haben sich für die Klärung verschiedener geo- und hydrochemischer Fragen bestens bewährt. Andere Elemente eigneten sich nach entsprechenden Studien weniger gut. Stickstoffisotope in natürlichen organischen Verbindungen zeigen Variationen des $\delta^{15}N$ von ca. $\pm 10‰$ gegenüber dem atmosphärischen Stickstoffstandard. Die dafür verantwortlichen Fraktionierungsprozesse sind noch nicht bekannt. In ähnlicher Weise zeigen die Siliziumisotope Schwankungen des $\delta^{30}Si$ von ca. $2‰$ in magmatischen und sedimentären Gesteinen. Andere Elemente von geringerem Interesse, wie Se oder B, zeigen meßbare Isotopenvariationen. Die Schwankungen des Selens gehen auf biochemische Aktivitäten zurück, während für das Bor eine selektive Einlagerung des leichteren ^{10}B in Tonmineralen in Betracht kommt.

7.2 Absolute Altersbestimmung und Geochronologie

Eine sehr interessante und auch weit verbreitete Anwendung massenspektroskopischer Isotopenuntersuchungen fand seinen Niederschlag in der **absoluten Altersbestimmung** geologischer Ereignisse. Um die Isotopenmethoden für geochronologische Fragestellungen einzusetzen, müssen zunächst die Tochterprodukte radioaktiver Nuklide sowie die Konzentrationen der radioaktiven Mutternuklide sehr genau betrachtet werden. Solche Systeme heißen **Anreicherungsuhren** (engl. accumulation clocks). Außerdem besteht die Möglichkeit, den Zerfall von kurzlebigen Radionukliden direkt zu studieren, vor allem beim ^{14}C; diese Methoden messen die **Zerfallsuhren** (engl. decay clocks). Bei gleich welcher Methode hängt die Genauigkeit der erhaltenen geologischen Aussage sehr von der Art der Probenbehandlung, den Probeneigenschaften und der Meßempfindlichkeit ab, wie wir weiter unten noch sehen werden.

Die in der Geochronologie gebräuchlichen Radionuklide sind in Tabelle 7.2 aufgelistet. Man beachte, daß alle Systeme, außer dem des ^{14}C, zu den Anreicherungsuhren gehören.

Tabelle 7.2

Nuklide	Halbwertszeit (Jahre)	λ (a^{-1})	Datierbereich (Jahre)	geeignetes Material
$^{238}U-^{206}Pb$	$4{,}47 \cdot 10^9$	$1{,}55 \cdot 10^{-10}$	10^7-10^9	Zirkon, Uraninit
$^{235}U-^{207}Pb$	$0{,}71 \cdot 10^9$	$9{,}72 \cdot 10^{-10}$	10^7-10^9	Zirkon, Uraninit
$^{232}Th-^{208}Pb$	$1{,}39 \cdot 10^{10}$	$4{,}99 \cdot 10^{-11}$	10^7-10^9	Zirkon, Monazit
$^{87}Rb-^{87}Sr$	$4{,}88 \cdot 10^{10}$	$1{,}42 \cdot 10^{-11}$	10^7-10^9	Glimmer, magmatische u. metamorphe Gesteine
$^{147}Sm-^{143}Nd$	$1{,}06 \cdot 10^{11}$	$6{,}54 \cdot 10^{-12}$	10^9	magmatische Gesteine
$^{40}K-^{40}Ar$	$1{,}31 \cdot 10^9$ (total)	β $4{,}72 \cdot 10^{-10}$ κ $5{,}85 \cdot 10^{-1}$	10^4-10^9	Glimmer, Hornblende, Sanidin, magmatische u. metamorphe Gesteine
^{14}C	5730	$1{,}21 \cdot 10^{-1}$	$0-10^5$	Holz, Holzkohle, Knochen, Schalen

Radioaktiver Zerfall und Zerfallsgesetz

Der radioaktive Zerfall tritt in verschiedenen Formen auf. In den Zerfallssystemen, die für die Geochronologie von Bedeutung sind, zerfallen die Uran- und Thoriumisotope über eine Serie von α- und β-Zerfällen zu stabilen Blei-Isotopen. Die einzelnen Schritte dahin sind im Anhang aufgeführt. ^{87}Rb geht durch β-Zerfall in ^{87}Sr über, ^{14}C verwandelt sich unter Aussendung von β-Strahlung in ^{14}N. ^{40}K zerfällt einerseits mittels β-Zerfall zu ^{40}Ca, verwandelt sich andererseits durch Elektroneneinfang in ^{40}Ar. Für geologische Datierungen wird nur das ^{40}Ar-Tochterprodukt verwendet.

Der große Vorteil des radioaktiven Zerfalls für seine Verwendbarkeit als Datierungsmittel beruht auf der Annahme, daß die Zerfallsrate unabhängig von der Zeit, dem chemischen Zustand, der Temperatur, dem Druck und anderen Umweltfaktoren als konstant anzusehen ist. Die Zerfallsgeschwindigkeit eines Radionuklids ist ein kinetischer Parameter erster Ordnung. Ist N die Anzahl der Atome zu einer bestimmten Zeit und λ die Zerfallskonstante des Radionuklids, dann folgt für den Verlust an N pro Zeit: $-dN/dt = \lambda N$. Integriert unter Einführung von N_0 als Anfangszahl der vorhandenen radioaktiven Atome liefert uns die Beziehung

$$\frac{N}{N_0} = e^{-\lambda t}$$

Aus dieser Gleichung kann nun die Beziehung zwischen der Halbwertszeit eines Radionuklids und der Zerfallskonstante abgeleitet werden; man setzt $N/N_0 = {}^1/_2$ und erhält für die Halbwertszeit $t = 0{,}693/\lambda$.

Da die meisten der radioaktiven Datierungsmethoden in der Geochronologie auf den Anreicherungsuhren mit ihren langen Halbwertszeiten beruhen, ist es üblich, die Zerfallsgleichungen so zu formulieren, daß N_D die Zahl der Atome des Tochterelements und N die Zahl der Atome des Mutternuklids zur Zeit der durchgeführten Messung sind. Dann ist

$$N_D = N(e^{\lambda t} - 1)$$

Ist die Halbwertszeit lang im Vergleich zum gemessenen Alter, kann die Beziehung vereinfacht werden zu

$$N_D/N = \lambda t$$

Die Tatsache, daß der Zerfall der Uran-Isotope zu Blei-Isotopen abgestuft in einer Serie von Teilzerfällen erfolgt, erlaubt uns die Bestimmung der Halbwertszeiten der sehr langlebigen Radioisotope mit viel größerer Genauigkeit, als sie uns durch direkte Messung erschlossen werden könnten. In diesen Zerfallsreihen, wo die einzelnen Tochterprodukte ständig zerfallen und gleichzeitig neugebildet werden, also mit dem Ausgangsisotop im Gleichgewicht sind, gilt für die Nuklidhäufigkeiten in Beziehung zu den Zerfallskonstanten folgende Abhängigkeit: $\lambda_1 N_1 = \lambda_2 N_2 = \lambda_3 N_3 = \ldots$ Folglich erlaubt die direkte Messung der Halbswertszeit oder der Zerfallskonstanten der einzelnen Zwischenglieder die Berechnung der Zerfallskonstanten des langangelegten Gesamtzerfalls.

Damit ein Radioisotop sich für die Altersbestimmung eignet, müssen mehrere Bedingungen erfüllt sein. Entweder müssen die entsprechenden Isotope wie im Fall des ^{14}C ständig neu ergänzt werden, oder die Halbwertszeit des Isotops muß etwa dem Alter der Erde entsprechen, damit noch ausreichendes Material vorhanden ist. Die Halbwertszeit darf auch nicht zu lang sein, sonst fällt die Menge an gebildeten Tochterprodukten zu gering aus. Das Mutternuklid muß mäßig häufig im Gestein vorhanden sein, und es muß eine signifikant meßbare Anreicherung des Tochterprodukts stattgefunden haben. Außerdem muß die Zerfallsgeschwindigkeit des Mutternuklids bekannt sein; Ausgangsgehalte von Mutter- und/oder Tochterisotop müssen bestimmt werden. Das ganze System muß abgeschlossen gewesen sein, so daß keine Zu- oder Abwanderungen von Mutter- oder Tochtersubstanzen möglich waren.

Uran-Thorium-Blei-Methoden

Das Uran-Thorium-Blei-System war eines der ersten Arbeitsverfahren vom Typ Anreicherungsuhr, das in der Geochronologie zur Anwendung kam. Uran und Thorium finden sich in ausreichender Konzentration in uranhaltigen Mineralen, oft in Pegmatiten, und werden manchmal von bleihaltigen Sulfidmineralen begleitet, so daß Korrekturen bezüglich der Isotopenzusammensetzung des ursprünglichen Bleis vorgenommen werden können. Die Präsenz von drei voneinander getrennten, aber miteinander verwandten radioaktiven Uhren innerhalb desselben Systems erlaubt die Durchführung von Kontrollen hinsichtlich der grundsätzlichen Prämissen der Geochronologie. Stimmen die drei Datenbefunde im wesentlichen überein, so spricht man von **konkordanten** Ergebnissen; bei Nichtübereinstimmung sind diese **diskordant**. Während noch in den Anfangsjahren der Geochronologie stets gehofft wurde, konkordante Ergebnisse zu erhalten, hat sich unser diesbezügliches Wissen dahin entwickelt, daß wir indessen auch manche diskordante Ergebnisse zu nutzen wissen, um Näheres zur Entstehungsgeschichte eines Gesteins zu erfahren. Die damalige Forderung nach pegmatitischen Uranmineralen schränkte den Wirkungsradius der ersten Forschungsvorhaben und -arbeiten stark ein. Heutzutage hat sich die Uran-Blei-Datierung auf Zirkone in Magmatiten verlagert. Kaum andere Gesteine als magmatische finden als Anreicherungsuhren Verwendung.

Die natürlichen Uranisotope ^{238}U und ^{235}U zerfallen über ihre Zerfallsreihen zu ^{206}Pb und ^{207}Pb; allein das Thoriumisotop ^{232}Th zerfällt zu ^{208}Pb. Die Zwischenprodukte des Zerfalls liegen in geringen Konzentrationen vor und sind nicht als Fehlerquellen bei der Berechnung anzusehen. Diffusion eines der Zwischenglieder kann die Ursache für anomale errechnete Alter sein.

Für Minerale, die älter als einige Millionen Jahre sind, gelten zur Berechnung ihrer radiometrischen Alter auf der Grundlage der drei Systeme folgende Gleichungen:

$$t_{206} = \frac{1}{\lambda_{238}} \ln \left(1 + \frac{^{206}Pb}{^{238}U} \right); \qquad t_{207} = \frac{1}{\lambda_{235}} \ln \left(1 + \frac{^{207}Pb}{^{235}U} \right);$$

$$t_{208} = \frac{1}{\lambda_{232}} \ln \left(1 + \frac{^{208}Pb}{^{232}Th} \right)$$

Außerdem kann ein Blei-Blei-Alter aus der folgenden Gleichung abgeleitet werden:

$$\frac{^{207}Pb}{^{206}Pb} = \frac{^{235}U}{^{238}U} \cdot \frac{(e^{\lambda_{235}t} - 1)}{(e^{\lambda_{238}t} - 1)}$$

Natürliches Uran besitzt ein $^{235}U/^{238}U$-Verhältnis von 1/137,8; dieser Wert kann in die Gleichung eingesetzt werden. Bei der Blei-Blei-Methode ist es nicht notwendig, die absoluten Mengen des Bleis oder Urans zu messen, es genügt vielmehr, das Isotopenverhältnis des radiogenen Bleis zu bestimmen.

Um die ursprünglichen Konzentrationen der Blei-Isotope korrigierend zu berücksichtigen, wird auf das nicht-radiogene Blei-Isotop ^{204}Pb zurückgegriffen. Ist ^{204}Pb in einem uranhaltigen Mineral zugegen, offenbart sich die Präsenz von Primärblei, und es muß korrigiert werden. Am besten geschieht das mittels Messung eines unmittelbar benachbarten bleihaltigen, aber an Uran und Thorium freien Minerals, das sich zur gleichen Zeit wie das andere Mineral gebildet hat. Auch kann die Bleiisotopenzusammensetzung der Umgebung für die Korrektur behilflich sein.

In einem ideal abgeschlossenen System, in dem keinerlei Zu- oder Abwanderung der betreffenden Isotope erfolgt ist, läßt sich aus den konkordanten Werten des $^{206}Pb/^{238}U$- und des $^{207}Pb/^{235}U$-Paars in einem Koordinantensystem ein Punkt, bei vielen dieser Paare eine Kurve zeichnen, die **Konkordia**. Die Abb. 7.10 zeigt so ein Konkordia-Diagramm. Kommen von den verfügbaren Daten nur wenige auf die Konkordia zu liegen, so gibt es nicht selten welche, die auf Geraden liegen, wie wir sie in dieser Abbildung auch sehen. Die Art der Verteilung dieser diskordanten Datenpunkte wird als ein Verlust von radiogenem Blei in den Mineralen interpretiert. In vielen Fällen stellt die **Diskordia** eine gerade Linie dar, die bei einer Extrapolation zurück in die Erdgeschichte die Konkordia schneidet. Dieser Schnittpunkt ist nichts anderes als das Bildungsalter des Minerals bzw. der Startpunkt der radioaktiven Uhr. Früher nahm man an, daß der Schnittpunkt am unteren Ende der Konkordia den Zeitpunkt eines episodischen Verlusts an Blei anzeige; inzwischen weiß man, daß, obwohl ein solches Ereignis zu einer solchen Anordnung der Punkte führen kann, es zu einer fast analogen Anordnung der Werte kommen kann, wenn Blei mit ständig gleicher oder steigender Rate während der gesamten Lebenszeit des Minerals herausdiffundiert. Deshalb ist wohl auch der obere Schnittpunkt von größerem Interesse, und dementsprechend häufiger ist seine Anwendung in der Praxis.

Hinweise auf das Alter von Bleilagerstätten ergeben sich über die Messung der Blei-Isotopengehalte. Unter der Annahme, daß die Bleizusammensetzung in Meteoriten die gleiche ist wie die des Ur-Bleis bei der Bildung der Erdkruste, kann eine Blei-Entwicklungskurve konstruiert werden, in der die Entwicklung der Blei-Isotope im Lauf der Erdgeschichte verfolgt werden kann. Um sie zu erstellen, muß eine Annahme gemacht werden, die sich auf das Uran/Blei-Verhältnis bezieht, wie es zur Zeit auf der Erde besteht. Die Entwicklungskurve in der Abb. 7.11 ist auf ein System mit einem gegenwärtigen $^{238}U/^{204}Pb$-Verhältnis von 9 abgestellt.

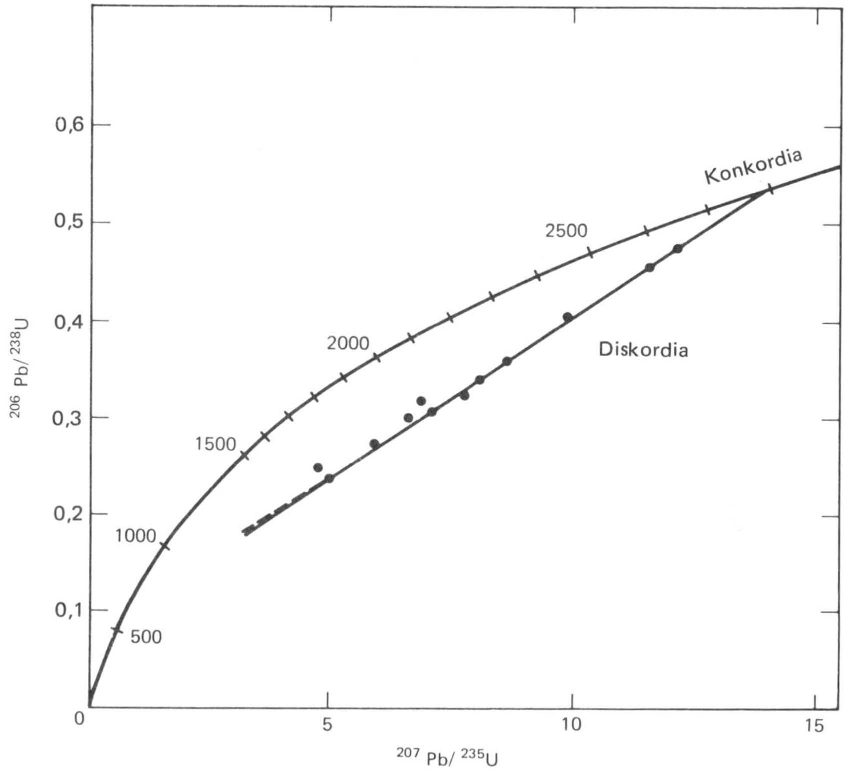

Abb. 7.10 Konkordia-Diagramm für das U-Pb-System. Die Zahlen auf der Konkordia-Kurve bedeuten Jahrmillionen vor heute. Eine typische Meßreihe wird durch die Diskordia-Kurve wiedergegeben. Der Schnittpunkt zwischen Konkordia und Diskordia wird als das Alter der Probe interpretiert.

Die Meßwerte etlicher Bleierzvorkommen ergeben konkordante Alter und liegen direkt auf dieser Kurve. Das bedeutet, daß dieses Blei in einer bestimmten Zeit aus einem Gebiet von mittlerer U-Pb-Verteilung entfernt worden ist und daher die Zusammensetzung von gewöhnlichem Blei an diesem Punkt der Erdgeschichte besitzt. Demgegenüber gibt es zahlreiche Bleierzproben, die hinsichtlich ihrer Isotopengehalte von dieser Kurve erheblich abweichen. Diese als anomal bezeichneten Bleie werden durch die Beeinflussung und Störung benachbarter Bleie von U-Th-Pb-Systemen erklärt, die von einer mittleren Krustenzusammensetzung weit entfernt waren (etwa Uran-Thorium-Anreicherungen). In dem Entwicklungsdiagramm (Abb. 7.11) ist so eine anomale Bleikurve dargestellt. Die Erstreckung dieser Linie oberhalb der normalen Kurve zeigt, daß wahrscheinlich durch eine uranreiche Quelle wie einen Granit zusätzlich radiogenes Blei zu dem vorhandenen hinzugefügt worden ist. Für eine gründliche Durchmischung dürfte zumindest eine Rückführung von Krustenmaterial in den Mantel durch den Subduktionsmechanismus vonnöten sein. Partielles Aufschmelzen von Krustengesteinen könnte ohne weiteres zu den anomalen Bleierzen führen.

Die sehr interessanten Studien über die Blei-Isotope bringen viel an neuen Erkenntnissen über Geologie und Herkunft der Bleierzlagerstätten; allerdings müssen

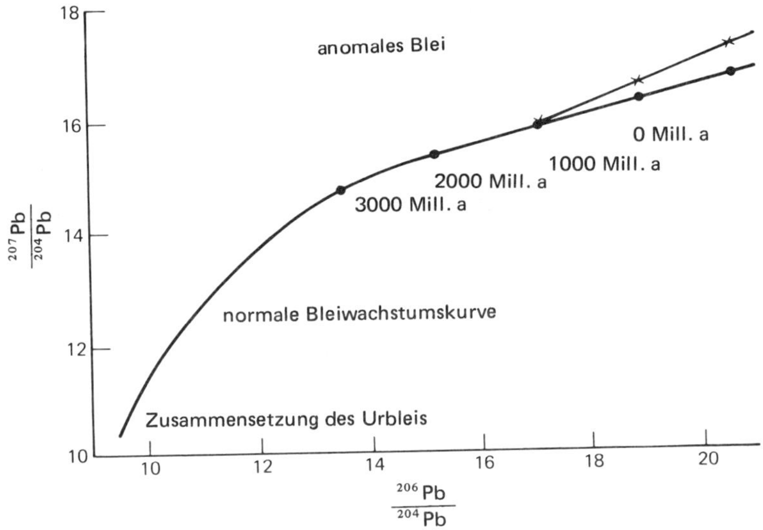

Abb. 7.11 Wachstumskurve von gewöhnlichem Blei unter Zugrundlegung eines heutigen $^{238}U/^{204}Pb$-Verhältnisses von ca. 9. Links unten zeigt die Entwicklungskurve die vermutliche Zusammensetzung von Ur-Blei an, das aus der Blei-Isotopenzusammensetzung von Eisenmeteoriten abgeleitet werden kann. Die Blei-Isotopenzusammensetzung ändert sich je nach dem Zeitpunkt der Isolierung des Bleis von seiner „Geburtsstätte".

diese mit großer Vorsicht gewonnen werden, damit nicht durch falsche Voraussetzungen ernste Fehler in Umlauf geraten.

Kalium-Argon-Methode

Der radioaktive Zerfall von ^{40}K zu ^{40}Ar ist für die radiometrische Altersbestimmung von Mineralen und Gesteinen von großer Bedeutung. Besonders nutzbringend ist der Einsatz dieser Methode bei Gesteinen, die nur einige hunderttausend Jahre alt sind, da dieser Zeitabschnitt von keiner anderen Datiermethode entsprechend gut abgedeckt ist. In erster Linie beruht diese Tatsache darauf, daß das Argon als inertes Gas sehr leicht und mit sehr niedriger Nachweisgrenze nachgewiesen werden kann. Die Hauptfehlerquellen sind einerseits altes, ererbtes Argon sowie andererseits die Verunreinigung mit atmosphärischem Argon während der Analyse. Kalium ist eines der häufigsten Elemente der Kruste, es findet sich in sehr vielen gesteinsbildenden Mineralen. Im Vergleich zum Alter der Erde und zur Zerfallsgeschwindigkeit muß die Halbwertszeit des ^{40}K von $1{,}31 \cdot 10^9$ Jahren als geradezu optimal eingestuft werden. Argon geht mit anderen Elementen in den Mineralen keinerlei chemische Verbindungen ein, und nur sehr selten wird es bei der Mineralbildung direkt aus dem Magma in den Mineralen festgehalten. Leider aber besteht die Tendenz, daß das Argon aus manchen Mineralen entweicht, und deshalb müssen die geeigneten Gesteine und Minerale mit größter Sorgfalt ausgewählt werden. Argonverluste treten vermehrt bei Temperaturanstieg auf.

^{40}K kann auf zweierlei Art zerfallen: Beim β-Zerfall entsteht ^{40}Ca, und durch K-Elektroneneinfang bildet sich ^{40}Ar. Da Calcium ein in den Gesteinen weitverbreitetes Element und zudem ^{40}Ca das häufigste Ca-Isotop ist, wird für die Datierung nur das Paar $^{40}K/^{40}Ar$ benutzt. Dieser auf zweierlei Weise stattfindende Zerfall erfordert eine modifizierende Behandlung der Basisgleichung zur Altersbestimmung zu

$$t = \frac{1}{\lambda} \ln \left[1 + \left(\frac{\lambda_\beta + \lambda_k}{\lambda_k} \right) \frac{^{40}Ar}{^{40}K} \right]$$

mit λ als Zerfallskonstante von ^{40}K, λ_β als Zerfallsgeschwindigkeit von ^{40}K zu ^{40}Ca und λ_k als Zerfallsgeschwindigkeit von ^{40}K zu ^{40}Ar. Das Verhältnis von β-Zerfall zu K-Elektroneneinfang beträgt etwa 8,1:1. Wird in einer zu datierenden Probe das Gesamtkalium bestimmt, so muß es hinsichtlich der Tatsache, daß gewöhnliches Kalium 0,0119 Atomprozent ^{40}K enthält, korrigiert werden. Bezüglich der atmosphärischen Verunreinigung des Argons wird eine Korrektur auf der Grundlage der bekannten Isotopenverhältnisse von $^{36}Ar:^{38}Ar:^{40}Ar$ in Luft von 0,377: 0,063:99,60 möglich. Das meiste Argon der Atmosphäre entstammt dem radioaktiven Zerfall des ^{40}K.

Die Glimmer und Amphibole besitzen das beste Rückhaltevermögen für Argon unter den häufigen gesteinsbildenden Mineralen und werden deshalb sehr oft in den Dienst radiometrischer Altersbestimmungen gestellt. Feldspäte halten dagegen das Argon nur unzureichend zurück. Bei jedem der in Frage kommenden Mineralen wird bei metamorphosebedingten Gesteinsaufheizungen das Argon quantitativ ausgetrieben; eine Kalium-Argon-Analyse von solchen Gesteinen liefer das **Metamorphosealter**.

Bei Kalium-Argon-Altersbestimmungen wird das Gesamtkalium normalerweise auf chemischem Weg bestimmt. Argon wird aus der Probe im Hochvakuum ausgetrieben; die mit ihm ausgetriebenen anderen Gase werden abgetrennt, und das Argon, nun gereinigt, wird dem Massenspektrometer zur Bestimmung des radiogenen ^{40}Ar zugeführt. Mit Hilfe eines sog. **Spike**, das ist hochangereichertes ^{38}Ar, das zugesetzt wird, kann die Gefahr der atmosphärischen Kontamination minimalisiert werden.

Bei der Interpretation der gemessenen Daten ist immer Vorsicht geboten. Am besten verwendet man sie in Verbindung mit anderen Methoden. Bei recht jungen Probenmaterialien ist die Kalium-Argon-Methode unverzichtbar, und sie kann sowohl auf das Gesamtgestein als auch auf die Minerale angewendet werden.

Um einige der Probleme hinsichtlich der Argonverluste besser in den Griff zu bekommen, wurde eine als $^{40}Ar/^{39}Ar$ bekannt gewordene Methode entwickelt. Sie besteht in der Umwandlung von einem Teil des ^{39}K eines Gesteins in ^{39}Ar mittels Neutronenaktivierung und anschließendem Aufheizen der Probe in Stufen, um gleichzeitig ^{39}Ar und ^{40}Ar auszutreiben. Hatte zuvor kein Verlust an ^{40}Ar stattgefunden, bleibt das Verhältnis der beiden ausgetriebenen Isotope gleich, so daß einer vernünftigen Datierung nichts im Wege steht. Ist das Gegenteil, also ein Argonverlust, der Fall, dann variieren die erhaltenen Proportionen und zeigen Fehler bei der Datierung an. Unter bestimmten Umständen können die Alter „gerettet" werden, wenn dargelegt werden kann, daß das frühe Entweichen des Argons auf die Emission aus Kristalloberflächen und -störstellen zurückzuführen ist, während das später freigesetzte Argon aus den inneren Gitterplätzen mit ihrem besseren Rückhaltevermögen kommt. Das bei hohen Aufheiztemperaturen im Laborexperiment freigesetzte Argon dürfte folglich ein zuverlässiges Alter liefern.

Rubidium-Strontium-Methode

Der mit einer relativ langen Halbwertszeit ablaufende Zerfall von ^{87}Rb zu ^{87}Sr eignet sich besonders für die Datierung hoher Alter. Obwohl das Rubidium nicht zu den häufigeren Elementen zu zählen ist, kommt es in vielen Kaliumineralen in ansehnlichen Mengen vor. So beschränkt sich diese Datierungsmethode auch weitgehend auf K-reiche Minerale und Gesteine. Korrekturen müssen gemacht werden, wenn der Verdacht besteht, daß gewöhnliches, also nicht-radiogenes ^{87}Sr bei der Mineralbildung aufgenommen worden ist; dazu analysiert man am besten ein benachbartes, an Rubidium freies Mineral und stellt seine Strontiumisotopenzusammensetzung fest. Diese Korrekturmaßnahme ist zweifellos eine Schwachstelle im analytischen Programm dieser Methode.

Natürliches Rubidium enthält 27,8 Atomprozent des radioaktiven ^{87}Rb und 72,2 Atomprozent des ^{85}Rb. Wie zu erwarten, variiert die isotopische Zusammensetzung des Sr in Abhängigkeit von seiner geochemischen Geschichte. Während eines langen Kontakts mit ^{87}Rb nimmt sein Anteil an ^{87}Sr zu.

Zur Analyse werden Isotopenzusammensetzung und -häufigkeit des Sr mit einem Massenspektrometer gemessen; gleiches gilt für die Isotope des Rb. Nach der Bestimmung des radiogenen ^{87}Sr kann mittels unserer Standardgleichung das Mineral- oder Gesteinsalter ausgerechnet werden:

$$t = \frac{1}{\lambda} \ln \left(1 + \frac{^{87}Sr}{^{87}Rb}\right)$$

Eine inzwischen zur Standardmethode erhobene Auswertung des primären $^{87}Sr/^{86}Sr$-Verhältnisses besteht in der Konstruktion einer sog. **Rb-Sr-Isochrone**. Man analysiert mehrere Minerale zusammen mit einer Gesamtgesteinsprobe desselben Materials und erhält bei geeigneter Auswahl dieser Proben mehrere Wertepaare. Wenn das gleiche primäre $^{87}Sr/^{86}Sr$-Verhältnis sich in den verschiedenen Mineralphasen wie in einem geschlossenen System über die Zeitdauer des Gesteinsalters bewahrt hat, dann besitzen die Minerale mit höheren Rb-Gehalten demgemäß auch höhere $^{87}Sr/^{86}Sr$-Verhältnisse, und die gefundenen Wertepaare von $^{87}Sr/^{86}Sr$, aufgetragen gegen $^{87}Rb/^{86}Sr$, ergeben meist recht exakte Regressionsgeraden. Das Anfangsverhältnis von $^{87}Sr/^{86}Sr$ ist definiert als Schnittpunkt der Isochrone mit der $^{87}Rb/^{86}Sr$-Achse (gewöhnlich die Ordinate), und das Bildungsalter des Minerals oder des Gesteins errechnet sich aus

$$t = \frac{1}{\lambda} \ln (1 + \text{Steigung der Geraden})$$

Isochrone haben sich sehr gut bei Gesteinen mit diskordanten Gesteinsaltern innerhalb eines Gebiets bewährt. Gesamtgesteinsproben von normalerweise weniger als 1 m^3 verhalten sich bei der Metamorphose wie geschlossene Systeme, während die einzelnen Mineralphasen im Gestein durch das thermische Ereignis einen Austausch und eine Homogenisierung der Sr-Isotope erleiden.

So eine Homogenisierung verursacht eine Neuverteilung der Isotope, was sich im Diagramm in einer Rückverschiebung der ehedem gültigen Isochrone auf eine Horizontale, die durch den $^{87}Sr/^{86}Sr$-Wert des thermischen Ereignisses für das Gesamtgestein geht, ausdrückt (Abb. 7.12). Zu diesem Zeitpunkt des thermischen Ereignisses wird die radiometrische Uhr zurückgestellt, und die sich von nun an bildenden ^{87}Sr-Atome bauen gewissermaßen eine neue Isochrone auf, die den Zeitpunkt des thermischen Ereignisses, etwa eine Metamorphose, anzeigt. Wie schon

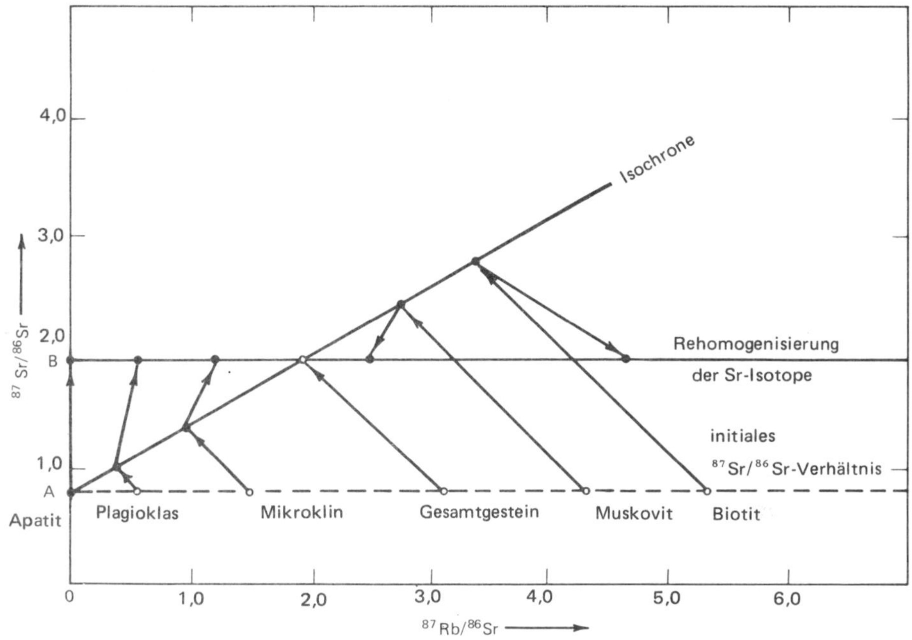

Abb. 7.12 Darstellung episodischer Homogenisierung des Gesteins bezüglich des Sr. Das Gesamtgestein und die Sr-führenden Minerale besaßen ein initiales $^{87}Sr/^{86}Sr$-Verhältnis, dargestellt in Punkt A. Später bewirkte ein thermisches Ereignis, etwa eine Metamorphose, eine Rehomogenisierung der Sr-Zusammensetzung der Minerale, entsprechend dem Verhältnis des Gesamtgesteinskörpers (B) zu diesem Zeitpunkt.

erwähnt, verhält sich das Gesamtgestein indifferent gegenüber dem Ereignis, so daß sich die Gesamtgesteins-Isochrone, zusammengestellt aus mehreren Analysen, nicht verändert und ein Datum für das erststattgefundene Ereignis, etwa eine Intrusion, liefert. Ein Diagramm mit Mineral- und Gesteins-Isochronen, welche einerseits das Erstereignis und andererseits nachfolgende Metamorphosen anzeigen, ist in Abb. 7.13 dargestellt. In der Natur gibt es natürlich so komplexe geologische Gesteinskörper, daß davon angefertigte Rb-Sr-Diagramme nicht mehr vernünftig interpretiert werden können.

Die Bestimmung der Anfangsverhältnisse $^{87}Sr/^{86}Sr$ kann sehr aufschlußreiche Aussagen über die Entstehung und Herkunft eines Gesteins erbringen. Angenommen, Rubidium ist in der Kruste weit stärker vertreten als im Mantel, dann haben Magmen, die aus der Kruste abzuleiten sind, höhere $^{87}Sr/^{86}Sr$-Verhältnisse als solche aus dem Erdmantel. Tatsächlich scheint es so zu sein, daß Ozeanbasalte Anfangsverhältnisse zwischen 0,702 und 0,705 haben, die auf einen Rb/Sr-Wert im oberen Mantel von ca. 0,02 schließen lassen. Dagegen haben granitische Gesteine Anfangsverhältnisse zwischen 0,704 und 0,711 bei Rb/Sr-Verhältnissen von ca. 0,25. Magmen, die aus aufgeschmolzener Kruste stammen, haben demnach höhere $^{87}Sr/^{86}Sr$-Verhältnisse als jene, die direkt aus dem oberen Mantel kommen.

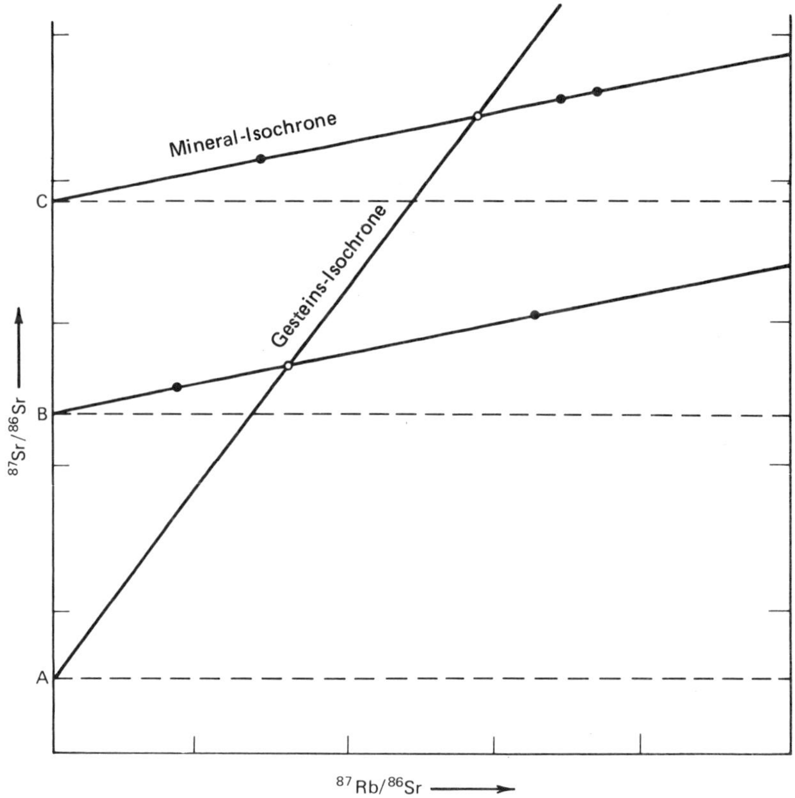

Abb. 7.13 Schematisches Isochronendiagramm für Gesamtgesteine (offenen Kreise) des gleichen geologischen Systems und Minerale (ausgefüllte Kreise) der einzelnen Gesteinsarten. Die Gesamtgesteinsisochrone korrespondiert mit dem Bildungsalter des Gesteins, die Mineralisochrone entspricht dem Alter der Metamorphose. Das initiale $^{87}Sr/^{86}Sr$-Verhältnis für das Gesamtgestein ist gleichbedeutend mit dem Punkt A. Die $^{87}Sr/^{86}Sr$-Verhältnisse der einzelnen Gesteinsarten des ganzen geologischen Systems zu Beginn der nachfolgenden Metamorphose (ihr Alter errechnet sich aus den einander parallelen Steigungen der Mineralisochrone) fallen mit Punkt B bzw. C zusammen.

Radiokarbon-Methode

Die ^{14}C-Methode, wie sie für geologische und archäologische Ereignisse und Materialien der jüngsten Erdgeschichte zur Anwendung kommt, gehört eher zu den Zerfallsuhren als zu den Anreicherungsuhren. Anders als die radioaktiven Isotope von U, Th, K und Rb, die alle seit der Entstehung der Elemente überlebt haben, wird das Kohlenstoffisotop ^{14}C ständig in der oberen Atmosphäre durch Neutroneneinfang aus dem Stickstoffisotop ^{14}N neu produziert. Diese Neutronen gehören zu einem stetigen kosmischen Bombardement, das auf die atmosphärischen Moleküle einwirkt; der Neutroneneinfang geht nach der folgenden Gleichung vor sich:

$$^{14}N + n \rightarrow {}^{14}C + H$$

Dieses ^{14}C ist radioaktiv mit einer Halbwertszeit von 5730 Jahren. Es reagiert gleich nach seiner Entstehung mit Sauerstoff zu radioaktivem CO_2, das zusammen mit dem stabilen CO_2 Bestandteil des Photosynthesezyklus wird. Der Austausch des teilweise radioaktiven atmosphärischen CO_2 mit der Hydrosphäre und Biosphäre geht im Hinblick auf die Halbwertszeit rasch vor sich. Lebende Pflanzen und Tiere und ihre karbonatischen Hartteile hatten bis vor Einsetzen der Industrialisierung eine natürliche Radioaktivität von ca. 15 Zerfällen/min · g. Seither vermehrte sich das CO_2 aus der Verbrennung fossiler Brennstoffe, was eine Verdünnung von 2% des Normalwerts bewirkte. Die Verdünnung von ^{14}C durch dieses zusätzliche CO_2 wurde in den fünfziger Jahren jedoch durch die künstliche Erzeugung von ^{14}C der thermonuklearen Explosionen mehr als ausgeglichen. Das Bomben-^{14}C hatte für einige Zeit den ^{14}C-Gehalt auf das Doppelte des Normalwerts angehoben.

Die Zerfallsuhr des ^{14}C beginnt mit dem Absterben etwa eines Stückes Holz oder eines anderen ^{14}C-haltigen Organismus, da zu diesem Zeitpunkt der Isotopenaustausch mit der Atmosphäre aufhört. Genau dann setzt der für die Datierung interessante ^{14}C-Zerfall ein und erlaubt eine Berechnung des Starts dieses Ereignisses. Die Präzision der ermittelten Daten hängt weitgehend ab von der Analysenqualität, der Kontamination durch kosmische Strahlung sowie von der Art der zu untersuchenden Probe. So hat beispielsweise ein Stück eines Baumstamms eine ganze Reihe von Anfangswerten, je nachdem, in welcher Position zum Kernholz des Baumes das Probenmaterial entnommen wird. Ein Radiokarbonalter kann nach folgender Gleichung abgeleitet werden:

$$t = \frac{1}{\lambda} \ln \frac{Ne}{Np}$$

wobei Ne die ^{14}C-Aktivität im Gleichgewicht mit dem atmosphärischen CO_2, Np die ^{14}C-Aktivität zum Zeitpunkt der Messung bedeuten. Um die Aktivität zu messen, ist meist eine Umwandlung der kohlenstoffhaltigen Probe in CO_2 erforderlich, an dem der Zerfall pro Minute und Gramm Substanz erfaßt wird. Aus Gründen der Konvention liegt den anzugebenden Altern eine Halbwertszeit von 5568 Jahren zugrunde, die um rund 3% unter den heute festgestellten Werten liegt. Bei genügend umfangreichen Proben können Radiokarbonalter bei einem Maximalfehler von ±150a bis 50 000 a vor heute erfaßt werden.

Meßtechnische Faktoren begrenzen die Methode auf den erwähnten Zeitraum; für die jüngsten Abschnitte der Erdgeschichte, für Pleistozän und Holozän, ist sie die bisher einzige und unverzichtbare Datiermethode, ob für geologische, archäologische oder anthropologische Fragestellungen.

Auch bei dieser Methode ist Vorsicht angebracht. So kann es vorkommen, daß sehr alter oder ^{14}C-freier Kohlenstoff in manche geologische Reservoirs eindringt, etwa wenn ozeanisches Tiefenwasser zur Oberfläche aufsteigt oder wenn Kalke im Wasser von Seen aufgelöst werden. Die ^{14}C-Datierung basiert außerdem auf der Annahme einer konstanten Produktionsrate von ^{14}C. Sorgfältige Überprüfungen an dendrochronologisch untersuchten Baumstämmen weisen auf Unsicherheiten (bis zu 20% zu junges ^{14}C-Alter) hin. Auch in solchen Fällen können Korrekturmaßnahmen versucht werden.

Ausgewählte Schriften

CRAIG, H. (1961): Standard for reporting concentrations of deuterium and oxygen-18 in natural waters. *Science,* **133,** 1833

FAURE, G. (1977): *Principles of Isotope geology.* 464 S. John Wiley & Sons, New York

FLEISCHER, R.L., PRICE, P., & WALKER, R.M. (1975): *Nuclear tracks in solids: Principles and applications.* 605 S. University of California, Berkeley

HARPER, C.T. (Hrsg.) (1973): *Geochronology-radiometric dating of rocks and minerals.* 469 S. Dowden, Hutchison & Ross, Stroudsburg, Pa.

HOEFS, J. (1973): *Stable isotope geochemistry.* 140 S. Springer-Verlag, New York

O'NIONS, R.D., CARTER, S.R., EVENSEN, N.M., & HAMILTON, P.J. (1979): Geochemical and cosmochemical applications of Nd isotope analysis. *Ann. Rev. Earth Planet. Sci.,* **7,** 11–38

RALPH, E.K., & MICHAEL, H.N. (1974): Twenty-five years of radiocarbon dating. *Amer. Sci.,* **62,** 553–560

TAYLOR, H.P., Jr. (1974): The application of oxygen and hydrogen isotope studies to problems of hydrothermal alteration and ore deposition. *Econ. Geol.,* **69,** 843–883

UREY, H.C., LOWENSTAM, H.A., EPSTEIN, S., & McKINNEY, C.R. (1951): Measurement of paleotemperatures and temperatures of the Upper Cretaceous of England, Denmark and the Southeastern United States. *Bull. Geol. Soc. Amer.,* **62,** 399

YORK, D., & FARQUHAR, R.M. (1972): *The earth's age and geochronology.* 178 S. Pergamon Press, Oxford

8 Die Atmosphäre

Obgleich die Atmosphäre nur einen sehr kleinen Teil der Gesamtmasse der Erde ausmacht, ist ihr Einfluß auf den Chemismus der Erdoberfläche beachtlich. Sie wirkt als Transportmedium für die Bestandteile vieler geochemischer Reaktionen, die auf der Erdoberfläche unablässig stattfinden; dazu gehören der Sauerstoff, das Kohlendioxid sowie das Wasser als die wesentlichen Agenzien der chemischen Verwitterung. Die Atmosphäre ist ein bedeutender Bestandteil des geochemischen Kreislaufs; viele Elemente wie Schwefel, Kohlenstoff oder die Halogene, die biologischen Prozessen oder etwa dem Spritzwasser der Meeresbrandung entstammen, werden über die atmosphärischen Luftmassenbewegungen in Umlauf gebracht. Von geochemischer Bedeutung sind auch einige kleinere Bestandteile. So stellt das Kohlendioxid, das nur einige Hundertstel von einem Prozent ausmacht, ein unverzichtbares Gas für das pflanzliche Leben dar. Auch der Ozon, der größtenteils auf eine diffuse Schicht, die **Ozonosphäre** innerhalb der Stratosphäre, beschränkt ist, spielt eine sehr wichtige Rolle, indem er die ultraviolette Strahlung abschirmt. Wäre dies in dieser Form nicht gewährleistet, wäre in kurzer Zeit auf der Erde kein organisches Leben mehr möglich bzw. hätte es erst gar nicht entstehen können. Nicht zuletzt ist die Existenz einer Atmosphäre die Voraussetzung für die Entwicklung einer flüssigen Phase in Form unserer Hydrosphäre.

8.1 Die Beschaffenheit der Atmosphäre

Die Atmosphäre ist recht einfach zusammengesetzt, sie besteht im wesentlichen nur aus drei Elementen: Stickstoff, Sauerstoff und Argon. Einige der Komponenten, darunter die Hauptkomponenten, ändern sich in ihrer Konzentration zumindest nicht in kürzeren Perioden. Obwohl wir Beweise von langsamen Veränderungen einiger Bestandteile in geologischen Zeiträumen besitzen, zeigt uns die erdgeschichtliche Überlieferung, daß sich in den letzten 10^8 bis 10^9 Jahren die Atmosphärenzusammensetzung so gut wie nicht geändert hat.

Andere Komponenten, besonders das Wasser, zeigen auch über relativ kurze Zeiträume große Veränderungen. Der Wasserdampf der Atmosphäre kann einen Anteil von 4% erreichen. Der Kohlendioxidgehalt der Atmosphäre nimmt seit der Verbrennung fossiler Brennstoffe stetig zu. In der Tabelle 8.1 ist die mittlere Atmosphärenzusammensetzung an der Erdoberfläche angegeben. Nach dem Avogadroschen Gesetz gibt die Volumenkonzentration direkt die relativen Atom- bzw. Molekülzahlen an.

Konvektionsbewegungen bewirken ein Aufrechterhalten der Proportionen der verschiedenen Komponenten; sie reichen bis in 60 km Höhe. Oberhalb dieser Höhe setzt eine gravitative Abtrennung aufgrund des Molekulargewichts ein. Man nennt daher die große Zone unterhalb der 60 km-Marke auch die **Homosphäre.** Die Geochemie der Atmosphäre beschäftigt sich vornehmlich mit dieser Sphäre und ihren Wechselwirkungen mit Lithosphäre, Biosphäre und Hydrosphäre. Die Geophysik dagegen erforschte auch weitgehend die oberen Atmosphärenschichten und konnte zeigen, daß viele interessante physikalische und photochemische Reaktionen in der Zone zwischen 60 und 100 km Höhe stattfinden, wo die Atmosphäre dann allmählich im Raum ausdünnt.

Tabelle 8.1 Zusammensetzung der Atmosphäre an der Erdoberfläche

Gas	Volumenkonzentration (ppm)	Gewichtskonzentration (ppm)
N_2	780 840	755 220
O_2	209 460	231 400
Ar	9 340	12 880
CO_2	320	490
Ne	18,18	12,67
He	5,24	0,724
Kr	1,14	3,30
Xe	0,087	0,39
H_2	0,55	0,038
N_2O	0,33	0,50

In Abb. 8.1 sind einige der Eigenschaften sowie Aufbau und Nomenklatur der Atmosphäre angegeben. Abb. 8.2 zeigt die Beziehungen der Atmosphärenbestandteile zueinander sowie die mit zunehmender Höhe eintretenden Veränderungen. Die Atmosphärenbestandteile sind als Zahl der Moleküle pro cm^3 angegeben. Man beachte die Parallelität fast aller Höhenfunktionskurven in den tieferen Atmosphärenschichten. Auffällige Ausnahmen betreffen H_2O, O_3 und atomaren Sauerstoff (O). Letzterer wird von photochemischen Reaktionen produziert und erscheint in tieferen Schichten als der atomare Stickstoff (N); molekularer Stickstoff besitzt nämlich die stärkeren Bindungskräfte. Man sieht auch, daß in Höhen von etwa 240 km der atomare Sauerstoff die dominierende Gasart ist. In größeren Höhen übernehmen He und H die vorherrschende Rolle.

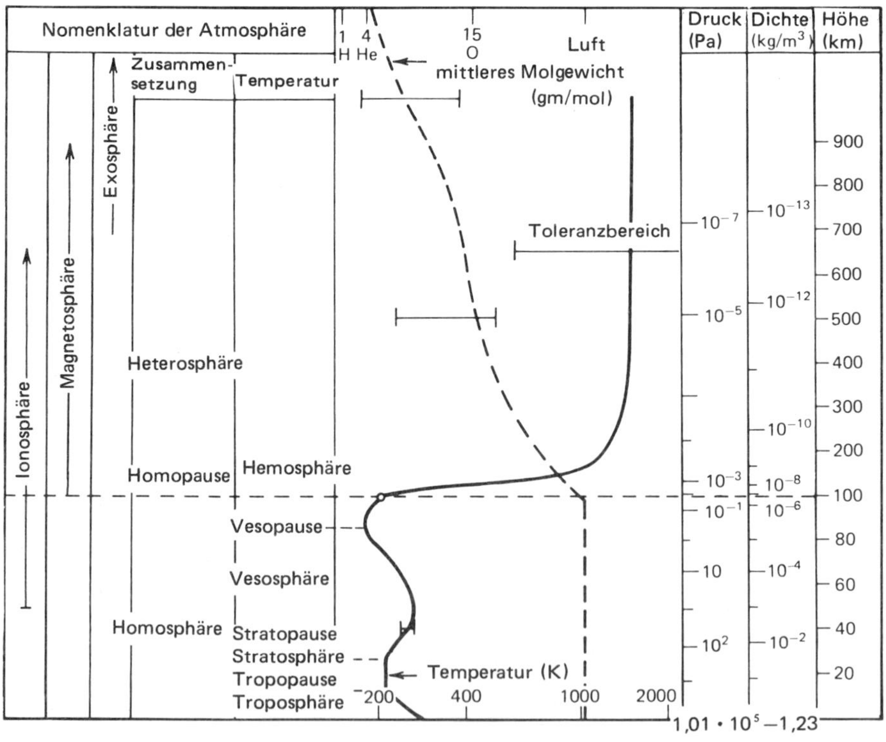

Abb. 8.1 Aufbau und Zusammensetzung der Atmosphäre.

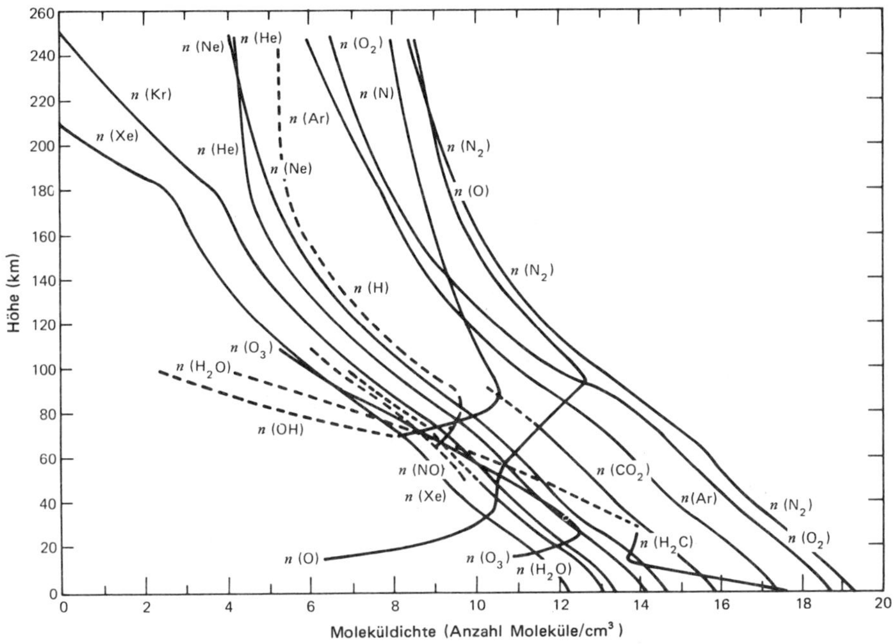

Abb. 8.2 Vertikale Verteilung der atmosphärischen Bestandteile zwischen der Erdoberfläche und einer Höhe von 250 km (nach Air Force Geophysics Research Directorate, 1960).

Obwohl man sagen kann, daß die Atmosphärenzusammensetzung in zunehmender Höhe durch Diffusion immer eintöniger wird, zeigt die Atmosphäre doch einige Strukturmerkmale von bemerkenswerter Bedeutung. Der untere Teil der Atmosphäre, in der Konvektionsbewegungen vorherrschen, ist bekannt als die **Troposphäre**. Darüber liegt die **Stratosphäre**, die ihren Namen einer Anzahl von Schichten, zwischen denen keine vertikale Zirkulation stattfindet, verdankt. Die Grenze zwischen Strato- und Atmosphäre hängt sowohl von der geographischen Breite als auch von den Jahreszeiten ab; man kann sie aber zwischen 10 und 15 km Höhe ansiedeln. In der Troposphäre sinkt mit zunehmender Höhe die Temperatur, wogegen sie in der Stratosphäre höhenunabhängig ist. Oberhalb 80 km Höhe geht die Stratosphäre in die **Ionosphäre** über. In dieser Zone wird durch die von der Sonne kommende ultraviolette Strahlung eine Ionisierung der anwesenden Teilchen induziert und damit diese Zone leitend gemacht.

Die geschätzte Gesamtmasse der Atmosphäre beläuft sich auf ca. $50 \cdot 10^{20}$ g; eine der jüngsten und sorgfältigsten Berechnungen gibt für die Gesamtmasse der trockenen Atmosphäre, also ohne jeden Wasserdampf, eine Zahl von $51{,}17 \cdot 10^{20}$ g an.

Unveränderliche Atmosphärenbestandteile

Bei der Betrachtung der chemischen Atmosphärenzusammensetzung ist es wichtig, daran zu erinnern, daß die Zusammensetzung selbst hinsichtlich der nicht-variablen Bestandteile nicht als ein statisches Gleichgewicht angesehen werden kann, sondern vielmehr durch ausgleichende kinetische Prozesse konstant gehalten wird. Ein bedeu-

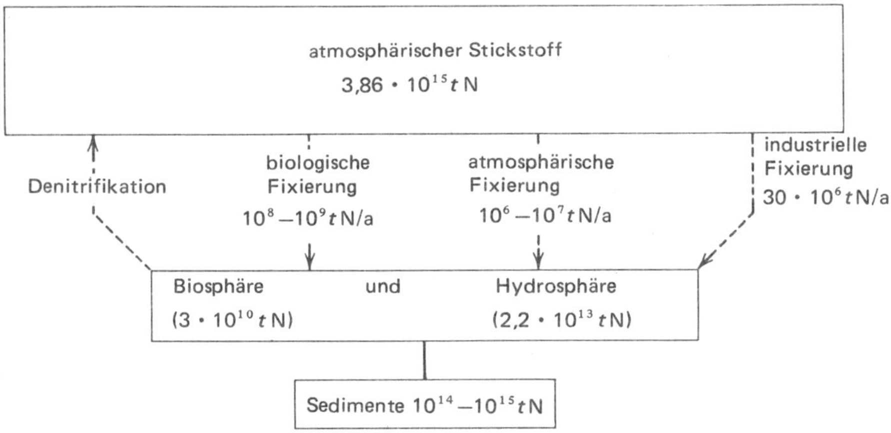

Abb. 8.3 Geochemischer Kreislauf des Stickstoffs.

tendes Konzept für die Betrachtung dieser mobilen oder flüchtigen Elemente, die die Atmosphäre aufbauen, kann mit dem Begriff „mittlere Lebensdauer" umschrieben werden; sie gibt die Zeit an, die ein bestimmtes Molekül im Durchschnitt in der Atmosphäre verbringt. Für die Sauerstoffmoleküle etwa nimmt man an, daß im Mittel jedes Molekül alle 2000 Jahre aus dem Kreislauf verschwindet oder wiedereintritt (Recycling). Für Kohlendioxid beträgt die mittlere Verweilzeit ca. 30 Jahre. Wesentlich länger ist die Verweilzeit beim Stickstoff, da die Austauschrate, verglichen mit der gewaltigen Masse an Atmosphärenstickstoff, klein ist; nach Schätzungen zu urteilen, verbleibt ein Stickstoffmolekül zwischen 10 und 100 Mill. Jahre in der Atmosphäre, bis es durch ein anderes ersetzt wird. Zur Kontrolle der Gesamtstabilität der Hauptbestandteile bestehen bestimmte Rückkopplungsmechanismen.

Abb. 8.3 zeigt im Schema die **Stickstoffbilanz**. Dieser Hauptbestandteil der Atmosphäre tritt überwiegend als Molekül auf, sorgt aber durch Teilnahme an einer ganzen Reihe von Reaktionen für einen zyklischen Transport in Form einzelner Atome von und zur Atmosphäre. Für Kohlenstoff wird in Abschnitt 10 ein ähnliches Diagramm vorgestellt. Beachtenswert, daß die überwiegend die Stickstoffbewegungen kontrollierenden Reaktionen biologischer Natur sind. Photochemische und Blitzentladungsreaktionen produzieren ebenfalls einen beachtlichen Transfer von molekularem zu Nitratstickstoff. Biologische Fixierung von Stickstoff kann einerseits eine Oxidation zur Erzeugung von Nitrat und Nitrit bewirken, andererseits eine Reduktion zu Ammonium. Diese Stickstoffverbindungen dienen den Bakterien dann als Energiequelle. Durch energiefreisetzende Prozesse kehrt der Stickstoff in die Atmosphäre wieder zurück.

Die **Sauerstoffbilanz** der Atmosphäre wird im wesentlichen durch die Biosphäre über die Photosynthese reguliert. Die Austauschgeschwindigkeit ist viel größer als beim Stickstoff, so daß nach rund 2000 Jahren der Sauerstoff den gesamten Kreislauf durchlaufen hat. Das Fehlen von Hinweisen auf kurzzeitige Schwankungen im großen Maßstab läßt darauf schließen, daß der Atmosphärensauerstoffgehalt in der jüngsten geologischen Vergangenheit ausgewogen war, also keine nennenswerten An- oder Abreicherungen stattgefunden haben. Der wichtigste Sauerstoffproduzent ist die Photosynthese, die wichtigsten Verbraucher sind die Atmung sowie

Oxidationsprozesse abgestorbenen organischen Materials bzw. der Verwitterung. Rund 99% des durch die Photosynthese freiwerdenden Sauerstoffs wird von dem aus dem gleichen Entwicklungsvorgang stammenden organischen Material verbraucht. Der überschüssige Sauerstoff entsteht dadurch, daß ein Gutteil der organischen Substanz begraben wird, noch bevor es vollständig zu CO_2 oxidiert werden kann. Da im Lauf der Erdgeschichte der Sauerstoffgehalt der Atmosphäre anstieg, könnte man spekulieren, ob er sich auf einen Gleichgewichtswert eingependelt hat oder ob er künftig auch noch weiter ansteigen wird.

Das **Kohlendioxid** ist wie der Sauerstoff gleichfalls in die Photosynthese eingebunden; seine Konzentration in der Atmosphäre jedoch wird hauptsächlich durch seine Löslichkeit und Reaktion mit dem Wasser kontrolliert. Kohlendioxid ist im Wasser ungleich besser löslich als Sauerstoff oder Stickstoff; die Löslichkeiten von $CO_2:O_2:N_2$ verhalten sich wie 70:2:1. Der meiste freie Sauerstoff bzw. Stickstoff befindet sich in der Atmosphäre, während das meiste freie Kohlendioxid in den Ozeanen gebunden ist. Außerdem liegt eine große Menge CO_2 in den Kalkschlämmen der Meeresböden und in den Karbonatgesteinen fest. Durch die Rolle des CO_2 im System Sediment-Ozean-Atmosphäre wird sein Gehalt in der Atmosphäre auf einen festen Wert eingeregelt.

Die Funktion des Kohlendioxids bei der Photosynthese kann durch die vereinfachte Beziehung

$$n\, CO_2 + n\, H_2O = (CH_2O)_n + n\, O_2$$

ausgedrückt werden. Die Austauschgeschwindigkeit des Kohlendioxids während der Photosynthese- und Atmungsprozesse ist als rasch zu bezeichnen.

Außer in der Form des Kohlendioxids finden wir den Kohlenstoff auch noch in Form von Kohlenmonoxid, Methan und in komplexen organischen Verbindungen. Ersteres kann sowohl durch photochemische Oxidation organischer Substanz als auch durch Dissoziation von CO_2 erzeugt werden; das Methan entsteht in erster Linie durch die bakterielle Zersetzung von organischer Substanz. Der Luft wird es wieder durch Oxidation entzogen.

Wie aus der Tabelle 8.1 hervorgeht, sind die anderen gemessenen Elemente die Edelgase, insbesondere auffallend das Argon. Als sog. atmophile Elemente gehen sie keinerlei Verbindungen mit anderen Elementen ein, was sie etwa veranlassen würde, die Atmosphäre zu verlassen. Alle sind in sehr geringen Mengen vertreten, geringer als man hinsichtlich ihrer Molekulargewichte gegenüber dem Stickstoff erwarten möchte. Argon weicht mengenmäßig von den restlichen Edelgasen stark ab, da es sich als das Tochterprodukt des radioaktiven ^{40}K im Lauf der Erdgeschichte auf dessen Kosten ständig gebildet hat (siehe auch Abb. 3.10). Dagegen ist Helium, ein Zerfallsprodukt in Form eines Alpha-Teilchens, kontinuierlich ausgezehrt worden, da es chemisch inert sowie durch sein geringes Atomgewicht der langsamen Diffusion in den Raum ausgesetzt war.

Veränderliche Atmosphärenbestandteile

Nachdem wir uns bisher mit denjenigen Komponenten der Atmosphäre beschäftigten, die in allen Proben unserer Luft hinsichtlich Zeitraum und Örtlichkeit kaum meßbaren Schwankungen unterworfen sind, wollen wir uns im folgenden andersartigen Atmosphärenbestandteilen zuwenden. Solche, die dementsprechenden Schwankungen und Veränderungen ausgesetzt sind, sind in Tabelle 8.2 aufgeführt.

Tabelle 8.2 Atmosphärenbestandteile an der Erdoberfläche

Gas	Volumenkonzentration (ppm)
H_2O	200–40 000
O_3	0,07
SO_2	< 0,001–1
H_2S	bis 0,0002
CO	bis 0,2
CH_4	bis 2
N_2O	bis 0,02
NH_3	bis 0,02

Von diesen ist der **Wasserdampf** bei weitem am bedeutendsten; er tritt in einem Volumenprozentbereich von 0,02–4 auf. Der Wasserdampfgehalt hängt von einer Reihe von Faktoren ab, von denen die Temperatur der wichtigste ist; für die verschiedenen geographischen Breiten gilt danach

Äquator	2,63 Vol.% H_2O
50°N	0,92 Vol.% H_2O
70°N	0,22 Vol.% H_2O

Der Wasserdampf hat für die Atmosphäre eine sehr wichtige Funktion, denn er regelt größtenteils das Klima. Zusammen mit dem Kohlendioxid kontrolliert er die Wärmeeinstrahlung von der Sonne sowie die Abstrahlung von der Erdoberfläche; das Resultat kennen wir unter dem Begriff Treibhauseffekt. Sonnenstrahlung bestimmter Wellenlänge passiert die Moleküle des Wasserdampfs und des Kohlendioxids und erreicht die Erdoberfläche. Hier wird die Strahlung in Form längerwelliger Strahlung zurückgeworfen, die nun von den H_2O- und CO_2-Molekülen absorbiert werden kann und die Atmosphäre erwärmt. Wäre der Abstand der Erde zur Sonne 5% kleiner (das wären 7,5 Mill. km weniger), so würde die vermehrte Strahlung der Sonne ausreichen, um einen selbstvervielfältigenden Treibhauseffekt zu induzieren, der die Hydrosphäre auflösen würde und letztlich zu einem Planeten führte, der sich von dem heutigen grundsätzlich unterscheiden würde (Venus!). Gegenwärtig verursacht die Absorption der Sonnenwärme in den verschiedenen Breiten einen ausgeglicheneren Temperaturgang gegenüber etwa einer klimatisch trockeneren Erde.

Schwefelverbindungen in der Atmosphäre treten in unterschiedlichen Mengen auf; ihre Anwesenheit ist eher auf anthropogene Aktivitäten als auf natürliche Entstehung zurückzuführen. Schwefelwasserstoff, H_2S, ist ein typisches Verwesungsprodukt. Kleinere Mengen werden auch, zusammen mit Schwefeldioxid, SO_2, durch die Vulkane freigesetzt. Eine lokal sehr bedeutende Quelle für die Entstehung von Schwefelverbindungen in der Luft ist die Verbrennung von Kohle, weshalb in der Umgebung von Industrieanlagen die höchsten Konzentrationen dieser Stoffe nachgewiesen werden können. Die Schwefelgase sind insofern nur zeitweise Bestandteile der Luft, als sie in Wasser recht leicht löslich sind und durch den Regen ausgewaschen werden („saurer Regen"). Die Gesamtmenge an Schwefel, die am atmosphärischen Kreislauf teilnimmt, ist nichtsdestoweniger beträchtlich; sorgfältige Messungen im Rothamsted in England zeigten über Jahre hinweg, daß ein Äquivalent von ca. 19,3 kg SO_3/ha · a an dieser Agrarmeßstation niederging. Zusätzlich muß mit dem atmosphärischen Transport von Sulfatschwefel aus dem Meerwasser, vergleichbar der Verfrachtung von Natriumchlorid, wie wir später noch sehen werden, gerechnet werden. Durch Aerosolniederschlag gelangt dieses Material auf die Erdoberfläche. Man schätzt, daß rund 30% des atmosphärischen SO_2 aus der Verbrennung fossiler und rezenter Brennstoffe stammen. Die mittlere Verweilzeit für SO_2 wird mit ca. 40 Tagen angesetzt.

Vielerorts wurden Messungen angestrengt, um die Menge an **gebundenem Stickstoff**, der über die Niederschläge die Erdoberfläche erreicht, zu ermitteln. Diese Zahlen schwanken zwischen 2,5 und 15 kg N/ha · a; es handelt sich in der Hauptsache um Ammoniumnitrat und Ammoniumsulfat. Ein Großteil dieser Mengen er-

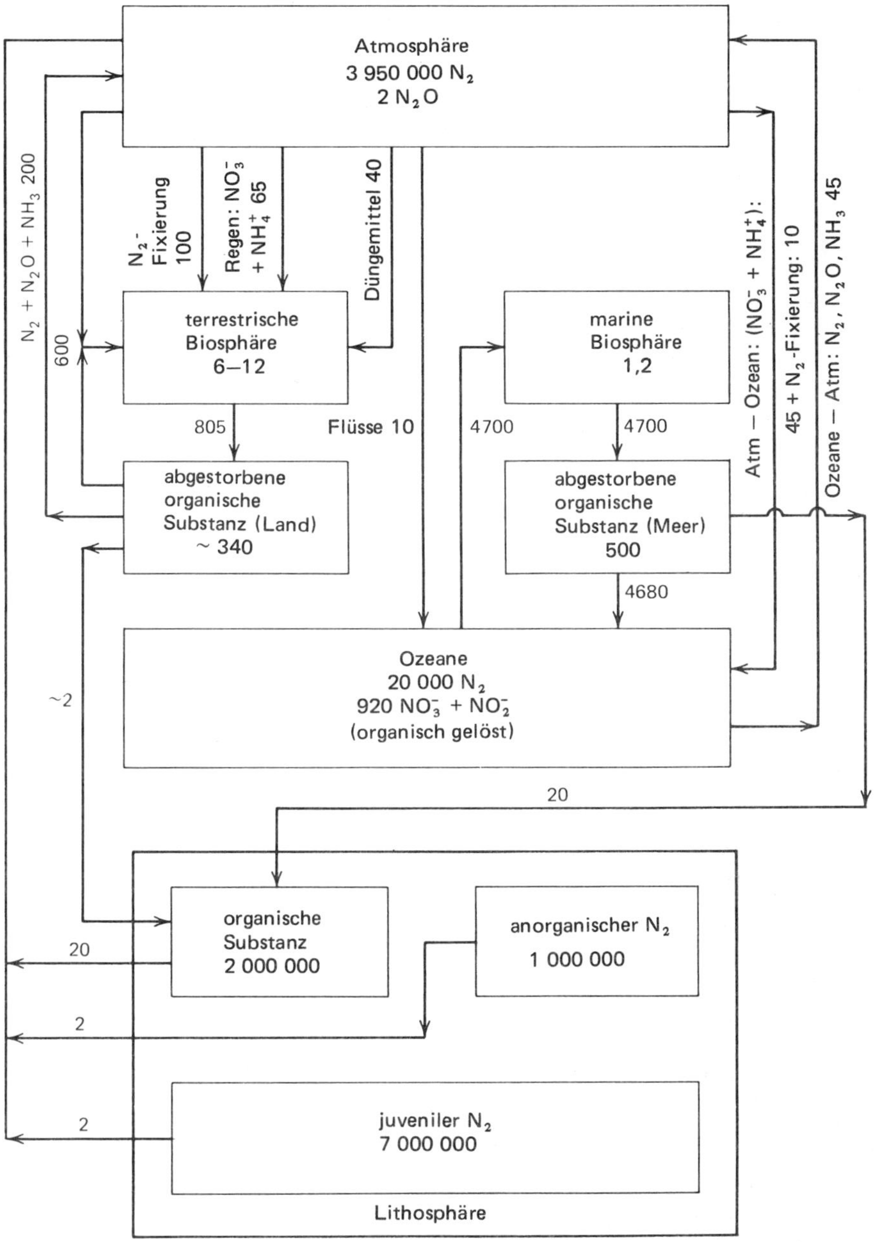

Abb. 8.4 Hauptübertrittsraten (eine Einheit = 10^{12} g/a) und Hauptreservoirs (eine Einheit = 10^{15} g) des Stickstoffkreislaufs (nach HOLLAND, S. 306, 1978).

reicht die Atmosphäre aus dem Zerfall organischer Substanz, aber ein kleiner Teil geht zurück auf die anorganische Produktion von Stickstoffoxiden. Distickstoffmonoxid, N_2O, wird durch die Bodenbakterien erzeugt; die geringe Konzentration dieses Gases in der Luft kann als ein Gleichgewichtszustand zwischen dem aus der biologischen Produktion stammenden und dem aus dem direkten oder indirekten Zerfall in der oberen Atmosphäre stammenden Gas betrachtet werden. Die maximale, nicht-biologische Stickstoff-Fixierung wird auf rund 0,0035 mg/cm^3 Oberfläche · Jahr geschätzt, entsprechend einem Siebtel des jährlichen Nitratstickstoffs in den Niederschlägen gemäßigter Breiten. Abb. 8.4 illustriert im Detail eine Bilanz aller Stickstoffverbindungen, die sich zwischen der Atmosphäre, der Biosphäre und den Ozeanen im Umlauf befinden. Obwohl diese Zahlen auf der Grundlage vieler Quellen erstellt worden sind, sieht man doch, daß es eine Anzahl kleiner, komplexer und zügig ablaufender Kreisläufe gibt, die der Gesamtverteilung der einzelnen Stickstoff-Formen zugeschaltet sind.

Natriumchlorid, nur zeitweilig in der Atmosphäre, hat gleichwohl eine gewisse Bedeutung; Zahlen, die sich auf die durch Niederschlag aufgebrachten Mengen beziehen, reichen von 22 bis 220 kg/ha · a. Das meiste, wenn nicht gar alles Salz entstammt dem Spritzwasser des Meeres. Folglich ist der NaCl-Gehalt der Luft in Küstennähe am höchsten und nimmt landeinwärts rasch ab. Der atmosphärischen Zirkulation des Meersalzes wurde mehr Aufmerksamkeit entgegengebracht, seit bekannt wurde, daß es für einen Großteil des NaCl-Gehalts der Binnengewässer verantwortlich ist.

Auch die anderen Halogene, **Fluor**, **Brom und Iod**, sind in der Atmosphäre in meßbaren Mengen vertreten. Fluor geht ebenfalls auf industrielle Verarbeitungsprozesse zurück, bei denen es in die Atmosphäre abgegeben wird. In Frage kommen die Verbrennung fossiler Brennstoffe, das Schmelzen oder Brennen fluorhaltiger Mineralgemenge (z.B. bei der Aluminiumproduktion bzw. bei der Ziegelherstellung) sowie die Erzeugung von Phosphatdünger. Die dabei auftretenden Emissionen können bei Einwirkung auf Grasland gefährlich für grasfressende Tiere werden. Fluorid in Form von HF geht oft nach Vulkanausbrüchen auf das Umland nieder; in Island führt das zu ernsten Problemen mit der Weidewirtschaft, da die Schafe einer Gefährdung durch Fluorose ausgesetzt sind, insbesondere nach Eruptionen.

Brom und Iod scheinen in sehr geringen und auch schwankenden Mengen überall in der Atmosphäre gegenwärtig zu sein; Regenwasseranalysen wiesen 0,03 bis 0,002 mg Br/l und 0,002 bis 0,0002 mg I/l auf. Trotz erheblicher Mengen aus industriellen Emissionen scheint die Hauptquelle dieser beiden Elemente noch das Meerwasser zu sein. Das Cl:Br:I-Verhältnis beträgt im Meerwasser 100:0,34:0,00021 und rund 100:5:0,5 im Regenwasser; atmosphärischer Niederschlag weist danach eine mäßige Bromanreicherung und eine gewaltige Iodanreicherung auf. Iod löst sich vergleichsweise leicht aus den Verbindungen, und wegen seines beachtlichen Dampfdrucks bei Normaltemperaturen kann Iod ohne weiteres in der Atmosphäre in freier Form auftreten.

Der Einfluß durch die anthropogen induzierten Abgase hat die Zusammensetzung der Atmosphäre besonders in den letzten Jahrzehnten einschneidend verändert; hervorzuheben sind dabei die Zusammensetzungen in den großen Städten. Das Automobil ist erste Quelle des **Kohlenmonoxids**. Dieses Gas beginnt schon bei Konzentrationen von rund 100 ppm, wenn dieses Niveau für einige Stunden anhält, für den Menschen gefährlich zu werden. In den Brennpunkten des innerstädtischen Verkehrs wird dieser Pegel gelegentlich erreicht. Verbrennung von Kohlenwasserstoffen unter hohem Druck, wie sie in den Zylindern der gängigen Verbrennungsmotoren stattfindet, bringt giftige **Stickoxide** hervor, die an der Luft rasch zu noch giftigerem **Stickstoffdioxid** oxidieren. Ein weiteres toxisches Produkt, das ein gewisses Gefährdungspotential besonders für Kinder darstellt, ist das in Antiklopfmitteln immer noch eingesetzte **Blei**. Seit der Einführung bleihaltiger Treibstoffe im Jahre 1923 wurden mehr als 2,6 Mill. Tonnen Blei in Bleialkyle umgewandelt, um in den Motorzylindern verbrannt zu werden. Die gegenwärtige Jahresproduktion an Bleialkylen beläuft sich auf ca. 300 000 t äquivalentes Blei. Die hochgerechnete Bleikontamination in der nördlichen Hemisphäre beträgt durchschnittlich rund 10 mg/m^2, die allein den Verbrennungsmotoren der Autos zugeschrieben werden muß. In den hochindustrialisierten und damit auch meist hochmotorisierten Gegenden liegt der Bleiausstoß in die Atmosphäre naturgemäß um ein Vielfaches höher als dieser Durchschnitt.

8.2 Die Entstehung der Atmosphäre

Die Evolution der Atmosphäre ist seit langem von großem Interesse und ist daher Gegenstand von ausgedehnten Untersuchungen. Die Fragestellung zielt in erster Linie ab auf langfristige Veränderungen oder Kreislaufschwankungen der atmosphärischen Bestandteile, ganz im Gegensatz zu den Problemen der mittelfristigen Gleichgewichtszustände und -schwankungen, wie wir sie gerade vorhin diskutiert haben. Die Untersuchungen dazu sind sehr schwierig, da wir leider keinerlei Proben aus den einstigen Atmosphären beziehen können. Jedoch gibt es Anhaltspunkte; Sedimente, die sich im Kontakt mit diesen Atmosphären gebildet haben, verraten uns manches über deren Zusammensetzungen. Ferner gibt uns die Entstehung sowie die Evolution der Organismen darüber Auskunft. Wie wir gesehen haben, üben die Pflanzen eine kontrollierende Funktion aus, etwa auf den freien Sauerstoff in der Atmosphäre; die Geschichte des Sauerstoffs ist folglich innig verbunden mit der Evolution der Pflanzen.

Die Entwicklung der Atmosphäre, wie wir sie heute kennen, können wir unter folgenden Gesichtspunkten betrachten:

- Die Zusammensetzung der Uratmosphäre;
- Zumischungen im Laufe der Erdgeschichte;
- Verluste im Lauf der Erdgeschichte.

Obwohl die quantitativen Folgen dieser Prozesse nur schwer erfaßbar sind, verfügen wir doch über eine Reihe bemerkenswerter Daten. Wir wollen sie in den nachfolgenden Abschnitten zur Diskussion stellen.

Zusammensetzung der Uratmosphäre

Unsere Vorstellungen von der Zusammensetzung der Uratmosphäre sind weitgehend auch mit unseren Vorstellungen von der Entstehung der Erde sowie von ihrer frühen Entwicklungsgeschichte verbunden. Nimmt man nach der Planetesimalenhypothese an, daß die Partikel bei ihrer Accretion (Zusammenballung) von keinerlei atmosphärenartigen Gasen umhüllt waren, so muß sich die Uratmosphäre zwangsläufig aus ihnen selbst, aus den in ihnen eingeschlossenen oder mit ihnen verbundenen Gasen gebildet haben, zu einem Zeitpunkt, als sich diese Gase durch die an-

Tabelle 8.3 Elementhäufigkeiten im Sonnensystem und in der Erde

	Ordnungszahl	(Atome/10 000 Atome Si) Erde *(a)*	Sonnensystem *(b)*	Abreicherungsfaktor log *(b/a)*
H	1	84	$2{,}2 \cdot 10^{8}$	6,4
He	2	$3{,}5 \cdot 10^{-7}$	$1{,}4 \cdot 10^{7}$	13,6
C	6	71	94 000	3,1
N	7	0,21	29 000	5,1
O	8	35 000	280 000	0,9
F	9	2,7	8	0,5
Ne	10	$1{,}2 \cdot 10^{-6}$	8 300	9,8
Na	11	460	600	0,1
Mg	12	8 900	10 600	0,1
Al	13	940	850	0
Si	14	10 000	10 000	0
P	15	100	130	0,1
S	16	1 000	5 020	0,7
Cl	17	32	57	0,3
Ar	18	$5{,}9 \cdot 10^{-4}$	220	5,6
Kr	36	$6 \cdot 10^{-8}$	0,87	7,2
Xe	54	$5 \cdot 10^{-9}$	0,015	6,5

steigende Temperatur und die damit verbundenen chemischen Reaktionen von den Feststoffen abtrennten. Aufgrund dieses Konzepts haben sich die ureigensten Atmosphärenbestandteile größtenteils, wenn nicht alle, aus dem Innern der Erde abgeschieden.

Den wichtigsten Hinweis auf diesen Sachverhalt liefert ein Vergleich der irdischen mit der kosmischen Häufigkeit der Elemente. Die Häufigkeitszahlen einiger Elemente in der Tabelle 8.3 gestatten so einen Vergleich auf der Basis eines **Abreicherungsfaktors** log (Kosmoshäufigkeit/Erdhäufigkeit); er beruht auf der Annahme, daß das Element Silizium keinerlei flüchtige Verbindungen einging und eingeht und deshalb sowohl auf der Erde als auch im Sonnensystem in gleichen Häufigkeiten auftritt. In der letzten Spalte der Tabelle steht dieser Abreicherungsfaktor, der für Si weder Ab- noch Anreicherung angibt, bezogen auf die beiden Stichprobenräume Erde und Sonnensystem (Stichprobenräume deshalb, weil unsere Daten auf Stichproben aus der Datengesamtheit beruhen). Die Vermutung, daß Si sowohl auf der Erde als auch im Sonnensystem zu etwa gleichen Häufigkeiten auftritt, wird durch andere Elemente, die in dieser Eigenschaft dem Si ähnlich sind, unterstützt: So besitzen die Elemente Na, Mg und Al Abreicherungsfaktoren nahe Null, d.h. ihre relativen Häufigkeiten auf der Erde und im Kosmos sind nahezu identisch. Der Genauigkeitsgrad dieses Faktors ist zwar nicht groß, doch zweifellos vermittelt er eine qualitative Aussage. Der um vieles höhere Abreicherungsfaktor des He gegenüber dem des H kann so erklärt werden, daß der Wasserstoff von vielen chemischen Verbindungen vereinnahmt wurde. Dagegen konnte und kann Helium als inertes Gas auf diese Art und Weise nicht zurückgehalten werden. Eine ähnliche Beziehung kann beim Vergleich der Abreicherungsfaktoren von Sauerstoff, Stickstoff und Neon beobachtet werden. Ganz offensichtlich hatte die chemische Aktivität bei der Zurückhaltung der einzelnen Gase eine wichtige Rolle gespielt.

Das Defizit jener leichteren Elemente auf der Erde kann sowohl mit der Nebular- als auch mit der Planetesimalhypothese erklärt werden; jedoch, wie aus Tabelle 8.3

Tabelle 8.4 Zusammenfassung verfügbarer Daten über die mögliche chemische Zusammensetzung der Atmosphäre während der Entwicklungsperioden 1, 2 und 3

	Periode 1	Periode 2	Periode 3
Hauptkomponenten $P > 10^{-2}$ bar	CH_4 H_2 (?)	N_2	N_2 O_2
Spuren $10^{-2} < P < 10^{-4}$ bar	H_2 (?) H_2O N_2 H_2S NH_3 Ar	H_2O CO_2 Ar	Ar H_2O CO_2
$10^{-4} < P < 10^{-6}$ bar	He	Ne He CH_4 NH_3 (?) SO_2 (?) H_2S (?)	Ne He CH_4 Kr

hervorgeht, fehlt es auch an schwereren inerten Gasen. Krypton und Xenon sind rund 1 Million mal weniger häufig als ihre unmittelbaren Nachbarn im Periodensystem. Da sie sich in ihren nuklearen Eigenschaften nicht sehr stark voneinander unterscheiden, sollte man eigentlich meinen, daß diese Edelgase ähnlich häufig anzutreffen wären. Falls die Erde direkt aus sonnenähnlicher Materie kondensierte, müßten Krypton und Xenon, anders als die leichteren Elemente, aufgrund ihres hohen Atomgewichts zurückgehalten worden sein. Dieses Fehlen der beiden Edelgase läßt manche Wissenschaftler die Planetesimalenhypothese in der Form abwandeln, daß sie eine gewisse Abspaltung flüchtiger Elemente schon zeitlich vor der Zusammenballung einräumen.

Die Entwicklung der Erdatmosphäre auf einer durch Accretion von Planetesimalen entstandenen Erde wurde von HOLLAND (1962) ausführlich diskutiert; drei Perioden schied er aus (Tab. 8.4). Danach vollzog sich die Accretion als exothermer Prozeß, der zusammen mit der radiogenen Wärme schon bald zu einer Aufschmelzung der Urerde, d.h. zur Bildung von Magma führte. In diesem Zusammenhang meint HOLLAND, daß der Chemismus der vulkanischen Gase in diesem ersten Abschnitt der Atmosphärenevolution vermutlich ganz anders war als heute. Noch vor der Ausbildung des metallischen Kerns lag etliches Eisen in Metallform im oberen Teil des Erdmantels vor (wenn die Planetesimale in ihrer Zusammensetzung den Chondriten ähnlich waren, dann war das Metall Teil des sich zusammenballenden Materials; ähnelten sie eher den kohligen Chondriten, entwickelte sich metallisches Nickeleisen erst bei der Aufheizung). Vulkanische Gase im Gleichgewicht mit freiem Eisen bestanden wohl größtenteils aus H_2, H_2O und CO mit kleineren Anteilen von N_2, CO_2 und H_2S. Der Wasserstoff war vermutlich die vorherrschende Komponente. Beim langsamen Abkühlen reagierten CO und CO_2 mit H_2 zu Methan (CH_4). Ob Stickstoff zu NH_3 weiterreagierte, hing davon ab, ob die Verflüchtigungsrate von H_2 von der Erde in den Raum klein genug war, um einen ausreichenden H_2-Partialdruck zu garantieren. War die Erdoberfläche kühl genug, so daß nahezu alles Wasser kondensierte, so ergaben sich als Hauptbestandteile der Atmosphäre nun CH_4 und H_2.

Die Dauer dieser **ersten Periode** hing weitgehend von der Zeit ab, die verstrich, bis sich nach der Zusammenballung der Nickeleisenkern durch gravitative Abtrennung vom Mantel herausbildete (siehe auch Abb. 3.12). HOLLAND meint, dafür nicht mehr als 500 Mill. Jahre veranschlagen zu müssen. Diese Abscheidung hinterließ einen silikatischen Mantel, der im wesentlichen schon dem heutigen ähnlich war; der im nachfolgenden andersartige Vulkanismus brachte Gase hervor, die in einer höher oxidierten Form auftraten als die der ersten Periode; möglicherweise glichen sie in ihrer Zusammensetzung denen der heutigen vulkanischen Gase auf Hawaii. Das Wasser war darin die dominierende Komponente, CO_2, CO, H_2, SO_2 und N_2 nahmen die Rolle von Nebenbestandteilen ein.

Die Atmosphäre während der **zweiten Periode** bestand wahrscheinlich zum großen Teil aus N_2 sowie aus kleineren Anteilen von CO_2 und H_2O. Die photochemische Dissoziation des Wasserdampfs in den oberen Atmosphärenschichten erzeugte Sauerstoff plus Wasserstoff, wobei der Wasserstoff in den Raum diffundierte. Der freigewordene Sauerstoff sammelte sich keineswegs in der Atmosphäre an, sondern wurde zur Oxidation der meist in reduzierter Form austretenden vulkanischen Gase gebraucht.

Die zweite Entwicklungsperiode ging ihrem Ende zu, als die Sauerstoffproduktion den Sauerstoffverbrauch übertraf. Die Art und Weise, wie der freie Sauerstoff auftauchte und wie er sich bildete, ist ein verblüffendes Kapitel der historischen Geochemie. Zunehmendes Wissen über die Gesteine des Präkambriums hat viel zum Verständnis dieses Fragenkomplexes beigetragen. Von CLOUD (1976) gibt es eine Zusammenfassung der paläontologischen, stratigraphischen und geochemischen Befunde. In Übereinstimmung besagen sie, daß die photosynthetisch aktiven grünen Pflanzen mindestens schon 1,7 bis 2,0 Mrd. Jahre vor heute existierten und daß im Gefolge dieser Sauerstofffreisetzung wahrscheinlich schon vor 1,2 Mrd. Jahren mit relativ großen Mengen freien Sauerstoffs in der Atmosphäre gerechnet werden darf. In der Zeit zwischen dem ersten Auftreten freien photosynthetischen Sauerstoffs bis zu diesen 1,2 Mrd. Jahren vor heute wirkte zweiwertiges Eisen, das von reduzierenden Oberflächenwässern in die Ozeane und andere Gewässer verfrachtet wurde, als riesiges Sauerstoffgefängnis, das die Entwicklung größerer Mengen an freiem Sauerstoff hinauszögerte. CLOUD vermerkte, daß die Fazies dieser einmaligen sedimentären Eisenerze vom Lake Superior-Typ das Einsetzen und das Wesen der damaligen Photosynthese reflektiert. Die typischen präkambrischen sedimentären Eisenerzlagerstätten rangieren altersmäßig zwischen 2,7 und 1,7 Mrd. Jahren vor heute. Die ältesten Fossilien algenähnlicher Art sind anscheinend etwas älter als 2,6 Mrd. Jahre. CLOUD meint, daß das Auftauchen der sauerstoffproduzierenden Organismen in der Hydrosphäre notwendig war, um die Ablagerung dieses speziellen Eisenerztyps auszulösen; die Erzbildung hörte an einem gewissen Kompensationspunkt oder in einem bestimmten Entwicklungsstadium zwischen 1,7 und 1,2 Mrd. Jahren vor heute wieder auf.

Schon vor etwa 1,2 Mrd. Jahren enthielt die Atmosphäre soviel Sauerstoff, daß es zur Entstehung der ausgedehnten „Red Beds" kam, nicht-marine Sedimentgesteine, die durch dreiwertige Eisenoxide rotgefärbt sind. Zu Beginn des Paläozoikums vor ca. 600 Mill. Jahren hatte sich schließlich genügend Sauerstoff in der Atmosphäre angesammelt, um die Entwicklung mehrzelliger Organismen, der Metazoa, voranzutreiben. Die Zunahme des atmosphärischen Sauerstoffs war also eine allmähliche und erreichte seine gegenwärtige Konzentration erst in geologisch jüngerer Zeit.

Eingehende Belege für eine reduzierende Atmosphäre in erdgeschichtlich früher Zeit kommen auch aus der paläontologischen Forschung. Viele Theorien, die den grundlegenden Versuchen von MILLER & UREY (1956) folgten, basieren auf der abgeleiteten Annahme einer Anwesenheit von CH_4, H_2O und manchmal NH_3. (In diesen Versuchen gelang es, einfache organische Molekülstrukturen durch Energieeinwirkung auf eine nachempfundene Protoatmosphäre zu erzeugen.) Diese Mixtur basiert meist auch auf den beobachteten reduzierenden Atmosphären der äußeren großen Planeten. In vielerlei Hinsicht sind diese Theorien schwierig mit den niedrigen Edelgasgehalten in Einklang zu bringen, die anzeigen, daß die Erde in ihrer Frühzeit keine Atmosphäre besaß, wogegen die äußeren Planeten wie Jupiter oder Saturn anscheinend schon während ihrer Zusammenballungsphase sich eine primäre Atmosphäre einfingen. Die Erde könnte ihre allererste Atmosphäre während ihres sehr heißen Urzustandes oder durch ein explosives Stadium in der Entwicklung der Sonne, das sog. Hitashi-Stadium, verloren haben.

Dem Verständnis der Chemie und der Entwicklung der irdischen Atmosphäre dient in jeder Hinsicht die Erforschung der Atmosphären anderer Planeten des Sonnensystems; man spricht von vergleichender Planetologie. Seit die Atmosphären anderer Planeten mehr und mehr der direkten oder indirekten Beobachtung zugänglich werden, stellen ihre Zusammensetzungen eine sehr wichtige Informationsquelle dar, die uns zu einem besseren Verständnis der Zusammensetzung unserer Erdatmosphäre verhelfen.

Wie wir wissen, können die Planeten in die erdähnlichen und in die großen, äußeren eingeteilt werden. Besonders hinsichtlich ihrer Atmosphären bestehen unterschiedliche Eigenschaften, was auf die Größe und die tiefen Oberflächentemperaturen der äußeren Planeten zurückzuführen ist.

Für einen Vergleich mit der irdischen Atmosphäre eignen sich am besten die der Planeten Mars und Venus. Was die Größe betrifft, so kann die Venus geradezu als Zwillingsplanet der Erde angesehen werden. Gleichermaßen dürfen wir vermuten, daß die Atmosphärenentwicklung beider Planeten ähnlich abgelaufen ist. Mars, etwas kleiner als die Erde, verlor durch Diffusion eine größere Gasmenge als die Erde; der auf dem Mars gemessene Atmosphärendruck liegt bei 7,6 mbar. Die direkten Messungen der Marsatmosphäre lassen Vergleiche zum Chemismus beider Atmosphärenzusammensetzungen zu (Tab. 8.5). Die Kohlenstoff- und Sauerstoffisotopenverhältnisse auf dem Mars sind denen der Erde ähnlich. Das Verhältnis $^{14}N/^{15}N$ beträgt für die Erde 277, für den Mars 165; $^{40}Ar/^{36}Ar$ beträgt auf der Erde 292, auf dem Mars 3000. Die gegenwärtige Atmosphäre des Mars repräsentiert nur noch einen Bruchteil der Gesamtatmosphäre, wie sie sich einst entwikkelt hatte. Die relativen Häufigkeiten der Edelgase zeigen eine gewisse Ähnlichkeit mit denen der Erde und der gewöhnlichen Chondriten. Die atmosphärische Entwicklung auf beiden Planeten lief aber unterschiedlich ab. So dürften unterschiedliche Anteile an flüchtigen Stoffen während ihrer Zusammenballungsphase angezogen worden sein, wobei die kleinere Masse des Mars ein stärkeres Entweichen der Gase in den Raum hinaus gestattet haben dürfte.

Untersuchungen und Messungen der Venusatmosphäre zeigen eine größtenteils aus Kohlendioxid aufgebaute Atmosphäre an. Für diesen Befund sprechen sowohl spektroskopische Messungen von der Erde wie von vorbeifliegenden Sonden aus als auch direkte Messungen, die von einer weich gelandeten sowjetischen Sonde gemacht worden sind. Die indirekten Meßmethoden erlauben keine sicheren Daten über den Stickstoffgehalt, da die Spektroskopie dafür nicht sensibel genug ist. Die Atmosphäre der Venus ist gegenüber der der Erde 10- bis 100mal dichter. Die chemische Zusammensetzung beläuft sich auf rund 95% CO_2, 1% H_2O, 2% N_2

Tabelle 8.5 Chemische Zusammensetzung der unteren Atmosphärenschichten von Mars und Venus

	Vol.-%	
Gas	Mars[1]	Venus[2]
CO_2	95,32%	96,1%
N_2	2,7%	3,5%
Ar	1,6%	20 ppm
O_2	0,13%	60 ppm
CO	0,07%	–
H_2O	0,03% (variabel)	0,1%
Ne	2,5 ppm	6–10 ppm
Kr	0,3 ppm	–
Xe	0,08 ppm	–
O_3	0,03 (variabel)	–
SO_2	–	180 ppm
Druck	7,6 mbar	91 bar

[1] aus OWEN et al., *J. Geophys. Res.*, **82**, 4637, 1977.
[2] aus OYAMA et al., *Science*, **203**, 802, 1979.

sowie weniger als 0,01% O_2. Die Oberflächentemperaturen auf der Venus erreichen fast 600°C; bei solchen Werten wird es klar, daß es auf dieser Oberfläche keinerlei Hydrosphäre geben kann und daß folglich diese Atmosphäre all die flüchtigen Stoffe, die sich auf der Venusoberfläche im Lauf ihrer Geschichte durch anorganische Prozesse entwickelt haben, hinzugefügt bekam. Große Wolken, die SO_2 und H_2SO_4 enthalten, konnten auf der Venus beobachtet werden.

Ein sehr interessanter Teilvergleich der Atmosphären von Erde und Venus ergibt sich, wenn man allen irdischen Kohlenstoff und Stickstoff der sedimentären Krustengesteine als CO_2 bzw. N_2 zur Atmosphäre dazuzählt. Mit dieser Rechnung läßt sich leicht zeigen, daß die Masse der Atmosphäre um das 6- bis 22fache anwächst und folglich, wie die Venusatmosphäre, einen ähnlich hohen CO_2-Gehalt von über 90% der Gesamtgasmasse erhält.

Wegen des sehr geringen Stickstoffgehalts in den Sedimenten nimmt in dieser Rechnung die absolute Häufigkeit des Stickstoffs lediglich um das Doppelte zu und stellt im Vergleich zum Kohlendioxid nur einen Nebenbestandteil dar. Anhand dieser und anderer Übereinstimmungen zwischen Venus und Erde läßt sich denken, daß beide hinsichtlich ihrer flüchtigen Komponenten anfangs eine ganz ähnliche chemische Entwicklung durchlaufen haben könnten. Durch die Entwicklung des Lebens auf der Erde schlug diese jedoch einen ganz anderen Weg, den Aufbau einer sauerstoffreichen Atmosphäre, ein. Auf der Venus führte der überwältigende Kohlendioxidgehalt zusammen mit dem durch ihn hervorgerufenen Treibhauseffekt zu den extrem hohen Oberflächentemperaturen. Damit wurde die Kondensation von Wasser und die mögliche Kontrolle des CO_2-Gehalts mittels Lösung von überschüssigem CO_2 in der Hydrosphäre und Ausfällung als Karbonat verhindert. UREY gab zu bedenken, daß die Karbonatbildung in der Form $MgSiO_3 + CO_2 = MgCO_3 + SiO_2$ die Gegenwart von Wasser in der Funktion eines Katalysators erfordert. Die hohen Oberflächentemperaturen der Venus schließen jedoch von vornherein die Anwesenheit von Wasser aus, das allein die erforderliche Abtrennung des Kohlendioxids aus der Venusatmosphäre veranlassen könnte.

Atmosphärische Zumischungen im Lauf der Erdgeschichte

Folgende Zumischungen während der Erdgeschichte können für die Atmosphäre geltend gemacht werden:

- Gase, die bei der Magmenkristallisation freigesetzt wurden;
- Sauerstoff, der durch die photochemische Dissoziation des Wasserdampfs entstanden ist;
- Sauerstoff, der aus der Photosynthese stammt;
- Helium, das dem radioaktiven Zerfall von Uran und Thorium entstammt;
- Argon, entstanden als Tochterprodukt des radioaktiven Zerfalls von ^{40}K;
- Gase, die durch Solarwind, Kometen und Meteorite zugeführt wurden.

Durch die Lebens- und Verwesungsvorgänge der Organismen werden zusätzlich Kohlendioxid und kleinere Mengen Methan zugegeben, aber dieses Material zirkuliert schon immer in der Natur, da es letztlich aus der Atmosphäre stammt.

Die Einbringung von Gasen durch magmatische Prozesse ist beachtlich. Wasserdampf ist mit Abstand das häufigste vulkanische Gas, kondensiert aber sehr schnell und schließt sich so dem Wasserkreislauf an; ähnlich ergeht es anderen leichtlöslichen Gasen vulkanischer Exhalationen wie HCl, HF, H_2S oder SO_2. Gleich nach dem Wasser dürfte das Kohlendioxid als wichtiger Beitrag der magmatischen Tätigkeit an die Atmosphäre folgen. Ein Großteil dieser beiden Komponenten ist sekundärer Natur, etwa beim Magmenaufstieg aus dem Nebengestein aufgenommen oder schon früher durch Subduktionsvorgänge dem Magmenzyklus erneut zugeführt worden. Der Magmatismus ist letztlich die Quelle allen Kohlendioxids, das jenes CO_2 ersetzt, welches in Karbonat und freien Kohlenstoff umgewandelt wurde.

RUBEY (1951) erarbeitete in der klassischen Untersuchung die Beitragsanteile des Magmatismus an die Atmosphäre und Hydrosphäre – seine Ergebnisse sind in Tabelle 8.6 zusammengefaßt. Die nicht durch die Verwitterung beigesteuerten Gasmengen müssen diejenigen sein, die einerseits schon in der Uratmosphäre zugegen waren und die andererseits durch den Magmatismus hinzugefügt worden sind. Aus den Zahlen von RUBEY geht hervor, daß der letzte Posten die ursprünglich vorhandenen Gasmassen quantitativ wahrscheinlich bei weitem übertrifft.

Auch etwas Stickstoff wurde im Lauf der Erdgeschichte über den Magmatismus der Atmosphäre zugeführt. Normalerweise wird der in vulkanischen Gasen festgestellte Stickstoff auf Verunreinigung durch atmosphärischen Stickstoff zurückgeführt, und vermutlich stimmt das in den meisten Fällen auch. Andererseits weisen

Tabelle 8.6 Geschätzte Mengen (· 10^{20} g) an flüchtigen Stoffen an oder nahe an der Erdoberfläche

	H_2O	Gesamter C als CO_2	Cl	N	S	H, B, Br, Ar, F etc.
Gegenwärtig in Atmosphäre, Hydrosphäre und Biosphäre	14 600	1,5	276	39	13	1,7
In Sedimentgesteinen festgelegt	2 100	920	30	4,0	15	15
Gesamt	16 700	921	306	43	28	16,7
Durch Verwitterung kristalliner Gesteine zur Verfügung gestellt	130	11	5	0,6	6	3,5
Überhang, der nicht durch die Verwitterung abgedeckt ist	16 600	910	300	42	22	13

Tabelle 8.7 Produktion und Verbrauch an Sauerstoff

Geschätzte Gesamtproduktion	
durch Photosynthese	$181 \cdot 10^{20}$ g
durch Photodissoziation von Wasserdampf	1
Summe	$182 \cdot 10^{20}$ g
Geschätzter Gesamtverbrauch	
Oxidation von Fe^{2+} zu Fe^{3+} während der Verwitterung	14
Oxidation von S^{2-} zu SO_4^{2-} während der Verwitterung	12
Oxidation vulkanischer Gase	
CO zu CO_2	10
SO_2 zu SO_3	11
H_2 zu H_2O	< 150
Summe	$< 197 \cdot 10^{20}$ g
Freier Sauerstoff in der Atmosphäre	$\sim 12 \cdot 10^{20}$ g

ihn Gesteinsanalysen als konstanten Bestandteil magmatischer Gesteine und damit auch magmatischer Gase aus. Der Stickstoffgehalt von Magmatiten jeglicher Zusammensetzung, von ultrabasischen bis hin zu sehr sauren, ist bemerkenswert einheitlich: Er schwankt um einen Wert von 0,04 cm^3 N_2/g oder umgerechnet 0,005 Gew.%. Der Stickstoff tritt hier größtenteils in chemischen Verbindungen auf, da ein merklicher Anteil davon beim Gesteinsaufschluß mit Na_2CO_3 als Ammoniak entweicht. Indirekt bestätigt sich die Neigung des Stickstoffs, chemische Verbindungen einzugehen, auch durch das Stickstoff/Argon-Verhältnis, das in den Magmatiten bei 2000, dagegen in der Atmosphäre nur bei 120 liegt.

Eine Bilanzierung zur Produktion und Konsumption von atmosphärischem Sauerstoff ist von HOLLAND aufgestellt worden (Tab. 8.7). Die photochemische Dissoziation des Wasserdampfs in den oberen Atmosphärenschichten bei gleichzeitigem Entweichen des freiwerdenden Wasserstoffs in den Weltraum ist ein Prozeß, der seit jeher ein konstanter Aktivposten in der atmosphärischen Versorgung mit freiem Sauerstoff ist. Jedoch spielt er, verglichen mit den aus der Photosynthese bereitgestellten Mengen, keine nennenswerte quantitative Rolle.

Die Gesamtmenge an photosynthetisch erzeugtem Sauerstoff kann abgeschätzt werden, wenn wir die Menge an organischem Kohlenstoff kennen, die in den Sedimentgesteinen festgelegt, „fossilisiert" ist. RUBEY kommt auf eine Zahl, die äquivalent ist $250 \cdot 10^{20}$ g CO_2. Entsprechend umgerechnet ergibt sich für den photosynthetisch freigesetzten Sauerstoff ein Wert von $181 \cdot 10^{20}$ g Sauerstoff.

Bisher gibt es keine vernünftige, alternative Erklärung der Entstehung des organischen Kohlenstoffs in den Karbonaten als die der biologischen Herkunft; so dürfen wir davon ausgehen, daß die Menge von $181 \cdot 10^{20}$ g O_2 durch die Photosynthese freigesetzt und diese Menge nicht durch Zerfall oder Atmung zurückverwandelt wurde. Wie schon zuvor erwähnt, werden die Anhaltspunkte über die frühe Bildung des atmosphärischen Sauerstoffs von den Wechselbeziehungen zwischen dieser Atmosphäre und den Sedimentgesteinen sowie der Biosphäre geliefert. Die fossilen Dokumente liefern genügend Hinweise über diese Periode vom Aufstreben der photosynthetisch aktiven Organismen.

Die Produktion von Sauerstoff durch die Zerstörung von Wassermolekülen durch UV-Licht beschränkt sich auf ein Tausendstel der Menge, die heute in der Atmosphäre vorhanden ist. Bei dieser Reaktion wird das Wassermolekül mittels der Photodissoziation in OH- und H-Radikale aufgespalten. Viele der Radikale finden sich wieder zu Wasser zusammen, jedoch diffundiert ein Teil des Wasserstoffs in den Raum, was eine relative Zunahme des Sauerstoffs nach sich zieht. Ein diese Sauerstofferzeugung begrenzender Faktor ist die Bildung von **Ozon**, O_3. Ozon absorbiert ultraviolette Strahlung jener Wellenlänge, die bei der Photodissoziation zum Tragen kommt; auf diese Weise wird verhindert, daß die UV-Strahlung Wassermoleküle der tieferen Atmosphärenschichten zum Spalten bringt.

Der geringe Sauerstoffgehalt der frühen Atmosphäre erlaubte der UV-Strahlung ein Vordringen bis zur Erdoberfläche; unter ihrem Einfluß entstand ein **lebensfeindliches Milieu**, in dem sich kein organisches Leben entwickeln konnte. Sehr alte Sedimente wurden gefunden, die im Vergleich zu ihren gegenwärtigen Äquivalenten einen geringeren Oxidationsgrad aufweisen. In diesen Sedimenten gibt es Hinweise, daß Verbindungen des Urans, des Schwefels, des Mangans und des Eisens in reduzierter Form vorgelegen haben; unter den heutigen atmosphärischen Bedingungen liegen alle diese Elemente demgegenüber in oxidierter Form vor. Uranit, UO_2, von detritischer Herkunft, fand man in Sedimenten Südafrikas, die mehr als 1,8 Mrd. Jahre alt sind. Von vergleichbarem Alter sind Sedimente, die detritischen Pyrit enthalten. Unter den gegenwärtigen Sauerstoffgehalten unserer Atmosphäre würden beide Minerale rasch zerfallen. Dies läßt den Schluß zu, daß vor rund 2 Mrd. Jahren die Erdatmosphäre eher **reduzierenden** als oxidierenden Charakter hatte.

Angesichts der lebensfeindlichen Strahlung an der Erdoberfläche nimmt man an, daß die ersten photosynthetisch aktiven Organismen sich im Wasser entwickelten, wo sie sich geschützt vor UV-Strahlung entfalten konnten. Wie gesagt, diese Organismen erzeugten Sauerstoff, der zwar größtenteils zur Oxidation reduzierter chemischer Verbindungen gebraucht wurde, von dem aber dennoch ein kleiner Teil an die Atmosphäre entwich. Als der Sauerstoffgehalt mit der Zeit 1% des heutigen Gehalts erreichte, wechselten einige der Organismen von der Vergärung zur Energiegewinnungsform des Atmens über. Dieses Ereignis fand an der sog. „Pasteur-Schwelle" statt. Das UV-Licht wurde zu dieser Zeit bereits soweit abgeschirmt, daß nur noch wenige Zentimeter Wasserbedeckung vonnöten waren, um die Organismen wirksam zu schützen und so eine explosionsartige Entwicklung des Lebens herbeizuführen.

CLOUD und andere Wissenschaftler weisen darauf hin, daß die präkambrischen **gebänderten Eisenerze** (banded iron stones, Jaspilite) zu dieser Zeit entstanden sind. Diese sedimentär gebildeten Erze mit einem Alter von 2,7 bis 1,8 Mrd. Jahren enthalten sowohl drei- als auch zweiwertiges Eisen. Als besondere Bildungsbedingungen wird eine großflächige, leicht saure und sauerstoffarme bis -freie Verwitterung der unbedeckten kontinentalen Gesteinsmassen angenommen, bei der das Eisen als zweiwertiges Ion in Lösung ging; dann erfolgte Verfrachtung in Meere mit ganz anderen Milieubedingungen, da sich hier bereits eine sauerstoffproduzierende Lebewelt etabliert hatte. Es kam zur Oxidation des Eisens in die dreiwertige Stufe bei gleichzeitiger Ausfällung infolge dessen viel geringerer Löslichkeit. Als eine wichtige Tatsache sei bemerkt, daß in den ältesten Sedimenten Calcit und Dolomit vertreten sind, die eher für eine neutral bis schwach saure als für eine protonenreiche, stark saure Umgebung sprechen. Im anderen Fall hätte nicht CO_2, sondern CH_4 als vorherrschende Kohlenstoffverbindung entstehen müssen.

Im Silur, als das durch Photosynthese erzeugte O_2 ca. 10% des heutigen Sauerstoffgehalts erreicht hatte, konnte bereits so gut wie keine UV-Strahlung mehr die Erdoberfläche erreichen. Das organische Leben konnte nun ohne Schaden die schützende Wasserhülle verlassen; an der Wende zum Devon erschienen die ersten

Landpflanzen, die durch ihre photosynthetische Aktivität den Sauerstoffgehalt der Atmosphäre auf das heutige Niveau einstellten und stabilisierten.

Nicht zu vergessen sind die durch radioaktiven Zerfall entstandenen stabilen Tochterprodukte, die in die Atmosphäre entgasten, falls es sich um flüchtige Stoffe handelte. Die Produktionsrate des **Heliums** aus Uran liegt bei $1{,}16 \cdot 10^{-7}$ cm^3/g, aus Thorium liegt sie bei $2{,}43 \cdot 10^{-8}$ cm^3/g. Eine einfache Überschlagsrechnung, welche die Uran- und Thoriummengen der Erde und ein Erdalter von 4,5 Mrd. Jahren zugrundelegt, veranschlagt für die aus dem Zerfall freigesetzten Heliummengen einen gewissen Fehlbetrag bezüglich der heute vorliegenden atmosphärischen Heliummengen. Die Differenz wird einer konstant erfolgten Heliumdiffusion in den Raum hinaus zugeschrieben; über deren Hintergründe werden wir gleich im Anschluß an diese Ausführungen berichten.

Das Edelgas **Argon** tritt in Form dreier Isotope auf: ^{36}Ar, ^{38}Ar und ^{40}Ar – letzteres ist das bei weitem am häufigste Isotop (die relativen Prozentzahlen für ^{36}Ar, ^{38}Ar und ^{40}Ar betragen 0,307, 0,061 und 99,632). Es fällt auf, daß die atmosphärische Menge an Argon, verglichen mit denen der anderen inerten Gase, außergewöhnlich hoch ist (vgl. Tab. 8.1). Ganz offensichtlich steht dieses Phänomen in engem Zusammenhang mit der im Lauf der Erdgeschichte erfolgten Produktion von ^{40}Ar aufgrund des radioaktiven Zerfalls des ^{40}K (vgl. Abb. 3.10). Zwar wurde ein Gutteil des auf diese Weise erzeugten Argons in den K-haltigen Mineralen eingeschlossen, aber die Mengen, die trotzdem entweichen konnten, waren genug, um für einen vergleichsweise hohen atmosphärischen Argongehalt zu sorgen.

Atmosphärische Verluste im Lauf der Erdgeschichte

Solche Verluste können einerseits physikalischer Natur sein, man denke an die Diffusion von Wasserstoff und Helium in den Raum, oder sie sind von chemischer Natur, verursacht durch vielerlei Reaktionsmöglichkeiten zwischen Atmosphäre, Hydrosphäre, Biosphäre und Lithosphäre. Einige der wichtigen Verlustmechanismen können wir den folgenden Kategorien zuordnen:

- Verluste von Sauerstoff bei der Oxidation von Wasserstoff zu Wasser, von zwei- zu dreiwertigem Eisen, von verschiedenen Schwefelverbindungen zu Sulfaten, von verschiedenen Manganverbindungen zu Mangandioxid, u.a.;
- Verluste von Kohlendioxid bei der Bildung von Kohlen, Erdöl und anderen Kohlenstoffverbindungen, die mit der Verwesung abgestorbener Organismen zu tun haben;
- Verluste von Kohlendioxid durch die Bildung von Karbonaten wie Kalksteine und Dolomite;
- Verluste von Stickstoff durch die Umwandlung in Stickoxide sowie durch die nitrifizierende Tätigkeit bestimmter Bodenbakterien wie *Nitrobacter*;
- Verluste von Wasserstoff und Helium durch Diffusion in den Raum.

Sauerstoffverbrauch ist stets bei Verwitterungsprozessen beobachtbar. Zweiwertiges Eisen wird sehr leicht zu dreiwertigem Eisen oxidiert – man sieht das im Gelände auf Schritt und Tritt durch die Gelb-, Rot- und/oder Braunfärbung der meisten Mineralböden, was auf die starke Farbgebung der Fe(III)oxide zurückzuführen ist. Die Eisengehalte von durchschnittlich zusammengesetzten Magmatiten weisen mehr FeO als Fe_2O_3 auf, während das Verhältnis bei den Sedimenten oder

Böden umgekehrt ist. Eisen ist auch der wichtigste Sauerstoffzehrer im Zusammenhang mit Verwitterungsprozessen, jedoch sind auch noch andere zu erwähnen, etwa zweiwertiges Mangan, das zu vierwertigem oxidiert wird, oder die Sulfide, die sich zu Sulfaten umbilden bzw. zu freier Schwefelsäure. Aus der Tabelle 8.7 geht jedoch klar hervor, daß der bei weitem größte Posten an O_2 zur Oxidation vulkanischer Gase, hier besonders Wasserstoff, gebraucht wird.

Der Totalverlust an Kohlendioxid durch die Deponierung als Karbonat und organischen Kohlenstoff in den Sedimentiten beläuft sich nach RUBEY auf geschätzte $920 \cdot 10^{20}$ g. WICKMAN (1956) veröffentlichte dazu einige korrigierte Zahlen. Er veranschlagte die Menge an karbonatischem Kohlenstoff pro cm^2 Erdoberfläche auf 2420 ± 560 g und die des organischen Kohlenstoffs auf 700 ± 200 g. Summiert man zu 3100 g/cm^2 für den gesamten von der Atmosphäre in die Sedimentite überführten Kohlenstoff, so kommt man auf eine äquivalente Gesamtmenge von $158 \cdot 10^{20}$ g, entsprechend $580 \cdot 10^{20}$ g CO_2. Diese Zahl liegt zwar in derselben Größenordnung wie die von RUBEY, ist aber doch einiges kleiner. Gleichwohl zeigen uns diese einfachen Abschätzungen eines ganz klar, daß das in den Sedimentgesteinen festgelegte CO_2 mengenmäßig dasjenige der Atmosphäre, der Hydrosphäre und der Biosphäre (ca. $1{,}5 \cdot 10^{20}$ g) weit übertrifft. Es müssen also große Mengen Kohlendioxid aus dem Magmatismus freigesetzt bzw. eine Stufe vorher wiederaufgearbeitet worden sein, um während der ganzen Erdgeschichte eine ausreichende Versorgung der organischen Lebewelt aufrechtzuerhalten. WICKMANs Zahlen zeigen uns außerdem, daß ca. 3,5mal mehr Kohlendioxid zur Ausscheidung und Kristallisation von Kalken und Dolomiten nötig war als für die Bildung von Kohle und anderen organischen Kohlenstoffverbindungen.

Stickstoff wird sowohl durch organische als auch anorganische Prozesse der Atmosphäre entzogen. Die organischen Prozesse unterhalten die N-fixierenden Mikroorganismen *(Rhizobium)* an den Wurzelknöllchen bestimmter Pflanzen *(Leguminosen)*, Bodenbakterien aerober und anaerober Art *(Nitrobacter* bzw. *Clostridium)* sowie einige blaugrüne Algen *(Nostoc)*. Zu den anorganischen Prozessen gehören solche, die Stickoxide erzeugen, wie elektrische Entladungen oder photochemische Reaktionen in der Atmosphäre. Die Menge an organisch fixiertem Stickstoff übersteigt die durch anorganische Vorgänge fixierten Stickstoff bei weitem. HUTCHINSON (1954) analysierte sehr sorgfältig den geochemischen Kreislauf des Stickstoffs; er kam bei der biologischen Stickstoffixierung auf Werte von 0,008 bis 0,07 mg $N_2/cm^2 \cdot a$ und bei der nicht-biologischen Stickstoffixierung auf nicht mehr als 0,0035 mg $N_2/cm^2 \cdot a$. Große Mengen dieses Stickstoffs werden letzten Endes durch die Verwesung organischen Materials wieder der Atmosphäre zugeführt. Andere Teilmengen etwa verbleiben auf längere Sicht in den Sedimenten, wieder andere konzentrieren sich an ausgesuchten, oft auch klimatisch oder tiergeographisch begünstigten Sonderstandorten wie der **Chile-Salpeter** oder die Seevögelexkremente, bekannt als **Guano**. HUTCHINSON bietet als Zahl für fossilen Stickstoff in Sedimenten 67 bis 108 g/cm^2 Erdoberfläche an; von diesem Stickstoff leitet sich ein geschätzter Gehalt von 8 g N_2/cm^2 aus der Verwitterung magmatischer Gesteine ab, so daß ca. 60 bis 100 g N_2/cm^2 der Atmosphäre entstammen. Nehmen wir als Mittel eine Zahl von 80 g N_2/cm^2 an, so kommen wir durch Extrapolation auf eine Gesamtstickstoffmenge von $4{,}8 \cdot 10^{20}$ g N_2, die im Lauf der Erdgeschichte der Atmosphäre abhanden gekommen ist – eine im Vergleich zum Kohlendioxid recht geringe Menge.

Der Gasverlust durch Diffusion in den Raum, wie er auf der Erde oder auf anderen Planeten stattfand und stattfindet, hängt ab von der Stärke des Schwerefelds sowie vom mittleren Geschwindigkeitsquadrat der beteiligten Gasmoleküle. Letzteres ist die Geschwindigkeit, deren Quadrat gleich ist dem Mittel der Quadrate der einzelnen Geschwindigkeiten; sie ist umgekehrt proportional zur Quadratwurzel des Molekulargewichts des Gases und direkt proportional zur Quadratwurzel der absoluten Temperatur. Bei 0°C beträgt die mittlere Geschwindigkeit für Wasserstoff 1,84 km/s, für Helium 1,31 km/s, für Wasserdampf 0,62 km/s, für Stickstoff 0,49 km/s, für Sauerstoff 0,46 km/s und für Kohlendioxid 0,39 km/s. Bei 100°C haben diese Geschwindigkeiten um 17% zugenommen. Für jeden Körper läßt sich aus seinen Abmessungen und seiner Gravitationskonstanten eine sog. **Fluchtgeschwindigkeit** angeben:

$$V^2 = \frac{2\,GM}{R}$$

wobei V die Geschwindigkeit, G die Gravitationskonstante, M die Masse des Körpers und R sein Radius ist. Am Beispiel der Erde beträgt die Gravitationskonstante $6{,}67 \cdot 10^{-8}$, die Masse $5{,}97 \cdot 10^{27}$ g und der Radius $6{,}37 \cdot 10^{8}$ cm; daraus errechnet sich eine Fluchtgeschwindigkeit von 11,2 km/s. Selbst wenn die mittlere Geschwindigkeit der Moleküle erheblich kleiner ist als die Fluchtgeschwindigkeit der Erde, wird sich eine Atmosphäre doch allmählich verflüchtigen, besonders die schnell sich bewegenden Moleküle der obersten Schichten diffundieren am ehesten. Auch sind hier die mittleren freien Weglängen so groß, daß die Moleküle in ihrer Fluchtbewegung kaum durch Zusammenstöße behindert werden. JEANS errechnete, daß eine Atmosphäre innerhalb unserer geologischen Zeitrechnung ($> 10^9$ a) stabil gewesen sein müßte, wenn das mittlere Geschwindigkeitsquadrat der Moleküle kleiner war als ein Fünftel der Fluchtgeschwindigkeit. Aufgrund dieser Annahme dürften seit der Abkühlung der Erde keinerlei Gasverluste an den Raum erfolgt sein, da selbst für Wasserstoff diese Forderung von JEANS erfüllt wäre.

Ganz so einfach stellt sich die tatsächliche Situation aber sicherlich nicht dar. Zunächst erhalten Wasserstoff- und Heliumatome, die mit metastabilen Sauerstoffatomen zusammenstoßen, genügend starke Impulse, um durch diesen Energiezuwachs die Fluchtgeschwindigkeit zu übertreffen. Zusätzlich sind die Temperaturen in den oberen Atmosphärenschichten beträchtlich höher als auf der Erdoberfläche (heutige Schätzungen bewegen sich zwischen 200 und 1200°C in Höhen zwischen 120 und 700 km als Folge der Absorption der UV-Strahlung); dieser Umstand dürfte die mittleren Geschwindigkeitsquadrate von Wasserstoff und Helium soweit anheben, daß ein Entweichen möglich ist. Die Tatsache, daß nicht mehr als ein Zehntel des durch radioaktiven Zerfall seit der Bildung der Erde entstandenen Heliums in der Atmosphäre vorhanden ist, läßt keinen anderen Schluß als den der Heliumdiffusion zu. Venus, der Sonne näher stehend als die Erde und mit viel höheren Oberflächentemperaturen versehen, sowie Mars, obwohl kühler und kleiner als die Erde, beide verlieren Gasmassen aus ihren Atmosphären leichter als die Erde. Die effektiven Verlustzeiten einiger Gase von diesen drei Planeten sind in Abb. 8.5 dargestellt.

8.3 Die Stoffkonstanz der Atmosphäre

Die geologischen Befunde weisen auf eine auffällige Einförmigkeit hinsichtlich klimatischer und biologischer Verhältnisse hin, die seit dem frühen Paläozoikum besteht und die sich sicherlich nicht in dem Maße eingestellt hätte, wenn die Atmo-

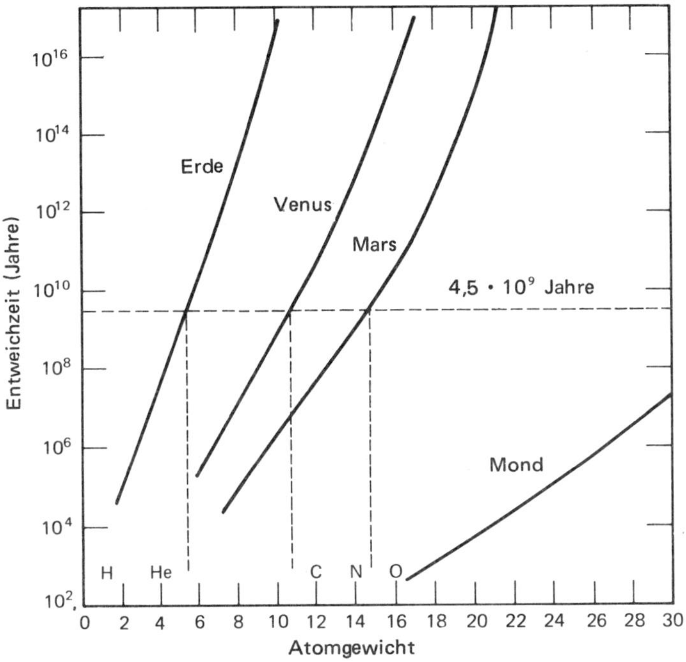

Abb. 8.5 Geschätzte, effektive Entweichzeiten einiger Gase für Erde, Venus, Mars und Mond (nach JASTROW & RASOOL, in: *Introduction to Space Science,* Hrsg. W.N. HESS; Gordon and Breach, New York 1965, S. 676).

sphäre in dieser Zeit größeren Umwälzungen ausgesetzt gewesen wäre. Nichtsdestoweniger muß man die zahlreichen Klimaschwankungen erwähnen, die wahrscheinlich auf minimale Veränderungen der atmosphärischen Zusammensetzung zurückzuführen sind. Beispielsweise macht man eine Verringerung des Kohlendioxidgehalts als einen möglichen Faktor für Klimaverschlechterungen dafür verantwortlich, daß es zur Entstehung von Eiszeiten kam; wie wir wissen, kann dieses Gas je nach Konzentration die reflektierte Sonnenstrahlung der Erdoberfläche unterschiedlich stark absorbieren (Treibhauseffekt). Auf der anderen Seite leistet Wasserdampf ähnliches, und seine mengenmäßig gewaltige Präsenz in der Atmosphäre wiegt den Einfluß des Kohlendioxids mit Leichtigkeit auf. Die gegenwärtige Meinung geht dahin, daß nur ein kleiner Anteil an klimatischen Veränderungen dem wechselnden Gehalt an Kohlendioxid in der Atmosphäre zuzuschreiben wäre.

ESKOLA wies auf eine interessante Beziehung zwischen Perioden schnellen organischen Wachstums und Perioden, in denen CO_2 in großen Mengen zur Verfügung stand, hin. Er stellte nämlich fest, daß Wachstumsschübe in der organischen Lebewelt mit weltweit stattfindenden Orogenesen zusammenfielen. Während der Gebirgsbildungsphasen erreicht der Magmatismus sein Maximum; folglich steigt gleichermaßen auch die Zufuhr von CO_2 an die Atmosphäre. Das gestiegene Kohlendioxidangebot stimuliert daher organische Aktivitäten und stellt gewissermaßen einen zusätzlichen Faktor in der Evolutionsgeschichte der höheren Lebensformen dar.

Besonderes Interesse richtete sich in den letzten Jahren auf das bemerkenswert rasche Ansteigen des CO_2-Gehalts der Atmosphäre; die Ursache für den unveränderten Trend sieht man in dem stark angestiegenen Verbrauch fossiler Brennstoffe. Eine relativ aktuelle Zahl der jährlichen Kohleförderung liegt bei $1{,}63 \cdot 10^9$ t; setzt man rund 78% C an, so kommen wir auf $4{,}67 \cdot 10^{15}$ g freigesetztes CO_2. Dazu kommen ca. $3{,}4 \cdot 10^9$ Barrel Erdöl pro Jahr (1 Barrel = 160 Liter) mit wieder umgerechnet $1{,}53 \cdot 10^{15}$ g Verbrennungs-CO_2. Zusammengerechnet ergibt sich eine durch Verbrennungsvorgänge von Kohle und Erdöl abgegebene Kohlendioxidmenge von ca. $6{,}2 \cdot 10^{15}$ g oder etwa $^1/_{300}$ der gegenwärtigen CO_2-Menge der gesamten Atmosphäre. Ausgehend von der heutigen Konsumrate fossiler Brennstoffe kann in etwa 300 Jahren mit einer Verdoppelung des jetzigen Kohlendioxidgehalts der Atmosphäre gerechnet werden. Bei dieser Rechnung sollte jedoch die Bedeutung der Hydrosphäre als ein Aufnahmereservoir für CO_2 betont werden; ausführlich auf diesen Fragenkatalog gehen BROECKER und Mitarbeiter (1979) ein. Meerwasser enthält 20 g CO_2/cm^2 Erdoberfläche, die Atmosphäre dagegen 0,4 g/cm^2. Zwischen dem CO_2 des Meerwassers und dem der Atmosphäre besteht eine enge, wechselseitige Beziehung; das erstere ist dabei weitgehend abhängig vom CO_2-Partialdruck der Atmosphäre. Um den CO_2-Partialdruck der Atmosphäre zu verdoppeln, erforderte es eine viel größere additive Kohlendioxidmenge, als sie momentan in der Atmosphäre vorliegt, da ein Großteil des hinzukommenden CO_2 von der Hydrosphäre absorbiert würde. Gleichfalls müßte man ein Vielfaches des jetzt in der Atmosphäre vorhandenen CO_2 entfernen, um es zu halbieren. Es ist ganz offensichtlich, daß die Ozeane in Ausübung ihrer Kontrollfunktion über das atmosphärische Kohlendioxid eine sehr bedeutende Rolle spielen, da diese Aufgabe letztlich stabile Atmosphärenverhältnisse als Voraussetzung für organisches Leben auf der Erde ermöglicht.

Ausgewählte Schriften

ABELSON, P.H. (1966): Chemical events on the primitive earth. *Proc. Nat. Acad. Sci,* **55,** 1365–1372

BERNER, R.A. (1971): Worldwide sulfur pollution of rivers. *J. Geophys. Res.,* **76,** 6597–6600

BRANCAZIO, P.J., & CAMERON, A.G.W. (Hrsg.) (1964): *The origin and evolution of atmospheres and oceans.* 314 S. John Wiley & Sons, New York

BROECKER, W.S., TAKAHASHI, T., SIMPSON, H.J., & PENG, T.-H. (1979): Fate of fossil fuel carbon dioxide and the global carbon budget. *Science,* **206,** 409–418

CHAMBERLIN, J.W. (1978): *Theory of planetary atmospheres.* 330 S. Academic Press, New York

CLOUD, P. (1976): Beginnings of biospheric evolution and their biogeochemical consequences. *Paleobiology,* **2,** 351–387

HEICKLEN, J. (1976): *Atmospheric chemistry.* 406 S. Academic Press, New York

HOLLAND, H.D. (1962): Model for the evolution of the earth's atmosphere. *Geol. Soc. Am.,* Buddington Vol., 447–477

HOLLAND, H.D. (1978): *The chemistry of the atmosphere and oceans.* 351 S. John Wiley & Sons, New York

HOLSER, W.T., & KAPLAN, I.R. (1966): Isotope geochemistry of sedimentary sulfates. *Chem. Geol.,* **1,** 93–135

HUTCHINSON, G.E. (1954): The biogeochemistry of the terrestrial atmosphere. In: *The earth as a planet,* Hrsg. G.P. KUIPER. Chapt. 8 (S. 371–433). University of Chicago Press, Chicago

JUNGE, C.E., SCHIDLOWSKI, M., EICHMANN, R., & PIETREK, H. (1975): Model calculations for the terrestrial carbon cycle: Carbon isotope geochemistry and evolution of photosynthetic oxygen. *J. Geophys. Res.,* **80,** 4542–4552

JUNGE, C.E., & WERBY, R.T. (1958): The concentration of chloride, sodium, potassium, calcium and sulfate in rain water over the United States. *J. Meteorol.*, **15**, 417–425
McEWAN, M.J., & PHILLIPS, L.F. (1975): *Chemistry of the atmosphere.* 301 S. Halsted Press, John Wiley & Sons, New York
MAXWELL, J.R., PILLINGER, C.T., & EGLINTON, G. (1971): Organic geochemistry. *Q. Rev.* (London), **25**, 571–628
MEADOWS, A.J. (1972): The atmospheres of the earth and the terrestrial planets. *Physics Reports* (Sec. C. of Physics Letters), **5**, 197–236
RUBEY, W.W. (1951): Geologic history of sea water. *Bull. Geol. Soc. Amer.*, **62**, 1111–1147
RUBEY, W.W. (1955): Development of the hydrosphere and atmosphere, with special reference to probable composition of the early atmosphere. *Geol. Soc. Amer. Spec. Paper*, **62**, 631–650
Scientific American (1970): *The biosphere.* 134 S.
UREY, H.C. (1952): *The planets.* 245 S. Yale University Press, New Haven
WICKMAN, F.E. (1956): The cycle of carbon and the stable carbon isotopes. *Geochim. Cosmochim. Acta*, **9**, 136–153

9 Die Hydrosphäre

Die Hydrosphäre ist die unzusammenhängende Wasserhülle der Erde, bestehend aus Salzwasser, Süßwasser und Gletschereis. Sie umfaßt die Ozeane mit den ihnen angeschlossenen Golfen und Nebenmeeren, die Seen, Bäche, Flüsse und Ströme sowie das Grundwasser, die Gebirgsgletscher und die Polkappen. Größenordnungsmäßig nehmen die Ozeane die führende Rolle ein, sie bedecken eine Fläche von $361 \cdot 10^6$ km^2, entsprechend 70,8% der Erdoberfläche. Aus ihrer durchschnittlichen Tiefe von rund 3800 km kann daher auf das Wasservolumen geschlossen werden, es beträgt danach ca. $1370 \cdot 10^6$ km^3. An der Wasseroberfläche hat das Meerwasser eine Dichte von 1,028 (bei normaler Salinität und 0°C), die in die Tiefe hin zunimmt; schuld daran ist die leichte Zusammendrückbarkeit des Wassers unter den in großer Tiefe herrschenden Drücken. In den anderen Teilen der Hydrosphäre ist es schwieriger, auf vernünftige Daten über das Wasser zu kommen, aber eine erste Annäherung vermittelt die Tabelle 9.1. Da das Meerwasser rund 97 Gew.% der Hydrosphäre einnimmt, kann seine Zusammensetzung, ohne daß gravierende Fehler gemacht werden, als durchschnittliche Zusammensetzung der Hydrosphäre angesehen werden.

Tabelle 9.1 Die Verteilung des Wassers auf der Erde

	Volumen (km^3)	Masse (g)
Meerwasser	$1{,}37 \cdot 10^9$	$1{,}41 \cdot 10^{24}$
Seen	$1{,}3 \cdot 10^5$	$1{,}3 \cdot 10^{20}$
Salzseen und Binnenmeere	$1{,}0 \cdot 10^5$	$1{,}0 \cdot 10^{20}$
Flüsse	$1{,}3 \cdot 10^3$	$1{,}3 \cdot 10^{18}$
Grundwasser	$8{,}4 \cdot 10^6$	$8{,}4 \cdot 10^{21}$
Eis	$2{,}9 \cdot 10^7$	$2{,}9 \cdot 10^{22}$
Wasserdampf	$1{,}3 \cdot 10^4$	$1{,}3 \cdot 10^{19}$

Der Wasserkreislauf der Hydrosphäre ist der Motor für geochemische Veränderungen, die hauptsächlich über die Verwitterung und den Abtransport von festen und gelösten Gesteinsbestandteilen wirksam werden. Die jährliche Wasserverdunstung über den Ozeanen beläuft sich auf $3{,}5 \cdot 10^5$ km^3, die über den Kontinenten auf $7 \cdot 10^4$ km^3; als Niederschlag kehren in die Ozeane $3{,}2 \cdot 10^5$ km^3 zurück, auf das Land gehen $1{,}0 \cdot 10^5$ km^3 nieder. Nahezu 68% aller Landflächen entwässern in den Atlantik, und dennoch zeigt uns die einheitliche Zusammensetzung des Ozeanwassers, daß eine gründliche Durchmischung des Meerwassers existiert, die außer einigen chemisch abweichenden Besonderheiten alle Unterschiede verwischt.

9.1 Die Beschaffenheit der Wässer auf dem Festland

Im Vergleich zur Gesamtmasse der Hydrosphäre nimmt sich die Gesamtmasse der Festlandwässer freilich sehr bescheiden aus; dennoch besitzt dieser Anteil große geochemische Bedeutung, da er das Medium für die vielfältigen Erscheinungen von Verwitterung und Erosion auf den Kontinenten und lebenswichtig für das menschliche Leben ist. Die Kenntnis der Mengen und Zusammensetzungen dieser Wässer hilft uns weiter im Verständnis der Entwicklungsgeschichte der Ozeane, und sie gibt uns ferner das nötige Hintergrundwissen, um die Eingriffe des Menschen in seine Süßwasserreserven, besonders hinsichtlich der wachsenden Verschmutzung, besser zu verstehen.

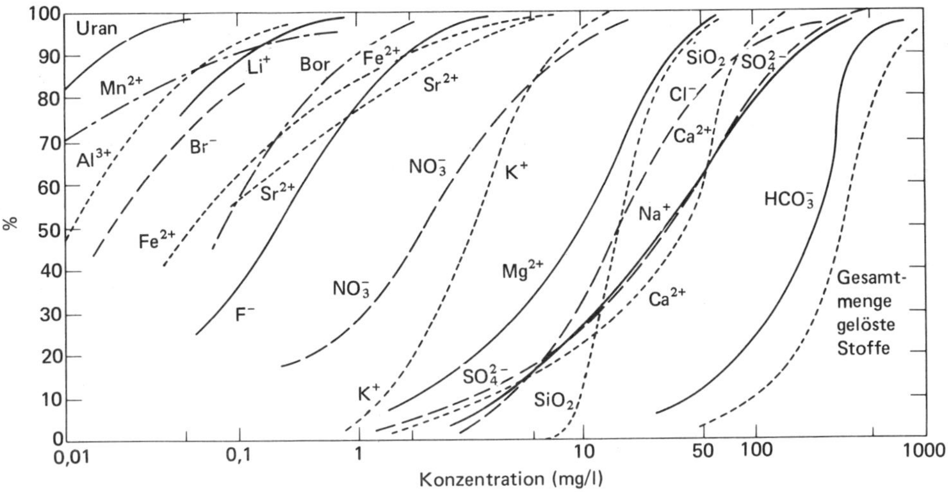

Abb. 9.1 Summenhäufigkeitskurven für verschiedene Inhaltsstoffe in Festlandgewässern. Die Daten stützen sich in der Hauptsache auf Messungen von Gewässern der Vereinigten Staaten (nach DAVIES & DeWIEST, *Hydrogeology*, J. Wiley & Sons, New York, 1966).

Die primäre Quelle für die meisten terrestrischen Gewässer ist der Regen (bzw. Schnee, Tau etc.); daneben kommt Wasser, das der Vulkanismus selbst oder über Thermalquellen einspeist, in Frage. Ein Teil der Niederschläge fließt unmittelbar über die Vorfluter ab, ein weiterer Teil versickert und schließt sich dem Grundwasser an, um an anderer Stelle eventuell in Quellen wieder auszutreten, ein Teil wird von den Pflanzen benötigt, wieder ein anderer Teil wird zur Mineralneubildung, meist Hydroxide und Hydrate, abgestellt, während ein Rest schließlich in die Atmosphäre zurückkehrt. Wegen der einzigartigen Lösungseigenschaften des Wassers besteht der Abfluß niemals aus reinem H_2O, sondern enthält stets eine gewisse Lösungsfracht. Die Menge und Qualität des gelösten Materials wechselt freilich stark von Zeit zu Zeit und von Ort zu Ort. In der Abb. 9.1 sehen wir die Verteilung verschiedener Wasserinhaltsstoffe, dargestellt in Form von Summenhäufigkeitskurven. Man beachte, daß die Lösungskomponente HCO_3^- mengenmäßig weit an der Spitze liegt, sie entsteht aus dem im Regenwasser gelösten atmosphärischen Kohlendioxid plus dem von Bodenmikroorganismen erzeugten Kohlendioxid; beide reagieren hauptsächlich mit Karbonaten der Sedimente zum Hydrogenkarbonat-Ion. Mit Abstand folgen Na^+, Ca^{++}, SO_4^{--} und Cl^-, die zum Teil aus dem Spritzwasser des Meeres über die Niederschläge eingebracht werden und zum Teil der Verwitterung von Gesteinen entstammen. Die in Kontakt mit magmatischen oder chemisch ähnlichen Gesteinen stehenden Wässer können in erster Annäherung so betrachtet werden, als wären sie vornehmlich CO_2-reiche Agentien, die mit Plagioklasen und dunklen Mineralen wie Hornblenden, Biotit oder Pyroxen reagieren. Beispielhafte Reaktionen wie

$$CaAl_2Si_2O_8 + 2\ CO_2 + 3\ H_2O = Al_2Si_2O_5(OH)_4 + Ca^{++} + 2\ HCO_3^-$$

verdeutlichen die Wirkung des CO_2-haltigen Wassers auf silikatische Minerale unter sukzessiver Umwandlung in Tonminerale plus lösliche Ionen. Ähnlich beschleunigend auf den Lösungsvorgang wirken in diesem Zusammenhang assoziierte organische Verbindungen, z.B. Humin- und Fulvosäuren; sie spielen insbesondere in den Tropen mit ihren raschen Stoffumsetzungen eine große Rolle.

Von den Niederschlägen, die jährlich auf die Landgebiete der Erde fallen, gibt es eine Schätzzahl von $123 \cdot 10^{18}$ g, davon fließen wieder $27{,}4 \cdot 10^{18}$ g zurück ins Meer. CLARKE veranschlagt die von den terrestrischen Wässern transportierte Lösungsfracht auf $27{,}35 \cdot 10^{14}$ g, woraus sich eine durchschnittliche Beladung der Flüsse von rund 100 ppm ergibt. Die tatsächlich feststellbaren Salinitäten schwanken jedoch in weiten Grenzen; die Skala reicht von 13 bis 9185 ppm, wobei Werte über 1000 ppm ungewöhnlich sind. Die Daten von CLARKE zeigen, daß die Konzentrationen des Hydrogenkarbonats, des Calciums und des Magnesiums sehr rasch mit der Mineralisation der Flußwässer ansteigen, bis sie ihre obere Grenze bei etwa 200 ppm erreicht haben; höhere Mineralisationen werden hauptsächlich von den Ionen Natrium, Sulfat und Chlorid verursacht. Aus Gebieten, wo überwiegend Magmatite und Metamorphite anstehen, kommen die Wässer mit sehr geringer Lösungsfracht von bis zu 50 ppm; die Abflüsse aus Gebieten mit Sedimentgesteinen enthalten zwischen 50 und 200 ppm; höhere Konzentrationen kommen in Flüssen vor, die Gebiete mit salzhaltigen Böden drainieren oder die Abwässern aller Art oder sonstigen Verschmutzungen ausgesetzt sind.

CLARKE errechnete eine mittlere Zusammensetzung der Lösungsfrachten von Flüssen, indem er die Zusammensetzung des Wassers von verschiedenen Flußsystemen im Verhältnis zur totalen Anlieferung an gelösten Stoffen bewertete. Berichtigte Zahlen jüngeren Datums stammen von LIVINGSTONE (1963); seine Daten weisen eine durchschnittliche Mineralisation von ca. 130 ppm aus (Tab. 9.2).

Tabelle 9.2 Chemismus (Auswahl) einiger Flußwässer und anderer Wässer (mg/l)

	HCO_3	SO_4	Cl	Na	Mg	Ca	Fe	SiO_2	Gesamtmenge gelöste Stoffe
Weltdurchschnitt	58,4	11,2	7,8	6,3	4,1	15,0	0,67	13,1	114
Ca-HCO_3-Fluß (Amazonas)	17	3,0	1,7	1,8	1,1	4,3	0,05	7,0	36
Ca-HCO_3-Fluß (Mississippi)	101	41	15	11	7,6	34	0,02	5,9	221
Ca-SO_4-Fluß (Colorado)	183	289	113	124	30	94	0,01	14	853
Na-Cl-Fluß (Jordan)	238	174	473	253	71	80	–	–	1310
Meerwasser	140	2700	19000	11000	1300	410	0,003	3	34481
Großer Salzsee	–	6680	55480	33170	2760	160	–	–	203490

Der Chemismus der Lösungsfracht einzelner Flüsse und Seen kann erheblich vom Durchschnitt abweichen. Einige der Inhaltsstoffe in ausgewählten Flüssen (Tab. 9.2) repräsentieren den hydrochemischen Haupttyp; man spricht von einem Ca-HCO_3-Typ, einem Ca-SO_4-Typ oder einem Na-Cl-Typ usw. Die mittlere globale Zusammensetzung der Lösungsfrachten liegt nahe am Calcium-Hydrogenkarbonat-Typ; alle anderen Typen treten demgegenüber in den Hintergrund. Der Chemismus der Lösungsfracht eines Flusses hängt von vielerlei Faktoren ab, darunter die Niederschlagsart und -menge, die Gesteinsart, das Relief sowie der Bewuchs des drainierten Einzugsgebietes. Die Niederschläge, die einen Fluß speisen, erreichen das Flußnetz auf zweierlei Art: in erster Linie über den Oberflächenabfluß und zweitens über das Boden- und Grundwasser. Was Menge und Beschaffenheit angehen, ist das Grundwasser der verläßlichere Zulieferer, während der Oberflächenzufluß stärker schwankt; so kommt in der Zeit der jährlichen Schmelzwasserspitzen bei Gebirgsflüssen immer auch eine starke chemische Verdünnung hinzu. Grundwässer aus Kalksteinaquiferen* haben hohe Ca-Werte, solche, die Dolomitgesteine durchflossen haben, führen vorwiegend Ca und Mg. In den ariden Gebieten der Erde, wo wir es oft mit Salzböden und Salzverkrustungen zu tun haben, enthalten die Flüsse folglich viel Cl^- und SO_4^{--}. Der pH-Wert der Flüsse variiert von sehr niedrigen Werten um 4, wie in den tropischen Gebieten mit ihrem hohen Anteil an organischen Säuren und Kieselsäure, bis hinauf zu Werten um 9–10. Der mittlere pH-Wert jedoch liegt meist bei 6–8.

Außer der Lösungsfracht befördern die Flüsse auch große Mengen an suspendiertem Material, die die Menge der gelösten Stoffe um den Faktor 4 übertreffen. Schätzungen belaufen sich auf ca. 100 bis 300 · 10^{14} g, die Jahr für Jahr in die Küstenbereiche der Meere eingebracht werden. Die chemischen Bestandteile der Suspensionen lassen sich nur schwer abschätzen. Tabelle 9.3 gibt den Chemismus des von den Flüssen Nil und Mississippi mitgeführten Schlamms und Silts, zusammengestellt von CLARKE, an.

Tabelle 9.3 Chemismus von Nilschlamm und Mississippisilt (nach CLARKE, 1924)

	Nil	Mississippi
SiO_2	45,10	69,96
Al_2O_3	15,95	10,52
Fe_2O_3	13,25	3,47
MgO	2,64	1,41
CaO	4,85	2,17
K_2O	1,95	2,30
Na_2O	0,85	1,51
CO_2	–	1,40
H_2O	6,70	3,78

Die Wässer der Seen, die von Flüssen gespeist werden, haben naturgemäß einen ähnlichen Chemismus. Ausnahmen sind dort der Fall, wo in abgeschlossenen Beckenlandschaften kein Abfluß stattfindet und wo wegen hoher Evaporation Salze akkumulieren (Tab. 9.2); ferner dort, wo Seenbildung eng mit vulkanischen Phänomenen verbunden sind (Kraterseen) oder in Seen, die durch Verschmutzungen aller Art oft ein explosionsartiges Anwachsen organischer Aktivität (Algenwachstum) erleiden. Viele abflußlose Seen enthalten Salze, die in ihrer Zusammensetzung an die von Meerwasser erinnern; wahrscheinlich haben die zulaufenden Flüsse unterwegs marine Evaporite oder marine Sedimente ausgelaugt. In abgeschlossenen Wannen können vulkanische Exhalationen zu exotischen Anreicherungen führen, so durch HF, HCl oder H_3BO_3.

Sowohl im Meer als auch in den Seen sind die dort lebenden Organismen auf Nährstoffe, insbesondere Stickstoff- und Phosphorverbindungen angewiesen. Werden in einen See aber zu viele dieser Nährstoffe eingebracht, so setzt sehr schnell ein übermäßiges organisches Wachstum ein. Die abgestorbenen Überreste der explosionsartig sich entwickelnden organischen Substanz verzehren, besonders am Seegrund, einen Großteil des Sauerstoffs, so daß in der Folge ein anaerobes Milieu entsteht, das für die höheren Lebensformen unbewohnbar wird. Dieser Prozeß der Eutrophierung kann im ungünstigen Fall das natürliche hydrochemische Gleichgewicht des Sees soweit verändern, daß der See umkippt.

* Aquifer = Grundwasserleiter

9.2 Der Stoffbestand des Meerwassers

Zwei willkürlich eingeführte Konzentrationsangaben zum Salzgehalt des Meerwassers werden von den Ozeanographen benutzt, die **Chlorinität** (engl. chlorinity) und die **Salinität** (engl. salinity). Erstere wird dadurch ermittelt, daß die Halogenide mit Silbersalzen gefällt werden; das Präzipitat besteht im wesentlichen aus den Chloriden, Bromiden und Iodiden, die im Kilogramm Meerwasser enthalten sind, wobei angenommen wird, daß alles Bromid und Iodid durch äquivalente Mengen Chlorid ersetzt ist. Die Salinität ist eine spezifisch definierte Konzentrationsangabe, etwas weniger als das Gesamtgewicht an gelösten Stoffen pro Kilogramm; man kann sie direkt aus der Chlorinität berechnen, oder man bestimmt sie über Messungen der physikalischen Eigenschaften wie Dichte, Brechungsindex oder elektrochemische Leitfähigkeit. Beide Konzentrationsgrößen werden normalerweise in Gramm/Kilogramm Meerwasser bzw. ‰ angegeben. Im offenen Meer rangiert der Salzgehalt um die 35‰, wobei Schwankungen zwischen 32 und 37‰ nicht selten sind; in manchen ariden Meeresbuchten und Nebenmeeren wie im Persischen Golf oder im Roten Meer, wo die Verdunstung hoch und Zufluß und Niederschlag gering sind, kann die Salinität auf über 41‰ ansteigen. Dort, wo große Flüsse einmünden oder wo Gletschereismassen ins Meer gleiten, sinkt der Salzgehalt erwartungsgemäß ab. Dennoch sind in allen Meerwasserproben die relativen Proportionen der Hauptionen praktisch unverändert, daher genügt im Prinzip die Messung einer einzigen der Komponenten zur Gesamtionenbestimmung. Wegen der Homogenität des Meerwasserchemismus gehören die geochemischen Daten der Ozeane zu den genauesten.

Schon früh, im Jahre 1884, erstellte DITTMAR Meerwasseranalysen; 77 Wasserproben aus dem Oberflächenwasser und vom Meeresboden aller Ozeane ergaben damals einen guten Durchschnitt der Meerwasserzusammensetzung. Die Probenahmen erfolgten auf der Forschungsweltreise der H.M.S. Challenger (1872–1876). Bestimmt wurden die Halogenide, die Sulfate, Magnesium, Calcium und Kalium. DITTMAR ermittelte das Brom/Chlor-Verhältnis und berechnete den Karbonatgehalt. Natrium erhielt er aus der Differenz der chemischen Äquivalente der summierten Kationen bzw. Anionen. Eine direkte Messung des Na^+ konnte von DITTMAR nicht befriedigend durchgeführt werden. Die Ergebnisse seiner Messungen zeigten, daß es in der relativen Meerwasserzusammensetzung keine signifikanten regionalen Unterschiede zu verzeichnen gab. Seit 1884 diese ersten Analysen gemacht wurden, erfolgten zahlreiche Forschungsarbeiten auf diesem Gebiet. Nichtsdestotrotz stimmen die von DITTMAR schon damals ermittelten Werte gut mit den heute akzeptierten überein – ein bemerkenswertes Zeugnis seines Schaffens.

Die Werte für die Hauptbestandteile des Meerwassers sind in Tabelle 9.4 aufgelistet; sie sind einer Chlorinität von 19‰ zugrundegelegt, die als Standard für Meerwasser definiert ist. Wegen der konstanten Proportionalitäten der Hauptionen kann eigentlich jedes einzelne Ion als Maßeinheit für alle anderen eingesetzt werden; man benutzt aber immer das Chlorid als Bezugsion, da es sehr leicht bestimmt werden kann. Die Komplexizität des Meerwassers macht es unmöglich, die Gesamtmenge an gelösten Stoffen in einer gegebenen Probe direkt durch chemische Analysen zu bestimmen. Darüber hinaus kann man durch Eindampfung des Meerwassers und anschließender Wägung keine reproduzierbaren Ergebnisse erzielen, da ein Teil der Stoffe, insbesondere das Chlorid, sich in den Schlußphasen des Trocknens verflüchtigt. Deshalb kann auf indirekte Bestimmungen auf der Basis der Chlorinität nicht verzichtet werden.

Wie gesagt, die Hauptionen und -verbindungen variieren im offenen Ozean so gut wie nie. Die zahlreich vertretenen Spurenelemente kann man in zwei Gruppen einteilen: Solche, die dem biologischen Kreislauf in irgendeiner Form zugehörig sind und daher tiefenabhängig oder milieuabhängig sind oder beides sowie solche, die hinsichtlich Salinität, Wassertiefe oder Milieubedingungen immer dieselben Konzentrationsbereiche einnehmen. Tabelle 9.5 enthält die verfügbaren Werte aller bisher bekannten Elemente im Meerwasser. Für C, N und O sind separate Konzentrationsangaben für verschiedene chemische Verbindungen ausgewiesen, da in ihrer Verteilung bedeutende Unterschiede bestehen. Elemente der Kategorie A sind zur Salinität direkt proportional; die der Kategorie B sind die Nährstoffe sowie die, die in irgendeiner Form zum biologischen Kreislauf gehören; schließlich sind die Elemente der Kategorie C unabhängig vom Kreislauf der biologischen Prozesse und werden von der Salinität nicht beeinflußt.

Tabelle 9.4 Die gelösten Hauptbestandteile im Meerwasser

Ion	Cl = 19‰	%
Cl	18,980	55,05
Br	0,065	0,19
SO_4	2,649	7,68
HCO_3	0,140	0,41
F	0,001	0,00
H_3BO_3	0,026	0,07
Mg	1,272	3,69
Ca	0,400	1,16
Sr	0,008	0,03
K	0,380	1,10
Na	10,556	30,61
Gesamt	34,477	99,99

Es muß bei diesen Daten erwähnt werden, daß sie bezüglich ihrer Qualität schwanken. Einige der Werte basieren auf einer unzulänglichen Anzahl von Proben, und viele Proben wurden aus küstennahen Meeresteilen gezogen, die insbesondere im Spurenelementgehalt sicherlich nicht für den ganzen Ozean repräsentativ sind. Desgleichen wechseln die Gehalte der Elemente in Kategorie B in Abhängigkeit von Ort und Milieu infolge der unterschiedlichen biologischen Aktivität. Wie wir wissen, ist die biologische Aktivität in den oberflächennahen Meeresteilen am größten, was zur Folge hat, daß die in diese Kreisläufe einbezogenen Stoffe in tiefenabhängigen Konzentrationen auftreten. So wird das Calcium in den oberflächennahen Wasserschichten dezimiert sein, da es von kalkschalenbildenden Organismen als Baustoff dem Meerwasser entzogen wird. Gleiches gilt entsprechend für das Silizium, das in kieselige Hartteile eingebaut wird; sein Gehalt nimmt mit der Wassertiefe ständig zu. Die Verteilung des Phosphors unterliegt weitgehend der Verteilung phosphorkonsumierender Organismen; dieses Element ist in den tieferen Partien des Meeres beträchtlich angereichert, da es aus den Verwesungsprozessen toter Organismen hervorgeht. Abb. 9.2 zeigt eine typische Tiefenverteilung dieses Nährstoffelements.

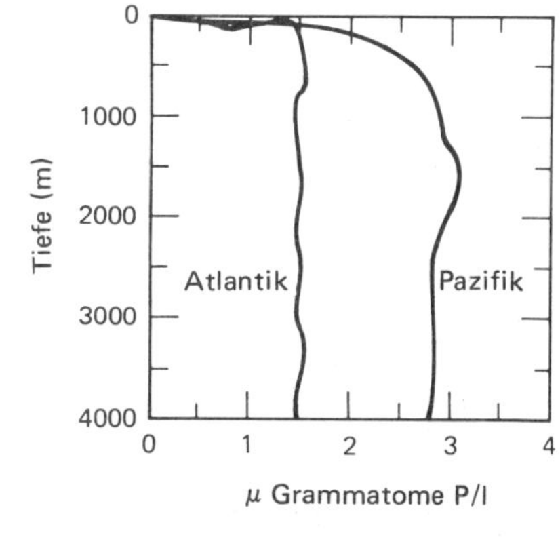

Abb. 9.2 Vertikale Verteilung von anorganischem Phosphor im Nordatlantik und im Pazifik. Auch andere Nährstoffe zeigen ein ganz ähnliches Tiefenprofil mit der charakteristischen Abreicherung in der Nähe der Wasseroberfläche.

Tabelle 9.5 Geochemische Charakteristik der im heutigen Meerwasser enthaltenen Elemente (nach GOLDBERG, BROECKER, GROSS & TUREKIAN, *Marine Chemistry in Radioactivity in the Marine Environment*. National Academy of Sciences)

Element	Meerwasser-Konzentration (μg/l)	Wichtigste gelöste Form	Kategorie	Flußwasser-Konzentration (μg/l)	Verweilzeit im Meer (a)
H	$1,1 \cdot 10^8$	H_2O	A	–	–
He	$7 \cdot 10^{-3}$	He (Gas)	A	–	–
Li	$1,7 \cdot 10^2$	Li^+	A	3	$2,3 \cdot 10^6$
Be	$6 \cdot 10^{-4}$	–	–	–	–
B	$4,5 \cdot 10^3$	$B(OH)_3$, $B(OH)_4^-$	A	10	$1,8 \cdot 10^7$
C	$2,8 \cdot 10^4$	HCO_3^-, CO_3^{2-}	A	–	–
C (org.)	$1 \cdot 10^2$	–	A	–	–
N	$1,5 \cdot 10^4$	N_2 (Gas)	A	–	–
N	$6,7 \cdot 10^2$	NO_3^-	B	–	–
O	$8,8 \cdot 10^8$	H_2O	A	–	–
O	$6 \cdot 10^3$	O_2	B	–	–
O	$1,8 \cdot 10^6$	SO_4^{2-}	A	–	–
F	$1,3 \cdot 10^3$	F^-	A	100	$5,2 \cdot 10^5$
Ne	0,12	Ne (Gas)	A	–	–
Na	$1,1 \cdot 10^7$	Na^+	A	6 300	$6,8 \cdot 10^7$
Mg	$1,3 \cdot 10^6$	Mg^{2+}	A	4 100	$1,2 \cdot 10^7$
Al	1	–	–	400	$1,0 \cdot 10^2$
Si	$3 \cdot 10^3$	$Si(OH)_4$, $SiO(OH)_3^-$	B	6 500	$1,8 \cdot 10^4$
P	90	HPO_4^{2-}, $H_2PO_4^-$, PO_4^{3-}	B	20	$1,8 \cdot 10^5$
S	$9,0 \cdot 10^5$	SO_4^{2-}	A	–	–
Cl	$1,9 \cdot 10^7$	Cl^-	A	1 800	$1 \cdot 10^8$
Ar	$4,5 \cdot 10^2$	Ar (Gas)	A	–	–
K	$3,9 \cdot 10^5$	K^+	A	2 300	$7 \cdot 10^6$
Ca	$4,1 \cdot 10^5$	Ca^{2+}	A	15 000	$1,0 \cdot 10^6$
Sc	$< 4 \cdot 10^{-3}$	$Sc(OH)_3^0$	–	0,004	$< 4 \cdot 10^4$
Ti	1	$Ti(OH)_4^0$	–	3	$1,3 \cdot 10^4$
V	2	$VO_2(OH)_3^{2-}$	–	0,9	$8,0 \cdot 10^4$
Cr	0,5	CrO_4^{2-}, Cr^{3+}	–	1	$2,0 \cdot 10^4$
Mn	2	Mn^{2+}	C	7	$1,0 \cdot 10^4$
Fe	3	–	–	670	$2,0 \cdot 10^2$
Co	0,4	Co^{2+}	C	0,1	$1,6 \cdot 10^5$
Ni	7	Ni^{2+}	C	0,3	$9,0 \cdot 10^4$
Cu	3	Cu^{2+}	C	7	$2 \cdot 10^4$
Zn	10	Zn^{2+}	C	20	$2 \cdot 10^4$
Ga	$3 \cdot 10^{-2}$	–	–	0,09	$1 \cdot 10^4$
Ge	$7 \cdot 10^{-2}$	$Ge(OH)_4$	–	–	–
As	2,6	$HAsO_4^{2-}$, $H_2AsO_4^-$	–	2	$5 \cdot 10^4$
Se	$9 \cdot 10^{-2}$	SeO_4^{2-}	C	0,2	$2 \cdot 10^4$
Br	$6,7 \cdot 10^4$	Br^-	A	20	$1 \cdot 10^8$
Kr	0,2	Kr (Gas)	A	–	–
Rb	$1,2 \cdot 10^2$	Rb^+	A	1	$5 \cdot 10^6$
Sr	$8 \cdot 10^3$	Sr^{2+}	A	70	$4 \cdot 10^6$
Y	$1 \cdot 10^{-3}$	$Y(OH)_3^0$	C	–	–
Zr	$3 \cdot 10^{-2}$	–	–	–	–
Nb	0,01	–	–	–	–
Mo	10	MoO_4^{2-}	A	0,6	$7 \cdot 10^5$
Ru	–	–	–	–	–
Rh	–	–	–	–	–
Pd	–	–	–	–	–
Ag	0,3	$AgCl_2^-$	C	0,3	$4 \cdot 10^4$
Cd	0,1	Cd^{2+}	–	–	–

Fortsetzung Tabelle 9.5

Element	Meerwasser-Konzentration (µg/l)	Wichtigste gelöste Form	Kategorie	Flußwasser-Konzentration (µg/l)	Verweilzeit im Meer (a)
In	< 20	–	–	–	–
Sn	0,8	–	–	–	–
Sb	0,3	–	C	2	7 000
Te	–	–	–	–	–
I	60	IO_3^-, I	A	7	$4 \cdot 10^5$
Xe	$5 \cdot 10^{-2}$	Xe (Gas)	A	–	–
Cs	0,3	Cs^+	A	0,02	$6 \cdot 10^5$
Ba	20	Ba^{2+}	C	20	$4 \cdot 10^4$
La	$3 \cdot 10^{-3}$	$La(OH)_3^0$	C	0,2	$6 \cdot 10^2$
Ce	$1 \cdot 10^{-3}$	$Ce(OH)_3^0$	C	–	–
Pr	$0{,}6 \cdot 10^{-3}$	$Pr(OH)_3^0$	C	–	–
Nd	$3 \cdot 10^{-3}$	$Nd(OH)_3^0$	C	–	–
Sm	$0{,}5 \cdot 10^{-3}$	$Sm(OH)_3^0$	C	–	–
Eu	$0{,}1 \cdot 10^{-3}$	$Eu(OH)_3^0$	C	–	–
Gd	$0{,}7 \cdot 10^{-3}$	$Gd(OH)_3^0$	C	–	–
Tb	$1{,}4 \cdot 10^{-3}$	$Tb(OH)_3^0$	C	–	–
Dy	$0{,}9 \cdot 10^{-3}$	$Dy(OH)_3^0$	C	–	–
Ho	$0{,}2 \cdot 10^{-3}$	$Ho(OH)_3^0$	C	–	–
Er	$0{,}9 \cdot 10^{-3}$	$Er(OH)_3^0$	C	–	–
Tm	$0{,}2 \cdot 10^{-3}$	$Tm(OH)_3^0$	C	–	–
Yb	$0{,}8 \cdot 10^{-3}$	$Yb(OH)_3^0$	C	–	–
Lu	$0{,}1 \cdot 10^{-3}$	$Lu(OH)_3^0$	C	–	–
Hf	$< 8 \cdot 10^{-3}$	–	–	–	–
Ta	$< 3 \cdot 10^{-3}$	–	–	–	–
W	0,1	WO_4^{2-}	–	0,03	$1{,}2 \cdot 10^5$
Re	0,008	–	–	–	–
Os	–	–	–	–	–
Ir	–	–	–	–	–
Pt	–	–	–	–	–
Au	$1 \cdot 10^{-2}$	$AuCl_2^-$	C	0,002	$2 \cdot 10^5$
Hg	0,2	$HgCl_4^{2-}$, $HgCl_2^0$	C	0,07	$8 \cdot 10^4$
Tl	< 0,1	Tl^+	–	–	–
Pb	0,03	$PbCl_3^-$, $PbCl^+$, Pb^{2+}	C	3	$4 \cdot 10^2$
Bi	0,02	–	–	–	–
Po	–	–	–	–	–
At	–	–	–	–	–
Rn	$6 \cdot 10^{-13}$	Rn (Gas)	–	–	–
Ra	$1 \cdot 10^{-7}$	Ra^{2+}	C	–	–
Ac	–	–	–	–	–
Th	$< 5 \cdot 10^{-4}$	$Th(OH)_4^0$	–	0,1	< 200
Pa	$2{,}0 \cdot 10^{-6}$	–	–	–	–
U	3	$UO_2(CO_3)_3^{4-}$	A	0,04	$3 \cdot 10^6$

Auch Gase sind Bestandteile des Meerwassers. Seit Atmosphäre und Hydrosphäre getrennt nebeneinander existieren, gibt es mit großer Wahrscheinlichkeit eine enge Beziehung zwischen den Gasmengen, die im Wasser gelöst sind und den entsprechenden Partialdrücken in der Atmosphäre. Die oberflächennahen Wasserschichten sind (fast) im Gleichgewicht mit dem Sauerstoff und dem Stickstoff der Luft. Im allgemeinen besteht die Ansicht, daß der im Meerwasser gelöste Stickstoff keinerlei chemische Verbindungen eingeht; folglich ist seine Konzentration keinen größeren Schwankungen unterworfen. Sauerstoff spielt auf der anderen

Tabelle 9.6 Im Meerwasser gelöste Gase[1]

	Konzentration (ml/l)
O_2	0–9
N_2	8,4–14,5
Gesamt-CO_2	34–56
Ar	0,2–0,4
He + Ne	$1{,}7 \cdot 10^{-4}$
H_2S	0–22 oder mehr

[1] Meerwasser mit 19‰ Chlorinität bei 0°C im Gleichgewicht mit normaler, trockener Luft enthält 8,1 ml O_2/l und 14,4 ml N_2/l.

Seite eine aktive Rolle im Stoffwechsel und beim Abbau der organischen Substanz, seine Konzentrationen wechseln daher stark von Ort zu Ort. Wie wir schon erwähnt hatten, reguliert die Atmosphäre den Kohlendioxidgehalt des oberflächennahen Wassers; die Reaktionsmechanismen jedoch sind sehr komplex, da das CO_2 im Meerwasser in vier verschiedenen Arten zugegen ist: freies CO_2, CO_3^{--}, HCO_3^- und undissoziierte Kohlensäure, H_2CO_3. Außerdem unterliegt der Kohlendioxidgehalt im Wasser, der seinerseits die Löslichkeit des $CaCO_3$ kontrolliert, der Art und dem Ausmaß biologischer Aktivität. Ammoniak, Argon, Helium und Neon wurden als Bestandteile des Meerwassers festgestellt. Lokal treten oftmals größere Mengen an H_2S auf (eher als Sulfidionen als in Form des freien Gases), deren Gehalte besonders in abgeschlossenen Becken mit stagnierendem Bodenwasser sprunghaft ansteigen können (Ostsee). Über die im Meerwasser gelösten Gase informiert die Tabelle 9.6.

Zuwachs und Verluste

Ein Vergleich zeigt, daß Flußwasser und Meerwasser unterschiedlich im hydrochemischen Charakter sind:

Flußwasser	Ca > Na > Mg	und	$CO_3 > SO_4 > Cl$
Meerwasser	Na > Mg > Ca	und	$Cl > SO_4 > CO_3$

Außerdem zirkulieren über 90% des Chlorids und ein Gutteil des Sulfats im Flußwasser im Kreislauf des Wassers, also über die Atmosphäre, und entstammen daher letztendlich den Ozeanen. Man muß folglich für Durchschnittsberechnungen diese sich im Umlauf befindenden Salze berücksichtigen, um klar zwischen ozeanischem und terrestrischem Anteil unterscheiden zu können. Korrekturen in diesem Sinne sind gemacht worden; in Tabelle 9.7 ist man davon ausgegangen, daß alles Chlorid der Flußwässer zyklischer Natur ist, und demzufolge hat man die Anteilsmengen der anderen Elemente nach den entsprechenden Proportionen ihres Vorkommens im Meerwasser abgeändert. Diese Annahme ist zweifellos willkürlich und entspricht sicherlich nicht ganz der Wirklichkeit, aber die so abgewandelten Werte vermitteln auf der anderen Seite ein realistischeres Bild von der tatsächlichen Ionenverteilung der gelösten Wasserinhaltsstoffe.

Eine vollständige Zusammenschau der geschätzten jährlichen Zufuhr an verschiedenen chemischen Stoffen in die Meeresbecken gaben GARRELS & MACKENZIE in Form einer Tabelle (Tab. 9.8). Die meisten eingebrachten Stoffe erreichen das Meer in suspendierter Form als Feststoff und beeinflussen zunächst den Chemismus des Meerwassers nicht.

Offensichtlich regulieren andere Faktoren als das durch die Flüsse eingebrachte gelöste Material die Zusammensetzung des Meerwassers. Viele Reaktionen finden statt, die den andersartigen Milieubedingungen des Meerwassers Rechnung tragen: Kationenadsorption und -austausch durch Tonminerale entfernen eine Reihe von Ionen aus der Lösung; wieder andere Ionen reagieren mit den Tonmineralen oder

Tabelle 9.7 Flußwasser- und Meerwasserchemismus (gelöste Stoffe)

	Flußwasser		Meerwasser	Flußwasser abzüglich zyklische Salze (%)
	(mg/l)	(%)	(%)	
HCO_3	58,5	48,6	0,41	54,6
SO_4	11,2	9,3	7,68	9,6
Cl	7,8	6,5	55,04	0,0
NO_3	1	0,8	–	0,9
Ca	15	12,5	1,15	13,9
Mg	4,1	3,4	3,69	3,4
Na	6,3	5,3	30,62	2,5
K	2,3	2,0	1,10	2,1
Fe	0,7	0,6	–	0,7
SiO_2	13,1	11,0	–	12,3
Sr, H_3BO_3, Br	–	–	0,31	–
	120,0	100,0	100,00	100,0

Tabelle 9.8 Geschätzte jährliche Zuflußmengen verschiedener Stoffe in die Meeresbecken (Angaben in 10^{14} g) (nach GARRELS & MACKENZIE, *Evolution of sedimentary rocks.* W.W. Norton, New York 1971)

	Flüsse									
	gelöst	suspendiert	Grundwasser	Aerosole	Staub	marine Erosion	Eis	unterirdisch	Gesamtmenge	% der Gesamtmenge
SiO_2	4,4	121,0	0,5	–	0,4	1,5	13,0		140,8	60
Al	–	14,9	–	–	0,1	0,2	1,8		17,0	7
Fe	0,2	12,2	–	–		0,1	0,6		13,1	6
Ca	5,0	5,5	0,6	–		0,1	0,6		11,8	5
Mg	1,4	2,8	0,2	0,1		0,1	0,3		4,9	2
K	0,8	3,9	0,1	0,1		0,1	0,6		5,6	2
Na	2,1	2,0	0,2	0,7		–	0,5		5,5	2
Cl	2,6	–	0,3	1,4		–	–	0,1	4,4	2
SO_4	3,8	–	0,4	0,2		–	–		4,4	2
HCO_3	19,0	8,3	2,0	–		0,2	–	0,3	29,8	12
Gesamt	39,3	170,6	4,3	2,5	0,5	2,3	17,4	0,4	237,3	
% der Gesamtstoffe	16,6	72,0	1,8	1,0	0,2	1,0	7,3	0,2		~ 100
Andere Bestandteile (NO_3^-, org. Substanz, F^-, S^- etc.)									~ 3–4	
Geschätzter Gesamtumsatz									~ $240 \cdot 10^{14}$ g/a	

anderen Verbindungen zu Mineralneubildungen weiter – Glaukonit und Phillipsit sind ganz typische Beispiele. Daneben spielt die organische Lebewelt eine sehr bedeutende Rolle bei der Extraktion vieler gelöster Stoffe. Wir kennen bereits den Fall des Calciumkarbonats, das als Schalenbaumaterial vielen Hartschalern dient, oder den Fall des Siliziums, das im gleichen Sinn den Diatomeen und Radiolarien dient.

Mit letzter Sicherheit ist nicht bekannt, ob die Zufuhr gelöster Stoffe der relativen Zusammensetzung des Meerwassers fortschreitende Veränderungen gebracht hat. Auf alle Fälle sind, wenn es zutrifft, solche Veränderungen außerordentlich langsam verlaufen. Die Gesamtmenge an gelösten Stoffen in den Ozeanen beläuft sich auf ca. 49,5 · 10^{21} g, legt man eine mittlere Salinität von 35‰ und eine Wassermenge von 1413 · 10^{21} g zugrunde. Die gesamte, vom Festland ins Meer eingebrachte jährliche Lösungsfracht von 42 · 10^{14} g ist nur ein verschwindend kleiner Bruchteil, 10^{-7}, von dieser Menge; gleichwohl gewinnt er angesichts geologischer Zeiträume an entsprechender Bedeutung.

Stoffbilanz des Meerwassers

Generell wird angenommen, daß sich die in den Ozeanen gelösten Stoffe weitgehend im Gleichgewicht (engl. steady state) befinden; die Menge eines Elements, die pro Zeiteinheit zugeführt wird, wird gleichzeitig durch Sedimentation einer entsprechenden Menge wieder entfernt. Auf dieser Grundlage kann man eine **Verweilzeit** T für jedes Element einführen; sie ist die Gesamtmenge dieses Elements, gelöst in den Ozeanen *(A)*, geteilt durch die zugeführte Menge pro Jahr *(dA/dt)*, wobei für Elemente, die sich im Kreislauf befinden, korrigiert wird:

$$T = \frac{A}{dA/dt}$$ (der Term dA/dt ist gleichzeitig die Sedimentationsrate)

Für viele Elemente sind errechnete Verweilzeiten in der Tabelle 9.5 angegeben.

Trotz vieler unabhängiger Annahmen, die für diese Berechnung getroffen werden müssen, scheinen die relativen und absoluten Werte der meisten Verweilzeiten annehmbar zu sein. Natrium besitzt die längste Verweilzeit, die sich in der Größenordnung mit dem Alter der Ozeane vergleichen läßt. Diese lange Verweilzeit führt zu dem Schluß, daß das Natrium innerhalb des marinen Raumes keinerlei Reaktionen eingeht. Es wird in der Tat in keines der sedimentären Minerale eingebaut, und am biologischen Zyklus nimmt es ebenfalls nicht teil. Die Hauptelemente K, Ca und Mg haben Verweilzeiten in der Größenordnung von 10^6 bis 10^7 a. Elemente geringer Häufigkeiten haben kurze Verweilzeiten, insbesondere jene, die potentiell gut verfügbar sind. Die an sich sehr kurze Verweilzeit des Mangans von 10 000 Jahren ist wahrscheinlich auf seine leichte Oxidierbarkeit in die vierwertige Oxidationsstufe zurückzuführen, in der es in Form der bekannten Manganknollen ausgefällt wird und verstreut auf vielen Meeresböden auftritt. Silizium und Aluminium sind mit die Elemente mit den kürzesten Verweilzeiten. Das meiste Si wird wohl durch die Organismen zum Schalenbau verbraucht; Al nimmt zwar am biologischen Zyklus nicht teil, wird aber als wesentlicher Baustein vieler Tonmineralneubildungen vermutlich rasch wieder dem Meerwasser entzogen.

Die Bedeutung der Verweilzeit für praktische geochemische Problemstellungen wird uns klar, wenn wir bedenken, daß durch Atomwaffentests oder durch radioaktive Abfälle aus Reaktoren Radionuklide dem Meerwasser zugeführt wurden und werden. Die radioaktiven Isotope von Sr und Cs, die auf solche künstliche Zufuhr zurückgehen, sind für lebende Organismen eine große Gefahr, da sie im Vergleich zu ihrer Halbwertszeit eine sehr hohe Meerwasserverweilzeit besitzen. So verbleiben diese Radionuklide sehr lange in Lösung, da sie nicht schnell genug ausgefällt werden; sie dringen in verschiedene biologische Kreisläufe ein und können sich durch Bioakkumulation in bestimmten Tiergruppen stark anreichern.

GOLDSCHMIDT machte eine interessante Untersuchung über das Gleichgewicht zwischen Zufuhr und Wegfuhr einiger bestimmter Elemente im Meerwasser. Grundlage seines Vergleichs bildeten die Gesamtmengen verschiedener Elemente, die im Lauf der Erdgeschichte durch Verwitterung, Erosion und Sedimentation in das

Meerwasser eingebracht worden sind (siehe Abschnitt 6.8). Folgt man den Angaben GOLDSCHMIDTs, so sind seit Beginn des Wasserkreislaufs pro cm^2 Erdoberfläche rund 160 kg magmatische Gesteine verwittert. Bei 278 kg Meerwasser pro cm^2 Erdoberfläche entfallen auf jedes Kilogramm Meerwasser umgerechnet ca. 600 g Gestein; diese 600 g stellen daher die potentielle Quelle für die in einem Kilogramm Meerwasser gelösten Stoffe dar. Sicherlich sind nur ein Teil dieser möglichen 600 g tatsächlich in Lösung gegangen und in diesem Zustand verblieben. GOLDSCHMIDT arbeitete eine Bilanzrechnung aus, für die einige Elemente aus den potentiellen 600 g Gestein in Relation zu ihren Konzentrationen in einem Kilogramm Meerwasser gesetzt wurden. Bei diesem Vergleich fiel sehr stark auf, daß die Konzentrationen einiger Elemente im Meerwasser viel höher ausfielen, als sie je durch Verwitterung allein hätten eingebracht werden können. Es handelt sich um die häufigeren Anionen im Meerwasser, nämlich um Chlorid, Sulfat, Borat und Bromid. Ob sie nun in höheren Konzentrationen bereits im Urozean vorhanden waren oder ob sie größtenteils aus vulkanischen Gasen und Thermalwässern stammen, ist nicht mit letzter Gewißheit zu behaupten. Wägt man aufgrund der Daten rezenter Exhalationen ab, so läßt sich die zweite Alternative ohne weiteres als Ionenspender verstehen, zumindest für einen Großteil dieser „überhäufigen“ Elemente im Meerwasser.

Die Konzentration ist also, wie wir gesehen haben, eine Funktion der Ausscheidungsgeschwindigkeit aus dem Meerwasser durch chemische und/oder physikalische Prozesse sowie der Nachlieferungsgeschwindigkeit. Ausscheidungsvorgänge umfassen das Einschließen in die Porenräume von Sedimenten, chemische und biochemische Ausfällung, Ionenaustauschreaktionen mit Tonmineralen und Zeolithen und die Eindampfung als Evaporite in abgeschlossenen Becken und Pfannen.

Um das Milieu, in dem derartige chemische Reaktionen stattfinden, besser bewerten zu können, ist die Kenntnis der Ionenkonzentrationen, des pH und der Redoxverhältnisse im Meerwasser dieser Umgebung vonnöten. Diese Daten sind nicht immer leicht zu erhalten, weshalb definierte Aussagen über die Art der chemischen Reaktionen oft recht schwierig sind. In der chemischen Literatur sind diesbezügliche Daten zuallermeist nur für verdünnte Lösungen gültig und haben allenfalls qualitativen Wert für Reaktionen in konzentrierteren Lösungen. Um einfache Löslichkeiten zu ermitteln, muß man nicht nur Änderungen des Löslichkeitsprodukts oder der Ionenaktivitäten betrachten, sondern ebenso Änderungen der Ionenart. Tabelle 9.5 zeigt ganz klar, daß viele Elemente nicht als einfache Kationen, sondern in Form von Komplexen mit den vorherrschenden Anionen vorliegen. Tabelle 9.9 verdeutlicht die Unterschiede zwischen erwarteten und tatsächlich gemessenen Konzentrationswerten im Meerwasser, basierend auf ihrem am wenigsten löslichen Salz. Es ist ersichtlich, daß das Meer an diesen Ionen untersättigt ist, vielleicht mit Ausnahme von Barium, Lanthan und Thorium.

KRAUSKOPF (1956) führte eine ausgedehnte Studie über die Faktoren, welche die Konzentrationen der Elemente Zn, Cu, Pb, Cd, Ni, Co, Hg, Ag, Cr, Mo, W und V steuern, durch. Er erforschte im Detail vier Prozesse, die für die Ausscheidung dieser Elemente aus dem Meerwasser in Frage kommen: Ausfällung als unlösliche Verbindungen mit im allgemeinen immer vorhandenen Ionen; Ausfällung durch Sulfidionen in lokalen Meeresteilen mit niedrigem Redoxpotential; Adsorption an Verbindungen wie Eisensulfid, Fe(III)hydroxid, hydratisiertes Mangandioxid und Tonminerale; Entzug durch Stoffwechselvorgänge von Organismen. Er zeigte zweigleisig, durch Theorie und Experiment, daß das Meerwasser an diesen Ionen höchst

Tabelle 9.9 Löslichkeiten einiger Spurenelemente im Meerwasser

Element	Unlösliche Verbindung	Errechnete Konzentration (mol/l)	Gemessene Konzentration (mol/l)
Sr	$SrCO_3$	$3 \cdot 10^{-4}$	$9 \cdot 10^{-5}$
Ni	$Ni(OH)_2$	$2 \cdot 10^{-3}$	$1 \cdot 10^{-7}$
Co	$CoCO_3$	$2 \cdot 10^{-7}$	$7 \cdot 10^{-9}$
Ba	$BaSO_4$	$1 \cdot 10^{-7}$	$1{,}5 \cdot 10^{-7}$
La	$LaPO_4$	$1 \cdot 10^{-11}$	$2 \cdot 10^{-11}$
Th	$Th_3(PO_4)_4$	$2 \cdot 10^{-12}$	$1 \cdot 10^{-12}$

untersättigt ist, d.h. daß die Ausfällung unlöslicher Verbindungen nicht für die beobachteten Konzentrationen verantwortlich sein kann. Lokale Ausfällungen von Metallsulfiden dürften wahrscheinlich sein, sind aber nicht der wichtige Kontrollmechanismus, da die Konzentrationen mit den Löslichkeiten der Sulfide nicht in Einklang sind. Adsorption ist ein Prozeß, der außer auf V, W, Ni, Co und Cr auf alle anderen untersuchten Ionen zutrifft. Nimmt man an, daß Cr durch lokale Reduktion und Ausfällung als Hydroxid und die anderen vier Metalle durch biologische Prozesse ausgeschieden werden, dann kann man die auftretenden Konzentrationen recht gut darauf beziehen. Adsorption, ergänzt durch biologisch induzierte Ausscheidung, liefert auch eine befriedigende Erklärung für die Verteilung von Spurenelementen in den marinen Sedimenten.

Mit einigen Ausnahmen müßten wir alle Elemente eigentlich in viel höheren Konzentrationen vorfinden, als wir sie tatsächlich im Meerwasser präsent haben. Die Löslichkeiten ihrer Verbindungen, physikochemische Faktoren wie Adsorption und Kopräzipitation (Mitausfällung) sowie die biologischen Aktivitäten verschiedenster Art steuern die Ausscheidung der Elemente aus dem Meerwasser. Einige Elemente, die mit dem Flußwasser die Küstengewässer erreichen, werden dort wegen des erhöhten Elektrolytgehalts als unlösliche Verbindungen gefällt. Andere werden dadurch abgeschieden, daß sie mit Partikeln, die als Suspension oder in den Feinsedimenten auftreten, komplexe Reaktionen eingehen; solche Prozesse kennen wir unter der Bezeichnung **Halmyrolyse.**

Ein sehr eindrucksvolles Beispiel für Halmyrolyse ist die Akkumulation radioaktiver Substanzen in den oberen Schichten von Tiefseeablagerungen. Durch den natürlichen ^{238}U-Gehalt des Meerwassers und dessen Zerfall entsteht ^{230}Th, das nahezu quantitativ zusammen mit dem ^{232}Th ausfällt und sich in den Sedimenten anreichert; es verleiht ihnen dadurch eine abnorm hohe Radioaktivität. Die Halbwertszeit des ^{230}Th beträgt ca. 83 000 a; da sich sein Gehalt mit dem Alter des Sediments verringert, ist das ^{230}Th:^{232}Th-Verhältnis in den Oberschichten am höchsten und nimmt nach der Tiefe hin ab. Auf diese Weise wird es möglich, die Alter unterschiedlicher Schichten aus Tiefseebohrkernen zu ermitteln. Einige wertvolle Ergebnisse über die Sedimentationsraten von Tiefseesedimenten konnten mit dieser Methode erzielt werden. Roter Tiefseeton in den zentralen Becken des Pazifiks sedimentierte danach mit einer Geschwindigkeit von nur 1 mm in 1000 Jahren, während im Atlantik das gleiche Sediment in der Regel eine höhere Sedimentationsrate aufzuweisen hat.

Eine bemerkenswerte Eigenheit des Meerwassers ist sein geringer Gehalt an bestimmten, für Organismen giftigen Metallen und Metalloiden wie Selen und Arsen, die lösliche Anionenkomplexe bilden; aus diesem Grunde ist anzunehmen, daß sie sich in der Nahrungskette leicht und schnell anreichern. Die Mengen dieser Elemente, die im Lauf der Erdgeschichte in die Meere gelangt sind, sind so groß, daß es wahrscheinlich zu lebensfeindlichen Milieuentwicklungen im Meerwasser gekommen wäre, hätte es nicht einige regulierende Prozesse gegeben, die sie wieder entfernt haben.

Die biologische Aktivität ist ohne Zweifel von größter Bedeutung für die Konzentrationskontrolle vieler gelöster Wasserinhaltsstoffe – nicht nur in Hinsicht auf die häufigen, sondern genauso in Hinsicht auf die selteren wie Kupfer, Vanadium und Phosphor. Beispielsweise haben wir im Meerwasser extrem niedrige Gehalte an Cu und Fe; das eine wie das andere ist aber ein wichtiger Bestandteil im Blut vieler Meerestiere. Die Meeresorganismen sorgen für eine Abtrennung bestimmter Stoffe aus dem Wasser, die auf eine andere Weise nicht abgeschieden werden könnten. Werden diese Organismen im Lauf der Zeit in die Sedimente miteingebettet, so ist auch dieser Vorgang als ein wichtiger Teil der Steuerung der Zusammensetzung des Meerwassers zu sehen.

Von besonderem Interesse und Bedeutung für die Chemie des Meerwassers sind jene Reaktionen, welche pH und Redoxpotential steuern. Die Ozeane sind riesige Puffersysteme; sie nehmen Säure- und Basenmengen in sich auf, ohne größere pH-Änderungen zu erleiden. An der Wasseroberfläche herrscht ein enger pH-Bereich von 8,1 bis 8,3. Die Puffereigenschaften des Meerwassers werden vor allem dem Karbonat/CO_2-System und dem Silikat-System zugeschrieben. Im ersteren sind folgende Reaktionsgleichungen maßgebend:

$$CO_2 \text{ (Gas)} + H_2O \text{ (flüssig)} = H_2CO_3 \text{ (wäßrig)} \; K_p = 10^{-1,5}$$
$$H_2CO_3 \text{ (wäßrig)} = H^+ \text{ (wäßrig)} + HCO_3^- \text{ (wäßrig)} \; K_1 = 10^{-6,4}$$
$$HCO_3^- \text{ (wäßrig)} = H^+ \text{ (wäßrig)} + CO_3^{2-} \text{ (wäßrig)} \; K_2 = 10^{-10,3}$$
$$CaCO_3 \text{ (fest)} + H_2O \text{ (flüssig)} = Ca^{2+} \text{ (wäßrig)} + CO_3^{2-} \text{ (wäßrig)} \; K_{SP} = 10^{-8,3}$$

Für einen atmosphärischen CO_2-Partialdruck von $3 \cdot 10^{-4}$ bar beträgt der pH-Wert bei Gleichgewichtsbedingungen in diesem System rund 8. Dieses Modell setzt voraus, daß der CO_2-Partialdruck nur durch die biologische Aktivität festgelegt wird. Große Änderungen dieses CO_2-Partialdrucks würden nur sehr geringe pH-Änderungen nach sich ziehen. Zufuhr von Säuren durch Vulkanismus oder andere Quellen (saurer Regen) führen zu einer verstärkten Lösung von $CaCO_3$ und einer möglichen Produktion von Kohlendioxid, verbunden mit einer geringen Änderung des pH-Werts im Oberflächen- und Grundwasser.

Reaktionen von Silikaten mit Meerwasser z.B. nach dem folgenden Schema:

$$Na^+\text{-Feldspat} + H^+ \text{ (wäßrig)} = \text{Kaolinit} + Na^+ \text{ (wäßrig)} + SiO_2$$

können den pH-Wert des Meerwassers fixieren und folglich den atmosphärischen Druck des Kohlendioxids regeln. Außer den beiden angesprochenen Puffersystemen existieren noch andere, kleinere wie das System $H^+ + H_2BO_3^- = H_3BO_3$, sie tragen zur Gesamtpufferung bei. Das Karbonat/CO_2-System wirkt kurzfristig, während das Ionenaustausch-Puffersystem der Silikate langfristig wirkt. MACKENZIE & GARRELS (1966) meinten, daß den kombinierten Reaktionen beider Systeme in der Form

$$\text{Al-Silikate} + \text{Kationen}^+ + SiO_2 + HCO_3^- = \text{Kation-Al-Silikat} + CO_2 + H_2O$$

die Hauptfunktion bei der Verteilung der Kationen im Meerwasser zukommt.

Im Meerwasser wird das Redoxpotential von folgender Halbreaktion kontrolliert:

$$2\,H_2O = O_2 + 4\,H^+ + 4\,e^- \qquad Eh\,(25°C) = 1,23\text{ V}$$

Die Konzentration von gelöstem molekularen Sauerstoff erreicht in den meisten Teilen der Ozeane – relativ zur Atmosphäre – nahezu Sättigung, so daß Meerwasser eine stark oxidierend wirkende Lösung darstellt. Der Sauerstoffpartialdruck dürfte sich bei gesteigerter Sauerstoffproduktion des Phytoplanktons erhöhen beziehungsweise sich durch den Zerfall organischer Substanz verringern. Für einen Partialdruck des Sauerstoffs von 0,2 bar und für einen pH von 8 bei 25°C Wassertemperatur betrüge der Eh-Wert rechnerisch 0,85; empirisch gemessene Werte sind gewöhnlich niedriger.

9.3 Die Entwicklungsgeschichte der Ozeane

Ein Blick in die einschlägige Literatur verrät, daß die Vorstellungen zur Geschichte und Entwicklung unserer Ozeane ziemlich spekulativ sind. Die Frühgeschichte der Hydrosphäre, ähnlich wie die der Atmosphäre, ist mit dem Entweichen von flüchtigen Bestandteilen der Gesteine vom Erdinnern an die Erdoberfläche eng verbunden. Ob dieser Vorgang als ein konstant ablaufender Prozeß der Entgasung unablässig seit der Erdentstehung abläuft oder nur während der Erdfrühzeit relativ rasch vor sich ging, ist noch offen. Wie wir schon gesehen haben, sind auch Änderungen im Chemismus des Meerwassers von Interesse. Entweder kam das Salz in gelöster Form in Ozeane, die im wesentlichen Süßwasser enthielten, oder das Salzwasser entwickelte sich allmählich bis zur heutigen Konzentration. Die paläontologischen und stratigraphischen Befunde weisen allerdings darauf hin, daß die gelösten Wasserinhaltsstoffe der Ozeane sich in ihrer Zusammensetzung und Häufigkeit während der letzten 600 Mill. Jahre, ja wahrscheinlich sogar während der letzten 3 Mrd. Jahre, kaum geändert haben. Kleinere Veränderungen wie die Zufuhr von Sauerstoff in die Atmosphäre, verbunden mit einer Änderung des Redoxpotentials, haben sicherlich den mittleren Salzgehalt nicht verändert, dafür aber, in diesem Beispiel, die Oxidationsform des Eisens, das nur mehr im dreiwertigen Zustand auftreten konnte, im Gegensatz zu vorher, als es auch in zweiwertigem Zustand in Lösung existieren konnte. Unter den heutigen Redoxbedingungen ist ebenfalls nur die dreiwertige Oxidationsstufe existent, in welcher das Eisen sofort ausfällt.

Eine Betrachtung zur Geschichte unserer Ozeane umfaßt drei Hauptpunkte: die Herkunft und Akkumulationsrate des Wassers, die Zufuhr der Anionen und die Zufuhr der Kationen. Die chemische Evolution der Ozeane wollen wir nun anhand der folgenden Hypothesen diskutieren.

- Das Wasser kondensierte aus einer vorhandenen Uratmosphäre, und Chlorid ist im Lauf der Erdgeschichte nach und nach dazugekommen (Hypothese – konstantes Volumen/vulkanisches Chlorid –).
- Beide, Wasser und Chlorid, sind das Ergebnis einer initialen Kondensation (Hypothese – konstantes Volumen/konstantes Chlorid –).
- Beide, Wasser und Chlorid, sind allmählich zugeführt worden (Hypothese – vulkanisches Wasser/vulkanisches Chlorid –).
- Das Chlorid war von Anfang an als festes Chlorid an der Erdoberfläche vorhanden, und das Wasser trat im Lauf der Erdgeschichte durch den Vulkanismus dazu (Hypothese – vulkanisches Wasser/konstantes Chlorid –).

Die übereinstimmende Ansicht, daß der Chemismus des Ozeans in frühgeologischen Zeiten dem des heutigen ähnlich war, beruht auf den verfügbaren Daten.

Wir wissen, daß Magma Wasserdampf sowie verschiedene Gase wie Kohlendioxid, Chlorwasserstoffgas, Fluorwasserstoffgas oder Schwefelwasserstoffgas enthält und daß diese Gase der Hydrosphäre ständig zugeführt wurden. Ein großer Teil des Wassers und einige andere Stoffe der Hydrosphäre sind in den Kreislauf des Wassers eingespannt, sie sind zyklisch. Insgesamt betrachtet kann keine der oben genannten Hypothesen die ganze Wahrheit für sich in Anspruch nehmen. Die heutige Meinung geht dahin, daß, sobald die Erdoberfläche sich genügend abgekühlt hatte, es zu einer weiträumigen Kondensation und zur Bildung des Urozeans kam. Sein Wasservolumen und seine Erstzusammensetzung bleiben Spekulation. Während der Erdgeschichte wuchsen die Ozeane durch die Zufuhr von **juvenilem** Wasser, d.h. Wasser, das am Kreislauf noch nie teilgenommen hatte und aus dem Magma stammte. Dieser Zuwachs dürfte in frühgeologischer Zeit wesentlich stärker als in jüngerer Zeit gewesen sein, da, bedingt durch eine dünnere Kruste, eine höhere Durchschnittstemperatur und eine höhere Produktion radiogener Wärme eine größere magmatische Aktivität herrschte. Die Art der Sedimentgesteine und ihrer Fossilien deutet an, daß der Gehalt an gelösten Wasserinhaltsstoffen vermutlich so ziemlich der gleiche geblieben und die Zusammensetzung daher konstant geblieben ist, wie wir ja schon im vorigen Abschnitt erwähnt haben.

Ob die Zufuhr an Wasser für den gesamten stattgefundenen Zuwachs allein durch den Magmatismus erklärt werden kann, sei in der aktuellen Diskussion noch dahingestellt. So führte VERHOOGEN (1946) an, daß seit Beginn des Kambriums der gesamte Lavaausstoß ein Volumen von $3 \cdot 10^{22}$ cm^3 nicht überschreiten konnte, oder, eine mittlere Dichte von 3,3 angenommen, eine Masse von 10^{23} g. Selbst wenn diese Lava von Wassergehalten um 10% begleitet gewesen wäre, hätte nicht mehr als 0,7% des heutigen Wassers während des Paläozoikums dazukommen können, d.h. weniger als 5% seit der Entstehung der Erdkruste. Damals konnte VERHOOGEN aber noch nicht in gebührendem Maße den weitverbreiteten untermeerischen Vulkanismus in diese Rechnung miteinbringen, der wahrscheinlich ebenso ausgedehnt ist wie der terrestrische Vulkanismus und daher diese Zahlen um den Faktor 3 erweitert.

Falls in geologischer Zeit die Volumina der Ozeane zunahmen, sind wir mit dem Problem konfrontiert, dieses Phänomen mit dem Verhältnis zwischen Kontinenten und Ozeanen zu korrelieren. Wenn also die Wassermenge stetig zugenommen hat, müssen auch die Ozeanbecken an Fläche oder Tiefe zugenommen haben oder beides. Die Flächenverhältnisse von Kontinenten zu Ozeanen sind für das Präkambrium nur sehr spärlich bekannt. Da größtenteils die alten Gesteine in den zentralen Teilen der Schilde konzentriert sind und da sie an ihren Rändern von jüngeren Gesteinsserien gesäumt werden, wird ein Wachsen der Kontinente im Lauf der Erdgeschichte für wahrscheinlich gehalten. Diese Annahme impliziert die Tatsache, daß die von den Ozeanen eingenommene Fläche ständig reduziert werden mußte mit der Folge, daß der Ozeanboden zwangsläufig tiefer in Relation zur Höhe der Kontinente gelegt wurde.

Zur Diskussion über chemische Veränderungen des Meerwassers unterteilten GARRELS & MACKENZIE (1971) die Geschichte der Ozeanentwicklung in drei zeitliche Phasen: die frühesten Ozeane, die Ozeane zwischen 3,5 und 1,5 Mrd. Jahren vor heute und die heutigen Ozeane. Sie meinten, daß die frühesten Ozeane Wasser enthielten, das gelöste Gase wie H_2S, HCl, HF oder HBr in sich barg. Dieser chemisch aggressive Ozean hätte dann die Krustengesteine attackiert, dabei lösliche Kationen und Silizium aufgenommen und gleichzeitig einen Rückstand an

Aluminiumoxid und Silikaten hinterlassen. Diese Residuen waren imstande, die übriggebliebenen Anionen der vormals dissoziierten Säuren zu neutralisieren, was mit der Zeit zu einem Chemismus, wie wir ihn heute vorliegen haben, führte. Mit zunehmender Annäherung an den Neutralwert konnte nun auch das Kohlendioxid in den Kreis der Lösungsstoffe aufgenommen werden.

Unsere ältesten bekannten Sedimentgesteine, die vor 3,5 Mrd. Jahren abgelagert worden sind, untermauern die These der einheitlichen Ozeane. Zwischen 3,5 und 1,5 Mrd. Jahren vor heute existieren Hinweise auf langsame, aber kontinuierliche Trends sowohl innerhalb der Sediment- als auch der Meerwasserzusammensetzung. Vorherrschende Meerwasser/Mineral-Reaktionen zu damaliger erdgeschichtlicher Zeit könnten etwa wie folgt ausgesehen haben:

$$14\,H_2O + 6\,\underset{\text{Albit}}{NaAlSi_3O_8} + 3\,\underset{\text{Siderit}}{FeCO_3} + 15\,\underset{\text{Enstatit}}{MgSiO_3} + 3\,CaCl_2 = 22\,SiO_2 + 6\,NaCl + 3\,\underset{\text{Chlorit}}{Mg_5Al_2Si_3O_{10}(OH)_8} + 3\,CaCO_3 + \underset{\text{Greenalith}}{Fe_3Si_2O_5(OH)_4}$$

$$5\,\underset{\text{Enstatit}}{MgSiO_3} + \underset{\text{Anorthit}}{CaAl_2Si_2O_8} + CO_2 = \underset{\text{Chlorit}}{Mg_5Al_2Si_3O_{10}(OH)_8} + CaCO_3 + 4\,SiO_2$$

$$\underset{\text{Greenalith}}{Fe_3Si_2O_5(OH)_4} + 3\,CO_2 = 3\,\underset{\text{Siderit}}{FeCO_3} + 2\,SiO_2 + 2\,H_2O$$

Die für alle diese Reaktionen gemeinsame Charakteristik besteht in der Anwesenheit von zweiwertigem Eisen. Die Gleichungen enthalten Minerale, die in den 2 Mrd. Jahre alten Bändereisenerzen eine sehr wichtige Rolle spielen. Viele der Gesteine der 3,5 Mrd. Jahre alten Onverwaacht-Formation in Südafrika bestehen aus Kieselschiefer, was auf einen hohen gelösten Siliziumgehalt in den frühen Ozeanen schließen läßt. Heute wird der Si-Gehalt durch Organismen gesteuert. Der geschätzte CO_2-Partialdruck bei 25°C in einer mit Siderit, Greenalith und amorphem SiO_2 koexistierenden Atmosphäre lag bei ca. $10^{-2,5}$ bar, also um eine Größenordnung höher als heute. Der pH-Wert dürfte neutral gewesen sein. Rund 1,5 Mrd. Jahre vor heute nahm das Meerwasser seine bis heute bewahrten Werte an und war im Gleichgewicht mit Calcit, Kalifeldspat, Illit/Montmorillonit und Chlorit. Es existieren Hinweise auf periodische Schwankungen im Chemismus, die aber von geringer Bedeutung sind.

Ausgewählte Schriften

BAAS-BECKING, L.G.M., KAPLAN, I.R., & MOORE, O. (1960): Limits of the natural environment in terms of pH and oxidation potentials. *J. Geol.*, **68**, 243–284

BROECKER, W.S. (1974): *Chemical oceanography.* 214 S. Harcourt Brace Jovanovich, New York

ELLIS, A.J., & MAHON, W.A.J. (1977): *Chemistry and geothermal systems.* 392 S. Academic Press, New York

GARRELS, R.M., & MACKENZIE, F.T. (1971): *Evolution of sedimentary rocks.* 397 S. W.W. Norton & Co., New York

HOLLAND, H.D. (1978): *The chemistry of the atmosphere and oceans.* 351 S. John Wiley & Sons, New York

KITANO, Y. (Hrsg.) (1975): *Geochemistry of water.* 455 S. Dowden, Hutcheson & Ross Inc., Stroudsburg, Pa.

LIVINGSTONE, D.A. (1963): *Chemical composition of rivers and lakes.* U.S. Geological Survey Prof. Paper, **440 G**

MARTIN, D.F. (1970): *Marine chemistry.* Vol. 2, 451 S. Marcel Dekker, New York

RILEY, J.P., & CHESTER, R. (1975–76): *Chemical oceanography* (2. Aufl.). Acacemic Press, New York

RUBEY, W.W. (1951): Geologic history of sea water. *Bull. Geol. Soc. Amer.*, **62**, 1111–1147

STUMM, W., & MORGAN, J.J. (1970): *Aquatic chemistry.* 583 S. Wiley-Interscience, New York

10 Die Biosphäre

Das Konzept der Biosphäre geht auf LAMARCK zurück. Der Begriff wird in zweierlei Hinsicht gebraucht, einmal als Teil der Erde, der den Organismen einen Lebensraum bietet und zum anderen als die Gesamtheit der lebenden organischen Substanz, Pflanzen, Tiere und Mikroorganismen. Im ersteren Sinne verstehen wir darunter eine relativ schmale Zone an der Erdoberfläche, genaugenommen Hydrosphäre und Lithosphäre, in denen wegen der günstigen Kombination von Wasser, Luft und Wärmeenergie das Leben die positivsten Voraussetzungen vorfindet. Jedoch, diese Zone gestattet auch an ihren unwirtlichen Rändern dem Leben einen bescheidenen Platz: So fand man Insekten und Sporen in den höchsten Gebirgsteilen, am Ozeanboden existieren speziell angepaßte Lebensformen, und Bakterien kennt man sogar aus erdölbegleitenden Salzlaugen.

Der Einfluß der Biosphäre auf die Geochemie nimmt einen sehr breiten Raum ein. Tote Materie biochemischen Ursprungs hat sich angesammelt oder ist über weite Entfernungen transportiert worden und trug so zur Verteilung oder Konzentration vieler Elemente bei. Die Geochemie der Biosphäre kann als **Biogeochemie**, wie sie in der russischen Schule von VERNADSKY behandelt wird, oder als **organische Geochemie** betrachtet werden. Wie auch immer, es ist zu berücksichtigen, daß sie sich von der herkömmlichen Biochemie unterscheidet. Während sich letztere vornehmlich mit den chemischen Reaktionen, die in lebenden Organismen ablaufen, beschäftigt, interessiert sich die organische Geochemie mit der Bewegung und Verteilung der Elemente durch die Organismen. Eine Elementebilanz erfordert die Betrachtung sowohl der Bewegungsmechanismen der Elemente innerhalb der Organismen und zwischen Organismen und Umgebung als auch der Gesamtmasse der Biosphäre an lebender und toter Materie. Obwohl die Biosphäre von der Masse her klein ist, wandern doch gewaltige Stoffmengen in einem dynamischen Gleichgewicht durch sie hindurch; starke Wechselwirkungen mit der Geochemie der Umgebung vervollständigen das Bild. In vielen Fällen erscheint es schwer, die geochemische Bedeutung der lebenden Materie von der geochemischen Bedeutung organischen Materials nach dem Ableben der Organismen zu unterscheiden. Die Biosphäre steuert viele einzigartigen Erscheinungsformen auf der Erde. Biogeochemische Reaktionen erreichen Gleichgewichtsbedingungen oft nur sehr langsam; folglich finden wir ebenso oft nicht-thermodynamische Gleichgewichtsverhältnisse innerhalb der Biosphäre vor.

Die Biosphäre entwickelte sich verständlicherweise später als die anderen bekannten Sphären der Erde, da sich das organische Leben erst nach Ausbildung von Atmosphäre und Hydrosphäre, die Grundvoraussetzungen für das Leben sind, entfalten konnte. Um wieviel später, liegt noch im Bereich der Spekulation. Gut erhaltene Fossilien erscheinen erstmals im Kambrium, wobei klar sein dürfte, daß Organismen, die die Eignung zur Fossilisation besaßen, bereits eine komplizierte Entwicklungsgeschichte hinter sich gehabt haben müssen. Selbst in sehr alten Formationen des Archäikums fanden sich Tonschiefer und Schiefertone, die freien Kohlenstoff enthalten, von dem viele Wissenschaftler glauben, daß er der Rest von organischen Strukturen ist. Andererseits ist es genausogut möglich, daß organische Verbindungen durch anorganische Synthese entstanden sind, und es dürfte nicht unbillig sein, solche erste Ansammlungen organischer Verbindungen auf der Erde dem enormen

Bombardement kohliger Chondriten oder Kometen, die viel organisches Material enthalten, zuzuschreiben. Die ältesten bekannten Sedimentgesteine mit Kohlenstoffverbindungen sind die der Isua-Serie Grönlands, die auf 3,7 Mrd. Jahre vor heute datiert wird. Strukturen, die für Reste von primitiven Algen gehalten werden, fand man in Kalksteinen des Bulawayan-Systems in Südzimbabwe, eine der ältesten präkambrischen Serien mit einem datierten Alter von 2,6 Mrd. Jahren. Am Nordende des Lake Superior (Oberer See) identifizierte man gut erhaltene Mikrofossilien von Bakterien und Blaugrünen Algen; sie steckten in den Kieselschiefern der 1,9 Mrd. Jahre alten Gunflint-Formation. Es erscheint uns daher nicht unmöglich, daß das organische Leben bereits vor über 3 Mrd. Jahren begann, sich aber bis zum Einsetzen der Photosynthesetätigkeit grüner Pflanzen sehr langsam fortentwickelte. Ab diesem Datum, vor ca. 2,0–1,8 Mrd. Jahren, nahm der Sauerstoffgehalt der Atmosphäre ständig zu, bis er hoch genug war, daß sich sauerstoffatmende Metazoa entwickeln konnten, die immerhin schon mit 1–3% des heutigen Sauerstoffgehalts auskamen; diese Entwicklungsstufe war vor etwa 1 Mrd. Jahren erreicht.

In stofflicher Hinsicht ist die Biosphäre aus einer Anzahl komplexer organischer Molekülstrukturen aufgebaut. Lebende Organismen bestehen aus einer relativ kleinen Zahl von organischen Molekülen wie Alkoholen, Fettsäuren, Aminosäuren und Purinen, die ihrerseits komplexere Strukturen wie die Kohlenwasserstoffe, Eiweiße, Fette, Nukleinsäuren und Lignin aufbauen. Eine gemeinsame, charakteristische Bausteingruppe, die Proteine, zeichnet organische Lebewesen aus, genauso wie ein gemeinsamer physikochemischer Prozeß, nämlich die schrittweise Bildung organischer Substanzen, die praktisch bei isothermen Temperaturen stattfindet.

Die organische Lebenswelt kann auf einfache Weise in zwei große Klassen eingeteilt werden: in die **Produzenten**, die Pflanzen und in die **Konsumenten**, die Tiere. Da die Tiere, was ihre Ernährung angeht, völlig von den Pflanzen abhängen, sind sie eher als Nutznießer der Vegetation anzusehen. Die Umwandlung von Kohlendioxid und Wasser mit Hilfe des Chlorophylls und der Lichtenergie ist daher von grundlegender Bedeutung für das gesamte Leben auf diesem Planeten. Die vereinfachte Gleichung für diesen Prozeß lautet:

$$6\ CO_2 + 6\ H_2O \overset{\text{Energie}}{=} C_6H_{12}O_6 + 6\ O_2$$

Für die Reaktion in dieser Form betragen ΔG = 2878,592 J bzw. ΔH = 2815,832 J. Da ΔG positiv ist, muß dieser Reaktion Energie zugeführt werden, damit sie von links nach rechts ablaufen kann; die benötigte Energie stellt die Sonnenstrahlung bereit. So wandeln die Pflanzen die Strahlungsenergie der Sonne in chemische Energie in Form organischer Verbindungen um. Die umgekehrte Reaktion ist die einer biologischen Oxidation oder **Atmung**, wobei die freiwerdende Energie als Wärme oder Arbeit erscheint. Zwischen der Photosynthese und der Atmung besteht vermutlich ein sehr enges Gleichgewichtsverhältnis; gleichwohl überwog in erdgeschichtlicher Vergangenheit die Photosynthese die Atmung, und in der Folge wurde die dabei entstandene, überschüssige Energie als organische Substanz konserviert, zum Teil als Kohle und Erdöl. Wenn nicht ein Teil der organischen Substanz der Reoxidation entzogen worden wäre, hätte die Photosynthese keinen weiteren Sauerstoff der Atmosphäre zur Verfügung stellen können.

Eine entscheidende Rolle bei geochemischen Reaktionen innerhalb der Biosphäre spielen auch die Mikroorganismen, da ein Großteil davon durch diese winzigen, aber dafür überaus häufigen Organismen in Gang gesetzt wird. Einige der von ihnen getragenen chemischen Umsetzungen haben, vergleichbar der Photosynthese, keine Analogie bei den anorganischen Reaktionen. Wieder andere finden sehr langsam statt oder sind sehr selten. So überführen manche Mikroorganismen den Luftstickstoff, manche wiederum den organisch gebundenen Stickstoff in eine anorganische, pflanzenverfügbare Form; bestimmte Mikroorganismen beziehen ihre Lebensenergie aus der Sulfatreduktion, sie reduzieren Sulfat zu Sulfid, oder andere führen dasselbe mit den höheren Oxidationsstufen von Eisen durch. Solche Reaktionen hinterlassen ohne Zweifel oft ihre Spuren im Kreislauf der Stoffe. In abgeschlossenen Milieus kontrollieren die Mikroorganismen nicht selten das chemische Environment. In ungepufferten Umgebungen kann der rasche Verbrauch des CO_2 durch die Photosynthese zu einer Alkalisierung mit pH-Werten über 10 bei hohen Eh-Werten führen, während die Tätigkeit von *Thiobacillus*-Arten die reduzierten Schwefelverbindungen zu Schwefelsäure (im wäßrigen Milieu) oxidiert, was den pH-Wert dort oft sogar unter 1 drückt. Die Gegenwart reduzierender Verbindungen wie CH_4, Phenole oder H_2S erzeugt meist einen sehr tiefen Eh-Wert in biologisch aktiven Zonen.

Obwohl das meiste organische Material der Biosphäre relativ rasch wieder in H_2O und CO_2 überführt wird, spielt es auf seinem Weg dorthin für geochemische Reaktionen aller Art eine überaus bedeutsame Rolle. Einen besonders starken Einfluß übt die organische Substanz auf die Reaktionen der chemischen Verwitterung aus. Ohne die organischen Säuren und organischen Chelatbildner und ohne die direkte Einwirkung von Mikroorganismen auf Minerale würde die chemische Verwitterung viel langsamer ablaufen. Jene organischen Moleküle, die nicht unmittelbar durch die Einwirkung der Mikroorganismen zerlegt werden, können fortlaufenden Veränderungen durch nicht-biologische Prozesse unterworfen werden. Die natürlichen Biopolymere können etwa durch Hydrolyse in einfachere Verbindungen aufgespalten werden. Die widerstandsfähigeren von ihnen machen eine Diagenese mit den Sedimenten mit und erwärmen sich bei zunehmender Versenkungstiefe, um sowohl Monomere als auch höhere Polymere wie Erdgas, Erdöl, Kerogen und Kohle zu bilden. Metamorphose kann letztere schließlich in Anthrazit oder Graphit, was mit Verlusten von einfachen Kohlenwasserstoffen und Kohlendioxid einhergeht, umwandeln.

10.1 Die Biomasse

Betrachten wir die Biosphäre als die Summe aller lebenden Organismen, so sollten wir versuchen, ihre Masse zu bestimmen. Bei diesem Versuch stellt sich uns jedoch eine Vielzahl von Schwierigkeiten, wie wir sie bei anderen geochemischen Berechnungen nicht in der Weise haben, entgegen. Die Biomasse ist sehr ungleichmäßig über die Erdoberfläche verteilt, ganz im Gegensatz zum Beispiel zur Atmosphäre. Daneben befindet sie sich in einem Zustand ständiger Veränderungen, die rasch ablaufen können. Im Vergleich mit geologischen Zeiträumen ist die Lebensdauer eines jeden Organismus verschwindend klein, hinzu kommt außerdem, daß die Lebensdauer verschiedener Organismen erheblich voneinander abweichen kann – man denke an die eines Mammutbaums gegenüber derjenigen eines Einzellers.

Trotz all dieser Schwierigkeiten und Einwände erfordert eine quantitative Betrachtensweise der Biogeochemie eine Vorstellung vom Umfang der Biomasse. BORCHERT (1951) schätzte die Gesamtmenge an Kohlenstoff in den lebenden Organismen auf $2{,}8 \cdot 10^{17}$ g. Die jährliche Gesamtproduktion an Biomasse stellt ebenfalls eine wichtige Größe in dieser Diskussion dar. Moderne Schätzungen belaufen sich auf eine jährliche Gesamtproduktion an organischem Kohlenstoff für die Erde von $173 \cdot 10^{15}$ g, wovon auf das Festland $118 \cdot 10^{15}$ g, auf den marinen Bereich $55 \cdot 10^{15}$ g entfallen. Wie wir noch bei der Besprechung des Kohlenstoffkreislaufs sehen werden, beträgt der in lebender Materie gebundene Kohlenstoff nur einen geringen Bruchteil des Kohlenstoffs, der in anorganischer Form in den Krustengesteinen vorliegt.

Die Biomasse schneidet im Vergleich mit den Massen der anderen geochemischen Einheiten eher bescheiden ab. Folgt man den Angaben von RANKAMA & SAHAMA, so drücken sich die relativen Massen von Hydrosphäre, Atmosphäre und Biosphäre wie folgt aus:

Hydrosphäre	69 100
Atmosphäre	300
Biosphäre	1

Trotz ihrer fast unerheblichen Masse ist die Biosphäre eine geochemische Zone von großer chemischer Aktivität, so daß ihre Auswirkungen auf die Geochemie von erheblicher Tragweite sind. Ihre Bedeutung kann wohl am besten durch den Materialumsatz, der in ihr stattfindet, ausgedrückt werden. Angenommen, die Biomasse hätte während der letzten 500 Mill. Jahre einen konstanten Wert gehabt und der mittlere Lebenszyklus betrüge ein Jahr, dann beliefe sich die gesamte Masse, die in dieser Zeit die Biosphäre durchlaufen hätte, auf einen mit der Masse der Erde vergleichbar hohen Wert. Zwar erscheinen uns wohl die meisten Organismen, die geboren werden, sich fortpflanzen und absterben und dabei in ihrem Lebensraum kaum etwas verändern, als unauffällig während ihres Daseins; aber diese Vorstellung ist falsch. Wie wir schon zuvor erläutert hatten, verdanken wir beinahe allen freien Sauerstoff der Atmosphäre der Photosynthesetätigkeit der Pflanzen. Ein einzelner, kalkabscheidender Organismus bewegt freilich wenig im Gesamtbild der Erde, aber die Anzahl aller Organismen extrahierte über geologische Zeiträume hinweg gewaltige Mengen an Calcium aus dem Meerwasser und baute den Großteil der heute vorliegenden Kalksteinmassen auf. Ein noch bemerkenswerterer Abscheidungsvorgang verbindet sich mit der Extraktion von Silizium aus dem Meerwasser durch Radiolarien und Diatomeen; Meerwasser enthält Si in Konzentrationen zwischen 0,02 und 4 g/t. Millionen von Quadratkilometern des Ozeanbodens sind bedeckt mit kieseligen Sedimenten. Kieselschiefer als steingewordene Produkte dieser Organismen kennen wir aus zahlreichen Gesteinsprofilen. Der Kohlenstoff in den karbonatischen Sedimenten entstammt einer Atmosphäre, die wahrscheinlich im Verlauf der Evolutionsgeschichte dieser Organismen nie mehr als einige Hundertstel Prozent CO_2 enthielt. Jeder Organismus beinhaltet im übrigen bestimmte Metallverbindungen; damit und in vielerlei anderer Hinsicht hat die Biosphäre eine große Bedeutung für die Migration und Konzentration zahlreicher Haupt- und Spurenelemente.

Betrachten wir die Wirkung der Biosphäre auf die Geochemie, so scheinen viele der Veränderungen, die von den Organismen ausgehen, durch deren Zersetzung durch die Mikroorganismen stattzufinden. Im nächsten Schritt erfolgt die Deponierung der organischen Überreste mit anschließender Verteilung oder Konzentrierung chemischer Elemente durch die erhalten gebliebenen organischen Verbindungen. Die Fragen, denen sich die Biogeochemiker stellen, sind zum Beispiel, ob ein organogenes oder kohlenstoffhaltiges Material biogenen oder abiogenen Ursprungs ist, ob es terrestrischer oder mariner Herkunft ist oder ob der Stoff in situ gebildet wurde oder migriert ist.

10.2 Die Zusammensetzung der Biosphäre

Da bereits eine Abschätzung der Biosphärenmasse Schwierigkeiten macht, kann es mit einer Abschätzung der Biosphärenzusammensetzung nicht viel anders sein. Die lebende Substanz besitzt eine außerordentliche Variationsbreite bezüglich ihrer Zusammensetzung. Die Qualität analytischer Daten kann beträchtlich schwanken; unsere Kenntnisse über die Stoffhäufigkeiten in den verschiedenen Organismen haben daher nur die Bedeutung von Mutmaßungen.

Wasser ist ohne Zweifel die Hauptkomponente aller organischer Substanz; Holz besteht zur Hälfte aus H_2O, Wirbeltiere bestehen zu rund 66% aus ihm, während der Wasseranteil in marinen Wirbellosen auf über 90% ansteigen kann. Tabelle 10.1 gibt einen Überblick über Durchschnittskonzentrationen von Elementen in biologischem Material. Die Rolle, welche invariable Elemente beim Stoffwechsel spielen, ist hinlänglich bekannt. Man kann diese einteilen in energetisch aktive Elemente (C, O, H, N), Makronährstoffe (P, Ca, Mg, K, S, Na, Cl – Na nur für Tiere, nicht für Pflanzen) und Mikronährstoffe (Fe, Cu, Mn, Zn für Tiere und Pflanzen; B, Mo, Si nur für Pflanzen; Co, I nur für Tiere). Einige der variablen Elemente wie Vanadium und Brom können sehr wohl für einige bestimmte Organismen im Stoffwechsel eine bedeutende Rolle spielen, aber für die Mehrzahl von ihnen ist keinerlei biologische Funktionalität bekannt. Manche der Mikro- oder Spurenelemente, ob nun essentiell[1] oder nicht, sind für viele der Organismen bereits oberhalb geringer Konzentrationen gesundheitsschädlich. Zwar bestehen Unterschiede in der Zusammensetzung verschiedener Arten oder Individuen, aber die Ähnlichkeiten sind im großen und ganzen größer als die Unterschiede.

Tabelle 10.1 Elementverteilung, ausgedrückt in % des Körpergewichts der Organismen

invariabel			variabel		
Haupt-elemente 60–1	Neben-elemente 1–0,05	Spuren-elemente < 0,05	Neben-elemente	Spuren-elemente	„Verunreinigungen"
H	Na	B	Ti	Li	He
C	Mg	Fe	V	Be	Ar
N	S	Si	Br	Al	Se
O	Cl	Mn		Cr	Au
P	K	Cu		F	Hg
	Ca	I		Ni	Bi
		Co		Ge	Tl
		Mo		As	
		Zn		Rb	
				Sr	
				Ag	
				Cd	
				Sn	
				Cs	
				Ba	
				Pb	
				Ra	

[1] = lebensnotwendig

So sind bis heute über 60 Elemente aus Analysen von Organismen bekanntgeworden, viele davon liegen als Bestandteile in „ultrakleinen“ Konzentrationen vor. Man weiß um die nicht geringen Schwierigkeiten bei der Probenvorbereitung, da etwa anorganische Stoffe auf der Oberfläche oder im Verdauungstrakt sehr schwer zu entfernen sind; viele der publizierten Daten sollten mit Vorsicht gehandelt werden. Die Behauptung, ein bestimmtes Element sei in einem Organismus vorhanden, während es in einem anderen fehlt, kann eine unberechtigte Wichtung in relativ kleine Konzentrationsunterschiede legen, die letztlich nur darauf beruhen, daß analytische Methoden mit sehr hoher Nachweisempfindlichkeit angewandt worden sind. Um einem Element biogeochemische Bedeutung beizumessen, muß entweder gezeigt werden, daß es an den Lebensfunktionen des Organismus teilnimmt oder daß es andererseits immer in größeren oder kleineren Konzentrationen als in der Umgebung des Organismus auftritt.

Wenn man die Daten über das Auftreten der verschiedenen Elemente in den Organismen mit dem Periodensystem vergleicht, zeichnen sich gewisse Beziehungen ab. Die invariablen Elemente, außer Iod und Molybdän, haben alle niedrige Atomzahlen und gehören zu den vier ersten Perioden des Periodensystems.

Die Wahrscheinlichkeit, daß ein bestimmtes Element eine wichtige Funktion im Stoffwechselgeschehen ausübt, hängt von seiner Fähigkeit ab, an den wäßrigen kolloidalen Systemen beteiligt zu sein, welche die Körper der lebenden Organismen mitaufbauen. Häufigere Elemente kommen darin eher vor als ungewöhnliche, wasserlösliche eher als wasserunlösliche. HUTCHINSON (1943) wies dabei auf die Bedeutung des Ionenpotentials hin. Er konnte zeigen, daß Elemente von ähnlicher Krustenhäufigkeit unterschiedlich stark von den Pflanzen aufgenommen werden. Setzt man den prozentualen Anteil eines Elements in Pflanzenmaterial ins Verhältnis zu seinem prozentualen Anteil in der Erdkruste und überträgt die Werte in GOLDSCHMIDTs Diagramm der Ionenpotentiale (Abb. 10.1), so verrät sich rasch die innewohnende Korrelation. Elemente mit niedrigem Ionenpotential, die leichtlöslichen Kationen, sowie die mit hohem Ionenpotential, die lösliche Komplexe bildenden Anionen, werden leicht aufgenommen. Dagegen finden die Elemente mittleren Ionenpotentials, die unlösliche Hydrolysate bilden, keinen Zugang zu den Lebensfunktionen der Organismen und spielen daher keine Rolle im Stoffwechselgeschehen. Diese Tatsache läßt sich ohne weitere Einschränkung auch auf alle Formen von Nahrungspyramiden übertragen.

Da die Pflanzen den Großteil der Biomasse stellen und da die Tiere sich direkt oder indirekt von ihnen ernähren, dürfte uns eine Schätzung der Elementverteilung in marinen und terrestrischen Pflanzen eine erste Annäherung der chemischen Zusammensetzung der Biosphäre liefern. So eine Zusammenschau wurde in einer Tabelle von BOWEN (1966) vorgestellt. Die Konzentrationsangaben in der Tabelle 10.2 basieren auf der Trockensubstanz der Proben; es fehlen daher Wasserstoff und Sauerstoff aus dem Körperwasser der untersuchten Organismen. Mitaufgenommen sind Zahlen über Häufigkeiten in Böden. Normal entwickelter Boden ist eine Mischung aus Mineralboden und abgestorbenen Organismen, in der die Bodenorganismen leben.

Eine Auswahl von Daten über die chemische Zusammensetzung dreier spezieller Organismen findet sich in der Tabelle 10.3. Vergleichen wir diese Werte mit denen der mittleren Krustenzusammensetzung, so sind einige darunter, die in den Organismen entschieden angereichert sind. Natürlich führen Wasserstoff und Sauerstoff die Liste an, da die Organismen nun einmal hauptsächlich aus Wasser bestehen; aber

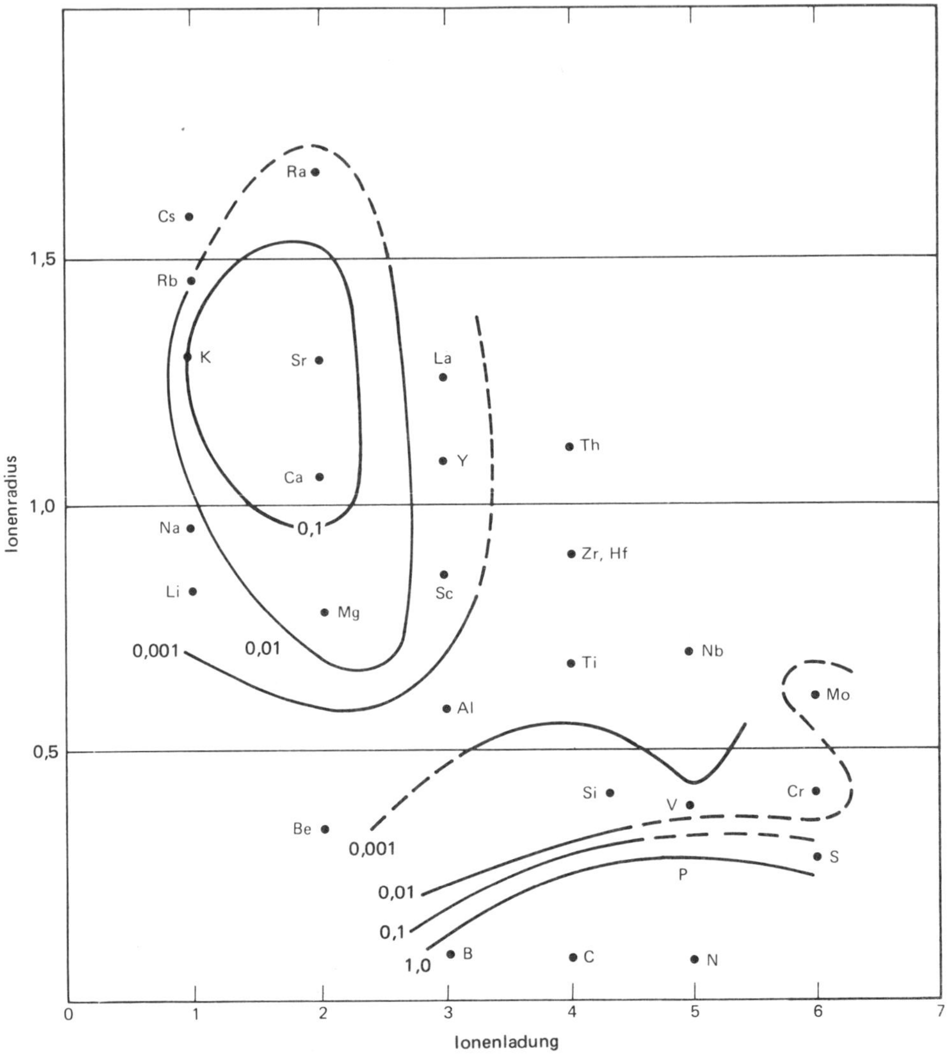

Abb. 10.1 Elementkonzentrationen terrestrischer Pflanzen im Verhältnis zur Erdkruste im Vergleich mit dem Ionenpotential (nach HUTCHINSON, S. 337, 1943).

auch Kohlenstoff, Stickstoff, Phosphor und Schwefel sind viel häufiger, sie gehen auf die lebensbedingten Aktivitäten der Organismen zurück. In der Asche sind im Vergleich zum Lebendmaterial einige weitere Elemente angereichert: Na, K, Br und I in manchen Invertebraten, in unserem Beispiel in *Calanus finmarchicus*; Ca, K, Cl, Mg und B in *Alfalfa*; P, Na, K, Cl, Br und I im Menschen. Im Durchschnitt jedoch reichern Pflanzen und Tiere relativ wenige der Elemente an.

Natürlich kommen Ausnahmen vor, insbesondere bei solchen Pflanzen, die bei einem Überangebot an bestimmten pflanzenverfügbaren Elementen diese in ungewöhnlich hohen Konzentrationen inkorporieren. Ein geradezu klassisches Beispiel ist von Pflanzen bekannt, die auf Böden mit hohen Selengehalten, wie sie in man-

Tabelle 10.2 Elementverteilung (ppm) im Gewebe (wasserfrei) mariner und landlebender Pflanzen sowie in verbreiteten Böden (nach H.M.J. BOWEN, *Trace elements in biochemistry*. Academic Press, 1966)

Element	marine Pflanzen	Landpflanzen	Böden
Ag	0,25	0,06	0,1
Al	60	500	71 000
As	30	0,2	6
Au	0,012	0,002	–
B	120	50	10
Ba	30	14	500
Br	740	15	5
C	345 000	454 000	20 000
Ca	10 000	18 000	13 700
Cd	0,4	0,6	0,06
Cl	4 700	2 000	100
Co	0,7	0,5	8
Cr	1	0,23	100
Cs	0,07	0,2	6
Cu	11	14	20
F	4,5	0,5	200
Fe	700	140	38 000
Ga	0,5	0,06	30
Hg	0,03	0,015	0,03
I	1 500	0,42	5
K	52 000	14 000	14 000
La	10	0,085	30
Li	5	0,1	30
Mg	5 200	3 200	5 000
Mn	53	630	850
Mo	0,45	0,9	2
N	15 000	30 000	1 000
Na	33 000	1 200	6 300
Ni	3	3	40
O	470 000	410 000	490 000
P	3 500	2 300	650
Pb	8,4	2,7	10
Rb	7,4	20	100
S	12 000	3 400	700
Se	0,8	0,2	0,2
Si	1 500	200	330 000
Sr	1 400	26	300
Ti	12	1	5 000
V	2	1,6	100
W	0,035	0,07	1
Zn	150	100	50
Zr	20	0,64	300

chen Gegenden der westlichen Great Plains in den USA auftreten, wachsen; Selenkonzentrationen bis zu 1,5% sind auf diese Weise in *Astragalus racemosus* gemessen worden. Andererseits ist diese Fähigkeit einiger Pflanzen, ungewöhnliche Spurenelementkonzentrationen von Ober- und Unterboden anzuzeigen, für die Prospektion auf Erzkörper im Untergrund ausgenutzt worden. Biogeochemische Erzprospektion befaßt sich daher mit der Akkumulation bestimmter Spurenelemente in den Pflanzen, während geobotanische Prospektion sich auf solche Pflanzen konzentriert, die nur dort wachsen, wo sich ein spezifisches Spurenelement im Boden befindet.

Tabelle 10.3 Elementzusammensetzung (Gew.-%) verschiedener Organismen

Calanus finmarchicus[1] (ein Ruderfußkrebs)			Alfalfa (Luzerne)[2]			Mensch[3]		
O	79,99		O	77,90		O	62,81	
H	10,21		C	11,34		C	19,37	
C	6,10	$\cdot 10^{0}$	H	8,72	$\cdot 10^{0}$	H	9,31	$\cdot 10^{0}$
N	1,52		N	8,25		N	5,14	
Cl	1,05					Ca	1,38	
Na	5,4	$\cdot 10^{-1}$	P	7,06	$\cdot 10^{-1}$	S	6,4	$\cdot 10^{-1}$
K	2,9		Ca	5,80		P	6,3	
S	1,4		K	1,70		Na	2,6	
P	1,3		S	1,037		K	2,2	
						Cl	1,8	
Ca	4	$\cdot 10^{-2}$	Mg	8,2	$\cdot 10^{-2}$	Mg	4	$\cdot 10^{-2}$
Mg	3		Cl	7,0				
Fe	7	$\cdot 10^{-3}$	Si	9,3	$\cdot 10^{-3}$	Fe	5	$\cdot 10^{-3}$
Si	7		Fe	2,7		Si	4	
B	1,5		Al	2,5		Zn	2,5	
Br	9	$\cdot 10^{-4}$	B	7,0	$\cdot 10^{-4}$	Rb[4]	9	$\cdot 10^{-4}$
I	2		Rb	4,6		Cu	4	
Cu	6		Mn	3,6		Sr	4	
			Zn	3,5		Br	2	
			Cu	2,5		Sn	2	
			F	1,5		Mn	1	
			Mo[5]	1		I	1	
V	4	$\cdot 10^{-5}$	Ti	9	$\cdot 10^{-5}$	Al	5	$\cdot 10^{-5}$
Mo	2,4		Ni	5		Pb	5	
Ti	2		Br	5		Ba	3	
			Ti	4,6		Mo[4]	2	
			V	1,6		B	2	
Co	6	$\cdot 10^{-6}$	I	2,5	$\cdot 10^{-6}$	As	5	$\cdot 10^{-6}$
			Co	2		Co	4	
						Li[4]	3	
						V[4]	2,6	
						Ni	2,5	
			As, Sn, Pb, Sr, Ba $\cdot 10^{-n}$					

[1] VERNADSKY, Z., *Krist. Mineral. Petrog. Abr. B. Mineral Petrog. Mitt.*, **44**, S. 191, 1933.
[2] Wasser, 75,1%; org., 22,4; Asche, 2,45%; aus BERTRAND, 1950, S. 442.
[3] Wasser, 60%; org., 35,7%; Asche, 4,3%; aus BERTRAND, 1950, S. 442.
[4] Mittelwert für Säuger.
[5] Normalwerte in Pflanzen, $3 \cdot 10^{-5}$.

Die bemerkenswertesten Beispiele chemischer Konzentration durch biologische Selektionsprozesse finden wir jedoch im allgemeinen bei den marinen Organismen. Die Fähigkeit vieler mariner Invertebraten, Calciumkarbonat sowie die der Diatomeen und Radiolarien, SiO_2 dem Meerwasser zu entziehen, wurde schon eingehend diskutiert. Brom wird von einigen Arten von *Murex* in Dibromindigo, dem klassischen Purpurfarbstoff, eingebaut. Einige Arten der Ascarien (Seescheiden) vermögen Vanadium, das im Meerwasser in einer Konzentration von 0,0000002% auftritt, auf Körperkonzentrationen von 0,01% anzureichern.

Manche Schwämme und Korallen haben hohe Iodgehalte, jedoch laufen ihnen manche marine Pflanzen dabei noch den Rang ab; es wurden sogar schon besonders jodreiche Arten abgeerntet, aus denen Iod zu kommerziellen Zwecken gewonnen werden konnte. Austern sind dafür bekannt, daß sie in ihrem Gewebe die Cu-Konzentration gegenüber dem Meerwasser um das 200fache anheben. Wie bei vielen anderen Meerestieren besteht ihr Sauerstoffträger im Blut aus Hämocyanin, einem mit dem Hämoglobin eng verwandten Protein, das im Unterschied zu diesem statt des Eisens Kupfer als Zentralatom hat.

10.3 Die biogenen Lagerstätten

Wir haben gesehen, daß die Zusammensetzung der lebenden Organismen uns als Hintergrundwissen dient, entsprechende Ablagerungen der geologischen Gesteinsabfolge als Resultat biologischer Aktivität zu verstehen. Solche Ablagerungen sind unter dem Begriff Biolithe bekannt, die sich in **nicht-brennbare** und **brennbare** unterteilen lassen. Die wichtigste Ablagerung nicht-brennbarer Art ist ohne Zweifel Kalkstein, eingehend bereits besprochen im Abschnitt 6. Kieselige Ablagerungen organischen Ursprungs sind schon weit weniger verbreitet. Der biogene Charakter nicht-klastischer Gesteine ist in diesem Zusammenhang oft schwierig feststellbar, da das SiO_2 in den betreffenden Organismen (Diatomeen, Radiolarien, Kieselschwämmen) als Opal vorliegt, der bei der Diagenese unter Verlust der organischen Strukturen sehr rasch umkristallisiert. Da aber das Meerwasser an SiO_2 untersättigt ist, kommen für die ursprüngliche Ablagerung von SiO_2 nur die Organismen in Frage. Kieselschiefer oder Radiolarite können in manchen geologischen Profilen über hundert, ja tausend Meter Mächtigkeit erreichen; oft liegt das SiO_2 auch in manchen Sedimentgesteinen in Form von Feuerstein- oder Hornsteinknollen vor; dabei löste sich bei der Diagenese der kieselige Anteil im Sediment auf, um sich später in Form solcher Knollen wieder abzuscheiden. BRAMLETTE (1946) untersuchte in eingehender Weise eines der großen Kieselschiefervorkommen, die Monterey-Formation in Kalifornien, und arbeitete bereits bestehende Kenntnisse früherer Forscher mit ein. Die Monterey-Vorkommen trugen selbst sehr viel zur Aufklärung über die Bildung dieser Gesteine bei, da sie noch relativ jung (Miozän) und daher kaum verändert sind. Die Herkunft dieses Kieselschiefers ist folglich besser abgesichert als die der älteren Vorkommen, in denen Diagenese oder Anchimetamorphose alle Herkunftsspuren wie organische Strukturen verwischt haben. BRAMLETTE schloß aus seinen Erhebungen, daß das SiO_2 primär den organischen Hartteilen, in diesem Fall meist von Diatomeen, entstammt. Für die meisten anderen Vorkommen kann mit einiger Sicherheit ebenfalls organische Herkunft angenommen werden.

Für die Entstehung vieler biogener Ablagerungen kommen vermutlich auch Mikroorganismen in Frage. Zwingende Anhaltspunkte zu dieser Annahme finden sich bei BEERSTECHER (1954). Bakterien und Algen sind bekannt für ihre bedeutenden chemischen Aktivitäten. Einige Arten scheiden hydratisiertes Eisen(III)-oxid aus und nutzen die bei folgender Reaktion anfallende Energie:

$$4\ FeCO_3 + O_2 + 6\ H_2O = 4\ Fe(OH)_3 + 4\ CO_2 + 167\ 360\ J$$

Einige Geologen sind der Ansicht, daß Organismen entweder aufgrund dieses Mechanismus oder mittels indirekter Oxidation zweiwertigen Eisens, etwa durch die sauerstoffproduzierenden Algen, für die Lagerstättenbildung bestimmter Eisenerztypen verantwortlich sind. Organismen können auch den entscheidenden Mechanismus bereitgestellt haben, der zur Bildung der ausgedehnten sedimentären Phosphatlagerstätten geführt hat. Unlösliches Calciumphosphat der Hartteile sowie Phosphat der organischen Körperbestandteile könnten beide zum Aufbau von Calciumphosphatlagerstätten beigetragen haben.

Wegen ihrer feinen Körperstruktur hinterlassen die Mikroorganismen selten merkliche Lebensspuren, so daß ein Nachweis ihrer Beteiligung an chemischen Ablagerungen nur in Ausnahmefällen möglich ist. Trotzdem kann manchmal auf indirekte Weise demonstriert werden, daß etwa Bakterien Ursache mancher chemischer Umwandlungsprodukte sind. Ein treffendes Beispiel dazu sind Schwefellagerstätten sedimentärer Abfolgen; sie fanden eingehende Beachtung durch Arbeiten von FEELY & KULP (1957). Anaerobe Bakterien sind in der Lage, Sulfate zu Schwefelwasserstoff zu reduzieren, der zu Schwefel weiterreagiert; ihre maßgebliche Beteiligung konnte mit Hilfe von Schwefelisotopenuntersuchungen weitgehend bestätigt werden. Bakterielle Sulfatreduktion zu Sulfiden führt zu einem Anstieg des $^{32}S/^{34}S$-Verhältnisses in den Sulfiden, organischer Sulfidschwefel ist also leichter als anorganischer Sulfatschwefel, aus dem ersterer herstammt. Sulfide und elementarer Schwefel in den Deckschichten der Salzdome von Louisiana und Texas besitzen höhere $^{32}S/^{34}S$-Verhältnisse als das assoziierte Sulfat, was auf eine Zunahme an ^{32}S während ihrer Entstehung hindeutet. Man nimmt an, daß das von den Bakterien erzeugte, aus den Sulfaten stammende H_2S mit dem reichlich vorhandenen Ca-Sulfat weiterreagierte, was zu den reichhaltigen Schwefellagerstätten in dieser Region führte. In solchen Fällen nutzen die Bakterien das Sulfat als Energiequelle sowie die ebenfalls vergesellschafteten Kohlenwasserstoffe aus dem Erdöl als Quelle für kohlenstoffreiche Aufbaustoffe.

Sulfide als biogene Mineralphasen haben die Eigenschaft, allgegenwärtig zu sein. Bakteriell erzeugter Schwefelwasserstoff aus Sulfaten reagiert ferner mit Eisen zu Pyrit weiter. **Pyrit**, ein weitverbreitetes Mineral sedimentärer Gesteine, wirkt wie ein mineralogischer „Abfalleimer", da sich in ihm eine Vielzahl chalkophiler Spurenelemente findet.

Der Großteil allen organischen Materials in der Erdkruste findet sich gleichwohl als verstreute Moleküle in den Sedimentgesteinen. Abb. 10.2 zeigt den Kreislauf des Kohlenstoffs; wie man sieht, übertrifft das disperse Material bei weitem das der konzentrierten Endglieder der beiden Hauptgruppen Kohle und Erdöl. Geochemisch gesehen, repräsentieren all diese Substanzen Konzentrationen von Kohlenstoffverbindungen, die letztlich durch organische Aktivitäten hervorgebracht worden sind. Die Erforschung der Herkunft und der Entstehung biogener Substanzen umfaßt folgende Probleme: Natur und Zusammensetzung des erzeugenden Organismus; Art der Akkumulation des erzeugten Materials und Reaktionen, welche zur Umwandlung in die Endprodukte führten.

Wie wir schon sahen, spielen die **Mikroorganismen** eine sehr bedeutsame Rolle bei der Aufspaltung und Umwandlung biogener, molekularer Substanzen. Je nach Art der betroffenen Moleküle und je nach Art des geochemischen Milieus können einzelne biogene Moleküle erhalten, aufgespalten oder gar völlig zerstört werden. Die Ausgangsbiopolymere der gerade abgestorbenen Organismen unterliegen zunächst der Hydrolyse und der mikrobiotischen Aufspaltung, was zu einer Freisetzung einfacherer Biomonomere wie Aminosäuren, Kohlenwasserstoffe, Fettsäuren und organische Moleküle, führt. Einige dieser Moleküle werden an Ort und Stelle

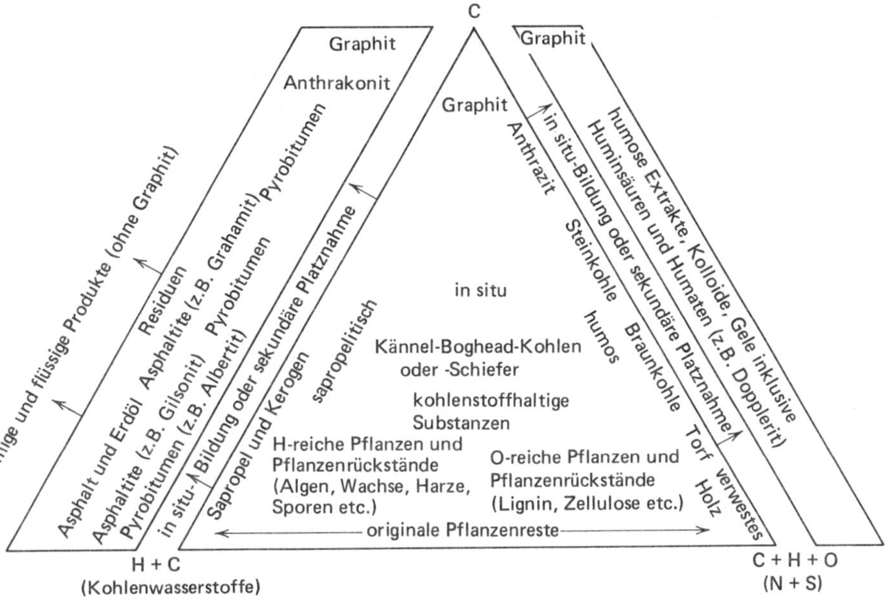

Abb. 10.2 Übersicht über die Verwandtschaftsbeziehungen kohlenstoffhaltiger Substanzen (nach DEVINE et al., *The role of humic acids in the geochemistry of uranium.* Proc. 2nd Intern. Conf. Peaceful Uses of Atomic Energy, Vol. 2, 1958).

oder nach Inlösunggehen durch Stoffwechselprozesse oder Oxidationsvorgänge vollständig abgebaut. Andere, wie die Pigmente oder die Porphyrine, die chemisch sehr resistent sind, erhalten sich in den Sedimenten. Anorganische Prozesse bei der Sedimentation und Polymerisation lassen bestehende und neugebildete Geopolymere dazukommen. Darunter befinden sich Huminsäurekomplexe, polymerisierte Lipide und Harze. Diese und andere Substanzen können anschließend bei der Diagenese unter Wärmeeinwirkung weiterreagieren, um noch komplexere Polymere und Geomonomere zu bilden. Produkte dieser Reaktionen umfassen Erdöl, Erdgas, Bitumen, Kerogen und Kohle. Ansteigende Metamorphosebedingungen können des weiteren aus Kohle C-reichen Anthrazit machen bzw. bei stärkerer Metamorphose, unter Freiwerden flüchtiger Komponenten wie CO, CO_2 und CH_4, auch Graphit. Abb. 10.2 zeigt die geochemischen Beziehungen zwischen den verschiedenen Arten kohlenstoffhaltiger Substanz.

Ausgangssubstanzen können von zweierlei Art sein, entweder **faulschlammartig** oder **humos.** Humose Substanz ist Restmaterial von Landpflanzen, meist Bäumen, sie enthält signifikante Mengen an Sauerstoff, Stickstoff und Schwefel neben ihren Hauptbestandteilen Kohlenstoff und Wasserstoff; sie ist Ausgangsstoff für die Kohlebildung. Faulschlamm ist Restmaterial von Süß- oder Salzwasser bewohnenden, niederen Pflanzen, er ist der Ausgangsstoff für die Erdölbildung. **Kerogen** ist ein unpräziser Sammelbegriff für disperse, kohlenstoffhaltige Substanzen in sedimentären Gesteinen. **Pyrobitumen** ist kohlenstoffhaltiges Material, das in CS_2 nicht löslich ist; **Bitumen** ist dagegen die lösliche Fraktion. Das Verhältnis von Pyrobitumen zu Bitumen nimmt zu, wenn das Ausgangsmaterial zunehmender Diagenese unterzogen wird.

Entstehung der Kohle

Wir haben genügend geologische Beweise für die Kohlenentstehung aus Landpflanzenresten. Neben den Hauptbestandteilen der Pflanzen, **Zellulose** und **Lignin**, gibt es eine große Vielfalt an zusätzlichen Komponenten wie Proteine, essentielle Öle, organische Säuren und Salze, Tannine u.a. Die empirisch ermittelten Formeln von Zellulose und Lignin lauten auf $C_6H_{10}O_5$ bzw. $C_{12}H_{18}O_9$, so daß sie sich in den relativen Proportionen von Kohlenstoff, Wasserstoff und Sauerstoff nicht wesentlich unterscheiden. Im Gegensatz zur aliphatischen Natur der Zellulose besitzt das Lignin eine aromatische Struktur; einige Fachleute meinen aus diesem Grund, daß Lignin das Ausgangsmaterial für die Kohlebildung ist, da sich in der Kohle wiederum ein starker Anteil an aromatischen Bestandteilen findet. Zudem widersteht das Lignin den Angriffen der Mikroorganismen, während die Zellulose leicht zu CO_2, Methan und aliphatischen Säuren zersetzt werden kann. Andererseits konnte gezeigt werden, daß unter Bedingungen, wie sie während der Inkohlung herrschen, die Zellulose in aromatische Verbindungen umgewandelt werden kann.

Der Vorgang ist jedoch komplizierter, denn es handelt sich nicht nur um eine einfache Umwandlung von Lignin und Zellulose in Kohle. Weder Lignin noch Zellulose enthalten Stickstoff, wogegen Stickstoffverbindungen in der Kohle eine wichtige Rolle spielen. Einige von den N-Verbindungen mögen pflanzlichen Nebenbestandteilen wie Proteinen entstammen, aber in der Summe reichen die Stickstoffgehalte der Pflanzen nicht aus, die relativ hohen N-Gehalte der Kohle zu erklären. Da **Bakterien** Stickstoffgehalte bis zu 13% aufweisen, glaubt man in ihnen, wahrscheinlich durch ihre Aktivität im Frühstadium der Kohlebildung, eine plausible Erklärung gefunden zu haben. Sauerstoff ist Bestandteil von Hydroxyl- (oder Phenol-), Carboxyl-, Methoxyl- und Carbonylgruppen. In den höheren Inkohlungsgraden bleiben die Phenol- und Carbonylgruppen erhalten, während die anderen Gruppen verschwinden (Abb. 10.3).

Die Umwandlung pflanzlicher Substanz zu Kohle umfaßt zwei Phasen, von denen die eine weitgehend **biochemischer**, die andere **metamorpher** Natur ist. Die biochemische Phase ist maßgeblich an den Umwandlungsprozessen der Pflanzen zu Torf beteiligt, in denen Mikroorganismen die organische Substanz verändern. Die **Torfbildung** schließt folgende Prozesse ein:

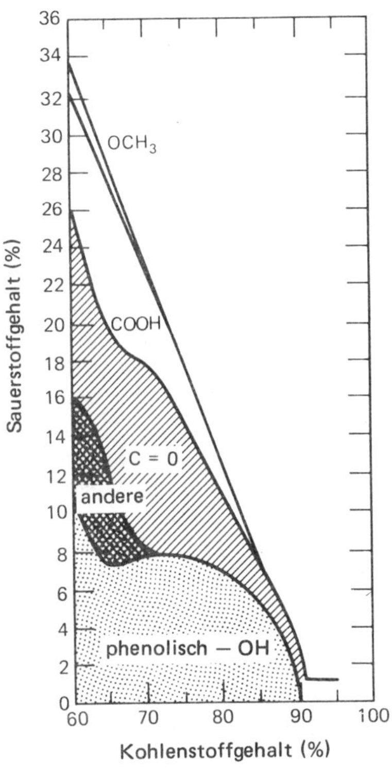

Abb. 10.3 Funktionelle sauerstoffhaltige Gruppen in verschiedenen Kohlen (nach VAN KREVELEN, 1961).

- Rasche Zersetzung der wasserlöslichen Verbindungen.
- Langsame Zersetzung der Zellulosestoffe; das Reifestadium des Torfes hängt weitgehend vom Zersetzungsgrad dieser Stoffe ab.
- Allmähliche Akkumulation der Zellsubstanz der Mikroorganismen, die den Stickstoffgehalt ansteigen läßt.

Die biochemische Phase endet schließlich, wenn die Milieubedingungen für bakterielle Aktivitäten ungünstig werden. Solche Bedingungen treten ein, wenn das Torfmoor allmählich von Sedimenten überdeckt wird oder wenn sich innerhalb des Torfmaterials toxische Substanzen entwickelt haben. Darüber hinaus ist es die Zunahme von Temperatur und Druck, also Metamorphosebedingungen, die für die weiteren Inkohlungsgrade verantwortlich sind.

Die zunehmenden Veränderungen vom Holz über den Torf bis hin zur Kohle können auf einfache Weise durch chemische Analysen verfolgt werden. Tabelle 10.4 enthält Durchschnittszusammensetzungen von Holz, Torf und drei aufeinanderfolgend höheren Inkohlungsstufen von Kohle, nämlich Braunkohle, Steinkohle und Anthrazit. Der **Inkohlungsgrad** ist ein Maß für den Metamorphosegrad, dem die Kohle ausgesetzt war. Verschiedene Mutmaßungen über den Einfluß geologischer Faktoren auf den Inkohlungsgrad sind angestellt worden. Einige davon sind:

- Die Zeitdauer seit dem Ereignis der Versenkung; zwar sind in der Regel paläozoische Kohlen im Inkohlungsgrad höher als Tertiärkohlen, da aber sehr viele Ausnahmen bekannt sind, dürfte das Kohlenalter keinen direkten Einfluß auf den Inkohlungsgrad haben.
- Die Einwirkung von Wärme infolge von Erdbewegungen oder Intrusionen.
- Die Wirkungen des Drucks bei einengenden Bruch- und Faltungsvorgängen.
- Die Wirkungen von Druck und Temperatur als Folge der Versenkungstiefe.

Die letzte Annahme stützt sich auf die meisten Beobachtungen, und sie wurde als sog. **Hiltsche Regel** formuliert: In einer Serie von übereinanderliegenden Kohleflözen nimmt mit der Tiefe der Kohlenstoffgehalt zu, während der Gehalt an flüchtigen Bestandteilen abnimmt.

Tabelle 10.4 Mittlere Zusammensetzung von festen Brennstoffen (aus CLARKE, *The Data of Geochemistry*, S. 773)

	C	H	N	O
Holz	49,65	6,23	0,92	43,20
Torf	55,44	6,28	1,72	36,56
Braunkohle	72,95	5,24	1,31	20,50
Steinkohle	84,24	5,55	1,52	8,69
Anthrazit	93,50	2,81	0,97	2,72

Die Hiltsche Regel fand in vielen Kohlenbecken Anwendung, und es zeigte sich, daß im allgemeinen pro 30 m Tiefe die flüchtigen Bestandteile der Kohle sich um 0,2 bis 0,8% verringerten. SUGGATE untersuchte diese Beziehung in einer Vielzahl von Kohlenrevieren und fand einen generellen Trend (Abb. 10.4) heraus. Untersucht wurden britische Kohlen, die bezüglich des Inkohlungsgrades zwischen der Steinkohle mit 42% flüchtigen Bestandteilen und der Anthrazitkohle mit nur noch 5% flüchtigen Bestandteilen angesiedelt waren. Der Autor liefert gute Anhaltspunkte, daß die Versenkungstiefe Ursache für den Grad der Inkohlung ist, außer in Gegenden ehemaliger Kontaktmetamorphose. Für die Umwandlung von Torf in Steinkohle schätzt SUGGATE die Versenkungstiefe auf ca. 2300 m und für die weitere Umwandlung in Anthrazit auf ca. 5800 m. Natürlich lassen sich diese

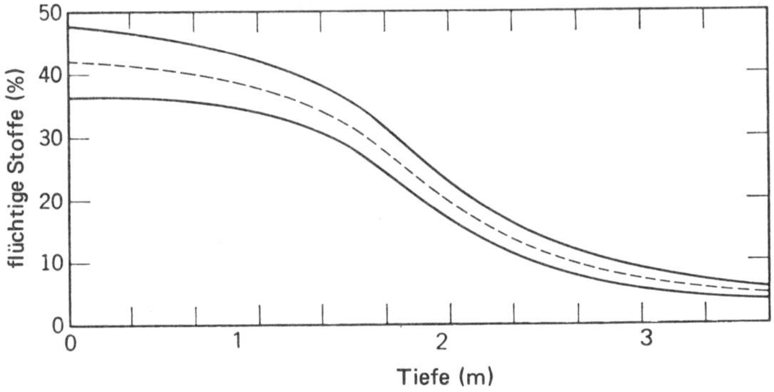

Abb. 10.4 Tiefenverhalten flüchtiger Bestandteile in britischen Stein- und Anthrazitkohlen. Berechnungsgrundlage trockene, aschefreie Substanz (nach SUGGATE, *Geol. Mag.*, **93,** S. 212, 1956).

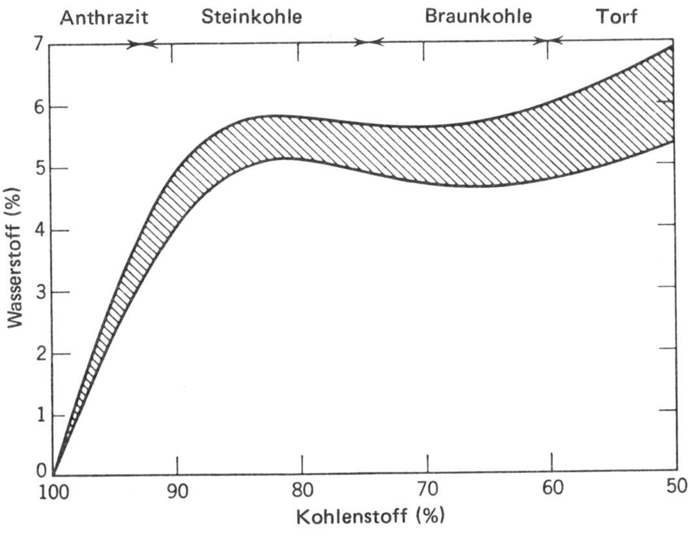

Abb. 10.5 Bandbreite des Inkohlungsgrades, ausgedrückt in Kohlenstoff- und Wasserstoffgehalten.

Daten in umgekehrter Weise dazu verwenden, die einstige Versenkungstiefe von Kohlenflözen, deren jetzige Lage das Ergebnis tektonischer Bewegungen oder erosiver Tätigkeit sein mag, zu bestimmen.

In chemischer Hinsicht stellt die Umwandlung von Holz in Anthrazit im wesentlichen eine Zunahme des Kohlenstoffgehalts sowie eine Abnahme des Sauerstoffgehalts dar. Auch der Wasserstoffgehalt nimmt ab, aber weniger schnell. Inkohlung ist im wesentlichen eine **Reduktion**; das Wasserstoff/Sauerstoff-Verhältnis in Gew.-%, das in Zellulose 1:8 und im Holz 1:7 beträgt, sinkt im Anthrazit auf Werte um 1:1 ab. In Abb. 10.5 sind die Veränderungen bei der Umwandlung von Torf zu Anthrazit bezüglich der Gehalte an Kohlenstoff und Wasserstoff dargestellt.

Die geschilderten Prozesse, wie sie wahrscheinlich bei der Umwandlung von Pflanzenmaterial in Kohle stattfinden, stützen sich auf empirische Beobachtungen. Über die tatsächlich ablaufenden chemischen Umwandlungsreaktionen ist nur wenig bekannt. VAN KREVELEN (1961) liefert mit einer guten Zusammenfassung über diesen Fragenkreis einen wertvollen Beitrag. Untersuchungen zum Chemismus von Kohlen haben ergeben, daß sie hauptsächlich aus komplex aufgebauten organischen Substanzen hohen Molekulargewichts bestehen. Es sind größtenteils aromatische Verbindungen, deren Aromatisierungsgrad dem Inkohlungsgrad proportional ist, bis mit dem Graphit vollkommene Aromatisierung erreicht ist. Sauerstoff ist offensichtlich auf OH- und COOH-Gruppen konzentriert; bei steigender Inkohlung entweicht er in Form von H_2O und CO_2 bzw. im Anfangsstadium durch selektives Auswaschen im Grundwasserbereich. Das steile Absinken des Wasserstoffgehalts beim Übergang von Steinkohle zu Anthrazit ist eine Folge des Austreibens von CH_4 in dieser Phase der Metamorphose. Stickstoff ist Bestandteil der Aminogruppen oder er ersetzt teilweise den Kohlenstoff in Ringstrukturen. Diese Reaktionsabläufe in den Kohlen weisen darauf hin, daß der Kohlenstoff in den Ringen zumeist abgesättigt ist; d.h. die Ringe haben Naphthenstruktur, und die sechsgliedrigen Ringe dominieren.

Die weitestgehende Umwandlung kohligen Materials führt zur Bildung von **Graphit**. Dieser Prozeß ist mit der Gesteinsmetamorphose vergleichbar, nur kommt er bei den organischen Verbindungen der Kohlen viel leichter in Gang als bei den Mineralen. Die Kohlenzusammensetzung ist folglich ein extrem empfindlicher Indikator für den Grad der Umwandlung, und das nicht nur für die Kohle selbst, sondern darüber hinaus für tektonisch und stratigraphisch äquivalente Begleitgesteine. Selbst im Anthrazit-Stadium sind die umschließenden Begleitgesteine lediglich als diagenetisch verfestigt zu bezeichnen, weniger als metamorph. In einigen Abbaugebieten, z.B. im Narragansett-Becken auf Rhode Island (QUINN & GLASS, 1958) war es möglich, sowohl im Gelände als auch im Labor den Übergang von der Kohlenmetamorphose zur Gesteinsmetamorphose zu verfolgen. Der Übergang verrät sich in der Kohle durch einen zunehmenden Grad an Graphitisierung, der durch das Auftauchen von Graphitreflexen am Röntgendiffraktometer dokumentiert ist. Der Anthrazit ist so gut wie röntgenamorph, während die Begleitgesteine nur geringe Neigung zur Rekristallisation zeigen. Mit zunehmendem Metamorphosegrad gehen die Gesteine allmählich in Chloritschiefer über bzw. letztlich in Biotitschiefer. Der mit den Chloritschiefern assoziierte Meta-Anthrazit liefert bereits gut ausgebildete Graphitreflexe, während in den Biotitschiefern schließlich wohlkristallisierter Graphit vorliegt.

Entstehung des Erdöls

In der Fachwelt hat sich inzwischen allgemein die Ansicht durchgesetzt, daß als Ausgangsmaterial für Erdöl nur organische Substanz in Frage kommt, die zusammen mit anorganischem Material sedimentiert worden ist; nichtsdestotrotz hält sich die Theorie von einer anorganischen Genese des Erdöls mit bewundernswerter Beharrlichkeit. Unsicherheiten bestehen darüber, ob nicht-marine Sedimente als Muttergesteine für Erdöl ausgeschlossen werden können, jedoch lehrt uns die Tatsache, daß es überwiegend marine Sedimentserien sind, in denen die Erdöle entstanden sind und daß die Erdölmuttergesteine vorwiegend im küstennahen Bereich zu finden sind.

Wichtige Schlußfolgerungen über die Erdölentstehung können aus dem Chemismus der Öle abgeleitet werden. Sehr bemerkenswert ist beispielsweise die Einförmigkeit ihrer Elementzusammensetzung. In der Regel enthalten sie 83 bis 87% Kohlenstoff, 11 bis 14% Wasserstoff sowie höchstens 5% Sauerstoff, Stickstoff und Schwefel. Auf über 99% kann bei manchen Erdölen der Kohlenstoff- plus Wasserstoffgehalt ansteigen. Der Ascheanteil ist sehr gering, er beläuft sich auf 0,001 bis 0,05%.

Ganz im Gegensatz zu seiner eintönigen und simplen Elementzusammensetzung zeigt Erdöl eine große Variabilität und Komplexizität hinsichtlich seiner organischen Verbindungen. Es handelt sich um eine Vielzahl unterschiedlicher Kohlenwasserstoffe, die in der jeweiligen Mischung den Charakter eines Erdöls bestimmen. Die Kohlenwasserstoffe können in drei homologe Reihen eingeordnet werden:

- Alkane (Paraffine) mit der allgemeinen Formel C_nH_{2n+2};
- Cycloalkane oder Naphthene, Ringkohlenwasserstoffe mit der allgemeinen Formel C_nH_{2n}.
- Aromatische Kohlenwasserstoffe mit der allgemeinen Formel C_nH_{2n-6}.

Die Verhältnisse der einzelnen Verbindungen ändern sich beträchtlich von einem Öltyp zum anderen; folglich behilft man sich zur Grobeinteilung der Erdöle mit der obigen Dreiteilung der Kohlenwasserstoffe und unterscheidet Paraffin-, Naphthen- oder aromatische Erdöle, je nach Dominanz einer der Gruppen.

Angenommen, Erdöl sei eine Mischung verschiedener Flüssigkeiten in einem thermodynamischen Gleichgewicht, dann sollte es möglich sein, seine Zusammensetzung zu berechnen, vorausgesetzt thermodynamische Daten über die vielen möglichen Kohlenwasserstoffe sind verfügbar. Umfangreiche Untersuchungen zur freien Enthalpie der Kohlenwasserstoffe wurden vom US Bureau of Standards und anderen Institutionen in jüngster Zeit durchgeführt. Einige der wichtigsten Ergebnisse dieser Arbeiten lassen sich wie folgt zusammenfassen:

- Die Alkane sind bei niedrigeren Temperaturen die stabilsten Kohlenwasserstoffe.
- In einer homologen Reihe nimmt die Strukturstabilität mit abnehmender Zahl der Kohlenstoffatome zu.
- Die Stabilität der Cycloalkane unterscheidet sich kaum von der der Alkane.
- In dem mit der Erdölgenese verbundenen Temperaturbereich sind die aromatischen Kohlenwasserstoffe weniger stabil als die korrespondierenden abgesättigten Kohlenwasserstoffe.

Die breite Streuung von Kohlenwasserstoffarten in Erdölen fast gleicher Elementzusammensetzung deutet darauf hin, daß sich Erdöl als Mischungsflüssigkeit nicht in einem thermodynamischen Gleichgewicht befindet. Die Zusammensetzung eines Erdöls hängt vermutlich weitgehend von den relativen Reaktionsgeschwindigkeiten der beteiligten Reaktionen ab, die zur Entstehung des Öls geführt haben. Als Faustregel jedoch gilt, daß Öle aus erdgeschichtlich alten Schichten mehr Alkane und flüchtige Bestandteile enthalten als Öle aus jüngeren Sedimenten. Es liegt der Schluß nahe, daß mit zunehmendem Alter die Öle näher am thermodynamischen Gleichgewicht liegen.

Weitere Anhaltspunkte zur Erdölentstehung liefert die Anwesenheit hitzeempfindlicher Verbindungen, insbesondere sind das die Porphyrine und komplexe Kohlenwasserstoffe mit Stickstoffsubstitutionen, die sich bei Temperaturen um 200°C zersetzen. Während der Erdölbildung werden die 200°C niemals überschritten, die erreichbaren Maximaltemperaturen liegen im allgemeinen viel niedriger. Sichere Hinweise auf diesen Sachverhalt sind enge Wechselbeziehungen zwischen Erdölvorkommen und Inkohlungsgrad bei Kohlevorkommen; liegt nämlich in einem Kohlevorkommen der Inkohlungsgrad, ausgedrückt durch den Kohlenstoffgehalt, über einer gewissen Größe, so muß mit der Abwesenheit von Erdölvorkommen gerechnet werden. Als Fixzahl kann Kohle mit über 70% C angesetzt werden. Erdöl ist gegenüber der Metamorphose weitaus empfindlicher als Kohle und wird bei Temperaturerhöhungen, die andererseits die Kohle wertvoller machen, zerstört.

Die Art des Ausgangsmaterials des Erdöls ist nach wie vor umstritten. Unbestritten ist, daß das Material organischen Ursprungs ist, und so ist es denkbar, daß im Grunde alle nur möglichen Organismen, Pflanzen wie Tiere, zur Erdölgenese beigetragen haben. Mengenmäßig steht das **Plankton** weit an der Spitze mariner organischer Substanz, und man liegt sicher nicht völlig falsch mit der Annahme, daß seine Zusammensetzung annähernd repräsentativ ist für das Rohmaterial der Erdöle. VINOGRADOV (1953) stellte entsprechende Daten zum Chemismus des Planktons und anderer Organismen zusammen (Tab. 10.5). Verständlich, daß bei der Umwandlung des Rohmaterials zu Öl eine wirksame Abtrennung von Sauerstoff erfolgen muß.

Tabelle 10.5 Elementzusammensetzung organischer Substanzen

Art	C	H	O	N
Phytoplankton	45	7	45	3
Zooplankton	50	8	32	10
Pelagische Ablagerungen	56	8	30	6
Landpflanzen	54	6	37	2,8
Humus	56	4,5	36	3,5

Plankton enthält, ähnlich den höheren Lebensformen, Kohlenhydrate, Eiweiße und Fette; in Diatomeen fand man sogar kleinere Mengen an Kohlenwasserstoffen. Der Tod der Planktonorganismen erfolgt entweder durch Gefressenwerden oder auf irgendeine andere Weise, letztlich werden sie Teil der Meeresbodensedimente. Ozeanographische Untersuchungen befaßten sich mit diesem Ablagerungsmilieu und stellten fest, daß diese organischen Reste mit den Sedimenten konserviert werden, so daß sie letztendlich in Erdöl umgewandelt werden.

In jedem Fall sind reduzierende Verhältnisse erforderlich, da oxidierende das organische Material sofort zu CO_2 und H_2O zerfallen ließen. Ferner muß das Milieu lebensfeindlich, insbesondere gegenüber aasfressenden Tieren, sein. Solche Environments treten am Meeresboden dort auf, wo das Bodenwasser stagniert, also speziell in Becken- und Trogsituationen. In Frage kommen daneben noch Sümpfe, abgeschnürte Lagunen und brackisches Marschland. In solchen Environments unterliegt das zum Grund abgesunkene organische Restmaterial nicht der üblichen Zersetzung, sondern wird durch die Tätigkeiten von anaerob lebenden Fäulnisbakterien allmählich in einen schwarzen Schlamm, einen Sapropel- oder Faulschlamm, umgewandelt. Ein eindrucksvolles Beispiel dafür ist das Schwarze Meer; hier herrschen stagnierende Strömungsverhältnisse vor, die Meeresbodensedimente enthalten bis zu 35% organische Substanz. Zum Vergleich: Der mittlere Gehalt an organischer Substanz beträgt in den Meeresbodensedimenten rund 2,5%.

Sapropelschlamm ist höchstwahrscheinlich die Ausgangssubstanz für Erdöl, vergleichbar dem Torf als Ausgangssubstanz für die Kohlebildung. Die Umwandlung des Sapropelschlamms zu Erdöl erfolgt vermutlich sowohl durch biochemische als auch durch anorganische Prozesse, obwohl sich die Wissenschaftler nicht einig sind, welchem der beiden Prozesse mehr Bedeutung zukommt. Es gibt klare Hinweise darauf, daß bakterielle Aktivität eine wichtige Rolle spielt bei der Umwandlung der Kohlenhydrate und Eiweiße in Verbindungen, die letztlich Kohlenwasserstoffe ergeben. In einer etwas vereinfachenden Darstellung kann die Umwandlung der organischen Substanz zu Kohlenwasserstoffen wie folgt ausgedrückt werden:

$$\underset{\text{Kohlenhydrat}}{(CH_2O)_n} = \underset{\text{Kohlendioxid}}{x \cdot CO_2} + \underset{\text{Kohlenwasserstoffe}}{y \cdot CH_z}$$

Bei dieser Reaktion werden Teile der organischen Substanz komplett zu CO_2 oxidiert, während andere Teile davon zu Kohlenwasserstoffen reduziert werden. Wie gesagt, das ist natürlich stark vereinfacht. Biochemische Prozesse, wie sie hier stattfinden, reduzieren zunächst die Fettsäuren, die später zu Kohlenwasserstoffen umgewandelt werden, und zwar über bekannte Zwischenreaktionen wie Spaltung, Kondensation oder Dehydrierung. Solche Reaktionsmechanismen werden vermutlich durch Katalysatoren beschleunigt; in diesem Zusammenhang verdient die Bedeutung der **Tonminerale** besonders hervorgehoben zu werden. Tonminerale sind bekanntlich starke Absorptionsmaterialien und bringen daher Fremdatome und -moleküle in engen Kontakt. Zudem sind diese Fremdmoleküle nicht zufällig angeordnet, sondern an bestimmten Plätzen relativ zum Tonmineral und zueinander, dort können sie miteinander reagieren und neue Verbindungen eingehen.

Ein kontroverser Punkt von großer Bedeutung ist der Zeitfaktor. Da kaum Öle bekannt sind, die aus Gesteinen stammen, die jünger sind als Pliozän (und diese können aus älteren Gesteinen zugewandert sein), glaubte man allgemein, daß der Ölbildungsprozeß langsam vor sich gehen müßte. Dazu muß gesagt werden, daß die älteren Prospektoren junge Sedimente bei ihrer Suche nach Kohlenwasserstoffen ausgeklammert hatten. Und so wurde diese Annahme der Abwesenheit von Erdöl in jüngsten Sedimenten schnell beendet, als SMITH (1954) und andere mit erfolgreichen Extraktionen von Paraffinen, Naphthenen und benzolartigen Kohlenwasserstoffen aus **rezenten** marinen Sedimenten aufwarteten. Die extrahierten Mengen an freien Kohlenwasserstoffen beliefen sich auf 11 700 ppm. ^{14}C-Altersbestimmungen der Kohlenwasserstoffe schlossen aus, daß es sich etwa um älteres, nach oben gewandertes Erdöl handeln würde; es wurden ^{14}C-Modellalter von 10 000 Jahren gemessen. Die Konzentrationswerte, extrapoliert auf die Sedimente des Golfs von Mexiko und auf das Santa Cruz-Becken vor Kalifornien, ergaben Vorräte zwischen $7 \cdot 10^8$ und $1{,}6 \cdot 10^9$ Liter Erdöl pro Kubikmeile Sedimente. Der Chemismus dieser Kohlenwasserstoffe unterschied sich in mancherlei Hinsicht von dem älteren Rohöls. So zeigten die n-Paraffine der jungen Kohlenwasserstoffe eine starke Vorherrschaft an Molekülen mit ungerader Zahl an Kohlenstoffatomen; dieses Phänomen kennt man aus anderen Rohölen nicht. Ebenso scheinen Kohlenwasserstoffe niedriger Molekulargewichte in den rezenten Sedimenten zu fehlen, während diese in vielen älteren Ölen häufig sind. Offenbar unterliegt das organische Material noch weiteren Entwicklungsprozessen, sowohl im Erdölmuttergestein als auch noch später im Speichergestein.

Spurenelemente in biogenen Lagerstätten

Im Vergleich zur Durchschnittszusammensetzung der Erdkruste sind Kohle und Erdöl stark an Kohlenstoff und Wasserstoff und bisweilen an Stickstoff und Schwefel angereichert. Zudem können in biogenen Ablagerungen oftmals bemerkenswerte

Tabelle 10.6 Seltene Elemente in Kohleaschen

Element	Mittlerer Gehalt in Kohleaschen (g/t)	Mittlerer Gehalt in der Erdkruste (g/t)	Anreicherungsfaktor
B	600	10	60
Ge	500	1,5	330
As	500	2	250
Bi	20	0,2	100
Be	45	2,8	16
Co	300	25	12
Ni	700	75	9
Cd	5	0,2	25
Pb	100	13	8
Ag	2	0,1	20
Sc	60	22	3
Ga	100	15	7
Mo	50	1,5	30
U	400	2,7	150

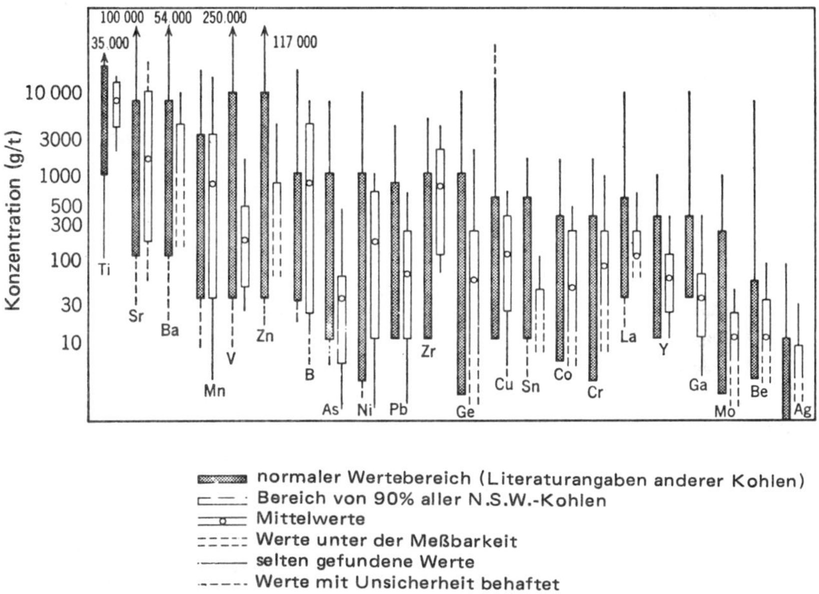

Abb. 10.6 Konzentrationsbereiche von Spurenelementen in Kohleaschen. Strukturierte Balken bezeichnen Daten aus der Literatur, helle Balken sind Bestimmungen von Kohleaschen aus New South Wales (aus SWAINE, *Technical Communication,* **45,** Division of Coal Research, C.S.I.R.O., Australia, 1962).

Mengen von selteneren Elementen konzentriert sein. Das klassische Beispiel dazu war GOLDSCHMIDTs Entdeckung von 1,6% GeO_2 in der Asche von Kohlen aus dem Newcastle-Revier in England; inzwischen wurden Kohlen bekannt, etwa Braunkohle aus dem Columbia-Revier, die 7,5% GeO_2 enthalten. Seiner Entdeckung ließ GOLDSCHMIDT eine systematische, geochemische Bearbeitung von Kohleasche folgen. Tabelle 10.6 gibt einige seiner Ergebnisse wieder. Diese Zahlen betreffen mittlere Gehalte „reiner" Aschen; einzelne Vorkommen, wie soeben beispielhaft erwähnt, bringen es zuweilen auf weit höhere Konzentrationen. Weitere Werte finden sich bei SWAINE, der Spurenelementgehalte von Aschen aus New South Wales (Australien) mit den in der Literatur verfügbaren Daten verglich (Abb. 10.6). Sehr bemerkenswert an diesen Ergebnissen ist ohne Zweifel, daß die gefundenen Ascheelemente eine sehr heterogene Gruppe bilden; diese Elemente streuen sehr weit hinsichtlich ihres geochemischen Verhaltens. Sowohl chalkophile als auch lithophile Elemente sind zugegen, wobei die chalkophilen Elemente überwiegen. Ionen- und Atomradien haben offensichtlich keinen erkennbaren Einfluß, da diese Elementvergesellschaftung kleine, mittlere und auch große Radien umfaßt.

Mehrere Möglichkeiten für die Anreicherung der selteneren Elementassoziationen sind in Erwägung gezogen worden:

- Akkumulation bestimmter Elemente durch die Lebensprozesse der Pflanzen, die die Ausgangssubstanz für die Kohlebildung waren; anschließender selektiver Zerfall der Substanzen mag eine Anreicherung der Spurenelemente begünstigt haben.
- Ausfällung bestimmter Elemente aus dem Grundwasser während der Inkohlung mittels Adsorption oder chemischer Umsetzung.
- Bestimmte Elemente waren Teil der Gesteins- und Mineralkomponenten, die gemeinsam mit der organischen Substanz abgelagert und abgesenkt wurden.

Die dritte Möglichkeit dürfte wohl weniger Gewicht haben, da es keinen Grund gibt anzunehmen, daß die gewöhnlich zusammen mit der organischen Substanz sedimentierten Minerale besondere Anreicherungen an seltenen Elementen aufweisen sollten. Außerdem zeigten die Analysen GOLDSCHMIDTs ganz klar, daß die seltenen Elemente nicht auf das mineralische Material konzentriert waren, da gerade in den aschearmen Kohlen diese Elemente am höchsten und in den aschereichen (mineralreichen) Kohlen am niedrigsten konzentriert vorlagen. Die erste Möglichkeit mag in manchen Fällen eine wichtige Rolle spielen, im allgemeinen aber neigen die Pflanzen nicht dazu, diese Elemente aus dem Boden zu entnehmen und in sich anzureichern. GOLDSCHMIDT begünstigte vielmehr eine Konzentrierung während des Zersetzungsprozesses der Pflanzen und rechnete mit einer Auslaugung und Wegführung leichtlöslicher Stoffe, währenddessen andere entweder in Form schwerlöslicher Verbindungen oder metallorganischer Komplexe in den pflanzlichen Umwandlungsprodukten verblieben. Die zweite Möglichkeit scheint die günstigsten Umstände für eine Anreicherung dieser Elemente in sich zu bergen. Das sehr niedrige Redoxpotential des Milieus reduzierte die Schwefelverbindungen zu H_2S, welches die chalkophilen Elemente zur Ausfällung brachte, von denen dadurch viele in den Kohlen eine starke Anreicherung erfahren haben (siehe auch Tab. 3.11 und Tab. 10.6). Ein anderer bedeutender Effekt ist die Chelatisierung mit Metallionen zu komplexen Metallorganoverbindungen, insbesondere unter Beteiligung von Phenolgruppen der humosen Substanz, wie sie in vielen Torfmaterialien vorkommt.

Aus der Bodenkunde ist bekannt, daß Humus eine hohe Kationenaustauschkapazität besitzt; er vermag daher eine Vielzahl verschiedener Kationen der Bodenlösung zu entnehmen, sie zu adsorbieren und sie auch in eine stabile Bindung zu überführen. Diese Fähigkeiten sah man als Erklärungsmöglichkeit für die hohen Urangehalte mancher Braunkohlen an. Das Uran könnte in oxidierenden Wässern herangeführt worden sein und in den oberen Lagen der Braunkohle, wo reduzierende Bedingungen herrschten, wieder ausgefallen sein (reduzierende Verhältnisse senken die Löslichkeit der Uranionen). Unterschiede bei den einzelnen Elementgehalten in den Kohlen können auf Verfügbarkeit und Konzentrationen dieser Elemente in den

Grundwässern beruhen, die während der ersten Entwicklungsstufen mit der Kohle in Kontakt gestanden haben.

Verglichen mit der Kohle konzentriert Erdöl, eingeschlossen Asphalte und Bitumen, Spurenelemente viel spezifischer. So zeichnet sich Vanadium durch eine starke Affinität gegenüber Erdöl aus, es wird von über 70% V_2O_5 in Erdölaschen berichtet. Einige Reedereien bevorzugen Dieselöle von bestimmten Fördergebieten, da die Asche sich als Rohstoff zur Vanadiumgewinnung verkaufen läßt. In der berühmten Lagerstätte von Minasragra in Peru tritt das Vanadium in Asphaltiten auf. GOLDSCHMIDT nahm an, daß die typischen, mit Erdöl vergesellschafteten Metalle wie Vanadium, Molybdän und Nickel in Form metallorganischer Verbindungen vorliegen, die zusammen mit den Kohlenwasserstoffen in die Speichergesteine migrierten. Er betonte, daß diese Elemente vorzügliche Katalysatoren bei der Synthese von Kohlenwasserstoffen sind; er brachte sie folglich in Zusammenhang mit einer beschleunigenden Wirkung bei der Bildung des Erdöls aus der organischen Substanz. Diese Elemente dürften durch bestimmte Organismen dem Meerwasser entzogen worden sein, die sie zum Aufbau metallorganischer Porphyrin-Verbindungen benötigten. Diese Verbindungen besitzen eine extreme Stabilität und widerstanden infolgedessen den verändernden Prozessen bei der Diagenese; man fand sie in Tonschiefern, Asphalten und Erdölen, die altersmäßig bis ins Paläozoikum zurückreichen. Die enorme Anreicherung einiger der Spurenelemente läßt vermuten, daß ein sekundärer Austauschprozeß hinzukommt, der in hohem Maße für ihre Konzentrierung verantwortlich ist. Die Moleküle des Porphyrins, selbst außerordentlich stabil, scheinen auf ihrer Wanderung zusammen mit dem Erdöl in Kontakt mit konnaten Wässern und anderen Lösungen ihre ursprünglich eingebauten Kationen auszutauschen. Falls dies in vollem Umfang der Fall ist, können uns die Spurenelementgehalte nur wenig helfen, die Herkunft des Erdöls genauer aufzuklären.

Im Abschnitt 6 haben wir schon gesehen, daß als Träger ungewöhnlich hoher Spurenelementkonzentrationen auch die bituminösen Schwarzschiefer in Frage kommen. Ein wirtschaftlich sehr bedeutendes Vorkommen ist der Mansfelder Kupferschiefer Thüringens, der schon seit dem 12. Jahrhundert abgebaut wird. Die hier auftretenden bituminösen Mergelschiefer enthalten beträchtliche Gehalte an Cu, die in einer Lage auf über 3% ansteigen. Daneben sind As, Ag, Zn, Cd, Pb, V, Mo, Sb, Bi, Au und die Platinmetalle stark angereichert; im Abbau bedeutend sind aber nur Cu und Ag. Das in den letzten Jahren stark angestiegene Interesse an Uran und die damit verbundene Prospektionsaktivität brachte an den Tag, daß dieses Metall ebenfalls oft in den bituminösen Schiefern angereichert vorliegt, wobei Gehalte über 400 g/t nicht selten angetroffen werden.

10.4 Der geochemische Kreislauf des Kohlenstoffs

Obwohl der Kohlenstoff nicht zu den häufigsten irdischen Elementen zählt, spielt er gleichwohl in der Geochemie eine sehr bedeutende Rolle als wesentlicher Bestandteil der für alles Lebende so wichtigen organischen Verbindungen. Die Geochemie des Kohlenstoffs ist eng verbunden mit der der anderen, für den Aufbau der Organismen notwendigen Elemente, insbesondere Wasserstoff, Sauerstoff, Stickstoff und Schwefel. Die verschiedenen Aspekte des Kohlenstoffkreislaufs sind bereits Forschungsgegenstand seit über einem Jahrhundert. 1933 entwickelte wieder einmal mehr GOLDSCHMIDT ein Konzept zum Kreislauf des Kohlenstoffs sowohl

Tabelle 10.7 Kohlenstoffinventar der Erdkruste (* Angaben · 10^{18} g) (nach HUNT, 1972)

	graphitischer oder organischer Kohlenstoff*	Kohlenstoff in CO_2 oder Karbonaten*
Vulkanite	2 200	2 700
Granite	1 300	1 000
Metamorphite	3 500	2 600
Sedimentite		
Tongesteine und Tonschiefer	8 900	9 300
Karbonate	1 800	51 000
Sandsteine	1 300	3 900
Erdöl		
Nichtvorräte	200	–
Vorräte	1	–
Kohle	15	–
In Hydrosphäre gelöst	0,7	38,3
Atmosphäre	–	0,64
Biosphäre (Land + Wasser)	0,3	–
	~ 19 000	~ 71 000

in biologischer als auch in geologischer Hinsicht, und versuchte, quantitative Aussagen über die verschiedenen Bereiche in diesem Kreislauf zu machen. Einige der Berechnungen sind durch spätere Arbeiten – insbesondere durch BORCHERT (1951) und WICKMAN (1956) – revidiert worden.

Einen Überblick über das geochemische Inventar liefert die Tabelle 10.7. Die große Masse des Kohlenstoffs liegt in den Gesteinen fest und nimmt folglich nicht am zeitlich kleinmaßstäblichen Zyklus an der Erdoberfläche teil. Es soll hier jedoch nochmals daran erinnert werden, daß dieser fixierte Kohlenstoff das Äquivalent zu dem in der Erdgeschichte produzierten freien Sauerstoff darstellt. Abb. 10.7 versucht, die Wechselbeziehungen zwischen dem Kohlenstoffkreislauf und dem Schwefelkreislauf aufzuzeigen und gleichzeitig deren Kontrollfunktionen auf den Sauerstoffkreislauf darzustellen.

In jüngster Zeit sind große Anstrengungen unternommen worden, um die relativen Häufigkeitsschwankungen der stabilen Isotope von Kohlenstoff, Sauerstoff, Schwefel und Stickstoff in oder assoziiert mit organischem Material der Biosphäre zu verstehen. Die lebenden Organismen sind offensichtlich in der Lage, die Isotope aller leichten Elemente zu fraktionieren. Grundsätzlich reichern die Organismen das leichtere Isotop eines Isotopenpaares an (siehe auch Abschnitt 10.3), und zwar entweder in ihrem Zellgewebe oder in ihren Stoffwechselprodukten als Folge von kinetischen Reaktionen, bei denen die leichteren Isotope schneller reagieren.

CRAIG (1953), WICKMAN (1956) und andere führten zahlreiche Messungen durch, indem sie die $^{12}C/^{13}C$-Verhältnisse in verschiedenen geochemischen Environments bestimmten und dabei kleine, aber regelmäßig auftretende Unterschiede feststellten (Abb. 7.5). Es zeigte sich, daß photosynthetisch aktive Organismen gegenüber der Atmosphäre oder dem CO_2 im Wasser ca. 10–20% mehr ^{12}C inkorporiert haben. Landpflanzen reichern gegenüber marinen Organismen mehr an, was auf den Unterschied an $\delta^{13}C$ zwischen atmosphärischem CO_2 (−7 bis −10) und ozeanischem HCO_3^- (−1 bis −2) zurückzuführen ist. Das aus verwesender organischer Substanz wieder freiwerdende CO_2 reichert zusätzlich das leichtere Isotop an. Auf diese Weise, so kann geltend gemacht werden, führen sich ständig wiederholende Zyklen organischer Produktivität und organischen Zerfalls in einem geschlossenen System

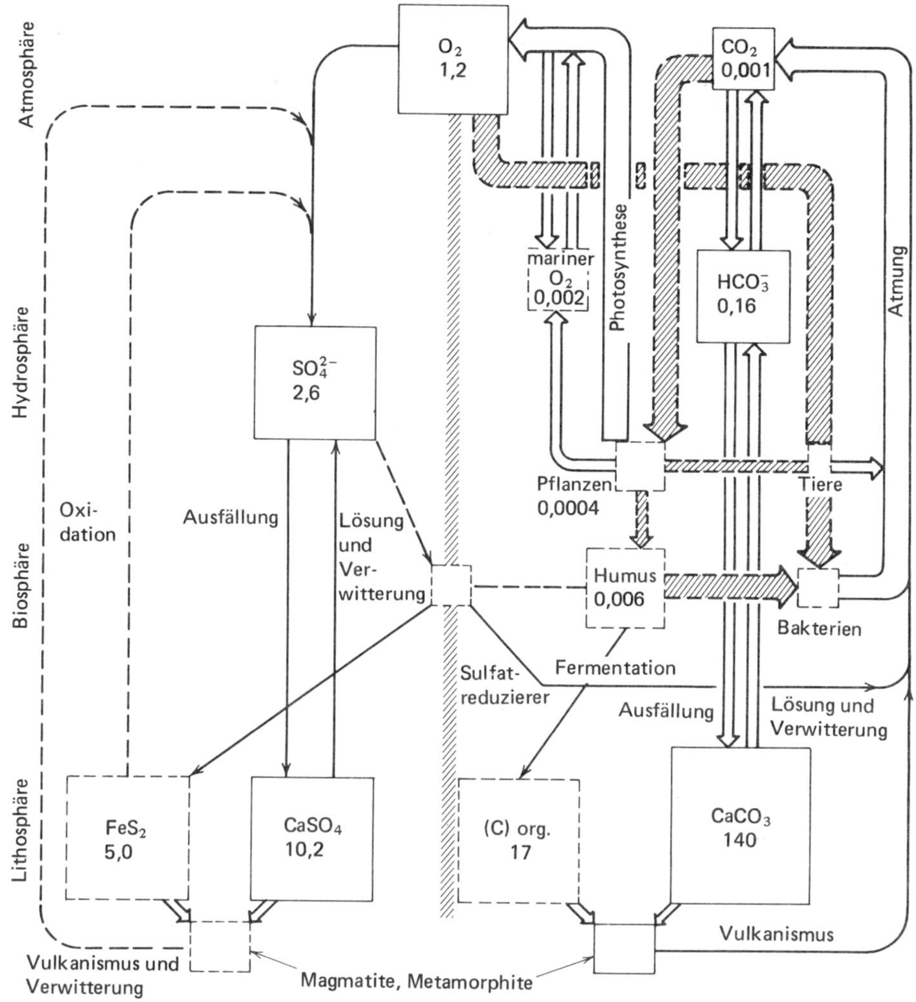

Abb. 10.7 Wechselbeziehungen zwischen den biogeochemischen Kreisläufen des Schwefels und des Kohlenstoffs und deren kontrollierende Wirkungen auf den Sauerstoffkreislauf. Die Strichdicke bezeichnet die ungefähre Bedeutung der jährlichen Übertrittsraten. Zahlen bezeichnen Gesamtsauerstoffgehalte in 10^{15} t entweder als molekularen Sauerstoff, als Sauerstoffverminderung (FeS_2) oder als Sauerstofffreisetzung (C org.) (aus BROOKES & KAPLAN, in *Encyclopedia of Geochemistry,* Hrsg. R.W. FAIRBRIDGE, 1972).

zu einer Anreicherung an ^{12}C bis zu 9%. Die leichten Isotope von H und C sind in den Organismen vornehmlich auf die Fette konzentriert. Da sich aus den Fettsäuren die Entstehung der Erdöle ableiten läßt, erklärt sich folglich auch deren hoher Gehalt an ^{12}C.

In einer der ersten Anwendungen von Isotopenstudien auf Fragen der Geologie benutzte WICKMAN im Jahre 1941 $^{12}C/^{13}C$-Verhältnisse, um über einen geistreichen Rechenansatz auf die organischen Kohlenstoffmengen in den Sedimenten zu kommen. Der Grundgedanke seiner Berechnung war der, daß der Unterschied der $^{12}C/^{13}C$-

Verhältnisse zwischen karbonatischem Kohlenstoff und organischem Kohlenstoff nichts anderes ist als die Fraktionierung der beiden Isotope eines Kohlenstoffs, der in einer Urkruste noch eine gleichmäßige Isotopenzusammensetzung besaß. Bezeichnet man die Gesamtmenge des karbonatischen Kohlenstoffs mit A, des organischen Kohlenstoffs mit B, ihre $^{12}C/^{13}C$-Verhältnisse mit x bzw. y sowie das originale $^{12}C/^{13}C$-Verhältnis der Urkruste mit z, dann gilt folgende Gleichung:

$$\frac{A}{B} = \frac{y - z}{z - x}$$

WICKMAN befaßte sich gerade mit dem Problem des „Krusten-Kohlenstoffs" sehr eingehend und zeigte, daß die $^{12}C/^{13}C$-Verhältnisse in Diamanten, in Karbonaten von vermutlich magmatischem Ursprung und in einer Reihe von Graphiten sich alle um einen mittleren Wert von 89,11 einpendelten, einen Wert, den er als akzeptabel für z in seiner Formel hielt. Er setzte sodann die obigen Werte für $^{12}C/^{13}C$ des karbonatischen und des organischen Kohlenstoffs ein sowie für A einen von ihm schon früher errechneten Wert von 2420 ± 560 g pro cm² der Erdoberfläche und erhielt schließlich für B eine Zahl von 700 ± 200 g/cm². Das entspricht einem Gehalt von 0,41 ± 0,13% C in einem durchschnittlichen Tonschiefer, eine Zahl, die nicht schlechter ist als die durch zahlreiche Analysen erstellten Werte.

Ausgewählte Schriften

ABELSON, P.H. (1978): Organic matter in the earth's crust. *Ann. Rev. Earth Planet. Sci,* **6**, 325–351

BEERSTECHER, E. (1954): *Petroleum microbiology.* 375 S. Elsevier Publishing, New York

BORCHERT, H. (1951): Zur Geochemie des Kohlenstoffs. *Geochim. Cosmochim. Acta,* **2**, 62–75

BOWEN, H.M.J. (1966): *Trace elements in biochemistry.* 241 S. Academic Press, London

BRAMLETTE, M.N. (1946): The Monterey formation of California and the origin of its siliceous rocks. *U.S. Geol. Survey, Profess. Paper 212.* 57 S.

BREGER, I.A. (Hrsg.) (1964): *Organic geochemistry.* 658 S. Pergamon Press, New York

CANNON, H.L. (1960): Botanical prospecting for ore deposits. *Science,* **132**, 591–598

CLOUD, P. (1972): A working model of the primitive Earth. *Amer. J. Sci.,* **272**, 537–548

CLOUD, P. (1976): Beginnings of biospheric evolution and their biogeochemical consequences. *Paleobiology,* **2**, 351–387

COLOMBO, U., & HOBSON, G.D. (Hrsg.) (1964): *Advances in organic geochemistry.* 488 S. Pergamon Press, New York

CRAIG, H. (1953): The geochemistry of the stable carbon isotopes. *Geochim. Cosmochim. Acta,* **3**, 53–92

EGLINTON, G., & MURPHY, M.T.J. (Hrsg.) (1969): *Organic geochemistry – methods and results.* 828 S. Springer-Verlag, New York

FEELY, H.W., & KULP, J.L. (1957): Origin of Gulf Coast salt-dome sulfur deposits. *Bull. Amer. Assoc. Petrol. Geol.,* **41**, 1802–1853

HEDBERG, H.D. (1964): Geologic aspects of origin of petroleum. *Bull. Amer. Assoc. Petrol. Geol.,* **48**, 1755–1803

HUNT, J.M. (1972): Distribution of carbon in the crust of Earth. *Bull. Amer. Assoc. Petrol. Geol.,* **56**, 2273–2277

HUTCHINSON, G.E. (1943): The biogeochemistry of aluminum and of certain related elements. *Quart. Rev. Biol.,* **18**, 1–29, 129–153, 242–262, 331–363

HUTCHINSON, G.E. (1954): The biogeochemistry of the terrestrial atmosphere. In: *The earth as a planet.* G.P. KUIPER (Hrsg.) (S. 371–433). University of Chicago Press, Chicago

KENYON, D.H., & STEINMAN, G. (1969): *Biochemical predestination.* 301 S. McGraw-Hill, New York

KVENVOLDEN, K.A. (1974): *Geochemistry and the origin of life.* 422 S. Vol. 14 in the Benchwork Papers in Geology Series. Dowden, Hutchinson and Ross, Stroudsburg, Pa.
PHILIPPI, G.T. (1965): On the depth, time and mechanism of petroleum generation. *Geochim. Cosmochim. Acta,* **29,** 1021–1049
PHILIPPI, G.T. (1974): The influence of marine and terrestrial source material on the composition of petroleum. *Geochim. Cosmochim. Acta,* **38,** 947–966
QUINN, A.W., & GLASS, H.D. (1958): Rank of coal and metamorphic grade of rocks of the Narragansett basin of Rhode Island. *Econ. Geol.,* **53,** 563–574
Scientific American (1970): *The biosphere.* W.H. Freeman, San Francisco, 134 S.
SMITH, P.V. (1954): Studies on origin of petroleum: occurrence of hydrocarbons in recent sediments. *Bull. Amer. Assoc. Petrol. Geol.,* **38,** 377–404
TISSOT, B., & BIENNER, F. (1973): *Advances in organic geochemistry 1973.* 1080 S. Editions Technip, Paris
VAN KREVELEN, D.W. (1961): *Coal.* 514 S. Elsevier Publishing, New York
VINOGRADOV, A.P. (1953): *The elementary chemical composition of marine organisms.* 647 S. Sears Foundation for Marine Research, Yale University, New Haven

11 Die Geochemie der Gesteinsmetamorphose

Die Metamorphose der Gesteine kann definiert werden als die Summe der Prozesse, die, getrennt von den Umwandlungen der Gesteine durch Vorgänge der Verwitterung, eine Rekristallisation der in Mitleidenschaft gezogenen Gesteine bewirkt. Während dieses Vorgangs bleiben die Gesteine im festen Zustand; kommt es dennoch zur Aufschmelzung, so geht die Metamorphose über in den Vorgang der Magmenbildung, aus der zumeist granitische Gesteine hervorgehen – man spricht dann von **Palingenese**.

Metamorphoseprozesse sind stets die Folge erheblicher Druck- und Temperaturanstiege sowie von Veränderungen im geochemischen Milieu. Jede dieser Änderungen hat Auswirkungen auf die physikalische und chemische Stabilität der Mineralassoziationen. Infolgedessen versuchen die Mineralphasen sich den neuen Gleichgewichtsbedingungen anzupassen und restrukturieren ihren Kristallaufbau entsprechend den neuen Zustandsverhältnissen. Demgemäß führt die Gesteinsmetamorphose zu einer teilweisen oder oft auch vollständigen Rekristallisation ganzer Gesteinskomplexe und bringt völlig neue Strukturen, Minerale und Mineralgesellschaften und damit ganz spezifische Gesteinsarten hervor.

Obgleich es an Definitionsversuchen nicht mangelt, ist es der Sache nicht dienlich, eine scharfe Grenze zwischen der **Diagenese** (der Verfestigung von Sedimenten zu sedimentären Gesteinen) und dem Einsetzen der Metamorphose zu ziehen. Erst im vorangehenden Abschnitt stellten wir fest, daß die Umwandlung von Torf zu Anthrazit und weiter zu Graphit zwar im Wesen ein metamorpher Prozeß ist, daß aber die Begleitgesteine außer diagenetischer Verfestigung wenig an Veränderungen zeigen bis zu dem Zeitpunkt, an dem die organische Substanz durchgehend graphitisiert wird. In fast allen Salzlagerstätten können wir beobachten, wie nach der Ablagerung und Sedimentüberlagerung partielle oder vollständige Rekristallisation eintrat; die Salze bestehen aus Mineralen, die gegenüber den Versenkungstemperaturen höchst empfindlich reagieren. Viele tuffartige Sedimente, insbesondere solche mit großen Anteilen an vulkanischen Gläsern, sind teilweise oder ganz zu Zeolithgesteinen rekristallisiert, wogegen miteingeschlossene Lavapartien so gut wie keine Umwandlung erlitten. Offensichtlich kann der Beginn der Metamorphose nicht ohne weiteres auf ganz bestimmte Drücke und Temperaturen festgelegt werden, da er daneben auch von der Mineralogie und dem Gefüge des betroffenen Gesteins abhängt. Selbst Gesteine mit praktisch demselben Chemismus, man denke an einen Granit und an Rhyolith-Asche, können sehr verschieden reagieren; im Fall der Asche sind die kleinere Korngröße, die höhere Durchlässigkeit und die viel größere Kornoberfläche der Grund dafür, daß sie gegenüber Lösungen und Gasen sensibler ist. Sehr wohl kann die Metamorphose auf der Basis der thermodynamischen Prinzipien und der Reaktionskinetik betrachtet werden, jedoch die Fülle an möglichen Gesteinsarten und Milieubedingungen macht verläßliche Aussagen nicht gerade einfach.

Die treibenden Kräfte der Gesteinsmetamorphose sind Temperatur, Druck und chemisch aktive Lösungen. Die Wärmezunahme ist eine Folge der Absenkung oder Annäherung an einen Magmenkörper. Druck tritt in zwei Erscheinungsformen auf: einmal als hydrostatischer oder **Auflastdruck**, der volumenverkleinernd wirkt, zum anderen als gerichteter Druck oder **Streß**, der zur Deformation oder Zerscherung führt. Gesteinsunterschiede oder unterschiedliche Belastungsdrücke können in ansonst ähnlichen geochemischen Systemen zu ganz verschiedenen Metamorphosen führen. Auch ob das Gestein durchlässig ist, so daß Lösungen in Bereiche niedrigeren Drucks abwandern, kann zur Bestimmung des chemischen Gleichgewichts von großer Bedeutung sein. Der Gesteinsdruck oder der Auflastdruck können höher sein als der Druck der flüssigen Phase, meist ist es Wasser, während der umgekehrte Fall nicht möglich ist. Die Wirkungen der chemisch aktiven, flüssigen Phase haben bedeutende Konsequenzen für den Ablauf der Metamorphose; selbst wenn sie keine Stoffe zuführt oder abtransportiert, hat sie doch die vergleichbare Funktion eines Katalysators, in dem sie Lösungs- und Wiederausfällungsreaktionen begünstigt. Erfolgt durch sie Stoffzufuhr oder -abfuhr, so spricht man von **Metasomatose**. Vermutlich haben wir bei jeder Metamorphose auch metasomatische Prozesse eingeschaltet, aber offensichtlich sind nur H_2O und CO_2 als die Hauptbestandteile der fluiden Phase entsprechend mobil, so daß insgesamt bei den meisten Gesteinsmetamorphosen isochemische Verhältnisse vorherrschen. **Isochemische** Metamorphose bedeutet, daß bei den Mineralumwandlungen der chemische Stoffbestand nicht verändert wird. Bei ausgeprägter Metasomatose spricht man daher von **allochemischen** Umwandlungen. Wie gesagt, Wasser ist die wichtigste, chemisch aktive, fluide Phase, der immer etwas CO_2 und daneben Borsäure, Salzsäure, Flußsäure und weitere Lösungsgenossen beigemischt sind.

11.1 Der Chemismus der Metamorphite

Der Pauschalchemismus der Metamorphite ist überaus variabel. Er kann weitgehend dem der Magmatite und Sedimentite entsprechen, wobei metasomatische Veränderungen Gesteine abweichender Zusammensetzung hervorbringen. Oft ist es möglich, den Charakter des ursprünglichen Gesteins über den Chemismus der Metamorphite herauszufinden, selbst wenn das einstige Gefüge völlig aufgelöst und es zu einer kompletten Umkristallisation der Mineralphasen gekommen ist. Wie wir wissen, besitzen die Sedimente eine größere Variabilität hinsichtlich der Zusammensetzung als die Magmatite; dieser Umstand hilft uns folglich bei der Identifizierung ihrer metamorphen Äquivalente. Einige der chemischen Anhaltspunkte, die uns die sedimentäre Herkunft mancher Metamorphite verraten, sind

- eine Anreicherung an Aluminium, als Normmineral mit C bezeichnet (von engl. Corundum = Al_2O_3); wenn C 5% überzeigt, kann sedimentäre Herkunft möglich sein, bei C > 10% ist dies fast sicher;
- wenn $K_2O > Na_2O$ in Verbindung mit $MgO > CaO$; dieses Merkmal ist charakteristisch für tonige Sedimente, insbesondere bei höheren Anteilen an Illiten und Montmorilloniten;
- sehr hohe Gehalte an SiO_2, d.h. mehr als 80% der chemischen Komponenten oder mehr als 50% Q vom normativen Mineralbestand; dann kann ohne weiteres auf einen einstigen Sandstein oder Kieselschiefer geschlossen werden.

Wie wir eingangs schon erwähnten, kann die Pauschzusammensetzung eines Gesteins während der Metamorphose konstant bleiben (isochemische Umwandlung) oder sie kann aufgrund von Stoffzu- oder -abfuhr verändert werden (allochemische Umwandlung). Selbst isochemische Metamorphose kann Stoffmigrationen beinhalten, wenn auch nur über geringere Entfernungen. So findet man des öfteren große

Porphyroblasten von Mangangranaten (Spessartin) in einer an sich feinkörnigen Grundmasse metamorphisierter Tongesteine, obwohl deren Mangangehalte im unbeeinflußten Ausgangsgestein kaum 0,1% betrugen. Das Mangan stammt aus den umgebenden Gesteinen, wurde dort herausgelöst und in den Granaten konzentriert; die Migrationsstrecken sind dennoch sehr gering, sie bewegen sich im mm-Bereich. Auch andere Migrationsentfernungen, außer die für Komponenten der Gasphase, sind auf den mm- oder cm-Bereich beschränkt. Die wirksamste Triebkraft der Metamorphose aber ist zugeführte Energie in Form von Wärme, welche die nötige Aktivierungsenergie zur Bildung neuer Mineralphasen bereitstellt, die kleine Mineralkörner wachsen läßt oder die verschiedene Mineralmodifikationen hervorbringt. Die Verteilung der Elemente durch diese Reaktionen gehorcht im allgemeinen denselben Regeln, wie wir sie aus den magmatischen Systemen schon kennen.

Allochemische Umwandlungsprozesse oder Metasomatose werfen die Frage nach der Einbringung oder Abführung von Stoffen und deren Mechanismen auf. Die meisten metamorphen Gesteine mit einer extensiven chemischen Umwandlung weisen eine recht begrenzte Verteilung auf, man denke an die Kontaktaureolen rund um eingedrungene magmatische Körper. Drei Möglichkeiten des Stofftransports sind denkbar: Transport in der Gasphase, Transport in der fluiden Phase und Transport in keiner dieser beiden Möglichkeiten. Die letzte Transportmöglichkeit mag man sich vorstellen als eine Migration von Atomen oder Ionen entlang von Kristallflächen oder gar durch die Feststoffe selbst hindurch; die Bedeutung dieser Alternative für metamorphe Prozesse war Gegenstand heftiger Auseinandersetzungen. Daß so ein Prozeß im Bereich des Möglichen liegt, ist aber durchwegs akzeptiert. Der Hauptstreitpunkt, einer von zahlreichen anderen in der Geologie, dreht sich darum, in welcher Größenordnung sich die Wirkungen dieser Form des Stofftransfers auf die Gesteine bewegen könnten. Manche Sachkenner schreiben dieser Alternative große Volumina an Gesteinsserien zu; es verlautete sogar, daß gewaltige Granitkörper von batholithischen Ausmaßen das Ergebnis allochemischer Gesteinsumwandlungen seien, ohne daß irgendeine Fluid- oder Gasphase daran beteiligt gewesen sei. Wieder andere meinten, daß die Migration von Ionen an den und durch die Kristalle bestenfalls ein unbedeutsamer Nebeneffekt bei der Metamorphose sei, der von den beiden anderen Transporterscheinungen weitaus übertroffen werde. In jedem Fall dürften die Erfordernisse für eine ausgedehnte Stoffwanderung neben der der fluiden und gasförmigen Arten unter den Normalbedingungen der Metamorphose kaum realisiert sein.

Im großen und ganzen sprechen die vorliegenden Fakten gegen einen Stofftransfer ohne Fluid- oder Gasphase. Untersuchungen über die Stoffdiffusion in Silikaten zeigen, daß die Migrationsgeschwindigkeit von Stoffen (Ionen) in diesen Feststoffen viel zu gering ist, um ausgedehnte Stoffumwandlungen zu generieren, auch wenn die Zeitspanne metamorpher Zyklen mitberücksichtigt wird. Zwar finden metamorphe Reaktionen trotz Abwesenheit einer fluiden Phase statt, aber die Gegenwart von Wasser verkürzt die Reaktionszeit der Mineralumwandlungen enorm und erniedrigt daneben die erforderliche Mindesttemperatur. Ein experimentelles Beispiel stellt die Bildung von Forsterit aus MgO und Quarz dar; bei trockener Schmelze reagieren die beiden Komponenten bei Temperaturen von 1300°C nach 2 Stunden lediglich mit 10% der Ausgangsmenge, während in Gegenwart von Wasserdampf (unter Druck) bei 600°C bereits nach derselben Zeitspanne alles Ausgangsmaterial miteinander reagiert. Wasser sowie andere flüchtige Substanzen sind in allen Gesteinen quasi allgegenwärtig – zumindest in kleinen Anteilen – und werden daneben auch durch magmatische Tätigkeit und Metamorphoseprozesse in erheblichem Umfang freigesetzt. Feldbeobachtungen und in gleicher Weise auch experimentelle Untersuchungen weisen daraufhin, daß der Vorgang der Metasomatose im wesentlichen auf der Zufuhr oder Abfuhr von Stoffen in einer fluiden Phase beruht. KORZHINSKY (1955) stellte folgende Mobilitätsreihe auf, die links mit dem mobilsten Stoff, H_2O, beginnt und rechts mit den relativ unbeweglichen Oxiden Al_2O_3 und TiO_2 aufhört:

$$H_2O, CO_2, S, Cl, K_2O, Na_2O, F, CaO, O_2, Fe, MgO, SiO_2, P_2O_5, Al_2O_3, TiO_2$$

Die begrenzte Diffusion des Sauerstoffs in den Gesteinen spiegelt sich in der Tatsache wider, daß eng vergesellschaftete Minerale mancher Metamorphite erhebliche Unterschiede hinsichtlich der Sauerstoffugazität zum Zeitpunkt der Mineralbildung anzeigen. Andererseits weisen Sauerstoffisotopenuntersuchungen daraufhin, daß der Sauerstoff aus dem hochmobilen H_2O einen regen Austausch mit dem Sauerstoff der Minerale eingeht.

Zahlen über Spurenelemente in metamorphen Gesteinen sind wenig vorhanden und allgemeine Aussagen zu diesem Fragenkomplex dementsprechend rar. In Gebieten ausgedehnter Regionalmetamorphose unterliegt die Verteilung der Spurenelemente, genauso wie die der Hauptelemente, der Verteilung des Ausgangsgesteins. Bei der Kontaktmetamorphose von Sedimenten, insbesondere von Karbonaten, kommt es immer wieder zu wirtschaftlich interessanten Anreicherungen bestimmter Elemente. Beteiligt sind zumeist Fe, Zn, Pb und Cu in Form ihrer Sulfide sowie W, Sn und Ti in Form ihrer Oxide.

11.2 Der Mineralbestand der Metamorphite

Aufgrund der weiten Variationsbreite ihres Chemismus besteht der berechtigte Verdacht, daß die metamorphen Gesteine gleichfalls über einen reichhaltigen Mineralbestand verfügen. Zudem kann sich die Gesteinsmetamorphose in einem sehr weiten Druck- und Temperaturbereich bewegen, und obwohl es zu keinerlei Veränderungen im Chemismus kommt, unterscheiden sich die neugebildeten metamorphen Gesteinsserien aufgrund der veränderten p,T-Bedingungen völlig von den Gesteinsserien der ursprünglichen Geologie. In diesem Zusammenhang soll erwähnt werden, daß die Mineralogie der Metamorphite nicht unbedingt komplizierter ist; der Grund ist, daß einige der häufigen Mineralarten über einen weiten Bereich der Zusammensetzung und der physikalischen Verhältnisse stabil bleiben.

Eine Zusammenstellung einiger geläufiger Minerale der metamorphen Gesteine sowie ihren Chemismus enthält die Tabelle 11.1. Die Summenformeln sind idealisiert und alle auf die Grundlage von 24 (O, OH)-Ionen gestellt. Keine Berücksichtigung finden die bei diesen Mineralen sehr häufigen Substitutionserscheinungen, etwa Mg für zweiwertiges Fe oder dreiwertiges Fe für Al. Gleichwohl sind die Formeln in dieser vereinfachenden Form eine wertvolle Hilfe für Umwandlungsbetrachtungen des einen Minerals in ein anderes von ähnlicher Zusammensetzung.

Die spezifischen metamorphen Merkmale der wichtigsten Silikate sind am besten über ihren Strukturtyp zu verstehen. Von den geläufigen Gerüstsilikaten tritt der Quarz in SiO_2-reichen Gesteinen praktisch in der gesamten metamorphen Gesteinsabfolge auf (nur bei hohen Temperaturen und niedrigen Drücken können sich Tridymit bzw. Cristobalit bilden.

Tabelle 11.1 Mineralzusammensetzungen von Metamorphiten in atomaren Proportionen, 24 (O, OH)-Ionen zugrundegelegt

Mineral	Chemische Formel	Si	Al	Mg	Ca	Fe	Na	K
Quarz	SiO_2	12						
Andalusit, Sillimanit, Disthen	Al_2SiO_5	~ 5	~ 10					
Cordierit	$Mg_2Al_4Si_5O_{18}$	~ 7	~ 5	~ 3				
Pyrop	$Mg_3Al_2(SiO_4)_3$	6	4	6				
Chlorit	$Mg_5Al(AlSi_3O_{10})(OH)_8$	4	~ 3	~ 7				
Enstatit	$MgSiO_3$	8		8				
Anthophyllit	$Mg_7(Si_4O_{11})_2(OH)_2$	8		7				
Talk	$Mg_3Si_4O_{10}(OH)_2$	8		6				
Serpentin	$Mg_3Si_2O_5(OH)_4$	5		8				
Forsterit	Mg_2SiO_4	6		12				
Staurolith	$Fe_2Al_9Si_4O_{23}(OH)$	4	9			2		
Chloritoid	$Fe_2Al_2(Al_2Si_2O_{10})(OH)_4$	~ 4	~ 8			~ 4		
Almandin	$Fe_3Al_2(SiO_4)_3$	6	4			6		
Cummingtonit	$Fe_7(Si_4O_{11})_2(OH)_2$	8				7		
Wollastonit	$CaSiO_3$	8			8			
Grossular	$Ca_3Al_2(SiO_4)_3$	6	4		6			
Zoisit	$Ca_2Al_3(SiO_4)_3(OH)$	~ 6	~ 6		~ 4			
Anorthit	$CaAl_2Si_2O_8$	6	6		3			
Diopsid	$CaMgSi_2O_6$	8		4	4			
Tremolit	$Ca_2Mg_5(Si_4O_{11})_2(OH)_2$	8		5	2			
Jadeit	$NaAlSi_2O_6$	8	4				4	
Glaukophan	$Na_2Mg_3Al_2(Si_4O_{11})_2(OH)_2$	8	2	3			2	
Albit	$NaAlSi_3O_8$	9	3				3	
K-Feldspat	$KAlSi_3O_8$	9	3					3
Muskovit	$KAl_2(AlSi_3O_{10})(OH)_2$	6	6					2
Phlogopit	$KMg_3(AlSi_3O_{10})(OH)_2$	6	2	6				2

Die Feldspäte sind sehr verbreitet, und einzelne Spezies von ihnen zeigen bemerkenswerte Unterschiede in ihrem Erscheinungsbild. Albit nimmt einen sehr weiten Stabilitätsbereich ein. Abgesehen von den Paragoniten einzelner Glimmerschiefer, den Jadeiten des Eklogit sowie dem Glaukophan der Glaukophanschiefer, ist Albit grundsätzlicher Na-Träger im metamorphen Faziesbereich. Kalifeldspat tritt weit häufiger als Mikroklin denn als Orthoklas auf, da die p,T-Bedingungen bei der Metamorphose generell die Kristallisation der geordneten Strukturen begünstigen. Anorthit kommt nicht sehr häufig in Metamorphiten vor, verbreitetere Ca-Minerale sind dagegen Zoisit und Epidot. Die Zusammensetzung der Plagioklase dient oft als sehr empfindlicher Indikator des Metamorphosegrads; in den schwachmetamorphen Gesteinen herrscht reiner Albit vor, der mit zunehmendem Metamorphosegrad ansteigende Ca-Gehalte aufweist.

Minerale der Inosilikate, also Kettensilikate wie Pyroxene bzw. Bändersilikate wie Amphibole, sind häufige Bestandteile der metamorphen Gesteine. Manche ihrer Vertreter sind geradezu auf Metamorphite beschränkt, beispielsweise das Pyroxenmineral Jadeit, oder die Amphibole Anthophyllit, Cummingtonit, Tremolit, Aktinolith und Glaukophan. Generell gilt, daß die Amphibole typisch für Metamorphite niedriger bis mittlerer Bildungstemperatur sind, während die Pyroxene eher Produkte des höheren Temperaturbereichs sind. Dagegen finden wir oft das Pyroxenmineral Diopsid vergesellschaftet mit Hornblende oder mit Calcit in karbonatischen Metamorphiten des niedrigeren Temperaturbereichs.

Auch die Phyllo- oder Schichtsilikate sind charakteristische Minerale der metamorphen Gesteine. Talk, Serpentinit, Chlorit und Chloritoide sowie Muskovit und Biotit sind sehr verbreitet; auch von ihnen sind einige ausschließlich auf den metamorphen Bereich beschränkt. Die Tonminerale sind im besonderen empfänglich für Mineralneubildung, weshalb die Tongesteine sich sehr dafür eignen, die anfänglichen Stadien der Metamorphose zu verfolgen und zu studieren. In diesem Zusammenhang berichteten YODER & EUGSTER (1955) von einer Reihe von geringen Strukturveränderungen in Kristallen eines Tonminerals, und zwar von einer zunächst einlagigen ungeordneten Modifikation über eine einlagige geordnete Form bis hin zu einer zweilagigen geordneten Kristallstruktur im Verlauf der fortschreitenden Metamorphose. Ähnliche Umwandlungen dürften sich auch in anderen Schichtsilikaten, z.B. den Chloriten, zutragen.

Die Neso- oder Inselsilikate sind gleichfalls sehr häufig in Metamorphiten anzutreffen; einige von ihnen, etwa die Granate, Epidot und die Aluminiumsilikate sind überaus charakteristisch für sie. Diese Minerale besitzen dicht gepackte Kristallstrukturen, weshalb die Annahme berechtigt ist, daß sie eine hohe Druckstabilität haben. Die Aluminiumsilikate Andalusit, Disthen und Sillimanit finden wir in Metamorphiten mit hohem Aluminiumgehalt. Die Stabilitätsfelder dieser drei Modifikationen illustriert die Abb. 11.1. Disthen (engl. kyanite) besitzt eine bedeutend höhere Dichte als die beiden anderen Minerale, was auf hohe Druckbildungsbedingungen hinweist; andererseits findet er sich gelegentlich als Kluftmineral. Andalusit ist typisch für Gesteine der Kontaktmetamorphose; unter gerichtetem Druck scheint er instabil zu sein. Sillimanit finden wir weitverbreitet in hochgradig metamorphen Gesteinen. Unter extrem hohen Temperaturen, wie sie im Kontakt mit basaltischen Laven erreicht werden, entsteht das Mineral Mullit, das dem Sillimanit sehr ähnlich ist; im übrigen ist Mullit ein wichtiger Bestandteil des Porzellans. Granate sind wich-

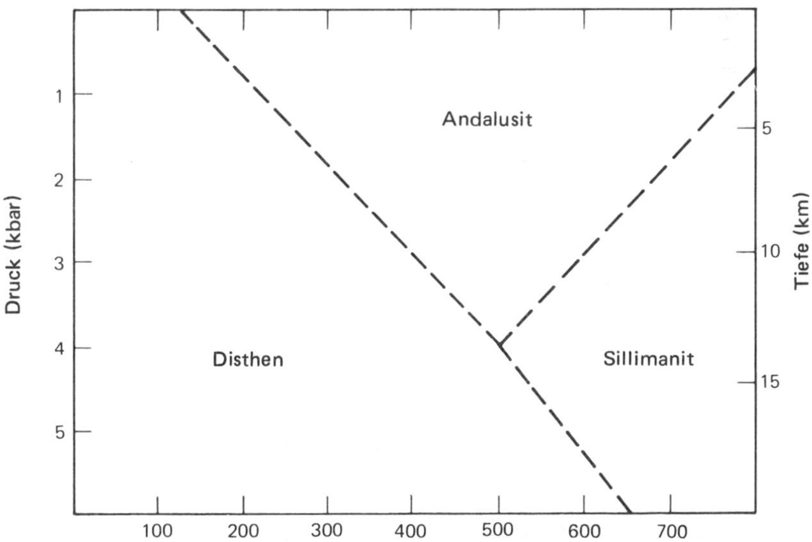

Abb. 11.1 Stabilitätsfelder der $AlSiO_5$-Minerale; Phasengrenzen nur angenähert.

tige und häufige Minerale in metamorphen Gesteinen. Ihre Zusammensetzung (es gibt deren mindestens acht) richtet sich naturgemäß nach dem Pauschchemismus der Ausgangsgesteine, daneben sind sie sehr sensible Anzeigerminerale des Metamorphosegrads. Als einzigen Granat in niedriggradigen metamorphen Serien finden wir – hohe Mangangehalte in den Ausgangsgesteinen vorausgesetzt – den Mn-Granat Spessartin. Bei höheren p,T-Bedingungen der Regionalmetamorphose bildet sich der Almandin, während Granate, die reich an Pyrop sind, sich erst bei sehr hohen Metamorphosegraden bilden. Der Ca-Fe-Granat Andradit ist charakteristisch für metasomatisch beeinflußte Kalke, die durch eisenreiche, oft erzbringende Lösungen oder Gasphasen verändert wurden; Andradit findet sich daher oft in Skarn. Die Zoisit-Epidotgruppe ist mit wichtigen Mineralen in der niedrig- bis mittelgradigen metamorphen Fazies vertreten. Sie sind bedeutende Trägerminerale von Calcium und Aluminium in diesen Metamorphiten.

Im allgemeinen können wir also sagen, daß sich die metamorphen Gesteine besonders durch die beiden Silikatgruppen der Inosilikate und Phyllosilikate auszeichnen. Das kommt nicht von ungefähr; die ihnen angehörigen Minerale haben eine ziemlich hohe Dichte, was eine Folge des hohen, gerichteten Drucks ist. Ihre Kristallgitter gestatten in der Regel atomare Substitution und können sich folglich auch bei sehr unterschiedlichen Pauschalzusammensetzungen der Ausgangsgesteine bilden. Ferner gehören als charakteristische Minerale der Metamorphose noch die Inselsilikate, insbesondere die Gruppen der Granate und Epidotminerale, hierher. Dagegen erweisen sich die Gerüstsilikate als ziemlich instabil bei erhöhten p,T-Bedingungen; als Erklärung scheint sich die lockere Struktur ihres Kristallaufbaus anzubieten.

Die Rolle des Aluminiums in den Silikaten verdient eine gebührliche Beachtung. Wie wir wissen, vermag es mit Sauerstoff sowohl eine Sechser- als auch eine Viererkoordination einzugehen. In Sechser-Koordination ähnelt es strukturell Magnesium und zwei- und dreiwertigem Eisen, während es sich in Vierer-Koordination wie Silizium verhält. Zwischen dem Koordinationstyp des Aluminiums und dem Metamorphosegrad besteht ein deutlicher Zusammenhang: Generell begünstigt eine hohe Bildungstemperatur eine Vierer-Koordination; folglich nimmt die Menge an Al, welches das Silizium in Mineralen wie den Amphibolen, Pyroxenen und Glimmern ersetzen kann, bei steigenden Metamorphosegraden zu. Der Einfluß des Drucks scheint nicht so bedeutend zu sein, obwohl die Sechser-Koordination raumsparender ist und deshalb bei hohen Drücken die zu erwartende Struktur wäre. Minerale mit vierfach koordiniertem Aluminium sind charakteristisch für magmatische Gesteine sowie für Gesteine der Kontakt- und hochgradigen Regionalmetamorphose. Sechser-Koordination dagegen finden wir in Gesteinen der niedrig- bis mittelgradigen Metamorphose sowie in Sedimentgesteinen.

Neben den bisher vorgestellten Silikaten, die ohne Zweifel das Gros der Minerale in Metamorphiten ausmachen, existieren noch zahlreiche andere Mineralarten, wenngleich auch in erheblich vermindertem Ausmaß. Dabei muß eine große Ausnahme für Calcit und Dolomit gemacht werden, da sie einen Großteil der Gesteine mancher Metamorphitareale stellen. Ihre Stabilität steht in direktem Zusammenhang mit dem CO_2-Partialdruck während der Metamorphose; wenn genügend CO_2 zugegen ist, das die beiden Minerale vor der Auflösung bewahrt, können diese über einen weiten Druck- und Temperaturbereich stabil bleiben. Magnesiumkarbonat zerfällt bei höheren p,T-Bedingungen viel leichter und eher als Calciumkarbonat, und folglich verträgt Calcit höhere Metamorphosegrade als Dolomit.

Die Berechnung der quantitativen mineralogischen Zusammensetzung eines metamorphen Gesteins allein aus der chemischen Analyse ist ungleich komplizierter als dieselbe Prozedur für magmatische oder sedimentäre Gesteine. Die metamorphen Gesteine kristallisieren über einen sehr weiten physikochemischen Zustandsbereich, innerhalb dessen ein durchwegs einheitlicher Chemismus mehrere verschiedene Mineralphasen hervorbringt, die an die jeweils zutreffenden speziellen p,T-Bedingungen geknüpft sind (siehe auch Tabelle 11.2). Ohne Zweifel erhalten wir durch den qualitativen mikroskopischen Befund ein mehr oder weniger stark vereinfachtes Bild von dem Problem. BARTH entwickelte Verfahren zur Bestimmung der Normmineralzusammensetzung von Metamorphiten, die im Prinzip denjenigen zur Ermittlung der Normminerale bei Magmatiten entsprechen; er unterschied Katanormen, Mesonormen und Epinormen, bezogen auf die bekannte Einteilung in katazonale, mesozonale und epizonale Metamorphosezonen.

11.3 Der Stabilitätsbereich der Minerale

Stabilität in der Geologie ist eine Frage der Rahmenbedingungen. So sagt man vom Calcit, er sei bei normalen Drücken und Temperaturen stabil. Das stimmt insoweit natürlich, als es nur diese beiden Rahmenbedingungen angeht. Bringen wir schwache Kohlensäure dazu, die in der Natur, im Regenwasser, stets vorhanden ist, ändern sich die Stabilitätsverhältnisse schlagartig. Wir können uns bei der Stabilitätsfrage der Minerale also nicht nur mit den herrschenden Druck- und Temperaturbedingungen zufrieden geben, sondern müssen auch das chemische Environment mit ins Kalkül ziehen. Im engeren Sinn dürfen wir nicht von der Stabilität einer individuellen Mineralphase sprechen, ohne gleichzeitig auch den Einfluß der assoziierten Minerale und der Porenlösungen zu berücksichtigen. In der alltäglichen wissenschaftlichen Diskussion über einzelne Minerale oder Mineralgruppen und -assoziationen wird stillschweigend jedoch ein unveränderliches chemisches Environment angenommen, in dem die Mineralstabilität lediglich eine Funktion der physikalischen Verhältnisse ist.

Drei Zustandsarten können wir unterscheiden: Stabilität, Metastabilität und Instabilität. Eine **stabile** Mineralgesellschaft ist die mit der niedrigstmöglichen freien Enthalpie unter den gegebenen Umständen, die daher keinerlei Bestreben nach Veränderung zeigt. **Instabil** ist eine Mineralgesellschaft, wenn sie nicht auf dem Niveau der niedrigstmöglichen freien Enthalpie steht, die unter den gegebenen Umständen erreichbar ist; die Umwandlungsgeschwindigkeit dieser Mineralgesellschaft dorthin besitzt ein erhebliches Ausmaß. Eine **metastabile** Mineralgesellschaft steht energetisch etwas oberhalb von der für das System niedrigstmöglichen freien Enthalpie, jedoch vollzieht sich die Umwandlung der Mineralphasen in nicht meßbar kleinen Schritten in Richtung auf den energetisch optimalen Zustand; eine Zufuhr an Energie ist erforderlich, um die Umwandlung in einem absehbaren Zeitraum stattfinden zu lassen. Die Stabilität der Mineralphasen beinhaltet demzufolge zwei voneinander unabhängige Faktoren, den **thermodynamischen** sowie den **kinetischen Faktor**.

Thermodynamik der Metamorphose

Die Thermodynamik der Metamorphoseprozesse können wir wie folgt ausdrücken: Die Umwandlung einer Mineralgesellschaft $A + B + C$ . . . in eine von ihr verschiedene Mineralgesellschaft $L + M + N$ . . . gehorcht der Gleichung

$$A + B + C \ldots = L + M + N \ldots$$

Für das Zustandekommen dieser Umwandlung muß die reine freie Enthalpie von $L + M + N \ldots$ kleiner sein als die von $A + B + C \ldots$, oder anders ausgedrückt, die Änderung der freien Enthalpie muß negativ sein. Diese Bedingung kann so formuliert werden:

$$\Delta G = (G_L + G_M + G_N \ldots) - (G_A + G_B + G_C \ldots) < 0$$

In der Regel aber wird die Änderung der freien Enthalpie indirekt erhalten, und zwar durch die Anwendung des 2. Hauptsatzes der Thermodynamik in Form der Gleichung

$$\Delta G = \Delta H - T\Delta S$$

ΔH ist die Enthalpie oder die Reaktionswärme und ΔS die Änderung der Entropie.

Die Anwendung dieser einfachen thermodynamischen Gleichung auf tatsächlich ablaufende Reaktionen wird verkompliziert durch druck- und temperaturbedingte Schwankungen von ΔH und ΔS. Um eine Mineralreaktion über einen gewissen Druck- und Temperaturbereich betrachten zu können, ist die Kenntnis der Zusammendrückbarkeit, der spezifischen Wärme und der Wärmeausdehnung der einzelnen Phasen erforderlich. Für zahlreiche Mineralreaktionen und andere Reaktionen von geologischem Belang existieren aber noch keinerlei Daten bezüglich ΔH und ΔS, obwohl solche Zahlen eine wichtige Berechnungsbasis für die Aufklärung geochemischer Grundprobleme bereitstellen würden.

Immerhin ist es in vielen Fällen möglich, qualitative Aussagen auf der Basis des Le Châtelierschen Prinzips zu treffen. Ansteigender Druck lenkt die Reaktion in eine Richtung, die das Gesamtvolumen eines Systems verringert. Ansteigende Temperaturen favorisieren endotherme Reaktionen. Da die metamorphe Reaktionen begleitende Volumenänderung (außer solchen mit einer Gasphase) im allgemeinen klein ist im Vergleich mit der Reaktionswärme, spielen Temperaturänderungen für die Verschiebung des Gleichgewichts eine größere Rolle als Druckänderungen.

Die bei der Metamorphose auftretenden Reaktionen können wir in vier Arten einteilen:

- Reaktionen ausschließlich in festem Zustand, ohne Freisetzung oder Zufuhr an flüchtigen Stoffen;
- Dehydratations-/Hydratations-Reaktionen mit Wasserverlusten bei Temperaturanstieg bzw. mit Wassereinlagerungen ins Gestein bei Zufuhr heißer Lösungen;
- Dekarbonisierungsreaktionen bei Verlusten an CO_2;
- Redoxreaktionen, die oftmals durch Sauerstoffverluste beim Freiwerden von flüchtigem CO oder CO_2 ausgelöst werden.

Ein ganz typisches Beispiel für Reaktionen im festen Zustand liefern die Modifikationen des Al_2SiO_5; deren Stabilitätsfelder kennen wir bereits aus der Abb. 11.1. Sehr viele Untersuchungen an diesem System haben zwar den generellen Verlauf der Stabilitätskurven so bestätigt, dennoch liegt die Position des Tripelpunkts nicht unzweifelhaft fest, da die Reaktionsraten sehr langsam vonstatten gehen.

Die Steigungen der Gleichgewichtskurven erhalten wir aus der Clapeyronschen Gleichung:

$$\frac{dp}{dT} = \frac{\Delta H}{T \cdot \Delta V} = \frac{\Delta S}{\Delta V}$$

Thermodynamische Berechnungen waren sehr vorteilhaft zur Erforschung der Bildungsbedingungen von **Jadeit,** $NaAlSi_2O_6$, in metamorphen Gesteinen. Jadeit ist ein relativ seltenes Mineral, aber trotz seines einfachen chemischen Aufbaus ist die experimentelle Synthese schwierig. Jadeit gehört als Phase zum System Na_2O–Al_2O_3–SiO_2 und hat seinen Platz zwischen den beiden Komponenten Albit und Nephelin. Die thermodynamischen Daten ergeben, daß Jadeit bei 25°C und 1 bar in diesem System stabil ist. Sein seltenes Auftreten geht weniger auf die Stabilitätsverhältnisse zurück, sondern vielmehr auf die extreme Trägheit der Bildungsreaktionen bei niedrigen Temperaturen. Die Richtigkeit einer solchen Annahme durch die thermodynamischen Daten wurde durch Funde von Jadeit als bedeutender Bestandteil kalifornischer Grauwacken bestätigt, die einer Metamorphose von hohen Drücken bei relativ tiefen Temperaturen ausgesetzt waren. Jadeit bildete sich offensichtlich durch die Mineralreaktion Albit = Jadeit + Quarz. Für die Reaktion bei 25°C und 1 bar besitzt ΔG kleine positive Werte, die bei wachsendem Druck abnehmen und bei rund 1600 bar negativ werden; dann würde die obige Reaktion stattfinden. Solche Drücke verlangen eine Versenkungstiefe von mindestens 7000 m, so daß diese Grauwacken vermutlich in dieser Tiefe oder noch tiefer metamorphisiert worden sind.

Ein gut untersuchtes System, in dem eine Gasphase als Komponente an der Mineralbildung beteiligt ist, ist die Entstehung von **Wollastonit**, $CaSiO_3$, aus Calcit plus Quarz nach der folgenden Reaktionsgleichung:

$$CaCO_3 + SiO_2 = CaSiO_3 + CO_2$$

GOLDSCHMIDT war der erste, der sich mit der Thermodynamik dieser Reaktion und ihrer Bedeutung für die Metamorphose der Kalksilikatgesteine befaßte. Die erhaltenen Daten lieferten ihm Informationen über die hier herrschenden Druck/Temperaturbedingungen. Mit Hilfe modernen Experimentiergeräts zur Erzeugung hoher Drücke und Temperaturen waren es HARKER & TUTTLE, welche die Gleichgewichtskurve dieser Reaktion im Experiment feststellen konnten (Abb. 11.2). Der

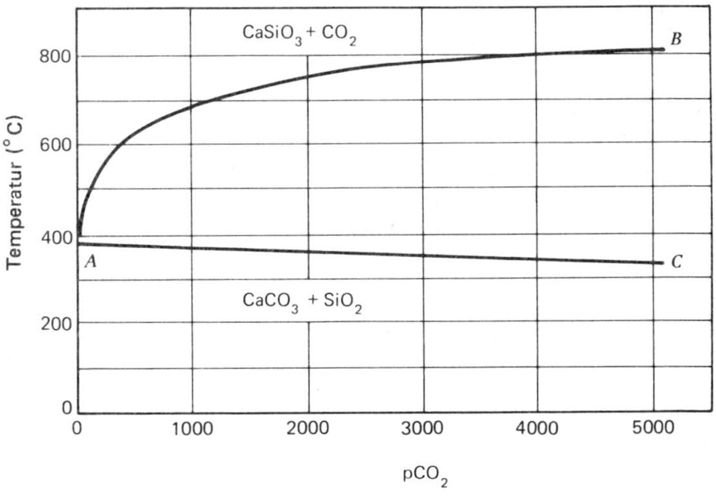

Abb. 11.2 p,T-Diagramm der Wollastonit-Reaktion.

generelle Kurvenverlauf, wie ihn GOLDSCHMIDT postuliert hatte, konnte bestätigt werden, auch wenn die Reaktion im Experiment bei etwas tieferen Temperaturen stattfand. Bei einem CO_2-Partialdruck von Null dürfte die Bildungstemperatur des Wollastonit unter 400°C liegen. Nach dem Massenwirkungsgesetz steigt die Bildungstemperatur mit steigendem Druck ebenfalls an und erreicht bei 2000 bar rund 750°C. Das Diagramm der Abb. 11.2 zeigt, daß bei Bedingungen oberhalb der Kurve *AB* die Bildung von Wollastonit aus $CaCO_3$ und SiO_2 spontan verlaufen kann, da hier $\Delta G < 0$ ist; unterhalb dieser Kurve kehrt sich die Reaktion um, und Calciumkarbonat und SiO_2 können sich aus Wollastonit und Kohlendioxid bilden; die Kurve *AB* selbst repräsentiert Gleichgewichtsbedingungen, auf ihr ist $\Delta G = 0$.

GOLDSCHMIDTs Berechnungen und die Experimente von TUTTLE & HARKER basierten auf der Annahme eines geschlossenen Systems, in dem der Druck gleich war einem CO_2-Druck. BARTH machte darauf den Einwand geltend, daß unter geologischen Bedingungen eine solche Situation nicht eintreten würde, da bei der Reaktion zwischen dem Calciumkarbonat und dem Quarz das sich bildende Kohlendioxid sich verflüchtigen würde. Da Wollastonit dichter als Calcit oder Quarz ist, nimmt bei dieser Reaktion das Feststoffvolumen ab, und folglich nimmt auch bei einem Entweichen des CO_2 die Bildungstemperatur unter Druckanstieg ab. In unserem Diagramm ist die Kurve *AC* quantitativer Ausdruck dieses Abfallens; BARTH stellte sie mit Hilfe der Clapeyronschen Gleichung auf. Dieses Beispiel demonstriert auf eindrucksvolle Weise, wie bei Betrachtungen zwischen geschlossenen und offenen Systemen genau unterschieden werden muß, wenn an der Reaktion flüchtige Komponenten beteiligt sind. Und solche Arten von Reaktionen sind bei der Gesteinsmetamorphose nicht selten.

Viele Mineralreaktionen bei der Metamorphose sind **Dehydratationen**. Ihre thermodynamischen Charakteristika ähneln denen der Dekarbonisierung, die wir soeben besprochen hatten. Jede Metamorphosereaktion, an der die Phasen H_2O und/oder CO_2 beteiligt sind, besitzt eine Anzahl an Zusammensetzung/Druck-Möglichkeiten. Die Mobilität von H_2O und CO_2 kann von Fall zu Fall verschieden sein. In einem offenen System, aus der die fluide Phase entweichen kann, liegt der Flüssigkeitsdruck verständlicherweise niedriger als der Gesteinsdruck; so ein System fällt auf dem Diagramm zwischen die Kurven *AC* und *AB*. Ist die Mobilität des H_2O bezüglich der Dehydratationsreaktionen nicht groß, so daß die H_2O-Phase zwischen den Mineralkörnern zurückgehalten wird, dann bewegt sich der Flüssigkeitsdruck in einer Größenordnung wie der Gesteinsdruck. Kommen tonige Gesteine zusammen mit karbonathaltigen vor, setzen metamorphosebedingte Reaktionen eine sowohl H_2O- als auch CO_2-haltige fluide Phase frei. In diesem Fall kann der Flüssigkeitsdruck entweder gleich oder kleiner dem Gesteinsdruck sein; der H_2O-Druck ist in jedem Fall kleiner als der gesamte Flüssigkeitsdruck.

Jede metamorphosebedingte, fluide Phase enthält zudem gelöste Salze, weswegen die chemische Aktivität des H_2O bzw. des CO_2 sich kaum mit hinreichender Genauigkeit vorhersagen läßt. Um mineralogische Phasendiagramme aufstellen zu können, müssen bestimmte Annahmen getroffen werden; ausgewählte Variable fixiert man auf einen bestimmten Wert und kann dann das Verhalten der anderen Komponenten beobachten (Abb. 11.3). In diesem Diagramm sind zwei Gleichgewichtskurven der Wollastonit-Reaktion bei konstantem Gesamtflüssigkeitsdruck, aber bei variablem CO_2-Partialdruck wirksam. Die bei isobaren Bedingungen durchgeführten Experimente dienen der Untersuchung des gemischten H_2O-CO_2-Systems, was der Realität sicherlich näherkommt als nur einfache Betrachtungen über die Dekarbonisierung.

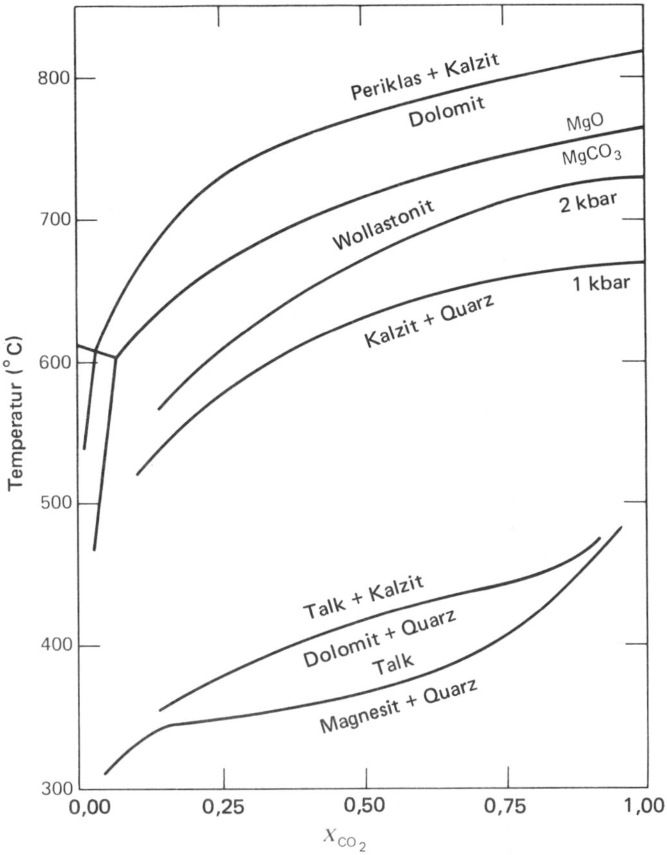

Abb. 11.3 Isobare Gleichgewichtskurven verschiedener Metamorphosereaktionen. X_{CO_2} ist der Molenbruch des Kohlendioxids in der fluiden Phase, die aus CO_2 + H_2O besteht. Der Flüssigkeitsdruck p_f beträgt 1 kbar, außer wenn andere Werte vermerkt sind (nach WINKLER, S. 126, 1979).

Neben der Zu- bzw. Abfuhr von H_2O und/oder CO_2 variieren metamorphe Gesteine oftmals auch hinsichtlich ihrer Fe^{2+}/Fe^{3+}-Verhältnisse. Sie neigen dazu, bei steigenden Temperaturen abzunehmen und zeigen auf diese Weise eine Verschiebung des Sauerstoffpartialdrucks an; zu den Indikatoren des $p\ O_2$ gehören in den Metamorphiten folglich die Eisenoxide. Reaktionen des Typs

$$
\begin{array}{llclll}
6\ Fe_2O_3 & \text{(Hämatit)} & = & 4\ Fe_3O_4 & \text{(Magnetit)} & +\ O_2 \\
2\ Fe_3O_4 & \text{(Magnetit)} & = & 6\ FeO & \text{(Wüstit)} & +\ O_2 \\
2\ FeO & \text{(Wüstit)} & = & 2\ Fe & \text{(Eisen)} & +\ O_2 \\
Fe_3O_4 & \text{(Magnetit)} & = & 3\ Fe & \text{(Eisen)} & +\ 2\ O_2
\end{array}
$$

wirken gegenüber Sauerstoff als Puffer. Während Hämatit und Magnetit in Metamorphiten nicht selten sind, fehlen Wüstit und elementares Eisen völlig. Das Diagramm der Abb. 11.4 illustriert die Abhängigkeit der obigen Reaktionen vom $p\ O_2$. Der Sauerstoffpartialdruck dürfte, nach diesen Daten zu schließen, in den meisten Metamorphiten zwischen 10^{-10} und 10^{-35} bar liegen. Daneben sind in dem Dia-

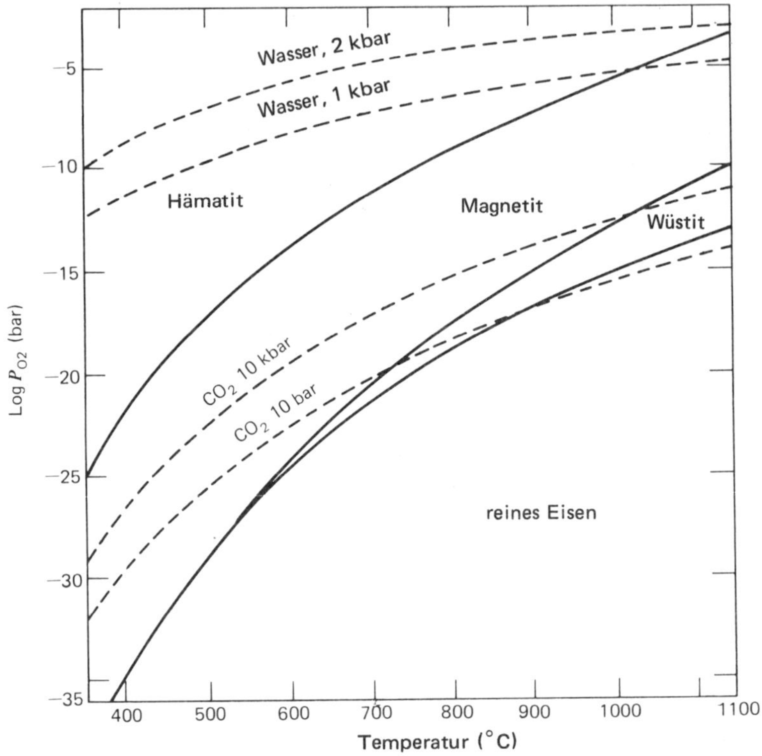

Abb. 11.4 Stabilitätsverhältnisse der Eisenoxide und des metallischen Eisens. Der Einfluß des Drucks auf die festen Phasen ist vernachlässigt (nach MIYASHIRO, S. 52, 1973).

gramm die Dissoziationskurven für H_2O und CO_2 unter unterschiedlichen Bedingungen eingetragen. Bei mäßigen Mengen an H_2O ist der Sauerstoffpartialdruck hoch genug, um Hämatit stabil zu halten. Die Anwesenheit von Magnetit spricht eher für niedrige H_2O-Gehalte. Die Präsenz von karbonatischem Material wirkt für pO_2 als Puffer nach der Reaktion

$$C + O_2 = CO_2$$

Durch seine Migrationsfähigkeit wirkt CO_2 auf pO_2 außerordentlich kontrollierend über weite Bereiche metamorpher Reaktionen, was das häufige Auftreten des Magnetits erklären hilft. Sekundäre Reaktionen des H_2O und des CO_2 sind auch die Ursache von Konzentrationen an CO und CH_4 in Zusammenhang mit einer Pufferung des pH_2.

Die thermodynamischen Analysen ermöglichen uns auf diese Weise, Mutmaßungen über die relative Stabilität eventuell auftretender Mineralphasen unter den spezifischen Rahmenbedingungen von Druck, Temperatur und chemischem Environment anzustellen. Wichtig für die Vorhersage, ob eine Reaktion stattfinden kann, ist die Kenntnis der Änderung der freien Enthalpie. Nur solche Reaktionen treten ein, die zu einer Abnahme der freien Enthalpie des ganzen Systems führen. Es besteht in einer Metamorphose also die Tendenz, die vorhandene Mineralassoziation in eine andere, unter den neuen Bedingungen stabilere Assoziation überzuführen, die zudem die mindestmögliche freie Enthalpie besitzt. Die Umwandlungsgeschwindigkeit der Minerale kann jedoch aus den thermodynamischen Daten allein nicht abgeleitet werden, da sie letztlich durch andere Faktoren gesteuert wird.

Reaktionskinetik der Metamorphose

Die Bedeutung der Kinetik bei Metamorphoseprozessen kann am Beispiel der Umkristallisation eines Kalksteins aufgezeigt werden. Sehr feinkörnige Calcitkristalle sind in der Lage, sich spontan in grobkörnige Aggregate umzuwandeln, da die Änderung eine Verringerung der Nettooberflächenenergie bewirkt. Dennoch gibt es Kalksteine, die trotz ihrer Feinkörnigkeit über Millionen Jahre unverändert geblieben sind, und das, obwohl sie tief abgesenkt und dementsprechend aufgeheizt worden sind. Es muß anscheinend neben einer Abnahme der freien Enthalpie noch etwas geben, was letztlich den Mechanismus der Metamorphose in vollem Umfang in Gang setzt.

Die Kinetik heterogener Reaktionen, wie sie in der Geologie die Regel sind, sind nicht bis ins letzte Detail bekannt, aber qualitative Annahmen können mit einer gewissen Sicherheit gemacht werden. Die Ionenverbände in den Mineralen sind alle relativ stabile Gebilde; bevor sie sich, wie bei der Metamorphose, zu oft völlig andersartigen Mineralen reorganisieren, müssen zu einem gewissen Grad Umgruppierungen stattfinden. Dafür ist Energie erforderlich, und nur wenn die benötigte Energiemenge in ausreichendem Umfang präsent ist, kann die Reaktion genügend schnell ablaufen. Die allgemein bekannte Tatsache, daß bei zunehmender Temperatur die Geschwindigkeit einer chemischen Reaktion erheblich ansteigt, wird durch die sog. Arrhenius-Gleichung ausgedrückt:

$$k = A \cdot e^{-E_a/RT} \qquad (k = \text{Reaktionsgeschwindigkeit})$$

E_a ist die Aktivierungsenergie, also die Energie, die mindestens von einem Molekül oder von einem Molekülverband aufgenommen werden muß, damit die Reaktion in Gang kommt bzw. weiter abläuft. Diese Exponentialfunktion ermöglicht es, Reaktionsgeschwindigkeiten zu bestimmen. Eine von VAN-T HOFF vereinfachte Regel besagt, daß die Reaktionsgeschwindigkeit sich bei einem Temperaturanstieg um 10°C verdoppelt bis vervierfacht, was Aktivierungsenergien um 55 kJ/Mol erforderlich macht; gemessene Aktivierungsenergien streuen zwar in einem großen Bereich, bewegen sich aber in dieser Größenordnung.

Die Temperatur ist demzufolge der bedeutendste Faktor zur Steuerung der Reaktionsgeschwindigkeit. Des weiteren gestattet jedes Agens, das die Bindungskräfte innerhalb der Mineralphasen lockert und schwächt, den beteiligten Reaktionspartnern ein Mehr an Bewegungsfreiheit, was die Aktivierungsenergien verringert und im Gegenzug die Reaktionsgeschwindigkeit beschleunigt. So ist der Einfluß des Wassers als starkes Lösungsmittel und Ionisierungsmittel auf die Mineralumwandlungen enorm, da sie in ihrem Charakter stark ionar sind. Wasser oder wasserähnliche Lösungen wirken bei Metamorphosereaktionen wie Katalysatoren.

Unbestritten ist die Temperatur der wichtigste, die Aktivierungsenergie steuernde Parameter, aber keineswegs der einzige. Streß oder gerichteter Druck zählen mit zu den bedeutenden Energiequellen der Metamorphose und sind wesentlich an vielen Umkristallisierungsprozessen beteiligt, die ohne sie nicht in Gang kommen würden.

Feldbeobachtungen können dies nur bestätigen; so existieren viele kristalline Schiefer niedriggradiger Metamorphose, die keine höheren Temperaturen aufwies als wie sie in tiefen Geosynklinaltrögen herrschen und deren Gesteine nicht einmal umkristallisierten, sondern nur verfestigt wurden. Dieser Gegensatz dürfte ausschließlich durch die unterschiedlichen Wirkungen von Auflastdruck und Streß bedingt sein.

Die Aktivierungsenergie wird ferner erheblich von der Art der Strukturveränderungen der Mineralphasen beeinflußt. Untersuchungen über polymorphe Veränderungen zeigten, daß die Umwandlungsgeschwindigkeit stark vom Grad der Reorganisation der kristallinen Struktureinheiten abhängt. Typisches Beispiel dazu ist die rasche Umwandlung von Tiefquarz zu Hochquarz im Gegensatz zu der von Hochquarz zu Tridymit, die wegen der kompletten Gitterumstrukturierung nur sehr träge abläuft. In Analogie dazu sollte man annehmen, daß etwa die Umwandlung von Chlorit in Biotit wahrscheinlich eine viel kleinere Aktivierungsenergie benötigt als die Umwandlung von Chlorit zu Granat. Im ersten Fall können nämlich größere Struktursegmente des Chloritkristalls direkt in das Biotitgitter eingebaut werden, während im anderen Fall die Tetraederschichten des Chlorits komplett zerstört werden müssen, bevor die ganz anders organisierte Kristallstruktur des Granats aus ihnen aufgebaut werden kann.

Außer den bislang vorgestellten Faktoren spielt für die Geschwindigkeit der Gesteinsumbildung auch der physikalische Zustand der beteiligten Reaktanten eine wichtige Rolle, insbesondere die Korngröße der Kristalle sowie der Grad der Durchmischung. Die miteinander reagierenden Partner kommen um so leichter zusammen, je kleiner die Korngröße und je vollkommener der Verteilungsgrad, d.h. je besser vermischt die Komponenten sind. In feinkörnigeren Gesteinen laufen Metamorphoseprozesse daher viel rascher und gründlicher ab als in grobkörnigeren. Hier gewinnt besonders der Faktor Streß große Bedeutung, indem er die Mineralkörner quetscht und zerbricht und sie so in einen engen Kontakt bringt.

Selbst wenn sich die Mineralreaktionen bei der Metamorphose in einer für uns sehr langsam erscheinenden Geschwindigkeit ereignen, so dürfen wir dabei nicht den großen Zeitraum vergessen, der für solche Prozesse anberaumt ist. Untersuchungen an Wärmedomen in der Umgebung von Plutonen legten offen, daß ihre hohen Gesteinstemperaturen über Dekaden von Millionen Jahren erhalten bleiben können. Andere Erkenntnisse über die Zurückhaltung von Argon in metamorphen Mineralen zeigen, daß höhere Temperatur als solche, die zur Verhinderung der Diffusion des Argons erforderlich sind, in manchen Gebieten der Regionalmetamorphose über 100 Mill. Jahre lang dort geherrscht haben. Trotzdem scheint der die Metamorphosegeschwindigkeit steuernde Faktor eher im Bereich des Stofftransports zu liegen als im Bereich von Temperaturschwankungen. Untersuchungen über die Diffusionskoeffizienten des festen Zustands zeigen für Silikate, daß selbst bei Temperaturen zwischen 600 und 1000°C die Diffusionskoeffizienten nur Werte in der Größenordnung zwischen 10^{-10} und 10^{-16} m^2/s besitzen.

Die mittlere Diffusionsdistanz $\bar{x}$ kann annäherungsweise durch die Beziehung $\bar{x}^2 = 2\,Dt$ (mit D = Diffusionskoeffizient und t = Zeit) berechnet werden; dadurch ergeben sich Werte, die selbst in Perioden von über 100 Mill. Jahren nur im Zentimeter- bis Meterbereich liegen. Sollen für die Stoffe größere Migrationsentfernungen gefordert werden, kann dies also nur durch intergranulare Diffusion oder Diffusion über eine fluide Phase ermöglicht werden. Wenn die fluide Phase abgeschieden oder sonstwie dem System entzogen wird, kommen die Metamorphosereaktionen unweigerlich zum Erliegen. Aus diesem Grund kühlen hochtemperierte metamorphe Systeme nicht so schnell ab, da bei der Wiedereinbringung von Wasser in wasserfreie Systeme Schwierigkeiten bestehen.

Die Bedeutung der Reaktionsgeschwindigkeit kann anhand der Reaktionskinetik des im vorigen Abschnitt besprochenen Wollastonitdiagramms dargelegt werden. Danach gestatten die thermodynamischen Daten, daß sich Wollastonit aus Calciumkarbonat plus Quarz schon bei Temperaturen um 380°C bilden kann. Trotzdem kann im Labor diese Reaktion nicht unter 500°C stattfinden. Vertraut man nur der Thermodynamik allein, dann sollten wir von einem an Wollastonit freien Kalksilikatfels meinen, daß er zu keinem Zeitpunkt heißer als 380°C war. Diese Annahme mag sicher so nicht zutreffen, da die Bildungsrate des Wollastonit, selbst bei optimalen Bedingungen, wegen der temperaturabhängigen Aktivierungsenergie erst bei merklich höheren Temperaturen quantitative Ergebnisse zuläßt, wie sich im Experiment bestätigt.

Die Trägheit vieler Mineralreaktionen bei niedrigen bis mäßigen Temperaturen begünstigt ohne Zweifel die Widerstandsfähigkeit mancher Mineralphasen, trotz für sie ungünstiger Bedingungen sich nicht durch Umwandlung auf ein tieferes Niveau der freien Enthalpie zu begeben. Im besonderen trifft dies auf Gesteine hoher Metamorphosetemperatur zu. Ihre Mineralogie bleibt mehr oder weniger eingefroren und dient so als Indikator der einstigen, hohen Bildungstemperaturen; oft zeigen diese Gesteine nur wenig Anzeichen einer **retrograden Metamorphose** (Diaphthorese), da für deren Rückumwandlungsvorgänge die fluide Phase fehlt. Im allgemeinen reagieren die Gesteine bei steigenden Temperaturen weitaus sensibler als bei fallenden, da ansteigende Temperaturen allein die Reaktionsgeschwindigkeit beschleunigen.

11.4 Der Gleichgewichtszustand und die Phasenregel

Als ein sehr fruchtbarer Weg, den die Geochemie zur Erforschung metamorpher Prozesse einschlug, erwies sich das Konzept der Gleichgewichte in heterogenen Systemen, wie es durch die **Phasenregel** determiniert ist. Es ist einer der Grundsätze der Gesteinsmetamorphose, daß während ihres Ablaufs Gleichgewichtsbedingungen erhalten bleiben, obgleich dieser Nachweis normalerweise indirekt geführt werden muß. Bei den magmatischen Gesteinen ist es oftmals möglich, diese Frage direkt anhand von Laborexperimenten zu entscheiden. Die experimentelle Untersuchung von Gleichgewichten silikatischer Systeme unter den Rahmenbedingungen der Metamorphose hat noch nicht denselben Umfang erreicht. In der Regel gehen die Hinweise auf Gleichgewichte in metamorphen Gesteinen auf solche Kriterien wie ihrer Mineralzusammensetzung und der Neigung zur Ausbildung bestimmter typischer Mineralassoziationen in Gesteinen mit ähnlichem Chemismus – trotz verschiedener Gesteinsalter oder Lokalitäten – zurück. Die Phasenregel besagt, daß die Anzahl der koexistierenden Mineralphasen in einem Gleichgewichtssystem begrenzt wird durch die Anzahl der im System existierenden stofflichen Komponenten (bei dem System Eis, Wasser, Wasserdampf besteht das System z.B. aus nur 1 Komponente). Wir finden gewöhnlich weniger Phasen vor, als es das Phasengesetz erlauben würde. Viele der chemisch komplex aufgebauten Metamorphite wie z.B. Amphibolite (Hornblende-Plagioklas-Gneis) oder Glimmerschiefer (Muskovit-Chlorit-Albit-Quarz-Schiefer) sind in mineralogischer Hinsicht denkbar einfach ausgestattet. Offensichtlich stellen die einzelnen Elemente eines Gesteins keine eigent-

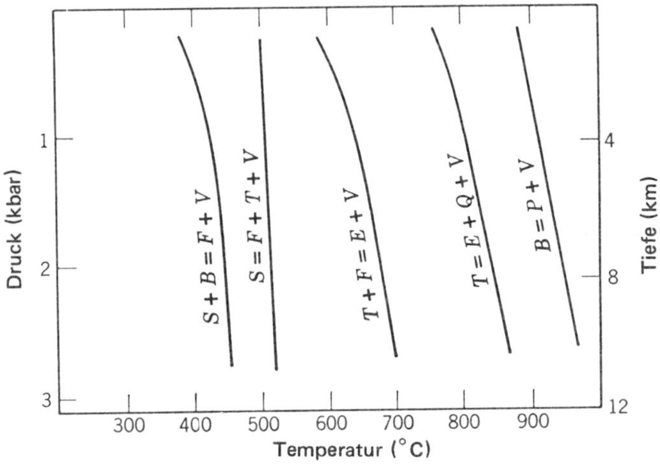

Abb. 11.5 p,T-Stabilitätskurven bei univariantem Gleichgewicht im Stoffkomponentensystem $MgO-SiO_2-H_2O$. Die Gleichungen an der Seite jeder Kurve geben die zugrundegelegten Reaktionen an (nach BOWEN & TUTTLE, *Bull. Geol. Soc. Am.*, **60**, S. 447, 1949).
B Brucit; E Enstatit; F Forsterit; P Periklas; Q Quarz; S Serpentin; T Talk; V Wasserdampf.

lichen stofflichen Komponenten (wie etwa H_2O im vorigen Beispiel) im Sinne der thermodynamischen Auffassung dar. So wirken etwa zweiwertiges Fe und Mg oft als eine einzige Komponente und zu einem geringeren Grad auch Al, dreiwertiges Fe, Na und Ca.

Eines der ersten umfangreich untersuchten Dreistoffsysteme ist das mit den Komponenten $MgO-SiO_2-H_2O$ (Abb. 11.5). Die Schwierigkeiten, die beim Studium metamorpher Systeme auftauchen, sind technischer Natur, etwa Gleichgewichtsbetrachtungen unter Einbeziehung der flüchtigen Bestandteile; zudem ist der Zeitfaktor, wie er in der Natur verwirklicht ist, unter Laborbedingungen nicht nachvollziehbar. Deshalb war und ist es ein unerläßlicher Auftrag, sich den Fragestellungen auch über die Feldarbeit am metamorphen Gestein selbst zu nähern.

Die Produkte möglichst vollständig abgelaufener Reaktionen, nämlich die Mineralassoziationen von Metamorphiten, sind eingehend untersucht worden. In dieser Hinsicht konnten große Fortschritte gemacht werden, vor allem bei der Bestimmung koexistierender und nicht-koexistierender Mineralphasen und Mineralgesellschaften. Auch hier, wie bei der Erforschung der Mineralbildung in Magmatiten, gehen echte Fortschritte auf die Einführung physikochemischer Prinzipien, gewissermaßen als Richtlinie zur Erforschung von Mineralreaktionen, zurück. Die Anwendung dieser Prinzipien auf metamorphe Gesteine verdanken wir in erster Linie GOLDSCHMIDT, nachzulesen in seinem klassischen Werk über die Kontaktmetamorphose im Osloer Gebiet, publiziert 1911; vier Jahre später übertrug ESKOLA dieselben Prinzipien auf Gesteine der Regionalmetamorphose und studierte das Verhältnis zwischen mineralogischer und chemischer Zusammensetzung bei Metamorphiten der Orijärvi-Region. Diese und andere Untersuchungen führten in der Folge zur Formulierung des **Fazies-Prinzips**, einem ersten Versuch zur Klassifizierung metamorpher Gesteine.

11.5 Die metamorphe Fazies

Im Idealfall würde eine genetische Einteilung der metamorphen Gesteine auf den Drücken und Temperaturen beruhen, bei denen die Mineralvergesellschaftungen entstanden sind. ESKOLA stellte fest, daß die Mineralassoziationen sowohl die Bildungsbedingungen als auch die chemische Zusammensetzung des Ausgangsgesteins wiedergaben. Dieses Prinzip demonstrierte er an einer Auswahl unterschiedlicher Gesteinsarten mit ähnlicher chemischer Zusammensetzung, indem er zeigte, daß die Mineralogie jedes dieser Gesteine anders war (Tab. 11.2).

Diese Gesteine ähnlicher chemischer Zusammensetzung können aufgrund ihres unterschiedlichen Mineralbestandes (Gleichgewichtsbedingungen immer vorausgesetzt) also nur unterschiedliche Bedingungen bei der Kristallisation widerspiegeln. Diese Tatsache bildet die Grundlage von ESKOLAs Idee der Fazieseinteilung. Jedes der Gesteine der Tabelle 11.2 repräsentiert eine eigene Fazieseinheit. Die Mineralassoziation eines jeden Gesteins ist die Folge der physikalischen Verhältnisse, bei denen es sich gebildet hatte; damit haben wir ein Kriterium, mit dem die Fazies eines Gesteins bestimmt werden kann. Die Fazies entspricht der der sedimentären Gesteine, die ebenfalls nach bestimmten Charaktereigenschaften in Zusammenhang mit ihrer Genese unter ähnlichen Rahmenbedingungen eingeteilt werden. ESKOLA formulierte damals das Konzept der Mineralfazies folgendermaßen:

„Eine Mineralfazies umfaßt alle Gesteine, die unter so ähnlichen Druck- und Temperaturbedingungen entstanden sind, daß aus einer bestimmten chemischen Zusammensetzung die gleiche Vergesellschaftung von Mineralen, unabhängig vom Kristallisationsmodus, hervorgegangen ist, gleich ob aus Magma oder aus wäßriger Lösung oder aus Gasen, und gleich ob durch direkte Kristallisation aus Lösungen (primäre Kristallisation) oder durch schrittweise Umwandlung schon früher gebildeter Minerale (metamorphe Kristallisation)."

RAMBERG beschäftigte sich sehr eingehend mit diesem Konzept der Mineralfazies und drückte sich dazu recht knapp aus: „Gesteine, die innerhalb eines bestimmten p,T-Bereichs entstanden oder rekristallisiert sind, der durch die Stabilitätsgrenzen bestimmter kritischer Minerale von definierter Zusammensetzung begrenzt ist, gehören zur selben Mineralfazies."

Diese Definitionen zeigen, daß das Konzept überhaupt auf alle Gesteine ohne Einschränkung angewendet werden kann, also auf Sedimente, Magmatite und Metamorphite, jedoch fand es in der Praxis seine vornehmliche Verwendung bei den Metamorphiten. Eine Mineralfazies umfaßt alle Gesteine, die bei einer besonderen Konstellation physikalischer Bedingungen chemisches Gleichgewicht erreicht haben. Tatsächlich stellt das Fazieskonzept einen Ausdruck der Phasenregel dar: In jedem Gleichgewichtssystem hängen Anzahl und Zusammensetzung der verschiedenen Mineralphasen nur von der Pauschzusammensetzung des Systems sowie von Druck und Temperatur bei Gleichgewicht ab. Eine bestimmte Fazies wird definiert durch sog. **kritische Minerale** oder Mineralgruppen, die nur für diese eine Fazies charakteristisch sind und folglich so in keiner anderen Fazies vorkommen. Minerale, die genügend empfindlich sind, um kritisch zu sein, gibt es nicht viele. Die meisten sogar – Quarz, Calcit, Albit und andere – sind über einen weiten p,T-Bereich stabil und tauchen demzufolge in sehr vielen verschiedenen Fazies der metamorphen Gesteine auf.

Die tatsächlichen Druck- und Temperaturbereiche, wie sie für jede Fazies typisch sind, können jedoch nicht mit letzter Genauigkeit bestimmt werden. Schätzungen

Tabelle 11.2 Mineralogie von Gesteinen mit gabbroider Zusammensetzung aus verschiedenen Fazieszonen

Diabas-Fazies	Pyroxen-Hornfels-Fazies	Amphibolit-Fazies	Epidot-Amphibolit-Fazies	Grünschiefer-Fazies	Granulit-Fazies	Eklogit-Fazies	Glaukophanschiefer-Fazies
Diabas (Ostkarelien)	Hornfels (Oslo-Region)	Amphibolit (Kisko, Finnland)	Epidot-Amphibolit (Sulitelma, Norwegen)	Chloritschiefer (Sulitelma, Norwegen)	Noritgranulit (Nordfinnland)	Eklogit (Burgstein, Tirol)	Glaukophanschiefer (Scalea, Italien)
Plagioklas 48,4 Pigeonit 37,4 Hornblende, Glimmer etc. 14,2	Plagioklas (durchschn. An_{40}) 48 Hypersthen 17 Diopsid 18 Biotit, Eisenerz etc. 17	Plagioklas (durchschn. An_{13}) 26,5 Hornblende 71,5 Quarz 2,0	Plagioklas (An_9) 42,8 Hornblende 42,2 Clinozoisit 12,3 Andere 3,4	Albit 39,9 Chlorit 29,4 Epidot 23,0 Andere 7,2	Plagioklas 49,5 Hypersthen 25,3 Diopsid 9,6 Orthoklas 7,1 Andere 7,4	Omphazit 48,5 Granat 50,5 Andere 1,0	Glaukophan 54,3 Lawsonit 26,8 Serizit 15,6 Andere 3,1

der verschiedenen Fachleute schwanken erheblich, und nicht selten sind sie widersprüchlich. Nach den geologischen Gegebenheiten wie etwa dem Übergang von Anthrazit in Graphit, begleitet von der Umwandlung diagenetisch verfestigter Sedimentgesteine in Gesteine der Grünschieferfazies, kann als untere Temperaturgrenze dieser Fazies 200°C angenommen werden. Nehmen wir als untere Temperaturgrenze der Epidot-Amphibolit-Fazies das erstmalige Auftreten von Biotit an, so können wir mit Temperaturen um 400°C rechnen. Die Grenze zwischen der Epidot-Amphibolit-Fazies und der Amphibolit-Fazies kann mit etwa 500°C und die zwischen der Amphibolit- und der Granulit-Fazies mit rund 650°C angegeben werden. Die letztere beherbergt sozusagen „trockene" Gesteine, d.h. OH-haltige Minerale sind abwesend; ist Wasser in ausreichenden Mengen zugegen, muß unter den Bedingungen dieser Fazies mit Aufschmelzungen gerechnet werden. Die fortschreitende Metamorphose über die Amphibolit-Fazies hinaus führt entweder zu partiellen Aufschmelzungen mit der Bildung von Magma (wenn H_2O verfügbar ist) oder zur Umkristallisierung der Gesteine in die Granulit-Fazies, wenn kein Wasser verfügbar ist oder es aus dem System entweichen konnte.

Da die verschiedenen Fazies unterschiedliche Temperatur/Druck-Bereiche repräsentieren, können die Beziehungen untereinander in Diagrammen mit Temperatur- und Druckachsen dargestellt werden (Abb. 11.6). Ist der Druck identisch mit dem Auflastdruck, kann er mit der Tiefe korreliert werden, wie in dem Diagramm an der rechten Ordinate eingezeichnet. Auch sieht man in diesem Diagramm die diffuse Grenze zwischen Diagenese und Metamorphose einerseits und die zwischen Metamorphose und Magmenbildung andererseits. Die Minimumschmelzkurven von Granit und Basalt kennzeichnen eine breite Zone, in der Magmen unterschiedlicher Zusammensetzung kristallisieren. Links der granitischen Schmelzlinie kann keine Wiederaufschmelzung normaler silikatischer Gesteine stattfinden. In der Zone zwischen den beiden Schmelzkurven von Granit und Basalt hängt die Bereitschaft zur Wiederaufschmelzung **(Anatexis)** weitgehend vom Gesteinschemismus sowie vom Anteil der flüchtigen Stoffe ab. Reine Quarzite und alkaliarme Schiefer bleiben zumeist auch bei höheren Temperaturen in festem Zustand, während andere, wasserreichere oder alkalireichere hier durchaus Aufschmelzungen, zumindest teilweise, unterliegen. Wie auch immer, zwischen der Metamorphose und dem Magmatismus scheint kein scharfer Übergang zu bestehen.

In der Abb. 11.6 ist das Feld der Metamorphoseprozesse auf der Seite tiefer Temperaturen von einer Linie begrenzt, die den niedrigstmöglichen Wärmegradienten der Erdkruste bezeichnet. Er basiert auf einer Temperatur von 300°C in 30 km Tiefe, besitzt also einen Wert von 10°C/km. Die Bedingungen der Regionalmetamorphose stellen sich bei steileren Gradienten ein, die der Kontaktmetamorphose bei sehr steilen. Die die progressive Regionalmetamorphose begleitenden Reaktionen sind in der Regel endotherm, brauchen daher einen beträchtlichen Wärmeinput, vermutlich mehr als unter den Bedingungen des kleinstmöglichen Wärmegradienten. Gebirgsbildung, Regionalmetamorphose und Magmatismus gehörten in der Erdgeschichte überall auf der Erde eng zusammen, und sie sind Ausdruck großer Energiezufuhren aus dem Erdinnern, insbesondere thermischer Natur.

Grünschiefer-, **Epidot-Amphibolit-**, **Amphibolit-** und **Granulit-Fazies** kann man als die normalen Fazies der Regionalmetamorphose ansehen; sie sind nach der Zunahme des Metamorphosegrades angeordnet. **Eklogit-** und **Glaukophanschiefer-Fazies** sind repräsentativ für sehr hohe Druckverhältnisse und besitzen folglich Minerale mit sehr hoher Dichte wie Granat, jadeitischen Pyroxen und Lawsonit.

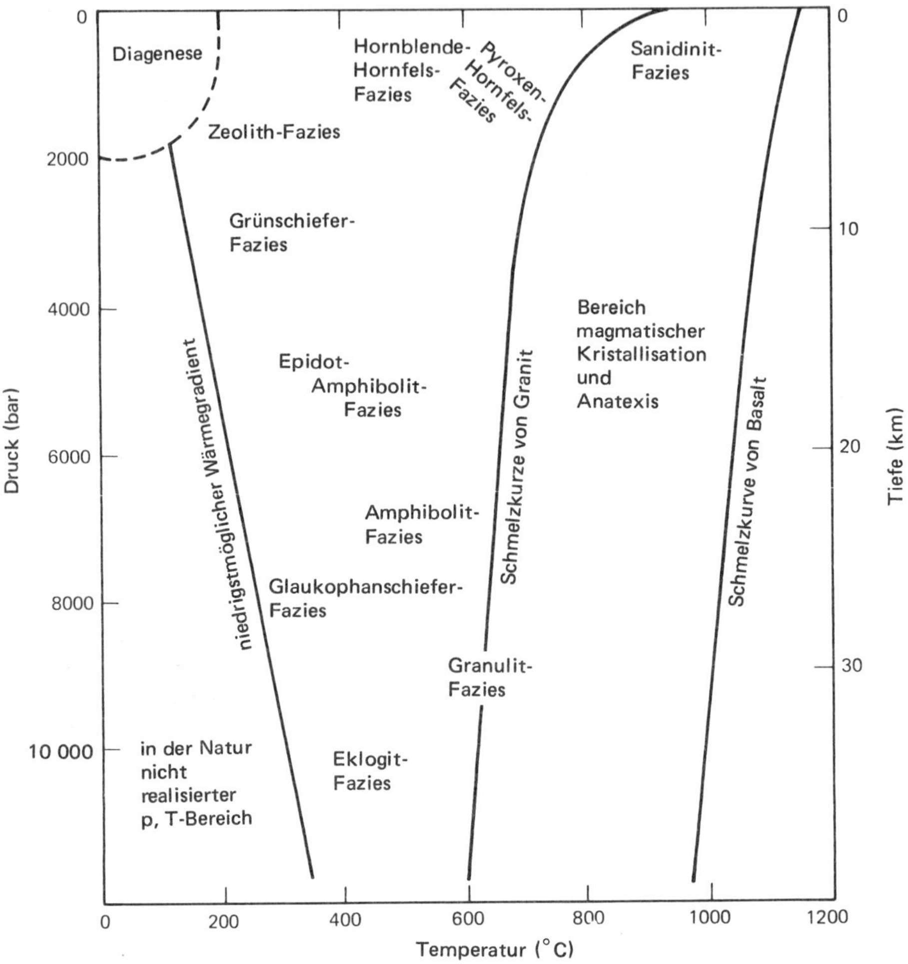

Abb. 11.6 Die wichtigsten metamorphen Faziesbereiche im p,T-Diagramm.

Die **Sanidinit-Fazies** rechts von der **Pyroxen-Hornfels-Fazies** tritt nur sehr selten auf; sie ist beschränkt auf Xenolithe (Fremdgesteinseinschlüsse) in sehr heißen, basischen Laven; beginnende Frittung der Einschlüsse sowie das Erscheinen von Tridymit, Monticellit, Melilith, Mullit und Sanidin (kritisch) oder Åkermanit sind charakteristisch für diese Fazies.

Die für die einzelnen Fazies spezifischen mineralogischen Merkmale können mit Hilfe von Konzentrationsdreiecken, ähnlich den Dreistoffdiagrammen von Dreikomponentensystemen, anschaulich dargestellt werden. In solchen Diagrammen sind die drei Ecken mit speziellen Komponenten, gewöhnlich den Oxiden der Hauptelemente, belegt. Die Auswahl der Komponenten erfolgt meist nach dem faziesgebundenen Auftreten der Minerale. ESKOLA führte diese Darstellungstechnik ein, und

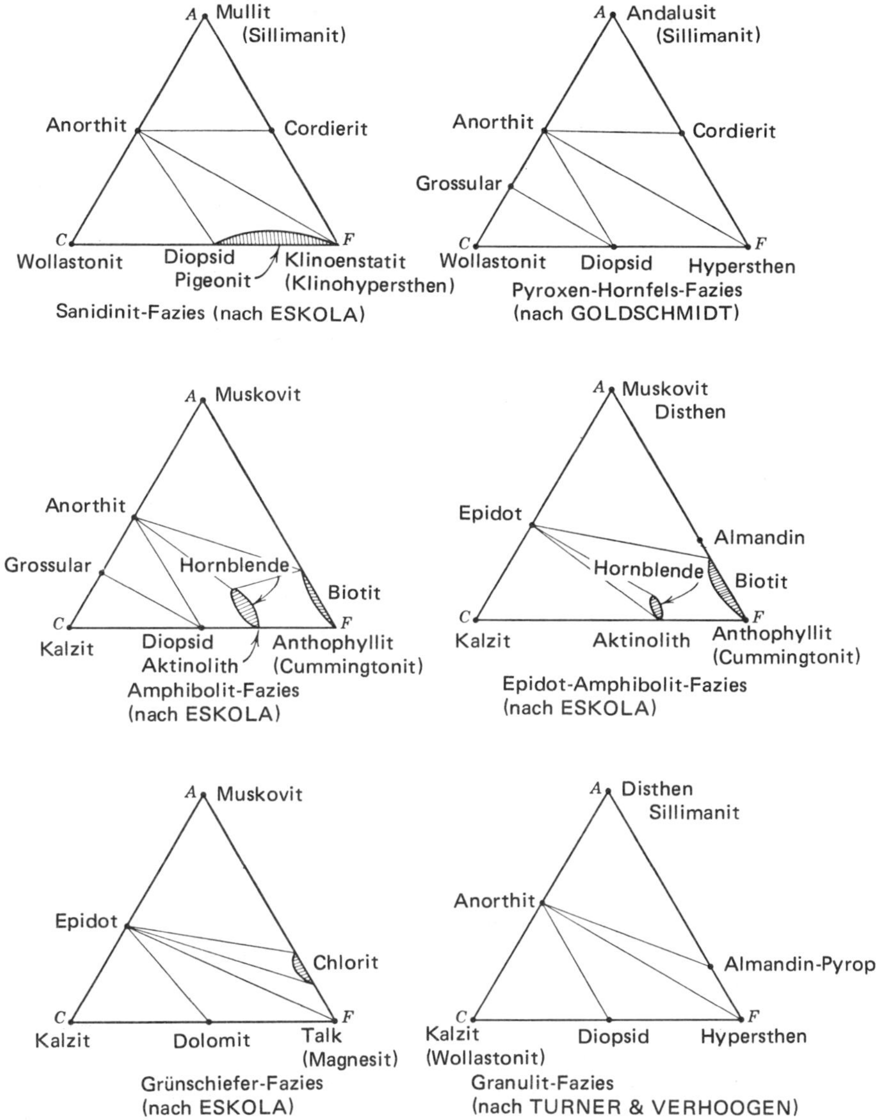

Abb. 11.7 *ACF*-Diagramme für einige metamorphe Fazieszonen.

das auf seinen Vorschlag meistbenutzte Diagramm ist das *ACF*-Diagramm: *A* steht für die Komponenten $Al_2O_3 + Fe_2O_3$, *C* für CaO und *F* für MgO + MnO + FeO; *A* + *C* + *F* werden auf 100% umgerechnet. Da in den meisten Gesteinen SiO_2 im Überschuß vorhanden ist, läßt man diese Komponente weg. Für Gesteine, die über die *ACF*-Darstellung nicht gut oder nicht darzustellen sind, sind alternative Diagramme eingeführt; so verwendet man bei Gesteinen mit kaliumreichen Mineralen anstatt des CaO die Komponente K_2O, die den Kennbuchstaben *K* erhält. Das entsprechende Stoffsystem heißt demzufolge *A'KF*-Diagramm. Die verschiedenen Faziesdarstellungen der Abb. 11.7 basieren auf dem *ACF*-Diagramm.

Kritische Minerale der **Sanidinit-Fazies** sind Sanidin, Klinoenstatit-Klinohypersthen und ihre Mischkristalle mit Diopsid-Hedenbergit (Pigeonit) und, bei sehr hohen Temperaturen, das Aluminiumsilikat Mullit. Die bei diesen Bedingungen metamorphisierten Kalke und Dolomite beherbergen eine Reihe ungewöhnlicher Minerale, unter anderem Larnit (Ca_2SiO_4), Rankinit ($Ca_3Si_2O_7$) oder Merwinit ($Ca_3MgSi_2O_8$).

Eine kritische Mineralkombination in der **Pyroxen-Hornfels-Fazies**, ebenso wie in der Granulit-Fazies, ist das Mineralpaar Hypersthen-Diopsid, das hier keine Mischkristalle ausbildet. Dieser Umstand unterscheidet die Pyroxen-Hornfels-Fazies von der Sanidinit-Fazies. Ein anderes Unterscheidungsmerkmal ist, daß $(Mg,Fe)SiO_3$ in dieser Fazies stets orthorhombisch auftritt. Sanidin ist abwesend, vielmehr tritt der Kalifeldspat als Orthoklas auf, der zwischen den beiden Modifikationen Sanidin und Mikroklin einen mittleren strukturellen Ordnungszustand aufweist.

Die **Granulit-Fazies** umfaßt Gesteine, die zur hochgradigen Regionalmetamorphose zu rechnen sind. Charakteristisch ist das Fehlen von Glimmern; stattdessen finden wir Sillimanit (oder Disthen) und Orthoklas, die Muskovit ersetzen, sowie Granat und Orthoklas anstelle von Biotit. Bei hohen Calciumkarbonatgehalten ersetzt Calcit den Wollastonit, vorausgesetzt genügend CO_2 ist zugegen.

In der **Amphibolit-Fazies** ist stets Amphibol präsent, falls es die Pauschalzusammensetzung des Gesteins erlaubt. Kritisch ist das Mineralpaar Hornblende-Plagioklas. Die obere Temperaturgrenze zeigt das Auftauchen von Diopsid und Hypersthen anstelle der Hornblende an, während die untere Temperaturgrenze durch albitreichere Plagioklase, die den tieferen Metamorphosegrad anzeigen, typisiert wird.

In der **Epidot-Amphibolit-Fazies** ist das Mineraltrio Hornblende-Albit-Epidot kritisch. Unter den hier herrschenden p,T-Bedingungen wandelt sich die Anorthitkomponente des Plagioklas in Zoisit oder Epidot um; folglich erhält der Plagioklas eine hohe Albitkomponente. Hornblende ist nach wie vor stabil.

Bei Metamorphosegraden, die unter denen der Epidot-Amphibolit-Fazies liegen, finden wir anstelle der instabilen Hornblende mehr Chlorit und Epidot oder, bei hohem CO_2-Partialdruck, Dolomit oder Magnesit plus Quarz. CO_2 kann unter diesen Bedingungen Silikate auflösen, um Paragenesen von Quarz und Karbonaten zu bilden.

Die **Eklogit-Fazies** enthält als Charakteristikum Pyroxen vom Omphazit-Typ (intermediär zwischen Jadeit und Diopsid). Das zweite Hauptmineral der Eklogite ist ein Pyrop-Almandin-Grossular-Mischkristall mit hohem Pyropgehalt. Daneben kommen Disthen und Hypersthen vor. Die Darstellung der Eklogit-Fazies im Dreistoffdiagramm ist sehr schwierig, da die Gesteine einen vergleichsweise beschränkten Chemismus aufweisen.

Die kritischen Minerale der **Glaukophanschiefer-Fazies** sind Glaukophan und Lawsonit. Muskovit, Almandin, Epidot und Pumpellyit sind beobachtet worden; diese Minerale finden sich auch in Gesteinen der Grünschiefer- und Epidot-Amphibolit-Fazies, und es verwundert nicht, daß Glaukophanschiefer in enger Nachbarschaft mit solchen Gesteinen vorgefunden werden. Das läßt den Schluß zu, daß die Glaukophanschiefer-Fazies sich genetisch diesen Fazies zuordnen läßt, nur daß sie höhere Drücke widerspiegelt; Glaukophan plus Lawsonit können als die Hochdruckäquivalente von Plagioklas plus Chlorit angesehen werden.

11.6 Mineralumwandlungen und Metamorphosegrad

Um aus der Fazieseinteilung ein präzises Instrument zur Aufklärung metamorpher Zusammenhänge zu machen, bedarf es weiterer differenzierter Betrachtungen sowie einer sinnvollen Zusammenschau der zahlreichen Daten. Das erfordert ein sorgfältiges Studium der Mineralparagenesen und insbesondere eine Bestimmung der chemischen Bandbreite der Typminerale. Deren Variabilität hängt nicht nur eng mit dem Pauschalchemismus des Gesteins zusammen, sondern auch von den p,T-Bedingungen ab, unter welchen dieses Gestein entstanden ist; eine Mineralfazies gibt also einen genau definierten p,T-Bereich wieder, der sich in der spezifischen Mineralzusammensetzung des Gesteins ausdrückt. Die verschiedenen Fazies sind durch die Stabilitätsfelder ihrer dafür kritischen Minerale oder Mineralassoziationen charakterisiert. Die Grenzen dieser Faziesbereiche sind mit den Gleichgewichtskurven der Mineralreaktionen der kritischen Mineralphasen und Mineralassoziationen identisch.

BOWEN zeigte schon 1940, daß die progressive Metamorphose von Kalken und Dolomiten bei gegebenem Druck und zunehmenden Temperaturen in einer Serie von Mineralreaktionen unter zunehmender Dekarbonisierung stattfand. Er wies darauf hin, daß die Gleichgewichtskurven dieser Reaktionen in einem Druck-Temperatur-Diagramm die Stabilitätsfelder spezifischer Minerale und Mineralgesellschaften bezeichneten und ein, wie er es nannte, **petrogenetisches Gitter** darstellten. Zu BOWENs Zeiten war die experimentelle Petrologie noch nicht in der Lage, diese Gleichgewichtsbedingungen zu untersuchen; seine Ausführungen stützten sich vielmehr auf geologische und mineralogische Felduntersuchungen über die Metamorphose von Kalken und Dolomiten.

Die thermodynamische Basis für das petrogenetische Gitter BOWENs und seine Beziehungen zum Faziesprinzip waren Gegenstand eingehender Studien durch THOMPSON (1955), der betonte, daß die Grenzen zwischen den Faziesbereichen Kurven **univarianten** Gleichgewichts darstellten. Beinhaltet das Gleichgewicht nur kristalline Feststoffe, so können die Kurvensteigungen mittels der Clapeyronschen Gleichung bestimmt werden; dabei handelt es sich durchwegs um geradlinige Kurven. Viele bedeutende Gleichgewichtslagen bei der Metamorphose sind jedoch gekennzeichnet durch Verluste an flüchtigen Bestandteilen, meist H_2O und CO_2, in Verbindung mit einwirkenden Drücken, die entweder gleich groß oder schwächer sind als die Gesteinsdrücke. Falls nur eine einzige flüchtige Komponente zum Gleichgewichtszustand dazugehört und der zugehörige Druck gleich dem Gesamtdruck ist, so gilt weiterhin die Clapeyronsche Gleichung, nur daß die Kurven gegen die Druckachse hin konkav gewölbt sind und positive Steigung haben. Ursache ist, daß bei steigendem Druck die Zersetzungstemperatur eines Stoffes, der eine flüchtige Komponente enthält, erhöht wird.

Diese Gleichgewichtsgesetze sind in einem Diagramm verdeutlicht (Abb. 11.8), in dem die Gleichgewichtskurven einer Anzahl von Mineralreaktionen bei der Metamorphose eingetragen sind. Diese Kurven sind entweder das Ergebnis experimenteller Untersuchungen von Gleichgewichtslagen oder von Berechnungen aus thermodynamischen Daten. Man sieht sehr deutlich, daß flüchtige Komponenten enthaltende Reaktionen im niedrigen Druckbereich gekrümmt sind und erst im gemäßigten Druckbereich einen gestreckten Verlauf einnehmen.

Wie bereits erwähnt, geben diese Kurven Bedingungen wieder, die bei Druckgleichheit von flüchtiger Komponente und Gesamtdruck herrschen. Daneben kön-

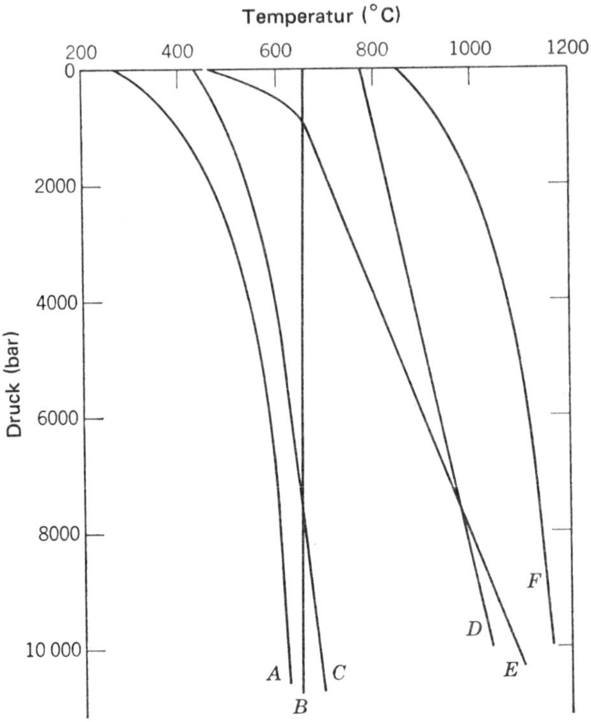

Abb. 11.8 Gleichgewichtskurven einiger wichtiger Metamorphosereaktionen.

	Tieftemperaturbereich		Hochtemperaturbereich
A	Dolomit + Quarz	=	Diopsid + Kohlendioxid
B	Orthoklas + Albit	=	Sanidin
C	Pyrophyllit + Korund	=	Sillimanit + Quarz + Wasser
D	Almandin	=	Herzynit + Fe-Cordierit + Fayalit
E	Muskovit	=	Sanidin + Korund + Wasser
F	Phlogopit	=	Forsterit + Leucit + $KAlSiO_4$ + Wasser

nen bei der Metamorphose durchaus davon abweichende Bedingungen auftreten. Stellen z.B. in einem porösen Ausgangsgestein permeable Porenräume eine Verbindung zur Erdoberfläche oder zu benachbarten Kluftsystemen her, kann es zum Verlust der gesamten flüchtigen Komponente kommen; der Partialdruck dieser Komponente sinkt ab, und in extremen Fällen kann sich Normaldruck einstellen. Unter diesen Umständen besitzen die Gleichgewichtskurven eine negative Steigung. Diese Situation kennen wir bereits von der Wollastonit-Reaktion (siehe Abb. 11.2). Im Endeffekt haben wir es mit zwei limitierenden Bedingungen zu tun, die jede Reaktion mit beteiligten flüchtigen Komponenten betrifft; die Reaktionstemperatur hängt davon ab, in welchem Ausmaß die flüchtige Komponente entkommen kann.

Die verbreitetste flüchtige Komponente bei metamorphen Mineralreaktionen ist das Wasser; seine Signifikanz in diesem Zusammenhang wurde von YODER (1955) nachdrücklich betont. Er wies darauf hin, daß in vielen Diskussionen über metamorphe Prozesse stillschweigend angenommen wurde, Wasser sei als Komponente stets in ausreichenden Mengen zugegen, um die Bildung der am stärksten hydratisierten Phasen zu ermöglichen, die unter den entsprechenden p,T-Bedingungen stabil sind. Wasserlose Minerale, die wasserhaltige Äquivalente besitzen, wären demzufolge Indikatoren für Bildungstemperaturen oberhalb der Gleichgewichtskurven, bei denen sich noch die wasserhaltigen Äquivalente bilden können. Beispielsweise reagiert der Forsterit bei ca. 500°C mit Wasser zu Serpentin. Ist dagegen kein Wasser zugegen, ist Forsterit unter 500°C die stabile Phase, und in Abwesenheit von Wasser kann er sich unter 400°C aus Magnesit und Quarz bilden.

Die logische Folgerung kann nur die sein, daß die Mineralogie der Metamorphite nicht nur vom Chemismus des Ausgangsgesteins sowie von den Druck- und Temperaturbedingungen der Metamorphose abhängt, sondern genausogut von den Partialdrücken des Wassers und anderer flüchtiger Bestandteile. Das Faziesprinzip muß daher auch darauf abgeklopft werden, ob wir es in Einzelfällen mit **wasserarmen** oder mit **wasserreichen** Varianten der gleichen Fazies zu tun haben. So finden wir in Gesteinen der Grünschiefer-Fazies als typische Ca-Al-Silikate den Zoisit oder Epidot; in manchen tuffigen Grauwacken finden wir stattdessen Prehnit und Ca-Zeolithe, also Minerale ähnlicher Zusammensetzung, abgesehen von einem höheren Wassergehalt, wenn sie einer niedriggradigen Metamorphose ausgesetzt waren. In ähnlicher Weise üben Menge und Partialdruck des Kohlendioxids einen Einfluß auf die Mineralogie von Gesteinen mit merklichen Anteilen an Mg und Ca aus. Sowohl in der Amphibolit- als auch in der Granulit-Fazies sind Wollastonit und Calcit plus Quarz vermutlich stabil; ihr Vorkommen wird dabei ohne Zweifel vom CO_2-Partialdruck gesteuert.

Eine bemerkenswerte Eigenheit des Diagramms der Abb. 11.8 besteht darin, daß die Reaktionskurven alle steil gegen die Temperaturachse geneigt sind; mit anderen Worten, sie sind viel stärker **temperaturabhängig** als druckabhängig. Solche Reaktionen sind eine sehr wertvolle Hilfe zur Abschätzung metamorpher Bildungstemperaturen, eignen sich aber nicht zur Abschätzung der dabei herrschenden Druckverhältnisse. Wir haben kaum eine vergleichbar druckempfindliche Reaktion, die uns als **geologisches Barometer** dienen könnte und uns indirekt die Kristallisationstiefe verriete. Zwar ist bekannt, daß Mg-reiche Granate typisch sind für Gesteine, deren Kristallisationstiefen als sehr groß einzuschätzen sind, man denke an die Eklogite, aber die Gleichgewichtsverhältnisse solcher Granate sind kaum erforscht. Diamanten sind wahrscheinlich ein relativ gutes Barometer, jedoch schmälert ihr sehr begrenztes Auftreten ihre diesbezügliche Bedeutung. Auch haben Al-Substitutionen in Pyroxenen eine gewisse Aussagekraft, leider verliert sie dann an Bedeutung, wenn noch andere Al-Minerale zugegen sind. Eine Beziehung, die streng druckabhängig ist, ist die zwischen Disthen und den anderen Modifikationen von Al_2SiO_5, Sillimanit und Andalusit; Disthen besitzt eine Dichte um 3,6 g/cm^3, die beiden anderen Phasen haben um 3,2 g/cm^3. Die Laborexperimente besagen, daß das zwischen ihnen herrschende Gleichgewicht streng druckabhängig ist, wobei Disthen die bei niedrigen bis gemäßigten Temperaturen stabile Hochdruckform darstellt (Abb. 11.1). Aragonit, die Hochdruckmodifikation von $CaCO_3$, fand man in jadeitführenden Metagrauwacken der Franciscan-Formation in Kalifornien. Bei einer angenommenen Metamorphosetemperatur um 200°C zeigt in diesem Fall die Anwesenheit des Jadeit einen Bildungsdruck von mindestens 5 kbar an, Aragonit verlangt sogar Drücke um 7 kbar. Unter der Annahme hydrostatischer Bedingungen implizieren diese Drücke Minimumtiefen der Metamorphose von 20 bis 25 km.

Bei unseren Betrachtungen der Geochemie metamorpher Prozesse leiden die Aussagen unter den Wissenslücken der Gleichgewichtsbedingungen vieler Mineral-

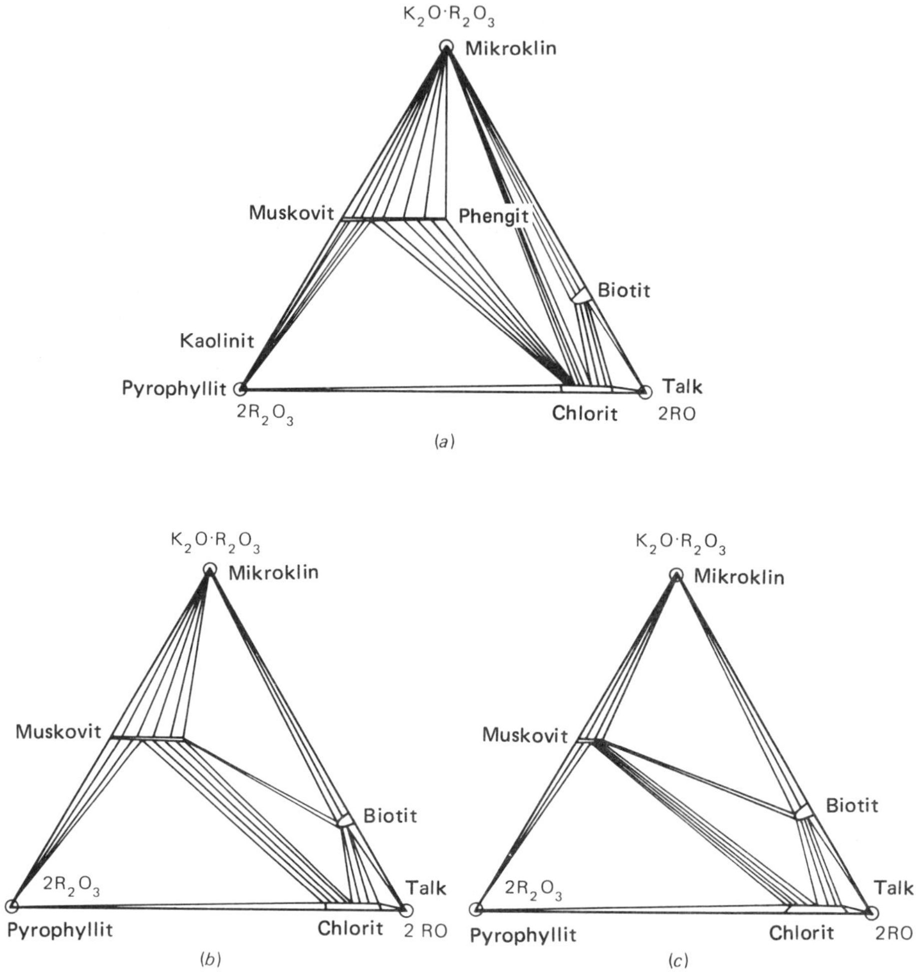

Abb. 11.9 Schematische Darstellung von *AFM*-Diagrammen mit druck- und temperaturbedingten Paragenesevariationen von Granat und Cordierit in Metapeliten. A = Al_2O_3 – (K_2O + Na_2O), F = FeO, M = MgO (modifiziert nach CHINNER, 1962).

reaktionen, insbesondere derer bei niedriggradiger Metamorphose. Gerade die für diese Aussagen so wichtigen Reaktionen sind oftmals sehr komplexer Natur. Beispielsweise stellt die Reaktion Muskovit + Chlorit = Biotit eine der häufigsten Reaktionen niedriggradiger Metamorphose dar, wobei das Erscheinen des Biotits in vielen Gebieten progressiver Metamorphose eine wichtige Marke darstellt. Statt aber einer direkten Verbindung von Muskovit mit Chlorit kann Muskovit der einen Zusammensetzung mit Chlorit zu Muskovit einer anderen Zusammensetzung plus Biotit reagieren, oder es kommt zu einer Reaktion unter Beteiligung von Kalifeldspat.

Eine Sequenz dieser Reaktionen beinhalten die Dreiecksdarstellungen der Abb. 11.9. Bei niedrigen Temperaturen entsteht Biotit aus der Reaktion Mikroklin + Chlorit → Biotit + Hellglimmer + Quarz + H_2O. Bei steigender Temperatur ändert der Muskovit seine Zusammensetzung in der Weise, wie in den Diagrammen unter (b) und (c) dargestellt. Das Phengit-Muskovit-Feld schrumpft zusehends. Phengit ist der Mineralname eines muskovitartigen Minerals, bei dem AlAl im Muskovit durch $(Mg, Fe^{2+})Si$ substituiert ist.

Die meisten Minerale in Metamorphiten können durch atomare Substitution in ihrer chemischen Zusammensetzung beträchtlich schwanken. Die Stabilität der Minerale sowie die Reaktionen, die sie untereinander eingehen, hängen ohne Zweifel von Art und Ausmaß dieser Substitutionen ab. So ändert sich die Granatzusammensetzung in niedrigmetamorphen Schiefern von Fe-reichen Almandinen zu Mg-reichen Pyropen in hochmetamorphen Eklogiten und Granuliten. In ähnlicher Weise steigt der Anorthitgehalt der Plagioklase oder der Al-Gehalt in Hornblenden mit dem Metamorphosegrad.

Seit langem schon weiß man um das Ansteigen des Anorthitgehalts in Plagioklasen bei steigendem Metamorphosegrad. Dies ist eine Widerspiegelung der unabhängigen Positionen von Natrium und Calcium in diesen Gesteinen. Natrium ist fast ausschließlich auf den Albit beschränkt, während Calcium in einer Anzahl von Ca-Al-Silikaten beheimatet ist. In den meisten Gesteinen der Regionalmetamorphose niedrigen Grades ist der Albit mit Zoisit oder einem anderen Mineral der Klinozoisit-Epidot-Serie vergesellschaftet. Mit zunehmendem Metamorphosegrad werden die Plagioklase Ca-reicher und der Zoisitanteil sinkt ab. Der Zoisit verwandelt sich in Anorthit, der den An-Anteil der Plagioklase erhöht. Diese Reaktion drückt sich in der folgenden Gleichung aus:

$$Ca_2Al_3Si_2O_{12}(OH) = 3\ CaAl_2Si_2O_8 + CaO + H_2O$$

Dies ist natürlich eine starke Vereinfachung der tatsächlichen Verhältnisse, aber bei der Reaktion spielt Wasser eine Rolle, sie ist sicherlich abhängig vom H_2O-Partialdruck. Legen wir uns auf einen fixen Wasserdampfdruck fest, so kann die Beziehung zwischen Metamorphosegrad und Plagioklaszusammensetzung in Form eines Diagramms dargestellt werden (Abb. 11.10). Zusätzliche Komplikationen treten durch die Peristerit-Entmischungen des Na-reichen Plagioklases auf (siehe Abschnitt 5). Untersuchungen mit der Mikrosonde zeigten, daß die Plagioklase der Grünschiefer- und Epidot-Amphibolit-Fazies meist zu mehr als 99% aus Albit bestehen, während in der Amphibolit-Fazies Werte um Ab_{80} oder weniger üblich sind. In der Abb. 11.10 sieht man, wie Albit und Zoisit (Epidot) sich in einem stabilen Gleichgewicht bis zur Temperatur t_2 befinden. Dort wandelt sich der Albit vollständig in einen Plagioklas der Zusammensetzung Ab_{80} um, vorausgesetzt genügend Ca ist verfügbar; Ca-Armut führt zu einer Mischung zweier Plagioklase

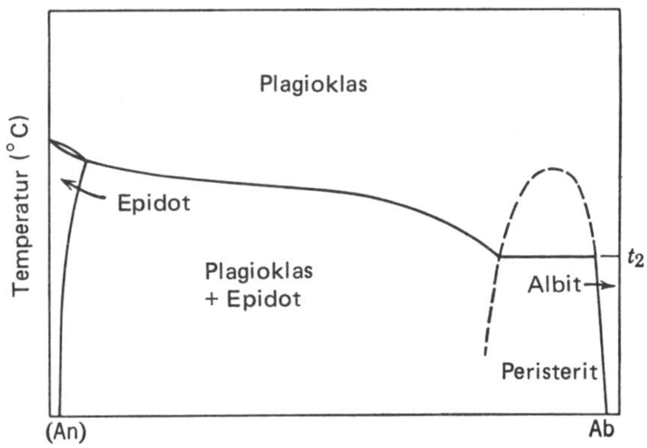

Abb. 11.10 Stabilitätsverhältnisse zwischen Zoisit (Epidot) und Plagioklas (nach CHRISTIE, *Norsk. Geol. Tidssk.*, **39**, S. 270, 1959).

mit Ab_{99} bzw. Ab_{80}. Fällt die Temperatur unter t_2 und Ca ist nach wie vor genug vorhanden, wird der Plagioklas zunehmend reicher an An.

Umwandlungen solcher Art können folglich als Indikator für die Bedingungen, unter welchen die Metamorphose stattgefunden hat, benutzt werden. Eingehende Untersuchungen von Umwandlungen dieser Art, sowohl im Experiment als auch, soweit vorhanden, im Gelände, können viel zu unserer Kenntnis über die verschiedenen Faziesbereiche und ihre gegenseitigen Abhängigkeiten beisteuern.

11.7 Die Metasomatose

Bei der Diskussion der metamorphen Fazies haben wir die metamorphen Gesteine als Endprodukte chemischer Reaktionen betrachtet. Die Gleichgewichtsparagenesen von Mineralen wurden durch die Rahmenbedingungen der Metamorphose bestimmt und die chemische Zusammensetzung durch des in Frage kommenden Gesteinskomplexes. Mit möglichen Veränderungen des Chemismus, die das Gestein während der Metamorphose erleiden kann, also der Frage nach metasomatischen Einflüssen, haben wir uns noch nicht auseinandergesetzt. Außer der Art des Stofftransports bei der Metasomatose, die wir schon weiter vorne besprochen haben, bleiben uns einige andere Probleme, die uns die Metasomatose stellt.

Die die Metasomatose begleitenden Reaktionen werden, wie soll es anders sein, durch physikochemische Prozesse gesteuert; Phasenregel und Massenwirkungsgesetz spielen in diesem Zusammenhang eine führende Rolle. Jedoch konnte bei der Metasomatoseforschung ein weiteres wichtiges Moment gefunden werden: Experimente zeigten, daß die Metasomatose in der Regel ohne Veränderung des Gesamtvolumens vor sich ging; das betroffene Gestein nimmt folglich sowohl vor als auch nach der Metasomatose das gleiche Volumen ein. Diese Feststellung hat insofern eine große Tragweite, als metasomatische Reaktionen diesbezüglich von den üblichen einfachen Reaktionsgleichungen quantitativ nicht repräsentiert werden, da es bei diesen bloß auf Gleichheit der Atommassen links und rechts des Gleichheitszeichens ankommt und irgendwelche Volumenänderungen nicht berücksichtigt werden. So kann die Serpentinisierung von Olivin ohne weiteres durch die beiden Gleichungen

$$3\ Mg_2SiO_4 + SiO_2 + 4\ H_2O = 2\ H_4Mg_3Si_2O_9 \qquad \text{oder auch}$$

$$5\ Mg_2SiO_4 + 4\ H_2O = 2\ H_4Mg_3Si_2O_9 + 4\ MgO + SiO_2$$

wiedergegeben werden. Von den beiden Möglichkeiten kommt wohl die zweite der Umwandlung des Olivins in einen Serpentin mit gleichem Volumen näher (vorausgesetzt, überschüssiges MgO und SiO_2 werden in Lösung weggeführt) und dürfte dem tatsächlichen Vorgang in der Natur besser entsprechen. Es ist daher unzuverlässig, Metasomatose quantitativ mit Gleichungen darzustellen, die eigentlich Reaktionen mit merklichen Volumenänderungen beinhalten; manchmal sind solche Gleichungen wenigstens von Nutzen, indem sie qualitativ die generelle Richtung anzeigen, in die die chemischen Reaktionen abgelaufen sein dürften.

Einige Beispiele metasomatischer Prozesse sind in diesem Buch bereits angeschnitten worden, eine davon, die Bildung von Dolomit durch die Einwirkung Mg-haltiger Lösungen auf Calcit, fand im Abschnitt 6 Erwähnung. Viele Erzlagerstätten scheinen metasomatischer Herkunft zu sein; das Ausgangsgestein wurde Zug um Zug durch die erzbringenden Lösungen umgewandelt und durch vererztes Gestein ersetzt. Sehr oft begleitet Metasomatose das Endstadium des Magmatismus. Viele Kaolinlagerstätten, z.B. die von Cornwall, sind offensichtlich das Ergebnis einer metasomatischen Umwandlung der anstehenden Granite; die Umwandlung zu Kaolinit betrifft dabei die Feldspäte nach der Gleichung

$$2\ KAlSi_3O_8 + 2\ H_2O = Al_2Si_2O_5(OH)_4 + K_2O + 4\ SiO_2$$

Daß die Metasomatose das Gestein Volumen um Volumen umwandelt, zeigt sich deutlich daran, daß der Kaolinit in Pseudomorphosen nach Feldspat auftritt. Besonders ultrabasische Gesteine sind oft Gegenstand metasomatischer Umwandlungen. Serpentin ist ein sehr häufiges Umwandlungsprodukt; ist Calcium zugegen oder wird es zugeführt, können sich Mineralensembles wie Aktinolith – Chlorit bilden. Bei Temperaturen wie in der Grünschiefer-Fazies ersetzt CO_2 das SiO_2 und Talk – Dolomit, und Dolomit – Quarz oder Magnesit – Quarz können als Endprodukte vorkommen.

Zu den bestuntersuchten Metasomatosen gehören jene, die mit der Genese bestimmter Erzlagerstätten in Verbindung stehen, da sie durch die Abbautätigkeit oft sehr gut aufgeschlossen sind und da ihre Interpretation zum Verständnis lagerstättenkundlicher Probleme sehr wichtig ist. Zuerst beschrieben wurden sie in Zusammenhang mit den stark metamorphen präkambrischen Gesteinen Schwedens; seither steht der schwedische Begriff **Skarn** für alle Bildungen solcher Art. Ausgedehnte Skarnmassen umgeben in der Regel Eisenerze in Kalken; auch Sulfide wie Kupferkies, Zinkblende und Bleiglanz kommen vor. Die Hauptminerale des Skarns sind jedoch Andradit, Grossular, Hedenbergit, Aktinolith, Tremolit, Vesuvian, Skapolith u.a. Oftmals kann die Quelle der erzbringenden Lösungen auf benachbarte Intrusionen bezogen werden; es gibt auch Fälle, wo der Skarn auf einen Materialaustausch zwischen dem Erzkörper und dem Nebengestein während der Regionalmetamorphose zurückzuführen ist.

Eine weitere Lagerstättenbildung der Metasomatose sind Zinnerze oder **Greisen**. Dabei handelt es sich meist um spätmagmatisch imprägnierte Granite durch zinnhaltige Lösungen; daneben finden sich Zinnwaldit, Topas, Fluorit oder Turmalin. Die Zinnsteinbildung (Cassiterit) erfolgt vereinfacht nach der Gleichung

$$SnF_4 + 2\ H_2O = SnO_2 + 4\ HF$$

Versuche, die Prozesse der Metasomatose quantitativ zu erfassen, wurden von HELGESON (1967) unternommen, indem er thermodynamische Gleichgewichts- und Ungleichgewichtsbetrachtungen anstellte. Zur Darstellung seiner Ergebnisse kamen Aktivitätsdiagramme, wie sie in der Abb. 11.11 zu sehen sind, zum Einsatz. Aktivitätsdiagramme dieses Typs führte der Geochemiker KORZHINSKI ein, nach dem sie auch Korzhinski-Diagramme heißen. In unseren hier sind in dem System $MgO - K_2O - Al_2O_3 - SiO_2 - H_2O$ die bei 300°C stabilen Mineralphasen eingetragen. Andere Diagramme können um die Komponenten CaO und Na_2O erweitert werden, um die Zusammensetzung von Meerwasser zu approximieren. Der Punkt *A* des Diagramms (a) markiert die Meerwasserzusammensetzung und kann im Rahmen dieser Ausführungen die Zusammensetzung konnater Wässer in pelitischen Sedimenten repräsentieren. Die gestrichelten Linien bezeichnen die chemischen Veränderungen, wenn Meerwasser in einem metamorphen System mit K-Feldspat reagiert. Die erste Reaktion gehorcht der Gleichung

$$\underset{\text{K-Feldspat}}{2\ KAlSi_3O_8} + 8\ H_2O + 5\ Mg^{2+} \rightarrow \underset{\text{Chlorit}}{Mg_5Al_2Si_3O_{10}(OH)_8} + 8\ H^+ + 2\ K^+ + \underset{\text{Quarz}}{3\ SiO_2}$$

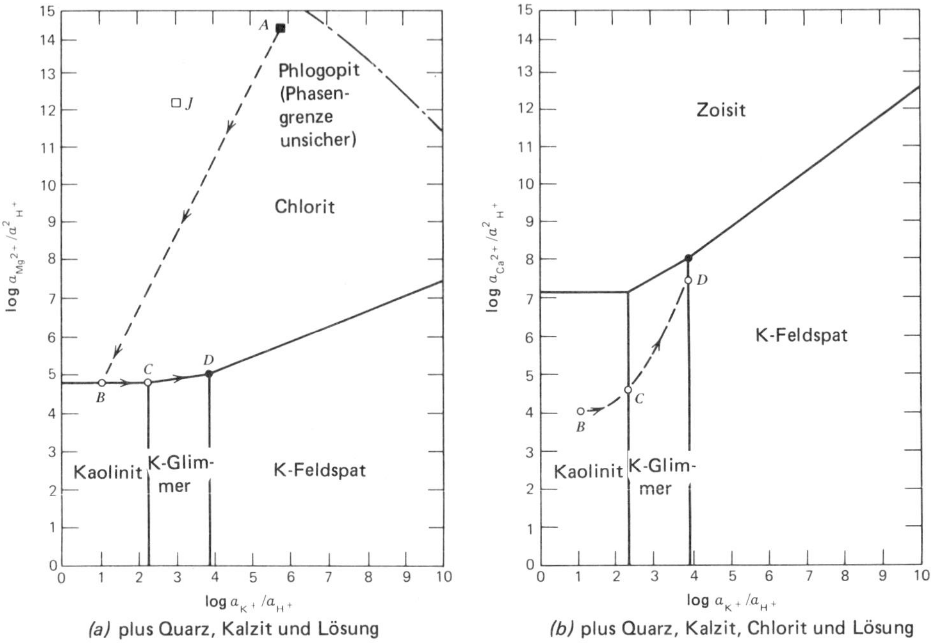

Abb. 11.11 Phasenbeziehungen im Geothermalsystem des Salton Sea-Gebiets im Aktivitätsdiagramm bei 300°C. Der ausgefüllte Kreis repräsentiert die chemische Zusammensetzung der geothermalen fluiden Phase, das ausgefüllte Quadrat repräsentiert Meerwasserzusammensetzung, und das leere Quadrat steht für Flußwasser am Unterlauf des Colorado (a nach GARRELS & THOMPSON, 1962; b nach LIVINGSTONE, 1963). Die Aktivität des Wassers wurde als Einheit bei der Erstellung dieser Diagramme genommen (HELGESON, 1967). Nähere Erläuterungen im Text.

Bei fortschreitender Reaktion fällt der pH der Lösung, bis Punkt *B* erreicht ist, wo sich Kaolinit zusammen mit Chlorit und Quarz bildet. Bei der gleichzeitigen Entstehung von Kaolinit und Chlorit bleibt das Mg^{2+}/H^+-Verhältnis konstant, während der pH steigt, als Folge des Bedarfs an Protonen zum Aufbau des Kaolinits. Beim Punkt *C* reagiert der Kaolinit mit dem K-Feldspat weiter zu Muskovit nach der Gleichung

$$\underset{\text{K-Feldspat}}{KAlSi_3O_8} + \underset{\text{Kaolinit}}{Al_2Si_2O_5(OH)_4} \rightarrow \underset{\text{Muskovit}}{KAl_3Si_3O_{10}(OH)_2} + \underset{\text{Quarz}}{2\,SiO_2} + H_2O$$

Ist aller Kaolinit aufgebraucht, setzt sich die Reaktion entlang $\overline{CD}$ nach *D* fort, wo sich zwischen Muskovit, Quarz und K-Feldspat ein Gleichgewicht einstellt. Eine Berechnung zum Transport an Nettomaterial ergibt 3,996 g $K^+/10^3$ g H_2O, das in Lösung ging und 1,244 g $Mg^{2+}/10^3$ g H_2O, das verlustig ging. Auf diese Weise wurde deutlich, wie einfache Gleichgewichtsreaktionen zwischen Mineralen und Meerwasser das K^+ für nachfolgende metasomatische Reaktionen zur Verfügung stellen. Bei der Metamorphose pelitischer Sedimentgesteine ist nicht Meerwasser selbst die Reaktionslösung, sondern das in den Gesteinen eingeschlossene konnate Wasser.

Die Natur metasomatischer Vorgänge im regionalen Maßstab war Gegenstand langer Debatten. Gesichert scheint, daß umfangreiche Stoffaustauschvorgänge in wäßriger Lösung stattfinden und daß diese Lösungen weitgehend an metamorphe Prozesse des niedrigen Temperaturbereichs, wo das Wasser eine signifikante Komponente darstellt, gebunden sind. Elementmigrationen bei hohen Temperaturen gewinnen erst an Bedeutung, wenn die Temperaturen partieller Aufschmelzung erreicht werden.

11.8 Spurenelemente in Metamorphiten

Während über Häufigkeit und Verteilung von Spurenelementen in magmatischen und – weniger umfangreich – in sedimentären Gesteinen ein beträchtliches Datenmaterial vorliegt, kann dies von den Metamorphiten nicht behauptet werden. Die Vielfalt an metamorphen Gesteinsarten und die Schwierigkeit bei der Erstellung von allgemeingültigen Regeln tragen zu diesem Dilemma bei. Darüber hinaus sind die Minerale in den Metamorphiten meist sehr inhomogen verteilt, so daß schon die Probenahme zu Ungenauigkeiten führt. Dazu kommt die Inhomogenität der Minerale selbst: So zeigen viele Granate eine ausgeprägte Zonierung, die auf dem schlechten Diffusionsvermögen des Granatmaterials beruht; nur die äußeren Lagen der Granate befinden sich im Gleichgewicht mit dem umgebenden Gestein. Das führte zu Spekulationen über das Verhalten der Spurenelemente und ihre mögliche Bedeutung für die Geologie metamorpher Serien. Beispielsweise wird das Auftreten von Turmalin in Schiefern sedimentärer Herkunft als Hinweis dafür gewertet, daß von mutmaßlich tieferliegenden Intrusionen metasomatische Einflüsse auf den Schiefer wirksam wurden; dagegen spricht, daß etliche marine Tone ansehnliche Borgehalte enthalten, die ihrerseits für die Bildung des Turmalins in solchen Schiefern ausreichen würden.

Theoretische Überlegungen erlauben einige Schlußfolgerungen zum Verhaltensmuster bestimmter Spurenelemente. So kann für die streng lithophilen Spurenelemente nach den Regeln GOLDSCHMIDTs gefolgert werden, daß sie in die Kristallgitter der häufigen, gesteinsbildenden Minerale der Metamorphite eintreten. Die große Varietät der Mineralarten und die besonderen Kristallisationsumstände in metamorphen Gesteinen im Vergleich mit den magmatischen Gesteinen lassen zweifellos kompliziertere Beziehungen entstehen. Die größere Neigung der Kristallgitter zu Unordnungsstrukturen bei höheren Temperaturen gibt Anlaß zu der Vermutung, daß bei höherem Metamorphosegrad eine größere Bereitschaft in den Mineralen besteht, Fremdionen zu akzeptieren. Bei Spurenelementen mit chalkophilem oder schwach lithophilem Charakter spielen Elektronegativität und die Konzentration an Sulfidionen eine bedeutendere Rolle als die Ionengröße, was ihre Gitterposition angeht.

Unter idealisierten Bedingungen wird die Verteilung von Spurenelementen zwischen den Mineralen der Metamorphite durch thermodynamische Parameter kontrolliert. Die Gesetzmäßigkeiten der thermodynamischen Gleichgewichtslehre erlauben die grundsätzliche Nutzung der Spurenelemente als Indikatoren für Druck und Temperatur bei metamorphen Prozessen. Die Verteilung eines Spurenelements zwischen zwei Phasen beschreibt das Nernstsche Verteilungsgesetz:

$$K = \frac{X_\alpha^A}{X_\alpha^B}$$

Der Verteilungskoeffizient K ist eine Funktion der Konzentration X des Spurenelements α in den Mineralphasen A und B. Der Verteilungskoeffizient ändert sich mit der Temperatur nach der folgenden Beziehung

$$\left(\frac{\partial \ln K}{\partial T}\right)_p = \frac{\Delta H}{RT^2} \quad \text{und} \quad \left(\frac{\partial \ln K}{\partial P}\right)_T = \frac{\Delta V}{RT}$$

Studien von KRETZ (1959) zeigten in einigen metamorphen Systemen eine sehr gute Bestätigung dieser Beziehungen, während in anderen die Anzahl der Variablen so hoch war, daß signifikante Schlußfolgerungen betreffend des p,T-Bereichs durch diese Umstände überlagert wurden. Die vielversprechendsten Verteilungsuntersuchungen in Metamorphiten scheinen die der Sauerstoffisotope zu sein; Temperaturschätzungen der verschiedenen Fazies stützen sich generell auf diese Methodik.

Eine der wenigen Forschungsprojekte über Spurenelemente in Metamorphiten, die auf der gegenseitigen Kontrolle geologischer und geochemischer Daten basiert, geht auf SHAW (1954) zurück. Als Testgebiet wählte er die Littleton-Formation in New Hampshire, da sie aus pelitischen Ausgangsgesteinen, die einer progressiven Regionalmetamorphose unterzogen waren, bestehen; ihre gegenwärtige Gesteinsfolge zeigt einen allmählichen Übergang von Tonschiefern über Gesteine ansteigenden Metamorphosegrads bis hin zu sillimanitführenden Schiefern und Gneisen. Die 63 Proben dieser Serie repräsentieren alle Metamorphosegrade. Das Ergebnis dieser ausgedehnten Untersuchung erbrachte, daß die Konzentration der meisten Elemente während der Metamorphose konstant geblieben war. Die einzigen meßbaren Veränderungen bei den Spurenelementen betrafen eine leichte Abreicherung bei Nickel und Kupfer und ein deutliches Ansteigen der Lithium- und Bleigehalte, wobei letzterer sich zu einem gewissen Grad mit metasomatischem Kalium korrelieren ließ.

Die Arbeiten von SHAW besitzen eine wegweisende Bedeutung, da sie zeigen, wie eine Gesteinseinheit von ziemlich gleichmäßiger Zusammensetzung sich trotz einer ausgedehnten und tiefgreifenden Metamorphose das ursprüngliche Bestandsmuster an Spurenelementen erhält. Folglich stellt das Verteilungsmuster der Spurenelemente eines metamorphen Gesteins einen wichtigen Anhaltspunkt für den Charakter des Ausgangsgesteins dar.

Diese Erkenntnis wurde auf das Problem der Herkunft mancher Amphibolite angewandt. Nahezu identische Amphibolite mit den hauptsächlichen Bestandteilen Hornblende und Plagioklas könnten sich sowohl durch skarnähnliche Metasomatose aus karbonatischen Sedimenten als auch aus gabbroiden und dioritischen Magmatiten durch isochemische Metamorphose entwickelt haben. Der vielversprechendste Schlüssel zum Herkunftsmaterial bei diesen Amphiboliten liegt ohne Zweifel in dem ihnen eigenen Spurenelementchemismus. Die Regionalmetamorphose gabbroider Gesteine verändert in der Regel nicht die Anfangskonzentrationen solcher Elemente wie Chrom, Kobalt, Nickel oder Kupfer. Dagegen zeigen Amphibolite, die einer Verdrängung von Marmoren entstammen, eine deutliche Abreicherung in diesen Metallen sowie erhöhte Konzentrationen an Barium und Blei.

Unter besonderen Umständen kommt es jedoch auch bei Gesteinen der Regionalmetamorphose zu Veränderungen im Verteilungsmuster der Spurenelemente. DE VORE (1955) erstellte eine große Zahl an Analysen von einzelnen Mineralarten, die er aus Gesteinen verschiedener metamorpher Fazies extrahierte, und machte geltend, daß der Ersatz von einer Mineralassoziation durch eine andere von einer Umverteilung und einer Fraktionierung der Haupt- und Spurenelemente begleitet sei. So gab er zu bedenken, daß die Umwandlung eines Hornblendits der Epidot-Amphibolit-Fazies in einen der Granulit-Fazies große Mengen an Cr, Ni, Cu und Mg freisetzen könne; bei der umgekehrten Reaktion käme es zur Freisetzung von Pb, Zn, Ti, Mn und Fe. Umgerechnet auf einen km^3 Hornblendit der Epidot-Amphibolit-Fazies würden bei dieser Umwandlung 8 Mill. Tonnen Cr_2O_3, 4 Mill. Tonnen NiO, 0,8 Mill. Tonnen CuO und bei der Umkehrreaktion 11 Mill. Tonnen MnO, 94 Mill. Tonnen TiO_2, 0,8 Mill. Tonnen ZnO und 27 000 Tonnen PbO mobilisiert werden. Man könnte meinen, daß dies eine fabelhafte Quelle lagerstättenbildender Elemente wäre, aber bisher konnte weder ein überzeugender Mechanismus für die Extraktion dieser Stoffe und deren Anreicherung zu Erzkörpern plausibel gemacht werden noch sind Beispiele aus dem Gelände beschrieben worden. Unter diesem Blickwinkel muß dieses Konzept eher in die Kategorie der Spekulation als in die der bestehenden Fakten eingereiht werden.

11.9 Die Ultrametamorphose

Bei steigenden Temperaturen kommt bei der Metamorphose der Punkt, wo jedes Gestein schließlich zu schmelzen beginnt. Dann entsteht Magma, womit die weitere geochemische Entwicklung nicht mehr zur Metamorphose gerechnet werden kann. Die Wiederaufschmelzung zu Magma ereignet sich jedoch nicht etwa bei einem definierten Druck oder einer bestimmten Temperatur, sondern über einen gewissen Bereich dieser Größen hinweg. Dieser Prozeß läuft vermutlich nicht vollständig ab, sondern kann in irgendeinem Stadium steckenbleiben. Demzufolge entstehen Mischgesteine, deren Eigenschaften sowohl magmatische Züge als auch metamorphe Züge tragen.

Der Prozeß der Wiederaufschmelzung kann gewissermaßen als Umkehrung der magmatischen Kristallisation betrachtet werden. Also können wir für die erste Schmelze bei der Wiederaufschmelzung ähnlichen Chemismus wie bei der Restschmelze der magmatischen Kristallisation fordern, mit Anreicherungen an Si, Na, K, Al und H_2O. Den Prozeß ungleichmäßiger Aufschmelzung oder **Anatexis** kann man so vorstellen, daß zunächst einmal die niedrigschmelzende Fraktion „ausgeschwitzt" wird und sich in Form von Linsen ausscheidet. Nach den Ergebnissen der experimentellen Petrologie zur Kristallisation wasserreicher Feldspatschmelzen zu urteilen, kann mit einem Beginn der Aufschmelzung bei Temperaturen zwischen 600 und 700°C gerechnet werden. Hört der Aufschmelzungsprozeß hier gleich wieder auf, kristallisiert die Teilschmelze als Quarz- und Feldspatlinsen und -adern innerhalb des Altbestandes (Paläosom), der höherschmelzend ist, aus und liegt als sog. **Venit**, einer Varietät von Migmatit, vor. Ähnliche Gesteine können durch Injektion der letzten Ausscheidungsfraktion magmatischer Kristallisation zwischen einzelnen Lagen des bereits erstarrten Gesteins entstehen (lit-par-lit-Injektion); um ihre Genese von der der Venite zu unterscheiden, nannte man diese Migmatitvarietät **Arterit**. Im Gelände ist es kaum möglich, zwischen Arterit und Venit zu unterscheiden, da beide Prozesse gleichermaßen an der Ultrametamorphose beteiligt gewesen sein können.

Unter den Bedingungen der Ultrametamorphose ist das regenerierte Magma höchstwahrscheinlich granitischer Natur, da Quarz-Feldspat-Sedimente sehr verbreitet sind und da wasserreiche Gesteine mit granitischer Zusammensetzung niedrige Schmelztemperaturen aufweisen. Einige Granite sind daher sicherlich durch Wiederaufschmelzung aus dafür geeignetem Material hervorgegangen.

Granite können aber auch ohne den Prozeß der Wiederaufschmelzung entstehen. Die Mineralgesellschaft eines Granits – Quarz, Kalifeldspat, Biotit und/oder Hornblende – ist auch typisch für die Amphibolit-Fazies; d.h. jeder Gesteinskörper mit einem Pauschalchemismus entsprechend dem von Granit ergibt bei Umkristallisierung unter den p,T-Bedingungen dieser Fazies diese charakteristische Mineralassoziation. In der Regel ist das Kristallisationsprodukt bei gerichtetem Druck ein Gneis; ist der Streß aber nur schwach oder fehlt er ganz, resultiert ein normaler Granit.

Granitisation kann also auf verschiedenen Wegen erreicht werden: entweder fraktionierte Kristallisation eines Magmas oder Kristallisation einer Schmelze, die durch Wiederaufschmelzung (Anatexis) bestehender Gesteine entstanden ist, oder Umkristallisation bestehender Gesteine ohne Anatexis. Wohl die Mehrheit der Granite wird nicht nur aus einer der drei Möglichkeiten entstanden sein. Die Entscheidung im Einzelfall für einen bestimmten Granitisationsmodus erfordert ohne Zweifel die ganze Kunst geologischer Interpretation, und trotzdem kann die Antwort oft nicht eindeutig ausfallen. Die unzähligen Diskussionen, die schon zum Thema der Granitisation geführt worden sind, legen ein lebhaftes Zeugnis ab von der Schwierigkeit, zwischen metamorphen und magmatischen Prozessen eine sinnvolle Grenze zu ziehen.

Ausgewählte Schriften

BARTH, T.F.W. (1962): *Theoretical petrology* (2. Aufl.). 416 S. John Wiley & Sons, New York

BOWEN, N.L. (1940): Progressive metamorphism of siliceous limestone and dolomite. *J. Geol.*, **48**, 225–274

BURNHAM, C.W. (1959): Contact metamorphism of magnesian limestones at Crestmore, California. *Geol. Soc. Amer. Bull.*, **70**, 879–920

DE VORE, G.W. (1955): The role of adsorption in the fractionation and distribution of elements. *J. Geol.*, **63**, 159–190

ERNST, W.G. (Hrsg.) (1975): *Metamorphism and plate tectonics regimes.* 445 S. Dowden, Hutchison & Ross Inc., Stroudsburg, Pa.

ERNST, W.G. (1976): *Petrologic phase equilibria.* 333 S. W.H. Freeman and Co., San Francisco

GARLICK, G.D., & EPSTEIN, S. (1967): Oxygen isotope ratios in coexisting minerals of regionally metamorphosed rocks. *Geochim. Cosmochim. Acta,* **31**, 181–214

HELGESON, H.C. (1967): Solution chemistry and metamorphism. In: P.H. ABELSON (Hrsg.), *Researches in geochemistry,* Vol. 2. John Wiley & Sons, New York

HOFMAN, A.W., GILETTI, B., YODER, H.S., & YUND, R.A. (1974): *Geochemical transport and kinetics.* 352 S. Carnegie Inst. of Washington, Washington, D.C.

KRETZ, R. (1959): Chemical study of garnet, biotite and hornblende from gneisses of southwestern Quebec, with emphasis on distribution of elements in coexisting minerals. *J. Geol.*, **67**, 371

MIYASHIRO, A. (1972): Metamorphism and related magmatism in plate tectonics. *Amer. J. Sci.*, **272**, 629–656

MIYASHIRO, A. (1973): *Metamorphism and metamorphic belts.* 492 S. Halsted Press, John Wiley, New York

PACKHAM, G.H., & CROOK, K.A. (1960): The principle of diagenetic facies and some of its implications. *J. Geol.*, **68**, 392–407

RAMBERG, H. (1952): *The origin of metamorphic and metasomatic rocks.* 317 S. University of Chicago Press, Chicago

SHAW, D.M. (1954): Trace elements in pelitic rocks. *Bull. Geol. Soc. Amer.*, **65**, 1151–1152
THOMPSON, J.B. (1955): The thermodynamic basis for the mineral facies concept. *Amer. J. Sci.*, **253**, 65–103
TURNER, F.J. (1981): *Metamorphic Petrology* (2. Aufl.). 524 S. McGraw-Hill, New York
VERNON, R.H. (1975): *Metamorphic Processes.* 247 S. John Wiley & Sons, New York
WINKLER, H.G.F. (1979): *Petrogenesis of metamorphic rocks* (5. Aufl.). 348 S. Springer-Verlag, New York
YODER, H.S. (1955): Role of water in metamorphism. *Geol. Soc. Amer. Spec. Paper 62,* 505–524
YODER, H.S., & EUGSTER, H.P. (1955): Synthetic and natural muscovites. *Geochim. Cosmochim. Acta,* **8**, 225–280
ZEN, E-an, & THOMPSON, A.B. (1974): Low-grade regional metamorphism. Mineral equilibrium relations. *Ann. Rev. Earth Planet. Sci.*, **2**, 179–212

12 Der geochemische Kreislauf

12.1 Die Erde als physiko-chemisches System

Um einen Begriff aus der physikalischen Chemie zu gebrauchen, ist die Erde, geochemisch gesehen, ein geschlossenes System. Diese Ansicht mag man als eine zu starke Vereinfachung kritisieren, denn wie wir gesehen haben, erreicht in Form von Meteoriten und meteoritischem Staub ständig extraterrestrische Materie die Erde, und umgekehrt verlassen die Gase Wasserstoff und Helium unsere Atmosphäre durch Diffusion in den Weltraum. Im Vergleich mit dem Gesamtsystem haben diese geringen Zuwächse und Verluste aber keinerlei Gewicht. Wenn unsere Interpretation der geologischen Dokumentation stimmt, dann spielen sich die meisten chemischen Vorgänge auf und in der Erde wahrscheinlich schon seit 4 Mrd. Jahren ab, und das mit einer bemerkenswerten Gleichförmigkeit.

Es liegt in der Natur der Sache, daß sich der Geochemiker in erster Linie mit der Erdoberfläche beschäftigt, da sie als einziger Teil der Erde einer direkten Beobachtung zugänglich ist. Bei unserer Diskussion über Entstehung und Aufbau der Erde mußten wir gewisse Annahmen machen, um zu einem logischen Konzept über die wahrscheinliche Natur des Erdinnern zu kommen. Die Daten darüber, wir erinnern uns, sind indirekt erhoben und die darauf aufbauenden Interpretationen sind hypothetischen Charakters. Dennoch, das heute allgemein anerkannte Modell eines Ni-Fe-Kerns, eines Mg-Fe-Silikat-Mantels und einer Kruste mit den Hauptelementen Sauerstoff, Silizium, Aluminium, Eisen, Calcium, Magnesium, Natrium und Kalium beruht immerhin auf einer weitgehend übereinstimmenden Interpretation mehrerer unabhängiger Quellen: die Untersuchungen an Meteoriten, die Physik und Chemie der Erde, die Seismologie usw. Wir müssen eben akzeptieren, daß dieses Modell eine Art Arbeitshypothese darstellt, die zwar nur eine Hypothese ist, aber auf relativ festen Beinen steht.

Eine der wenigen Annahmen, über die allgemeine Übereinstimmung herrscht, ist, daß die Erde in ihrem Frühstadium von ihrem jetzigen Zustand weit entfernt war. Die geochemischen Befunde untermauern die Vorstellung, daß ihre innere Struktur wahrscheinlich das Resultat der der Erde selbst innewohnenden Kräfte ist. Da die Erde ein System von beachtlicher Masse darstellt, übte sie auf ihre eigenen Bestandteile gravitative Anziehungskräfte aus. Das damit implizierte Schwerefeld bewirkte eine Verteilung der Stoffmassen insofern, als sich die schwereren Komponenten im Erdzentrum und die leichteren mehr in den äußeren Lagen der Erde ansammelten.

Die Geschwindigkeit solcher Stoffdifferenzierungen hängt natürlich von der Zähigkeit der beteiligten Stoffe ab; Gase gestatten eine raschere Differenzierung als Flüssigkeiten und diese eine raschere als Feststoffe. Die Idee einer einst quasiflüssigen Erde ist nicht ganz abwegig, da sie solch eine gravitative Stoffdifferenzierung in relativ kurzen Zeiträumen zuließe. Geophysikalische Befunde erhärten die Theorie, daß die Erde ihre lagenförmige Struktur einer Trennung des Stoffbestands in Schalen unterschiedlicher Dichte verdankt; GOLDSCHMIDT nannte diesen Prozeß die primäre geochemische Differentiation. Letztere geht auf die Schwerkrafteinwirkung auf ein Stoffsystem mit den Hauptkomponenten Eisen, Sauerstoff, Magnesium und Silizium zurück. Eisen stellte den Hauptbestandteil dar, so daß die Verteilung der Elemente auf Metallkern und Silikatmantel von dem auf Eisen bezogenen Redoxpotential dieser Elemente abhing. Elemente, die leichter oxidierbar sind als Eisen, gelangten in den Mantel, während der Rest sich mit dem Eisen legierte und den Kern aufbaute. Das Schicksal eines Elements bei der primären geochemischen Differentiation hing folglich in erster Linie von Anzahl und Anordnung seiner Orbitalelektronen ab. Jene Elemente, die Ionen der Edelgaskonfiguration bilden, gingen in die Silikatphasen; die Übergangsmetalle auf der anderen Seite reicherten sich im metallischen Kern oder in Sulfiden an.

12.2 Die Kruste – eine Einheit für sich

Die Aufteilung der Erde in Kern, Mantel und Kruste erlaubt uns, den äußeren Teil der Erde als eigenes physikochemisches System zu betrachten. Das Konzept der Plattentektonik besagt, daß die Kruste mit Teilen des oberen Mantels in Wechselbeziehung steht. Die Ergebnisse der Seismik weisen darauf hin, daß die Asthenosphäre in einer Tiefenlage zwischen 75 und 250 km plastisch bzw. in Teilen schmelzflüssig ist. Die Plastizität in dieser Region erlaubt den starren Lithosphärenplatten, sich zu bewegen. Zudem dürften die örtlich auftretenden partiellen Schmelzen mit den sie überlagernden Gesteinen in chemischer Wechselwirkung stehen, insbesondere an divergierenden und konvergierenden Plattengrenzen. An divergierenden Plattenrändern wird bekanntlich neues Krustenmaterial produziert; an konvergierenden Plattenrändern wird dagegen Krustenmaterial wieder dem Mantel zugeführt, so daß es letztendlich über Aufschmelzung und Mobilisierung durch den Subduktionsmagmatismus wieder, zumindest teilweise, neue Kruste bilden kann (Abb. 12.1). Die Migration von Material innerhalb von Kruste und Mantel kann man daher als ein unabhängiges Phänomen betrachten; teilweise spielen mechanische Kräfte, etwa gebirgsbildende

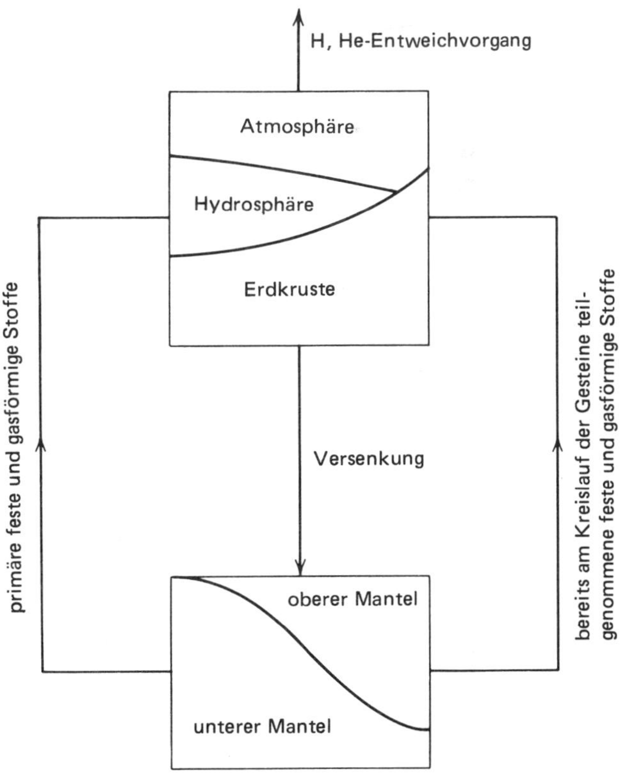

Abb. 12.1 Vereinfachtes Modell langfristig wirkender geologischer Prozesse.

Prozesse, und teilweise chemische Prozesse eine Rolle. Die mechanischen sind Forschungsgegenstand der Geologie. Die Geochemie beschäftigt sich mit der Migration der Elemente unter dem Einfluß physikalisch-chemischer Kräfte. Die Einzelheiten diskutierten wir beim Magmatismus, bei der Sedimentation und bei der Metamorphose.

Wie wir gesehen haben, hängt das Schicksal eines Elements während der magmatischen Kristallisation weitgehend von seiner Ionengröße ab. Ein bestimmtes Element wird bevorzugt in solchen Mineralen zu finden sein, in deren Kristallgitter es am leichtesten eindringen und bestimmte Gitterplätze besetzen kann und deren freien Enthalpie dabei am kleinsten wird. Die Verteilung der Elemente aufgrund ihrer Ionengröße wurde von GOLDSCHMIDT als die geochemische Differentiation zweiten Grades bezeichnet. Darüber hinaus werden durch den Magmatismus beträchtliche Mengen an bestimmten Elementen in Atmosphäre und Hydrosphäre entlassen.

Die Prozesse der Sedimentation schließlich führen zu einem noch höheren Grad an geochemischer Differentiation. Unter den Druck- und Temperaturverhältnissen an der Erdoberfläche, besonders unter Mitwirkung der Hydrosphäre, herrscht ein chemisches Environment, das eine ausgedehnte geochemische Differentiation ermöglicht. Bei den vergleichsweise niedrigen Temperaturen der Sedimentation spielt die ionare Substitution zwar nicht mehr eine überragende Rolle, gleichwohl besitzt sie ein beachtliches Gewicht. Die Mitfällung unter bestimmten physikochemischen Milieubedingungen stellt einen wichtigen Mechanismus dar, bei dem bestimmte Elemente sich in spezifischen Sedimentarten zusammenfinden. Die kontrollierenden Faktoren sind diejenigen, die auch die Eigenschaften von Ionen in wäßrigen Lösungen entscheidend beeinflussen; das Ionenpotential ist hier von erstrangiger Bedeutung. Die geochemische Differentiation bei sedimentären Vorgängen hängt daher in besonderer Weise vom Wechselspiel zwischen Ionenradius und Ionenladung ab.

Zu den sedimentären Prozessen gehört darüber hinaus das Wechselspiel zwischen der Hydrosphäre bzw. Atmosphäre und der Lithosphäre. Wasser steuert zusammen mit dem Kohlendioxid die Verwitterung der Gesteine und Minerale, und sie puffern zugleich den pH in der Hydrosphäre. Die Abb. 12.2 zeigt schematisch den exogenen Kreislauf – das Zusammenspiel von Hydrosphäre, Atmosphäre und Sedimenten. Wasser und Kohlendioxid finden Eingang in die sedimentären Minerale, wasserlösliche Ionen, hier besonders das Na^+, werden der Hydrosphäre zugeführt, und SiO_2 wird freigesetzt.

Die Prozesse, an denen Organismen beteiligt sind, sind innig mit der Sedimentation verbunden; man kann sie aber auch getrennt davon betrachten, ja sie sind sogar mehr in Zusammenhang mit der Hydrosphäre und der Atmosphäre zu sehen. Wir haben sehr wohl gesehen, wie die Photosynthese wahrscheinlich das wichtigste Moment darstellt, was die jetzige Zusammensetzung der Atmosphäre angeht; oder wie das in den Ozeanen gelöste Material im wesentlichen eine Funktion des darin existierenden Lebens ist. Durch die Biosphäre findet also zusätzlich eine weitere geochemische Stoffdifferenzierung in Form der Stoffwechsel- und Lebensvorgänge der Organismen statt.

Alle hier noch einmal kurz angeschnittenen Prozesse haben im ganzen gesehen zu einem zunehmenden Grad an geochemischer Differentiation beigetragen. Die Tendenz dieser Vorgänge wird durch die Metamorphose der Gesteine wieder rückgängig gemacht. Allgemein formuliert, wirkt die Metamorphose eher in Richtung auf eine gleichmäßige Verteilung der Elemente. Man kann sich leicht ausmalen,

Abb. 12.2 Exogener oder oberflächennaher geochemischer Kreislauf.

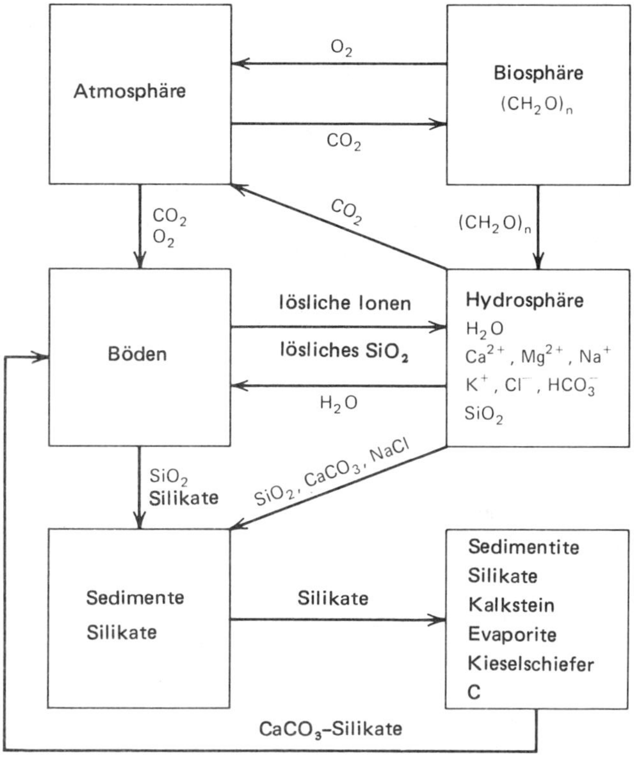

daß bei unbegrenzter Metamorphose die Krustenzusammensetzung einem durchwegs gleichförmigen Chemismus zustreben würde. Diese Sicht ist gewiß stark überzeichnet; betrachtet man aber die chemisch und mineralogisch sehr eintönigen Serien präkambrischer Metamorphoseprovinzen, so gewinnt man doch den Eindruck, daß zumindest eine Tendenz in diese Richtung spürbar ist. Vergleichen wir sie mit den geochemisch doch sehr vielfältigen Gesteinen des Phanerozoikums, so erscheinen uns die Gneise, Migmatite und Granite des Archäikums als doch sehr eintönig, was vermutlich auf die hier langandauernden metamorphen und metasomatischen Reaktionen zurückzuführen ist.

Zu Beginn der Erdfrühzeit wurden die relativen Häufigkeiten der Elemente wohl hauptsächlich durch die Stabilität ihrer Isotope bestimmt, d.h. durch die Zahl der Neutronen und Protonen in ihrem Kern und durch die Bindungsenergie. Die Prozesse, die bei der Entstehung der Erde wirksam waren, führten zu einer ersten Differenzierung der Elemente, wobei deren Flüchtigkeit oder Fähigkeit, flüchtige Verbindungen zu bilden, von ausschlaggebender Bedeutung war. Nicht umsonst ist die Erde an solchen Elementen und Verbindungen besonders verarmt, die im Weltraum vergleichsweise häufig sind.

Die Aufteilung des irdischen Materials in einen Nickel-Eisen-Kern, einen silikatischen Mantel und eine silikatische Kruste ging einher mit einer strikten Fraktionierung der Elemente, nach ihrer Affinität entweder zu Eisen oder zu Silikaten. Diese Fraktionierung wurde durch die Elektronenkonfiguration der Elemente bestimmt. Der nächste Schritt in der Weiterentwicklung der Erde war die Verfestigung von

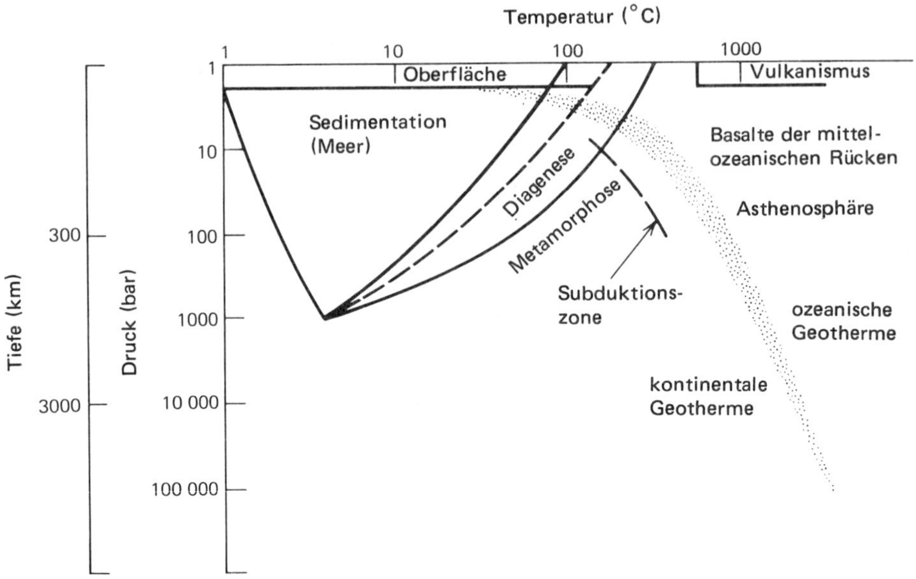

Abb. 12.3 Tiefenzonen bedeutender geochemischer Reaktionen.

Mantel und Kruste und damit eine weitere Fraktionierung, diesmal bestimmt durch ein Flüssigkeit ⇌ Kristall-Gleichgewicht. Der wichtigste Kontrollfaktor war hier die Ionengröße. Nach dem Einsetzen exogener Prozesse, vor allem der Verwitterung und Abtragung, gewann – wir hatten es schon erwähnt – das Ionenpotential der Elemente zunehmende Bedeutung bei der Verteilung im wäßrigen Milieu. Die absolute Häufigkeit jedoch ist von der Kernstruktur abhängig; die Häufigkeit eines Elements in einem bestimmten Teil des Kosmos oder auf der Erde ist durch untergeordnete atomare Charaktere bedingt, etwa Anzahl und Anordnung der Orbitalelektronen oder Atom- und Ionengröße. Abb. 12.3 gibt eine Zusammenschau der verschiedenen physikalisch-chemischen Rahmenbedingungen, in denen die wichtigsten geochemischen Reaktionen ablaufen.

12.3 Der geochemische Kreislauf

Die Gesamtheit der Wanderwege der Elemente in den äußeren Teilen der Erde wird uns durch das Konzept des geochemischen Kreislaufs oder, vereinfachend ausgedrückt, durch den **Kreislauf der Gesteine** vor Augen geführt (Abb. 12.4). In der Lithosphäre beginnt der geochemische Kreislauf mit der Kristallisation eines Magmas, setzt sich fort mit der Verwitterung magmatischer Gesteine, leitet über in eine Verfrachtung der bei der Verwitterung erzeugten Materialien, die durch die Ablagerung auf möglichst tiefem Niveau vorläufig endet. Hier setzt nun bei Absenkung des Sedimentationstroges die Lithifikation und Diagenese der Sedimente ein, die schließlich in eine progressive Metamorphose der Gesteine einmündet und durch Anatexis und Palingenese wieder neues Magma generiert. Wie bei jedem Modell dieser Dimension verläuft der geochemische Kreislauf in der Natur

Abb. 12.4 Der geochemische Kreislauf.

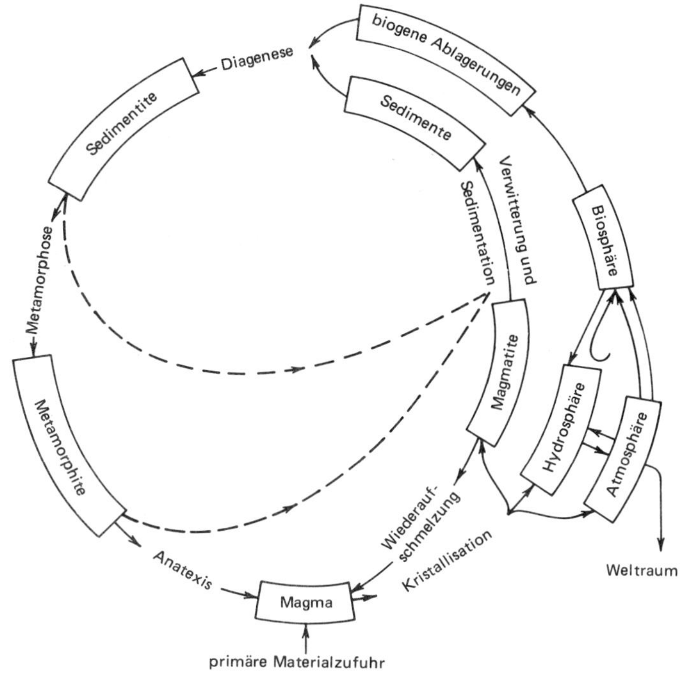

viel komplizierter; wohl in den meisten Fällen kommt er entweder zum Erliegen, oder er kürzt bestimmte Phasen ab, oder die Richtung ändert sich gar. Der geochemische Kreislauf ist kein geschlossenes System, weder in substantieller noch in energetischer Hinsicht. So erhält er oft primäre Magmenzufuhr aus dem Mantel, wodurch zusätzliche Energie in Form von Wärme bereitgestellt wird. Die Erdoberfläche erhält ständig eine zwar unbedeutende Menge an meteoritischem Material, das aber gleichwohl in den Tiefseesedimenten wegen der hier herrschenden minimalen Sedimentationsraten festgestellt werden kann. Die Erdoberfläche erhält ferner Energie aus dem All in Form der Sonneneinstrahlung, die aber nahezu quantitativ in den Weltraum zurückgestrahlt wird.

Langfristig angelegte Veränderungen sowohl im Chemismus als in der Masse einer der Komponenten des geochemischen Kreislaufs sind sekundärer Natur; sie schlugen sich im Lauf der Erdgeschichte als Veränderungen in der chemischen, quantitativen oder isotopischen Zusammensetzung der Kontinente nieder. Eines der Hauptanliegen der Geochemie ist die Klärung der Frage, ob die Kontinente in ihrer Entwicklung an Masse zunahmen und wie das vonstatten ging. Eine Erklärung bietet sich an durch die bei der Subduktion ozeanischer Kruste erzeugten Andesitgesteine, die als Folge der Aufschmelzungsprozesse dem Kontinentalrand angegliedert werden. In auffälliger Weise kommt der Chemismus dieser Andesitmassen dem Pauschalchemismus der gesamten Kruste sehr nahe.

Bei der Betrachtung des geochemischen Kreislaufs einzelner Elemente oder Elementgruppen kommen drei Hauptzyklustypen in Frage. In einem idealisierten Zyklus ändern sich weder die Masse noch die Zusammensetzung einer Komponente während des ganzen Zeitraums der Erdgeschichte. Der Kreislauf befindet sich in einem quasi-stationären Gleichgewicht, in dem sich die Zufuhr- und Abfuhrraten im großen und ganzen gegenseitig aufheben. Falls Fremdmaterial abweichender chemischer Zusammensetzung dem Kreislauf zugeführt oder entnommen wird, ist es durchaus möglich, daß der Kreislauf nicht wieder zu seinem Ausgangspunkt zurückfindet. Beispiele solcher irreversibler Ereignisse sind die Zufuhr von Mantelmaterial in die Kruste oder die Addition von Sauerstoff in die Atmosphäre. Daneben kann es sein, daß die Zu- bzw. Abfuhr von Material keine Änderungen im Chemismus bewirkt, wohl aber eine massebezogene Änderung des Kreislaufs. Variationen der Biomasse im Lauf der Erdgeschichte sind in diesem Zusammenhang wohl zu nennen. Ereignen sich chemische Änderungen innerhalb des geochemischen Kreislaufs, so spricht man von einer säkulären chemischen Komponente des Kreislaufs; finden lediglich Masseänderungen statt, so spricht man von einer säkulären nichtchemischen Komponente des Kreislaufs.

Der geochemische Kreislauf stellt uns ein sehr nützliches Konzept zur Handhabung vieler Aspekte in der Geochemie zur Verfügung, insbesondere was den Kursverlauf eines ganz bestimmten Elements beim Durchwandern der einzelnen Teilkreisläufe oder Teilabschnitte des Gesamtkreislaufs betrifft. Das umfassende Verständnis des geochemischen Kreislaufs auf der Basis der einzelnen Elementbewegungen ist eines der wichtigsten Forschungsziele der Geochemie. Etwa ob ein Element dazu neigt, sich in einem bestimmten Stadium des Zyklus in einem bestimmten Gesteinstyp anzureichern oder ob es innerhalb des Zyklus stets dispers verteilt bleibt. Der geochemische Kreislauf einzelner Elemente konnte in manchen Fällen schon sehr detailliert nachgezeichnet werden, aber vom großen Rest ist unsere Kenntnis nach wie vor recht bruchstückhaft.

Zur Erstellung eines geochemischen Kreislaufs für ein einzelnes Element ist es nicht nur wichtig, über die Konzentrationen dieses Elements in den einzelnen Komponenten Bescheid zu wissen, sondern zusätzlich die Wanderungsgeschwindigkeit, die Umwandlungsgeschwindigkeit oder die Verweilzeit des Elements kritisch zu diskutieren.

Einfluß des Menschen

Der sog. zivilisierte Mensch verursacht durch seine Lebensweise, insbesondere seit der industriellen Revolution, mehr oder minder große Störungen im natürlichen Stoffkreislauf der Elemente. Einige der Veränderungen betreffen die vergleichsweise simple An- oder Abreicherung schon bestehender Elementkonzentrationen, andere wiederum betreffen die Zufuhr völlig neuartiger, künstlich durch die industrielle Produktion geschaffener Verbindungen, insbesondere organischer Natur. Abnorme Materialansammlungen, die vom geochemischen Kreislauf nicht ohne weiteres „verdaut" werden können oder die zu nachhaltigen Störungen in der Biosphäre führen, nennen wir im weiteren Sinne **Schadstoffe**. Eindeutig als solche identifiziert sind etwa organische Quecksilberverbindungen, wie sie in Fungiziden verwendet werden und die Gewässer gefährden, oder Blei aus den Verbrennungsmotoren, Schwefeldioxid aus den Wärmekraftwerken, verschiedene toxische Metalle aus Metallhütten, oder Insektizide und bestimmte Düngestoffe, die in der Landwirtschaft zum Einsatz kommen und dergleichen viele andere. Das Fließdiagramm der Abb. 12.5 illustriert den komplexen Material- und Energiefluß innerhalb eines typischen städtisch-industriellen Environments. Etwa gleich in der Schwere der Auswirkungen sind die Schadstoffverursacher Landwirtschaft und Bergbau zu bewerten, wenn auch mit anderen Schwerpunkten.

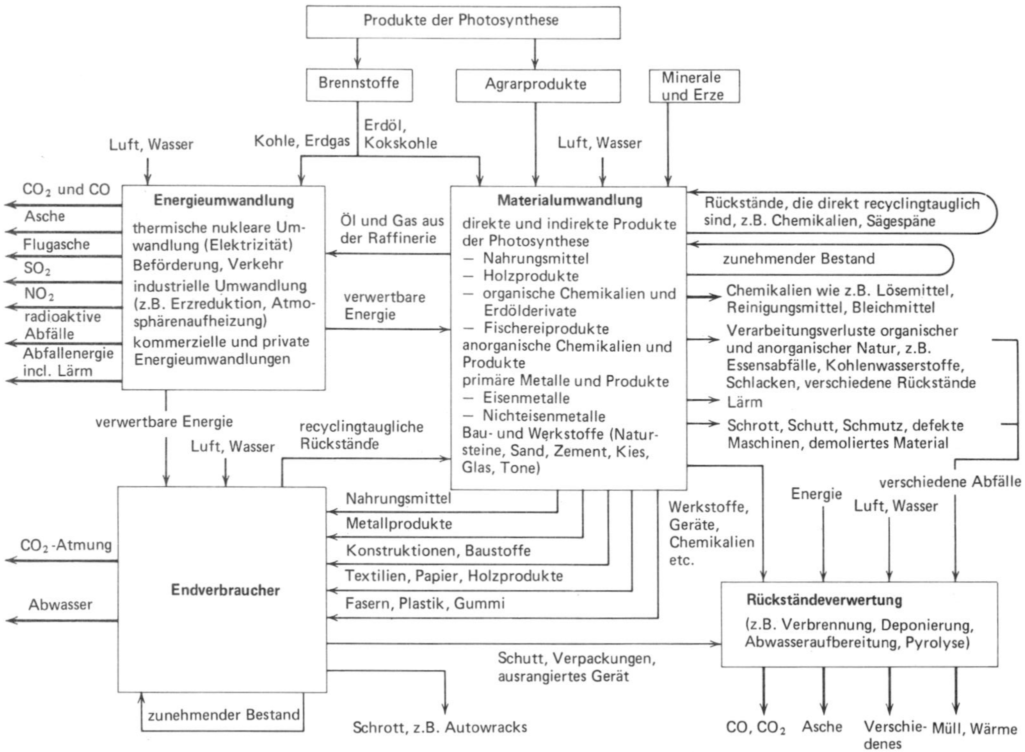

Abb. 12.5 Faktoren, die den Materialfluß steuern (Quelle: R.U. AYRES & A.V. KNEESE, „Pollution and Environmental Quality", *Quality of the Urban Environment,* Harvey S. PERLOFF (Hrsg.), Resources for the Future, Inc., Washington, D.C., S. 37).

Neben der direkten Einbringung toxischer Stoffe wie Hg, Pb, Cd oder Chlorkohlenwasserstoffe in das System Wasser erfolgt eine schleichende Vergiftung oder Kontamination der Systeme Atmosphäre, Hydrosphäre und Pedosphäre. Einige dieser Prozesse, man denke an den steigenden Kohlendioxidgehalt der Atmosphäre, haben wir schon weiter oben diskutiert.

Fünf Arten von primären Schadstoffen sind verantwortlich für über 90% der Luftverschmutzung. Die Hauptquellen dieser Kontaminanten – Kohlenmonoxid, Stickoxide, Kohlenwasserstoffe, Schwefeloxide und Aerosole – sind in der Tabelle 12.1 aufgelistet. In bezug auf ihre Schadwirkungen übertreffen beispielsweise die Aerosole die des Kohlenmonoxids um ca. 100%. Die relativen Toxizitäten steigen in der Reihenfolge CO, Kohlenwasserstoffe, Schwefeloxide, Stickoxide, Aerosole an. Kontaminanten der Hydrosphäre geochemischen Ausmaßes umfassen sauerstoffzehrende Stoffe, Pflanzennährstoffe im Übermaß, verschiedene organische Verbindungen, verschiedene anorganische Substanzen inklusive radioaktiver Stoffe, Sedimente und Wärmeenergie.

Tabelle 12.1 Primäre Schadstoffquellen und Schadstoffmengen (Mill. t/Jahr), 1968 angenähert an U.S. Dept. of Health, Education, and Welfare, *Nationwide Inventory of Air Pollutant Emissions – 1968,* S. 3)

Schadstoffquelle	CO	NO_x	HC	SO_x	Partikel, Aerosole	Summe der Schadstoffe jeder Quelle
Verkehr	63,8	8,1	16,6	0,8	1,2	90,5
Stationäre Verbrennung	1,9	10,0	0,7	24,4	8,9	45,9
Produktionsprozesse	9,7	0,2	4,6	7,3	7,5	29,3
Mülldepots	7,8	0,6	1,6	0,1	1,1	11,2
Verschiedenes	16,9	1,7	8,5	0,6	9,6	37,3
Gesamt	100,1	20,6	32,0	33,2	28,3	214,2

So verursachen sauerstoffzehrende Stoffe, z.B. simpler Hausmüll, Veränderungen des Redoxpotentials natürlicher Wässer, was oft mit dem Auftauchen anaerob lebender Organismen anstelle von aerob lebenden verbunden ist. Dieser Veränderung in der Mikroorganismenpopulation folgt eine Produktion von H_2S anstelle von Sulfatschwefel auf den Fuß. Die Einleitung exzessiver Mengen an Pflanzennährstoffen steigert die Nährstoffversorgung eines Steh- oder Fließgewässers immens und kann so den gleichen Effekt hervorrufen. Die Eutrophierung etwa eines Sees geht einher mit dem explosionsartigen Anwachsen bestimmter aquatischer Pflanzen bis zu jenem Punkt, an dem der See mit Pflanzen überfüllt ist und die Vegetation daraufhin abstirbt, was dazu führt, daß bei ihrer Verwesung mehr Sauerstoff verbraucht wird als nachgeliefert werden kann.

Eine inzwischen sehr verbreitete Methode zur Feststellung sauerstoffzehrender Stoffe in Wässern ist die Messung des **biologischen Sauerstoffbedarfs** oder abgekürzt BSB. Der meist innerhalb von 5 Tagen ermittelte BSB_5 gibt Anhaltspunkte über den Bedarf der Mikroorganismen an gelösten Sauerstoff zum Abbau von im Wasser sich befindenden organischen Substanzen. Ein BSB_5 von 1 ppm kann für natürliche, unbeeinflußte Wässer als normal angesehen werden. Örtliche Einleiter organischer Abfallprodukte, vor allem die Nahrungsmittelbranche, können den BSB_5 auf über 1% steigern.

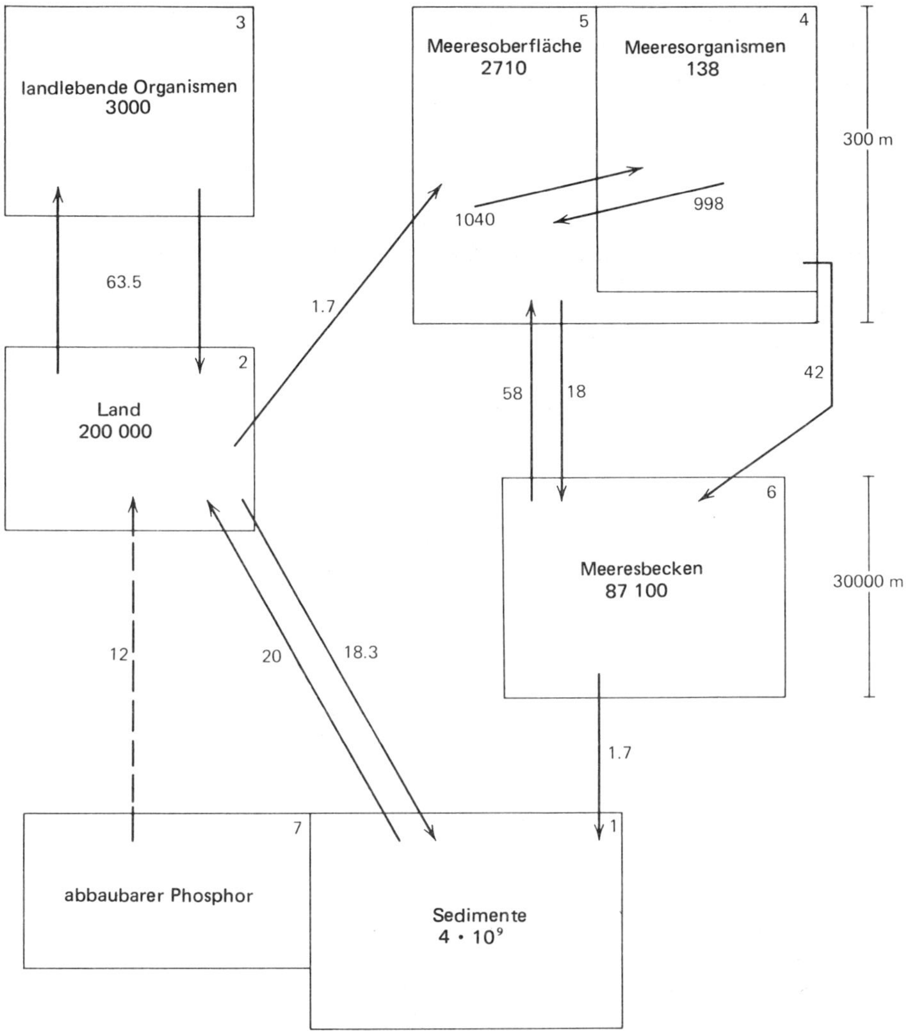

Abb. 12.6 Kreislauf des Phosphors (Übertritts- und Vorratsmengen in Mill. t,P-Einheiten von 10^{12} g).

Anorganische Wasserverschmutzungsstoffe sind auch die verschiedenen Salze und Säuren, wie sie bei den vielfältigen Produktionsmethoden ständig anfallen. Von besonderer Schadenswirkung sind Auslaugungen der zahllosen Abraumhalden in der Umgebung von Bergbaubetrieben. In diesem Zusammenhang sind zu nennen die Kohlehalden, verschiedene Sulfiderzabraumhalden, Fahlerzhalden etc. Hierbei entstehen Schwefelsäure sowie verschiedene lösliche Verbindungen toxischer Metalle. Diese Substanzen werden durch die Oxidation der Sulfide, vermutlich unter der Mitwirkung von Schwefelbakterien, freigesetzt.

Interessante Modelle elementbezogener geochemischer Kreisläufe sind von GARRELS und Mitarbeitern aufgestellt worden. Ihr Modell vom Zyklus des Phosphors zeigt die Wirkungen der realen und theoretischen Veränderungen auf. Phosphor ist von speziellem Interesse wegen seiner Verwendung als Pflanzendünger und der damit stets verbundenen Beeinträchtigungen der Hydrosphäre durch Eutropierung. Die quantitative Zufuhr des Phosphors in den geochemischen Kreislauf kann anhand der Produktionsraten von Düngephosphaten annähernd abgeschätzt werden; da P in diesem Zusammenhang nur nicht-flüchtige Verbindungen eingeht, kann der Phosphorkreislauf besser im Modell dargestellt werden als die Kreisläufe etwa von Stickstoff oder Kohlenstoff. Abb. 12.6 illustriert ein 1975 entworfenes Modell über die Reserven und Materialflußmengen an Phosphor.

Die Datenerhebung zu den einzelnen Stationen des Zyklus ist sehr kompliziert, und die Daten variieren dementsprechend zwischen verschiedenen Untersuchungen; wichtig zur Werteinschätzung des Modells ist, daß die Materialflußraten im Modell eine ausgeglichene Bilanz aufweisen. Die Zufuhr an bergmännisch gewonnenem Phosphor in den Kreislauf ist hier nicht berücksichtigt. Um etwa auftretende Störungen innerhalb des Kreislaufs erfassen zu können, muß man wissen, daß der Materialfluß oder die Reaktionsgeschwindigkeit direkt proportional zur Dimension des Phosphorreservoirs ist, falls die Reaktion zum Typ einer kinetischen Reaktion erster Ordnung gehört. Danach beträgt die Materialflußrate von der Meeresoberfläche zu den Meeresorganismen $0{,}384 \cdot 10^{12}$ g/a, während der rückwärtige Materialfluß $7{,}232 \cdot 10^{12}$ g/a beträgt. Falls beispielsweise die Photosyntheserate wegen einer angenommenen reduzierten Sonneneinstrahlung um 10% zurückginge, könnten die sich neu einstellenden Materialfluß- und Reservoirmengen auf eben diese Weise berechnet werden. Die neue Menge an Phosphor in den oberflächennahen Meeresschichten betrüge ca. $2890 \cdot 10^{12}$ g und die der Meeresorganismen ca. $134 \cdot 10^{12}$ g. Das gewaltige Phosphorreservoir der tiefen Ozeanbecken, verbunden mit dem Aufsteigen von P-haltigen Tiefenwässern, würde wie ein großer Puffer gegenüber einem schnellen Wechsel der Materialflußraten wirken. In Systemen mit viel kleineren P-Reservoiren, beispielsweise Süßwasserseen, können solche oder ähnliche Veränderungen natürlicher oder künstlicher Art jedoch weitaus größere Abweichungen im Stoffhaushalt mit sich bringen.

Änderungen im Energiehaushalt

Bisher haben wir den geochemischen Kreislauf hinsichtlich der Stoffwanderungen und Stoffumwandlungen während der verschiedenen Prozesse beschrieben. Vermutlich von der gleichen Bedeutung, wenngleich nicht so gut untersucht und verstanden, sind die Änderungen im Energiehaushalt. Geochemische Prozesse finden eigentlich nur statt, wenn Energie von einem höheren Energieniveau zu einem niedrigeren fließen kann, da geochemische Reaktionen fast immer bestrebt sind, Zustände von möglichst hoher Entropie einzunehmen.

Die Erde kann bezüglich des Energiehaushalts nicht als ein geschlossenes System angesehen werden, da sie ja einen konstanten Energiezufluß von der Sonne erhält. Blicken wir über den Einflußbereich von Erde und Sonnensystem noch hinaus, so erscheint uns das Universum als ein System, in dem höchstwahrscheinlich Prozesse ablaufen, die unter ständiger Abnahme an freier Enthalpie zu einem ständigen Zuwachs an Entropie führen, so wie es der 2. Hauptsatz der Thermodynamik voraussagt.

Hinsichtlich des geochemischen Kreislaufs können wir uns aber ohne weiteres auf die Energieverhältnisse innerhalb des Sonnensystems berufen, da die auf die

Erde einwirkenden Kräfte und die auf sie einfließende Energie in allererster Linie der Sonne zuzuschreiben sind. Aber selbst innerhalb dieses beschränkten Systems marschiert der Energiezustand in Richtung abnehmender freier Enthalpie und zunehmender Entropie. Einige wenige Ausnahmen, man denke an die Anhäufung freier Enthalpie in den Lagerstätten von Kohle und Kohlenwasserstoffen, bedeuten zwar eine Abnahme der Entropie im Energiehaushalt der Sonne, sind aber nur Randerscheinungen im generellen Trend in Richtung zunehmender Entropieverhältnisse.

Die Hauptenergiequellen des geochemischen Kreislaufs beschränken sich auf die folgenden Punkte:

- Sonnenenergie,
- mechanische Energie, sowohl potentieller als auch kinetischer Natur,
- Reaktionsenergie,
- Kernenergie,
- Wärmeenergie des Erdinnern.

Die Umwandlungen dieser Energien in andere Formen bestimmen im Prinzip alle möglichen geochemischen Reaktionen und Prozesse.

Die Sonnenenergie ist, wie wir wissen, das Ergebnis von Kernreaktionen in ihrem Innern, wobei die Sonne in ihrem momentanen Sternentwicklungsstadium hauptsächlich Wasserstoffkerne in Heliumkerne umwandelt. Die Sonne strahlt in jede Richtung des Raums gleichviel Energie ab; nur ein sehr kleiner Betrag davon erreicht die Erde, nämlich rund $5 \cdot 10^{-8}$, also 1/20 000 000. Ungefähr die Hälfte davon wird wieder in den Raum hinaus reflektiert. Der mittlere Wert der Sonnenstrahlung auf einen m^2 Erdoberfläche beträgt auf Meereshöhe etwa 0,7 kW/m^2, außerhalb der Erde, von Satelliten ermittelt, beläuft er sich auf ca. 1,3 kW/m^2; dieser Energiebeitrag heißt **Solarkonstante**. Der auf den ganzen Erdquerschnitt fallende Energiebetrag erreicht immerhin ca. $1{,}7 \cdot 10^{14}$ kW. Schätzungsweise werden davon rund 0,1% von den photosynthetisierenden Organismen aufgebraucht, ca. 15% absorbiert die Erdoberfläche selbst, und der Rest dient zum Verdunsten des Wassers in der Hydrosphäre. Auf diese Weise wird klar, wie wichtig die Sonnenenergie für den geochemischen Energiehaushalt ist.

Bei der Wasserverdunstung wandelt sich die Sonnenenergie um in mechanische Energie. Der Wasserdampf in der Atmosphäre enthält eine gewaltige potentielle Energie, die über den Regen und das ablaufende Niederschlagswasser weiter in kinetische Energieformen umgewandelt wird; sie sind die weitreichenden Ursachen für Erosion und Sedimentation. Ein Gramm eines Quarzkorns vom Gipfel eines Viertausenders der Westalpen verliert auf seinem Weg in die Rhônemündung eine potentielle Energie von 4000 gm; seine ursprüngliche potentielle Energie in der Gipfellage wird bei der Verfrachtung in kinetische Energie und daneben in etwas Wärmeenergie umgewandelt. Die Einebnung einer großen Gebirgskette im Lauf von Jahrmillionen zu einer Rumpffläche geht weitgehend auf das Konto des fließenden Wassers, das die bei der Gebirgsbildung investierte Wärmeenergie in kinetische Energie umwandelt. Geologisch gesprochen, bräuchte es nur relativ kurze Zeiträume, in denen die Erosion die gesamte Landoberfläche in eine monotone Fastebene umwandeln würde, gäbe es nicht endogene Kräfte und Energien, die dieser Entwicklung durch die gebirgsbildenden Prozesse entgegenarbeiteten. Solche Prozesse erfordern natürlich einen gewaltigen Aufwand an Energie. Die mittlere Höhe der Kontinente über NN liegt bei ca. 800 m; um dieses Niveau gegenüber der Erosion zu verteidigen, werden Energiebeträge zwischen 10^{17} und 10^{18} J/a aufgewendet.

Eine weitere Quelle für mechanische Energie ist die kinetische Energie der Erddrehung. Ein kleiner Teil dieser Energie erscheint in Form von Wind und Gezeiten. Sicher, in erster Linie entstehen die Gezeiten durch die Anziehungskräfte von Mond und Sonne, aber die Energie, die dabei freigesetzt wird, ist umgewandelte kinetische Energie der Erdrotation. Die Wirkung der Gezeitenkräfte ihrerseits besteht langfristig in einer Verkürzung der Erdrotationsdauer – in tausend Jahren rund 1 Sekunde. Die kinetische Rotationsenergie hat weitreichende Auswirkungen auf das geologische Inventar, da sie die Gestalt des Geoids vor allen Kräften, die sie deformieren würden, bewahrt.

Reaktionsenergien sind an allen Zustandsänderungen physikalischer und chemischer Art beteiligt und sind daher ein unverzichtbares Merkmal des geochemischen Kreislaufs. Nach dem Prinzip von LE CHÂTELIER sind alle Reaktionen, die bei fallenden Temperaturen ablaufen, exotherm. Dagegen sind solche, die bei steigenden Temperaturen erfolgen, man denke an die progressive Metamorphose, endothermer Natur. Reaktionen, die mit Zustandsänderungen in Zusammenhang stehen, beispielsweise das Schmelzen fester Stoffe oder polymorphe Umwandlungen bei Mineralen, werden von bedeutsamen Energieänderungen begleitet; sie dürften gerade in der Energiebilanz zwischen Mantel- und Krustenmaterial eine wichtige Rolle spielen.

Nicht nur für den Energiehaushalt der Sonne sind die dort ablaufenden Kernreaktionen von Bedeutung. Auch innerhalb der Erde haben die spontan erfolgenden Kernzerfälle radioaktiver Atome seit der Existenz der Erde eine außerordentlich wichtige Aufgabe zu erfüllen. Radioaktiver Zerfall verwandelt Masse in Energie, und fast all diese Energie erscheint unmittelbar in der Nachbarschaft der radioaktiven Quelle als radiogene Wärme. Die für diese Energieerzeugung wichtigen Isotope sind ^{238}U, ^{235}U, ^{232}Th und ^{40}K; die Tabelle 12.2 zeigt einige typische Werte radioaktiver Elemente in ausgewählten Gesteinen und gibt die dazugehörigen Raten der Wärmeproduktion an. Diese Zahlen beruhen auf einer großen Anzahl von Analysen; gleichwohl zeigen die einzelnen Messungen untereinander eine beträchtliche Variation. Schuld daran sind Probleme bei der Probenahme, die geringe Konzentration von U und Th in den Mineralen (einige ppm) sowie die ungleichmäßige Verteilung dieser Minerale im Gestein. Wie auch immer, deutlich erkennbar ist die Tatsache, daß die radioaktiven Elemente in den Si-reichen Gesteinen der kontinentalen Kruste merklich angereichert sind.

Tabelle 12.2 Radioaktive Wärmeproduktion typischer Gesteine

	Konzentration			Wärmeproduktion	
	U (ppm)	Th (ppm)	K (%)	J/(g) (10^6 a)	($t = -4{,}5 \cdot 10^9$ a)
Granite	4	16	3,5	33,5	138,3
Intermediäre Gesteine	1,7	7	2	14,7	58,7
Basalte	0,5	2	0,9	4,2	20,1
Peridotite/Dunite	0,01	0,04	0,001	0,04	0,17

Diese Werte basieren auf den Gehalten an U, Th und K in den Gesteinen der rezenten Kruste. Diese Gehalte sind, wie wir wissen, kleiner als in vergangener Zeit; für Berechnungen, die das Gesamtalter der Erde berücksichtigen, muß deshalb der radioaktive Zerfall mit einkalkuliert werden. Die Rate der Wärmeproduktion vor t Jahren betrug das $e^{\lambda t}$-fache der heutigen Rate bei einer gegebenen Menge eines

Isotops mit der Zerfallskonstanten λ. Das Verhältnis der während einer Zeit t produzierten Gesamtwärme bei Berücksichtigung des Zerfalls zu derjenigen Wärmemenge, die produziert worden wäre, wenn in derselben Zeit die heutige Menge konstant gewesen wäre, beträgt $(e^{\lambda t} - 1)\lambda t$.

Die Tabelle 12.2 enthält die für die angegebene Gesteinsart berechnete gesamte Wärmeproduktion vor 4,5 Mrd. Jahren. Diese Zahlen zeigen ganz offensichtlich, daß in der Frühgeschichte der Erde eine spürbar höhere radiogene Wärmeproduktion als heute stattgefunden haben muß. Ein Großteil dieser Wärmemenge ging aller Wahrscheinlichkeit nach auf das Konto des ^{40}K.

Der Wärmeinhalt der Erde offenbart sich in den thermischen Schwingungen der sie zusammensetzenden Atome. Seine Energiemenge ist von gewaltigem Ausmaß, übt aber auf den geochemischen Kreislauf in der Nähe der Erdoberfläche keinen großen Einfluß aus. Die thermische Energie gelangt sowohl durch magmatische Prozesse als auch durch den normalen Wärmefluß der Gesteine nach oben; ein Gutteil wird in der Kruste selbst durch die Radioaktivität erzeugt. Die kontinentale Kruste ist im Schnitt 35 km mächtig. Sie nimmt bei einer 35 km hohen Granitsäule mit 1 cm^2 Querschnitt ein Volumen von $3{,}5 \cdot 10^4$ cm^3 ein und besitzt eine Masse von $9{,}4 \cdot 10^6$ g. Die erzeugte Wärmemenge in dieser Säule (siehe Tabelle 12.2) beliefe sich auf 314 J/cm^2 a oder auf ungefähr $8{,}4 \cdot 10^{-6}$ J/cm^2 s. Der mittlere Wärmefluß liegt etwa bei $15{,}9 \cdot 10^{-6}$ J/cm^2 s oder umgerechnet bei ca. $1{,}26 \cdot 10^{21}$ J/cm^2 a für die ganze Erde. Eine 35 km dicke Granitkruste erzeugt anscheinend mehr radiogene Wärme, als tatsächlich an der Erdoberfläche entweicht – ohne Berücksichtigung derjenigen Wärme, die, teils radiogen, teils ursprünglich vorhanden, von Mantel und Kern noch dazukommt.

Genauere Berechnungen der Wärmemengen, die durch den Magmatismus an die Erdoberfläche gefördert werden, sind schwer durchzuführen. VERHOOGEN (1960) schätzte, daß rund $3 \cdot 10^{15}$ g Lava alljährlich ausgestoßen werden und dabei etwa 1700 J/g Material, also insgesamt $5 \cdot 10^{18}$ J während der Abkühlung und Erstarrung freiwerden. Nicht alles Magma erreicht die Erdoberfläche; durch die abtragende Wirkung der Erosion wissen wir, daß sehr große Massen an Intrusivgesteinen aller Altersklassen in flüssigem Zustand in die Kruste eingedrungen und dort unter Wärmeabgabe kristallisiert sind. Zudem erreicht die vulkanisch produzierte Wärme auch über Thermalquellen und Geysire die Erdoberfläche. Für die Gesamtwärmemengen aus der magmatischen Produktion muß daher mindestens ein Wert zwischen $5 \cdot 10^{18}$ und $5 \cdot 10^{19}$ J angesetzt werden. Wenn man einen Vulkanausbruch miterlebt, mag einem der Wärmebeitrag eines einzelnen Vulkans als sehr hoch erscheinen, insgesamt betrachtet und im Vergleich mit dem normalen Wärmefluß fällt der Vulkanismus als Wärmelieferant aber kaum ins Gewicht. Der durchschnittliche Energiebeitrag der jährlichen Erbeben wird auf ca. 10^{18} J geschätzt, also auch ein Bruchteil der Wärmeenergie des normalen Wärmeflusses.

Unsere Kenntnisse über die geothermische Tiefenstufe der Erde besagen, daß es in keiner Tiefenlage, weder in der Kruste noch im oberen Mantel, Regionen geben dürfte, wo es zu einer Aufschmelzung von Gesteinsmassen kommt; nirgends wird nämlich die Schmelztemperatur der vorkommenden Materialien überschritten. Da der Magmatismus, geologisch gesehen, eine alltägliche Erscheinung ist, muß es einen plausiblen Mechanismus geben, der für die lokalen Aufschmelzungserscheinungen, die „hot spots", verantwortlich ist. Sicherlich, die magmatische Aktivität ist in Relation zur gesamten Erde kein flächendeckender Prozeß; sie konzentriert sich generell auf Schwächezonen der Erdkruste, wo aufgrund der tektonischen Zerrüttungsvorgänge Aufstiegswege für den Vulkanismus geschaffen werden. Diese Zonen häufen sich rund um den Pazifik und an den mittelozeanischen Rücken.

An vielen dieser Stellen ist die magmatische Aktivität gebunden an tief hinabreichende Bruchlinien; diese Risse können als Aufstiegswege für Gase dienen, die Wärme mitführen. Die Bewegungen solcher Störungen verursachen ein Ungleichgewicht zwischen Druck und Temperatur auf jeder Seite. Solche Mechanismen führen dann zu örtlich begrenzten Aufschmelzungen; das erzeugte Magma steigt, da es weniger dicht ist als das Nebengestein, in die höheren und kühleren Teile der Kruste auf. Während des Aufsteigens verteilt sich ein Teil der thermischen Energie auf das durchflossene Nebengestein bzw. beim oberirdischen Austreten auf die Umgebung. Die kinetische Energie der Atome oder Ionen nimmt mit fallender Temperatur ab; auch ihre potentielle Energie verringert sich, wenn sie sich in die Gitterordnungen der Kristallstrukturen einfügen.

Im nächsten Stadium des geochemischen Kreislaufs reduzieren Erosion, Verwitterung und Sedimentation das Gesteinsmaterial auf ein energetisch tieferes Niveau. Die Erosion bewegt den Detritus mit Hilfe der Schwerkraft unter Abnahme potentieller Energie. Die spontan verlaufenden Reaktionen, welche die Verwitterung begleiten, sind in der Regel irreversibel und führen zu einer Abnahme der freien Enthalpie. Der einzige Prozeß, bei dem eine Zunahme an freier Enthalpie zu verzeichnen ist, besteht in der Umwandlung von Kohlendioxid und Wasser in komplexe organische Verbindungen: die Photosynthese der grünen Pflanzen. Beim Inkohlungsprozeß der Pflanzenrückstände kann diese freie Enthalpie auch konserviert werden.

Der generelle Trend geochemischer Differentiation wird von der Metamorphose wieder rückgängig gemacht; die thermische und gravitative Energie wird bei diesem Prozeß durch endotherme Reaktionen in chemische Energie umgewandelt, und die Bildung von Mineralen höherer Dichte wird möglich. Ein genügend hoher Temperaturanstieg bei der progressiven Metamorphose steigert die kinetische Energie der Atome und Ionen dergestalt, daß sie die Kristallgitterkräfte, die sie bislang zusammenhielten, überwindet und die Minerale zu schmelzen beginnen. Jetzt setzt die Neubildung von Magmen ein, und der Kreislauf beginnt aufs neue. Eine quantitative Energiebilanz des geochemischen Kreislaufs kann nicht erstellt werden, ebensowenig wie für die eintretenden Materialänderungen. Man kann aber davon ausgehen, daß der Motor des geochemischen Kreislaufs der radioaktive Zerfall ist, der vermutlich durch Energiezufuhr aus dem inneren Wärmepotential der Erde ergänzt wird.

Ausgewählte Schriften

ENGEL A.E.J., ITSON, S.P., ENGEL, C.G., STICKNEY, D.M., & CRAY, E.J. (1974): Crustal evolution and global tectonics: a petrogenic view. *Bull. Geol. Soc. Amer.*, **85**, 843–858

GARRELS, R.M., MACKENZIE, F.T., & HUNT, C. (1975): *Chemical cycles and the global environment.* Wm. Kaufman, Los Altos, Ca.

Geochemistry and the environment. Vol. 1 (1972) 113 S.; Vol. 2 (1977) 163 S.; Vol. 3 (1978) 200 S. National Academy of Sciences, Washington

GOLDSCHMIDT, V.M. (1954): *Geochemistry*

JAKES, P. (1973): Geochemistry of continental growth. In: *Implications of continental drift to the earth sciences.* D.H. TARLING & S.K. RUNCORN (Hrsg.), Vol. 2, 991–1001. Academic Press, New York

MUELLER, R.F., & SAXENA, S.K. (1977): *Chemical petrology.* 394 S. Springer-Verlag, New York
RANKAMA, K., & SAHAMA, Th.G. (1950): *Geochemistry*
SHAW, D.M. (Hrsg.) (1963): Studies in analytical geochemistry. *Roy. Soc. Canada Spec. Publ. 6.* 139 S.
STOKER, H.S., & SEAGER, S.L. (1976): *Environmental chemistry* (2. Aufl.). Scott, Foresman and Co., Glenview, Ill.
WEDEPOHL, K.H. (Hrsg.) (1969): *Handbook of Geochemistry.* Springer-Verlag, Berlin
WYLLIE, P.J. (1971): *The dynamic earth.* 416 S. John Wiley & Sons, New York

Anhang

Zerfallsreihen für Uran und Thorium

Element	U-238-Reihe						
Neptunium							
Uran	U-238 $4{,}468 \cdot 10^{9}$ a		U-234 $2{,}45 \cdot 10^{5}$ a				
Protactinium		Pa-234 1,175 min					
Thorium	Th-234 24,10 d		Th-230 $8{,}05 \cdot 10^{4}$ a				
Actinium							
Radium			Ra-226 1622,0 a				
Francium							
Radon			Rn-222 3,8235 d				
Astat							
Polonium			Po-218 3,05 min	99,98%	Po-214 164 μs		Po-210 138,38 d
Wismut				Bi-214 19,7 min		Bi-210 5,01 d	
Blei			Pb-214 26,8 min		Pb-210 22,3 a		Pb-206 (stabil)
Thallium							

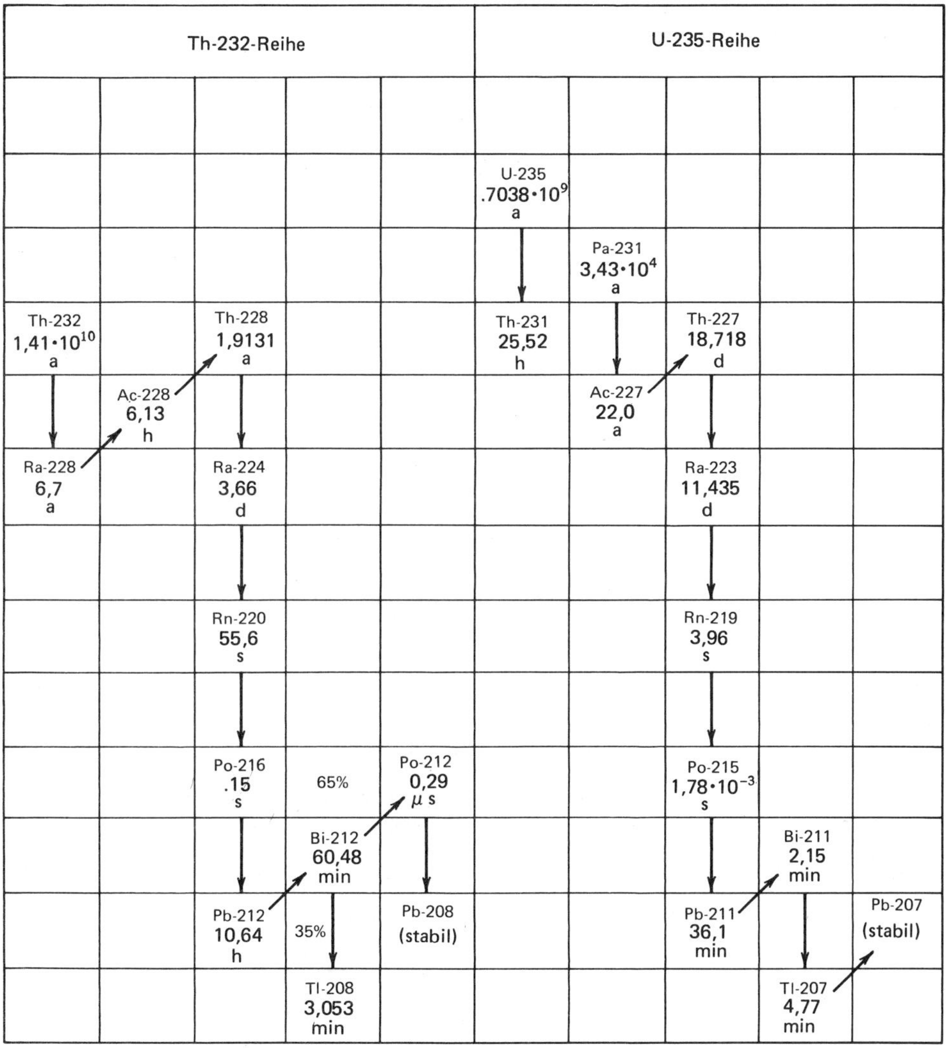
Th-232-Reihe
U-235-Reihe
U-235
.7038·10⁹
a
Pa-231
3,43·10⁴
a
Th-232
1,41·10¹⁰
a
Th-228
1,9131
a
Th-231
25,52
h
Th-227
18,718
d
Ac-228
6,13
h
Ac-227
22,0
a
Ra-228
6,7
a
Ra-224
3,66
d
Ra-223
11,435
d
Rn-220
55,6
s
Rn-219
3,96
s
Po-216
.15
s
65%
Po-212
0,29
μ s
Po-215
1,78·10⁻³
s
Bi-212
60,48
min
Bi-211
2,15
min
Pb-212
10,64
h
35%
Pb-208
(stabil)
Pb-211
36,1
min
Pb-207
(stabil)
Tl-208
3,053
min
Tl-207
4,77
min

Autorenregister

Sachwortregister